李计忠解《周易》系列

易界名家 独门首传

岁荣通鉴

李计忠 著

（上册）

团结出版社

©团结出版社，2016年

图书在版编目（CIP）数据

岁荣通鉴：全2册 / 李计忠著. -- 北京：团结出版社, 2016.1（2025.7 重印）-- ISBN 978-7-5126-3935-5

Ⅰ. ①岁… Ⅱ. ①李… Ⅲ. ①成功心理 Ⅳ. ①B848.4

中国版本图书馆 CIP 数据核字(2015)第 265679 号

责任编辑：梁光玉
封面设计：阳洪燕

出　　版：团结出版社
　　　　　（北京市东城区东皇城根南街 84 号　邮编：100006）
电　　话：（010）65228880　65244790（出版社）
　　　　　（010）65238766　85113874　65133603（发行部）
　　　　　（010）65133603（邮购）
网　　址：http://www.tjpress.com
电子邮箱：zb65244790@vip.163.com
经　　销：全国新华书店
印　　装：三河腾飞印务有限公司

开　　本：170mm×240mm　　16 开
印　　张：56.5　　　　　　　　　　　　字　数：844 千字
版　　次：2016 年 10 月　第 1 版　　　印　次：2025 年 7 月　第 3 次印刷

书　　号：978-7-5126-3935-5
定　　价：138.00 元（全 2 册）
　　　　　（版权所属，盗版必究）

前 言

八字命理学是中国传统文化当中的一种，属于周易预测学的分支学科。

八字命理学是一门对命运吉凶规律进行研究与探索的学科。

在种类繁多的周易预测学科当中，论到对一个人一生整体运势的预测与把握，八字命理学当首推第一。

八字命理学，能够对一个人从出生到少年、青年、壮年、老年，直到死亡，把这期间，诸如富贵贫贱、性格、健康、事业、财运、官运、婚姻、疾病、伤残、意外灾祸、父母子女、家居风水等方面的吉凶事项、吉凶程度，进行一定程度的预测。

八字命理学最基础、最核心的理论来自《易经》的阴阳学说与五行学说，配合中国传统天文历法当中的十天干与十二地支所构成的六十甲子，以人出生的"年、月、日、时"，构成一个类似于人类基因的组合。这种八字的干支组合，不但反映出一个人整体太极系统的阴阳五行构成，而且还反映出这个太极系统的运行规律，这些规律都通过五行的生克体现出来。

更重要的是，八字的干支组合，不但反映了个体自身的太极系统构成情况，还反映出与该个体有关的时间与空间情况，反映出与该个体有关的六亲关系（祖上父母兄弟子女）与人事关系（朋友同事领导下属）情况。

通过时间关系的外延，就可以通过八字原命局与大运、流年，来推断一个人不同时期、不同流年，甚至某个流月的吉凶、吉凶程度与吉凶事项。

通过空间关系的外延，就可以通过八字与大运流年推断一个人的居住环境、工作环境、出行方位等空间环境对这个人所产生的吉凶影响。

通过六亲与人事关系的外延，就可以通过八字推断一个人父母、兄弟姐妹、子女、朋友、同事、领导等相关人物对自身吉凶所产生的影响，水平高的人更可以进一步推导出这些相关人物的吉凶与吉凶事项。

像任何一门学科一样，八字命理学有自身的长处，但同时必然存在自身不能克服的短处。原因是，出生的时间，只是一个人全息组合构成当中的一个信息片段，并非全部。比如，出生在不同国家、不同地域、不同季节，不同的父母遗传，不同的物质生活水平，不同的教育环境，不同的人际关系，等等，都会造成未来命运走势的差别，即使是双胞胎、多胞胎，也会在未来结婚、生子等方面体现出种种不同。

但是，这些种种不同，并不能否认相同时间的八字，可以在很多方面有极其相近的吉凶运势。作为一名专业研究命理并进行二十余年实践的预测师，在实践当中较高准确率的预测数不胜数，当然，有错误也是必然。总体的体会是，八字命理预测，是一门科学，进行深入而系统的学习，并进行数年的实践之后，可以达到较高的准确率。

现代科学对事物的预测方法，来源于西方的统计学。统计学是在对历史资料与数据的收集与归纳基础上进行的推导。推导的原理不外就是"事物未来的运行轨迹会延续已经形成的趋势"，这种预测推导方式，准确率就是50%，因为未来只有两种结果，一种是原有的趋势延续，另一种就是原有的趋势改变。而当中所蕴含的科学分析方法，就是归纳法与演绎法。

归纳法就是从诸多相近的事实当中归纳出一般规律。演绎法就是先提出一个理论设想，而后在实践当中实验修正，进而再总结出一般规律。请注意，这两种科学方法所总结出来的一般规律或者普遍规律，虽然符合多数情况，但在现实当中，并不能解决所有问题，因为总会有出现在普遍规律之外的种种特殊情况。

这种研究与预测方法，对我们中国人来说再简单不过了，因为我们中国人都知道盛极而衰的道理，都知道历史上每一个王朝从战乱分裂再到统一集权，而后是发展、兴旺、衰落、灭亡，这一规律的循环就像我们人类的生、旺、衰、死一样，构成了我们中国的历史，而这种规律就是几千年前《易经》当中已经明确表述出来的最基本的太极阴阳原理。

现代科学当中，比如经济学对消费、房产、股市、期货、黄金、石油等的走势预测，比如气象学对干旱、洪水、台风、日常天气的预测，比如地质学对泥石流、地震、海啸等灾害的预测，它们的预测准确率有多少，相信所有人都清楚，并且都能接受。

相对比而言，八字命理学对人生命运走势的预测准验率，与这些学科相比，学习实践了十年以上的命理预测师，平均达到百分之七十的准确率是不成问题了，如果有天赋和运气成为预测高手，八字命理预测可以达到一定的准确率，如果在实践当中结合其它的预测方法，再讲究一点说话的方式，具备较广博的知识，那么对某一个人的人生大事预测准确率可能会更高一些。这里的准确率精确讲应为当事人的主观感受，并不能百分之百代表客观现实。但在预测实践中，只有用这样的主观感受作为衡量标准才具有可行性。

总之，说这么多，就是想说，八字命理学是一门传统的预测学，本身具有较完备的理论架构，并且具备千年的传承与实践。到了当代，八字命理学的研究与实践，在很多方面与现代的科学知识进行融合，正在不断地完善、发展自身。尤其是近几十年，八字命理学的研究与实践取得了多方面的突破，比如对吉凶应期的研究、对复杂的心理变化的研究、对各种疾病、伤灾的研究，对命理风水的研究，等等。八字命理学，已经由过去简略、模糊的预测方式，逐步过渡到了定量、定性的精准预测方式，从而对我们的人生决策具有了更重要的意义。

有兴趣学习八字命理的人，要以客观、科学的态度来学习、实践，就像我们读小学、中学、大学之后再走上工作岗位进行实践一样。只有系统、扎实地学好基础知识，并在实践当中不断地总结、交流，才能逐步达到较高的预测准确率。

李 计 忠

2015年9月于海口

目 录

第一章　四柱基础知识 1
第一节　什么是四柱预测 1
第二节　八字的构成——干支与阴阳 2
第三节　八字的构成——干支与五行 4
第四节　八字的作用规律——天干作用规律 12
第五节　八字的作用规律——地支作用规律 16
第六节　八字的作用规律——地支藏干 22
第七节　月令提纲——五行旺衰的来源 24

第二章　八字的干支组合 32
第一节　干克支组合 33
第二节　支克干组合 34
第三节　干生支组合 35
第四节　支生干组合 36
第五节　干支比和组合 37

第三章　排八字、大运与流年 39
第一节　排年柱 39
第二节　排月柱 41
第三节　排日柱 44
第四节　排时柱 45
第五节　四柱的宫位含义 47
第六节　排大运与流年 50

第四章　十神之象...55

- 第一节　十神之象的基本原理..............................55
- 第二节　天干十神表..57
- 第三节　十神间的生克关系..................................58
- 第四节　十神的六亲与社会关系类象......................60
- 第五节　十神的社会生活类象...............................62
- 第六节　十神的性质与功能..................................63
- 第七节　十神的喜忌心性......................................65
- 第八节　十神含义阐微..69
- 第九节　十神组合之象..79
- 第十节　十神宫位取象..81
- 第十一节　十神与宫位组合的六亲之象..................93

第五章　命局静态旺衰与取用神...........................96

- 第一节　确定日主旺衰..96
- 第二节　日主旺衰强弱分类..................................97
- 第三节　日主旺衰强弱的运用..............................100

第六章　命局动态旺衰与取用神..........................110

- 第一节　偏旺的标准..111
- 第二节　太旺的标准..112
- 第三节　旺极的标准..112
- 第四节　中和状态标准..113
- 第五节　偏弱的标准..114
- 第六节　太弱的标准..115
- 第七节　弱极的标准..116

第七章　命局取用神的原则与方法.......................118

- 第一节　取用神的原则..118

第二节　偏旺与偏弱取用神 122
第三节　日主太旺取用神 129
第四节　日主旺极取用神 131
第五节　日主太弱取用神 134
第六节　日主弱极取用神 136

第八章　取用神三个阶段 137

第一节　初级取用——五行取用 137
第二节　中级取用——干支分取用神 139
第三节　高级取用——逐字取用神 141
第四节　取用进阶——用神与忌神的力量大小 144

第九章　命局的组合变化 145

第一节　命局组合的本质 145
第二节　命局的阴阳组合 149
第三节　命局的向背组合 152
第四节　命局的距离组合 160
第五节　命局的受制组合 165

第十章　原命局、大运、流年的关系 168

第一节　原命局的组合在大运引发 168
第二节　流年三合局可以改变原局与大运组合 171
第三节　大运流年吉组合，大运顺势吉逆势凶 172
第四节　原局大运凶组合，流年顺势应凶 174
第五节　原局吉组合，流年破坏应凶 175

第十一章　八字断人际关系 179

第十二章　八字断健康疾病 185

第十三章　八字断贫富财运 191

岁荣通鉴（上）

第十四章　八字断事业官运	193
第十五章　历史名人八字解析	204
第十六章　四柱格局	225
第一节　格局的概念	225
第二节　普通格局的判定	226
第三节　普通格局十神术语	229
第四节　变格局类型	244
第十七章　四柱有关的几个问题	292
第一节　不同的时差如何界定	292
第二节　如何判断十二生肖流年吉凶	293
第三节　如何从农历出生日的月相上看性情	296
第四节　如何从日柱上看吉凶	302
第五节　关于四柱分析的感悟	319
第六节　关于天干地支的感悟	327
第十八章　时间篇	340
第一节　干支节气金钳诀	340
第二节　流星赶月	345
第三节　掌上巧推年月日时干支法	352
第四节　公历日辰的干支速算心法	355
第五节　万年历心算法	360
第六节　快速判断年上起月与日上起时	362
第七节　江湖秘传日干支速算法	364
第八节　阳历日干支速算法	385
第九节　秘传立春交节预知法	391
第十节　时干支推算法	397

第一章 四柱基础知识

第一节 什么是四柱预测

四柱预测就是把求测人的出生年月日时换算成天干地支,组合成四柱,然后根据这个四柱中天干地支的生克制化刑冲合害及组合,断出求测人的贫富寿夭吉凶贵贱,及后天命运的吉凶信息。

排四柱是推命的第一步,即由命主出生之年月日时排出其四柱。由于四柱是由八个干支组成,因此也叫排八字。下面分别说明年月日时其四柱排法。

(一)公元纪年与农历纪年的转换

在四柱预测中,记时间一律用农历,而现代人多用公历记出生时间,在进行四柱预测时,首先要把公历时间变换成农历时间。农历的年月日时的书写形式,要使用汉字书写的数字,即一、二、三、四、五、六、七、八、九、十;公历的年月日时的书写形式要使用阿拉伯数字 1、2、3、4、5、6、7、8、9、10。

这并不是什么规定,而是约定俗成。比如,一位先生求测,出生时间是公历 1959 年 11 月 30 日 18 时 5 分。转换成农历是一九五九年十一月初一日十八时五分。

在记时间年月日时的时候,数字书写要一致,不能汉字数字和阿拉伯数字混用。

(二) 把出生时间换成天干地支的形式

在农历纪年中，每一年、每一月、每一日、每一时都可以通过一组特定的干支来表示，把人的出生年月日时换算成天干地支后，就变成了由四组特定的干支来分别代表出生时间的年月日时，这四组干支就是四柱。

如：1964年2月26日7时30分出生的人（农历正月十四日辰时），查万年历，排出四柱如下：

```
        年柱  月柱  日柱  时柱
乾造：  甲辰  丙寅  乙巳  庚辰
```

在写四柱八字时，前边还要标明是乾造，或是坤造，造即是四柱八字，乾为男命，坤为女命，不标写乾造、坤造也可，但要标明是男命不是女命。总而言之，必须得让人知道这是个男性的四柱还是个女性的四柱。

第二节　八字的构成——干支与阴阳

一、天干与地支

八字由干支组成。
十天干：甲、乙、丙、丁、戊、己、庚、辛、壬、癸。
十二地支：子、丑、寅、卯、辰、巳、午、未、申、酉、戌、亥。

二、干、支分阴阳

阴阳学说是我国古代劳动人民，通过对各种事物和现象的观察，把丰富多彩的万物万象分为阴阳两大类，是我国古代朴素辩证法思想的具体体现。

宇宙间的一切事物根据其属性，可分为两大类，即阴阳两大类。"阳"具有刚健、向上、生发、展示、外向、伸展、明朗、积极、好动等特性；"阴"具有柔弱、向下、收敛、隐蔽、内向、收缩、储蓄、消极、喜静等特性。

1. 阴阳对立

阴阳对立，是指事物内部同时存在着相反的两种属性，即存在着对立的阴阳两个方面，如刚柔、热寒、男女、奇偶、深浅、上下、大小等都是一对矛盾。阴阳对立的矛盾，是一切事物的根本矛盾，但又是互相统一的，只有如此才能产生变化，生成万物，阴阳的对立统一，贯穿一切事物的始终。

2. 阴阳互根

阴阳双方本身既是独立的，又是对方存在的根源。"一阴一阳之谓道"，阴是阳存在的条件，阳是阴存在的前提，阴阳双方，相互依存，相互为用。

3. 阴阳消长

"寒来暑往，暑往寒来，寒暑相推而成岁焉。"由春至夏，阳长而阴消；由夏至冬，阴长而阳消。这种阴长阳消、阳长阴消的动态平衡，保持了事物的正常发展变化。如果阴阳消长出现异常，事物发展变化就会出现反常。

4. 阴阳转化

阴阳是事物内部的两种属性，在一定条件下可向其对立面转化，也就是说阴可以变阳，阳可以变阴。阴阳消长，是量的变化，而阴阳转化则是质的变化。从量变到质变必须有一个过程，即是阴极生阳，阳极生阴，要有一个时间和变化过程，完成由量的积累到一定的界线，就会发生质的转变。阴阳学说产生于上古时代，它是我国古代朴素辩证法的基础。阴阳学说原理广泛应用于社会生活的各个领域，人们经常用它，只是不以为意罢了。

三、天干地支分阴阳

八字的天干分为阴阳两种属性，地支也分为阴阳两种属性。
阳干：甲、丙、戊、庚、壬。
阴干：乙、丁、己、辛、癸。
阳支：寅、辰、午、申、戌、子。
阴支：卯、巳、未、酉、亥、丑。

第三节　八字的构成——干支与五行

五行是我国古代一种简单的归纳法，它把世界上万物分成五大类，使人们能更简单更有规律地去认识世界、认识物质，这是朴素唯物主义世界观的反映。

一、五行及其关系

五行是金水木火土。五行关系是生和克的关系，无论是生或者克都是一个循环，都是一种因果关系。

五行相生是循环相生的关系，木生火，火生土，土生金，金生水，水生木。

五行相克是隔位相克的关系，木克土，土克水，水克火，火克金，金克木。

从五行相生相克的关系中，我们可以看出五行的相生相克都不是单向的，而是互相的，你去生了一个五行，另一个五行也会生你；你去克制了一个五行，却又有另一个五行来克制你，互相生扶，互为牵制。

在五行生克中，我们要懂得生克适宜、太过和不及的道理。否则，就不能运用好五行的生克原理，来指导生命信息预测。

（一）五行相生

木生火，是因为木性温暖，火隐伏其中，钻木而生火，所以木生火。

火生土，是因为火灼热，所以能够焚烧木，木被焚烧后就变成灰烬，灰即土，所以火生土。

土生金，因为金隐藏在石里，依附着山，津润而生，聚土成山，有山必生石，所以土生金。

金生水，因为少阴之气（金气）温润流泽，金靠水生，削断金也可变为水，所以金生水。

水生木，因为水温润而使树木生长出来，所以水生木。

五行相生是五行中某一五行对另一五行的促进助长，给予恩惠的作用，如果某五行旺相生另一五行，生者减力而受益，受生者增力也受益。五行生助适宜为真生，生之太过或不及为假生。真生为适宜之生，其表现为双方受益。真生是主生者和被生者的力量相差不多，主生者有力量生出、给予，被生者有能力接受、吸纳。

水得金生，金水相涵。火得木生，木火通明。木得水生，水木双美。土得火生，火土同功。金得土生，土金生辉。

若日干为木，生日干者为正印偏印，木气偏弱，有印来生，则日主身弱有生扶，聪明仁慈做事有人帮，自身素质高，能掌权任职。生的另一表现形式为化泄，使生者减力，受生者增力，化泄适宜也为生。

强金得水，方挫其锋；强木得火，方化其顽；强水得木，方泄其势；强火得土，方止其焰；强土得金，方制其壅。

若日干为木，木气旺盛，有火化泄，则日主身旺有泄路，则聪颖秀气，活泼开朗，身强体健。

假生为不适宜之生，其表现为一方受损。假生是主生者和被生者的力量相差悬殊，分为弱不能生和弱不受生。

一是弱不能生，主生者太弱，被生者旺，主生者被化掉。弱不能生表现为泄多为克。

金能生水，水多金沉；木能生火，火多木焚；水能生木，木多水缩；火能生土，土多火晦；土能生金，金多土变。

若日干为火，日干生者为土为食神、伤官。日主生出太多，则喜自由不服管束与领导合不来，因泄身过度而体弱多病。

二是弱不受生，主生者旺，被生者太弱，被生者不受生。弱不受生表现为生多为克。

金赖土生，土多金埋；木赖水生，水多木漂；水赖金生，金多水浊；火赖木生，木多火塞；土赖火生，火多土焦。

若日干为水，生身者为金为正印、偏印。生身的金太多了，则日主因生者太多不能自由，做事无主见，依赖性强，极易流于懒惰，也因生之太过而身体不好或致病。

（二）五行相克

因为天地之性，众胜寡，故水胜火；精胜坚，故火胜金；刚胜柔，故金胜木；专胜散，故木胜土；实胜虚，故土胜水。

五行相克是五行中某一五行对另一五行的制约、牵制、抑制的作用。主克者的力量因行克而被耗损，被克者的力量因受克而损失；主克者制约对方，受克者受制于对方。双方均减力，正常情况下主克者耗力较小，被克者损力较大，反克则克者损力较大，被克者损力较小。五行相克适宜也为生，五行相克不适宜则为克。一般来讲，主克者占优势，被克者处于劣势。

相克适宜为生表现为正克，是主克者有力量制约被克者，双方减力互受益。

金旺得火，方成器皿；木旺得金，方成栋梁；水旺得土，方成池沼；火旺得水，方成相济；土旺得木，方得疏通。

如果日干为金，克日干者为火为正官、七杀。日干克者为木为正财、偏财。日主旺则能担财胜官，四柱组合得好，则是富贵之命。

五行的不适宜之克，分为反克、制克。

反克是主克者本身力量太小根本制服不了对方，反而被对方所制。

金能克木，木坚金缺；木能克土，土硬木折；水能克火，火烈水干；火能克金，金多火熄；土能克水，水泛土流。

如果日干为金，被日干克者为木，木为财。木财太多太强，日主身弱担不起财，反而会受到财的伤害，出现伤病灾、凶祸、破财等凶事。

制是主克者太强，被克者太弱，其结果被克者严重受伤。

金弱遇火，必为销熔；木弱逢金，必为砍折；水弱遇土，必为淤塞；火弱遇水，必为熄火；土弱遇木，必为倾陷。

如果日干为土太弱，克日干者为木为官杀，又四柱组合不好，则日主体弱多病，六亲无靠，一生坎坷，凶灾不断。

（三）五行亢胜

事物发展旺盛到极点，就会朝着相反的方向转化，即是物极必反。在五行学说中称之为亢胜。亢胜必须是某五行旺盛至极，又没有别的五行对其进行有效的制约。旺与亢胜有时很难区别，如差之毫厘则谬之千里，要仔细揣摩审视才行，否则在实际预测中会得出完全相反的结论。

木过为顽，火炽则烈，土重则壅，金刚易折，水狂则滥。

（四）五行生克制化宜忌

木：木旺得金，方成栋梁；木能生火，火多木焚；强木得火，方化其顽；木能克土，土多木折；木弱逢金，必为砍折；木赖水生，水多木漂。

火：火旺得水，方成相济；火能生土，土多火晦；强火得土，方止其焰；火能克金，金多火熄；火弱遇水，必见火熄；火赖木生，木多火炽。

土：土旺得水，方能疏通；土能生金，金多土变；强土得金，方制其壅；土能克水，水多土流；土弱逢木，必为倾陷；土赖火生，火多土焦。

金：金旺得火，方成器皿；金能生水，水多金沉；强金得水，方挫其锋；金能克木，木多金缺；金弱遇火，必见销熔；金赖土生，土多金埋。

水：水旺得土，方成池沼；水能生木，木多水缩；强水得木，方泄其势；水能克火，火多水干；水弱逢土，必为淤塞；水赖金生，金多水浊。

二、五行之象

（一）五行特性

五行的特性是古人在长期的生活实践中，对金木水火土五种物质产生朴素认识的基础上，逐步形成的理论概念。因此，五行虽然是金木水火土，但实际上已超出了金木水火土具体物质的本身，而具有更广泛的内涵。

木曰"曲直"。曲者，屈也；直者，伸也。故木有能屈能伸之性，木纳水土之气，可生长发动，故木又具有生发、条达、向上、修长、柔和、仁慈之性。木主仁。

火曰"炎上"。炎者，热也；上者，向上也。故火有发热、温暖、向上之性，火具有驱寒，除湿，煅炼金属之能，火生于木，其势急，其性烈，其性恭。火主礼。

土曰"稼穑"。播种为稼，收获为穑，土具有载物、生化、藏纳功能，故土载四方，为万物之田，具有贡献、厚重之性。土主信。

金曰"从革"。从者，顺从、服从也；革者，变革、改革也。改革、变革必施以威力，故金具有能柔能刚、延展、变革、肃杀的特性。金主义。

水曰"润下"。润者，湿润也；下者，向下也。故水具有滋润、向下、隐蔽、暗藏的特性。水主智。

五行的属性能包括世界上的万事万物，它是将事物的性质和作用与五行的特点类比得来的。为了便于了解五行特性即五行具有的属性，现归类如下，供读者参阅：

五行类比属性表

性质 分类	五行	水	火	木	金	土
		润下	炎上	曲直	从革	稼穑
方位		北	南	东	西	中
颜色		黑	赤	绿	白	黄
时令		冬	夏	春	秋	四季月
气候		寒	热	风	燥	湿
性格		智	礼	仁	义	信
身体		骨	筋	脉	皮	肉
五脏		肾	心	肝	肺	脾
五腑		膀胱	小肠	胆	大肠	胃
五华		发	面	爪	毛	唇
声音		呻	笑	呼	哭	歌
情态		恐	喜	怒	忧	思
味觉		咸	苦	酸	辛	甘
形态		志	神	魂	魄	意
行为		貌	言	视	听	思

（二）五行性情

木主仁，其味酸，其色青，其性直，其情和。木气中和之人，仁慈乐善，怜悯恻隐，正直豪气，勤勉朴实；木气过强则顽强固执，偏激执拗；木气过弱则懦弱嫉妒，冷酷无情。木盛的人长得丰姿秀丽，骨骼修长，手足细腻，口尖发美，面色青白。为人有博爱恻隐之心，慈祥恺悌之意，清高慷慨，质朴无伪。木衰之人则个子瘦长，头发稀少，性格偏狭，嫉妒不仁。木气死绝之人则眉眼不正，项长喉结，肌肉干燥，为人鄙下吝啬。

火主礼，其味苦，其色赤。其性急，其情恭。火气中和之人，礼让恭敬，热忱坦率，重谊豪迈，乐观进取；火气过强则性躁冲动，逞强霸道；火气过弱则奸巧妒毒，有始无终。火盛之人头小脚长，上尖下阔，浓眉小耳，精神闪烁，为人谦和恭敬，纯朴急躁。火衰之人则黄瘦尖楞，语言妄诞，诡诈妒毒，做事虎头蛇尾。

土主信，其味甘，其色黄，其性重，其情厚。土气中和之人，诚信敦厚，言行一致，诚信宽容，脚踏实地；土气过强则愚蠢固执，好逸恶劳；土气过弱则言而无信，自私吝啬。土盛之人圆腰廓鼻，眉清目秀，口才声重。为人忠孝至诚，度量宽厚，言必行，行必果。土气太过则头脑僵化，愚拙不明，内向好静。不及之人则面色忧滞，面扁鼻低，为人狠毒乖戾，不讲信用，不通情理。

金主义，其味辣，其色白，其性刚，其情烈。金气中和之人，义理分明，仗义疏财，知廉知耻，刚毅果决；金气过强则轻信寡仁，好斗贪欲；金气过弱优柔寡断，做事挫志。金盛之人骨肉相称，面方白净，眉高眼深，体健神清。太过则有勇无谋，贪欲不仁。不及则身材瘦小，为人刻薄内毒，喜淫好杀，吝啬贪婪。

水主智，其味咸，其色黑，其性聪，其情善。水气中和的人，足智多谋，明辨是非，多才多艺，反应机巧；水气过强则诡诈阴谋，激进善变；水气过弱则胆怯无谋，胸襟狭窄。水旺之人面黑有采，语言清和，为人深思熟虑，学识过人。太过则好说是非，飘荡贪淫。不及则人物短小，性情无常，胆小无略，行事反覆。

（三）五行与脏腑

木： 肝与胆互为脏腑表里，又属筋骨和四肢。过旺或过衰，较宜患肝、胆、头、颈、四肢、关节、筋脉、眼、神经等方面的疾病。

火： 心脏与小肠互为脏腑表里，又属血脉及整个循环系统。过旺或过衰，较宜患小肠、心脏、肩、血液、经血、脸部、牙齿、腹部、舌部等方面的疾病。

土： 脾与胃互为脏腑表里，又属肠及整个消化系统。过旺或过衰，较宜患脾、胃、肋、背、胸、肺、肚等方面的疾病。

金：肺与大肠互为脏腑表里，又属气管及整个呼吸系统。过旺或过衰，较宜患大肠、肺、脐、咳痰、肝、皮肤、痔疮、鼻、气管等方面的疾病。

水：肾与膀胱互为脏腑表里，又属脑与泌尿系统。过旺或过衰，较宜患肾、膀胱、胫、足、头、肝、泌尿、阴部、腰部、耳、子宫、疝气等方面的疾病。

（四）五行行业类象

1. 木

园艺、种植、林业、木材、木器、家具、装潢、木成品、纸业、养花、育树苗、敬神物品、香料、植物性食品、纺织、图书、文教、木竹手工艺、学术、文化、教育、慈善、宗教、医疗、药材、军警、司法、公务等。

2. 火

灯饰、瓦斯、油脂、炉具、眼镜、照相、电器、鞭炮、电焊、热食、薪炭、家电、放光、照明、光学、高热、易燃、油类、酒精类、热饮食、食品、理发、化妆品、人身装饰品、美术工艺、加工、制造、百货业、文艺、文学、文具、文化、学生、文人、作家、写作、撰文、教员、校长、秘书、出版、公务、政界等。

3. 土

矿产、陶瓷、房地产、水泥、农畜牧业、建筑、土木工程、土产饲料、门市、仓储等固定的行业，中央之地、本地、土产、地产、农村、畜牧、布匹、服装、纺织、石料、石灰、山地、水泥、雨衣、雨伞、筑堤、容水物品、当铺、古董、中间人、律师、管理、买卖、设计、顾问、丧业、筑墓、墓地管理、僧尼等。

4. 金

金属、机械、钟表、刀具、模具、铸物、车辆、精纤材或金属工具材料、坚硬、决断、武术、鉴定、总管、汽车、交通、金融、工程、种子、开矿、伐木、民意代表等。

5. 水

水利、水产、渔具、航海、冷饮、游泳、浴场、饮料、冷冻、旅馆、自由业、旅游业、贸易业、新闻业、打捞业、演艺业、运输业、航海、冷温不燃液体、冰水、鱼类、冷藏、冷冻、打捞、洗洁、扫除、流水、港口、湖池塘、飘游、奔波、流动、连续性、易变化、属水性质、音响性质、清洁性质、海上作业、迁旅、特技表演、运动、导游、玩具、魔术、记者、侦探、旅社、灭火器具、钓鱼器具、医疗业、药物经营、医生、护士、占卜等。

第四节 八字的作用规律——天干作用规律

十天干既有自己的阴阳属性，还有自己的五行属性。

甲乙属木，丙丁属火，戊己属土，庚辛属金，壬癸属水。

甲为阳木，乙为阴木；丙为阳火，丁为阴火；戊为阳土，己为阴土；庚为阳金，辛为阴金；壬为阳水，癸为阴水。

（1）天干相生

木生火——甲乙木生丙丁火。

火生土——丙丁火生戊己土。

土生金——戊己土生庚辛金。

金生水——庚辛金生壬癸水。

水生木——壬癸水生甲乙木。

同性相生（即生与被生同为阳干或阴干）：

木生火——甲生丙，乙生丁。

火生土——丙生戊，丁生己。

土生金——戊生庚，己生辛。

金生水——庚生壬，辛生癸。
水生木——壬生甲，癸生乙。

异性相生：
木生火——甲生丁，乙生丙。
火生土——丙生己，丁生戊。
土生金——戊生辛，己生庚。
金生水——庚生癸，辛生壬。
水生木——壬生乙，癸生甲。

（2）天干相克
木克土——甲乙木克戊己土。
土克水——戊己土克壬癸水。
水克火——壬癸水克丙丁火。
火克金——丙丁火克庚辛金。
金克木——庚辛金克甲乙木。

同性相克：
木克土——甲克戊，乙克己。
土克水——戊克壬，己克癸。
水克火——壬克丙，癸克丁。
火克金——丙克庚，丁克辛。
金克木——庚克甲，辛克乙。

异性相克：
木克土——甲克己，乙克戊。
土克水——戊克癸，己克壬
水克火——壬克丁，癸克丙。
火克金——丙克辛，丁克庚。

金克木——庚克乙，辛克甲。

在天干相生相克中，同性（同阳或同阴）生克力大，异性（一阴一阳）生克力小。

（3）天干相合
天干化合：
甲己合化土，乙庚合化金，丙辛合化水，丁壬合化木，戊癸合化火。

（4）天干相冲
天干相冲：
甲庚冲，乙辛冲，丙壬冲，丁癸冲。

（5）十天干配方位
甲乙木为东方，丙丁火为南方，庚辛金为西方，壬癸水为北方，戊己土为中央。

（6）十天干配四时
甲乙木属春，丙丁火属夏，庚辛金属秋，壬癸水属冬，戊己土属长夏（指农历六月）。

（7）十天干配人体
身体：甲为头，乙为肩，丙为额，丁为齿舌，戊己为鼻面，庚为筋骨，辛为胸，壬为股，癸为足。
脏腑：甲为胆，乙为肝，丙为小肠，丁为心，戊为胃，己为脾，庚为大肠，辛为肺，壬为膀胱，癸为肾（注：阳干为腑，阴干为脏）。

（8）十天干配颜色

甲乙主绿色，丙丁主赤色，戊己主黄色，庚辛主白色，壬癸主黑色。

（9）十天干配性情

甲木属阳，为大林之木，一般指森林大树，有参天之势，其性坚质硬。甲木有恻隐之心，具上进心，好华美的事物而有风雅的性格，进退有情有义，处事负责，仁爱柔顺而爱好和平，心地仁慈而正直，富有恻隐之心，好华美风雅，有照顾他人之美德，无论进退皆有情义，积极上进，处事负责，个性坚强有骨气，但缺乏敏捷应变的能力，受劳苦，常烦恼。

乙木属阴，指小树花草之类，性质柔软。乙木富同情心，性情和蔼，外表谦虚，有才能但内心占有欲强。乙木为花草之木，有妖艳之美，柔顺慈爱而喜行善事，利人益我，善与人结交朋友，善于随机应变，反应灵敏，有嫉妒心。

丙火属阳，为太阳之火，炎炎炳照之意。有普照天地之功，其性猛质烈。丙火为火之兄，含有朝气蓬勃，热情开朗之意。适合各种社交活动，急燥，猛烈，重表现，喜辩论，比较冲动鲁莽，易受挫折，敏锐，说话急促，不善考虑，缺乏忍耐力，自尊心强，好大喜功。

丁火属阴，指灯火、炉火等，火势不稳定，得时有力，失时无力。丁火为火之妹，具有外静内进，思想缜密的性格。但是多疑与心机是其缺点。丁火为灯烛之火，光照千家万户，其性柔质弱。柔和，消极，重牺牲，万事顾虑周到，聪明智慧，思维细腻，富有同情心，积极进取，为人守道德、礼教、规矩，但是多疑，易冲动，口才不佳。

戊土属阳，指大地的土，广厚茂盛，又指堤坝之土，可有力地防止河川泛滥。戊土也为城墙土，广厚茂盛，可生育万物，其性亢质硬，诚实厚重有雅量，性情笃实沉稳，为人憨厚，重名誉，呆板。

己土属阴，指田园之土，不如戊土广厚，但易栽植，可培木止水，生长植物。己土重视内涵，多才多艺，行事依循规矩，但度量欠广，易生疑心。其性温质软，沉着文静，重名誉，做事多变。

庚金属阳，指铁、刀剑、矿石等，为刀剑之金，性质坚硬。庚金精神粗旷豪爽,意气轻燥,有魄力,性情刚烈而重义气,个性好胜,具有破坏性,人缘佳,容易相处。

辛金属阴,指珠玉、宝石、砂金。辛金性较阴沉,温润秀气,重感情,虚荣心强而爱好面子,有强烈的自尊心。但缺乏坚强的意志。辛金为珠宝之金,装饰之物,其性弱质温。有气质,刚毅。

壬水属阳,指大海之水。壬水为水之兄,含有清浊并容,宽宏大度之意,能潜伏和包容,富于勇气。但也有依赖性强,凡事漫不经心之意。壬水为大海之水,通天河而周流不息,其性猛质强。生性疲懒,乐观外向,善于把握机遇,虽然聪明却纵欲任性,不善掩饰,易激动惹事。

癸水属阴,指雨露之水,也有闭藏和内在萌生之意。癸水为水之妹,其人平静,柔和,内向,勤勉力行,注重原则,然而爱好猜疑,不务实际,故内心常蓄不平,并时有破坏性,并且有重情调,喜钻牛角尖的倾向。

第五节　八字的作用规律——地支作用规律

一、十二地支五行

寅卯属木,巳午属火,申酉属金,亥子属水,辰戌丑未属土。

二、地支合冲刑害

十二地支之间的作用关系与天干不同。

天干为天,主动,显露于外,动则有为;地支为地,主静,藏纳于下,静以待用。四柱中干与干都可以直接生克,由于远近不同,流通阻隔,则有力大力小区别。

地支则不然,只有当构成特定的联系时,才发生直接生克,这种特定的生克联系，叫作合冲刑害。在不构成刑冲合害的情况下，叫作气势生克。

（一）合
地支相合有三会局、三合局、半三合局、六合。

1. 地支三会局
寅卯辰三会东方木局。巳午未三会南方火局。申酉戌三会西方金局。亥子丑三会北方水局。辰戌丑未为会四方土局。

木旺于春，寅司孟春之令，为木之临官之地，卯司仲春之令，为木之帝旺之地，辰司季春之令，为木之余气。三者一气相连，将木之旺气汇集一起，尤如群英聚会，故称为三会东方木局。其余三会局同理。

三会局的条件必须是同一方位三字齐全，才会成一方之气，是所有合局中力量最大者。如只有其中任何两字者，只能称"助势"而不论"半会"，因一方之气不全，难以联合发挥出整体实力。

2. 地支三合局
亥卯未合木局。寅午戌合火局。巳酉丑合金局。申子辰合水局。

十二地支三合局是生旺墓三者成局。如亥卯未三合木局，未中藏乙木，为木之墓库。从长生到帝旺，再到墓库收藏，是事物发生、发展、归宿的三个主要环节。这三个环节自始至终有利于事物的本身，故生旺墓一气构成三合局。

木长生于亥，旺于卯，墓于未，故亥卯未合木局。

火长生于寅，旺于午，墓于戌，故寅午戌合火局。

金长生于巳，旺于酉，墓于丑，故巳酉丑合金局。

水长生于申，旺于子，墓于辰，故申子辰合水局。

万物皆藏于土，辰戌丑未全，自作土局论。

三合局必有三字全才为合成局，少一字则不成局，但少一字以半合局论。半合局又分为生地半合局和墓地半合局、拱局。三合局中间的字称为"中神"，是合局的核心。三合局中神的，前面临长生，后面有墓库收藏（储蓄力量），前呼后拥聚集成一股强大的力量，尤如装甲车一样，外有硬甲护身，内有原料充足补给，因而"车坚炮利"。所以三合局比单独一个五行的力量强大稳固。

生地半合局，如亥卯半合，亥为卯的长生之地，故称之。墓地半合局，如卯未合，未为卯的墓地，故称之。

生地半合局对中神有生助之力，而墓地半合局对中神有收敛作用，因此在一般情况下，生地半三合局之力大于墓地半三合局之力，但酉丑墓地半三合局力量大于巳酉半三合局之力。半三合局是残缺之合局，因此其力量要小于完整的三合局之力。生墓合，无中神不为半合局，如亥未合，称为拱局，又称为闸局。

3. 半合局及拱局

（1）生地半三合局

亥卯半合木局。寅午半合火局。巳酉半合金局。申子半合水局。

（2）墓地半三合局

卯未半合木局。午戌半合火局。酉丑半合金局。子辰半合水局。

（3）拱局

亥未拱木局。寅戌拱火局。巳丑拱金局。申辰拱水局。

4. 地支六合

寅亥合化木。辰酉合化金。午未合化土。

子丑合化土。卯戌合化火。申巳合化水。

地支六合为阴阳相合，又分合中有生，合中有克。合中有生者为生合，合中有克者为克合。

子丑合，卯戌合，申巳合为克合，克合有强行相合的意思。丑土以自己强旺之力克制子水，子水受到制约不得不从。卯戌合、申巳合同理。在克合中，由于两者异性相吸，虽五行相克，都是对立统一，虽有怨，亦有情。

寅亥合，辰酉合，午未合为生合，生合是两者异性相吸，而且两种五行相生，可谓情投意合，如胶似漆。

在五行力量相等的条件下，生合比克合更牢固，合力更大，而且生合也比克合容易成化。

地支六合中，相合两支的藏干皆具有相生相助之力。丑中辛癸生助子中的癸水，亥中壬甲生助寅中甲木，卯中乙木生戌中丁火，辰中戊土生酉中的辛金，巳中庚金生助申中壬水，午中丁火生助未中己土，均含"同气相求，同声相应"之意。

地支合化实质上就是生克，是地支合会后其原来的特性有所变化，一种五行对另一种五行力量生助、抑制或转化。如申子辰三合水局成化后，申辰原来的特性被转化为水的特性，与子合成旺水，加强了水的特性。亥卯未三合木局成化后，亥的特性转化为木的特性，未土的特性受到木的抑制而不能显现出未土原来的特性。又如子丑合化土，子水的力量被丑土抑制；寅亥合化木，亥水生助寅木，亥的力量就被寅木引化。六合的结果，使相合两支的力量较合前发生改变。三合成化后其理相同，因为相合后的力量必然增大。

所以，地支相合的力量对比是：

三会局＞三合局＞六合，其中，三合局＞生地半三合＞墓地半三合＞拱合。

（二）冲

地支相冲有六组，称为六冲：

子午相冲，巳亥相冲，寅申相冲，卯酉相冲，辰戌相冲，丑未相冲。其中子午、亥巳为水火之冲，寅申、卯酉为金木之冲，辰戌、丑未同五行土相冲。

子冲午，亥冲巳，申冲寅，酉冲卯，即冲又克。

午冲子，巳冲亥，寅冲申，卯冲酉，只冲不克。

辰戌、丑未相冲，只论冲不论克。

地支六冲与天干相冲的道理一样，同性相斥，五行相克，方位对冲，如午火属阳为南，子水属阳居北，两者同性相斥，水火相战，南北对冲。

冲为对立、排斥、相击之意，六冲本身两支相克，再加上对立、相击的排斥力，因此，冲比克的力量大，是既冲又克。

（三）刑

地支相刑有四种，称为无礼之刑，恃势之刑，无恩之刑，自刑。

无礼之刑：子刑卯，卯刑子。

恃势之刑：寅刑巳，巳刑申，申刑寅。

无恩之刑：丑刑戌，戌刑未，未刑丑。

自刑：辰辰自刑，午午自刑，酉酉自刑，亥亥自刑。

刑分生刑和克刑，是生和克的一种特殊表现形式。这种刑有真刑和假刑，也就是真克和假克，被刑一方受益为生刑，是假刑，如子刑卯。被刑一方受损为克刑，是真刑，如巳刑申，申刑寅。

真刑真克比较好理解，但假刑假克就需要解释一下。当两种五行力量相差悬殊时，也就是说主生者和被生者强弱反差很大时，则出现弱不能生和弱不受生，假刑可转变为真刑。

子卯刑，子生卯，子水太强，卯木太弱，则水多木漂；反之卯木太强，子水太弱，则为木多水缩。寅刑巳的道理一样。丑未戌三刑，辰午酉亥自刑皆为同类相助。当其本身已经很强旺时，再遇相助而增大力量，是成忌神之助就导致旺极必反，旺极一般情况下为克。

从以上分析可以看出，当生刑的两支或三支力量相差不大时，也以生助论而不以刑论。巳刑申、申刑寅为克刑；申巳相刑又相合，当合力较大时也论合不论刑。当忌神旺相时，忌神相刑的结果会导致命局五行严重失衡，易出现伤病灾或牢狱、官司等凶灾。

（四）害

地支相害有六组，又称六害。地支相害，也是五行生克的一种表现形式。

子未相害，丑午相害，寅巳相害，卯辰相害，申亥相害，酉戌相害。

三、地支之象

1. 十二地支配方位

寅卯东方木；巳午南方火；申酉西方金；亥子北方水。

寅卯辰为春季，巳午未为夏季，申酉戌为秋季，亥子丑为冬季。

其中辰戌丑未在每个季度的最后一个月，皆因土旺于四季，故为四季土。

辰为东南，未为西南，戌为西北，丑为东北。

2. 十二支配生肖

子为鼠，丑为牛，寅为虎，卯为兔，辰为龙，巳为蛇，午为马，未为羊，申为猴，酉为鸡，戌为狗，亥为猪。

3. 十二支配数字

子为1，丑为2，寅为3，卯为4，辰为5，巳为6，午为7，未为8，申为9，酉为10，戌为11，亥为12。

4. 十二支配人体

身体：子为耳，丑为腹肚，寅为手，卯为指，辰为肩胸，巳为面、咽齿，午为眼，未为脊梁，申为经络，酉为精血，戌为命门、腿足，亥为头。

脏腑：子为膀胱、三焦，亥为肾、心包，寅为胆，卯为肝，巳为心，午为小肠，辰戌为胃，丑未为脾，申为大肠，酉为肺。

5. 十二支配颜色

子亥主黑色，寅卯主绿色，巳午主红色，申酉主白色，辰戌丑未主黄色。

6. 十二支配月建

正月建寅，二月建卯，三月建辰，四月建巳，五月建午，六月建未，七月建申，八月建酉，九月建戌，十月建亥，十一月（冬月）建子，十二月（腊月）建丑。

第六节　八字的作用规律——地支藏干

地支藏干又叫地支藏元，是根据命学中的三元而来的：以天干为天元，地支为地元，地支中所藏之天干为人元。这三者的关系既有相生，又有相克；既有相扶，又有相制，各主其事，各尽其职。地支所藏人元者，意思指人的生命由地的阴气孕育而成，而并不是地之阴气单独可为，必须受天之阳气始能成功，这就是地支暗藏天干之原理。

一、十二地支藏干

子藏：癸　　　　　　　　丑藏：己、癸、辛

寅藏：甲、丙、戊　　　　卯藏：乙

辰藏：戊、乙、癸　　　　巳藏：丙、戊、庚

午藏：丁、己　　　　　　未藏：己、丁、乙

申藏：庚、壬、戊　　　　酉藏：辛

戌藏：戊、辛、丁　　　　亥藏：壬、甲

二、十二地支藏干深浅顺序表

地支	子	卯	酉	午	亥	寅	申	巳	辰	戌	丑	未
藏干	癸	乙	辛	丁己	壬甲	甲丙戊	庚壬戊	丙戊庚	戊乙癸	戊辛丁	己癸辛	己丁乙
藏气	本	本	本	本中	本中	本中余	本中余	本中余	本中余	本中余	本中余	本中余

所谓藏干之"深浅",就是藏干之力量的大小。比如寅支中藏甲丙戊三干,甲为本气最深,其力量占六成;丙为中气为不深不浅,其力量占三成;戊为余气最浅,其力量仅占一成。

地支藏干记忆口诀：

子藏癸水在其中，丑中癸辛己土同。
寅藏甲木和丙戊，卯中乙木独相逢。
辰藏乙木兼戊癸，巳中庚金有丙戊。
午藏丁火并己土，未中乙木加己丁。
申藏戊土庚行壬，酉中辛金独丰隆。
戌藏辛金及丁戊，亥中壬水甲木存。

三、人元司令

天干为天元，地支为地元，地支藏干是人元。

在八字应用中，人元司令占有重要的地位，如戊土日干生于亥月立冬后七日之内，谓之得令，只是稍次于辰戌丑未月，因亥中含藏甲木。

寅月：立春后戊土七日，丙火七日，甲木十六日。
卯月：惊蛰后甲木十日，乙木二十日。
辰月：清明后乙木九日，癸水三日，戊土十八日。
巳月：立夏后戊土五日，庚金九日，丙火十六日。
午月：芒种后丙火十日，己土九日，丁火十一日。
未月：小暑后丁火九日，乙木三日，己土十八日。
申月：立秋后戊己土十日，壬癸水三日，庚金十七日。
酉月：白露后庚金十日，辛金二十日。
戌月：寒露后辛金九日，丁火三日，戊土十八日。
亥月：立冬后戊土七日，甲木五日，壬水十八日。
子月：大雪后壬水十日，癸水二十日。

丑月：小寒后癸水九日，辛金三日，己土十八日。

十二月节当令——五行得令节期：
木当令：立春后至立夏前19天止。
火当令：立夏后至立秋前19天止。
土当令：四立前18天至四立止。
金当令：立秋后至立冬前19天止。
水当令：立冬后至立春前19天止。

第七节 月令提纲——五行旺衰的来源

五行干支的强弱旺衰，取决于天体的运行，这是自然和社会的统一。

在生命信息预测中，古代先贤总结出一整套的推算方法，力求与天体运行规律相吻合。这便是根据人的出生之日的天干阴阳之五行，在所生之月禀受天地之气的旺衰、顺逆、厚薄的情况，推出人之一生的命运。因而，五行、干支在四时十二月所处的旺相休囚死状态，则是判断四柱日干及其他五行旺衰的标准之一。

在论命局五行旺相休囚死时，是以正五行论，不分阴阳干，正五行即阳干五行。

一、五行四时旺相休囚死

五行旺相休囚死，是指干支五行在月令提纲中所处的旺相休囚死强弱等程度。

五行旺相休囚死

五行\月 \ 旺衰程度		旺	相	休	囚	死	余气旺	进气旺
		最强	中强	小衰	中衰	最衰	小强	小强
正、二	寅卯	木	火	水	金	土	/	/
三	辰	土	金	火	/	水	木有余	火进气
四、五	巳午	火	土	木	水	金	/	/
六	未	土	金	火	木	水	火有余	金进气
七、八	申酉	金	水	土	火	木	/	/
九	戌	土	金	火	木	水	/	水进气
十、十一	亥子	水	木	金	土	火	/	/
十二	丑	土	金	火	木	/	水有余	木进气

旺相休囚死是五行在四时节令所处的一种旺衰状态。旺是最强，是事物发展到鼎盛时期的状态。

相是中强，是事物处于受生受益时期，正适宜发展的状态，为生长发展前提供了条件，处于次旺的状态。

休是小衰，是一事物因生另一事物而被泄气，走入衰败的状态。

囚是中衰，是事物失去生的源泉又克制不了当令之事物，导致自身失败。

死是最衰，是一事物受到力量极旺的另一事物重克，无气伤尽，走向灭亡的状态。

余气旺和进气旺都为小强，是事物在开始或终结的时候，自身有初升和剩余的气势。

旺相休囚死的旺衰顺序为，旺为最强，相为中强，余气旺和进气旺为小强，休为小衰，囚为中衰，死为最衰，下面的口诀可帮您记忆和理解：

当令者旺，令生者相，生令者休，克令者囚，令克者死。

正、二月是寅卯月，木值班行使命令，因而木气最强盛称为旺。

三月是辰月，土值班行使命令，土气最强旺。按四时节令说，辰月是春天最后一个月，木有余气，因而称余气，余气也为旺，只不过余气旺要比木本气值班当令时要小得多。又因辰月是夏天的前一个月，是春和夏的交接转换之月，夏天就要开始，火开始进气，即是说在辰月，已经有了火的成分，进气也为旺。进气旺，也比本气值班当令时小得多。

四、五月是巳午月，火值班当令，火是由木生的，木生完火之后，处于休养生息的状态，因而称为休。

六月是未月，又是土值班当令，木是克土的，由于克土而消耗了自身力量，称为囚，在这里，囚不是"囚禁"起来的意思。

七、八月申酉月，金值班当令，木被金克，由于被金克制而不能发挥本气的作用，称为死，而不是真死。

九月是戌月，又是土值班当令，木为囚。

十、十一月是亥子月，水值班当令，木是水生的，由于水生而旺称为相，次于旺。

十二月是丑月，土值班当令，木处于囚的状态，但是丑月是冬天最后一个月，又是春天的前一个月，处于冬春交换之月，因而是水有余气，木进气。

火、水、金、土五行旺相休囚死同理。

二、十二宫旺衰

天干十二宫是以十干的时令旺衰来说明事物由生长到兴旺再到衰老最后病死这样一个发展变化的全过程。

长生，犹如人刚出生于世的降生阶段，指万物萌发之际。

沐浴，为婴儿降生后的洗浴阶段，指万物生出，承受大自然沐浴。

冠带，为小儿穿衣戴帽子了，指万物渐荣。

临官，也称进禄，如人长成强壮，可以做官化育领导人民，指万物长成。

帝旺，象征人壮盛到极点，可辅佐帝王大有作为，指万物成熟。

衰，指盛极而气衰，指万物发生衰变。

病，如人患病，指万物困顿。

死，如人气尽，形体已死，指万物死灭。

墓，也称库，如人死后归于墓，指万物成熟后归库。

绝，如人形体绝灭化归为土，是指万物前气已绝，后继之气还未到来，在地中未有其象。

胎，如人受父母之气结聚成胎，是指天地气交之际，后继之气来临，并且受胎。

养，像人养胎于母腹之中，之后又出生，是指万物在地中成形，继而又萌发，又得经历一个生生灭灭、永不停止的天道循环过程。

三、十天干五行生旺死绝表

	长生	沐浴	冠带	临官	帝旺	衰	病	死	墓	绝	胎	养
甲	亥	子	丑	寅	卯	辰	巳	午	未	申	酉	戌
丙	寅	卯	辰	巳	午	未	申	酉	戌	亥	子	丑
戊	寅	卯	辰	巳	午	未	申	酉	戌	亥	子	丑
庚	巳	午	未	申	酉	戌	亥	子	丑	寅	卯	辰
壬	申	酉	戌	亥	子	丑	寅	卯	辰	巳	午	未
乙	午	巳	辰	卯	寅	丑	子	亥	戌	酉	申	未
丁	酉	申	未	午	巳	辰	卯	寅	丑	子	亥	戌
己	酉	申	未	午	巳	辰	卯	寅	丑	子	亥	戌
辛	子	亥	戌	酉	申	未	午	巳	辰	卯	寅	丑
癸	卯	寅	丑	子	亥	戌	酉	申	未	午	巳	辰

十干是指日干为主，就是本人出生的日干，如甲木遇亥为长生，遇子为沐浴，遇丑为冠带……遇辰为衰，遇巳为病……也就是说，甲木遇到亥年或亥月、亥日、亥时都为遇长生，相反的甲木遇午年、午月、午日、午时都为遇死地。日干旺衰：日干旺衰包括四个方面：得令，得地，得生，得助。

得令：日干旺于月支，处长生，沐浴，冠带，临官，帝旺之地为得令。

得地：日干在其余各支中得长生（须阳日干），禄刃（支中藏干的本气为比，为劫），或逢墓库（阳日干逢墓库为有根，阴日干无气，故无根）。

得生：日干得四柱干支中的正偏印之生为得生。

得助：日干与四柱其他天干同类为逢比肩劫财帮身，此为得助。

四、四时之五行宜忌

1. 四时之木宜忌

春天的木，还带有剩余的寒气，如果遇到火来温暖，才能避免盘屈弯曲的祸患；如果是遇到水来滋润，就会觉得有舒畅的美妙。但如果水太多树木就会潮湿腐烂，水太少树木就会枯萎。因此，水火必须都适度才好。至于如果土太多了，就会损耗树的内力，也是值得忧虑的；如果土比较稀薄，那么树木就会繁荣茂盛。如果这时的木遇到金，就会变得坚硬，遇到火也没有大的伤害；假若木已经变得强壮了，遇到金也不怕，一样生长。

夏天的木，根和叶都很干燥。树木开始由弯曲而挺拔，由盘屈而伸展；喜欢盛大的水来滋润它，忌怕炎热的火来焚烧它；适宜生长于薄土而不宜厚土，土太厚对木就是一种灾难；讨厌多金而不讨厌少金，因为金太多木就会被抑制，那样就会像一层层的树木，繁荣茂盛，只徒自成林，一叠叠的花朵，开得漂亮，但最终还是不结果实。这就是所谓："重重见木，徒自成林，叠叠逢华，终无结果。"

秋天的木，外表逐渐凋零萧条。初秋的时候，还保存有火气，喜欢水土来滋润生长；中秋的时候，果实已经结成，喜欢刚硬的金来削落它；霜降之后，不适宜太盛的水，水太盛了，木就会被漂起来；寒露之前，又适宜较强的火来加热，火热那么木就结实。木多就有多才的美称，土太多太厚木就无法生长自立。

冬天的木，盘屈弯曲在地上，希望多一些土来滋养它，害怕水太多来淹没它的身体。金即使多，对它也没有伤害；如果这时火再次出现，对木就有温暖之功。叶落归根"复命"的时候，木的病衰之势是不能阻挡的。只是忌怕这时死绝了，应刻生长，存活它。

2. 四时之火宜忌

春天的火，母旺子相，势力并行。喜木生扶，不宜过旺，旺则火炎，欲水即济，不愁兴盛，盛则沾恩。土多则塞塞埋光，火盛则伤多烈躁，见金可以施功，纵重见用才尤遂。

夏天的火，乘令秉权，遇水制则免自焚之咎，见木助必招夭折之忧，遇金必作良工，得土逐成稼穑，然金土虽为美丽，无水则金燥土焦，再加木盛，太过倾危。

秋天的火，性息体休。得木生则有复明之庆，遇水克难免损灭之灾。土重而掩其光，金多则损伤期势。火见木以光辉，徒叠而见有利。

冬天的火，体绝形亡。喜木生而有数，遇水克以为殃。欲土制为荣，爱火必为利。见金难任其财，无金则不遭害，天地虽倾，火水难成。

3. 四时之土宜忌

春天的土，它的势力是最孤单的，所以喜欢火来扶持，惧怕木来克制；喜欢土来比肩助力，惧怕水来扬波而冲流土。这时遇到金来制伏木，土就变得强大，但如果金太多太重又会盗泄土气。

夏天的土，它的品性最干燥；遇到大水来湿润它最好；遇到旺火来焦烤就会更干燥，反而受害。木能扶助火势，所以木和火都不适合土生长。金能生水，充足的水就能使夏天的土强盛；这时遇到土来比肩相

助，土就更强大，反而有堵塞蹇滞不通之弊。因此，土如果太过强大，又适宜木来遏制它。

秋天的土，土与金母衰子旺，金太多就会盗泄土气；木如果过盛就会制伏土；火即使很多也不讨厌，只是水势泛滥就不吉祥了。这时能遇土来比肩相助，就能扶持其生长，到霜降的时候没有比肩也是没有妨碍的。

冬天的土，外表寒冷里面温热。遇到盛大的水，土就更好；金如果太多，土也会变得富贵。火太盛只能使土更繁荣，木多也无妨害。这时能再是遇到土相助就更好了，那就身体强健更加长寿。

4. 四时之金宜忌

春天的金，身上所有的寒气还未消尽，贵在有火气来使之生长，繁荣，这时的金身体羸弱，品性柔软，希望得到土来扶助才好。水太多金就会变得寒冷，本来有用也等于无用；木如果太盛，金就容易被折断，本来最刚硬的金变得不刚硬了。金来比肩相助，就最为高兴了，但比肩而没有火，失去同类也不是好的。

夏天的金，更加柔弱。形体和内质都未生长完备，这时更惧怕身体变得衰弱。盛大的水对夏天的金是吉祥的，但火多了却不好。遇到金来扶持，就会使它更坚硬、强壮。遇到木那就是助鬼伤身。土太厚就会埋没金的光辉，土薄些对金才有益。

秋天的金，正是得势的时候。火来修炼金，逐能成为钟鼎般的好大材，土又来滋养它生长，反而会使之带有顽浊之气；遇到水就精神愈加秀丽；遇到木就正好雕琢斧削以施威。这时得到金来相助就变得更坚强，只是要注意太过刚强就会容易折断。

冬天的金，形体寒凉品性冷癖。木如果太多就难以施展斧凿之功；水太盛就不免有使之沉没的祸患；土能够伏水，所以遇到土可以使金的身体变得不那么寒冷；火来生土，母子俩都对金有好处；这时喜欢金来比肩类聚相扶助，希望官印来温养就更美妙了。

5. 四时之水宜忌

春天的水，品性淫滥滔泛。如果遇到土来制伏它，就可避免横流泛滥的祸害；如果再逢水来相助，就一定有溃堤决口的危险。喜欢金来扶助，但不宜金太多；希望火来周济，但不宜火太炎。这时遇到木就可湿润施功，使之生长繁荣；没有土来堵塞，水就会散漫开去。

夏天的水，外表实而内虚。这时正逢干涸的时候，所以希望得遇水来扶助；喜欢金来扶持自身；惧怕火太旺太炎；木太盛就会耗泄水气，土太盛太重就会克制水的源泉。

秋天的水，金与水母子相旺。遇到金相助水就变得清莹、澄澈；逢遇旺盛的土，水就会变得混浊；火多对水十分有利，只是太过多又不应该。木多也能使水自身繁荣，但也以中和适度为贵。如果遇到太多的水，就会增添其泛滥的忧虑；如果遇到一叠叠的土来堵塞水，才会有清平的气象。这就是所谓："重重见水，增其泛滥之忧；叠叠逢土，始得清平之象。"

冬天的水，正是得势的时候。遇到火就可除去自身的寒气；遇到土就有了归宿；金太多反而说明水无义，木太盛就说明水有情。这时水太微小就喜欢比肩同类来相助，水太盛就喜欢筑土为提防。

第二章　八字的干支组合

十天干为：甲、乙、丙、丁、戊、己、庚、辛、壬、癸。
其中：甲、丙、戊、庚、壬五位为阳干；
　　　乙、丁、己、辛、癸五位为阴干。

十二地支为：子、丑、寅、卯、辰、巳、午、未、申、酉、戌、亥。
其中：子、寅、辰、午、申、戌六位为阳支；
　　　丑、卯、巳、未、酉、亥六位为阴支。

十天干配十二地支共60种组合，这60种组合都是阳干配阳支，阴干配阴支。由于干支间的生克关系不同，干与支间又互相制约，互相影响，干支单柱之组合是四柱所有组合关系中距离最近的一种组合，因此它们之间产生的生克力最直接也就最大。

干支间单柱组合共有五种情况：
1. 干克支；
2. 支克干；
3. 干生支；
4. 支生干；
5. 干支比合一气。
　　干与支组合形式是按地支藏干本气论的。这五种组合形式对干与支生克权影响各不相同，力量相差很大。

四柱预测水平高低的关键是掌握各五行力量的大小,因此把握好各种单柱干支组合形式对干与支生克力大小的影响,就显得尤为重要。

第一节　干克支组合

干克支又称盖头,天干就像一个大锅盖一样,盖在地支上,使地支无法正常发挥力量,这种干支组合双方都不受益。

盖头组合共有十二组:甲辰、甲戌、乙丑、乙未、丙申、丁酉、戊子、己亥、庚寅、辛卯、壬午、癸巳。

甲辰柱由于辰中有乙木中气根,辰又为湿土有养木之功,故天干甲木没有损力,而辰土却受损严重,辰土减力七成左右。此种组合若男命日柱为甲辰,定主克妻破财,又由于辰为皮肤、肌内及脾胃,若四柱中土弱木旺,主易在上面所代表的身体部位有病伤之灾,逢木旺之时,便是应期。这种干透支藏之组合就像在辰土内部放了一个炸药包,逢岁运引发就会爆炸,辰土必受伤。

甲戌柱不同于甲辰,由于戌中不藏水、木,所以没有内部先天隐患。甲木克戌土只能克其表面,而无法深入内部,天干甲木主克,耗力三成左右,戌土被克,减力五成左右,这种组合逢土旺时也极易道成土重木折之势。

乙丑柱,乙木主克,耗力三成左右,丑土被克,减力五成左右。

乙未柱,乙木虽在未中有余气之根,但力微,加上未为燥土为木库,所以乙木损力三成左右,未土减力五成左右,这种组合逢火土旺时,易道成土众木折之势。由于乙坐未为木库,木旺时为库未中的乙木以通根论,当火、土、金旺时,就以乙木坐墓来论,乙木受伤。所以当日柱为乙未,日干弱,土火或金旺,为日主坐墓,主一生多忧少乐,生活不愉快,来自家庭、身体等方面压力大。

丙申、丁酉,干丙、丁火耗力三成左右,支申酉金损力五成左右。

庚寅、辛卯，由于庚遇寅为绝地，辛遇卯为绝地，这叫自坐绝地，若木旺易成金缺之象，易得肺病、咳喘、肺心病等，《玉照定真经》云："辛卯、庚寅，尤忌大人劳骨病。"劳骨即肺病。这种组合干耗力三成左右支损力五成左右。

壬午、癸巳，干耗力三成左右，支减力五成左右。

上面干支力量变化情况，是指在没有其他条件介入情况下来论的，若命局中五行力量有变化，干与支减力情况也随之有所改变。

第二节　支克干组合

支克干又称截脚，这种组合也是双方均不受益，其中天干受损严重，地支耗力较小。

截脚组合共计十二组：甲申、乙酉、丙子、丁丑、丁亥、戊寅、己卯、庚午、辛巳、壬辰、癸丑、癸未、壬戌。

甲申、乙酉柱，甲乙木受克严重，干减力六七成左右，支减力二至三成。柱中有甲申、乙酉，极易患肝风之病。

丙子、丁亥柱，干减力六七成，支耗力二三成。丙子柱子虽为阳支，但本气藏癸水阴干，有外阳内阴之象，若日柱是丙子，子水体现的是正官心性，并非七杀的蛮横霸道心性。丁亥理同于此。

戊寅、己卯之组合，干损力六七成，支耗力二三成，此种组合戊己土受伤严重，戊为勾陈主田土、牢役；己为腾蛇，主田园、忧思。戊己为皮肤，《玉照定真经》说："戊己朝仁田宅而肿疮狱讼。"是说，戊见到寅，己见到卯，会因房产、田宅而起口舌是非，甚至官讼，也易有皮面毒疮之症。

庚午、辛巳柱，庚午柱庚损力六七成，支耗力二三成。辛巳柱，因巳中有辛金余气根庚金，故干损力五成左右，支耗力三成左右。辛金坐巳为长生，金旺时以长生论，金弱以火克金论。庚午、辛巳柱若逢柱中火旺，多有心肺之病、糖尿病。

壬辰、壬戌，壬坐辰为自坐墓库，由于辰中有壬水之余气根癸水，故壬水损力小些，五成左右，辰土耗力三成左右。当柱中水旺时，辰中癸水为壬水真通根，当土旺以壬入墓论。古书有云：壬坐辰为壬骑龙背主贵，实际中壬辰日比比皆是，许多人并不富贵反而贫贱，由此看来，只以取象定富贵并非可靠，富贵贫贱全凭五行生克制化之理推断才为正理。

癸丑、癸未二柱，癸丑柱由于丑中藏有癸水中气根，所以天干癸水只减力四成左右，地支丑土耗力三成左右。癸未柱未为干土制水力量大，癸水减六七成，未土耗力三成。

截脚的单柱中，天干的生克权不大，能量小，若天干之五行为忌神，由于生克权不大，故为凶也不大，为喜用神时也不得力，只有当天干临旺相，地支逢休囚死地时，天干才能正常发挥作用。

四柱中多盖头截脚，是一种气不流通之象，是一种互相阻碍之象，所以主此人一生做事多阻逆，运气不通，反复周折多。此种组合的八字主人要做成一件事，必经许多周折。很少顺顺利利一气呵成。另外表现在身体方面也是多处不适。

第三节　干生支组合

天干生地支的单柱组合有十二组：甲午、乙巳、丙戌、丙辰、丁未、丁丑、戊申、己酉、庚子、辛亥、壬寅、癸卯。

天干生地支本象为：天干泄气减力，地支受益加力。

甲午、乙巳柱，天干甲、乙减力三成左右，地支巳午火加力三成左右。

天干生支减力，地支受益加力。

丙戌、丙辰柱不同，戌为燥土不晦火，所以天干丙火只减力一成左右，地支戌土加力三成左右，丙坐戌为坐库，一般情况下都以丙火通根于戌中丁火论，只有在柱中水、土、金旺而木火弱时，丙火论人墓减力大。丙辰柱辰为湿土晦火力大，故丙火减力三至四成，辰土增力三至四成。

丁未、丁丑二柱，未为燥土且未中有丁火中气通根，所以天干丁火不减力，而地支未土加力三成左右。丁丑柱，由于丑为湿土，晦火力大，故丁火减力四成左右，丑土增力四成左右。

戊申、己酉两柱，戊己土减力三成，地支申酉金加力三成。

庚子、辛亥柱，天干庚、辛金减力三成，支亥子水加力三成。

壬寅、癸卯两柱，天干壬、癸水减力三成，地支寅卯木加力三成。

干生支临日柱之组合为日坐食伤，若女命遇此，多半婚姻不顺（坐食神差些，坐伤官定是婚姻不顺）。

第四节　支生干组合

地支生天干，地支减力天干受益，支生干组合共十二组：甲子、乙亥、丙寅、丁卯、戊午、己巳、庚辰、庚戌、辛丑、辛未、壬申、癸酉。

甲子与乙亥柱天干受生力不同，甲子柱，甲在子水中无根，故甲木受生力小，天干甲木加力二成左右，支子水减力二成左右；乙亥柱由于亥中藏有甲木中气通根，天干乙木受生力大，乙木增力三成左右，亥水减力三成左右。

甲子、乙亥单柱由于地支亥子在藏干上有区别，如逢申金出现，申金对甲子柱的天干甲木没有丝毫造成损害，反而因为申子半合为金生水，水生木有助甲木之嫌。乙亥柱运申金就不同了，由于申害相害，申金冲克亥中的甲木，乙木之根受伤，故乙木力量受损。

所以，看八字组合，看单柱干支组合，看地支藏干情况，对实际批命十分关键，一字之差，千里之别。

上面同是水木支干的组合，由于地支藏干的区别，遇申金就出现两

岁荣通鉴（上）

种不同的结果，在测吉凶时也就有很大区别，恐是一个吉一个凶。

丙寅、丁卯理同于甲子、乙亥，丙火增力三成左右，寅木减力三成左右，丁火增力二成左右，卯木减力两成左右，逢亥水出现，丙火受损，因寅亥合寅中丙火受伤。而丁卯逢亥，由于卯中不藏火，故亥水生卯木，卯木生丁火，丁火反而加力，所以干支之组合不同，地支藏干差异对干支力量影响很大，不看地支藏干，只看表面现象，很难在四柱上学得精深。

戊午、己巳柱为自坐羊刃帝旺之地，所以戊己土增力大，为三成左右，巳午火减力三成左右。

庚辰、庚戌两柱，庚辰柱由于地支辰中不含金，故金受生力小，只增力两成左右，辰土减力两成左右。庚戌柱由于戌中有辛金中气通根，受生力大，庚金增力三成左右。

辛未、辛丑柱，辛未柱辛金增力两成，未土减力二成。辛丑柱，辛金增力三成，丑土减力三成。

壬申、癸酉柱，壬水增力三成，申金减力三成。癸酉柱癸水增力两成，酉金减力两成。

在支生干的组合中，应引起注意的是在坐支没有天干藏干的柱中，如癸酉、辛未等逢地支太旺，天干虚浮无根时，很容易形成生多为克之象，天干反而不受生。

第五节　干支比和组合

干支比和只是指天干与地支本气藏干五行属性相同。

干支比和又叫自坐本气通根。此种组合共有十二组；甲寅、乙卯、丙午、丁巳、戊辰、戊戌、己未、己丑、庚申、辛酉、壬子、癸亥。

干支比和之柱天干地支双方均受益，各增力五成左右，这里应注意的是干支增力均是以本坐支本气通根的五成来计，由于地支藏干不同，本气的分值也不同。

干支比和的单柱在所有单柱组合中，能量级最大，生克权也最大，所以此种组合很难被制服，只有天克地冲时才能完全制服。

若日柱自坐强根（干支比和），说明日主主观能动性很强，有强烈的奋斗意识，若临月令旺相表现一生很辛苦，很操劳，至于辛苦操劳有无成绩，关键看用神是否得力，用神不得力，只能是辛辛苦苦，劳劳碌碌，平平庸庸之命，若用神有力量，是经过不断辛苦努力，终有成就。

干支比和之柱在某宫位，其宫位所对应的六亲大多有辛苦奔波之象，因为其能量太大了，只有不断运动来耗其旺气，所以就推导出辛苦操劳这种象。

第三章 排八字、大运与流年

四柱预测就是把求测人的出生年月日时换算成天干地支，组合成四柱，然后根据这个四柱中天干地支的生克制化刑冲合害及组合，断出求测人的贫富寿夭、吉凶贵贱，及后天命运的吉凶信息。

排四柱是推命的第一步，即由命主出生之年月日时排出其四柱。由于四柱是由八个干支组成，因此也叫排八字。下面分别说明年月日时的四柱排法。

第一节　排年柱

年柱，即人出生的年份用农历的干支表示。十天干与十二地支按顺序两两相配，至六十次循环一周，如甲子、乙丑、丙寅、丁卯……壬戌、癸亥。因是以天干甲和地支子相配为第一年，所以称为六十甲子，也称六十花甲子。因此，六十甲子是代表时间的符号。

农历六十年循环一个甲子后，天干地支再从头相配，周而复始，循环不已。近代干支纪年，1864年至1923为上元，1924年至1983年为中元，1984至2043年为下元。

注意上一年和下一年的分界线是以立春这一天的交节时刻划分，而不是以正月初一划分。如某人1998年正月初三生，由于1998年交立春是正月初八 8 时 53 分，因此此人的年柱为1997年之丁丑，而非

1998年之戊寅。

六十甲子年表

甲子 1924 1984	乙丑 1925 1985	丙寅 1926 1986	丁卯 1927 1987	戊辰 1928 1988	己巳 1929 1989	庚午 1930 1990	辛未 1931 1991	壬申 1932 1992	癸酉 1933 1993
甲戌 1934 1994	乙亥 1935 1995	丙子 1936 1996	丁丑 1937 1997	戊寅 1938 1998	己卯 1939 1999	庚辰 1940 2000	辛巳 1941 2001	壬午 1942 2002	癸未 1943 2003
甲申 1944 2004	乙酉 1945 2005	丙戌 1946 2006	丁亥 1947 2007	戊子 1948 2008	己丑 1949 2009	庚寅 1950 2010	辛卯 1951 2011	壬辰 1952 2012	癸巳 1953 2013
甲午 1954 2014	乙未 1955 2015	丙申 1956 2016	丁酉 1957 2017	戊戌 1958 2018	己亥 1959 2019	庚子 1960 2020	辛丑 1961 2021	壬寅 1962 2022	癸卯 1963 2023
甲辰 1964 2024	乙巳 1965 2025	丙午 1966 2026	丁未 1967 2027	戊申 1968 2028	己酉 1969 2029	庚戌 1970 2030	辛亥 1971 2031	壬子 1972 2032	癸丑 1973 2033
甲寅 1974 2034	乙卯 1975 2035	丙辰 1976 2036	丁巳 1977 2037	戊午 1978 2038	己未 1979 2039	庚申 1980 2040	辛酉 1981 2041	壬戌 1982 2042	癸亥 1983 2043

为了方便读者记忆公元纪年，今介绍一种简单快捷实用的记忆窍门，供读者使用。

天干纪元

庚	辛	壬	癸	甲	乙	丙	丁	戊	己
0	1	2	3	4	5	6	7	8	9

凡是天干为庚，其公元年个位数字是0，如庚子1960年、庚戌

1970年、庚申1980年；天干为辛，其公元年个位数字是1，如辛丑1961年、辛亥1971年、辛酉1981年，其他同理类推。

第二节　排月柱

一、月建

月柱，即用农历的干支表示人出生之年月所处的节令。注意月干支不是以农历每月初一为分界线，而是以节令为准，交节前为上个月的节令，交节后为下个月的节令。

我们现在用的农历也叫夏历，十二支配十二月，称为月建。建，古代天文学称北斗星斗柄所指为建。农历的月份即由此而定。

农历正月斗柄指寅，以寅始，即以农历正月为岁首。正月建寅，二月建卯，三月建辰，四月建巳，五月建午，六月建未，七月建申，八月建酉，九月建戌，十月建亥，十一月建子，十二月建丑。月柱中的地支每年固定不变，从寅月开始，到丑月结束。

一月 寅月	二月 卯月	三月 辰月	四月 巳月
从立春到惊蛰	从惊蛰到清明	从清明到立夏	从立夏到芒种
五月 午月	六月 未月	七月 申月	八月 酉月
从芒种到小暑	从小暑到立秋	从立秋到白露	从白露到寒露
九月 戌月	十月 亥月	十一月 子月	十二月 丑月
从寒露到立冬	从立冬到大雪	从大雪到小寒	从小寒到立春

下面节令口诀可帮助读者记忆：
春惊清明夏种暑，秋露寒冬大雪寒。

二、节令的含义

正月立春:"立"是开始的意思,表示万物复苏的春天又开始了,天气将回暖,万物将更新,是农事活动开始的标志。立春是公历的2月4日或5日。

二月惊蛰:春雷开始轰鸣,惊醒了蛰伏在泥土里冬眠的昆虫和小动物,过冬的虫卵快要孵化了,这个节气表示春意渐浓,气温升高。惊蛰是公历的3月6日或7日。

三月清明:这个节气表示气温已变暖,草木萌动,自然界出现一片清秀明朗的景象。清明是公历的4月5日或6日。

四月立夏:这个节气表示夏季开始,炎热的天气将要来临,农事活动已进入夏季繁忙季节了。立夏是公历的5月6日或7日。

五月芒种:"芒"是指壳实尖端的细毛,在北方是割麦种稻的时候,也是耕种最忙的时节,芒种是公历的6月6日或7日。

六月小暑:这个节气表示已进入暑天,炎热逼人,小暑是公历的7月7日或8日。

七月立秋:这个节气表示炎热的夏季将过,天高气爽的秋天开始。立秋是公历的8月8日或9日。

八月白露:这个节气表示天气更凉,空气中的水汽夜晚常在草木等物体上凝结成白色的露珠,白露是公历的9月8日或9日。

九月寒露:这个节气表示冬季的开始,预示气候的寒冷程度将逐渐加剧,寒露是公历的10月8日或9日。

十月立冬:这个节气表示清爽的秋天将过,寒冷的冬天开始,立冬是公历的11月7日或8日。

十一月大雪:这个节气表示降雪来得较大,大雪是公历的12月7日或8日。

十二月小寒:这个节气表示进入冬季最寒冷的季节,会有霜冻,小寒是公历1月5日或6日。

三、年上起月表

月柱中每月的天干有所不同,虽不像地支那样固定,但也是有规律可寻的。参看下表:

年上起月表

月/年	甲己	乙庚	丙辛	丁壬	戊癸
正月	丙寅	戊寅	庚寅	壬寅	甲寅
二月	丁卯	己卯	辛卯	癸卯	乙卯
三月	戊辰	庚辰	壬辰	甲辰	丙辰
四月	己巳	辛巳	癸巳	乙巳	丁巳
五月	庚午	壬午	甲午	丙午	戊午
六月	辛未	癸未	乙未	丁未	己未
七月	壬申	甲申	丙申	戊申	庚申
八月	癸酉	乙酉	丁酉	己酉	辛酉
九月	甲戌	丙戌	戊戌	庚戌	壬戌
十月	乙亥	丁亥	己亥	辛亥	癸亥
冬月	丙子	戊子	庚子	壬子	甲子
腊月	丁丑	己丑	辛丑	癸丑	乙丑

此表查法是,凡甲年己年(年柱天干为甲或己),正月为丙寅,二月为丁卯,其余类推。如1998年为戊寅年,三月是丙辰月。2000年为庚辰年,八月为乙酉月。

四、年上起月口诀

甲己之年丙作首,乙庚之年戊为头。
丙辛之岁寻庚上,丁壬壬寅顺水流。
若问戊癸何处起,甲寅之上好追求。

口诀用法：凡甲年己年，一月天干为丙，二月天干为丁，其余类推。

一年分四季，有廿四个节气。其中有十二个节，十二个气，即一个月之内有一节一气。每两节相距约三十天又十分之四天，而农历每月天数则为二十九天半，故约每三十四个月，必有两个月有节而无气或有气而无节的情况。有节无气之月，即农历的闰月，有气无节之月不为闰月。

记年月日时遇有闰月时，一定要标明闰月，防止排错四柱。一般情况下，记前后月即可。下面两个命造，虽然都生于五月，因有前后五月的区别，故两命造四柱截然不同。

例如：女命，一九九〇年前五月十六日辰时生

坤造：庚　壬　甲　戊
　　　午　午　辰　辰

例如：女命，一九九〇年后五月十六日辰时生

坤造：庚　癸　甲　戊
　　　午　未　戌　辰

第三节　排日柱

日柱，即用农历的干支代表人出生的那一天。干支记日每六十天一循环，由于大小月及平闰年不同的缘故，日干支需查找万年历。

日柱，在命学上是以晚上子时开始顺时针到亥时，十二个时辰为一天，每一个时辰占两个钟点。

日与日的分界线是以子时来划分的，即晚上的十一点。十一点前是

上一日的亥时，过了十一点就是次日的子时。

日柱干支的推算没有简明的规律，所以要查万年历，所以学四柱买一本万年历是必要的。

现在科技发达，有专业的电脑排八字软件、手机排八字软件，方便实用，都可以顺利排出八字与大运、流年，是专业预测师必备的工具。

第四节　排时柱

一、时辰的划分

时柱，用农历干支表示人出生的时辰。一个时辰在农历记时中跨两个小时，故一天共十二个时辰。

子时：23点——凌晨1点前

丑时：1点——凌晨3点前

寅时：3点——凌晨5点前

卯时：5点——凌晨7点前

辰时：7点——上午9点前

巳时：9点——上午11点前

午时：11点——上午13点前

未时：13点——上午15点前

申时：15点——上午17点前

酉时：17点——上午19点前

戌时：19点——晚上21点前

亥时：21点——晚上23点前

古人将一日等分为十二时辰，即：

夜半者子也，鸡鸣者丑也，平旦者寅也，日出者卯也，食时者辰也，隅中者巳也。

日中者午也，日佚者未也，哺时者申也，日入者酉也，黄昏者戌也，人定者亥也。

二、日上起时表

时柱的地支是固定不变的，而天干却不同，可查下面日上起时表：

日上起时表

时/日	甲己	乙庚	丙辛	丁壬	戊癸
子	甲子	丙子	戊子	庚子	壬子
丑	乙丑	丁丑	己丑	辛丑	癸丑
寅	丙寅	戊寅	庚寅	壬寅	甲寅
卯	丁卯	己卯	辛卯	癸卯	乙卯
辰	戊辰	庚辰	壬辰	甲辰	丙辰
巳	己巳	辛巳	癸巳	乙巳	丁巳
午	庚午	壬午	甲午	丙午	戊午
未	辛未	癸未	乙未	丁未	己未
申	壬申	甲申	丙申	戊申	庚申
酉	癸酉	乙酉	丁酉	己酉	辛酉
戌	甲戌	丙戌	戊戌	庚戌	壬戌
亥	乙亥	丁亥	己亥	辛亥	癸亥

三、日上起时口诀

甲己还加甲，乙庚丙作初。
丙辛从戊起，丁壬庚子居。

戊癸何方发，壬子是真途。

上表和口诀的用法与年上起月法类似。如丙申日卯时的天干是辛，即辛卯时。

第五节　四柱的宫位含义

四柱八字当中的年柱、月柱、日柱、时柱，就是四柱的四个宫位。

四柱预测是建立在"人是有命运的"这个基点上的，而命运又是由先天的"命"和后天的"运"所组成的，一个人的四柱就代表了这个人的命，此人一生的富贵贫贱、吉凶寿夭的信息，尽藏于这个四柱之中。因此，虽然是一个简单的四柱八个字，却具有多方面的含义。

可将四柱八字比喻为树木，进而引申比喻为命主的状况。

年柱好比树之根，根深则树干粗壮，反之则树干枯死；

月柱好比树之干，干粗则枝叶茂盛，反之则枝叶凋零；

日柱好比树之花，日旺则繁花似锦，反之则少花无色；

时柱好比树之果，时旺则硕果累累，反之则果实质劣。

一、八字的六亲宫位

在四柱预测中，我们常把四柱八字比喻为六亲（或说代表六亲）。

年柱代表祖辈，也为父母宫。

月柱为父母宫，也为兄弟宫。男命干为兄弟，支为姐妹；女命干为姐妹，支为兄弟。

日柱，日干代表自己，日支代表配偶。

日支也叫配偶宫，男命日支为妻，女命日支为夫。

时柱为子女宫，男命干代表儿子，支代表女儿，女命干代表女儿，支代表儿子。

二、八字的身体宫位

四柱八字又比喻为人体（或代表人体）。
年柱代表头；月柱代表胸；日柱代表腹股；时柱代表四肢。

三、八字的人生阶段宫位

四柱八字又比喻为人生阶段（或代表着人生各个阶段）。
年柱代表少年阶段（1—16岁）；
月柱代表青年阶段（17—32岁）；
日柱代表中年阶段（33—48岁）；
时柱代表晚年阶段（49—64岁）。

四、八字的六亲宫位断事

1. 年柱

由年干和年支组成。一般来说，年柱以相生为好，如甲子、甲午之类、主父母和顺，家业昌盛。若得月日时生年更佳，此为下生上，为年柱根基坚固而旺。主世代兴旺，祖上有福有德，本人多得祖荫之福，儿孙孝顺，父母身健寿高，也主本人发达，为有能力之人；若月日时泄克年，此为泄损元气根弱，必败祖业，不利父母；若是月日时来刑冲克害年柱，不仅败祖业，不利六亲，克父刑母，也主本人一生蹇滞，百事无成，疾病甚至无寿。

年柱干支比和者，父母多有不和之事，如壬子、甲寅之类，主家有风波，家业不旺。

年干支相克不利父母，如甲辰、乙酉之类，干克支不利母，支克干不利父，若四柱中无制无救者，则增加克力，主父母离异或丧残其一。

2. 月柱

月柱由月干月支组成，月支也叫月令、月建，月令是衡量年柱、日柱、时柱干支和月干旺衰的重要标准。

月柱干支相生利兄弟姐妹，如丙寅、丁卯之类。月干丙火在寅月为临旺地，又得其他柱来生助无克破败者，主兄弟姐妹和顺而得力。月干支受刑冲克害或干支相战，主兄弟姐妹无靠或不得力或各奔东西。

3. 日柱

日柱由日干和日支组成。日柱为人的一生之主，为人一生吉凶祸福之地。日干为自己，四柱预测中叫日主。日主生旺，犹如人身强体壮，能胜财抗杀护卫六亲，聪明能干，善养家小，遇事多逢凶化吉；日主衰弱休囚，犹如人体弱多病，神萎精枯，如不能胜财抗杀，必是凶多吉少。

日干为己，日支为配偶，干支相生夫妻和顺，如乙巳、丙寅之类。如日干偏弱，干得支生，男多得贤妻之助，女多得良夫之力。如日支偏弱，支得干生，男爱其妻，女助其夫。

日干支相冲克，有夫妻分离之忧，男克女，婚无早娶。女克男，婚无早嫁，为晚婚之象，相克甚重者，不生离则有死别之苦。日干支五行相同者为相争，不和之象。

4. 时柱

时柱由时干和时支组成。时喜生旺，忌衰绝。凡四柱中喜神（日主所喜欢之神）临时柱，生旺则愈吉，衰绝则不吉。四柱中忌神临时柱，生旺则愈凶，衰绝则不凶。时柱生旺，主子孙昌盛，身体强健，秀气聪颖，前程远大；休困死绝，则子女一生受灾或生子忤逆不孝或夭折。时柱生扶日柱，子女多忠而孝，老来有靠，平安多福，如时柱冲日主，子女多不忠不孝，老来孤独，六亲缘薄。

四柱八字由年月日时柱组成，每一个单柱，都有其相对独立的信息之象。但最终看各个柱表现的象，必须结合命元（即日干）所走大运，所逢流年，以及命局中喜忌组合综合判断。

第六节　排大运与流年

人的出生时间干支排列的组合就是人的"命"。

人出生后，所经历的人生历程为"大运"。

我们常说命运，就是两者的结合。

大运就是指一个人一生中在每个阶段的运气好坏，因此一个人不仅需知道自己命的好坏，还要知道自己一生运气的好坏，这样才能真正做到了解自己的命运，从而掌握自己的命运。

命好还要运好，这样的人生如锦上添花，更上一层楼；好命无好运，犹如竹篮子打水空欢喜；命不好行好运，也会有枯木逢春，百花盛开的美景。

人的大运是十年一变，所以才有了"十年河东，十年河西"之说法。所以一个人必须知道何时走好运，何时走败运，以达到趋吉避凶。当一个人财运官运亨通之时，即此人经过不懈努力终于登上了山峰，那种一览众山小，大自然尽收眼底的喜悦之情难以言表。可人总不能停留在山顶，此时无论往山的那边走，都是下坡路，即走退运。当一个人在人生最低谷时，往那边走都是上坡路，越走越高，即行好运，此为绝处逢生之理。

一般来讲，在哪个阶段上步入了好运，则好事连连，在哪个阶段进入了厄运，则凶事不断。人的命有的先好后坏，有的是先坏后好，有的是好坏起伏，真是千变万化。因此，行好运，可为人命之不足补益；行厄运，则须对凶事知之防之避之。那么怎样排大运呢？

一、排大运

排大运，分阴年和阳年。阳年者，是所生之年的年柱的天干为甲、丙、戊、庚、壬。阴年者，是年柱的天干为乙、丁、己、辛、癸。

排大运的基准是以人出生月的月柱干支为起点。

每步大运干支管十年，运干运支每五年各有侧重，即前五年看重运干，后五年看重运支。并不是说前五年运支不重要了，后五年运干不重要了，干支为一整体，只是侧重而已，就好比前五年运干值班说了算，后五年是运支值班说了算。排大运记住"阳男阴女顺排，阴男阳女逆排"这个口诀，就可以了。其意思是说，阳年生男，阴年生女，大运干支是由月柱干支顺数的序列排出的；阴年生男，阳年生女，大运干支是由月柱干支逆数的序列排出的。一般情况下，命局标出八步运就可以了。

1. 阳男阴女顺排

男命：一九四二年二月十二日十六时零五分生

```
          食    伤    日    财
乾造：    壬    癸    庚    甲
          午    卯    辰    申
          丁己  乙    戊乙癸 庚壬戊
```

大运： 甲辰 乙巳 丙午 丁未 戊申 己酉 庚戌 辛亥

2. 阴男阳女逆排

女命：一九四二年二月十二日十六时零五分生

```
          食    伤    日    财
坤造：    壬    癸    庚    甲
          午    卯    辰    申
          丁己  乙    戊乙癸 庚壬戊
```

大运： 壬寅 辛丑 庚子 己亥 戊戌 丁酉 丙申 乙未

二、标出起运岁数和年份

1. 阳男阴女顺排至下月节，阴男阳女逆排至上月节。

阳男阴女顺排，是从生日起顺数到下一个节令，共计几日几时，然后用3除之；阴男阳女逆排，是从生日起逆数到上一个节令，共计几日几时，然后用3除之。所得之数即为起大运之数。

2. 以3日为1年，1日为4个月（120天），1个时辰为10天计算。

无论男女顺逆数至下月节或本月节几日几时，都用3除，等于1年2年……余1个时辰加10日，余2个时辰加20日……余11个时辰加110日。

例如：男命，一九四二年二月十二日十六时零五分生

	食	伤	日	财
乾造：	壬	癸	庚	甲
	午	卯	辰	申
	丁己	乙	戊乙癸	庚壬戊

大运：	甲辰	乙巳	丙午	丁未	戊申	己酉	庚戌	辛亥
年龄：	3	13	23	33	43	53	63	73
公元：	1945	1955	1965	1975	1985	1995	2005	2015

阳年男命顺排大运，自出生日二月十二日申时顺数至二月二十日酉时（18时24分）清明节止，共有8天零1个时辰，按3天折1年，1天折4个月，1时折10天，应为出生后2岁零8个月10天交大运，亦即一九四四年十月二十二日申时起大运。

大运的计算，是以实岁（即周岁）为准。起大运的岁数，一般以实足的天数计算。有时为计算和标大运简便，在计算天数，用3除不尽时，多一天舍去不用，少一天则加一天，上例命造起大运岁数可为

8÷3=2 余 2，可为 3 岁起大运。

大运排好之后，在每步大运下面标上起运年令，为了在批命时容易分析判断，在年龄下面再标上年份。

三、排流年

何谓流年，通俗的语言就是算命那一年的干支，算哪一年的命运，哪年就叫流年。如算 1999 年的命运，就是流年己卯。算 2000 年的命运，就是流年庚辰。

古人在留给我们的四柱经典中，一般是将岁运放在一起为一方，另一方则是命局，互相参看其生克制化，以决吉凶。而笔者认为，流年是公共的，是大家的，应为一方，而另一方应是各自的命运，即命局加上大运的合称。参看时，以命运中的喜忌，对照流年，便知吉凶。

按照日主出生时间年月日时排出四柱，再以男女顺逆排出大运，就是一个人的命运。

因大运是由月令起排的，大运因四柱命局而异，因此大运同命局一样，都代表着人的先天因素即内因。而流年则是外部条件，即外因。流年对所有的命运，都是固定的、公平的。就看你的命运，是顺流年，还是逆流年，顺流年为吉，逆流年则不吉。

何谓流年太岁，太岁即是流年地支，那么流年的天干就叫岁君。一般情况下，太岁的力量要比岁君力量大。流年太岁不可犯，太岁当年坐，冒犯必有祸。

从前面分析中我们可以得出，命为一生之荣枯，运为十年之顺逆，流年为一岁之吉凶。每个人拿自己的命运去对照流年岁君太岁，是喜是忌一目了然。

四、岁运总论

十年一运，包含了十天干的十年流转，大运天干走好运，流年不会十年都一样好。最好的年头是一生得力的几年，这些流年中还会因为刑冲克合等组合好坏而损益用神。用神受克受损耗的几年中，会有一些不顺，也还会因为刑冲克合等组合好坏而损益用神，但大运天干为好运，不顺就是暂时的。大运天干不好则相反。

　　大运干支本身是互相联系着的，干支五行相生或相克或相同，都增其好运或增其坏运。如果上干克下支，损耗上干之气；上干生下支，泄上干之气；下支克上干，抑损上干之气；下支生上干或同上干为生扶上干之气。此外，大运和流年好比第五柱、第六柱，不但参与四柱的综合平衡，而且直接分十年一阶段，流年一太岁预示出吉凶。

第四章　十神之象

大运排好后，根据日主标出运干十神和地支藏干十神，然后根据四柱命局组合和大运，综合判断运程吉凶好坏。如果运用熟练了，地支藏干十神可不标出。

在四柱命局中，以日柱天干为主，命局限运其它干支为辅，推算一个人的命运，因此把日干也称为日主、日元或身。日主与其他干支的千差万别的特定组合，构成了千差万别的特定的人。由于每个人出生时所处的宇宙时空状态不同，禀受的阴阳之气的清浊旺衰也就不同，因而人的富贵贫贱、吉凶寿夭层次也就大有差别。

第一节　十神之象的基本原理

日干为日主，日主即是四柱命局中的我，为己身。四柱中日主和其他干支是同异互见，生克共存的关系。

同异关系是同性相见为偏，异性相见为正。即阳见阳或阴见阴为偏，如甲与丙或乙与丁；阳见阴或阴见阳为正，如甲与丁或乙与丙。

生克关系是生我、我生、克我、我克、同我五种关系。例如日干为丙，则甲乙为生我，壬癸水为克我，戊己土为我生，庚辛金为我克，丙丁火为同我。

天干阴阳五行与日主的关系用"神"代表，它是日干与其他各干阴阳生克的代名词，日干同其他干有五种关系，在这五种关系中又有阴阳关系，实际共十种关系，因而称十神。这十个神是正印、偏印（也称枭印）、伤官、食神、正官、偏官（也称七杀）、正财、偏财、劫财、比肩。

1. 生我者正印、偏印

阴干生阳我，阳干生阴我为正印。如日主丙火，丙为阳，乙为阴，乙木生丙火，乙木是日主丙火的正印。阳干生阳我，阴干生阴我为偏印，也称枭。如日主丙火，丙为阳，甲为阳，甲木生丙火，甲木是日主的偏印。

2. 我生者伤官、食神

阴我生阳干，阳我生阴干为伤官。如日主丙火，丙为阳，己为阴，丙火生己土，则己土是丙火日主的伤官。

阳我生阳干，阴我生阴干为食神，如日主为丙火，丙为阳，戊为阳，丙火生戊土，则戊土是丙火日主的食神。

3. 克我者正官、七杀

阴干克阳我，阳干克阴我为正官。如日主为丙火，丙为阳，癸为阴，癸水克丙火则癸水是日主丙火的正官。

阳干克阳我，阴干克阴我为偏官。如日主为丙火，丙为阳，壬为阳，壬水克丙火，则壬水是日主丙火的偏官，也称七杀。

4. 我克者正财、偏财

阴我克阳干，阳我克阴干为正财。如日主为丙火，丙为阳，辛为阴，丙火克辛金，则辛金是日主丙火的正财。

阳我克阳干，阴我克阴干为偏财。如日主为丙火，丙为阳，庚为阳，丙火克庚金，则庚金是日主丙火的偏财。

5. 同我者劫财、比肩

阴干同阳我，阳干同阴我为劫财。如日主为丙火，丙为阳，丁为阴，丙火同丁火，则丁火是日主丙火的劫财。阴干同阴我，阳干同阳我为比肩。如日主为丙火，丙为阳，丙火同丙火，则丙火是日主丙火的比肩。

第二节　天干十神表

以日干为主，分列"天干十神表"及"十神简称表"。

天干十神表

日干＼天干＼十神	甲	乙	丙	丁	戊	己	庚	辛	壬	癸
甲	比肩	劫财	食神	伤官	偏财	正财	七杀	正官	偏印	正印
乙	劫财	比肩	伤官	食神	正财	偏财	正官	七杀	正印	偏印
丙	偏印	正印	比肩	劫财	食神	伤官	偏财	正财	七杀	正官
丁	正印	偏印	劫财	比肩	伤官	食神	正财	偏财	正官	七杀
戊	七杀	正官	正印	偏印	比肩	劫财	食神	伤官	偏财	正财
己	正官	七杀	偏印	正印	劫财	比肩	伤官	食神	正财	偏财
庚	偏财	正财	七杀	正官	偏印	正印	比肩	劫财	食神	伤官
辛	正财	偏财	正官	七杀	正印	偏印	劫财	比肩	伤官	食神
壬	食神	伤官	偏财	正财	七杀	正官	偏印	正印	比肩	劫财
癸	伤官	食神	正财	偏财	正官	七杀	正印	偏印	劫财	比肩

十神即正官、偏官，正印、偏印，正财、偏财，食神、伤官，比肩、劫财，共十位，称作十神。

这些十神都是以日干为核心推导出来的，这些十神对着宇宙间的人、事、物。通过这些对应关系，才能推断发生的具体事象。

男命：一九六四年十月初八日申时生
根据出生时间排出四柱，标出十神：

	比	劫	日	枭
乾造：	甲	乙	甲	壬
	辰	亥	子	申
	戊乙癸	壬甲	癸	庚壬戊
	财劫印	枭比	印	杀枭财

女命：一九七〇年四月二十日辰时生
根据出生时间排出四柱标出十神：

	杀	官	日	财
坤造：	庚	辛	甲	戊
	戌	巳	辰	辰
	戊辛丁	丙戊庚	戊乙癸	戊乙癸
	财官食	伤财杀	财劫印	财劫印

第三节　十神间的生克关系

十神生克与阴阳五行的生克法则同步，是循环相生和隔位相克的关系。

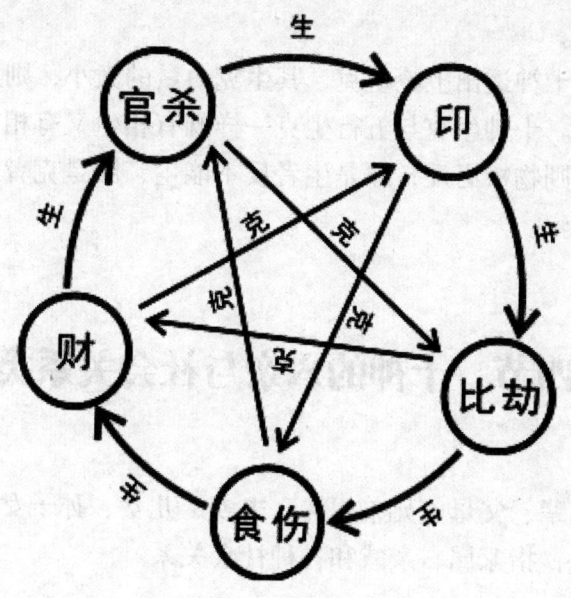

十神循环相生与十神隔位相克图

十神循环相生：

正财偏财生正官七杀，正官七杀生正印偏印，正印偏印生比肩劫财日主，日主比肩劫财生伤官食神，伤官食神生正财偏财。

十神隔位相克：

正财偏财克正印偏印，正印偏印克伤官食神，伤官食神克正官七杀，正官七杀克日主比肩劫财，日主比肩劫财克正财偏财。

十神生或克，同性生克力大，异性生克力小。不是见生就吉，见克就凶，其好命坏命也不是以生和克来论。

凡生克，不论阴阳，五行均可生可克，如甲木可克戊土，也可克己土；甲木可生丙火，也可生丁火。但甲克戊，甲生丙为阳克阳，阳生阳，同性相生相克力量大；甲生丁，甲克己为阳生阴，阳克阴，异性相生相克力量小。

凡论命从十神透出上论生克，其生克力量的大小，则从天干五行的生克合化得出。十神生克与五行生克一样既有相生又有相克。此外当某神过强或过弱则物极必反，原是生者反不能生，原是克者反受克，原是被生者反不受生。

第四节　十神的六亲与社会关系类象

六亲是祖辈、父母、兄弟姐妹、夫妻、儿女、孙子女。这里的六亲与十神的关系，指家属、亲戚和各种社会关系。

一、比肩、劫财

比肩、劫财是日主的同类，是比护我（日主）的五行，六亲喻为兄弟、姐妹。

家属、亲戚方面，男命比肩代表兄弟、姑父，劫财代表姐妹、儿媳；女命劫财代表兄弟、公爹。

社会关系方面，男命比肩代表同性朋友、同辈及同事，劫财代表异性朋友、同辈及同事；女命比肩代表异性朋友、同辈及同事，劫财代表同性朋友、同辈及同事。

二、正印、偏印

正印、偏印是生我者，印者荫也，荫护日主的五行。

家属、亲戚方面，男命正印代表母亲，偏印代表祖父、外孙、岳父、偏母、继母；女命正印代表祖父、孙子、女婿、母亲，偏印代表母亲、孙女和偏母。

社会关系方面，不论男女，正印代表贵人及帮助我（日主）的师长，又代表工作及靠山，偏印代表亲属长辈及帮助我（日主）的外力。

三、正官、偏官

正官、偏官是克我者，控制我（日主）的五行。

家属、亲戚方面，男命正官代表女儿、侄女、父亲及外婆，偏官（七杀）代表儿子、侄儿、姐夫及妹夫；女命正官代表丈夫、儿子、姐夫、妹夫及父亲，偏官代表情人、女儿、儿媳、夫家姐妹和外婆。

社会关系方面，不论男女，正官代表上司、领导及帮助我（日主）的师长，偏官（七杀）代表敌人、小人及恶势力。

四、食神、伤官

食神、伤官是我生之物，替我生财，替我（日主）抗七杀的五行。

家属、亲戚方面，男命食神代表儿子、女婿、孙子及外公，伤官代表祖母、女儿、孙女及岳母；女命食神代表祖母和女儿，伤官代表儿子、夫家的姐夫妹夫。

社会关系方面，不论男女，食神代表晚辈、学生、下属人员及仆人，伤官代表晚辈、仆人。

五、正财、偏财

正财、偏财是我用体力克服的，以体力换取的报酬。

家属、亲戚方面，男命正财代表妻子、兄嫂、弟媳及姑母，偏财代表父亲、情人及伯父叔父；女命正财代表父亲、伯父及叔父，偏财代表姑母、兄嫂、弟媳。

社会关系方面，不论男女，正财代表钱财、下属人员及仆人，偏财也代表钱财、下属人员及仆人。

注：根据十神的生克原理和六亲关系的原则，配合阴阳，便可知命中六亲关系。财星克印星，所以不论男女均以财星为父，正印为母，偏财克正印，故偏财为父。因为男命以正财为妻，妻生出来的就是儿女。正财和正官同阴阳，正官就是女儿；正财和七杀不同阴阳，所以七杀是儿子。

第五节　十神的社会生活类象

1. 正官代表官位、职位、工作、事业、学位、地位、选举、权力、考试、名誉、名气、法律、司法、疾病、负担。

2. 七杀代表军警、武职、司法之业、暴徒、官位、职权、考试、选举、名气、工作、权力、邪恶势力、仇敌、疾病、危险、压力、不良嗜好、劳动。

3. 正印代表职位、权力、学业、学术、事业、名誉、名气、单位、家、房屋、文运、地位、福寿、靠山、后台、人生存需要的氧气、食物、能提拔我的长辈。

4. 偏印代表偏业上之权位，如艺术、演艺、医业、律师、宗教、治病的药物、口味不好的食物、我不喜欢的食物、不如意的单位、技艺、自由业、服务业之成就、发展、地位，房屋、教师、关系不密切的长辈。

5. 正财代表俸禄、产业、财运、薪资、固定资产、奖金、田园、食物、下属、及其他为我支配使用的人或物。

6. 偏财代表偏业之财、暴发横财、意外之财（如中奖）、不义之财、投机之财（如赌博）。

7. 比肩代表朋友、同事、合伙事业、争利夺财、克妻克父、义气损财。

8. 劫财代表朋友、损财、夺财、夺妻、克父。

9. 食神代表福寿、发胖、食禄、下属、财源、财路、口福、唱歌、交际、名誉、演讲、著作、爱心、自由、社会服务。枭神夺食代表下岗、退休、休学。

10. 伤官代表不利家人、不利夫、退职、免职、退学、损名、伤病、休学、失权、丧位、落选落榜、运动、口才（说话）、旅游、艺术、著作、名声、写作、跳舞。

第六节　十神的性质与功能

十神功能，就是指在四柱八字中，日主（日干）与其他七个字构成的关系所产生的作用。

一、正官功能

正官与日干的关系：在五行上就是能克我日干的，且是异性相克，即阳干见阴干克，或阴干见阳干克。这里能在异性上相克的，称正官。

正官的职能：是善意之管，譬如在社会上，必须遵从政府与法律管束。有的书认为正官以吉神论，其实不尽然。是吉是凶，应以日主喜忌判之。

正官的扶抑能力：卫财、生印、抑身、制劫。

身强财弱，喜官卫财；身强印弱，正官生印。日干旺盛，正官拘身；日旺劫多，正官制劫。

二、七杀功能

七杀与日干的关系：在五行上是日主逢同性五行相克，这个能克日主的，就是七杀。

七杀的职能：是克制日主的，特别是在身弱之时，易伤其主（日干)。七杀有制时（有食神，伤官克制）谓之偏官，无制为七杀。

七杀的扶抑能力：耗财、生印、攻身、制劫。

日强财弱，七杀耗财；日强印轻，七杀生印；印轻财重，七杀攻身；日强劫多，七杀制劫。

三、正偏财功能

正偏财与日干的关系：在五行上，正偏财是受我日干克制的，正财是阳干见阴干克，或阴干见阳干克；偏财是阳干见阳干克，阴干见阴干克。

正偏财的职能：财是养命之物，人人需要，但非人人可得，古今皆然。四柱中的财，能否为日主所得，跟现实社会是同样道理，即君取财有道。

财星的扶抑能力：生官杀、泄食伤、制枭、坏正印。日旺官杀弱，财生官杀；日旺财弱，财泄食伤；日旺枭神旺，偏财制枭神；日旺正印旺，正财坏正印。

四、正偏印功能

正偏印与日干的关系：在五行上正偏印是生我日干的，正印是阳干见阴干生，或阴干见阳干生；偏印是阳干见阳干生，阴干见阴干生。

正偏印的职能：我日干进气之源，如父母生身之意。

正偏印的扶抑能力：生身、泄官杀、抑伤、挫食。

日弱官杀强，印星泄官杀生身；日弱伤食重，正印抑伤，偏印挫食。

五、伤官食神的功能

伤食与日干的关系：在五行上伤食是我日干所生的，伤官是阳干见阴干生，或阴干见阳干生；食神是阳干见阳干生，阴干见阴干生。

伤食的职能：伤见官旺而克之，反放任日干于礼法之外，旺主易有灾。食见杀（是忌神时）则能制服，使日干得以安然无祸。

伤食的扶抑能力：泄身、生财、敌杀、损官。

身强财官弱，伤食泄身；身强财弱，伤食生财；身弱官杀重，伤食敌杀损官。

六、比劫功能

比劫与日干的关系：在五行上，比劫与我日干同类，劫财是阳干见阴干同，或阴干见阳干同。比肩是阳干见阳干同，或阴干见阴干同。

比劫的职能：财之敌，日旺一般以忌神论。

比劫的扶抑能力：帮身、任官杀、抗泄、夺财。

日弱有比劫帮身，日弱有比劫任官杀，日弱有比劫抗泄，日旺有比劫夺财。

第七节　十神的喜忌心性

人的吉凶祸福是由四柱与岁运的干支五行生克制化、刑冲合害及组合决定的，地支之间的刑冲合害实质上是地支藏干间的生克，所以推命吉凶主要根据天干的生克制化进行。而与十天干对应的十神，赋予比十天干更丰富的含义。五行十干侧重于代表个人禀气分量的轻重，十神侧重描述各种人事，推命的重点主要是对日主各种人事的预测，但如果不知道十神代表的人事方面的意义，就无从详细具体推断。所以十神含义是命理的基础内容，也是重要的内容。

四柱十神由于喜忌不同，其处位置不同，其含义也就有区别，十神必须以日主喜忌为前提，为喜用有力则吉，为忌神则不吉，为喜用但遭刑冲反为不吉，为忌神倘若有制则为危害不大，或逢凶化吉。

十神为喜用时就具有正面的特性，为忌神时就见有负面的特性。

正负面特性的显现程度，随十神的强弱及在命局中的喜忌而定。

当岁运使某神的强弱改变时，其喜忌特性的呈现程度也随之改变。

我们可以从四柱十神看出很多信息，这就是通常所说的四柱潜在信息。逢岁运十神因生克制化、刑冲合害，就会引发原命局的潜在信息而产生吉凶。

在以往的书中，都没有将十神的正面特性与负面特性区别开来，笔者根据多年学习体会及实践经验，将每个十神的正负特性区别列出，供初学者学习掌握。

一、正印心性

正面特性：善良、慈祥、容纳、慈悲、宽恕、温文、稳重、内向、理智、奉献、爱心、缓冲、调济、重视自尊、重视人格、重视名誉、重视情操、重视修养、重视人情、重视感情、重视友谊、重视责任、重视信诺、重视精神生活、吃苦耐劳、淡泊名利、忍辱负重、逆来顺受、乐善好施、容易接近宗教，是正印的主象，此象表现在身弱需生时。

负面特性：缺乏独立自主，依赖性强，因而无主见，显示出来的是平安有福气。因为有生我的，故没有压力，因而易流于懒惰，做事无进取心，消极、庸碌。此象表现在身中和而有生且生有力时，由于太重自尊脸面，而弄虚作假，或打肿脸充胖子。

二、偏印心性

正面特性：奉献、安稳、精明干练、敏锐机警、心思细密、观察入微、善开先河、富于斗志、超尘脱俗、内心火热、善守秘密、头脑灵活、宜创作艺术、调查情报、侦探等工作，能给异性以安全感。

负面特性：疑虑、孤独、忧默、怨恨、封闭、自私冷漠、愤世嫉俗、固执偏枯、阴险狡诈、争夺心强、人际关系差、不让人、缺乏耐久力、喜欢走捷径、空自忙碌、多学少成、缺乏人情、喜欢钻牛角尖、思想奇特不为世俗所接受。

三、正官心性

正面特性：正直、公正、责任、信诺、管束、制约、良心、自制、规劝、纪律、光明正大、理性认识、秉公尚义、奉公守法、克己自律、不贪非分之财利、重视文明、重视精神生活、重视目标的实现、有领导才能，正人君子。

负面特性：太按部就班、循规蹈矩而欠冲劲、欠积极、欠开创、欠独立精神；太中庸而保守古板、墨守成规、意志不坚。

四、七杀心性

正面特性：有志气、富进取、行动果敢、百折不挠、豪爽侠义、威严机敏、见义勇为、抑强扶弱、具奋斗力、革命性、开创性、官欲事业心强、能在逆境中创出生机、有领导才能。

负面特性：有权威、逆叛、刚烈、偏激、好胜、好勇斗狠、激进、报复、鲁莽、有勇无谋、为义所累、歪门邪道、性暴挑衅、越轨霸道。

五、正财心性

正面特性：理智节俭、勤劳、中庸、本分、重视信诺、善理财、不投机、走正道赚钱、重视家庭、重视责任、重视物质、任劳任怨、踏实保守。

负面特性：保守、消极、吝啬、呆板、枯燥、刻薄寡情、好色纵欲、因小失大、斤斤计较、愚顽不化、缺乏情趣、谨小慎微、魄力不足、胸怀狭隘、缺乏进取、开创性差。

六、偏财心性

正面特性：慷慨大方、重义轻财、豪爽干练、圆滑机敏、富于交际手腕、营谋得利、一生机遇多、人缘好、异性缘尤佳、有心计、重情感。

负面特性：虚浮放荡、贪图享受、挥霍浪费、弄虚作假、懒惰成性、用情不专、浮华风流、学问不佳、为情烦恼、喜应酬、不珍惜金钱、喜玩弄手腕、酒色财气缺乏节制，甚至招祸。

七、伤官心性

正面特性：逞强好胜、敏捷厉害、傲气胆大、浪漫自由、聪明活跃、多才多艺、博学多能、好学不倦、领悟力特强、口才佳。一生都在学习，自信只要学，都能学会，只要想求，没有求不到的。充满活力和斗志，富有创造性，应变力强，敢于向困难挑战，向权威挑战，有反抗创新精神。

负面特性：博而不精、兴趣广泛、任性妄为、缺乏约束、不遵礼法、恃才傲物、目中无人、骄傲蛮横、狂妄刻薄、言词尖锐、招人妒忌、目无常规法纪、人际关系差、叛乱造反、私欲强、丢官、失职、落选、克夫、胆大妄为、好大喜功、容易激动、喜欢刺激、具有侵犯性。

八、食神心性

正面特性：平淡、善良、随和体贴、儒雅、温和、正统含蓄、聪明精细、待人宽厚、通情达理、气质清高、不善与人争执、追求精神境界、注重生活情调。对文学演艺、歌唱有偏好，注重饮食享用。

负面特性：太重精神而忽略物质，往往脱离现实，流于空想、幻想，甚至脱离实际，胡思乱想。思想清高、自命不凡、喜潇洒、虚伪、不受约束、无视世俗规范、我行我素、缺乏是非、愚腐胆小，又有孤寂落寞之感，对饮食过分挑剔。

九、比肩心性

正面特性：刚健、义气、主动、持重、果敢、自尊、坚定、稳健、坚毅、自主、自给、竞争、自我、坚守岗位、坚持目标、努力工作、冒险勇敢、积极进取、事业心强。

负面特性：过分自信、自以为是、以自己为中心、固执刻板、劳苦、坚持己见、没有通融性、不妥协、自私自利、自尊心过强、喜欢竞争、抢财、夺财、好管闲事、孤僻不合群、人际关系差、不利同胞朋友、克夫克妻、婚姻不顺。

十、劫财心性

正面特性：积极竞争、自强不息、胆大刚强、奋斗不懈、反应灵活、热诚坦直、见义勇为、心思敏捷、随机应变、轻财重义、个性实足、口才佳、善交际。在社会场合能制造气氛、惹人注目，博取好感。

负面特性：个人主义、本位主义、太自尊自我，外表乐观而内心苦恼、矛盾，有错不悟、善狡辩、执拗、不服输、粗野、缺乏理智、争权夺利、鲁莽、好赌、放荡、不懂温柔、嫉妒心强、自大或自卑、投机取巧、背信弃义、克妻损财，对别人关心，对妻子不够体贴。

第八节　十神含义阐微

一、正官信息之象

正官是克日干而与日干阴阳属性不同之五行。

"官"，管也，是管束、约束的意思。因为异性相克，为有情之克，克不尽，所以正官是正义，善意的管束，对日主没有恶意伤害性和打击性。当然，如果正官太多，日主弱，正官就会变成杀，对日主就有危害了，就像社会上有些父母对子女管得太严，天长日久，子女就变得胆小怕事，走入社会没有出息，父母这种管束本是出于爱心，但却因不适度而起反作用。所以，八字中正官多而日主弱，绝大多数小时候父母长辈对自己管得太严，使自己变得性格懦弱，胆小怕事，唯唯诺诺。以四柱推断人生，很多时候都是从这种理上推导出来。

当然，适度的管束，会使日主走正道，守规矩，按常理办事，遵守道德规范。适度的管束指身与官平衡，力量相相近，这样的人有名誉感，办事认真，按部就班，责任心强，做事光明磊落，守信用，因此就易在事业上出人头地。

在现实生活中，对自己有管束的人都以正官来代表，如长官、公司老板、长辈、老公等等。

男命以官星为子女，这也是从五行生克角度推导出来的。

正官是克日主的，反映在事象上，就是压力。你身与官力量不太失衡，那么这官产生的压力，就变成你奋斗的动力，就容易在学业、事业上取得成功。从这个意义上讲，正官又代表学历、名气、官位、官职。当身弱不担旺官时，你抗不住官的克制，表现出的不再是名气、官位了，这时官对日主是一种威胁，那就是灾难。关键看身与官力量的对比。

二、七杀的信息之象

七杀又叫偏官，是克日干而与日干阴阳属性相同之五行。同性相克力度大，为无情之克，易克尽克死。

现实生活中对日主无情压制打击之人，都以七杀来代表。如小人、仇人、严厉上司、法官、警察、地痞流氓等等。

你身旺时，就能承担七杀，由于七杀对日主是无情之克，虽自己能担，但日主也时时提防小心，所以七杀之人就精明、果断、好猜疑。

日主身弱七杀旺，那七杀对日主是一种无情的克制，在日常生活中社会环境对你构成威胁，经常被小人捉弄，多有恶性伤病灾等。由于你身弱无力反抗，抗不住它，所以反映在日主身上就表现为胆小怕事，精神不振，胸无大志，做事没有气魄，常受欺辱，等等。

当日主身旺，七杀也旺，七杀代表小人，代表无情这种心性，日主能承担，反映到日主身上，日主就成了别人的小人，对别人无情地压制、打击，所以身旺七杀旺之人霸道、蛮横、不讲理、唯我独尊，我管别人行，别人不准管我。

七杀有制化为权，生人正道，成为公、检、法一类的人物或居领头地位，若入黑道也会成为黑道的一个头目。

七杀偏点旺，此人做事有魄力，果断，说话得理不饶人，有管理才能，有感召力，有开拓精神，行事独断专行，具有排他性。所以这样类型八字的人，一般都是企事业单位的一把手，有的即便为副职，他也行使正职的权力，正职反倒得听他的，否则的话，二者不能共存。

相对而言，正官不同于七杀。正官思想正统，按传统思维方法办事，循规蹈距，按部就班，不具有开拓精神，不具有排他性，这种人在现实生活中，要稳定权力、地位，性情相对温和。而七杀会使人无情排斥异己者，还有开拓精神，敢于冲破旧的传统意识，能使企事业顺应潮流，蓬勃发展。

七杀有开拓精神，能够抓住商机，大胆开拓市场，大刀阔斧地创业，又精明果断，执行能力强，对权力抓得紧，所以容易成为一把手。

三、正财的信息之象

正财是日主所克而与日主异性属性之五行，凡为我所用，被我控制之事物都以财来代表。财是养命之源，例如金钱、财产、食物，等等。

男命以财为妻，正财为正妻，偏财为小妾。

财也代表广义上的女人、情妇等。

正财是正常经营得来的财，是靠自己辛苦得来的血汗钱，所以正财心性的人对钱财十分重视，不乱花钱，有些吝啬，患得患失，斤斤计较，尤其身旺正财弱之人老是觉得钱不够用，舍不得花，舍不得给别人。

八字有正财无偏财的人，在爱情方面比较专一，重视妻子、家庭，具有传统家庭观念，思想保守。

财又代表利欲，八字中财旺之人占有欲强，唯利是图，因财旺克印，印为正、为良心、为学习文化，所以财旺之人比较现实，不愿读书，只要能挣钱，什么良心、道德统统靠后。所以很多有钱人，挣的都是没有良心之财。财旺之人讲求功名利益，在人际交往中往往现交现用。

身弱财旺之人，一生会因财或女人之事遭灾。

四、偏财的信息之象

偏财是日干所克而与日干阴阳属性相同之五行。

男命以偏财为父，偏财也是小妾、情人、风流场上之女人。

女命以偏财为婆婆。

偏财一般是指意外之财、或非正道之财、是动中之财、流动之财。如中奖、受贿、行贿、奖金、股票、赌博之财、送礼之财、中介、投机钻营之财、抢、骗、偷盗、贩毒、走私、偷漏税之财，总之是一切非正道、非正经途径得来的财。

由于偏财来得容易，所以花起来也不心痛，因此偏财旺之人花钱大方慷慨。

偏财旺的男人有女人缘，因为他舍得为女人花钱，就偏得女人喜爱。

偏财之人对爱情不专一，它重财却不理财，有钱大家花，所以偏财旺之人人缘好。偏财旺之人处事较为圆滑，不固执，喜谈健谈，能联络人。

偏财代表操作、编辑、艺术者，以及修理物件等技艺，偏财之人大多有些手艺、专长。

五、伤官的信息之象

伤官是日干所生而与日干阴阳属性不同之五行。

伤官本意就是输出、排泄，是我生出来的，所以伤官代表语言表达能力、表演、舞蹈等。

伤官旺之人多言多语，善于表达、喜欢展示自己。

伤官还代表运动、旅游，所以伤官旺之人不喜静，喜欢运动、自由自在地散步，喜欢无拘无束地生活。

伤官代表输出表达，因此代表写作、智慧发挥等，身旺有伤食泄身吐秀，就是说有才华可以发挥出来。

伤官有正面心性，也有负面心性。不但伤官是这样，其他十神也都是这样。那么什么情况下显示正面心性，什么情况下显示负面心性呢？一般来说，十神为喜用或为忌神但受制，显示正面心性；如果十神为忌，或为喜用时受制，反映的是负面心性。

十神越旺，显示本身心性越强，十神越弱或被制服，此心性反映得越少或消失。

伤官是克官的，官代表法律、代表领导、代表传统规定规矩等。所以伤官克官，在成为忌神组合时，就是与官对抗。所以伤官旺的人不怕领导，敢顶撞领导，好打抱不平。

官是管我的，也代表道德与礼教，所以伤官旺的人，思想开放，敢于打破传统意识，对于礼法看得很轻。

伤是我生出的，也是我的排泄，所以伤官代表生殖器官，代表性欲能力。伤官旺而为喜神，说明这方面功能好，要求强，而思想又开放，喜欢歌唱跳舞，又能说会道，所以这样的人多有外遇，放荡，如演艺界、舞女、歌女、服务小姐、导游人员，大多是伤官旺，他们喜欢浪漫，喜欢玩乐，喜欢无拘无束。

伤官克官星，对女命来说，官星旺丈夫，所以女人伤官旺会克夫，婚姻不顺，容易离婚，或者丈夫容易有灾祸。

伤官配印贵不可言，这是指身弱伤官泄身为忌，有印生身制伤官，形成了喜用组合。印星是制伤官的，伤官逢印适当克制，就去掉了负面心性，而发挥正面心性，所以命局组合好的情况下，就有贵气可言了。

若伤官旺而无制，身又弱，那此人心无城府，口无遮挡，东家长西家短的，好吹牛，喜欢别人奉承自己，好大喜功。若身旺说明有智慧有才华，适宜的伤官泄身，就是吐秀，能把自己才华发挥展现出来。

女命以食伤为子女。

伤官又代表宗教家、艺术家、律师、设计者、音乐家、经济家。

伤官还代表伤病灾，所以伤官旺为忌之人不伤自己便伤六亲。伤官旺为忌在年上伤父母，也主祖业漂流；年柱为头，也主头上有伤病灾。伤官在月柱伤兄弟姐妹；伤官在日柱女命克夫，男命伤肢；伤官在时柱男命克子女，女命易有妇科病。

六、食神的信息之象

食神是日干所生而与日干阴阳属性相同之五行。

由于同性相生力度小，异性相生力度大，所以食神泄日主是有情之泄，泄不尽泄不伤，表现得比较和缓，不像伤官表现得那样激烈。因此，食神旺之人，人较温和厚道，度量宽宏，乐观，人缘好。

食神也代表输出，如演讲、展示、好歌舞、才能发挥等。

食神、食者吃也，所以食神旺的人有口福，能吃能喝，容易身体发胖。

食神也代表旅游、运动与伤官含义差不多。

食伤与伤官的不同之处。伤官旺的人好追求名利，好出风头，逞强好胜，有叛逆不服管制之心，喜欢别人奉承自己，好装老大，为人做事较极端激烈，心胸狭窄，嫉妒心较强，脾气不好易怒，常得罪人，往往祸从口出。食神旺之人趋于平淡，喜欢过着与世无争的生活，对人对事心平气和，为人较厚道，脾气好，对名利较为淡泊，喜欢民主，人缘较好，不像伤官那样易得罪人。食神旺之人属乐天派那种，凡事都看得开。

伤官偏于进取奋斗，有开创精神，能赶上社会潮流，激情投入，三分热心，没有恒心，喜欢轰轰烈烈地干一场爱一场；而食神偏于平淡知足。

伤官人注重结果，对成败得失看得较重；而食神之人重在参与，喜欢在参与过程中取求一种乐趣，不太在乎结果和得失多少。

在爱情方面，伤官之人对爱情激情投入，比较喜欢热烈、幻想、浪漫，希望完全拥有对方，注重爱情结果；而食神之人只在乎曾经拥有，不在乎天长地久。所以伤官心性之人尤其是女人，易离婚与人私奔；而食神之人不去奢望最终结果，就不易有私奔的行为。

伤官与食神心性的互变。伤官有制，会变成食神心性；食神太旺也会转化为伤官心性，这一点要注意。

七、正印的信息之象

正印是生日干而与日干阴阳属性不同之五行。

异性相生力度大，为尽情尽力之生。

正印为母，母爱是世上最伟大的一种爱，真心真意地付出，毫不讲求代价和回报，有一种无私奉献精神，有一种忍辱负重、任劳任怨的精神。

正印是伤官的克星，伤官主活泼开放，喜欢表白自己，喜欢浪漫，而正印正是抑制伤官这些心性。正印旺的人，任劳任怨，思想保守，性格偏内向不愿说话，偏重于理智思考，做事稳重，逻辑性思维较强，喜静不喜动，为人做事守旧死板，不善于察言观色，不喜欢奉承别人。

正印为喜用时，显示正面心性，为忌时显示负面心性。

日主旺，印旺为忌，表现在社会现实中，是长辈、父母时，自己过分宠爱，结果使自己过于依赖，时间一长，就失去了锻炼自己的机会，没有自强自立的性格，结果导致做事虎头蛇尾，多学少成，不愿干体力活，比较懒。

印枭多而为忌的人，做事没有压力感，也没有主见，主意好变，好随大流，处事优柔寡断。

另外，印枭多之人身体素质较差。这是因为食伤代表吃喝和消化排泄功能，也代表运动，而印就是抑制这方面功能，所以印枭过多克伤了食伤的人，消化排泄功能不好又挑食，不喜欢运动，自然身体素质不好。

正印旺之人性格偏于内向、文静，善守秘密，凡事藏在心里不愿吐露。

由于印枭克食伤，所以女命不利子女，尤其是时柱逢印枭旺，不是多有流产现象就是子女有伤损现象，无论喜忌大多如此。

八、偏印的信息之象

偏印是生日干而与日干阴阳属性相同之五行，同性相生因有排斥性，是不情愿之生，不是尽情之生，所以相生力度小于异性相生。

偏印代表继母，社会上绝大多数继母的付出都没有亲生母亲那么真诚无私，所以继母的给予是不情愿，有限的。

八字偏印旺的人，显得不情愿付出，给人一种冷冷淡淡的感觉，对人对事态度冷漠，使人难以接近，有时看起来有修养，但有时为人处事不通情理，没有爱心。

偏印主偏门的学问，也主思考力，领悟力。偏印旺之人思维较灵活，为人精明心眼多，鬼点子多，容易在偏门行业上学有所成，比如命理师、风水师，就是这个时代的偏门行业。

偏印之人内向不愿说话，不善于经营，不善于交际，适于做具体管理工作。

偏印旺之人喜欢动脑不愿做体力活，不喜欢运动，不喜欢浪漫，为人较刻板，为人处事比较冷静，自我心较强，做事我行我素，不考虑他人的感受，为人较固执，傲慢，所以有些薄情寡义。

偏印旺为忌时，主身体不好，有恶疾，没有口福，福薄，喜欢挑食，一生孤独寂寞。

女命偏印旺之人，多有流产，不利子女。尤其时柱偏印旺，不论喜忌，易有妇科病。

九、比肩、劫财的信息之象

比肩与劫财在信息之象大体上是相同的,所以二者放在一起论述。

1. 比肩、劫财的相同特性

比肩与劫财旺之人,好争夺,易与人发生争端、争执、争夺之事,为人较固执己见,不易变通,又自尊心强,好面子,明知自己错了也不肯承认,无理也要辩三分。

比肩、劫财旺必克财星,所以不利父亲,夫妻感情不好,或有生离死别之事。

比肩、劫财旺之人,柱中官星弱或无,不愿受人管,喜欢自由、我行我素。

比肩劫财旺之人,不利合伙生意,合伙必破财。因为比肩、劫财旺已是忌神,如果合伙就又多了一个劫财的人,更加大劫财的力量,所以在财旺的时候,一部分钱会被合伙人赚走,当财弱的时候,就会因为合伙人的原因加重自己的损失。

比肩与劫财,代表兄弟姐妹,比肩代表与自己同性,劫财是自己异性的兄弟姐妹及朋友。

日主身弱,比、劫为用,若柱中有比、劫帮身,这种人利于合伙生意,一生会得到兄弟姐妹及朋友之助,并会因此致富。

2. 比肩与劫财不同特性

有比肩而无劫财之人,虽心刚气傲,但不愿主动侵犯别人,不愿惹是生非,抱着"人不犯我,我不犯人"的心态,所以一生少惹是非,不易有大的官非口舌。

无比肩而有劫财,劫财旺的人,喜欢主动攻击别人,好挑拨离间,好惹是生非,好酒色,好吹牛,不讲信用,做事不讲人情,蛮不讲理。所以具有劫财心性之人一生多是非,易有官非口舌。

十神信息之象在前面做了论述，其实十神信息远不止这些。读者只要明一理，还有很多象都可推导出来，通过对十神信息之象的把握，我们可以了解日主行为倾向、性格、喜好，善于做什么？不善于做什么？从中可以推断出日主一生吉凶祸福，为人处事情况，等等。

例如具有伤官和劫财心性之人，是目无法纪，胆大妄为，且好名利，贪图享受（伤官心性），又好惹是生非，好侵犯别人，为非做歹（劫财心性）。现实生活中具有这种心性的人就是社会上地痞流氓之辈。因此，这类人一生多有口舌官非，牢狱之灾，就自然而然推导出来了。

人的思想、心性决定了人的意识和行动，看十神心性就是看日主思想意识，这是根本。抓住了根本，再联想到社会上与此有相同心性之人会如何，就不难推断他的一生吉凶祸福，会有多大成就了。

通过十神信息之象，可以初步判断一个人的富贵贫贱，及其一生适宜从事什么行业。

比如八字日主弱，官杀太旺，日主的心性是：懦弱无能，胆小怕事，唯唯诺诺，胸无大志，常受小人捉弄受人欺侮，这样的人在社会中能干什么？能有什么出息？只是个任人摆布，跟人做事的打工人、小职员之类，创不了业，也不会有什么富贵可言。

比如八字具有食神和正印心性之人，食神主温和厚道有爱心，正印有奉献精神，所以他们一生倾向于爱心和教育事业，例如：幼儿教师、慈善事业等。

比如日主身旺官旺或中和，印能通关，官杀为名气为地位，为外界的压力，身旺又能承担压力和名气地位，所以这样的人有志向，不服输，有化解压力的能力，这样的人就易在事业上取得功成名就，也就有富贵可谈。

通过十神信息之象来了解一个人的思想意识，推断其行为倾向，从而断出一生富贵贫贱，这又是命理上的一个层次，只要把命理上此人行为倾向思想意识与现实联系起来断四柱就形象多了，也就容易多了。

第九节　十神组合之象

命局中不是所有的十神都能体现本身信息之象，有的在命局中太弱，体现得就少或不体现；有的十神被克制，它自身的信息之也体现不出来。

十神组合有两种组合关：一种是相克关系；一种是相生关系。

一、十神相克关系

1. 如果被克的一方弱，完全被主克十神制服，那么被克之十神心性所代表的含义，就完全体现不出来。

2. 如果被克一方旺相没有被制服，此十神之性便有转变。例如七杀见伤官，七杀没有完全被制服，七杀就转为正官的心性。

二、十神相生关系

十神相生关系是主生方之十神心性减弱，受生方十神心性增强。

在命局中有两个或三个十神都旺，没有被制服的情况下，两象或三象共存，会组合一种特定的信息之象，我们通过这多种组合更透彻了解此人的真实心性。

（1）伤官与正财组合

伤官爱求名追利，好吹捧自己；正财心性是重视钱财，由此可推导出此人好名利、贪财。

（2）正印与食神组合

正印本性是情愿付出，任劳任怨，食神心性是有爱心厚道，由此推导出此人乐善好施，适于做宗教、慈善、教师等无私奉献，公众服务业等。

(3) 伤官与劫财组合

伤官人目无法纪，胆大妄为，劫财主好侵犯别人，好惹是生非，且义气用事，组合在一起就是一个地痞流氓形象，因此此人多口舌官灾。

(4) 七杀与伤官组合

七杀心性人聪明，说话得理不饶人，有敏锐的判断力，伤官主才华、好说，能表达出来，组合在一起，就是一个演说家，辩论家，适于演讲、律师等行业。

(5) 正官与正印组合

正官人循规蹈距，责任心强，正印心性是淡泊名利，有勤劳肯干心性，由此可推导出此人无野心，能够踏实认真工作，适宜于公务员、服务性的工作和公益事业。

(6) 食神、正官、正印三者组合

食神主厚道人缘好；正官人诚实守信、为人光明磊落；正印人有爱心；组合在一起，此人待人真诚，正派有爱心、有奉献精神、脾气好。

(7) 伤官、七杀、劫财三者组合

伤官为人激烈嫉妒心强，目无尊长，七杀蛮横不讲理，劫财不通人情好惹是非，组合在一起，就是一个脾气暴躁，一点小事就迁怒于人，大打出手这样的心性。

在实践当中，十神组合的变化很多，读者可以自己通过十神信息之象，细细地研究，可以从中推导出更多的象来。但注意在推导象时，一定要分清喜忌，喜则提取正面心性，忌则提取负面心性，这样才能准确推断出一个人是什么心性，是好人还是恶人，是君子还是小人。

还有一点要特别注意，以上讲述的都是原命局的十神组合之象。在很多时候，大运与原命局形成强烈组合时，会形成新的十神组合，从而引起人心性的转变，有的变温和了，有的变凶猛了，有的变有教养了，有的变无礼了，有变好变坏之分，有变得对自己有利与不利之分，这当

中的变化，对人生的吉凶影响很大。

第十节 十神宫位取象

十神宫位取象，是十神之象结合四柱年、月、日、时宫位六亲的综合取象，在预测时运用这种十神宫位取象，可以断出很多人生信息。

一、正印透干

（一）年柱正印

1. 年干正印旺相为喜用，因喜用是生自己的，故生于富贵或书香之家，小时读书佳，但必须印不受损。
2. 年干正印，月干正官，祖上或父辈掌权。
3. 年干正印，他干又透正印，幼时缺乳或饮她人乳汁（印多克食，食为乳）或由他人抚养。
4. 年干正印衰弱遭克破，祖上贫寒，幼时家贫。
5. 年干正印衰弱，月干劫财，祖上遗产多被手足继承而与己无缘。
6. 年月日时皆透印，日主旺，财星不现，与妻缘薄，婚姻不顺。
7. 正印为喜用神，利文途，读书学业佳。

（二）月柱正印

1. 月干正印为喜用，无财星克破，学业有成，文才出众，名气大。
2. 月干正印为喜用，聪明心慈，体健貌正，若有官来生印，则身官印三者平衡，乃为贵命。
3. 年干官星，月干正印，出身高贵；月干正印衰弱，又遭克破，出身贫寒。
4. 月柱正印，心慈善良，聪明健康，一生少病安全。四柱有偏官正官生印者，为厚福之命。

5. 月支有正印，与日支冲者，主母家零落衰败。

6. 日主旺，月干支印星叠叠，手足缘薄，或兄弟姐妹少或无。

（三）日支正印

日支正印为喜用神，配偶仁慈善良，聪慧敦厚，助夫助妻，可得贵人之助；为忌神，夫妻不睦或不利子息。

（四）时柱正印

1. 时干正印为喜用神，子女贤孝，多生贵子，能享儿女之福。

2. 时干正印为喜用，晚运佳，大器晚成，若月上有正官，岁运逢正印必发达。

3. 时干正印为忌，难享儿女之福。

4. 时干正印为喜用，官星衰弱不见，财星旺，一生事业难成，贫苦之命。

二、偏印透干

（一）年柱透偏印

1. 年干偏印（月干无正印），与生母缘薄。偏印为喜用神，继母或养母慈爱，偏印为忌神，继母刻薄。

2. 年干偏印为喜用，继母或命主精明干练，宜从事副业，或从事技术性工作。

3. 年月时皆偏印，旺而制食伤，财星无源，多主婚姻不顺。

4. 年干偏印为忌，祖业无靠，幼失双亲，出身贫寒，破祖业损家名，失家教。

5. 年干偏印为用，坐死绝，又有财星制，亦主出身贫寒。

（二）月柱偏印

1. 日主旺，月干偏印为忌，主霸道、顽固、惹是非、具侵犯性，易招凶灾横祸，命局有救（有财制或吉神合）可减免。

2. 偏印弱，身弱财旺，出身贫困，又遭克者更甚。

3. 食神自由浪漫，若受月柱偏印制，常被长辈限制少自由。

4. 月干支偏印重叠为忌，与手足缘薄，虽兄弟姐妹多亦无依靠。

5. 月干为枭神，具有破坏性、展示性。月干透偏印者，或做外科医生、助产士、爆破手、创造者或从事表演、自由业、服务业、美容业。

（三）日支偏印

日支偏印为忌，它柱又透偏印，姻缘不佳，男不得良妻，女不得良夫。

（四）时柱偏印

1. 时干偏印，嗜酒好赌好胜。

2. 时干偏印为忌，子女不利，不易成才，不易教养，或子女与父母不和。时柱为子女的房子，房子中有一母老虎，子女受到威胁，羊刃在时支同理。

3. 日刃时枭，妻子易难产。

三、正官透干

（一）年柱正官

1. 年干正官旺相为喜用，祖上或父母显贵。为忌神，难得祖业。

2. 年干正官为喜用有力，少年得志，学业佳，可获祖荫，受父母恩大，事业多有长辈或上级扶助提携。

3. 年干正官，月干正财或正印多为长子，主理家政。若不为长子，亦可掌长子之权，得享祖荫。

4. 年干正官，它柱官杀重见，身弱官杀混杂，夭折之命。命局若有解救（印化官杀），夭亡可免，但仍命运多灾，且大多出身寒微。

5. 年干正官不论喜忌，若坐空亡之地，皆主难承祖业，即使继承亦终化为泡影。

6. 年干支皆正官为喜用，无刑冲合害，出身有地位官宦之家，自身有功名地位。

7. 年柱干支皆正官又旺，身弱走比劫帮身，靠自己努力成就事业。

（二）月柱正官

1. 月干正官独透有根为喜用，它柱不见，身官两停大贵之命。

2. 月干正官，年干或时干又有官或杀，财星不显，又无印星，平庸之命。从杀格另当别论，年、时、官杀有合亦例外。

3. 月干正官，非为长子。正官过旺克身，易受兄长欺凌。若正官失令，柱有印星，得父母宠爱。

4. 月干正官独透，月支正官，不遭刑冲克害，身强有印，身为小弟，受父母疼爱，一生少劳苦。又主为人正直尽责，心地善良，重信讲义，果敢有为，学业功名富贵有成就。正官若被合化为它神，贵气破损。

5. 月干正官生旺，身弱无印化官生身，多主体弱多病，怯懦无为。女命婚姻不顺，易受丈夫欺凌。若它柱重见官杀，为多夫之命。

6. 月柱为婚姻宫，女命月柱（干支）正官被邻柱刑克，恋爱婚姻易失败。

（三）日支正官

1. 日支官星为喜用，婚姻美满，男得贤妻相助，且妻多为名门闺秀。女得贵夫（它柱不复见官星）和谐恩爱，夫贵妻荣，终身幸福。

2. 身弱日支正官为忌，婚姻易受挫折，夫妻不睦，因婚有损，终为婚姻所累，夫妻一方体弱多病。

3. 身强日支正官为用好学上进，聪明智慧，多谋善变。因有官刺激，遇财运大发，因正财有力，身弱则相反。

4. 日支为正官且旺，重信讲义，重德。

（四）时柱正官

1．时干正官为喜用得力，晚年发达，（须结合岁运）晚器大成。
2．时干正官有根为喜用，子女贤孝。若正官无根，虽忠孝而无才能。
3．身强官星为用，官可护身，时干正官可逢凶化吉。

四、偏官透干

（一）年柱偏官

1．年干偏官，一般非为长子，上有兄弟。
2．年干偏官，身强见刃，行财运生杀，富贵双全，乃贵格。
3．年干偏官为忌，受人欺侮，体弱多病。
4．年干偏官为忌，祖业难继，制身太过，出身寒微或多病，女命婚姻不幸。
5．年柱偏官有制，出生于军人武职世家，身弱无制出生于贫贱暴徒之家。

（二）月柱偏官

1．月干偏官，生非长子。
2．月干偏官，月支为印，四柱组合好，多属贵命。
3．月干偏官，食神制而得用富贵。

（三）日支偏官

1．日支偏官为喜用，它柱不重见，格局清秀，聪明机巧、性急，应变能力强，行事果断，雷厉风行。
2．日支偏官为忌，柱中再有官杀财星，为攻身太过，一生多灾病，事多阻逆，失败受挫。岁运再逢官杀，有生命之忧。
3．日支偏官为忌，配偶性烈刚毅，倔强暴躁，夫妻不睦，日主体弱多病，若有食神制杀或有印化杀，则可逢凶化吉。
4．日支偏官为喜用，偏官在月为墓绝之地，有志难伸，功名难就。

（四）时柱偏官

1. 时柱偏官独透或它柱有官杀被合化为用，晚年尤佳（须结合岁运）。
2. 时柱偏官独透，若有印星，命局官印身五行流转有情，文武兼备，富贵。
3. 时柱偏官独透，柱透财印，日主身旺能担，行运吉，财丰位显，富贵之命。
4. 时柱偏官独透为喜用，男命可得贤孝之子，晚享儿福。
5. 时柱偏官为忌，男多生不孝之子，为儿操心烦恼，若偏官有制，反生贵子。

五、正财透干

（一）年柱正财

1. 年干正财，为喜用可承祖荫，为忌难得或少得祖产。
2. 年干正财为忌，出身贫寒，幼时家境困苦（须结合岁运）。
3. 年干正财，又得它柱伤食财，生助过旺，必克母，且文途不畅。
4. 年干正财，父亲慷慨，乐于助人。
5. 年柱正财，身旺，祖上富有。月透官星，生于富贵之家。

（二）月柱正财

1. 月干正财生旺，双亲高贵，勤俭持家。
2. 月正财年劫财，父先贫后富，时上劫财，先富后贫。
3. 月正财身强，可得父母资财或兄弟资助。
4. 月透正财为喜用，男命早婚，妻为近处之人，为忌则第一次恋爱不易成功。
5. 月干正财，勤劳，朴实节俭，善积蓄，但也吝啬小气。

（三）日支正财

1. 身强喜财，财星有气，得贤淑之女，因妻致富，能得妻助。

2. 身强喜财,事业心强,富责任感,奋斗致富。

3. 日支正财,不受刑冲合害,四柱不复见财,夫妻情浓,忠贞不渝。

4. 日支正财被合,逢岁运引发,婚姻易有变。

5. 日支正财遭刑冲合害,婚姻不睦。

6. 日支正财临将星,妻为名门之女。

(四)时柱正财

1. 时干正财为喜用,晚年致富,为忌则奔波劳苦收获少。

2. 时干正财为喜用,子女成家后富贵发达,晚年可享子女之福。

3. 时干正财临桃花为喜用,中年以后可获美妻良缘,并因此发富。

六、偏财透干

(一)年柱偏财

1. 年干偏财旺相,父亲长寿。

2. 年干偏财旺相为喜用,祖业丰盛且能得祖荫。

3. 年干偏财为忌,幼年家贫。

4. 年干偏财,早恋,为忌不易成婚。

5. 年干支偏财重叠,多父之兆。

6. 年干偏财坐驿马,父远方创业,遭克过重,客死他乡。

7. 年月干偏财,指父掌家权或幼为养子。

8. 年柱干支皆偏财,幼年有为养子之象。

(二)月柱偏财

1. 月干偏财,年干劫财,先贫后富。

2. 月干偏财,时干劫财,先富后贫。

3. 月干偏财为忌,挥霍浪费,家计不丰。

4. 身弱逢月支偏财,易为异性而破财,易引起色情纠纷。

5. 月干偏财克印太过,身弱主顽固、粗俗、无礼貌、文途不畅。

（三）日支偏财

1. 日支偏财，若年月柱再有财星，则婚前有多恋之象。结发妻子非第一恋人。
2. 日支偏财它柱再无财星，妻聪明，善待丈夫。
3. 日支偏财衰弱，妻多病，财运不佳。
4. 日支偏财临将星，妻为名门之女，气质佳。
5. 日支偏财，月干正财，妾夺妻权，不爱正妻偏爱妾。
6. 日支偏财男命主风流。

（四）时柱偏财

1. 身强时干偏财，晚年发富（配合行运看）。
2. 时干偏财旺，子女成家而富。
3. 时干偏财为喜用，老来享儿女之福，为忌则子女难靠。
4. 日时偏财无刑冲比劫，主中晚年发达。

七、伤官透干

（一）年柱伤官

1. 难继祖业，与父母缘浅，为生计劳累奔波。
2. 年干伤官旺而无制，父亲脾气暴躁。
3. 年干伤官，身强为喜，幼时家境富裕。身弱为忌，幼时生活贫苦。伤官在年上不论喜忌，一般祖上飘零，因伤官伤毁名声。
4. 身弱忌伤，因顽疾不治而折寿，有印制可解。
5. 年时伤官透干，为伤官两头吊，难有子或有子难养。年干支皆伤官，寿短或富不长久，颜面易伤。
6. 伤官在年上，岁运再逢伤官而旺，头部易有灾。伤官在时支，伤手足（伤在时支，对手足影响最大）。

（二）月柱伤官

1. 月干伤官，手足失和，不利婚姻。女命月干支皆伤官，夫缘极差。
2. 月干伤官旺，易被人攻击。乐于助人，反遭恩将仇报。
3. 伤官性傲，伤官旺则个性强，言语偏激，易树敌伤害他人。
4. 伤官旺，温柔不足。若透正印，则口恶心善。
5. 喜欢标新立异，爱否定他人观点，逞强好胜，心服口不服。
6. 伤旺泄身太过贫困，好耍小聪明。
7. 月伤官坐刃，年轻时多为别人做事，不能独立创业。
8. 月伤官，手足缘浅，离弃不和，不敬父母。干支皆伤官，手足夫妇分离。

（三）日支伤官

1. 日支伤官清高，性急、机敏、官场失利，无远虑，有近忧。
2. 命局日支伤官有印制，贵命。
3. 命局日支伤官，它柱劫财太重，贫困。
4. 日支伤官旺，男命若娶美貌之妻或才高之女，易离婚。
5. 日支伤官，男伤子，因伤官制官，官为子，子宜迟。女宜迟。女克夫，凌夫，因官星切不入，有制化可解。
6. 女命日坐伤，丈夫易遭灾，即夫与伤官在一起，必受其伤。
7. 女命日支伤官，凶悍泼辣。

（四）时柱伤官

1. 伤旺无制，子女不服管教，易惹是生非，拖累父母。
2. 伤官为喜用，晚年可享子女之福。伤官受克太过，恐子女夭折。
3. 时干伤官，时支劫财，晚年财运不佳，易破耗。男命伤旺，妻头胎易有女。
4. 时柱伤官，子缘薄。伤官主凶顽，有子不孝，女多子少，晚运凄凉。女命晚年克夫。
5. 伤官为忌神，不管在年月日时都对相应六亲有伤害，现年柱主父母，现月柱手足兄弟，现日支主配偶，现时柱主子女，多有不全之虑。

八、食神透干

（一）年柱食神

1. 年干食神旺，父亲体肥身健，年支食神母亲亦同。
2. 食神为喜用，享祖上福荫，能得祖业，事业可发展，平安福禄。
3. 食神坐衰绝之地，祖业无靠，幼时家贫。

（二）月柱食神

1. 与人为善，勤勉乐观，喜欢自由，自食其力，节俭济人。
2. 食神为喜用，心宽体胖，可得父母或兄弟之助。
3. 月干食神，日主有根，有口福，喜音乐。
4. 月干支皆食神，身弱为忌，行运不佳，早年家贫。
5. 月干食神支正官，为可发达之人，宜政界公职发展。

（三）日支食神

1. 配偶心地善良度量大。
2. 喜歌舞，好自由，赶时髦。
3. 女命食神旺而无制，贪淫好色，易为娼妓。
4. 配偶肥胖，温良随和，衣禄宽足。

（四）时柱食神

1. 食神为用，晚年享福。
2. 食神为喜用，子女贤孝有成，财丰体胖。
3. 女命时干食神坐偏印，不利子女，或产厄、主守空房。

九、比肩透干

（一）年柱比肩

1. 年干比肩，上有兄弟或为养子，有独立分家倾向。
2. 年干比肩，家道贫寒，早年劳苦。
3. 年干比肩坐财，有印生身，出生于富裕人家，或出生后家境转好。
4. 年干比肩旺而有印生，无克泄耗，出生后家境变差。
5. 年柱比肩有分家之象（因比肩劫父母柱财），但同时是自我奋斗型，有理财能力。

（二）月柱比肩

1. 月干比肩，日主旺而无制，逞强好胜不驯。
2. 月干比肩，它柱又比劫，兄弟姐妹多，如比肩衰弱无气或空亡，则多无能，难以相帮。
3. 月干比肩为喜用，可得手足之助，为忌手足缘薄。
4. 月干比肩坐衰地，又被官杀克伐，出身贫苦，体弱多病。

（三）日支比肩

1. 比肩为喜用可助夫，但口角难免，为忌时受妻拖累。
2. 日支比肩，婚姻易变，迟婚或再婚，克配偶，多口角是非。逢冲者不利配偶以及不利远行，客死他乡。
3. 日支比肩，它柱劫财，婚姻易出现色情纠纷。
4. 身强日支比肩，与父无缘。
5. 日支比肩逢冲，易有灾。

（四）时柱比肩

1. 时干比肩强旺，父寿不长。
2. 时干比肩强又坐偏印，子女顽劣。
3. 身弱，时干比肩，子女助父业，年老发家。为忌养子相继，少子女或无子女。

4. 时柱比肩坐羊刃，克父明显。

5. 时柱干支比肩，克妻，一般有二婚，身弱逢岁运帮也如此。

十、劫财透干

（一）年柱劫财

1. 财星弱而劫财旺，出生贫寒，幼时困苦。
2. 年干劫财旺，年支正印弱，母先亡。
3. 年干劫财，它柱劫财多，出生后家运渐衰。
4. 年干劫财，年支财旺，干支无伤，出生后家贫转富，富者更富。
5. 年干劫财，年支月柱无官杀克破，可掌家权。
6. 年干劫财，上有兄弟、喜理财，重义气，婚不顺，婚变或有异腹手足。

（二）月柱劫财

1. 月干劫财为忌，少时家贫兄弟争财，薄情失和。
2. 月干劫财为喜用，男得姐妹相帮，女得兄弟相助。若劫财空亡帮助不力，且恐手足早夭，受官杀重克，出生贫寒。
3. 月干劫财，难聚财，好赌投机，自尊心强，喜饰外表，抱不平，爱骂人。

（三）日支劫财

1. 日支劫财，迟婚、婚变或再婚，男夺妻财，与妻缘薄，口角分居，为忌时有离异之忧（妻星进不去）。
2. 身强坐劫财，冲动、好胜、耗财、好色、纠纷。

（四）时柱劫财

1. 劫财多而旺，子女粗鲁顽劣，爱冒犯别人，而连累父母。

2. 身强劫财为忌,晚年劳苦而贫困,子女缘薄,时带伤官损子。
3. 身弱劫财为喜用,晚年得子女帮助,老来发富。
4. 劫财时柱,子女缘薄,再与伤官同柱,对子女不利。

第十一节　十神与宫位组合的六亲之象

四柱不但可以断出人一生的富贵贫贱吉凶祸福,而且可以从四柱中断出其他六亲的一些信息。

四柱体现本人的吉凶祸福是第一性信息,体现最为明显;体现六亲信息是第二性信息,体现就差些,体现出生地、祖坟风水情况是第三性信息,就模糊些。所以我们通过四柱看六亲只能从四柱中推断六亲一些大致情况及吉凶,对自己助益多少,不可能像断自己一样,那么全面细致。

四柱的六亲,都是由十神来代表的,由十神所代表的六亲都是以日干为核心推导出来的。

以丙日干的男命为例:

日干丙火代表自己,生丙火的才是日主的母亲,生丙火的天干五行为印星甲乙木,由于丙火日干为阳日干,母亲与日主性别不同,故男命是以正印为母(女命以偏印代表母亲),此例乙木正印为母亲,母亲的丈夫就是自己的父亲,女命以正官为夫,乙木的正官为庚金,庚金是日主的偏财,由此推导出偏财为父,等等,爷爷奶奶都由此理推导出来。

为了方便,将男女命各十神代表的六亲列于下面,供读者参用。

男命:

比肩代表兄弟
劫财代表姐妹

正印代表母亲
偏印代表爷爷、继母
食神代表继祖母
伤官代表奶奶
正官代表女儿
偏官代表儿子
正财代表妻子
偏财代表父亲、小妾

女命：
比肩代表姐妹
劫财代表兄弟、公公
正印代表继母
偏印代表母亲
食神代表女儿
伤官代表儿子
正官代表丈夫
偏官代表情夫
正财代表父亲
偏财代表婆婆

  在四柱预测中除用十神来代表六亲外，还将六亲分别配置在四柱各宫位之中。
  以年柱代表祖上父母宫；月柱为兄弟宫兼父母宫；日柱代表夫妻宫；时柱代表子女宫。
  当某十神为命局喜用神或中神时，若被克制，而其相应的宫位也被引动，可断是此十神所代表的六亲有灾。
  当某十神为命局的忌神，此十神受克就不能断是此十神所代表的六亲有灾，只有伤了此十神的喜用神时，才可断此六亲有灾。例如：偏财

为喜用时，偏财受损，可能同时父亲有灾，但身弱偏财为忌时，就不能这样看，而是伤了偏财的喜用神时，才可断父亲有灾。其他六亲断法理同于此。

第五章　命局静态旺衰与取用神

第一节　确定日主旺衰

一、看日主是否得令

所谓得令，即日干与月令对比。

如日主是甲乙木生于寅、卯月（正、二月），丙、丁火生于巳、午月（四、五月），戊、己土生于辰、戌、丑、未（三、六、九、十二月），庚辛金生于申、酉月（七八月），壬、癸水生于亥、子月（十月、十一月），即日主五行生在这些月份都是处于旺的状态，就叫做得令。也叫当令，当旺。

再如甲、乙日主生于亥、子月，丙、丁日主生于寅、卯月，戊、己日主生于巳、午月，庚、辛日主生于辰、戌、丑、未月，壬、癸日生于申、酉月，这叫作令生。令生者为相，也是属于得令。相反日干处于休、囚、死、绝的状态就弱，叫作不得令。

二、看日主是否得势

如日干是甲乙木，在四柱中得到水和木帮助较多的，这叫作旺而得势；反之，得不到四柱中水、木之助反遭金火之克泄，这样叫作弱而失势。最后要察看日干是否通根或逢墓库，如通根或逢墓库者也是得势的有利条件。

三、看日主是否得地

日干通根逢墓库，得比肩、印星生助者，谓之得势。所谓得地，即日干对照四柱地支五行十二宫的长生、沐浴、冠带、临官、帝旺为得地。五行十二宫的胎、养叫作平。寄生在衰、病、死、绝的叫作失地，也就是"衰"。

月支或它支有长生禄旺者，谓之得地。

判断旺衰先要分析是否以得令为主，如果在得令的条件下，再得地或得势两条其中一条则为身旺。三者如果全备，就是最强（旺极）。相反的若是失时、失势、失地俱全，那便是最弱（衰极）了。总之，如要选准用神，必须要确定日主的旺衰，然后才能下定论，一般都以极旺泄之，强者克之，衰者助之，弱者扶之。但也有用"多者制之，少者益之，旺者削之，弱者补之"的理论来确定用神。如果再能将忌神或用神看准，那就已经具备推命水平了。

第二节 日主旺衰强弱分类

第一条先看月令。以日干为主，与月令的生克，看得令还是失令，对照一下十天干生旺死绝表，即可决定日主旺衰。

第二条再看比劫旺弱。比劫如临月令为最旺，坐支也好，临在年时上次之，比劫旺则身旺，比劫弱则身弱。

第三条查看印星旺弱。印星如临月令为最旺，坐支也好，临在年时上次之，印星旺则身旺，印星弱则身弱。

第四条查看禄刃。禄刃的查法，与比劫、印绶查法都是一样。

第五条查看两党之势。查看八字以日主为中心，将其它七字划为两党，以财官食伤看作一党，印比禄刃看作一党，看哪一党对日主力量大，如财官食伤乃是克泄日主，印比禄刃乃是扶助日主，看是克泄日主力量大，还是扶助力量大，这样就可以看出日主是旺是弱。

现将日主强弱分别举例：

（1）身旺之八字

①强旺的八字

甲　丁　甲　乙
寅　卯　寅　亥

这个八字甲木日主生于卯月为得时，四柱中1水6木为得势。年支、日支坐禄，月支坐帝旺，时支坐长生，为之得时得势而又得地，故为最强的八字。

②次强的八字

癸　庚　庚　丙
酉　申　午　戌

这个八字日主庚金生于秋季，为得时，月支庚金透干助之为得势，并且年支坐帝旺，月支坐禄为得地，故为次强的八字。

③较强的八字

辛　庚　辛　丙
亥　寅　酉　申

这个八字辛金日主生在寅月，为绝地，但四柱中有众金帮扶，为得势，日支坐禄，时支坐刃为得地，故为较强的八字。

（2）身弱之八字

①**最弱的八字**

丁　丙　庚　丙
亥　午　午　子

这个八字日主庚金生于午月，火旺金衰谓之不得时，日主坐病，月支坐沐浴，时支坐死，是不得地，纵观日主失令、失时，失势，故为最弱的八字。

②**中弱的八字**

辛　庚　甲　戊
巳　寅　辰　辰

这个八字甲木生于春季，谓之得令，柱中庚辛金克之，戊土耗泄之，无有帮扶，谓之失势，年支坐病，日时支坐衰，仅有月支坐禄，故为次弱的八字。

③**较弱的八字**

乙　癸　丙　丁
亥　未　子　酉

这个八字丙火日主生于未月，不得时令，年干生之，时干助之，谓之得势。但年、月、日、时为失地无根，故为较弱的八字。

以此看来，柱中月令虽然不旺，但日主多帮扶，地支又得气，乃是身强构成的条件，而身强的构成还要分清既当令又多帮扶而又得气为最旺；如仅得气而少帮扶，或多帮扶而失令为中强；既不当令，又少帮扶但年日时得气为次强的八字。

身强八字的喜忌——喜耗泄而忌生扶（不包括从格）。

月令休囚，日主多克泄，地支不得气，乃是身弱构成的条件，而身弱的构成还要分清，既失令而又多克泄为最弱的八字。如仅多克泄而当令，或仅失令而少克泄为中弱的八字。如既失令又多克泄而不得气者为最弱的八字。

身弱八字的喜忌——喜生扶，忌克泄（不包括从格）。

分析一个八字，必须要找准用神，用神是八字的灵魂。然而要找准用神必先看日主旺衰，旺衰确定以后．方能分清喜忌，确定用神，此乃看日主强弱主要方法。

总之，寻找用神的原则，首先要看日主旺衰，以后方可按"旺极宜泄，强者宜克，衰者宜助，弱者宜扶"的原则来确定用神。

第三节　日主旺衰强弱的运用

判断五行旺衰强弱是选取用神的关键一步，选准用神是判断命主吉凶祸福的主要依据，要选准用神必须熟练的掌握旺衰，我们用实例来说明，以便在实践中能正确使用。

一、强与旺的认识

1. 旺

即旺盛，指的是五行生逢月令，或受月令之生谓之旺。

甲木生于寅卯月，称之生逢月令为旺，如果生在亥子月，虽不如生在寅卯月令，但受亥子水所生也是为旺。

月令是衡量原命局五行旺衰的唯一标准。

真正的分析五行旺衰首先要从月令开始才能确定下来。

2. 强

即强大，也就是人多势众，同类的五行党众多，通根透干，力量强大。例如丙午生在子月，命局中见丙、丁、巳、午，火五行虽生在冬天不得令，但同类党众多而其势力强大。

二、强与旺的不同点

强与旺是两个概念，差别很大，不能混为一谈，必须有一个明确认识。

旺的五行不一定是强，而强的五行不一定旺。

旺的要点是得月令生或助，强的要点是同类的党众多而成势。

例如某一五行当令或得生为旺，如果命局中出现其他干支生扶这个五行，这种五行的力量才既旺且强。反之，月令的五行受到其他五行克制和耗泄，这个五行则虽旺而不能算强。

例一：旺而不强的八字
男：一九七〇年十二月初二日卯时

乾造：
印	官	日	食
庚	戊	癸	乙
戌	子	未	卯

癸水生于子月，得令为旺，但癸水被月干戊土克制，又被时干乙木食神泄身，食神虽能制杀，削弱杀星对日主的克制，但食神容易盗泄日主的元气，看来这个日主癸水虽得月令为旺，只能看作虽旺而不强。

例二：强而不旺的八字
女：一九五二年二月二十三日申时

```
        劫  比  日  印
坤造： 壬  癸  癸  庚
        辰  卯  亥  申
```

日主癸水生于卯月谓之不得令，但命局中生扶癸水的印星和比劫多，癸水得印星之生，比劫拱扶，力量自然强大，癸水生于卯月虽然失令，但力量很强，叫作不旺而强。所以，月令只能决定五行旺衰，而不能决定其五行的实力大小，这点必须明白。

例三：旺而又强的八字

男：一九四四年七月初六日巳时

```
        才  食  日  劫
乾造： 甲  壬  庚  辛
        申  申  申  巳
```

庚金生于申月为得令旺相，命局中金行占了五个，只有年干偏财与月干食神耗身，综合分析，日主旺而又强。

1. 五行强旺的分析

命局中某一五行的力量比其他五行力量强，这个偏强的五行能影响别的五行。这种偏强五行的构成可分为两种情况，第一是生逢月令，第二是柱中同类五行多，也就是生扶他的五行多。

例一：偏强的八字

男：一九四〇年二月二十五日丑时生

```
        官  才  日  食
乾造： 庚  己  乙  丁
        辰  卯  亥  丑
```

日主乙木通月令本气之根，又通年支辰土中气之根，自坐亥水中气甲木之根，通根相连，力量很大，按理说这个八字很旺，可是月干己土通根于年根辰土和时支丑土，控制了日主旺度，又有年干庚金与时干丁火泄气，致使很旺的日主转很旺为偏强。

例二：太强的八字
女：一九五〇年二月初三戌时生

	煞	财	日	比
坤造：	庚	己	甲	甲
	寅	卯	寅	戌

日主甲木自坐强根，又生逢月令，是既旺又强的八字，命局中比劫党众，唯有年干庚金七煞和月干己土财星克耗日主之气，这个命造属于太强的八字。

太强的八字和偏强的八字都是力量强大的体现，但在应用时却是有区别的，偏强可以克制，太强只可泄耗而不可克制，一旦克制就会引起冲突。

判断日主太强的主要诀窍是，某一五行党众多而又得生得助，而又都是扶助的，而只有一两个干支是克泄的，该五行就是太强。

例三：极强的八字
男：一九八〇年八月二十六日辰时

	比	才	日	比
乾造：	庚	乙	庚	庚
	申	酉	戌	辰

这个八字日主辛金生于酉月，除了天干一个乙木耗之，其余都是扶助之星，乙木虽能耗金，但有乙庚合化金局，此造已强旺到极点，这个

五行只能顺其金势，从革格成立。

所谓极强，即指某一五行在命局中已强到极点，在八字中全局生拱该五行的干支。其他没有一个克泄耗这个五行的。遇到像这种命局，可顺而不可逆，宜生扶不宜克制。

2. 五行强旺的应用

旺强的五行即是命局生克力量最大的一个五行，判断五行强旺以月令旺衰来衡量，以通根、透干、组合为依据来综合判断，只有正确分析出命局旺衰，才能准确判断出命局中的信息。

一个强旺的五行，生克力最强，它能影响整个命局，要知道命局中强旺五行对日主关系最大，如果强旺的五行是日主的喜用神，自然对日主有益，倘若强旺五行是日主的忌神，那么对日主的打击也最重。

要掌握命局中强旺五行，首先就要看该五行对日主的喜忌关系，然后才能针对性地取准用神。因此，分析命局各个五行强旺是研究八字必须掌握的硬功夫。分析五行强旺没有什么诀窍，只要能经常应用，经常总结，时间一长自然而然地就会明白。

例一：男，一九六四年十二月十六日亥时出生

乾造：甲　丁　壬　辛
　　　辰　丑　申　亥

大运：戊寅　己卯　庚辰　辛巳
　　　 6　　16　　26　　36
　　　70　　80　　90　2000

日主壬水通根于时支亥水，又自坐长生，时干辛金正印助身，生扶日主非常有力。只有年月地支抑制日主，但辰土和丑土都是湿土，不但不能制水，而且还为日主余气之根。总的看来，日主本身在命局中就是

最强旺的五行，既然是最强旺的五行，必然会发挥出自身的个性。在命局中月干丁火财星受壬水日主克制，年干甲木食神虽可生丁火，但丁火在命局中一点根气皆无，衰弱无力难以受生。

丙子年走庚辰大运，命局中申金与辰土构成申辰半合水局，水旺无制，比劫太强，定会破坏月干丁火，丁火原来就虚浮无根，丁火主财，所出现的事不是破财就是克父，实际情况1995年命主的父亲做心脏手术，住院两个多月花了五万多元。

例二：男，一九七三年九月初四日酉时出生

乾造： 癸　辛　戊　辛
　　　　丑　酉　辰　酉

这个命局中最强旺的五行是伤官，日主戊土生于酉月失令，虽然自坐强根，又通根于年支丑土，但顶不住强旺有力的伤官，日主受伤官耗泄过重，作偏弱论之。

既明确了日主偏弱，即可确定日主与伤官的喜忌关系。日主偏弱喜生扶而不宜耗泄，伤官既然耗日主之气，因此确定伤官是日主的忌神。已知伤官是日主的忌神，到伤官得地得令之时，伤官就会发挥出自己的个性，"伤官克官，为祸百端"。命主为人聪明伶俐，19岁顶父亲之职做教员，1993年（癸酉年）因男女关系受严重处分。

3. 五行衰弱的看法

什么叫衰弱？衰指的是五行生逢休囚死绝的月令，即生逢的月令对这一五行是克或制泄。拿日主来说，如甲木生巳午月或申酉月，丙火生在亥月或子月等。弱和衰不一样，弱乃是某一五行在命局中生扶他的五行很少，或者不受其生。

衰和弱都是一种无力状态，但特别分辨的是衰的五行不一定就是弱，而弱的五行未必就是衰，如果把命局凡是生逢在克耗泄之月令五行都看成弱是错误的，古书有"得时不旺，失时不衰"的论述，现在我们来看一下衰和弱的不同点在那里。

例如：男，一九五二年七月初一日未时出生

乾造： 壬　戊　戊　己
　　　 辰　申　戌　未

日主戊土生在申月不得令，是衰的状态，但戊土自坐强根，还有年支时支两处本气之根，又有月干和时干相助有力，虽有年干壬水财星坐库得申辰半水局之耗泄，但敌不住众多比劫之围劫，综合平衡之后，日主衰而不弱。

4. 弱而不衰的八字

例一：男，一九六〇年五月二十四日辰时

乾造： 庚　壬　丙　壬
　　　 子　午　子　辰

日主丙火生在午月得令而旺，但命局中天干两杀一财围攻重重，再看地支二水一土克泄，日主在这个命局中处于非常弱的局面。

衰与弱的力量上是相同的，只是在叫法上不同。为了在八字中分析旺衰强弱，必须要了解衰与弱的分辨法。

在命局中，无论日主或其它五行构成衰弱的原因，只有以下三个条件。

①对自身生扶的五行少

命局中某一五行没有其他五行生扶，或生扶它的五行数量很少，或者生它的五行不但很少，而且孤弱无力，该五行不用说力量很小，就为衰弱。

例二：女，一九五九年十二月初一辰时出生

坤造：己　丙　丙　壬
　　　亥　子　戌　辰

先从整个命局看各个五行的数量，八字中分别有三水、三土、二火，缺金与木，木在地支中虽有藏干，但没有透出天干，有等于无。从明现的水、土、火三种五行的数量上来看，时干壬水的同党七煞众多，而又临月令旺地，年干己土伤官通地支日时的本气，泄日主的元气，而丙火日主在数量上很少只有两个。综合分析，克制日主的七煞，党多势众，力量最大，对日主来说威胁最重。再看己土伤官数量三个更泄日主之气，日主丙火衰弱无疑。

例三：女，一九五〇年正月二十九日未时

坤造：庚　己　辛　乙
　　　寅　卯　亥　未

日主辛金生于卯月谓之失令，生扶日主的只有月干己土，与日主同类的有年干庚金。

这个命局从数量上看，有二金、三木、一水、二土，没有火，虽然年支寅木，时支未土藏火，但没有透出。地支中亥卯未三合木局，看来时干乙木财星在这个命局中力量最大。日主辛金虽有劫枭相助，但劫枭力量很小，生扶力量不足，从整个命局看无论从数量上看，还是从五行生克制化，合冲刑害上看，耗泄日主的力量比生扶日主的力量大得多，日主辛金还是衰弱。

②无根不能受生

通根是判断日干强弱主要关键必须重视。如命局中某一五行有通根的地支，但通根的地支被其它的地支刑冲，或者被其它地支合化，变成耗克泄的五行，这种五行要作衰弱看待，另一种情况，命局中某一种五行虽得其他五行生扶，但因这个五行没有通根于地支，弱而不受生。也就是受生不起，应作衰弱论之。

例四：男，一九八四年闰十月二十七日卯时出生

乾造：甲　丙　丁　癸
　　　子　子　亥　卯

这个八字日主丁火在四柱地支中没有通根，年干甲木通根于时支，卯木可以生丁火，又有月干丙火生助丁火，按理说丁火在柱中有生有扶可作旺看，但因丁火在地支中由于无根，受生力弱，再说甲木处于冬月，地支中亥子水一气，形成湿木难生丁火，有月干丙火生扶，但丁火自坐子水，其生扶之力非常薄弱。所以，日主丁火衰弱，主要原因没有通根。

③生扶的五行少

一个命局中某一个同类五行的数量比其他五行数量少，同时在整个布局中又没有其他五行生扶此五行。或者生扶五行弱而无力，或力量很小的，该五行就是衰弱五行。

④分析命局中的某一五行衰旺强弱道理很简单，主要是看命局中生扶的五行的数量与力量与克泄的五行数量与力量来互相对比。其中的诀窍只不过是某一种五行能得到生扶多的就旺强，受到克耗泄多的必然衰弱。

例五：男，一九五八年十一月初四日丑时出生

乾造：戊　甲　乙　丁
　　　戌　子　丑　丑

日主乙木生于子月，虽得月令所生，但自己在地支无根，生扶乙木的只有月干甲木和月支子水，从年干上看，戊土财星自坐强根，又通根

于日时支的本气，戌土力量很大，不用说耗其日主的力量也很大，只有月支子水可生扶月干助日主之力，但又被年支戌土克之，日支与时支丑土合之。因此，生扶日主的力量很微小。从整个命局来看，耗泄日主的五行太多，生扶日主的五行太少，日主乙木衰弱无疑。

第六章　命局动态旺衰与取用神

以月令为旺衰来源判断各五行力量是一种静态的表面的旺衰。

以通根、透干、组合、源泉为依据，来综合判断五行旺衰，这种动态的旺衰，才是原命局实际旺衰。

只有正确分析出原命局动态旺衰，才能准确提取原命局隐藏的信息之象，才能有针对性地取准用神。因此，判断原命局各五行旺衰是必须掌握的硬功夫，过此关没有捷径，只有经常分析经常总结，时间长了，初步一看八字心中就会有谱。

命局旺衰程度大致可分为七个等级：

1. 偏旺；2. 太旺；3. 旺极；4. 中和；5. 偏弱；6. 太弱；7. 弱极。

这七个代表五行旺衰程度的等级，一定要进行清晰地分别，不能将其混淆。不能一见命局某五行偏些旺，便说太旺，其实偏旺与太旺是有很大区别的，取用之法完全不同，概念混淆不清就难以准确批命。

如果把偏旺、太旺、旺极混为一谈，不加分析，同等对待，一味以旺偏旺论，取克泄耗为用；对于偏弱、太弱、弱极也是一样，统统以偏弱来论；结果就会取用错误，推断吉凶大相径庭。所以理清日主及各五行的旺衰程度到底是哪一个等级，是至关重要的。

现将七个旺衰标准判定方法及取用大原则叙述如下，以便有一个比较明确的认识。

第一节　偏旺的标准

日主偏旺取用原则是：克、泄、耗。

偏旺从数量上把握：同种五行2—4个。

地支以本气计数，中、余气不算，若是两个同类五行构成偏旺必须其中一个是本气通根才行。力量超过全局力量一半之五行就不能克之，克之易犯怒，日主如此，其他五行莫不如此。

乾造：庚　己　乙　丁
　　　辰　卯　亥　丑

日主在月令有卯木本气通根，又有年支辰中乙木中气通根，亥中有甲木中气之根，且通根相连，力量不减，日主偏旺无疑。从数量上看，木是两个，所以日主是属偏旺这个阵营。

财星土五行，从数量上看是三个，由于不得月令，力量又分散，财星偏弱。

由此可见，命局中组合很重要，不能仅凭数量限定，数量只是个大概的界定。不能一说分析旺衰，都把注意力集中日干上，只分析日干五行旺衰，其他五行就不看了，这不对。应该对命局中所有的五行旺衰都分析透，才能全面掌握命局力量的分布情况。

取用神不只是针对日主旺衰来看，而是要使整个命局都平衡。当然是以日主为核心，结合命局中的病，加以总体平衡，才是真正意义上的取用神，才是高层次上的取用。只有这样，预测水平才能上档次，否则，也只能断个大概的吉凶。

第二节 太旺的标准

日主太旺的取用原则是泄、生、扶，克都不行，耗得有通关才行。
1. 太旺从数量上看，同类五行占 4—6 个。
2. 从全局力量上看，此五行力量要占全局力量的一半以上。
3. 命局中只有 1—3 个克、泄、耗的五行，其余皆是生扶之五行。

坤造： 甲　　壬　　庚　　辛
　　　 申　　申　　申　　巳

此命局金数量占了 5 个，地支巳申合不能合化水，反而有拱金之势，这样只有天干一甲一壬耗泄金气，日主太旺。取水为用神，忌金、木、火、土，尤忌火与木，木则最忌寅木，因寅木与命局申金有相冲的关系，易犯金怒。

第三节 旺极的标准

旺极，若是日主旺极，便是日主一气专旺格，已经构成特殊格局，如从革格、炎上格，等等，日主之气可顺不可逆，取用原则是生、帮、泄，最忌克，也不易耗。

把握旺极标准主要从下面几个方面：
1. 从数量上看，同类五行占 6—8 个。
2. 从力量上看，要占全局力量八成以上。
3. 从五行组合上看，全是生扶，无一克、泄、耗；或虽有一个克、泄、耗，也被合化成同类五行，根本不起作用。

例一：己　戊　己　戊
　　　丑　辰　巳　辰

此命局土旺极，已成稼穑格，取火、土、金为用，最忌木。

例二：庚　乙　辛　庚
　　　申　酉　丑　辰

天干虽有一乙木耗星，但乙庚合化金成功，顺金势，此造从革格成立，取土、水为用，忌火、木。

第四节　中和状态标准

中和状态是介于偏旺与偏弱之间，在实际命局分析中，判定命局某五行呈中和状态，只是一个近似中和状态，或者偏上、偏下，没有绝对中和状态。

日主处中和状态时用神不好取，只能根据具体大运介入后，对日主的旺衰影响来取用，逢大运给日主加力，日主便由中和转为偏旺，取克泄耗为用；若逢大运给日主减力，日主转偏弱，则取生扶为用；这种命局的用神是随大运的改变而改变。

确定某五行处于中和状态，主要从下面几个方面把握。

①从数量上看，同类五行 1—3 个。综合力量是一个透干加一个本气通根就可视为中和状态。

②从力量上看，占全局力量二成左右。

③当对某五行是旺是衰难以定夺时，可视为中和状态。

坤造： 己　 乙　 乙　 丁
　　　 酉　 亥　 未　 丑

大运： 丙子　丁丑　戊寅　己卯
　　　 7   17   27   37
　　　 76   86   98   08

日主乙木在天干有一比肩帮，支坐一余气根，月令亥水有甲木中气根，两通根合起来也不够一个本气根力量。综合评定日主处中和状态。

日主从1996年起行戊寅大运，命局各五行旺衰来源中心点是大运支，所以戊寅运日主由中和状态转为偏旺，取克、泄、耗为用，忌水、木。所以命主1997年丁丑，财运较好；1998年戊寅，盖房花费较大；1999年己卯，忌神力加大，且亥卯未三合木局，故日主此年有病破财。

一般来说，日主中和的命局，其他五行也不可能太旺，否则日主也不是真正的中和。由于各五行都不太旺，是忌神自然力量不是太大，所以日主一生大灾大难较少。古书有云："中和为贵"，讲求中庸之道，实际中和之命不一定都富贵，这得看命局平衡点在哪儿，若在财官印上日主得用富贵平稳之命，否则只是无大灾大难平庸地过一生。

凡是大起大落之人，都是命局失衡较大，大多数日主不是中和状态。"有病方为贵，无伤不是奇，格中如去病，财禄两相随。"是指偏旺或偏弱及偏枯命局虽有病，人生坎坷多，一旦交上好运，治了命局中的病，就有大富大贵可言。而八字中和无病不一定就是好事，可能是平平凡凡活一辈子，并不称奇、道好。

第五节　偏弱的标准

偏弱的取用原则是生扶，若命局官星旺为忌，也可以取食伤为用。

偏弱的判定主要从下面几点把握：
①从数量上看，同类五行1—3个。
②从力量上看，占全局力量二成。

坤造：戊　乙　辛　壬
　　　申　卯　未　辰

日主干无比劫帮，在地支有一申金本气通根，但因组合关系，一是远隔，二是与日主通不上气，只能算一个余气通根之力，日主虽得坐支未土之生，但力量不及帮身通根有力，所以，日主偏弱无疑。

第六节　太弱的标准

太弱之五行取用原则是只宜泄和克，不宜生和帮。
太弱判断方法如下：
①从数量上看，同类五行在三个以下。若是三个必须是无根。
②若是有两个同类五行，其中一个是本气通根，此根要远隔被冲克掉或被合化成另外一种五行才可。
　　总而言之，太弱之五行在命局中，是有生或帮之五行存在，但帮得都没有力，根本不起多大作用。太弱之五行一般情况下是不能生和帮，因为其基础能量太小，先天素质太差，很难生扶起来。就像三国时刘备之子阿斗一样。本弱之命局，逢岁运将帮扶它的五行克去，日主可成从势得或多从格，形成格局转换。太旺和太弱，其实就是一种假专旺及假从势、多从格，当大运介入后，它可由假变真，变为特殊格局，取用原则以特殊格局来取用，也能因岁运介入由假专旺格，假从格变为一般普通偏旺或偏弱格局，此时取用原则按一般普通格局取用方法取用，所以，此类命局用神也是随岁运转变而改变。

乾造：甲　丁　己　丙
　　　寅　卯　亥　寅

日主己土在天干有一丙一丁生扶，地支虽在年支与时支寅木有两个余气之根，但远隔且地支水木一片，其根为假根，根本无用，综合下来日主还是太弱。

日主太弱它不同于弱极，太弱在命局中虽基础能量很小，但毕竟有一个或两个生或帮，这就是说还有点气，有点气就有些不服的表现，就不心甘情愿顺从命局旺势，老有想自立的幻想，所以逢岁运克去生和帮之五行绝了太弱之五行的自立幻想，专心顺从命局大势，反而是好事。

第七节　弱极的标准

日主弱极的取用原则是克泄耗。

日主弱极一般都是从其命局中旺势，如从财、从官、从食伤及多从。

多从是指命局中日主弱极而其他五行力量都不是太旺，日主很难从其一，只能都从，为多从。

日主及其他五行弱极判断方法从下面几个方面把握：

1. 从数量上看，一般只有一个，若有两个另一个必须的受伤或被合化掉，根本不起作用。

2. 在天干无一生扶，在地支无一根气。

3. 既便在支有一中余气根，此根也是受伤或远隔根本不起作用。

例：壬　壬　庚　丙
　　寅　寅　子　子

日主庚金在干支均无生扶及根气，弱极无根，局中水木旺，取木化

泄水，为第一用神，水为第二用神，忌土、金，火为中神。

本章对评定日主及其他五行的旺衰七个基本标准，做了一个明确的规定，以便读者在实际分析命局中有个参照。初学者由于没有实践体验，对旺衰的评定根本没有数，有了这样一个较为明确的原则参照，判断五行旺衰程度就容易多了。

当然这种规定，毕竟是死板的，对绝大多数命局是适用的，对于很少一部分特殊组合的八字也许会有偏差。当读者经过一段时间实践预测后，就能摆脱这些规定和条框，去灵活运用。

第七章　命局取用神的原则与方法

　　正确分析命局各五行的旺衰，透彻了解八字的组合，而有针对性地取出用神，是准确预测最关键的一环。分析命局不过关，取用神就不准，更难谈准确预测，因此，分析命局取用神，是每一位有志于此道同仁必须掌握的硬功夫。

第一节　取用神的原则

　　取用的大原则是：强抑弱补、顺势化泄、通关调候。
　　许多人都知道这个大原则，但在理解上有偏差。
　　绝大多数易学爱好者都认为"强抑弱补"只是针对日主而言，实际这种想法不全面。
　　强抑弱补、顺势化泄、通关调候，这个原则不仅是对日主而言，而且是针对整个命局而言。要整个命局都达到一个平衡，才是真正的平衡。当然，是以日主为核心，兼顾其他方面的平衡。
　　许多命理书上都没有明确提出这个观点，致使许多人产生了片面认识。一谈取用，目光全集中在日主上，其他五行、命局整体平衡就不理会，结果好像是用神取对了，但逢喜用神运为什么反而不好或半吉半凶呢？我想其中有一条，那就是你取的用神只是日主的用神，不是全局的用神，只有全局用神得力时，日主才能全面发展，才是真正意义上的吉运。

例：
坤造： 戊申　甲寅　丁巳　壬寅
大运： 癸丑　壬子　辛亥
　　　　4　　14　　24
　　　　72　　82　　92

此四柱日干丁火自坐本气通根，从数量上就占了两个。天干又有甲木印星相生，月时支寅中又有两个中气丙火通根与日支巳火相连一片，所以日主偏旺无疑。

再看印星，自坐强根临月令本身算中和状态且时支又有一寅木本气通根，印星也偏旺，官星、财星、食伤明显偏弱。

通过上面对全局各个五行旺衰分析，就不难看出，此八字病在日主和印星两个五行同旺，且印星贴近日主相生。

日主旺按原则是取克泄耗为用。

现在我们用比较法——筛选看取哪种方法为用神最得力。

如果取克，即取官星为用，官星出现一可以克日主，但官旺又可以生印，印本来在命局偏旺为忌，就不能再给它加力了。且印又可以通官克日主之关，使用神官星起不到用神作用，反而有帮倒忙之嫌，所以此种组合，取官为用是不行的。

如果取泄，泄就是用食伤。一可以泄日主旺气，二可以耗印星之力，但由于食伤在命局中虽透干，但力量很小，逢支运扶起时可用。

如果取耗，耗就是取财星为用，一可以克印治印旺之病，可以耗身治身旺之病，一举两得，况财星在命局中要比食伤旺点，比较得力，因此本造应取财星为第一用神，食伤为第二用神，忌印、比、官星。

分析命局取用就要像这样，全面分析，针对命局主要毛病，用比较法取出真正可用之神。

命主辛亥大运，丙子流年，流年、干支及大运之支全是忌神，辛金本为喜用，但丙辛合，拱水自不必说，就是不化，辛金因合也无法发挥力量，所以，断她此年应有病灾，并有外遇之事。

反馈：此年子宫瘤手术，也确实有外遇之事。

另外日主在辛亥大运，没有什么具体好工作，也没挣多少钱，运气不顺，由此说明，官星不是用神。

顺势化泄取用。顺势是指特殊格局取用而言，例如日主一气专旺，或两气专旺格局取用而言，取用原则要顺其旺势，取生扶或化泄之五行为用。

化泄是指命局中日主或某五行太旺，但未形成特殊格局，取用原则是化泄旺神力量，命局中任何一个五行过旺，都是命局中的病，也都是日主的病，都得用药综合兼治。

要看病下药，用神就是药，分析命局就是确诊命局犯的是何病，犯单一病，用单一药就可治愈，若犯综合病就得综合药才行。

如果我们取的用神遇到了有综合病的命局，就会出现虽能治了这个病又加重了那种病的情况。在实际预测中，经常会遇到这样一类命局。用神无论取哪种药不得力，整治了这个病，又加重那个病，也无法用一种药完全治疗，这样的命局往往喜用参战，也注定一生是祸福相连，吉中藏凶，一生不得志，平庸贫贱之命。

通关、调候取用。

通关就是两五行相战，此也为病，选择一个能使二者相行不悖之五行逆行调和谓之通关。如金木相战取水通关为用，用水化金生木，使金不克木。通关是最好的化解方法，是和平解决问题，谁都不伤元气。

调候一般指两种情况的命局需要调候，一种是冬、夏两季生人，一种是八字中寒暖湿燥失衡，命局需要调候。调候取用神一般都是用水与火，有时也可用干燥土或湿土调候，需根据命局具体病酌定。

一般冬季生人命局偏寒，需火来去寒解冻；夏季生人用水来调候去燥解热，但有些命局调候用神与五行平衡取用不一致，有时甚至相反，此种情况要以五行平衡为主，要先顾命，要在保命的基础上再考虑调候。

例：
坤造：丁未　癸丑　戊寅　己未

日主得月令，地支有三个土之本气通根，连通寅中戊土余气根，天干又有己土相助，年干印星丁火相生，克星只有坐支寅木一位，泄星食伤无，耗星只有一个势单力薄。综合判断，日主太旺，太旺取用原则只宜泄，不宜生和帮，更不可以用克，但用克除非大运干支一气才能将土制住，否则会犯土怒，会有灾。

此造生于丑月，需火调候，但身太旺，用火调候反而增大忌神土之力，助纣为虐，故调候用神火不可用。

另外，在取用神时，所取的用神理论上虽为用神，但在八字中无或力量很小，生扶不起，一旦用神出现时，又进入不了命局，反而触犯了命局中的旺神，招来灾祸。取用时，一方面要按原则取用，但千万要注意不能触怒命局中旺神，这种触犯旺神的理论用神实际也是命局中忌神。在取用时要结合具体命局组合，做到干支分取，阴阳分取，直到逐字取用，才能把命局断得精细，符合实际人生轨迹。

乾造：戊子　甲寅　乙亥　丙子
大运：乙卯　丙辰　丁巳　戊午　己未
　　　5　　15　　25　　35　　45
　　　53　　63　　73　　83　　93

原命局除了年干戊土财星与时支丙火耗泄日主，但都不得力，八字水木一片，印比同旺，导致日主太旺。太旺按理应取食伤为用，忌水、木、土、金。下面就针对食伤看可用不可用。

如取火为用神，火在天干为丙、丁火，可以泄木之气，所以天干之火可用，但地支巳午火却不可用，原局八字中地支一片水，且有亥子同现，无论出现巳火还是午火，这火便会冲动命局亥、子水，犯了水怒，日主便会有灾。

戊午大运，己巳流年，大运支午火，流年支巳火，冲动命局中旺神亥子水犯了水怒，日主此年春丧一妹，冬季家中遭劫。

为了使读者掌握每种命局具体取用方法，下面按章节分别详细论述。

第二节　偏旺与偏弱取用神

日主偏旺总的取用原则是克泄耗，日主偏弱总的取用原则是生、扶。这是针对日主这一五行而言。

但取用除了以日主为核心外，命局中其他的病也需要治，因为命局中的八个字，虽是以日干为核心，但每一个字也都是命主本人的，它代表了命主的方方面面，它的病也是命局的病，因此，真正取用原则是以日主为核心，兼顾命局总体平衡。

例一：
乾造：戊申　癸亥　甲辰　甲子
大运：甲子　乙丑　丙寅
　　　3　　13　　23
　　　71　81　91

下面把命局中每一五行旺衰分析如下：
①木的力量
天干有一甲木比肩帮身，地支亥中有一中气甲木与辰中一乙木中气通根，相当于一个本气通根，天干又有癸水生甲木，日主偏旺，但地支申子辰三合水局成功，水大木漂，是尽失。所以，日主是一种假象的旺，实以偏弱论。
②印星水的力量
印星水，临月令自坐本气通根，且八字地支申子辰三合水局，基本

合化成功，这样地支一片汪洋，水的力量已太旺。

③财星力量

财星戊土坐下申金泄气，虽日支有一辰土本气通根，但申子辰三合水局，其根荡然无存，所以财星力量太弱。

④官星力量

官星的力量尽在生水，官星偏弱。

⑤食伤力量

食伤在命局中无。

通过对每种五行逐个分析，发现命局主要失衡点全在水上，水大木漂，水多金沉，水多土散。

取用应以日主为核心，结合命局其他的病来有针对性取用。

现在命局主要病有两点：一点是水旺之病，另一点是日主偏弱不受生之病。其他病不是主要的，可以不着重考虑，要治这两种病，选取用神时就采用比较法。

命局水太旺为病，太旺如取土为用，土太弱易犯水怒，取火耗也根本不起作用，只有取木泄水，就日主偏弱有些水大不漂不受生之病，可取木为用，但木只能在地支才可用，在天干还虚浮无根不受生，在地支逢根才能受生，若取水生日主木，本已是水大木漂，再给忌神水加力反而更加重病情。

所以只有取地支木为用。

命主甲子大运，壬子流年水大木漂，岁运命局伏吟，日主得小儿麻痹症至今还留下残疾。

丙寅大运，木火通明，用神调候俱全到位，此步运日主发达富贵。

例二：

乾造：壬子　戊申　癸酉　丁巳

大运：　己酉　庚戌　辛亥

　　　　9　　19　　29

　　　　80　　90　　2000

分析：

①日元癸水自坐酉金相生，在年支得一本气通根。月支有中气通根，年干又有壬水相助，只是因戊阻隔助力不大，但毕竟是有些帮扶，综合判断日主偏旺。

②印星：虽未透干，但申酉相连，申金又得戊土之生，所以印星也偏旺。

③官星：透干于月令，在坐支申金中藏有一余气根，在时支有戊土中气根。由于隔柱只相当于一余气通根，且戊土官星坐下泄气，天干有丁火相生，但被癸冲克阻隔，有生之心无生之实，官星偏弱。

④财星在时支干支一气可算中和，但支巳酉半合，癸丁相冲，财星减力，所以财星还是偏弱。

⑤食伤无。

通过命局分析，我们知道命局有两处病，一是日主偏旺，二是印星偏旺，日主旺取克泄耗为用。

用比较法：

①如果取官星为用，官星虽可克日主，但官星又可生印星，又增加忌神印星之力，印星已偏旺了，不需再加力。但由于命局组合是干不透金，如果官星在天干透出可用，但地支逢辰，酉辰合金，增加忌神之力，不可用；若未土，未与申酉无特殊关系，生金力不大，且子与未有相害关系，未土克忌神子水有力，所以未土可取为用神，若取戌土为用，命局形成申酉戌三合金局，还是增大忌神之力，不可用；若取丑土，命局又形成巳酉丑三合金局，虽合化不成，也有丑生金之实，还是不利；所以取官星为用，官星在天干可用，在地支只有未土可用，而辰、戌、丑土为忌不可用。

②取泄，泄神是木，木在天干出现虽可泄水，但又克天干用神戊土，喜用相战反而不利，故木在天干不可用；若木在地支出现，八字中又无木，内因没有当外因出现时，其对命局中五行只能产生两、三成力量。所以，木出现首先与命局申、酉相冲，不但冲不败申酉金，反而冲动申酉金，金一动便生水，增加忌神水之力量，所以木在干支均不能取

之为用。

③取耗，也就是财星为用，一是可以耗日主旺气，二在支中出现又可以克制印星。治印星偏旺之病，一箭双雕，所以取财为用最好。

庚戌大运，甲戌流年，丁丑月，大运流年流月与命局地支巳酉丑，申酉戌三合三会，无论合化成功否，都是增加忌神金的力量，且命局用神巳火也被合住，元气大伤，流年干甲木伤官又克制住命局用神戌土，喜用皆伤，日主必有灾。

实际日主遭车祸，险些丧命，至今还留下残疾。

例三：
乾造：癸巳　甲寅　己丑　戊辰
大运：癸丑　壬子　辛亥　庚戌　己酉

分析：
①日主自坐强根，又得时支干支一气之比劫相助，日主偏旺。
②官星临月令，自坐强根，天干有癸水相生，时支辰土又有中气，乙木之根。所以官星也偏旺。
③财星，透年干，支中辰里有一余气根，丑中有一中气根，难以得出，所以财星偏弱。
④印星，在年支盖头减力，寅中有一中气之根，印星中和偏下。
⑤食伤，只藏在巳中有一余气根，丑中有一余气根偏弱难出。

通过对原命局全面分析，可以看到命局，身官两旺为病，身旺，按原则是取克泄耗为用。

用比较法：

取克，即取官星为用克日主，由于官星在命局中已是偏旺，为忌神了，不能再给官加力了，在此要注意的是普通命局中，无论是何五行超过中和，就不应再给其加力，超过中和那一部分力量为忌神，说命局某五行为忌并不是此五行整个都是忌神，而是超过中和以上那一部分力量为忌。

一般来说，命局中五行力量只有中和或中和以上，才有生克权，中和以下就无生克权，所以有些五行理论上是忌神，但它偏弱，实际上它起不到忌神作用。

取泄，那就是取金为用，金一可克木，平衡木的力量，二可泄土，使日主减力，一举两得，所以金可用。只是原命局金很弱，即使岁运都出现金，由于原命局中无明字之金，对命局的作用力也不是很大，也就是说用神不得力，那么可以推断此人一生也不会有多大出息，不会有大富贵。此八字官为忌，难为日主所用，日主自然难当官，实际日主是个极普通的人。

最后，看取财星为用可否，财星由于命局财星与比肩力量相差太悬殊，逢财星出现给年干癸水加力。财星癸水因有了旺的来源不服戊己土之克，又无金通关，很易形成群比劫财而有灾，这是其一，其二财星又可生忌神官星，加大忌神力量，所以财星不可取之为用。因此，此造只可取金为用，木、水、火、土都为忌神。

日主辛亥大运，甲寅流年，忌神当道，身官相战，流年支与大运支寅亥合，合走妻星亥水，寅与月支丑土表面无特殊关系，然其内部藏干戊与癸、丙与辛、甲与己三个藏干都是两两相合，这种合叫暗合，此种暗合牵动妻宫，所以日主此年有婚灾，实际是离婚。

1998年戊寅，正行己酉大运，命局、大运虽有巳酉丑三合局，但在戊寅流年寅木为太岁说了算，寅木又是三合金局绝地，三合金局不成，让位于寅巳刑，结果给忌神巳火加力，而流年干支及运干一方给日主加力，一方给官星加力，都给忌神加力。身官相战互不服气，虽也战不倒谁，像这样官旺要制日主，而日主也旺，不服气，最易引起官非口舌，财星夹在克泄之间，必然也受损。实际此年日主因官司破财。

例四：

乾造：庚辰　戊寅　癸巳　壬戌

大运：己卯　庚辰　辛巳　壬午　癸未　甲申
　　　 5　　 15　　 25　　 35　　 45　　 55
　　　 45　　55　　 65　　 75　　 85　　 95

分析：

①日元癸水得年干庚金之生，但有戊土官星阻隔，生日主力量不是很大，虽得时干壬水紧贴相助，但壬水自坐截脚，自身难保，在地支中只有辰中一癸水余气通根，由于距离远又阻隔重重，与日主难通气，日主偏弱。

②官星虽在透干在月干，在年支与时支各有一本气通根，寅中、巳中都有一戊土中余气通根，与辰、戌土连在一起不减力，所以官星偏旺。

③财星未透，在寅中有一中气，巳火中有一本气，戌土中有一余气，三个通根相连，力量中和偏下。

④食伤在月支有一本气根，在年支有一中气根，食伤偏弱。

⑤印星透在年干，巳中有一余气根，戌中有一中气根，由于远隔，力量很小，所以印星偏弱。

从整个命局五行分析来看，日主偏弱，印星弱而官星偏旺为病。

日主弱取用原则是生和帮，另外一种是官星旺，可取食伤来制官，但食伤又泄日主之气，不是最好。

现在用比较法筛选用神：

如取比肩、劫财，在天干可用，但在地支因火土金，地支无明水，逢岁运支出现很难进入命局，起不了多大作用。

取印为用可以生扶日主，又可泄土旺之病，一举两得，金在干支均可用，但不宜金太旺、太多，适可而止。因金多水无根不受生，有金多水浊之象，所以最宜逢岁运金水全出现，才最有利，观其大运，没有这种机会，且用神金在命局中组合位置不好，生日主有阻隔，所以日主空有一身学识，一生不得志，孤苦贫困之命。

若取食伤为用,也等于给忌神加力,且易造成对日主克泄交加,遭殃的还是日主。

甲申大运,己卯流年,命局与流年支寅卯辰三合木局,忌神木加力去克官星土,由于土在流年干也加了力,自是不服引起木土交战,日主克泄交加,必有大灾。实际日主是位孤寡之人,有一定文化素养,但不得志,1999年己卯因脑血栓导致右部偏瘫,至今没有痊愈。

例五:
乾造: 戊戌　乙卯　庚戌　丙子
大运: 丙辰　丁巳　戊午　己未　庚申
　　　 1　　11　　21　　31　　4l
　　　58　　68　　78　　88　　98

分析:

日元庚金在年干有枭神相生,但有乙木阻隔,戊土不能生日主,日元坐下戌土可以生日主,在年支、日支戌中都藏有中气辛金之根,年支之中气根由于隔柱力量减四成。日主偏弱。

印星在年干自坐强根,在日支有一本气根,虽有月柱阻隔减力四成,但也相当于一中气之根助印星,印星偏旺。

财星临月令,又自坐强根,财星也中和偏上。

官星透在时干,得月干乙木生,但因有日干阻隔相合绊住,不能生丙火,且又自坐截脚,在戌中有两个丁火余气根与之相通,也有阻隔,所以官杀偏弱。

食伤只有一子水偏弱。

日主偏弱,应取生扶为用,现结合其命局组合及其它五行旺衰用比较法取用如下:

如取印为用,命局印星已偏旺,为忌不能再加力,再加力必有土多金埋之象。

如取比、劫为用,一可以帮日主,二可以泄旺土之干,所以取金为用最好。忌土、木、火、水。

己未大运，甲戌流年，与命局、大运形成三戌刑一未，土旺金埋，土为印星，戌又为金舆星，所以断此年会因车或房子等事而遭灾。

实际日主当年开车轧死人破大财，几乎倾家荡产。

这一节选了五个较有代表性的实际命例，取用精髓尽在其中，读者务必详读，才能有所领悟。

第三节　日主太旺取用神

太旺之五行只宜泄，不宜生和帮。

旺极之五行可生扶，也可以泄。

二者共同点是都不能去克，这是大原则。

但具体问题具体对待，我们知道日主太旺有两种情况：一种是日主五行独旺而导致的太旺，另一种是印比同旺导致的太旺。二者取用方法有很大差异，要区别对待。

一、因比劫独旺而导致的太旺

因比劫强旺而导致的太旺，取食伤泄比劫旺气为用。

逢印比运较为辛苦操劳，运气不顺，财来财去，积存不下。

逢财运，如果没有食伤通关，日主会受大运流年财星刺激，盲投资而导致破财，甚至产生官灾。

逢官杀运最忌，易犯比劫怒，而有官灾，破财之类事情发生。

如果日主在岁运两处均处休囚死状态，而财官同时出现时，能将比劫牵制住，则无事，总之财官力量必须达到可以与比劫抗衡才行，一方大一方小，那必然引出灾来。

例：
乾造： 丙戌　戊戌　戊寅　癸丑
大运： 己亥　庚子　辛丑　壬寅　癸卯　甲辰
　　　　3　　13　　23　　33　　43　　53
　　　　49　　59　　69　　79　　89　　99

日元戊土得月干戊土比肩帮，地支有三个本气通根，年干丙火力尽在生土，寅木中戊土余气根，被连通起来而得用，从数量上土五行占了五个，且又临月令超过命局力量一半以上，日主太旺。

官星、财星、印星都弱，食伤亦然。

日主太旺只宜泄，不宜生扶，最忌克，所以只能取金为用，忌火、土、木、水。

日主甲辰大运，己卯流年，流年、大运干支皆为忌神，且大运、流年、命局寅卯辰三会木局，木的力量大增，与比劫相战，逢流年地支给官杀加力，天干给日主加力，谁也不服谁，官杀也克不倒比劫，犯了此劫之怒而劫财，此年日主因官司破财。

二、因印比同旺而导致的太旺

因印比同旺而导致太旺，此种类型的命局就不能取食伤泄身为用，因为印旺逢食伤出现，食伤切入不了命局，反易犯印星之怒，此种命局印旺是命局中最大病，可取比劫泄印为用，逢印运日主较为辛苦，压抑不得志，破耗多，身体差，见财官也是辛苦操劳，多有不顺。

例：
乾造： 庚辰　己丑　辛酉　甲午
大运： 庚寅　辛卯　壬辰　癸巳　甲午　乙未
　　　　7　　17　　27　　37　　47　　57
　　　　48　　58　　68　　78　　88　　98

此造年、月、日柱全是土金，土金力量相当，官星火偏弱，财星木弱极，食伤偏弱。

八字印比同旺而导致太旺，用比较法取用：

①取食伤，食伤在天干可用，可以泄庚辛金，在地支逢亥月可用，但力量不是太大，因亥与辰、丑、酉、午都没有特殊关系，不犯土怒，若用子水，子辰半合，子丑六合，都会引动忌神土，使土动起来，忌神一动便会有灾。

读者要明白一个道理：合、冲、刑、害都属于一种引动。尤其合具有两面性，它可以将动的合住，使其失去动能，也可以使静的合动，使其产生动能。所以合和冲一样，都会引动命局中旺神，犯旺神之怒，所以此命取食伤是不行的，亥水出现也不为凶不为吉，不能算用神。

②此造印星临月令最旺，为最大的病，因此可以取比劫泄印为用，来平衡命局。所以此造忌神为木、火、土、水（亥水除外）。

命主乙未大运，己卯流年，甲乙木逢岁运有根，不服庚辛金克，卯未半合、卯辰相害，卯酉冲既犯土怒，又犯金怒，因此，日主此年必有破财伤妻之灾。

实际此年春妻手术破财数万，也未治愈，于酉月妻死财散。

第四节　日主旺极取用神

旺极与太旺是有区别的。

日主旺极只是八字中全是生扶日主，而没有克泄耗，即使有一个，也会因合而化成生助日主之五行。

旺极取用神总的原则是顺势化泄，顺势就是生扶，化泄就是食伤泄身。所以日主旺极可取印比与食伤为用。

但旺极也分两种情况，一种是比劫独旺，也就是日主一气专旺，此为特殊格局，如果是日主是木一气专旺，古称为曲直格；火一气专旺为炎上格，等等。

　　日主一气专旺由于气势集中在日主这一五行，其他五行都不能自立，都要从此五行，这样的格局一般出身在富贵家庭，如行好运，自己也可以创造一番事业。

　　日主一气专旺格之人，做事有魄力，有独当一面的能力，往往处于领导的地位。

　　还有一种就是印比同旺而导致旺极，此种格局一般可取印比为用，不可以取食伤（关键看组合，有的组合也可取食伤），印比同旺之人逢好运也会有一番造就，但这类命局比起日主一气专旺格层次要稍差些。

一、因比劫而导致的旺极

　　这样的格局最宜辨认，取用也好取，用神面广且有力量，由于用神面广又有力，自然一生多富贵。

　　这样的命局可取印、比、食伤为用，只忌财官。

　　只要克耗不是太严，日主只是不顺，无大妨碍。

例一：
乾造：癸未　甲寅　乙亥　己卯
大运：癸丑　壬子　辛亥　庚戌　己酉　戊申　丁未　丙午
　　　 3 　 13 　 23 　 33 　 43 　 53 　 63 　 73

　　此造为清道光李鸿章命道。

　　地支亥卯未三合木局合化成功，干甲己合化木成功（甲与己合虽有乙隔，但乙为甲己合木之化神就不为阻隔），此为反化，又叫妻从夫化。

　　所以此造为日主一气专旺格，古称曲直格。

　　取用可取水木为用，本来一气专旺格也可以取食伤为用，但此造组合上问题，命局有两土虽合化成木，逢岁运给土加力时，土有了力量会不从木，破了格，因此对此造而言，食伤火为忌。

八字取用，大原则是不变的，但要结合具体命局具体组合来取用，不能死板，所以此造忌火土金。

命主丙午大运，辛丑流年，由于大运干支生未与己土，土有力不从木，甲己、亥卯未合化木不成功，流年辛金冲克甲乙木犯木怒，破格，日主于此年谢世，享年79岁。

例二：
乾造：癸亥　癸亥　壬子　庚子
大运：壬戌　辛酉　庚申　己未　戊午　丁巳

此造为日主一气专旺格，俗称润下格，取金、水、木为用，最忌未戌干土，辰丑为湿土差些不太为忌。

初运壬戌、地支戌土为燥土，逆命局气势犯水之怒，所以早年家中多有刑丧之事。

辛酉、庚申两步大运，青云直上，富贵有余。

行至己未大运，破格，祸从天降，妻丧子亡，家道中落破败。

戊午大运，贫穷如乞，困苦不堪，最后忧郁而终。

可见人之祸福吉凶，好命还得好运扶，没有好运，好命不真。

二、印比同旺而导致日主旺极

此种格局印星与比劫势力相当，八字中只有印比之五行，此种格局取用，以印比为用，至于食伤是否可用，看地支、天干印星力量而定，忌财官。

例：
乾造：庚辰　庚辰　庚申　庚辰
大运：辛巳　壬午　癸未　甲申　乙酉　丙戌

此造一片土金而无其他五行相杂。

组合特点是土在支未透干，所以在食伤在天干可用，在地支不可用，因地支一片土，用神切入不了命局，亥支稍可，因亥与辰无特殊关系，不能引动辰土，子水则不行，因与辰土有半合关系，辰土会被引动，有克水之象。水是日主的用神，用神被克易有灾，但此造逢子水，会出现有灾福同来之象，因为土动生金，生用为喜，土动克水为忌，所以吉凶兼有。

事实上现实生活中很多人很多时候，都有祸福同来现象。

本造最忌木及天干之火，天干出现火宜克金犯怒，火在地支稍可，因地支土多可通关，火克金力不大，但忌巳火，因巳火与申金有合的关系，克性大。天干木逢甲木不行，甲与庚相冲犯金怒，逢乙木，只要乙木无根，乙庚合金顺势无防，但有根，合而不化，照样犯怒，木在地支克土犯怒，克用神是不行的。

壬午、癸未大运，天干壬癸水为用，可用地支顺土金之势，喜用神到位，为真，所以日主参军，业绩渐成，较为顺达。

甲申、乙酉大运，木无根不犯金怒，且木在天干也克不到地支之土，此运也为喜用神运，官至总兵之职。

丙戌运，丙火克金犯怒破格，死于军中。

第五节　日主太弱取用神

日主太弱，只宜克和泄，因日主太弱，根本难以扶得起来，所以，克去反而绝了日主想自立的幻想，而心甘情愿顺从命局中强势。这也是人在世间生存、避祸的一种原则。

在现实生活当中，有些人很懦弱，那就得顺从强者，若心存不服，去触犯强者，必然会招灾惹祸。所以太弱之五行最忌帮扶，逢帮扶之岁运必有灾。

如果日主虽太弱，但其他两行或三行在命局中也都不是太旺，在日主行帮扶运有根时，可以与命局中的财官、食伤相争，身逢帮扶之流年，进一步增加自身气力反而为吉。

这关键是看日主与命局其他五行力量差距大小来定，差距太大，是绝对不可帮扶，差距小可以帮扶，但得岁运同帮才为吉，一帮一克耗泄还是不行。

还有一种情况，也可以生扶，就是日主虽太弱，印也弱，但官杀只是偏旺，可以取印化杀生身为用，实质是官旺为病取印化旺官之病。

根据命局中具体病的种类，下面将日主太弱取用的方法介绍一下：

①日主太弱，食伤强旺的，取财星为用。这实际是食伤旺为病，取化泄食伤之财星为用。逢官、印运多有不顺，因为食伤旺，只可泄，不可克、耗，否则易犯食伤之怒，而有灾。

②日主太弱，财星强旺的，取官杀为用神。这实际是财旺成了命局之病，取官泄财，平衡命局。逢比劫破财、病伤灾、婚灾等。

③日主太弱官星强旺，取官杀为用。不可取印化官，因为印有生身之功，日主会因有生而不服官杀之制，而招致祸灾。

④日主太弱，印星太旺的，取比劫为用，因印旺已成命局之病，治印太旺之病最好的办法就是泄印，不能克印，耗印。

日主太弱，逢大运克去日主之根或生扶之神，日主可以从其局中旺势，所以日主太弱，有时也称假从格。这种命局很容易因大运介入，格局发生转变，用神也随之改变，这种命之人现实生活中表现为大起大落，多波折，想成就一番事业，往往比别人要付出更大的代价。

例：
乾造：丁巳　丙午　癸丑　甲寅
大运：乙巳　甲辰
　　　　6　　16
　　　　83　　93

原命局日元癸水无生扶，支中在坐支有一中气通根，八字木火两旺，火势最旺，取官化财为用，忌火、金、水、木。

甲辰大运，丙子流年，大运支为用神，天干甲木为忌，流年丙子干支都为忌，尤其是子水，一来给日主加力，二冲午火犯旺，日主一想，我原先底气不足，这回流年有人来帮忙了，我可有气力了，看看我的周围，全是财源，全是财，不抓住时机干一把还等什么？岂料，即使逢流年太岁帮扶，自身力量也难与食伤、财官平衡，还是身弱财重不担财，反而会因财遭灾，实际日主此年因投资办砖厂，破财近五万元。

甲辰大运，丁丑流年，大运流年支为喜用，但运干、流年干为忌，所以此年吉凶参半，实际日主此年财运较好，但因女朋友之事，发生争端，被另一个男性从背后捅了一刀，住院治疗一个月。

第六节　日主弱极取用神

日主弱极又叫从格。

日主弱极取用方法不一，一般来说，日主弱极，要从其命局中旺势，谁旺从谁，如官杀旺则从官杀，财旺则从财，食伤旺则从食伤。

日主从官杀取财星和官杀为用，忌印、比、食、伤。

日主从财，取食伤与财星为用，若官为用须食伤弱才行，忌印比。

日主从食伤，喜食伤与财星，比劫只要不是太旺也可用，忌官印。

有许多情况是日主弱极而八字中不是一种五行独旺，是两种或三种五行旺。这种情况叫多从格，日主都从。这样之人，处事周全圆滑，对社会、市场经济及整个局势具有敏锐分析力、判断力，善于看风向，见风使舵，随机应变，在风云变幻的市场和社会中都会有自己立身之地，能够主动适应社会，把握潮流，适于金融、财政经济方面工作，必有所成就。

第八章 取用神三个阶段

取用神是四柱八字最核心的内容，通过前面几个章节的实例讲述，学习者应该体会到，取用神并不是八字里缺什么五行就取什么五行，很多时候，也不能以某五行是喜用神来确定一个用神，因为在实际预测当中，常常出现某个五行天干可用而地支不可用，或者天干某个五行，一字为喜用而另一字为忌神的情况。下面就对这个问题以专门章节来讲述一下。

第一节 初级取用——五行取用

要取准一个命局的用神，要经过三个阶段。

第一个阶段是"初级取用"——五行取用。

乾造：己卯　丁丑　庚戌　己卯
大运：丙子　乙亥　甲戌　癸酉　壬申　辛未

此造日元庚金生丑月冬天，得月令之生，又自坐戌土印绶，时干己土紧邻日主相生，但金日主在干支没有比劫帮身，只在月日支中各有一点中余气根，故庚金日主偏弱。但印绶土强旺。官星火偏弱。财星中和。食伤太弱。

　　分析清楚日主的旺衰和其他各五行的旺衰后，就可以取用神了。

　　该造的特点是日主偏弱而印旺，即金弱而土旺。

　　按五行取用法，日主身旺，以克泄耗为用；日主身弱，取生扶帮为用。在当今的八字命局中，都是如此取用。在断出日主旺衰后，按"旺抑衰补，顺势化泄，通关调候"原则来取用。

　　"旺抑衰补"，是针对偏旺、偏弱的普通格局而言。

　　"顺势化泄"，是指旺极、弱极的特殊格局而言。

　　"通关"，是指命局中两个五行都旺，二者相战，可取一通关五行为用。如金木相战，取水通关等。

　　"调候"，是指夏、冬两季的命局，燥热用水，寒湿用火。

　　五行取用的大原则是要根据不同的命局。

　　比如日主偏旺比劫多，日主和比劫是命局中的病，那要首取官杀为用，以官杀克制比劫，财星耗比劫为喜神，如果官杀弱、或官杀不现，有食伤，就要取食伤泄身生财为用。

　　如果日主偏旺而且印星旺强，就要首取财星克印为用，再取食伤生财耗身为喜神。这时候就不能用官杀，因为印星强旺，官杀出现就会生印，成为印的原神，所以官杀此时是忌神。

　　日主旺，财星也旺，只取官星泄财克日主为用。

　　日主旺，官星也旺，只取食伤制官泄日主为用。

　　日主旺，食伤也旺，取财星泄食伤耗日主为用。

　　日主弱，官星旺，首取印为用，次取比劫，也可取食伤制官杀。

　　日弱财旺命局，取比劫为用，次取印生日主为用。

　　日弱食伤旺，只取印星生日主制食伤为用。

　　日弱印旺命局，着取比劫帮身泄印为用，财星制印为第二用神。

　　日主太旺，比劫独旺，取食伤泄身为用。

　　日主太旺，比印同旺，取食伤泄身耗印为用。

　　日主旺极的命局，取印比为用。

　　日主太弱食伤旺，取财为用。

　　日主弱极财星旺，专取官杀克日主为用，为从格。

日主弱极官杀旺，取官杀为用。

第二节　中级取用——干支分取用神

乾造：己卯　丁丑　庚戌　己卯

日主偏弱，印偏旺，按五行取用，应该取比劫金五行、财星木五行为用。

那么，金五行与木五行是否能在天干和地支都成为用神呢？

先看比劫金。在天干可助日主庚金，泄忌神己土印绶，说明天干庚辛金均可为用神。

那么，申酉金能否成为该命局地支的喜用神呢？

地支金虽可泄地支忌神印绶土，但同时伤了财星用神木，有利有弊。

再看财星木，天干甲乙木虽可制忌神土，但同时又耗了日主。凡合克了用神的五行，都不能视为用神。

地支寅卯木可助命局。地支用神卯木，还可制地支忌神土，说明寅卯木在地支均可用。

例：男命，一九八一年十二月初九午时生。

```
        才    财    日    枭
乾造：  辛    庚    丙    甲
        酉    子    戌    午
        辛    癸    戊辛丁 丁己
        才    官    食才劫 劫伤
```

大运：己亥　戊戌
　　　9　　19
　　　90　2000

　　丙火日干，坐墓库通根，又午戌半合火局，时干甲生，日主偏旺。年柱辛酉加上月庚，财也旺。日主偏旺，不能取印比；如取伤食，虽能泄身，但却又生旺财，对日主不利；取水官星，一方面可制旺身，另一方面可泄旺财。取水为用。

　　取水为用，水有亥子壬癸。如果壬水出现，壬可泄庚辛，可生甲木，可制丙火，对日主有利；如果癸水出现，也可泄财生木制身，看来壬癸水透干可用。

　　再看亥子，如果出现巳火，巳与酉半合并克，关系并不大。如果岁运出现午火，午便冲子，子被冲翻，财无泄路，身无制也失去了均衡。故日主在庚午年有严重伤病灾，做了两次手术。

　　本来从整个命局看，水为用神，壬癸亥都可用，唯用子，逢午冲对日主不利。这是什么原因呢？一是午冲子在原命局有信息，逢流年引发可兑现，二是午冲子是午与子本身特殊关系及命局特定组合所致。故子虽为水是用神，但却不能用。

　　用五行为用，是一个层次。用某个五行为用，并且会使用，则是学命批命中的高层次。

　　例：男命，一九七一年八月三十日亥时生。

```
         才    食    日    伤
乾造：   辛    戊    丙    己
         亥    戌    子    亥
        壬甲  戊辛丁  癸   壬甲
        杀枭  食才劫  官   杀枭
```

大运：丁酉　丙申　乙未
　　　　3　　 13　　23
　　　 74　　 84　　94

丙日干只在戌中有丁火为根，在亥中有甲木帮身，土三重水三重，土水为泄身制身，看来是日主偏弱。

日主偏弱，需要生扶。如用木，甲乙透可生身，寅可合亥化杀生身，卯也可合亥化杀生身，又可合戌化火助身。如用火，丁火可帮身，如是丙火，丙与辛合助杀，对日主无益；如用巳午，则冲命局亥子，易犯怒，对日主不利。

日主偏弱杀旺，用神在比印，但却因命局组合及原来信息基础，则有的能用，有的不能用，此命局尤其巳午不能用。

走丙申大运，丙火本为帮身之物，偏与辛作合有拱水助杀之嫌，申与子半合水局，汇同两亥，水势凶猛。1990年庚午，一是午冲水局，而子水有两亥助，午冲子犯了水怒，水怒先是克身；二是水大木漂，再加上申运支旺克亥中甲木，日主之灾落在了其母身上，该年丧母。

第三节　高级取用——逐字取用神

乾造：己卯　丁丑　庚戌　己卯

在干支分取用神谈到，庚辛金在天干均可为用，地支申酉金从理论上讲，能泄忌神土，同时也能克用神木。按"凡伤了用神的五行，皆为忌神"的理论，是否申酉金皆为忌神呢？关键看申酉金是否真伤了用神卯木。

先看地支酉金，冲克了命局二卯木，显然酉金为忌。

申金因为和卯木没有合冲刑害的关系，所以申金克不到卯木，申金

岁荣通鉴（上）

反而是日主的强根，所以申金为用。

这就是逐字取用。

根据逐字取用原则，可知印绶土在干支皆为忌神。

再看官杀火五行。有人认为，此命生冬天，需火调候，火为用神无疑。由于命局组合关系，火在该造并非为用，一是调候五行不能太旺，二是该造虽生冬季，但并不湿寒，三是命中有丁火。如丙丁火在天干生了忌神土，克了日主庚金，所以是忌神。巳午火在地支也为忌，其中午火为大忌。因午丑害，午戌半三合的结果。丑中己土忌神增力，丑中辛金受午中丁火克伤而减力，故午火为忌。

巳火虽不生命局丑戌忌神土，不泄伤用神卯木，但巳火是命局丁火之根，命局丁火有岁运旺根，就会生命局天干忌神土，克天干用神庚金，故巳火亦有忌神。

另外，再看水五行的喜忌，壬癸水在天干，泄了用神庚金为忌，亥水子在地支生了用神卯木，亥卯半合、子卯相刑，都是卯木受生增力，所以亥子水为喜用。

通过以上三个步骤，一个命局的用神便取出来了，同样命局里的非用神也自然显现了。

所以命造己卯、丁丑、庚戌、己卯的用神是庚、辛、寅、卯、亥、子、申，忌神是甲、乙、丙、丁、戊、己、壬、癸、辰、戌、丑、未、巳、午、酉。

例：男命，一九五二年九月二十二日未时生。

```
        才   食   日   食
乾造：  壬   辛   己   辛
        辰   亥   未   未
      戊乙癸 壬甲 己丁乙 己丁乙
      劫杀财 才官 比枭杀 比枭杀
```

大运： 壬子　癸丑　甲寅　乙卯
　　　　10　　20　　30　　40
　　　　62　　72　　82　　92

己日于坐强根，但印星火不旺，左右月时干两辛泄日主。但总体来看，还是身偏旺。偏旺取用原则是克泄耗，但是根据组合来看，逢土旺时财不能用。

一九七三年癸丑流年走癸丑大运，是岁运并临。本来身偏旺财也为用神，偏偏透出财时又是日主身旺之地，必然要造成劫财之象。如果在地支为亥，可分解土的力量，在地支为子，子与辰合，也能分解土，这便是在支能用。在干不能用，是土成方局，即便是湿土，也能显示出威力。果然在七三年因身旺逢旺地劫财破财，灾应在钱财与父亲身上，是又破财又丧父。

一九八二年壬戌，也是土旺，这年也破了财。

初学者，取用只限定在用五行上，如果再深入学习，取用就会有突破，这个突破就是看命局组合取用，看用神实用不实用。

例：女命，一九五六年二月廿四日午时生。

```
          官    比    日    才
坤造：    丙    辛    辛    甲
          申    卯    丑    午
         庚壬戊  乙   己癸辛  丁己
         劫伤印  财   枭食比  杀枭
```

大运： 庚寅　己丑　戊子　丁亥
　　　　10　　20　　30　　40
　　　　66　　76　　86　　96

辛日干通根为库，又有月干辛帮，年支申为根，偏旺，应取木生火为用。但木有甲木乙木，在干却不能用乙木。原因就是辛克甲为阴克阳克不尽，克不尽就能生丙制身；而乙木如在岁运上出现，命局有辛金回头冲，又是阴克阴，为同性相克能克尽，故乙木在干不能用。

一九八五年乙丑，走己丑运，本来命局辛金就旺，现走己丑土运，又给日主加了力，这将不利于日主。八五年乙丑，乙木透出，两辛回冲乙木，乙木被克不能生丙火，丙火为官无救应，日主当年离婚。

第四节 取用进阶——用神与忌神的力量大小

用神中含喜神，非用神中含中神。

用神又分为大用神与小用神，忌神亦然。

凡命局中存在的用神之字，岁运再遇其力大。仍以上造为例，虽然寅卯都是用神，但卯木的力量比寅木大，这是因为卯木在命局中存在。

命局中不现的用神字，如寅木，岁运出现，力量小。

卯木与命局戌土有特殊作用关系，卯戌合，卯木克忌神戌土，而寅木却不克忌神戌土。

同样，亥、子两用神对比，子水为大用神，亥水为小用神。亥、子两字虽不在原命局中出现，但子刑卯，子水生助用神卯木，子合丑，丑土忌神因合减力；而亥水只与卯木半生合，却与命局中戌、丑忌神没有合冲刑害关系，制不了忌神；所以，亥水功能不及子水大。

忌神也有力量的大小之分。

己土比戊土力大，丙火比丁火力大，戌辰未比丑力大。午火比巳火力大。所以该造丙、巳、辰、戌、未、午、酉为大忌神；甲、乙、丁、戊、己、壬、癸为小忌神。

分清了大小用神和大小忌神，对命主吉凶祸福的大小程度就可以区别量化了。

第九章 命局的组合变化

第一节 命局组合的本质

我们在掌握了命局中日主及其他五行的表面旺衰及实际旺衰，而且能够初步取出一般命局的用神、忌神、喜神、仇神后，再往下深入，那就是命局的各种规律组合。因为只有最后掌握了这些组合，才能断出日主的富贵贫贱、吉凶祸福。

不管哪一个预测四柱的人，如果他不是从命局的组合上去提取命主信息，而是从个别一两个特征上提取信息，那只能是局部的一些表面信息。只有全面地掌握了命局的各种规律组合，才能从各个角度去审视一个具体的命局，从中提取出关系到命主切身利益的大的吉凶祸福。

那么，什么是命局的规律组合呢？

命局的各种规律组合，实质上就是命局柱与柱、干与干、支与支、干与支、干与藏干、六亲与十神、日主与喜忌用仇、命局中气势与各自运行规律，等等，组成的各自及彼此之间的关系。就是这些各自的规律及各自之间的关系，使这些干与支、柱与柱、命局与大运、命运与流年形成了错综复杂的内在联系。而这些联系，就是这些具体干支之间的关系。这些关系的有机构成，就是命局的规律组合。

那么，为什么说命局组合如此重要呢？

严格地说，熟悉了命局的生克旺衰后，那只占进入预测大门的三成，而最后能否进入到预测大门中来，组合却占了七成。

为什么？四柱就是八个字，而我们的预测，是要从这八个枯燥的字中，提取人一生的吉凶祸福。而要准确地提出这些吉凶祸福，必须从各个不同的角度来审视一个命局，或者说是翻过来看倒过去看，或者说上下左右前后一齐看。而只有这样看，才能看到一个活生生的、有血有肉的一个"活四柱"。从这个"活四柱"中，才能寻觅到人的命运运行的轨迹。

现实中的人，正是这种充满了内在的各种联系的一个活生生的人，这便是人的四柱同具体人的同步。从各种不同角度审视人生，均成了人的各方面的联系，而四柱恰是准确地反映了人的实际内涵。

这些关系，组成了命局的组合，反过来从这些命局的组合中，就可以提取具体人的超前反映的信息。从这个意义上讲，由这些关系组成的命局组合，规律性地呈现出来。这时，命局的八个字，再也不是枯燥的八个字。因为从这八个字中，通过这些不同角度的各种规律组合，能窥视命主一生的吉凶祸福。

下面举例说明。

例一： 男命，一九六〇年正月十三日巳时生。

```
         才     伤     日     枭
乾造：   庚     戊     丁     乙
         子     寅     卯     巳
         癸     甲丙戊  乙    丙戊庚
         杀     印劫伤  枭    劫伤才

大运：   己卯   庚辰   辛巳   壬午
         8      18     28     38
         68     78     88     98
```

天干透出庚戊丁乙四干，从这四个透干中，庚金有与坐支子水相生的关系，庚金有与时干乙木的相克相合关系，有耗日主之力的关系；戊土有与庚金相生的关系，有盗泄化泄日主的关系；乙木有生扶日主丁火的关系，又有克戊土的关系。在地支，子水生寅木，寅卯可齐心合力，巳火又受寅刑，又得寅卯生。种种这些关系，各自因自己的旺衰程度，或喜生或喜克，或因远而心有余但却力不足，或因近紧贴而生克有力。然而就是这些四柱中的具体关系，构成了四柱中的种种组合，令我们预测者必须从各个不同的角度去看、去观察，继而从这些规律组合中，提取需要的信息。

从这个命造的旺衰组合上看，丁日干只在时支巳火及月支寅中通根，为中和偏上，局中寅卯乙木偏旺，又生丁火。丁火日主偏旺的原因，除自身通根外，主要借助印星寅卯木，故整个命局日主印星为偏旺，而土金水则相对弱一些。那为什么是这种旺衰情况呢？理由之一就是丁火有巳火为根，又有旺木生这种组合，而庚金弱、子水弱、戊土弱，不是根弱，就是不透。就是这种特定的天干地支的组合，构成了土金水之弱。

日主印星偏旺，需要克泄耗。如果不去克泄耗，反去帮日主，逢到这样的组合，就要生出灾来。

1988年戊辰，日主正走辛巳大运，辛巳之巳火是辛金截脚，巳火旺地，增加了日主的力量。而更严重的则是太岁辰土与命局寅卯会成东方木局，这种寅卯辰同时存在于命运岁的组合中，便组合成了一方之木气。木又生日主，日主就更旺，六柱又不透水，于是便有劫财，该年日主离婚。假如命局没有这种寅卯辰的会局去助纣为虐，日主就不能离婚，就是这样的组合，才导致出这个结果。

1998年戊寅，大运壬午，岁运组成寅午火局。六个地支一齐向火，运干官星又遭岁君戊土及月干戊土克，构成了伤官见官的组合，这年便有了官司及破财。

从这一个命局我们就可以看出，无论哪一个具体命局，都有其各种规律组合。而预测者，对各种规律组合掌握得越多，也就能多一个角度去看推命局。

例二：女命，一九四八年九月初八戌时生。

```
        比    财    日    财
坤造：  戊    壬    戊    壬
        子    戌    辰    戌
        癸   戊辛丁 戊乙癸 戊辛丁
        才   比伤印 比官才 比伤印
```

大运： 辛酉　庚申　己未　戊午
　　　 1　　 11　　 21　　 31
　　　 49　　59　　 69　　 79

这个命局的组合，不利于日主。

戊日干坐强根，共有五重土。五重土如泰山压顶，其他的五行，顺者昌，逆者亡。可又偏偏子辰合水局，虽然合而不化，但都构成了反击日主的力量。因而，这样的组合，必然出现身与财征战。特别是在岁运时，双方都增长力量，那就更危险。因为如果是一方增加力量，另一方表示服气，那就顺从无灾；如果相战，力小小的一方就有灾。

身偏旺，财偏弱，取金泄身生财，既通关，又调解，对日主大有好处。

前两步辛酉、庚申运，泄身通关，还可以。逢己未运，虽土旺一点，但对子水的克力及对戌中辛金的克力，自然要小一点，因为未中之火是余气。走戊午运，有了午冲子的组合，对本来偏弱之财星，产生了不利的影响。午又与戌合，午戌合必克辛金，克辛金对命局的调解起了破坏作用，会引起水土大战。辰又冲戌得午火生，反增加了日主的力量。透干原是戊土两重对壬水两重，现在是戊土三重对两重。

1983癸亥年，增加了子水的力量。从数量上看，是七重土，五重水，水虽然少一些，但水临太岁，焉能服输？于是双方厮杀，结果当然是日主受苦。如果命局辛不受克，有通关之神，会好得多。但实际是辛金用神受制，去了命局通关之神。这样，日主之命运在癸亥流年，组成了这样的组合，日主该年有生死大灾。

命局中的各种特殊联系及各自关系，就是命局中的各种组合。

第二节　命局的阴阳组合

命局中有很多种组合，或者说一个换一个角度分析就是一种组合。

阴阳组合，是任何命局都存在的，就是纯阴纯阳的八字，在岁运中也有阴阳组合，在支中或有异性天干所藏，故这种阴阳组合，是命局中的一种最基础的组合。

命局中的阴阳组合，主要表现在如下两个方面：

同性相克力大，异性相克力小。而这种力大力小的程度，是预测者及学习者要搞清楚和把握的。

阴阳相合与合中之克。

下面分述这两个方面。

一、同性生克力大，异性生克力小

同性相克，指庚克甲、甲克戊、辛克乙、乙克己之类。

这类同性相克，因其都为同性，相克相生的力度最大，自然界有同性排斥之理，故命局中的同性相克相生的力度最大。

因为自然界有异性相吸之理，所以异性相克有克不尽。异性相生相克的力量，小于同性相生相克。

例：男，一九六四年十月初八申时

```
        比    劫    日    枭
乾造：  甲    乙    甲    壬
        辰    亥    子    申
       戊乙癸 壬甲  癸   庚壬戊
       财劫印 枭比  印   杀枭财

大运：  丙子   丁丑   戊寅
         9     19     29
         73    83     93
```

甲日干在年月有帮，在地支有根，为偏旺，更凶的是地支申子辰合水局，见亥是旺地，透出三木，应取火为用神，但丁可用而丙不可用。

丁可用是丁在流年出现，只会好不会坏。丙不可用是丙在流年透出只会坏不会好。

实际是命主逢丙就有灾，逢丁就好事连连。这就是阴阳之理。

1966年丙午，太岁与命局，子水冲犯太岁，时干壬水阳克阳克尽，而丙火恰是用神，克尽用神，有灾，该年腿残。

1976年丙辰，爷爷去世。丙火为食神，是生偏财父亲的，所以是爷爷。

1986年丙寅，不顺。

1996年丙子，午月遭抢劫。

凡逢丙年，皆因命局水旺，是壬水克丙火，丙火受克是阳克阳所致，丙透之年，如逢大运解之便轻一些，如丙寅年丁丑运，丁与壬合。

1997年丁丑，是丁与壬合，也是壬为阳水克不尽阴火，因而丁火便可泄化甲乙木。丁生丑，丑合子，子水忌神印星有制，主文上之喜。日主便有了与从教从文有关之吉事，果然在这年因被报刊多次报道而扬名。

二、阴阳相合与合中之克

命局中同性相克力大，异性相克力小，而这个力小，有很大一个原因是很多异性相克都有一种特殊联系。而这种联系，就是相合。于是便有了"克不尽，合为贵"之说。异性相克克不尽，极符合这种说法。

天干甲己合、乙庚合、丙辛合、丁壬合、戊癸合，都是阴阳合；地支寅亥、子丑、午未、申巳、辰酉、卯戌，也都是阴阳合。

这种阴阳合，一方面因合减力，另一方面又因合是异性之合而克不尽。遇到这种情况，关键就要看化的程度，以及化神之真假了。但不管怎么说，异性相克是克不尽的，但如果受克一方因逢合而减力，那就会因力量弱而被克尽。

例：男，一九四三年二月三十日丑时

```
          劫      伤      日      印
乾造：    癸      乙      壬      辛
          未      卯      辰      丑
        己丁乙    乙    戊乙癸   己癸辛
        官才伤    伤    杀伤劫   官劫印

大运：  甲寅   癸丑   壬子   辛亥   庚戌
         9     19     29     39     49
        52     62     72     82     92
```

壬日干坐墓通根，又有年干时干生助，为中和偏上。

1996年，庚戌运丙子年。日主逢旺地，恰又丙火财星坐截脚，本来年干癸水克不住丙火，可偏偏丙辛合拱水。丙火减力，虽有乙木通关，但乙木有乙庚合乙辛冲。通关也无力，这下癸水可就能克翻丙火了。当年破财二十万。

此命局丙子年破财是丙火被阴金合减力，又受癸水克之故。

例：男，一九四〇年十月二十二日丑时

```
         比    官    日    官
乾造：  庚    丁    庚    丁
         辰    亥    辰    丑
        戊乙癸  壬甲  戊乙癸  己癸辛
        枭才伤  食财  枭才伤  印伤劫
```

大运：壬辰　　流年：壬申

日主庚金偏旺，取丁火为用。

逢壬辰运，壬运干与丁合，丁火受克，但只能合克一而不能合克二。遇壬申年，两壬合两丁，丁火因合减力又受克，两丁都被伤，该年有大灾。

结论：同性相生有力，相克力大，故同性相克能克尽。异性相克力稍次，但如被合减力，就能克尽；如果无合，只是异性相克，为克不尽。

第三节　命局的向背组合

日干是一个命局的核心，喜神、忌神均以日干为基准而产生。

向与背，是指向日主还是背日主。向日主就是对日主有益，背日主就是对日主有害。

我们取的用神，是因为对日主有益有用，所以才叫用神。所谓忌神，则是对日主有损有害之神。

一、对日主不利的组合

日主即是一个四柱的核心,无论在任何岁、任何运时,都要以日主为核心。

看岁运与命中诸神,是不是在日主弱时都来生扶,这就是印比帮而生扶;或者是间接生扶,如日主弱,官杀旺,而伤官虽泄身但却制官有力,这是直接克制最厉害的忌神,间接生扶日主,仍然是以日主为核心;但如果伤官首先是泄身有力却因具体组合情况而制杀无力,这反而对日主不利,这便不是去制忌神。

我们在看用神时,不能单从五行看,应该从具体组合上看,是真维护日主,还是假维护日主;是想维护而使不上力呢,还是在维护时真正能使上力?下面就日主需要帮时大家都来生扶帮,举例说明。

例:男,一九六一年九月初七卯时

```
         印    杀    日    劫
乾造: 辛    戊    壬    癸
       丑    戌    午    卯
      己癸辛  戊辛丁  丁己   乙
      官劫印  杀印才  才官   伤

大运: 丁酉  丙申  乙未  甲午
       3    13    23    33
      64    74    84    94
```

壬日干坐下为午为绝地,在年支丑中有个癸水通根,丑中癸水一是离壬日干远,二是年支月支丑戌相刑克水,壬水通根无力。日主幸有时干癸水相助,年干辛金生扶。可惜癸水下坐卯木化泄,辛金有隔,生壬日干费力。

日主身弱。既然日主是核心，当日主身弱时，那就要动员所有的力量去生扶，这样才对日主有好处。如果不是对日主帮扶，而去帮扶忌神，则日主易有灾。

从命局整体组合看，年干辛金可为用神，逢水来助也可以。

月干戊土七杀紧贴克身，是命主最大的忌神。

之所以断其1994年、1997年有灾，就是因忌神临旺地。实际命主因财生灾。

午火是七杀的喜神，如果在岁运中逢这两个忌神得生扶，则会对日主大大不利，因为是在帮忌神。

1994年开始走甲午运，从运干甲木看，甲木虽能帮日主制七杀戊土，但也盗泄化泄日主，甲木表面是不偏不倚，但甲木同时也耗辛金之力，所以甲木对日主不利，只是危害的程度略小一点而已。从运支午火看，日支午火临运支午火，午戌又半合火局，再加上午火是七杀旺地，是壬日干休囚之地，又是辛金死地，就因一午字，用神金水走入困境。而忌神七杀、财星都临生旺之地。

1994年是甲戌年，戌与运支午组成半合局，整个岁运，无一字对日主有利。午是财星，是财星生七杀制身，必是因财星而有祸。

财星为父，实际是当年己巳月丧父。

1995年是乙亥，壬日干遇亥为旺地，而亥又是午火之死地，这年平安无事。

1996年丙子，子冲午忌神，无妨。

1997年丁丑，丁与壬日干合，但因身弱，合的是忌神，对日主不利。太岁丑土旺，与命局丑戌成三刑，三刑的结局是土旺七杀旺。七杀旺必制弱身，身弱不担财，此年破财。

这个命局的特点是七杀旺，而逢财食运，财生杀有力，故应在财星上。

从这个命局我们可以看出，既然以日主为核心，如果大家都来帮生扶日主，如乙亥、丙子年，就平安无事；如果不去帮日主，反去帮忌神，且在帮忌神的时候，又成为日主之死绝之地，就会有灾，不应在自己身上就会应在家人身上。

例： 男，一九五八年八月十五日戌时

```
         伤    财    日    才
乾造： 戊    辛    丁    庚
       戌    酉    未    戌
      戊辛丁  辛   己丁乙  戊辛丁
      伤财比  财   食比枭  伤财比

大运： 壬戌   癸亥   甲子   乙丑
        4     14     24     34
       62     72     82     92
```

丁火在戌未土是有中余气为根，怎奈命局年柱皆土，月柱皆金，日支时支时干又是土金，共四土三金，土金的力量很大。日主因为在戌、未当中有通根而不从。

日主偏弱。取甲木为用可帮扶日主，也可取水为用泄金之气。

命局土金为忌。

1985年乙丑走甲子运，因这个命局组合对日主不利，断日主有伤病灾。

实际是命主在此运因交通事故受过伤。

甲子运，甲木生丁火，子水生甲木。日主偏弱、本来官杀子水也是忌神，但命局组合是年日时支都是土，子水既便是忌神，在命局又没透，故不能发挥正常作用。子水切入不了命局，自然就生甲而助身，这就是组合起的作用，忌神子水因为位置的关系，通过甲木生助了日主，起到了喜神的作用。

1982年甲子运，壬戌年，壬水泄金生甲，1983年癸亥亦如此。

1984年甲子虽岁运并临，但亥子水泄金之气，又生甲木助日主，

也是相安无事。

1985年甲子运乙丑年，丑合克子，是财遇旺地，子水受克。命局中二戌一未，逢流年乙丑，四土成方，围克子水，而日干丁火逢丑地，也是晦火之地，庚辛金回克甲乙木，甲乙救日主乏力，日主泄身太过，故应有伤病灾。

1987年甲子运丁卯年，又因一字之差，而改变了背日主的形式，但仍然是对日主不利。

子生卯，为杀印相生，这是喜神组合，利工作事业；卯合克戌、未，为印制食伤，这是喜神组合，因为食伤为忌是克官的，食伤有制是利官的，所以此年对工作有利。实际命主此年有职务提升。子卯丁，连生，这是喜神组合，是官气通身。

丁卯与辛酉月柱天克地冲，强烈的作用预示会有事情发生。原局土金党众而旺强，则卯冲酉为酉逢冲而动，而增力，忌神增力主凶。月柱为父母宫，偏财为父，故为父有灾。实际命主此年丧父。

二、克泄旺强五行使日主受益的组合

日主偏旺时，克、泄日主能使日主趋于平衡而受益；如果是命局当中日主之外的某个五行偏旺，那么对这个偏旺五行的克泄的同时，要使日主受益，这样的组合就是有利的组合。

例：男，一九七一年闰五月二十一日子时

```
       食    杀    日    官
乾造： 辛    乙    己    甲
       亥    未    亥    子

      壬甲  己丁乙  壬甲  癸
      才官  比枭杀  才官  财
```

大运： 甲午　　癸巳　　壬辰
　　　　2　　　12　　　22
　　　　73　　　83　　　93

地支亥子一片水，又有年干辛金生，月时又官杀混杂，日主偏弱。忌神是水是木，是水耗弱身，是木制弱身，都不向日主。

1994年，壬辰运甲戌年，日主己土临戌年旺地，地支辰戌冲，土连气，辰子合，财星水五行受制，主发财得财。

1995年，壬辰运乙亥年，亥乙相生，亥中透甲，官杀制身，主官灾，还会破财。

实际正是如此。

1994年甲戌。日主身弱逢壬辰运，是日主走旺地，流年甲戌又是日主旺地，而财水官木相对都要减力。这种逢岁运变化的主要信息就是弱身得生扶，而忌神财官逢衰地，是岁运造成了这个流年的平衡，因而就发了财，也可说身增力而能担财抗财。

1995年乙亥。原命运子辰合水，逢亥年水遇旺地，而日主在流年逢水是休囚之地，官杀逢生旺，一齐围攻日主。所以这年不但破财（身弱不担财），而且有官司（官杀得生加力克日干）。

例：男，一九七一年十二月十五日申时

```
        劫    劫    日    财
乾造： 辛    辛    庚    甲
        亥    丑    申    申
        壬甲  己癸辛 庚壬戊 庚壬戊
        食财  印伤劫 比食枭 比食枭
```

大运：庚子　　己亥
　　　　8　　　18
　　　　79　　　89

日主庚金太旺，甲木虽有根但遥隔，所以甲木财星太弱。

太弱的甲木如果没有帮扶还好，如果甲木逢帮扶，必然不服气。而面对强大的庚辛金，那不服气就意味着要开战。而在实际金木相当悬殊的情况下，开战必然是甲木受克。甲木是日主耗其旺身的喜神，这样一来，日主就非倒霉不可。

断其1992年壬申，如果日主做违法之事，必然要吃官灾；1995年、1996年都有破财之事。实际正是如此。

本来命局庚辛金旺，最好是用水泄，但在水泄的同时，水也要生木，而木透在时生，只要一得帮扶，必然不服金。1992年壬申，正是日主不该走旺地之时，偏偏日主旺之又旺，而且壬水又生甲木，甲木不服，庚申金劫财。亥水为伤食，身旺伤又生财，是因伤食而起，故断有官灾。命主说是被判刑。

1995年乙亥年，又是木得生扶不服气，这年破财。

1996年丙子年，是丙火克庚辛金犯怒，故破财七万多元。

此为不该生时反生，不该克时反克，都对日主无益，故有灾。

三、命局某五行过旺，以顺势化泄为主

逢到命局某五行过旺，往往使初学者无所适从。其实，命局某五行过旺，采用顺势化泄，不管是什么格局，必然对日主有益。

例：男，一九八三年五月二十四日巳时

岁荣通鉴（上）

```
         比    官    日    财
乾造： 癸    戊    癸    丁
         亥    午    巳    巳
       壬甲  丁己  丙戊庚 丙戊庚
       劫伤  财杀  才官印 才官印
```

大运：**丁巳**（1992年壬申9岁起运）

此命局是化气格。戊癸合化火，月日时支均为火，化神又真。像这样的命局，应该顺其势生扶巳午火，必然无事。如果逢亥子年，冲伤化神，不去顺其势而是逆其势，日主必有灾。实际命主乙亥、丙子连续两年有伤病灾。

1995年乙亥年，亥冲巳火；化神受伤，水火必交战，这不是顺势。不顺势，必然不是向日主。1996年丙子年，子冲午火，化神受伤，在这年把腿摔伤。

在实际命局中，一定要把握这种以日主为轴的核心，这是全局中的一个主要矛盾。

例：男，一九六一年十二月初六日酉时

```
         食    食    日    财
乾造： 辛    辛    己    癸
         丑    丑    酉    酉
       己癸辛 己癸辛  辛    辛
       比财食 比财食  食    食
```

大运：	庚子	己亥	戊戌	丁酉
	2	12	22	32
	63	73	63	93

这个命造，关键在一个癸字，癸水得生扶就好，受克就不好。

1997年丁丑，总体是发财，但也破了点。1998年财运不好，是破财。

命主说对，1997年赚了一百多万元，中间损失了几万元。1998年破财五十多万元。

此命局是土金极旺，走土运金运是顺其势，走水运是化泄。

但是，地支的土才会对命局有利，如果是天干的土，必然克伤泄神癸水，对日主不利。他说这年发了一百多万元，中间破了几万元。

发大财者，是丁丑之丑生酉金，是顺其势，丁丑之丁冲癸水，是癸水受了冲击，但不是克住，难免受点轻伤，故有小破。

戊寅年戊土合住癸水，是连合带克，癸水受伤，故有破财之事。

从以上这几种情况看，命局中万般组合，都必要以日主受益为主，也就是以日主为中心，看用神喜神能否帮上日主，这里说的、是真帮，如果看见用神出现，结果不是犯怒帮了日主倒忙，就是帮得不合时宜，这非但不是向日主，反倒是害了日主。

在一个命局里，看喜用忌仇对日主之关系，必须是向日主，如果不向日主，那就是与日主为敌，就是背日主。

我们通过这几个命局的分析，就是要有这样一个意识，四柱命局以日主为核心，看日主喜啥，日主忌啥；是喜地支，还是喜透干；是透干能帮上忙，还是地支能帮上忙。而这些组合，从日主这个角度讲，就是向背日主之组合。

第四节　命局的距离组合

距离，就是发生作用的两个字之间的距离，有远近之别。

具体地说，主要指如下几个方面：

1. 年柱与时柱之间的距离为遥隔。

2. 年柱与日柱，月柱与时柱之间的距离为隔位。
3. 年与月、月与日、日与时之间的距离为紧邻、邻柱。
4. 本柱干与支之间的距离为紧贴。
5. 地支藏干透出到天干，可以透出到本柱、邻柱、隔柱、遥柱，形成五行之气的流通管道。
6. 大运、流年柱与原命局各柱的距离。

从距离组合上来讲，距离越近，五行之间的作用力越强烈，距离越远，作用力越微弱。

藏干透出在本柱，通本气最强，中气次之；同柱干支距离紧贴作用力强；邻柱干支距离近作用力较强；之后是隔柱与遥隔。

例：男，一九六四年正月十四日辰时

```
          劫     伤     日     官
乾造：   甲     丙     乙     庚
          辰     寅     巳     辰
         戊乙癸  甲丙戊  丙戊庚  戊乙癸
         才比枭  劫伤才  伤才官  才比枭

大运： 丁卯   戊辰   己巳   庚午
        3      13     23     33
        67     77     87     97
```

乙日干在月有本气根甲木，在年支时支有中气根乙木，又有年干甲木帮，故偏旺。

官星庚金紧贴，不但自己坐辰土得生有力，就是因这一紧贴，官星有力而有用。庚合乙，主有官。月干虽透出丙火伤官，但因中隔日柱，克官力量相对减小。

1987年走己巳运，己土财星透干，巳、己、庚连生，财星化伤官而生官，官庚合乙为吉，主升官。原局丙、庚隔位，大运柱与原局柱相当于邻柱与隔柱之间的距离，所以，己土可以化丙生庚，主此运升官。

实际，此运命主在部队当兵，从排长一路升到营职干部。

例：男，一九五二年四月十七日戌时

```
        杀    印    日    食
乾造：  壬    乙    丙    戊
        辰    巳    辰    戌
       戊乙癸 丙戊庚 戊乙癸 戊辛丁
       食印官 比食财 食印官 食才劫

大运： 丙午   丁未   戊申   己酉
        9     19    29    39
       63     73    83    93
```

日主丙火生巳月，当令，乙木印生。丙巳乙木火一党，只占三个字，地支两辰夹巳化泄，丙坐辰被化泄，辰、辰、戌、戊食伤占四字党众而强，泄火有力。所以日主偏弱。

日主偏弱，则乙木印星为喜用，但乙木坐巳泄气，弱，而且少年时期走丙午运处衰死之地，故而必定学业无成。食伤土五行党众而强，食伤为土五行，为财源，为忌而强，主贫穷。结合大运，戊申、己酉食伤生财运，都是泄身的忌神大运，所以是普通的人家。

实际，命主一生就是一个普通的农民。正应食伤为土五行，财源来自土地。

可以看出，距离是非常重要的。乙木印星为喜神，但乙巳财柱，喜神被同柱巳火紧贴化泄，就不能给日主提供有力的帮助了，印是靠山、单位，所以就没有靠山、没有单位，这就是喜用被紧贴化泄造成的。

还有，日柱丙辰同柱，辰土食伤为忌神，忌与日主同柱紧贴，所以为忌的力量大，再加上辰辰戌戌四个党众强大，所以忌神在距离、党众方面就都占了优势，导致日主没有发财的机会，处在贫困的边缘。

例：男，一九五一年十二月初五辰时（初十小寒）

```
         才    财    日    杀
乾造：   辛    庚    丙    壬
         卯    子    午    辰
         乙    癸    丁己   戊乙癸
         印    官    劫伤   食印官

大运：  己亥  戊戌  丁酉  丙申  乙未  甲午
         8    18    28    38    48    58
         59   69    79    89    99    09
```

日主丙生子月失令，丙午自坐本气强根，卯木正印为同党；日主周围庚壬耗克，地支子冲午，辰泄午，一片克泄耗；所以日主明显偏弱。

取年支卯木正印为喜用，卯木正印生子旺相，所以必有文化；卯刑子生午，化杀生身，所以一旦大运行东南木火，必定化杀生身，名扬天下。

日主生冬天，日主丙午火，自行调候，逢火运必有贵气；丙午自坐本气，有自强不息的个性。

壬水七杀制身为忌，当不走运时，命主常犯小人，当走运时，七杀体现喜神类象，做事会有魄力，但也疑心较重，常会怀疑别人。

乙未运之前，都没有走运，所以日主身弱，难担财官。丁酉大运，酉冲卯，用神卯木受伤，奔波无成，丙申运，丙火帮身，自立自强，地支卯木无伤，流年逢乙亥，化官杀生身，主文上之喜，所以1995年常有文章发表问世。

1996 年丙子，丙合辛，解放卯木，卯木化子生午，主有名气。实际此年学易技术提高，还担任了一定的管理职务。

1997 年丁丑，丁壬合，劫财帮身而合杀，拱木是拱印生日主，所以此年命主创业，自办公司。因为丁生丑，地支丑害午，伤官泄身，故必有投资，丑合子，制官得官，子水受制则午火解放，命主自由自立，天高任鸟飞。

1998 戊寅，寅克戊，制食伤，得财，以印制食神，是因著作出版而得财。寅午合，日主丙午得寅木半合相生，是日主有了依靠，寅木印星即是著作，也是公司，自己公司业务向好发展。

丙申运戊寅年，申寅相冲，财印相冲，必有变动，实际是公司迁移。申中透壬杀，壬丙相冲克，被七杀小人暗算，实际是被媒体误解，但无妨，因为地支寅午半合，日主有印相生，丙日主以午寅为根，无妨。

乙未、甲午大运，命主行喜用大运，富贵层次上升，印星透干化杀生身，日主的公司一直相对稳定的运营。

这是一位为易学发展做出了重要贡献的人，桃李满天下，称得上是当代易学教育家。

例：男，一九七二年七月二十五日巳时

	杀	食	日	官
乾造：	壬	戊	丙	癸
	子	申	申	巳
	癸	庚壬戊	庚壬戊	丙戊庚
	官	财杀食	财杀食	比食财

大运： 辛亥（1994 年起运）

日主丙火生申月失令，通根巳火，身偏弱。
申申子壬癸，财与官杀旺强，壬癸官杀透干克身为忌神。

戊土食神通根巳火，戊癸合，戊壬紧贴相克，所以戊土可以制官杀而为喜用。

辛亥运，亥水冲克巳火，地支巳火受伤，戊土食伤失根，所以在这步运中，如果流年戊土受克，戊土就不能合住癸水，也不能克壬水，就会官杀克身，就会有官司或违法被罚。

1993癸酉年，癸水官旺，但戊土无伤，所以癸水出现而有制，所以此年平安。

1994年辛亥运甲戌年，亥中透甲，甲克戊，戌中透戊，甲克戊，戊土受克，则壬癸无制，官杀制身，所以此年日主会有官司或牢狱之灾。

实际日主1994年因为打架而引起官司破财。

第五节　命局的受制组合

受制组合，就是喜神组合中的喜神受制，不能充分发挥作用；或者是忌神组合中的忌神受制，不能充分发挥作用。

喜神受制，当制喜神的字被大运与流年引动时，就会有灾；忌神受制，当制忌神的字被大运流年引动时，就会有喜事。

例：男，一九五〇年三月十九日巳时

```
         比     比     日     劫
乾造：   庚     庚     庚     辛
         寅     辰     子     巳
        甲丙戊  戊乙癸  癸    丙戊庚
        财杀枭  枭才伤  伤    杀枭比
```

大运： 辛巳　壬午　癸未　甲申　乙酉
　　　　1　　11　　21　　31　　41
　　　　51　　61　　71　　81　　91

日主庚金生辰月相地，逢生旺相。庚、庚辰、庚、辛，土金党众占五个字，其势强大。所以日主庚日旺强。

子水在坐支化泄旺庚为喜神；寅木在年支耗为喜神；巳火在时柱克辛金也为喜神。

寅、子、巳三个喜用，寅木被庚盖头；子水与辰紧贴，辰子半合，子水喜用受克合；巳火与子水紧贴，子水克巳火为伤官克杀，是忌神组合。这三个组合，都是喜用神受制的组合。

原命局里的喜用神受制，财星受制主难以发财，主不富；食伤受制，主钱财不丰，也主无官，因为食伤既是财源也是名气与官位；官杀受制，必定是食伤克官杀，这个组合为忌神组合的话，不是有伤病就是有官司牢狱。

1996年乙酉运丙子年。乙木财星透干，逢庚合，再逢酉克，这都是忌神组合，是不利财运的。丙子年，丙火七杀透干，但子水克丙火，这是流年支克干的伤官克杀忌神组合，子水并入原局，子克巳，也是伤官克杀忌神组合被引动。所以此年不是伤病破财就是官司破财。

实际命主此年接连有伤病之灾。

例：男，一九六三年十月二十七日子时

```
         才    杀    日    财
乾造：   癸    甲    戊    壬
         卯    子    子    子
         乙    癸    癸    癸
         官    才    才    才
```

大运： 癸亥　壬戌　辛酉　庚申
　　　　1　　 11　　 21　　 31
　　　　64　　74　　84　　94

　　日主戊土生子月，地支无根，天干无印比帮身，其字七个字全是克泄耗，所以日主弱极。

　　命局当中，子水当令，癸、子、子、子，水五行党众，所以财星水五行最为旺强。

　　地支三子刑一卯，水大木腐，卯木受伤；甲子同柱，三子一癸生甲木，甲木漂；所以因为水的旺强，卯、甲官杀受伤。

　　日主弱极，则必财官耗克日主为喜用。但现在，财官之间的组合却形成了忌神组合，并且官杀受伤。

　　官杀主官贵，受伤便没有官贵，没有事业，所以这个忌神组合就可以断定命主是普通人。

　　十一岁后走壬戌运，日主弱极，戌运得根，是谓破格，比肩克财，与财有关，所以必定无财而贫困。

　　辛酉、庚申，地支卯受冲克，或天干甲受冲克，使原局卯、甲用神再度受伤，所以，财星得生，而旺气不能流通到卯甲，不能通过卯甲得到渲泄，所以食伤与财星都形成忌神组合。财星为忌，就是懒惰，食伤为忌，就是没有智慧，加在一起，就是不好学，不上进，不做事，没财运，也难以成家。实际情况正是如此。

　　这个命局就是从格的八字，但是官杀被旺财所淹没而受伤，因生多而受制。行运的时候，食伤大运，食伤生财，食伤旺财旺，但官杀被制，结果食伤与财星再形成财星被制的组合，也是生多为制。

第十章 原命局、大运、流年的关系

第一节 原命局的组合在大运引发

例一：男，一九五〇年二月廿九日辰时

```
         比    比    日    比
乾造：   庚    庚    庚    庚
         寅    辰    辰    辰
       甲丙戊 戊乙癸 戊乙癸 戊乙癸
       财杀枭 枭才伤 枭才伤 枭才伤

大运： 辛巳  壬午  癸未  甲申
        7    17    27    37
        57   67    77    87
```

日主庚金生辰月旺相。命局土金相生而印比旺强，只有一个寅木财星，印比一党为太旺，寅木财星为太弱。

太旺者要顺其势，所以天干印比生助为喜用，食伤化泄也为喜用。

太弱者也要顺其势，所以寅木财星最喜克泄耗，忌其大运逢值、或大运透干，有此则不从，则逆其势，必应财星之灾。

明白了原命局的组合，就知道了原命局组合的弊病，就知道这个

"病"在什么样的大运会被引发，那就是寅运或甲运会被引发。

甲申大运，寅中甲木透在运干，甲寅因为通根通干而不从，故而此运当应财星之不利。之所以是不利，而不是大灾，就是因为运支为申金，申金冲寅木，使寅木有制顺原局寅木太弱之势，所以申冲克寅，使寅中透甲之灾减轻。

1996年，甲申运丙子年。丙火七杀从寅中透出，甲生丙、丙克庚，这是丙杀逆命局之势为忌神，杀克身为忌，主伤灾或官司。但丙子同柱，申生子，子克丙，丙火忌神被子水克伤，是谓忌神有制，所以此年不会有官司。但甲生丙克庚，毕竟是忌神组合，所以会有不顺，而且源头是甲为财星，所以多由夫妻关系不和引起，此时夫妻关系就会产生问题。

1997年，甲申运丁丑年。寅中甲木透干，主寅木不从，财星有灾；申冲寅，申同柱克甲，主忌神有制，灾情有控制，会中较大的不顺。丁丑年，丁火官星透于流年，大运甲生丁，丁克庚，官星逆日主旺势克庚为忌，主因财或因婚姻而产生官司口舌。但因为丁丑同柱，有湿土丑来泄丁，所以一切都在可控范围之内。实际此年命主打婚姻官司，并因此破财。

此例也可看出，丙子与丁丑的不同；子克丙，是可以克伤丙火忌神，所以丙火不能克庚，所以丙子年没有官司；丁丑，丑泄丁，但泄力比克力小很多，不能令丁火受伤，所以甲生丁，丁克庚，丁火克到了庚，就产生的官司；甲木生了丁，就是因为妻子因为婚姻产生的官司与破财。

例二：女，一九六九年十月初七丑时

坤造：　己酉　乙亥　乙未　丁丑
大运：　丙子　丁丑　戊寅　己卯
　　　　 7　　17　　27　　37
　　　　76　　86　　96　　06

日主乙木，生亥月，受生处相地。乙亥、乙三字为一党。在组合上，天干乙克己，地支酉生亥、丑酉生合，乙克未，所以在动态的组合生克上，日主一党是占优势的。

日主偏旺。

在原命局组合当中，乙亥同柱，乙克己财，这是个忌神组合。乙未同柱，乙克未财，这也是个忌神组合。这两个组合会在大运流年木旺的时候引起破财。

丁丑组合是泄旺身生财星的组合，是个喜用组合，这个组合在大运流年火土相生时，就是得财的信息。

在对原命局组合分析明白之后，对大运流年的吉凶判断就很容易找到一部分得财与破财的年份。

1997年，戊寅运丁丑年，丁火食神泄旺身而生财，引动原命局的丁丑喜用组合，丑酉半合，丑未冲，财官旺，所以这一年，必定是财运很好，发财得财之年。实际正是如此。

1998年，戊寅运戊寅年。大运与流年都是寅木当旺，寅亥合，地支水木之气相连，通过乙木透干把旺气透出，乙克己，乙克未，寅克戊，三个忌神组合被引发，主破财。地支劫财寅木与原局亥水正印相合，劳动盖房而破财。实际是命主盖房花耗较大。

1999年，戊寅运己卯年，流年卯克己，日主乙木得根克未土，这是日主自身克财破财，地支亥卯未合木局，财星土五行受伤，破财。实际此年有病破财。

从这个例子，我们也可以清晰看到，原命局的喜忌组合是如何在大运与流年被引发的。原命局的喜用组合，在大运逢生或临旺，喜用组合被引发；原命局的忌神组合，在大运逢生或临旺，或形成三合局加大忌神力量，忌神组合就被引发。

第二节　流年三合局可以改变原局与大运组合

　　一般来说，原命局的吉凶组合被大运引发，流年柱加入之后再引发原局与大运组合，是为原局喜忌组合的应期。简单地说，就是原局定喜忌组合，大运定吉凶，流年定应期。但这只是一部分情况，并不能包括所有。

　　因为还有一种情况，就是某个重大的喜忌组合，是在原局、大运、流年三者共同参与下才形成的，比如三合与三会的组合常常是这样，原局只有一个字，大运再现一个字，流年再现一个字，这时三合与三会才在流年行成，结果因为三合与三会的力量强大，是一般喜忌组合力量的三位之多，引起的吉凶强烈，所以在这样的流年，往往有较重大的吉凶产生。

　　三会之局，由原局、大运、流年三者形成，流年的喜忌组合，基本与原局组合喜忌一致。

　　三合之局，如是原局是墓，大运是长生，流年是中神，那么，流年组合的喜忌基本与原局和大运组合的喜忌相反，常常导致命主在顺利吉祥的情况下产生重大灾祸或六亲灾祸。

　　举例如下：

男，一九五二年十二月十七日寅时

```
           比     劫     日     比
乾造：    壬     癸     壬     壬
           辰     丑     午     寅
         戊乙癸 己癸辛 丁己   甲丙戊
         杀伤劫 官劫印 才官   食财杀
```

大运：丁巳

流年：癸酉

原命局分析：壬水生丑月冬天，天干四个水壬癸壬壬一党。壬辰通根，癸丑通根，因为这两个湿土中的水透干，所以，在原局辰丑不克水。所以日主壬水偏旺。

日主偏旺，则寅午泄耗为喜用。

丁巳大运，寅巳刑生，巳丑半合相生，这都是喜用组合，利财运。

丁巳大运，巳火偏财当旺。大运巳与原局丑半合，看到这个半合，我们就要想到如果流年有酉字出现，必定形成巳酉丑三合局，巳丑半合火生土的喜用组合，立刻就变成巳酉丑合金的忌神组合，合局一成，巳火偏财就受伤，丑土七杀也要受伤，酉金印旺，癸水逢生旺而为忌。

结果，丁巳运癸酉年，流年形成巳酉丑三合金局。大运巳火偏财化金受伤严重，主破财，主不利父。月柱丑土化金，丑七杀制劫财护财，今受伤，主破财，丑在月柱也主长辈，结合巳丑偏财合入月柱父母宫，可断对父不利。

实际此年命主丧父破财。

第三节　大运流年吉组合，大运顺势吉逆势凶

原命局组合特点找出来后，知道了喜忌，这时候，大运顺此喜忌之势，则此步大运会有吉事发生，但并不代表年年都吉，因为流年干支组合的加入，有可能在某年逆势，破坏顺势的情况出现。

例：男，一九六一年十二月初六酉时

```
           食      食      日      财
乾造： 辛     辛     己     癸
        丑     丑     酉     酉
       己癸辛  己癸辛   辛     辛
       比财食  比财食   食     食
```

大运：丁酉
流年：戊寅

日主己土生丑月，当令而旺。己土通根两丑，土气强。局中辛辛酉酉四个金。所以此命局的特点就是土生金，土金一气，占七个字，干透癸水财星。所以癸水是土金旺气的唯一泄路，是喜用神。由此就可以推导出命局最大的忌神是戊土，因为戊癸合克，会把这个唯一的出口堵住而应破财之灾。

因为命局土金太旺，所以土金五行要顺其气势，而逆此气势者为忌神；逆己者为甲，逆辛者为丙。原因就是甲己合克，丙辛合克，合克之字，其他的字难以通关。比如，丙与丁，丙辛合克，日主己土只能救应一下，通不了关，而丁克辛，丁在大运柱，己在原局与辛紧贴距离近，自然就形成丁己辛连生通关，所以丁火就顺了势，无灾。

丁酉运，丙子年。酉运酉字当旺，顺势有利，为吉；丁克酉，吉的力度有减少。丙子年，丙辛合，丙火逆原局合之势，所以丙辛合主破财；但丙坐子水受制，地支三酉生子水，二丑合子水，子水对丙火有约制力，主有财运。此年喜忌组合均难以全部发挥效果，所以既没有明显破财，也没有明显发财，就是个平稳之年。

丁酉运丁丑年，地支丑酉半合，流年地支组合顺原局喜神组合之势，为吉，主利财运。天干，两丁生己生辛，顺命局喜神组合之势。丁癸相冲，癸水源长，逢冲主动，动则有力，故此年必发较大之财。但两丁冲癸，丁必耗癸，故其中必破小财。

实际此年命主发财百万，中间也破了几万小财。

1998年丁酉运戊寅年。流年戊土出现，戊癸合，劫财克财星，原命局与大运顺旺势的组合被逆，旺气泄路被堵住了，必主破大财。戊寅组合，寅克戊，官星制劫财，戊土有制，所以不会破财破光。实际这一年日主破财五十多万元。

第四节　原局大运凶组合，流年顺势应凶

例：男，一九四四年六月十九日巳时

```
        伤     枭     日     财
乾造：  甲     辛     癸     丁
        申     未     卯     巳
       庚壬戊 己丁乙  乙    丙戊庚
       印劫官 杀财食  食    才官印

大运： 壬申   癸酉   甲戌   乙亥
        1     11     21     31
       45     55     65     75
```

先看原局的组合。

癸水生未月失令受克，申辛癸三字一党，失令再加上党众少于半数，日主明显偏弱。

日主偏弱，则印比帮身为喜用。

辛金紧贴生癸水，为喜用；辛坐未，未土七杀生印，所以未土是喜神；因为未与癸之间分在干支，未土在生克路线上克不到癸水，而是形成未辛癸连生组合，所以未土七杀是喜神。

日主偏弱，则坐支卯泄身为忌，卯与时柱丁巳紧贴，卯生巳，丁巳

财星耗日主，所以卯、丁巳都是忌神。

坐支为夫妻宫，男命为妻子，卯木忌神坐在夫妻宫为忌，主不利婚姻；男命财星也是妻子，丁巳财星紧贴日主，丁癸相冲，忌神冲日主，也主不利婚姻。

地支卯未紧贴，卯木克未土，这是伤官忌神克制七杀喜用，是夫妻宫的卯克未土七杀，所以这是因为婚姻引发的官司。

见到卯未合克的忌神组合，就会想到亥卯未三合拱木，这时忌神木的力量增大三倍，必应卯木婚姻之变。

找到了原局的忌神组合与病，就看大运有没有亥运，有亥运，那么亥运定会有婚姻之变。

31岁后命主走乙亥运，地支亥卯未形成忌神组合，运干还透出乙木忌神，故此运必不利婚姻。

1983年乙亥运癸亥年，运岁形成亥卯未三合局，原局忌神组合被大运引发，大运忌神组合在流年遇到生旺之地，故而这年必定有婚灾。

实际命主在此年离婚。

其实还有一个组合，提示此年与离婚有关，就是时柱丁巳与流年癸亥天克地冲，财星逢冲而动荡，必主与妻财相关的事。再加上卯木妻宫三合局形成三倍强力忌神组合，故必定是离婚。

第五节　原局吉组合，流年破坏应凶

有一种类型的八字，原命局存在喜神组合，也就是吉组合，但这个吉组合也暗含着被某个字破坏的可能，只要这个破坏之字出现的流年，原命局的吉组合就被破坏，几乎不管什么运，小则不利，大则应灾。

所以说，组合的喜忌是一个原命局的关键，一些重大的大运与流年吉凶事件，就可以由原命局组合直接推断出来。当对各种组合应用多了以后，拿过一个命局，就可以快速推断出一个人某些重要的吉凶事件。

例：男，一九六五年九月十一日辰时

```
        伤    伤    日    食
乾造：  乙    乙    壬    甲
        巳    酉    辰    辰
       丙戊庚  辛   戊乙癸  戊乙癸
       财杀枭  印   杀伤劫  杀伤劫


大运： 甲申   癸未   壬午
        9     19    29

        74    84    94
```

把这个四柱拿过来一看，就可以推断如在大运上无救应，逢卯年必有灾。

实际上日主是 1975 乙卯年有头昏之症，1987 丁卯年丧父。

为什么一眼就能看出卯年对日主不利呢？因为八字一拿来，一看日主偏弱，伤食多透，泄身为忌神。而月令酉金当令，乙酉同柱克乙木，所以酉金是命局中治病之药。

而且，日主身弱坐库，酉与辰合拱金养水生日主。

在这样情况下，酉金在乙酉组合与酉辰组合中都处于重要的喜用地位。酉字的对家就是卯，所以如果卯字出现把酉冲伤，日主必然有灾。

这个时候，看一下大运，如果大运有卯运，那就是大灾，但大运没有。那么流年必定有卯木出现，流年的力量小于大运，所以流年卯木如果不在大运上受制的话，必定会给日主带来各种不利。

1975 年乙卯，因走的是甲申运，酉金临旺地，所以卯冲不翻酉金，因酉有申助，故只有小灾而已。

1987 年丁卯，走癸未运，卯木无制，而且卯未合，乙木通根未卯，故卯可冲伤酉金。原局巳火偏财为忌神，逢酉字半合耗制，而酉以辰为源，故可以耗制巳火。现在酉被冲伤，巳火无制，乙木通根卯未增力，乙巳同柱，乙生巳，巳火偏财无制逢生必有灾，偏财为父，在年柱父母宫位，必是父亲。所以这年父亲有灾。实际此年命主父亲因病去世。

在这个命局中，最关键的组合就是辰酉合拱金养水，如果破了这个合，就不利金，就不能养水。

熟悉了命局，达到了一定层次，一眼就可看出命局的多个组合的关键所在，并迅速找出某个组合的喜神与忌神，找出破坏某个组合的字，然后快速从大运流年当中提取出这个字，分析相关组合，这样就能在最短的时间内以较高准确率断出吉凶。

例：男，一九五八年八月十九日丑时

	杀	枭	日	印
乾造：	戊	庚	壬	辛
	戌	申	午	丑
	戊辛丁	庚壬戊	丁巳	巳癸辛
	杀印才	枭比杀	才官	官劫印

大运：	辛酉	壬戌	癸亥	甲子
	2	12	22	32
	60	70	80	90

这个八字，庚申印星当旺，又土金相生，所以原命局中枭印最旺强。

日主壬水，通根申月，得庚申与辛金相生，日主偏旺。

壬午同柱，所以午火是耗日主的重要喜用；午火财星也是克申金印星的重要喜用。

所以午火不能伤，伤则日主有灾。伤午火最严重的字就是子水，因为子水冲克午火，作用力最大。

那么逢子水运或子水年，日主就特别容易出灾祸。这就是从原命局组合当中直接断出来的应期。

实际，命主八四甲子年父亲去世；甲子运癸酉年，甲子运甲戌年，都是破财年。

日主身旺，不需要生身之庚金，不需要水去帮，而需要火去生官制身。

虽然午火是日主需要之五行，可偏偏因组合关系，午火受日主的压制而不能发挥作用。虽然不能发挥作用，但还是不能将其冲翻，如冲翻还是要应灾。

第十一章　八字断人际关系

　　人际关系就是日主与朋友在流年中的互动关系。由于流年不一，所以日主每年与朋友关系都不一样。朋友类似于兄弟姐妹，但两者有异同之处。异处在于：兄弟姐妹属六亲之一，是特定的人，与日主有血亲关系。而朋友属不特定人，与日主因缘际会相识交往。两者之相同点：均属五伦之内，值得重视。尤其当今社会，朋友流动性大，交往密切广泛，其对日主的吉凶祸福影响力实不下于兄弟姐妹，甚至有过之，故应该以专节探讨。

　　人际关系既然类似于兄弟关系，其流年观察的宫位及星位均同于兄弟姐妹。同性别的朋友以比肩看，异性朋友以劫财为中心，其宫位同在第二柱，重心在月干，以原命月干为重点。

　　但兄弟姐妹关系较单纯，观察面狭窄，不需要考虑太多。而人际关系较复杂，在批流年时，除照兄弟姐妹观察星宫外，尚需考虑日主的财运及工作，因为日主在工作上的需要人际关系，在财务需要与人流通，进而受人帮助进财或被人拖累损财，常会影响财运盛衰。

　　岁干对日主的十神会影响到日主的各项目，人际关系也不能例外。

　　凡官杀主事的流年，朋友怕被官杀克，纷纷走避，人际关系清淡。所谓清，往来皆君子，不敢为害；淡，指朋友所剩无几，屈指可数。

　　凡比劫当令之年，朋友纷纷靠拢，人来人往，好不热闹，尤以劫财年，男男女女进进出出，人际关系复杂有趣。所谓复杂，指牵涉到钱财来往，利害与共，扯不清；所谓有趣，是有异性朋友，人际关系不单调。

　　凡遇财年，人际关系多扯到钱财。男命多沾脂粉味，女命待人多情分。

逢印年，若是正印，则日主自我封闭，不喜欢沟通意见，仅独善其身；若是偏印，则偏执拗怪，思想偏激，与众不同，人家多不爱听。以上两种不利于人际关系，不用多久就知音少，关系单纯得很。

在伤食年，日主性情愉快，喜欢找人发表言论，主动寻友，而且工作忙碌，需要朋友相助，自然与人配合共同参与，找人谈天做事，人际关系自然好且具有建设性，其对日主正面性影响居多，无论质与量都不错。

原局有官而逢杀年，或有杀遇官来混杂，均是日主心意不定，人际关系不稳定，时好时坏。所谓原局有官或有杀，指透出天干而言，若在支不透干，作用力非常小，可以忽略不计。其他如印枭混、食伤混、比劫混，都有关系不够稳定的现象，只不过是双方都有问题，而不是日主单方面的心意难定。

伤食是日主的思想、智慧，若原命伤食透干却逢枭印来克，则该流年人际关系有苦难言，日主受委屈在心中却无法投诉，无法表达自己的理念、意见，其表达能力甚差，朋友不知道日主的委屈和意思，这对日主的人际关系及工作都有伤害。

丙丁火属朱雀，凡原命丙丁或壬癸出干，太岁遇壬癸或丙丁，水火大战，则该年人际关系口角不断，是非难明，即所谓"是非林中立身"，扯不清，说不完，日主耳根不得清静，在嘈杂声中脱不了身。原因在于岁犯朱雀，如麻雀般唧唧不停，聒噪不安。

若命主岁逢朱雀，则命理家应事先警告："不说是非，不涉是非事，不排解是非，闲事少管，明哲保身，要管闲事，也要等岁过才可以。"总得尽人事，但朱雀威力仍在，结果如何，端视各人修养及造化而定。

岁干与原命月干克，不利于人际关系，轻则朋友反目，若是两者就位克，会受朋友连累而遭损失，这是最重的相克，兄弟同论。若只有干克而支不动，则朋友相累但其祸轻。

若月柱与流年天克地冲，其祸同于就位克，至于所犯何事？以太岁月干支的十神而定，其范围无非是财官。若是财，钱财受累及；若是官，则受人牵连，卷入官司或名声有损。

　　岁干生助原局月干或月生助岁干，则受友相助，人际关系和睦。其中月干生助岁干时，以自私的角度来看，反德扶人，不为喜。若岁干合化原月干，则人际关系和睦，但合成物不利日主时，会受朋友连累受灾。太岁兄弟宫无瓜葛，人际关系平淡，维持原状，不好不坏。

　　流年与其他三柱若有冲克情事，仍不利于人际关系，但不利的程度轻，其中冲克以天克地冲和就位克最重。流年与原局不冲不战，则人际关系维持平安和顺。若流年与原命某柱有天地鸳鸯合情况，那人际关系未免情逾其分，超过友谊程度，异性朋友容易外遇，同性朋友舍命陪君子，好得过火，非朋友相交之道。

　　岁干来合日主，但其化的条件不足，会产生日主立心不定的现象。命主在这流年中行事、交友，进退维谷，反复无常，令周遭朋友陷于无所适从的境地，此种情况大大不利于人际关系。

　　比如戊日主逢癸年，戊癸合化火，但原局火地甚弱，只有合的成分，无化的条件，变成想化却化不成，整年下来都在命不定主意的状态，不但日主痛苦，周围的亲属、朋友也连带受影响。戊虽合岁干癸却不化，变成克癸，其中合占三成，克占七成。戊日干合信太岁再克岁，太岁受克无处可躲，太岁仍至尊，岂容凡人合克，其祸至重，轻则破财，中则生病，重则有人死亡，以十神来定何事，以岁支来定轻重程度。

例：
乾造：辛卯　丁酉　戊午　壬子
大运：丙申　乙未　甲午　癸巳
　　　 3　　13　　23　　33

　　戊生于酉月，火已向衰，午火又受子冲伤，在癸丑年住院开刀，一病数月。癸亥年克兄弟宫，受朋友连累破财百万。癸酉年，伤在丁印，运转东方，丁火连根拔起，丧母。

　　五阳干为合克岁干，日主五阴干被岁干合克，一样有祸，不过程度上阴干轻。毕竟，凡人受太岁合克受太岁约束是比较正常的事。上管下，其下手有留情分；下犯上，则上发怒，其下手无情，不留余地。

假如戊日干遇壬年，虽克太岁有祸，但容易闪躲避开，即使有祸，祸事较轻。是否能避？相差很多，其余各日干同论。

为何日主受岁干合化会产生拿不定主的现象？其因在于日主受岁干合化后，日主本质改变，其改变程度以日主强度和化合物在原局的地位而定。日主越强，越不易变质；日主弱，容易随太岁起舞。化合物在原局地位强，化的条件好，便化的成功；化合物在原局居于衰墓死绝之乡，化的条件差，合成却化不成，日主在化与不化之间游移不定，想化又化不成，想不化又被岁干合住，逃不出太岁控制，表现在行为思想上就是立心不定，进退维谷的困境。其人际关系若浮萍，交往随聚随散。

原局已有化不成的现象，则不论是何流年，都有不定的情事；若原局无，则逢太岁或多或少地不定情事，但流年过后即恢复正常。

除日主外，其余三干与太岁也会产生合化现象，但此合化不是日主的质变，对日主没有根本影响，只是改变岁干的十神及原局的十神。

例如戊日逢乙年，是正官主事，若原命有庚干，则乙庚合成庚金，正官变成食神。正官是太岁，不可能完全随庚干而变，仅降低正官的威力，因为受庚干牵制的缘故。

在批写人际关系时，要考虑到正官，所交往的对象皆正派人士；如要考虑化成食神，交往朋友中本来有持反对立场，后改变心意，换成相同立场。其原理在正官克日主，食神乃是主所生。

又如戊日遇丁年为正印主事，原局有壬出干，壬制丁化成甲鬼，在人际关系上本来持爱护提携态度的长辈，于壬月或丁月改变心意，变成反对态度。

天干只是地支所发出来的气，其质如气一般，容易改变形状、本质。甲形状木，本质木、遇己变土。乙外形木，外柔内刚，遇庚则金。丙外阳内阴，见辛成水。丁火照融温和，逢壬浇成木（木乃水火促成，阳光水份使木生长）。戊性燥，遇癸引出火种。

流年重天干。既然重天干，使不得不将天干合化的现象考虑进去，也因有天干变化而使人事显得多彩多姿，变化多端的。所谓"没有永久的敌人，也没有永远的朋友"。实际上也的确如此。友谊会从浓变淡，也会从无到有。当然，在批写里，只能写关系和睦的程度，及为何起冲突，是全体性的关系，无法针对某一特定对象来研究彼此关系。

如果命主想了解与某一特定对象的关系，例如：与女朋友、合伙人合得来吗？可以将对方的八字与自己的八字合并研究，探讨双方八字相同性及相异性。相同性愈高，愈合得来，相异性愈高，愈合不来。相同性高，表示性情相投，物以类聚，关系和睦；相异性高，表示双方思想观念不同，因缘际会相聚在一起，不用多久，因想法不同，各行其是，只好分开。

人与人之间其八字的相同性不可能百分之百相同，男女双方要成佳偶至少百分之六十相同，低于百分之四十易成怨偶。朋友交往，百分之六十相同，成为好友，低于百分之三十，不易结交。朋友合不来，可以不来往；夫妇合不来问题很大，聚散两难。既然如此，要慎重开始，不可意乱情迷，后患无穷。

天干中，丁与壬和人际关系有牵连。丁为玉女，壬为天后。玉指未婚小姐，天后指一般女人，丁壬两干都和女性有关。原局有丁壬任何一字出干，则日主与女人较有缘，即俗称的有女人缘。岁干逢丁或壬，引动原命，则该年人际关系上会与女人有所牵扯。

至于这牵扯是好是坏？要视太岁吉凶及财的祸福而定。太岁吉，无女祸，即使有天大事也大事化小，小事化无；太岁凶，因色犯事，小事变成大事，少不得为色破财。原局财为祸，逢岁犯色戒，其祸不小；原局财作福，即使太岁不利，只是小惩，不至焦头烂额。原命财为喜神，逢玉女、天后之风商量得女性支援，甚至人财两得；即使不逢玉女、天后，亦得女性帮助，不过力量较轻。

原命有女人缘，逢丁、壬年和女人牵扯时要知分寸，有所为，有所不为，即使不出事，已婚男人也要考虑及天理人情国法，天理难容，人情难堪，国法难逃。

现在讲求男女平等，以上所述，偏重男性。事实上，命理学多多少少以男性的观念来看命运，强调女人给男人的帮助。至于女性受男性的呵护是正常的，不足挂齿，不值得本书特书。

丁壬之合为淫匿之合，那是古人的观点。以现代的说法，遇丁壬流年，在人际关系上会放下身段结交朋友，老少咸宜，人人好，不会端架子高高在上，一定是和颜悦色待人，尤其对异性朋友更是百般讨好，所以古人才说是淫匿之合。然而现在社会男女社交公开，只要循规蹈矩，谈不上淫字，但男女关系过于随意时，就会被古人料中，料不料中虽然是命，何尝不是在人为。

第十二章　八字断健康疾病

一、宫位与身体部位

八字预测疾病，最好能掌握中医基础理论知识，如能将古医书中的一些主要内容熟背，当然更好。将一些有关方面的歌诀牢记，在为人诊病时都将命理与病理结合起来推测，理论与实践相结合，得到的效果有时都超过想象。

由于八字的组合方式各有所主，我们必须明白八字结构与人体中的器官部位配合，否则到应用时不知从哪里下手。

①八字以日干代表命主自身，又代表命主的精神面貌和身体状况。

②以天干代表人的外表，地支代表人的内脏。

③以年柱代表头，月柱代表胸，日柱代表腹，时柱代表腿足。

④年、月柱代表身体的右边，日、时柱代表身体的左边。

⑤年干支代表幼年，月干支代表青年，日干支代表中年，时干支代表晚年。

二、干支五行与疾病

日干五行四支疾病部位

五行	日干	病源	四柱干支	易患疾病
木	甲木	胆	甲乙寅卯太过或遭克泄太弱。	肝、胆、头、神经、关节、忧郁、失眠、筋脉、皮肤、中风、胃。
木	乙木	肝		
火	丙火	小肠	丙丁巳午太过或遭克泄太弱。	小肠、心脏、眼、耳、胸、咽、败血症、脊、热症、下部疼痛、近视、脊椎、淋巴、心神不安。
火	丁火	心脏		
土	戊土	胃	戊己辰戌丑未太过或遭克泄太弱。	胃、脾、肠病、呕气、便秘、皮肤、足腕、脑、血液、膀胱、消化系统、痔、关节疾病。
土	己土	脾		
金	庚金	大肠	庚辛申酉太过或遭克泄太弱。	大肠、肺、鼻、皮肤、气管、神经、直肠、肾、脑、下肢部、咽喉、心悸、忧郁、皮肤过敏。
金	辛金	肺		
水	壬水	膀胱	壬癸亥子太过或遭克泄太弱。	膀胱、肾、子宫、泌尿系统、近视、中风、糖尿病、妇科病、下部出血、性病、便秘、脑病。
水	癸水	肾脏		

三、病灾信息

（一）五脏六腑健康状况

五脏六腑以五行金水木火土而断。金属大肠、肺，木属胆、肝，水属膀胱、肾脏，火属心脏、小肠、三焦，土属脾、胃。

日主旺相或相生者少病；日主休囚死，又被克者，多灾病。日主旺而喜泄，衰而喜生扶。强者而又受生为特强，旺强又生必成灾；衰者受泄，必有灾。如甲木生于春，四柱水少，肾脏必灾；土生于长夏（小暑前为立夏，小暑后为长夏），且土多，脾胃有病；火生于夏天，且火多，四柱缺水，见木被火泄，肝胆有亏；四柱中火多而旺，金多而强，头面病灾；四柱火多土少，透金而生疮；火多，土多，痈疽可见；火多木多金少，生疯邪；水多无制又逢金，易得肾病，女带浊，男尿毒；金木相克肝胆损，见水灾免轻，遇火伤脾，遇土伤肺，遇木伤血又伤胆；金木凶死黄赖病，水火交战不和气，木土定知伤脾胃，水金痨肿祸来侵。五行不可偏枯，偏枯必有灾病。五行缺啥，啥有病；啥被众克，啥有病。五行通关有情，少病灾，五行旺又受生必有灾，五行衰又被泄祸来侵。

（二）目疾与耳疾

1. 月上伤官，不瞎则跛。
2. 伤官夹杀，不跛则瞎。
3. 火被水伤，眼目之疾。
4. 丙火冬生遭壬克，目疾或失明。
5. 火弱土旺或火少土多，眼目易浊。
6. 火旺又得木生，常闹眼疾。
7. 寅卯木遭金克伤，视力受损。
8. 四柱中丙辛相合，或柱中丙与大运或流年之辛相合，则不利眼目。
9. 丙遇金多伤眼目，亥子水克巳午火，眼目之疾。
10. 年月为右，日时为左。年月为右目，日时为左目；丙在年或月遭水克，右眼有疾或失明。左右丙火衰弱，遭强壬水克之，双目失明。何时失明，既要看命局，又当看运程。
11. 柱中有三羊刃者，不瞎则聋，此条应验度很高。
12. 丙丁日临衰地又逢七杀，耳聋残废。
13. 木克土，必耳病；土多土旺木弱者，听力差；壬癸重叠时见财，不是秃头则眼病。
14. 丙丁火命人，逢壬癸水克，主眼疾。
15. 年干受克，年支逢刑，主头歪眼斜。

（三）心病与肺病

1. 四柱中水旺或丁火太旺，都易患心脏病、心肺综合症。

2. 四柱中土多火弱，易患高血压病。

3. 四柱中木多，丁火极弱，易患心肌梗塞。

4. 火金相战，心肺有伤，火为心，金为肺。

5. 丁火弱而受水克者，心脏有病。

6. 癸丁相战，易患心血管之疾。

7. 日柱庚午，时柱辛巳，易患心血管病。

8. 金弱遇旺火，血管之疾。

9. 辛金弱而遇重土，易患肺疾。

10. 四柱中火炎，金弱易得肺炎、咳嗽之症。

11. 辛金弱而遇强水，肺寒而咳嗽。

12. 辛金弱而土重，不得支气管炎则有鼻炎。

13. 金水伤官，寒则咳嗽，热则痰火扰心。

14. 庚辛金遇火旺地，易得肺病。

（四）脾胃与肠病

1. 日下坐枭印，或干支枭神重者，大运逢食神，必因贪食而致病。

2. 土弱而木旺，易患脾胃之疾。

3. 四柱中水木两旺，土弱伤脾胃。

4. 四柱中木多木旺，伤脾胃。

5. 四柱中金多土弱，脾胃有损。

6. 四柱中水多土寒，脾胃有寒疾。

7. 丙火极弱而生在冬月，易患小肠之疾。

8. 庚金弱而生在冬月，易患大肠之疾（肠炎，易拉肚子），或十二指肠溃疡。

9. 四柱中见辰戌相冲，易患胃病。

10. 四柱中水多，土火两弱，不是胃溃疡则胃下垂。

11. 丙庚两旺逢燥土，易患便秘之疾。

12. 丑未衰而遇旺水，易患脾胃之疾。

13. 土寒逢旺木，脾胃之疾。

（五）肝胆病

1. 乙木太过或太弱，易患肝胆病。
2. 甲申乙酉，小儿易患风肝之疾（抽风、肝炎）。
3. 甲寅乙卯，衰而受克，肝胆有疾无疑。
4. 乙木弱而逢旺水，易患肝肿水、肝硬化或肝火虚。
5. 四柱中金水多，甲木弱，又无火，易患胆结石。
6. 木弱逢水旺，易伤肝胆，或肝萎缩。
7. 木遭旺金克，肝胆之症。

（六）肾疾

1. 四柱中水多且旺，或水弱受克，易患肾脏之疾，或因肾所引起的糖尿病、膀胱炎等病。
2. 水少遭燥土克，有肾病。
3. 火旺水弱，肾病。
4. 木多水弱，有肾疾。
5. 水旺而无木疏通，易得膀胱或肾病。
6. 癸水弱而入墓，肾虚肾亏。癸水极弱，再逢金多生寒水，易患肾结石。癸水休囚而受克，肾病。
7. 冬生水旺，无木又无火，易得阳痿。
8. 六癸生人，四柱中亥子丑全，逢休囚病地，有肾病。

例一：
乾造：丁亥　己酉　辛酉　辛卯

本造日主辛金生于酉月极旺，柱中金多木绝，虽有亥水却远水不解近渴。1981年，大运丙午，流年辛酉，岁运相克，日柱伏吟，形成三酉冲一卯。其妻是肝病，难捱过辛酉年。结果，其妻患肝硬化，死于当年丑月底，丑是辛酉金之墓地。

例二：
坤造：丙戌　壬辰　戊辰　壬戌

八字中五土二水一火，局中二辰二戌相冲，又不见木来疏土，1976年，大运己丑，流年丙辰，胃癌切除手术。

经过实践调查病例，胃溃疡、胃癌等病者，绝大多数是木多木旺或八字土多或无土。

肾属癸水，主贮藏精气，生骨髓，统管性功能与膀胱相表里。

例三：
乾造：辛卯　辛卯　甲寅　辛未

日主甲木生于卯月，卯年，甲禄在寅，卯为羊刃。全局除三金一土，其余都是木，柱中滴水皆无，糖尿病信息明显。33岁流年癸亥（1983年）交丁亥大运，原命局与岁、运亥卯未三合羊刃局，亥水变质，滴水皆无；37岁流年（1987丁卯）丁卯、羊刃复见，命主患糖尿病。

第十三章　八字断贫富财运

要了解一个人每年财运之前，先要知道此人的原命。原局身强喜财，逢伤食财年财运便好。身强比劫众多，逢财年，群比争财瓜分一空，财运不好。身弱富屋贫人，因财惹祸。身弱从财，逢财年便好。身强财强，逢财助则财运佳。身弱比印扶身，逢财年不一定好。身弱财弱，逢财来小饮一口。身强财弱，逢财年大饮一番，其乐融融。

财分正财、偏财两类。正财是本分财，如妻的嫁妆、家产、祖产等，有固定性质的财产。偏财是众人财，众人皆可竞得，捷足先得之财，非固定性质的财。

现代人可延用其分类精神，把固定性质如：不动产、固定收入的财列入正财；偏财指机会中奖，非固定收入所得之财皆称之。依照如此分类，凡薪水、房租收入、利息、地租收入、股利等，有固定性收入者，皆可称正财。凡中奖奖金、非业务报酬、部标所得等非固定收入，皆称偏财。这样分类较全于当今社会环境。但是，由于现代社会复杂多变，有可能令正偏财混杂，例如：炒地皮、房地产业买卖等，都是正偏财不分的行业。

正偏财在流年地支的十二宫位位置可以看出其强弱。例如：戊日主以壬为偏财，以癸为正财。逢甲戌年，壬在戌宫为冠带、癸在戌宫为衰，代表戊日主在甲戌年里正财向旺，如日东升，偏财向衰，日薄西山。其余日干可类推。

流年的正偏财多少受原局及运所影响，为了解流年财运，就要知道正偏财在岁支的地位，及受原局大运所左右的程度。日主的正偏财在大运中身衰绝，表示环境不利于日主谋财，纵流年助生旺，所得仍有限，雪中送炭倍感温暖。反之，正偏财在大运里生旺，逢岁支不利，虽仍有所得，但为财辛苦，惊涛骇浪，多遇小人折磨。

例一：
坤造：癸卯　丙辰　己丑　乙丑
大运：丁巳　戊午　己未　庚申
　　　　8　　18　　28　　38

己日主强，在己未运中逢壬申年，尚在南方火运生身，正财年买六合彩，破财百万元，几乎无法维持生计。

例二：
乾造：辛卯　丁酉　戊午　壬子
大运：丙申　乙未　甲午　癸巳
　　　　3　　13　　23　　33

戊日主弱，逢壬戌年，虽在午运，助身克财，仍破财近百万元，事业又走下坡。所以身弱逢劫印比助身，由于原局不能任财，进财十分有限。

第十四章　八字断事业官运

一、八字断事业官运的要点

事业官运是对身在职场中的人而言。这部分人或者身为公务人员、或者身为国企员工，或者身为私营企业、外资以及合资企业员工，事业前途对这些人来说，就是能否在工作中获各升职、或得管理的权力，也就是是否有官运。

在八字命理中，事业前途与"官、印"的喜忌作用关系最为密切。

官印俱现，并且形成喜神组合，在行运当中，此喜神组合不被破坏，能遇生旺之运，人的职务就能不断提升，事业获得发展；如果行运当中，喜神组合被破坏，行运遇衰死受克之地，职场坎坷多，波折多，也难以有职务提升，难以走上管理领导岗位，自然就没有什么事业成绩，也没有官运。

如果官印形成忌神组合，但此忌神组合在原局有制，并且行运也有制，那么在有制之运，命主就会事业顺利，会有提职加薪，有官运，能走上管理领导岗位；但是，一旦制约这个官印忌神组合的字在行运中被破坏，被合冲刑害等特殊作用关系所伤，使得原局官印的忌神组合无制，这个时候，就会有官灾，会因工作失职或重大违法过失等原因而丢掉工作，严重的甚至会产生牢狱之灾。

如果从日主的强弱来看的话，强旺的日主要有官杀克制，衰弱的日主要有印比帮身，这样的八字，才能在事业方面有所成绩。

预测官运，可察看官星。如果官星出现在月支，官为喜用神，官旺或逢生，乃官运亨通之命。又如官星为忌神，弱而受制，官运也是非常亨通，如果透干则更好，但必须不遭刑、冲、合、化，且不遇旬空。

官星有助于用神，且不遭刑、冲、合、化，又不遇空亡为官必贵。

柱中没有官星，或官星藏而不现，但柱中出现财星旺相，这叫财来暗中生官，也是官运亨达之命。

柱中身旺比劫多，如逢官星大运制比劫，也是升官之命。

官为喜用神，官旺或逢生的八字为有官职之命。相反，如官为忌神或官弱而受制，是没有官职之命。

其次，还可以以格局断其官运。如在扶抑格取用，官为喜用神或官在月干或时干逢生或官星坐下得长生的八字为有官之命。如果官星为忌神，但忌神受制，或柱中连一点官星皆没有的八字，也都是有官之命。

以上便是预测官运的几个条件。

二、八字断事业官运的具体方法

其实，预测官运，最重要的一条就是"何人知其贵，官星有理会"。具体可分为以下一些情况：

1. 身旺官弱，财能生官。日主旺相，即有能力任官。命局中官星衰弱，就无法达到日主平衡的要求，如在命局或大运中出现财星，因财能生官，使官星增加力量，以达到平衡。如果官星太弱，弱到生扶不起的状态也不行。从这种情况看来，日主强旺需要官星来克制，如果官星力量不足，还须财来生官，同时财也可耗泄日主的旺度，使命局达到身与官平衡的状态。

2. 官旺身弱，官能生印。身旺官弱，官星需要生扶。官旺身弱，就需生扶日主。生扶日主，只有印绶与比劫两种十神。命局中官星太旺用比劫去抵制旺官，但只能解燃眉之急，决不能和平而彻底地解决平衡问题。要想彻底化解旺官克身的毛病，还得用印绶通关，化旺官而生扶日主，使日主和官星达到平衡，命主自然就可升官晋职。

3. 印旺官衰，财能坏印。求官必以官星为用神，如果命局中印星太旺，官星的贵气定会被盗泄，致而变弱。由于官能生印，印星太旺，官被泄得太过，即成一种毛病。要想治这种因泄而成病者，就需要财星来调解。因为财可生官，又可制印，这样一来，官星的力量就有增无减，日主的力量也是有增无减，从而使官身两种力量接近平衡。

4. 印衰官旺，财星不现。四柱印星衰弱，日主必然不旺。日主不旺，理当生扶。官能生印，又可克制日主，如日主太旺，官能克制，当日主衰弱时，官又可通过印星付给日主力量。这就是官星理会日主之意。但是这种生克制化，必须在柱中没有出现财星的情况下方能起作用，如果命中有财星出现，虽然财能生官，但同时也能坏印。印星本来很衰了，如果又有财星克印，印星就会失去受生的能力。而印星没有了受生的力量，说明日主就失去了根源。同时，财星能耗身生官，能使官星力量增强而日主的力量减弱，身财自然就不会平衡了。所以说，命局中若印衰官旺，则不可再见财星。

5. 财能破印，官可生印。日主衰弱需印星生扶，方能增强日主之力，印星就成了日主的用神，但切忌财星出现，因财能破印。若印星被破，则会使日主无依无靠，这时，只有靠官星通关，化财星生扶印星，使印不受克而生扶日主。因此，在命局中，官星起关键作用，对日主有利。

6. 日坐官印无破者，谓真官真印。如丙子、丁亥、辛巳、庚午等日为真官。甲子、乙亥等日时为真印。真官真印，柱中无破有助，必为大贵。

7. 岁月为根基，印得官生，运入官乡，必有威名。正官只见一位为贵，再遇财旺生官更好。

8. 日主旺坐官星，再遇财星旺来生官主一世荣华，时干坐官星，主子女得福。如若官印相生临岁运，该年必主升官。

9. 柱中七煞有制带刃，又有食神来制煞，是借小人之势力，保护君子，七煞既有制，再有羊刃配合，是权威之命，若羊刃被冲则威力全无，故有"羊刃无冲掌煞权，威达疆场天下传"之说。日主身旺，又有七煞临月制之，有带兵点将，掌握大权之命。

10. 月上七煞，日主强旺，时上有食神制煞，必有将相之才。煞刃双显，官运亨达，古书云："刃为兵器，有煞方能显贵；煞为军令，无刃没有军威；煞刃双显，则威镇乾坤；逢煞有刃，方能显其权威。"

11. 身强能抗煞，比劫能抗官煞，食伤也能制煞，不论官煞怎样凶强，都不能逞凶。身旺煞旺为贵，身弱不宜煞旺。

12. 七煞有制化为权。七煞有食神为制，七煞比喻小人，而且凶暴，如不惩戒，必伤其主，故七煞有制为偏官，无制为七煞。若四柱七煞旺相，日主强，再行食神制煞运者，乃有威镇疆域、扬名四海之命。

13. 七煞乃武职，居旺地为贵。煞为金，如军人带刀枪。七煞与羊刃同现，其官重权实，能掌万人之权，为首领之命。

14. 日主强旺，逢岁运合会，财官有力，命主必有升迁晋级之喜；如果日主衰弱，官星旺相，逢岁运会禄帮身之年才有升官机会，因为禄神是命主的强根，助起日主与官星平衡，有利于升官。

15. 命主身旺以官煞为用神，但命局中官煞衰弱，身煞力量悬殊，逢岁运助起煞星，使身煞两停。该年必定升官。

16. 命中伤官与正官同现，伤官容易损正官之贵气，使正官不能为日主所用，但逢财的岁运，能升官发财。因财能化伤官，增加正官之力，使官星能为日主所用。这条断语是针对日主强旺而言，日主衰弱而不宜。

17. 命中日主旺相，以官星为用神，逢岁运进入财地利于升官，如用神正官被合住，或正官被合失去力量，为官迟迟，难以上升。

18. 官星过多或旺相，定然日主衰弱，如大运走到财地，财又来生官，无疑会增加官星的力量，官星过旺会克日主，难免灾祸临身。

19. 伤官又见官，定为祸百端。但日主旺相有财通关，不但不怕伤官见官，反而有好事。因为日主旺相喜官，有财星通关，财能化伤官，使官星有力，日主旺，自然有好事。伤官旺相，不见财来通关，会伤损官星之贵气，自然有祸事出现。日主强，喜见官星，以官星为用，再遇伤官岁运克制官星，命局中用神被破，命主定要出事。

20. 财入墓不是克妻就是克父，官入墓不是丢官就是罢职，官星忌坐刃地。如甲木生于辛卯月，甲以辛为官，卯为羊刃，此为官星坐刃，辛生于卯月为官遇绝地，因此官星坐刃终逢凶。命中官星逢比劫也是不利，再逢伤官之年运，则大为不利。

21．印绶是生月令，是指印绶坐提纲，岁是指太岁，切忌大运见财。如大运见财，印绶被伤，容易招惹祸灾，奉劝在职之官，主动隐退为好，否则轻则罢官削职，重则有官司牢狱，如为官清廉方可免灾。

22．柱中伤官见官，不见财星乃无官之命，伤官是克官之神，柱中有财可化解，因伤官生财，财能生官。柱中七煞多，为七煞聚齐，如岁运逢官有祸。印为生身之本，印星为喜用神最忌行财地，行财必伤印，不是罢官削职，就是祸灾临身。

23．官星被合，或柱中无官，皆不利当官。柱中有官或已任官职者，最怕行伤官运。命中有官星或已经当官之人，行伤官运，不是罢官削职，就是有其他凶事出现。

三、八字事业职业分类特点

（一）八字与职业喜忌

1．四柱中伤官旺或伤官多，宜自由职业及私干，不宜公职，更不利当官。

2．四柱中比劫多而无官杀或官杀不旺，宜自由职业或私干，不利公职。

3．柱中偏财弱正财强，官杀强于伤食者，宜公职。

4．食神强于官杀者，宜私职或自由职业。

5．四柱中食神、正印、比肩、正财和正官多达三分之二以上者，为人清高正直，从事公职必为清正廉洁之人，不善钻营拍马，一切靠自己努力，若上升还得靠贵人提拔。

6．四柱中伤官、偏印、劫财、偏财和七杀多达三分之二以上者，为人精明敏捷，从事公职名利心强，善于把握局势，难免钻营行赂人情之道。

7．四柱中喜用神为木者，宜从事山林、木材、家具、园林、花圃、盆景、筷子及牙签等行业。

8. 四柱中喜用神为火者，宜从事煤炭、电力、光学、燃料、教学、火药及电讯等行业。

9. 四柱中喜用神为土者，宜从事煤炭、电力、建筑工程、农垦牧业、纺织服装等行业；喜用神为戊己土者多宜从事农业、建筑、后勤等行业。

10. 四柱中喜用神为金者，宜从事金银、钢铁、机械、枪支、银行等领域的职业。

11. 四柱中喜用神为水者，宜从事水利、饮料、水产、医药、运输、旅游、航海、交通、旅馆、娱乐、制冷、制酒等行业。

12. 四柱中食神七杀两透旺者，最适合精密制造、技术线路、外科医生、科学家和电脑等工作。

13. 四柱中伤官七杀两透或两旺者，宜从事破坏行业，如爆破、军人、刑警、间谍等特殊职业，伤官七杀会反叛及走黑道。

14. 四柱中干支会合多者，人缘好，组织力强，宜从事领导工作和组织工作。

15. 四柱中印重食伤重者，宜担任幕僚参谋策划性质的工作，或服务性质的工作。

16. 四柱中食伤重而比劫、财星轻，宜从事表演及展示性的工作，或从事教育及脑力类型的工作。

（二）适合从事商业的八字

1. 四柱正财强于偏财者，若经商，则宜开门市、开商店等。

2. 偏财强于正财，经商则宜从事产品加工、批发、推销业等行业。

3. 四柱中官杀印甚弱者，伤官、偏财强于食神、正财者，最适合从事产品加工推销批发，代理商等事业，还可从事出版业、文具店、书店、花店、艺术行业。

4. 四柱中官杀印弱，食神偏财弱于伤官正财，不宜从政，经商为好或从事管理、协调、律师、武术、杂技、绘画音乐舞蹈等方面的工作。

5. 经商等自由职业，如新创事业，应看食伤财三星，不论喜忌，只看大运而经商。就职升迁，则看财官印三星，不论喜忌，只在岁运中找。

6. 四柱中财星带马称为马生财，为出外营业之命，为动中求财，静中不利，是他乡创业之人。

7. 四柱偏财七杀两旺，出外营谋之命。

8. 四柱年月或日时，或月柱与日柱天克地冲，无论柱中有无财星，祖业破败，无法在家乡生活，只有出外闯天下谋生之命。

9. 四柱中有甲寅庚申者，为商贸行业的职员。

10. 四柱中只有甲庚寅而无申者，逢上大运流年的申则可经商，但运过则从事行政工作。

11. 年柱天干为甲己，月柱天干为甲或日干为己，地支有亥卯未寅者，主从事经营丝绸行业。

12. 四柱中有辛丁己，地支有酉亥未者，利酒食业，酉为酒神，亥为浆神，未为小麦酒食，丁己为太乙酒家。

13. 财临马星，财马同柱（壬申）为大企业家、大商人。

14. 四柱中透出劫财与正财，若劫财为喜用神，因经商及亲族情谊或其他不得已情况而破财产，此种情况破坏得愈彻底，他日愈有大富。凡是大发大富之人，当有大灾大难。

15. 四柱中财多有库，定为商业管钱财（银行会计）之人。

16. 财禄生马星，经商之人。

17. 丁壬化木，癸水相合，辛苦经商。

18. 稼穑正官星，经商之人。

19. 女命伤官、财星强于正官正印者，多为活动在外或职业妇女或经商者。

（三）适合从事五术与玄学的八字

1. 四柱中伤官佩印者乃从事与五行玄学术数有关的工作。

2. 四柱中印星见子午卯酉一个或两个者，喜预测及宗教。

3. 四柱中见子午卯酉一个以上，天干透伤官偏印，喜五术玄学，还有宗教，且都有特殊贡献。

4. 四柱中有辰巳戌亥，天干丙辛并透，为九流术士或行医。

5. 四柱中伤食并透，不为僧道便为五行玄术之人。
6. 四柱中水多又马星旺者宜从事五术玄学等领域。
7. 四柱中有己亥或癸巳、乙卯、丙戌之人。
8. 财轻漂泊，乃江湖之客。
9. 官杀混杂，乃江湖技艺。
10. 日主旺，伤官多，成就宗教艺术、卜卦、技术等九流职业。

（四）适合从军的八字

1. 四柱中杀旺身旺，多为军人将士。
2. 四柱中杀旺身旺又逢印，军中文职。
3. 四柱中有马星或马星旺者，多为军人。
4. 寅虎马星在时上，为军中武职镇守边关者。
5. 四柱中喜金土者，为陆军或陆兵工厂任职者。
6. 四柱中喜木火者，为空军或航空工厂任职者。
7. 四柱中喜水木者，为海军或海军工厂任职者。
8. 金为炮兵、机械兵。土为工程兵。
9. 戊己为官星者，主管后勤供应工作。
10. 四柱中羊刃七杀临将星，军人武将。
11. 四柱中骑马佩剑，马头佩剑，名为军人（壬申、癸酉）。
12. 羊刃杀有制，执掌兵权。
13. 羊刃持权，边疆将帅。
14. 金杀夹贵人，当掌兵权。
15. 军人流年大小运遇金土者，升军职。
16. 戊为戈兵，辛为刀刃，四柱中戊辛多者，为军人。
17. 七杀会羊刃，好舞刀弄枪。
18. 羊刃带杀，勇敌千人。
19. 金水旺或流年大小运遇金水者，为海军。
20. 身旺杀弱无制，行杀运必从军。

（五）功名与口才

命中无官星，学而也无功，老来也白丁。四柱纯土遇水浑，月日衰地又逢冲，一生不进学校门。有土无木土不活，金被埋没不上学，透出一支三年学。伤官劫财透一片，看来聪明是笨蛋，上学只有二年半。

四柱有印，又带天月二德，又有学堂词馆，乃属有文凭之命。走印运，才华出众。

火多的人主礼，金多主口，土多有泄口必破，日主是土无木制，若有金泄嘴无边。土多有制而无泄，看着有嘴不出声。四柱合多又逢印，心里有话闷在心。四柱阳字多，花言巧语都好说。四柱阴字多，少言不语不好说。官旺身强嘴好歌，日坐死地不会说。日时空亡瞎话多，梦中无影瞎胡说。伤官多，也好说，无印无边闲话多。印多护身日被欺，心里有话不出声，明着不讲暗中啼，透出伤官不逊语。

（六）官星无用

官星落空亡或处于死绝之地，看着有官而无用。官轻身重身又强，一生不能伴君王，走着官运也不强。年月官星落空亡，早年官不强；日时官星落空亡，晚年官不强。官星无贵又被合，一生为人去做活。官星六害，得官必败。官弱财旺，贪财忘官，因财丢官。

例：
乾造： 己未　辛未　甲戌　戊辰

此命造：日元甲木，以辛金为官星，四柱一片土，财旺身弱，而贪财忘官，为舍命而不舍财。

凡身强而官轻者，都不可为官。身弱而官强者，一生受官所制，可做官下官。官星得旺，日元死绝，财星不透，能做勇士官。

（七）富官和穷官的八字

富官：

年月带财，官为用神者，祖宗荣显。在旧时，断祖上挂过千顷牌，中年高官，儿做状元；在现时，断壮年峥嵘合家欢，父子两代官位显。四柱印多，官星得令，财轻见三奇方局、合局，都为官重。年月官大，幼得其名，少年得贵，步步升高，但须得贵人之助。日时有官，中晚年有官。

穷官：

原命局官星得旺，身轻官重，官不称职。如：日元是土，四柱水多，天干有木，官星浮漂，为贱官。原命局身轻，无印生身，身无主见，有官也为贫贱官。年上官星，月上伤官，日主有贵，时上伤官，或日主有贵，时上败财，三刑，当官也受穷，或官职难守。命犯十恶大败日，但得贵人之扶，这叫"官贵有名，他人负命"。有子接而贵，无子接贵而受穷。如三缺之命：少年妨父母，中年克妻刑身，晚年克子落空。虽做官而身受贫，仕途蹭蹬。

（八）清官和昏官的八字

身强官旺遇长生，此官一生通。正官见官得长生，一生当清官。三奇配天门，定是当官人。三正又见贵，定是做官人。四柱印旺又有贵，为大官，上品级遇正官，三奇都为清正官，寿也长。地支一气印，必是高官人。用旧时官位做比喻，年上官，月上印，时上食神，位列朝臣。正官带将星，见马守边疆，高者并肩王，威武可安邦。流年大运遇官禄贵来合，此人加官进禄定是官崇位显。四柱见三正，日时又有贵，必入皇门，身旺能出面，身弱背后人。宜走官运升得快，平步登天。年上官，月上印，再遇三奇皇帝仆人。遇月遇贵（官禄贵）定国朝臣。这样的官都为内官，官举三品以上。遇正财、正印、正官，无偏出，定为忠臣保皇。偏官透出，又行官运，会有野心，做篡朝之臣。遇刑煞，主夭亡。

年上七杀受月令所生，日主不旺则强，七杀无制好当官。此为粗官，治国创业，守业不成，官大不久长。七杀带红沙乃杀人狂。七杀带沐浴、桃花、羊刃，主淫乱淫亡。三正遇贵人，命犯三刑害，又犯隔角，身坐高官父受贫。

三正见一贵，六品官，日下坐贵妻必荣身。年上官，月上印，时上食神七品官。年上官，月上印，时上正财高七品。年上贵，月上印，时上官贵六品人。日柱有官：中晚年得成，正无偏出，又得印扶，财旺，官旺，可得贤良，可有正权，安国治邦。若犯沐浴桃花，邦国不成，祸出财落。时柱有官：晚年不清闲，是苦劳之官，子贵清闲，子贱而不得清闲。这样的官制而不守，虽坐高官命无福。

（九）退休年龄

原命局官落空亡，印落空亡，一生工作不能如意。走空亡运，工作停滞，运走死绝衰，工作停滞，原命局身旺退而不走，身衰早退。

女命四柱有空亡，遇填实，工作有退。四季空亡，一生工作总不安定。如在旬空，空过而有业，退休有职，是身旺而有财，但印落空亡而无权。如果遇七杀出现离休或退休，另有别业；如有将星财又得旺，有另业可成。

财落空，事业失掉，若是老来走财运，命中财星旺强，退休后必有大财可取，但财旺主淫乱，故也有不利之处。遇败财或劫财多，主事业不安，家不安宁。如果官旺财旺，命有将星，退休后可取利。身强遇食神有禄，遇财而得财，遇刑冲主生灾，身弱更不喜走食、伤运。如果在流年或运中遇食伤，必死于岗位。原命局日元四季落空，再遇旬空之运，遇填实主有人夺位，不死则退，身劳而无祸，身弱杀重而遇财，因病而退休。岁运天克地冲，工作有变，岁运冲何月，何月有退。

第十五章 历史名人八字解析

一、韩信

乾造：辛酉　丁酉　乙卯　乙酉
大运：丙申　乙未　甲午　癸巳　壬辰　辛卯　庚寅　己丑
　　　06　　16　　26　　36　　46　　56　　66　　76

八字解析：

此造乙木逢强杀，是食神制杀。古人云：食神制杀，英雄独压万人。乙卯专禄，但稍嫌淡薄，三酉冲一卯是很危险的征兆，全靠一点丁火制杀，虽掌权但还是危机四伏。月令七杀，杀透带食，以食制杀为用，格局可成。但丁火无根，三酉冲卯，杀重食轻。最忌支行土金，干遇金水。初运丙申，比较艰难；乙未运，火有余气，开始好转。甲午运，丁火坐旺，威名一时。癸巳运巳酉半合金局，生癸水制丁火，偏印夺食，致命一坎，死于36岁。韩信在遇萧何之前，四处奔走，找不到北，掌权后处于政治斗争的漩涡之中，处处见忌。

二、唐太宗

乾造：戊午　乙丑　戊午　壬戌
大运：丙寅　丁卯　戊辰　己巳　庚午　辛未　壬申　癸酉
　　　5　　15　　25　　35　　45　　55　　65　　75

八字解析：

戊土生于丑月，天寒地冻，喜得坐下午火正印，驱寒解冻。但丑午相害，丑在月令为比劫兄弟，所以兄弟反目，杀于宫墙。

他的人生崛起于戊辰运，丑入辰墓，原局有戌，戌库收两午火，辰戌冲，强烈做功，毕其功于一运，终能成就大业，名垂青史。赖时上戊土，火木归墓戌午入墓，武功超群，英华外现，韬晦有某，智勇双全，帐下一大批人才。戌丑之刑，戌得两戌午入墓，能量极其可观，刑开丑土伤官库，制尽伤官而得帝位。如果没有戌土之归墓，则两午害丑，挫折艰辛，张扬跋扈，缺乏谋略。本造为屈金水之结构，能有四层功者，当为帝王之命。此造得两库为两层，得月令又一层，再原神用神同制又一层，故能成为一代明主。

三、苏轼

乾造： 丙子　辛丑　癸亥　乙卯
大运： 壬寅　癸卯　甲辰　乙巳　丙午　丁未　戊申　己酉
　　　　04　　14　　24　　34　　44　　54　　64　　74

八字解析：

丙辛、亥子丑俱从水化，水势汪洋，喜时上食神坐禄，强力吐透。水向东流，相刑遇贵。水旺主智，并得食神泄才华，五行合化有情，命局神清气足，所以中华优秀传统文化在苏轼身上得到淋漓尽致的发挥。其文，称"唐宋八大家"；其诗，称"苏黄"（庭坚）；其词，称"苏辛"（辛疾）；其书法，称"宋四家"（苏黄米蔡）。他可堪称中国历史上的旷世奇才。

苏轼是宋朝历史上重要的政治人物，少年成名，科甲顺利，21岁丙申进士，22岁丁酉殿试中科。一生一直担任知州一级的官，54岁己巳，授龙图阁学士。观苏轼的八字与人生，可算得上命理中的佳造，出身世家，少年成名，夫子兄弟俱登仕途，侍妾成群，相识满天下，遇难有贵人搭救，晚年得眷顾。

四、岳飞

乾造：癸未　乙卯　甲子　己巳
大运：甲寅　癸丑　壬子　辛亥　庚戌　己酉　戊申　丁未
　　　06　　16　　26　　36　　46　　56　　66　　76

八字解析：

甲木见卯，为羊刃格。书云："羊刃伤官有制，职掌兵权。"地支以合成木局的卯木为主宰，卯木羊刃就是岳飞的利器，一支能征惯战令敌人闻风丧胆的军队。年支财星未库是这支军队的营盘。时上见驿马，"马逢边塞，宜守边疆。"是以岳飞自20岁从军，一生军功累累，兵权显赫。未年卯月，被时上巳火冲起的亥水形成合局，没有时上的巳火就冲不起亥水，岳家军就难以纵横天下。时辰巳火燃起了硝烟，才促成了亥卯未合局，巳火一发用，合局就成功，岳飞就集合军队，利用乙卯羊刃这支顽强的军队，抗击金国的南侵。初运木水两旺，所以不得机遇。辛亥大运，官印相滋，大权在握，至辛酉年，冲动月令羊刃，己酉月，二酉冲动羊刃，官多化鬼，故英年早逝。

五、秦桧

乾造：庚午　己丑　乙卯　壬午
大运：庚寅　辛卯　壬辰　癸巳　甲午　乙未　甲申　丁酉
　　　03　　13　　23　　33　　43　　53　　63　　73

八字解析：

日主乙木，木冬疏冷，加之庚金摧枯拉朽，似有倾危之险，但又卯木坐支撑，壬水生扶，转危为安，大权在握。冬季一片阴气，双午解冻。杀星藏于月令，食神不透，所以为人阴谋算计。早运寅卯木得根气，生活平淡，做过乡村教师。其后火地，位至宰辅。26岁乙未年，丑未相冲，冲出丑中杀星，进士及第。61岁庚午年，有人暗杀他未成，因为午为忌神，但大运在未，才侥幸逃过一劫。66岁乙亥年，大运在丙，此罪恶者去世。他是中国历史上"十大奸臣"之一，因以"莫须有"的罪名处死岳飞而遗臭万年。

六、朱元璋

乾造： 戊辰　壬戌　丁丑　丁未
大运： 癸亥　甲子　乙丑　丙寅　丁卯　戊辰　己巳　庚午
　　　　3　　13　　23　　33　　43　　53　　63　　73

八字解析：

伤官旺极，势不可逆，应顺其气势而从弱。喜火土金，忌水木。古书云："辰戌丑未顺行，帝王命无疑。"但必须八字入格，喜用不悖，否则为孤寡贫贱命。伤官入格，为人聪明机敏，富于胆识，敢于冒险开拓，权谋异众。但月透正官，同于辰丑微根，有犯旺之嫌，所以生性多疑，好猜忌，只能共患难，不能同富贵。23岁前行水木运逆土之势，所以父母兄弟都死去，悲惨之极，并出家为僧，四处流浪，乞讨度日。直到乙丑运，25岁壬辰年，加入红巾军，从此驰骋沙场，纵横乱世。29岁时称吴国公，41岁登皇位。此二运虽支行木地，喜感透丙丁，泄木生土，顺行不悖，故能争得天下。戊辰运，壬水逢库地，诛杀开国功臣，数以万计，这就是"伤官见官"的危害。

七、唐伯虎

乾造： 庚寅　己卯　癸丑　甲寅
大运： 庚辰　辛巳　壬午　癸未　甲申　乙酉　丙戌　丁亥
　　　　7　　17　　27　　37　　47　　57　　67　　77

八字解析：

唐伯虎出生在庚寅年、寅时，父亲便为他取名唐寅。他聪明绝顶，诗画双杰，被推崇为"诗书画三绝"、"江南第一才子"。但历史上的唐伯虎生活清贫，一生坎坷，并非民间小说里"唐伯虎点秋香"所述的那么风光。他的八字中，身弱有根，印星透出，身弱不从，以金水为用。早年庚金印星受辰土之生，印星有力，他16岁时夺得了苏州透明秀才，誉满江南。27岁时续弦取了何氏，在第二年的会试中受到科举舞弊案的牵连，吃了一连串冤枉官司，从此科举无门，功名路断。后来，他娶青楼女子沈九娘为妻，俩人情投意合。31岁进入午运，生忌神丑土，失去工作，开始"千里壮游"，足迹遍及七省，贫困之下以卖画为生。晚境凄凉，申运54岁去世。

八、康熙

乾造：甲午　戊辰　戊申　丁巳
大运：己巳　庚午　辛未　壬申　癸酉　甲戌　乙亥　丙子
　　　01　　11　　21　　31　　41　　51　　61　　71

八字解析：

戊生于辰月，四柱土厚，得辰中癸水滋润，辰申拱水，水气暗旺。又得巳中丙火照暖，年上甲木松土。五行流通，生生不息。为人敦厚，有容万物的胸怀和气度，成为那个时代笑到最后的君主。

日元生旺，得正印午火化甲木七杀，文武双全之才，能屈能伸，以武力起家。地支辰巳午未申，五位连珠（胎元为未土），有王者之象。8岁巳运中，戊土得禄，登基。14岁庚午大运为用神，亲政。20岁为忌神午运，吴三桂造反，江南半壁江山沦陷。31岁之后的壬申大运，内蒙外蒙皆服。癸酉大运，击杀葛尔丹，平青海。乙亥大运平叛西藏。69岁，邻近忌神丙子大运，驾崩于畅春园。申金泄身，病灾时支巳火合克申金，用神被合，力量有限，但合水为喜，即暗藏女人缘。

九、雍正

乾造： 戊午　甲子　丁酉　壬寅
大运： 乙丑　丙寅　丁卯　戊辰　己巳　庚午　辛未　壬申
　　　 07　 17　 27　 37　 47　 57　 67　 77

八字解析：

丁生冬月，甲木化杀。时干透水，需土防水，年上戊土有此功能。年支午火为日主之根，子午相冲，调候得当，水火既济。午冲子为衰冲旺，午拔子发，不冲不发，午为比劫兄弟，冲即争执互斗，兄弟被冲尽，难与其争锋，冲掉兄弟便大权在握。酉生子为财生杀，杀受印化泄，威权独压众人。日坐长生，为人精神，丁坐酉又是三奇贵人。统观八字无一字不贵，换字少字都不行。庚午运，子午冲，子重伤，庚破甲，故回归天国。他用官吏时不仅看人品和政绩，还看其八字，分析其性格，能不能担当重任，当时的运气是衰是旺，与将任的职是否搭配。他亲批过八字的大臣有年羹尧、李卫、隆科多等。

十、乾隆

乾造： 辛卯　丁酉　庚午　丙子
大运： 大运　乙未　甲午　癸巳　壬辰　辛卯　庚寅　己丑
　　　 06　 16　 26　 36　 46　 56　 66　 76

八字解析：

日主旺与月亮，身强，忌神酉金弱而受制，格局层次高。正官丁火的外环境吉，但心思没有完全用在管理国家方面；正官午火的内环境吉，有权。大富命。年卯财星受制，喜欢挥霍。七杀受制，主有大权。卯冲酉，表面看权力稳固，其实暗中有竞争压力。午制酉，内部管理、内部团结也有点问题。子午卯酉，墙里墙外皆桃花、遍地桃花，所以是有名的风流皇帝。桃花也主才情、长相英俊潇洒。大运一路用神，未、午、巳会南方火，为官杀运，主事业。56岁后得忌神运，重用和珅、吏治腐败，国库空虚，险象环生。死于戊运，己未年，辰时，为土多金埋；"忌神展转攻，命必遭凶。"

十一、和珅

乾造：庚午　乙酉　庚子　壬午
大运：丙戌　丁亥　戊子　己丑　庚寅　辛卯　壬辰　癸巳
　　　03　　13　　23　　33　　43　　53　　63　　73

八字解析：

金水伤官，才华横溢，聪明绝顶，有官星、财星混局为病神，逢伤官去官，比劫取财时得喜，故能得官得财。比劫旺，伤官制之。精通人际关系，善于运用各种潜规则。食神透出，外表温文尔雅，格调很高，属于时尚派。再加上伤官泄秀，天生美貌，可迷惑很多人。不过，伤官暗藏坐下，肚子里面刀枪剑戟、斧钺钩叉，但表现出来确实是精通琴棋书画，平易近人。食伤生财，赚钱的道儿有很多条。食伤制比劫，为收受贿赂。食伤制正官，为贪污公款。伤官在妻宫，伤害老婆。大运一路北方水乡，不停地收编妻妾，难以计数。行"亥子丑"北方水底大运时，伤官去官升为中堂。行入庚寅运，忌神午火逢长生，忌神财星临旺，结果被捕赐死。

十二、纪晓岚

乾造：甲辰　辛未　丙戌　甲午
大运：壬申　癸酉　甲戌　乙亥　丙子　丁丑　戊寅　己卯
　　　1　　11　　21　　31　　41　　51　　61　　71

八字解析：

火土燥旺，须水来调候，并以金辅助。丙为太阳之火，戊己土出干将如尘土漫天，蔽日光芒，火土燥烈，缺乏生机。因此，火土伤官在伤官贵气排行中被列为最末等。此造壬庚俱缺，地支一片火土，如同太阳照在黄土高原上。好在一路六十年金水大运，补其不足。原命土旺而不出干，没有尘土漫天，蔽日光芒之弊。双甲出干克土，辛金出干合丙，使丙火烈性有所削减。辛合丙而不去伤木，财不坏印，化干戈为玉帛，问名天下。土木分居天地，互补争战，木火土金循环相生而友情。他学识渊博、精通诸子百家学说，声望很高，被乾隆钦命为《四库全书》总纂。他一生精力几乎都倾注在此套书上，寿年八十岁。

十三、慈禧

坤造： 乙未　丁亥　乙丑　己卯
大运： 戊子　己丑　庚寅　辛卯　壬辰　癸巳　甲午　乙未
　　　　04　　14　　24　　34　　44　　54　　64　　74

八字解析：

亥卯未三合木局，讲丑土连其丑中的煞星全部制死，说明她严重克夫。子星丁火被月令壬水相合而克绝，不仅自己的亲生儿子少年早夭，在她主政之后，后宫三十年听不到孩子的啼哭声。同治死于性病，光绪没有生育能力，宣统则连男人的功能都没有。从年上乙未到时上己卯，全部被禄星、禄库包围，所以她的影响力可以覆盖到任何一个地方。再加之本身月令见印，是一个强有力的印，所以她有可以超越帝王的权力。慈禧青年丧夫，中年丧子，晚年列强环伺，饱受欺凌，地方大员挟洋自重，尾大不掉，故她的命运并不顺利。

十四、光绪

乾造：辛未　丙申　丁亥　丙午
大运：乙未　甲午　癸巳　壬辰

八字解析：

日主身偏弱。财官为忌。但丙辛合，丙申同柱丙克申，财星为忌而有制。

喜用比劫禄围制财官，财官尽为我所用，所以是大贵之命。

天干丙辛合，丙克申，控制了官星的源头，这是贵命的原因。

但丙为劫财帮身，不是自己，两丙夹丁，日主被两个劫财夹在当中，实权掌握在丙火手中，而不是在丁火自己手中。这个丙火劫财就是慈禧一党。

乙未运甲戌年，未戌刑，火库开，此年继承皇位。

巳运，巳亥冲，巳申合，财官忌神有制，开始亲政。

戊戌流年，发动戊戌变法。因为巳火是原局丙火劫财之禄，巳到也是丙得根之运，所以变法被慈禧干涉，以失败告终。从开始到结束仅103天，史称"百日维新"。

壬辰大运，壬合丁，亥中壬水透出克身，壬坐辰通根水库，所以到戊申流年，申辰拱会，1908年11月14日，光绪带着满腹遗憾离开人世，时为戊申年癸亥月癸酉日。

十五、溥仪

乾造：丙午　庚寅　壬午　丙午
大运：辛卯　壬辰　癸巳　甲午　乙未　丙申　丁酉　戊戌
　　　　9　　19　　29　　39　　49　　59　　69　　79

八字解析：

庚金透出但无根，被丙火所克，地支一片木火且双丙高透，金水全无根气，弃命从财。满盘是财，偏枯之局。印星庚金忌神为其承袭之帝位，所以一生受帝位纠缠，十分烦恼。行运不济，如壬辰运壬水帮弱极之身，是从格大忌。35岁以后一路东南木火，才开始吐气扬眉，自1932至1934年间任"满洲国"执政。任人支配，在日本关东军的扶植下当傀儡皇帝十几年。一生中三次登基，三次退位，变君为民，1959年得到特赦，在故宫当解说员。死于丙申运丁未年，印星得禄为从格大忌；寅木被冲破，丁未年食神入墓。他有不育症，且最终因肾癌去世。

十六、曾国藩

乾造：　辛未　　己亥　　丙辰　　己亥
大运：　戊戌　　丁酉　　丙申　　乙未　　甲午　　癸巳　　壬辰　　辛卯
　　　　　7　　　17　　　27　　　37　　　47　　　57　　　67　　　77

八字解析：

杀强而受制，威严内隐而谋略重。四个食伤，天干正财流通伤杀之气，使得伤杀力量平衡，更能约束伤官，使人格收敛。伤官制杀，善于执掌武权。"后发制人，伺机反扑"的七杀性格使其在残酷的军事活动和危机四伏的政治斗争中游刃有余。四个地支皆藏印，以印为用神。早运西方，干透丙干，学业大展。乙未、甲午两运青云直上，位极人臣，1847年乙未运，十年七升，连跃十级，从七品跃为二品，创造了清朝任官的奇迹。1857年甲午运，天地皆用，极其风光，镇压太平天国运动，政治生涯达到最高点，使风雨飘摇的晚清政权苟延残喘了半个世纪。1867年癸巳运，官星透出克日主，禄神巳火被两亥冲克，厄运开始，于1872壬申去世。

十七、李鸿章

乾造：癸未　甲寅　乙亥　己卯
大运：癸丑　壬子　辛亥　庚戌　己酉　戊申　丁未　丙午
　　　　9　　19　　29　　39　　49　　59　　69　　79

八字解析：

此造为曲直仁寿格，特点是精力充沛，自信心、自尊心强。行运好，顺其气势，成就较大。地支三合木局，天干印透为吉。早年水木相生，少年得志，位至封疆，中运土金，有水转化，位高权重，纵横官场但却辛苦劳碌，背尽黑锅，常签丧权辱国条约；偏印突出，说明他淡泊名利。与其说是他代表清政府签订了卖国条约，不如说他是慈禧的替罪羊。他是晚清四大臣之首，师承曾国藩，宦海沉浮几十年，八面玲珑。慈禧有时用他的柔来克左宗棠的刚，有时又用左宗棠的刚来克他的柔。当此二人的权势如日中天时，慈禧又重用张之洞来制衡两人。

十八、袁世凯

乾造：己未　癸酉　丁巳　丁未
大运：壬申　辛未　庚午　己巳　戊辰　丁卯　丙寅　乙丑
　　　　4　　14　　24　　34　　44　　54　　64　　74

八字解析：

丁火生于酉月为弱，月干七杀制身更弱。日元以身弱论。最佳组合在于食神制杀取功名。时干支有力帮身。癸水七杀为忌在年支无帮扶，月支酉金生癸水为官运。日时没有帮扶癸水者，所以官运一路亨通。火与燥土成气势，即比劫与食神成势。食神在年制杀，劫财在日制财，杀与杀的原神被制，所以是大官。古人云："一食制杀，英雄独压万人，杀无刃不显，刃无杀不威"，所以是大富大贵之命。辰运晦火生金，反局，制之不成，被贬职。丁卯运任职总统。丁到为禄到，卯酉冲制酉。丙辰年死，为流年犯局。

十九、秋瑾

坤造： 乙亥　丁亥　甲戌　丁卯
大运： 戊子　己丑　庚寅　辛卯　壬辰　癸巳　甲午　乙未
　　　 08　　18　　28　　38　　48　　58　　68　　78

八字解析：
身强，以丁火为用神。丁火通根于日支戌土，卯戌合，用神用力。伤官双透，清高傲物，号"鉴湖女侠"，蔑视封建礼法，提倡男女平等。性豪侠，习文练武，曾自费东渡日本留学。她积极投身革命，先后参加过三合会、光复会、同盟会等革命组织，联络会党计划响应萍浏醴起义未果。进入寅运，日主甲木得根，忌神到位，1907年，她与徐锡麟等组织光复军，拟于7月6日在浙江、安徽同时起义，事泄被捕。于当年从容就义于绍兴。

二十、黄金荣

乾造： 戊辰　甲子　甲戌　甲子
大运： 乙丑　丙寅　丁卯　戊辰　己巳　庚午　辛未　壬申
　　　 8　　18　　28　　38　　48　　58　　68　　78

八字解析：
两子入墓于辰，子辰拱，印势很强。辰戌冲，印制伤官，仅一辰冲一戌，不能制服，仅是一种平衡的冲制。戌是火库，没有明火，但暗火也可取暖。印多以财损之，为有病得药，抗日期间，曾救济十万难民。坐下戌土，抵定汪洋，因此成为上海滩之维持秩序者。以戊土财星为用神，用神根重，又透出年干，运行东南，一代豪侠。小时家境贫寒，12岁就去当学徒。丙寅运拱戌，火到位，活木得阳光照射，运气好转，进入衙门当差。戊辰运，辰冲戌，伤官配印利仕途，任督察长。己巳运，印作功，财势冲天，党徒遍布，如鱼得水。壬申运，申子辰会水局，冲戌，伤弱被制，儿媳把财产席卷一空，他留在大陆接受政府改造，以扫厕所为生，几年后病逝。

二十一、杜月笙

乾造：	戊	庚	乙	壬
	子	申	丑	午

大运：	辛酉	壬戌	癸亥	甲子	乙丑	丙寅	丁卯	戊辰
	5	15	25	35	45	55	65	75

八字解析：

早年辛酉，身弱官旺再走杀运，品性不良，父母早逝，生活艰苦。壬戌运好转，成了流氓头目，受黄金荣赏识。癸亥运发达，成了黄金荣最得力的助手，甲子运进入鼎盛时期。乙运与庚金正官合化，与政界名流交往密切，抗日并被授予少将参议的军衔。丙寅运冲犯提纲，最不利。1949年迁居香港，而后身体每况愈下。1950年，伤官运遇正官年，不死也残。1951辛卯年，官杀混杂，身弱不能抵抗，最终气绝。此造无杀，正官得地，人品应该不错。但这只是命，大运第一步为七杀，品性不良，性格变坏并逐渐成型。而后的性格会保留此运的性质，恶中带善，善中带恶。但命局仍有正官正印的本性，所以会重教育，去赈灾，积极抗日。

二十二、梅兰芳

乾造：甲午　甲戌　丁酉　癸卯
大运：乙亥　丙子　丁丑　戊寅　己卯　庚辰　辛巳　壬午
　　　 6　 16　 26　 36　 46　 56　 66　 76

八字解析：

丁酉日生戌月，酉戌相穿，卯酉相冲，干透丁，酉金为妻，这是最大的败笔，不但潜伏着婚姻不离则丧的信息，而且冲去甲木之根，只要再加重金的力量，则母必见凶。八字遇冲害，无论多贵都难逃刑克的命运。天干双甲一丁，甲丁相见分外精神，午戌化火，时为卯木，木火通明志向，必应文贵。时透癸水杀化于印，越老越贵。全局木火太旺，喜日坐酉金，时得癸水，财杀精粹，艺术精湛，誉满天下。56岁的庚运生杀，用神庚金受辰土相生，空前绝后，变化飞腾，前途不可限量。1949年上海解放后，梅兰芳赴北平，当选为政协常委；1952年任中国京剧院（现中国国家京剧院）院长。

二十三、张大千

乾造：己亥　己巳　戊寅　辛酉
大运：戊辰　丁卯　丙寅　乙丑　甲子　癸亥　壬戌　辛酉
　　　 1　 11　 21　 31　 41　 51　 61　 71

八字解析：

印星不透而透出辛金伤官，巳酉一合，化印为伤，成食伤制杀格。伤重杀轻，岁运宜扶杀。大运为东北方杀旺之地，事业有成。伤官多才艺，可在艺术方面成就良多。年月支巳亥相冲，财坏印，不利母。但巳酉合解巳亥之冲，得月令之用，能得良母良师之助。喜财滋杀，故爱赚钱、花钱，也爱美女。亥水又是偏财，命书云："男儿带偏财，不爱正妻爱偏妾。"年月干头劫刃重重而无制，亥水财星喜神又被己土劫财盖头，一生财来财去，会早丧父，并有离婚之兆。戊辰运，比劫分印，家人生活艰难。乙丑运以后转好。51岁以后的癸亥运发财。

二十四、徐志摩

乾造：丙申　辛丑　癸酉　辛酉
大运：壬寅　癸卯　甲辰　乙巳　丙午　丁未　戊申　己酉
　　　　7　　17　　27　　37　　47　　57　　67　　77

八字解析：

丙辛合金，是标准的从印格，一介书生。局中金有五个，统统归库，丑的能量级非常可观。壬寅、癸卯金作功、印制食伤，不仅学历高，而且在文坛上闪亮耀眼；甲辰运辰酉合，把木固定了，甲运是泄秀，辰运是去木组合。冲的时候，敌不过可以逃跑，三十六计走为上，合的时候就不一样了，是一种贪婪、羁绊、陷入。金去木、枭神夺食，事业走向顶峰的同时，生命也迈向了终点。他是金庸的表兄。1915年毕业于杭州一中，先后就读于上海沪江大学、天津北洋大学和北京大学。1918年赴美国学习银行学。1921年赴英国剑桥大学，研究政治经济学。1931辛未年，丑库发功，偏偏辛盖在头上，无情地给予致命一击，飞机失事丧命。

二十五、阮玲玉

坤造：庚戌　辛巳　己亥　乙亥
大运：庚辰　己卯　戊寅　丁丑　丙子　乙亥　甲戌　癸酉
　　　　9　　19　　29　　39　　49　　59　　69　　79

八字解析：

食伤既主艺术，又主美貌性感，食神之美在于柔顺而媚，明朗圆滑可爱，为贤妻良母，伤官之美在于娇俏美丽，但性带无情，刚毅而俊。她食伤双透，所以皆有两者的优点，端庄大方，清丽脱俗。身弱以七杀为忌神，时干七杀攻身，夫妻宫亥水助杀，所以婚姻不顺。卯运1935年，卯木合财克身，有人诬告她伤风败俗、通奸卷逃，她极其绝望，在遗书上写满"人言可畏"后服毒自尽，时年25岁。她是中国的早期影星，在20世纪30年代的中国影坛上，她因重拍次数最少而成为导演们乐于与之合作的演员，又以使观众"每片必看"而成为最有票房号召力的演员。她才华横溢，光芒四射，达到了中国无声电影时期表演艺术的最高水平。

二十六、鲁迅

乾造： 辛巳　丁酉　壬戌　壬寅
大运： 丙申　乙未　甲午　癸巳　壬辰　辛卯　庚寅　己丑
　　　　06　　16　　26　　36　　46　　56　　66　　76

八字解析：

壬水生于酉月，干透印比，身旺，以木火土为用，忌金水相助。忌神壬水透出，所以朋友很少。丁火财星透出被壬合绊，即使有钱也会被争夺走。地支寅戌拱午，财官暗旺。巳酉合金，难以取巳火为用。所以戌为其第一用神。丙申运，申酉戌三会金局，1893年祖父因事下狱，家道中落。乙未运考入江南水师学堂。进入午运，任绍兴示范学校校长，任教育部部员、社会教育司科长。而后的几年事业平稳，为其一生难得的稳定时期。1918戊午年，丁火遇禄，土旺制水吉。自四月开始创作以后，源源不断，发表第一篇小说《狂人日记》，引起巨大反响。1923癸亥年，与二弟周作人反目，断袍绝义。1924年甲子年，壬遇羊刃，与兄弟彻底决裂。1936丙子年，壬遇羊刃，逝世。

二十七、聂耳

乾造：壬子　壬寅　辛酉　甲午
大运：癸卯　甲辰　乙巳　丙午　丁未　戊申　己酉　庚戌
　　　06　　16　　26　　36　　46　　56　　66　　76

八字解析：

辛日生寅月，不得令，正财临旺地。天干伤官透出，虽地支有强根也不太旺。地支酉金比肩，天干不透，寅月比肩无力。八字过弱，以印比为用。早运癸卯，用神酉金受冲，从小家境贫寒，中运甲辰，甲运纳壬水，稍吉，辰运生合酉金，为命主最好的大运。他的音乐创作生涯虽只有1933年至1935年短短的两年，却创作出《大路歌》《码头工人歌》《开路先锋》《新的女性》《毕业歌》《卖报歌》《铁蹄下的歌女》等几十年来脍炙人口的歌曲。这些辉煌成就的取得，除了他个人的天分，还因为他深入过社会生活的底层。中华人民共和国国歌《义勇军进行曲》就是由他作曲。进入乙巳运，用神酉金被合克，命主于1935年在日本游泳时不幸溺水身亡。

二十八、胡适

乾造：辛卯　庚子　丁丑　丁未
大运：己亥　戊戌　丁酉　丙申　乙未　甲午　癸巳　壬辰
　　　03　　13　　23　　33　　43　　53　　63　　73

八字解析：

子丑卯夹寅，虚一待用，见不见之形，印星暗旺，身弱以印比为用。早年亥运，亥子丑会水局克身，丧父，体弱多病，几次死去活来。戊戌运，戌为火库，丑未刑开，故名声远播。1910年留学美国康奈尔大学，后获哥伦比亚大学哲学博士学位。丁运，三丁并透，宜享盛名。1918年任北京大学教授。丙运，二丙夺丁，有日中见斗之象。1924年创办《现代评论》周刊，1928年任中国公学校长，1931年任北京大学校院长，1938年任国民党政府驻美国大使，1946年任北京大学校长，1962年病故。庚金正财生子水七杀而克身，兆示家有河东狮。但子丑合而解丑未冲、子卯刑，便没有离婚或丧偶之象，他一生只有一个妻子，婚姻非常稳定。

二十九、朱自清

乾造：　戊戌　癸亥　己丑　丙寅
大运：　甲子　乙丑　丙寅　丁卯　戊辰　己巳　庚午　辛未
　　　　 5 　 15 　 25 　 35 　 45 　 55 　 65 　 75

八字解析：

己土身弱，但印比众多，忌神癸亥无力，寅木转生丙火，起好作用，所以命局层次很高。早年丑运助身，乙木泄秀癸水，15岁考入高等小学。19岁考入北京大学哲学系。毕业后到清华大学任教。进入丁卯运，木生火，火生身，34岁留学美国，而后漫游欧洲五国，35岁回国，任清华大学文学系主任。抗日战争爆发后随清华大学南下，41岁到昆明任由北京大学、清华大学、南开大学合并的西南联合大学中国文学系主任，并当选为中华全国文艺界抗敌协会理事。在反饥饿、反内战的斗争中，他身患重病，始终保持爱国知识分子的高尚气节情操。晚年辰运，与戌土相冲，降低了戊土克水的能力，亥水受辰丑湿土相助，强力耗身。导致贫苦，51岁死于贫病交迫中。

三十、张爱玲

坤造：　庚申　乙酉　辛卯　甲午
大运：　甲申　癸未　壬午　辛巳　庚辰　己卯　戊寅　丁丑
　　　　 7 　 17 　 27 　 37 　 47 　 57 　 67 　 78

八字解析：

年月皆为比劫，家世显赫，祖父是清末名臣，祖母是李鸿章的长女。官星不见，喜自由，一生不受拘束。早年走食伤运，著作等身。配偶宫受冲，情场失意，中晚年才趋于稳定。她一生创作了大量文学作品，包括小说、散文、电影剧本等。1930庚午年改名张爱玲，父母离婚。1938戊寅年考取英国的伦敦大学，因战事而无法前往。1939己卯年考进香港大学。1942壬午年香港沦陷，未毕业即回上海，投入文学创作。1944甲申年结婚，三年后离婚。刚入辛巳运，巳酉相合，解卯酉之冲。1956丙申年再次结婚。1973癸丑年定居洛杉矶。1995乙亥年乙酉月癸卯日去世。

三十一、雷锋

乾造：庚辰　戊子　丙申　己丑
大运：己丑　庚寅　辛卯　壬辰　癸巳　甲午　乙未　丙申
　　　 06 　 16 　 26 　 36 　 46 　 56 　 66 　 76

八字解析：

丙火生子月，申子辰合水局，天干无水引出，时支土生金并助寒凝之气；地支寒凝为病，应当调候；天干伤食泄身有力，从弱格，调候为用；这里丙火独透，自身成为调候用神，因而为人处事极为热情，乐于奉献。命局中伤食旺相的人，都乐于助人，不考虑自己的得失。这里丙火生戊土己土都是主动的行为，火土同宫，均以巳午火为强根，因此所做好事都是生活小事，即为从格，伤食主才华，爱学习，发表了一些文章。1945乙酉年，偏财庚金处大运己丑墓库之地，父病逝；1946丙戌年，比肩遇流年墓库之地，兄、弟病饿而亡；1947丁亥年，正印乙木遇流年死地，母亲自尽。1962壬寅年，大运庚寅，都与日主构成天克地冲，日主因意外而亡。

三十二、李敖

乾造： 乙亥　己卯　辛亥　壬辰
大运： 戊寅　丁丑　丙子　乙亥　甲戌　癸酉　壬申　辛未
　　　　10　　20　　30　　40　　50　　60　　70　　80

八字解析：

偏财当令透出又受生，日时柱一片水局，八字从弱。忌神己土受制，辰土混入水局，所以格局很高。大运一路水火木，成就了他在中国文学界的地位。他是特立独行的理想主义者，写过一百多本书，其中九十六本被查禁，写禁书之多，被查禁量之大，居世界第一。他抨击过3000人，在古今"骂史"上无人能望其项背。这些都反映了伤官心性。他反对宗教神学，己卯偏印坐偏财，偏印受两个乙木之克，表明其反宗教。偏财旺盛，意指他对金钱美女的欲望很重，且拿得起放得下。月柱己卯为提纲，提纲逢冲会有大转折，所以2005乙酉年在阔别56年后重回大陆，开始"神州文化之旅"。

三十三、金庸

乾造： 甲子　丙寅　乙卯　丙戌
大运： 丁卯　戊辰　己巳　庚午　辛未　壬申　癸酉　甲戌
　　　　10　　20　　30　　40　　50　　60　　70　　80

八字解析：

乙木身旺，两透丙火伤官，泄身有力。忌神寅卯木皆生助用神伤官丙火，起好作用。丙火有根在月令，时支戌土与卯木合火为用神。年柱子水生甲木，转生丙火，用神力量旺盛。命局五行流通，为大富贵格。伤官生财，正财戌土为财库，深藏于支，不易被夺，一生皆走"火土金"用神大运，将才华发挥得淋漓尽致。他是我国最受欢迎的武侠小说作者。他在己巳运1955年写出第一部小说《书剑恩仇录》,而后十几年中创作15部武侠小说。庚午运1972年完成巅峰之作《鹿鼎记》后封笔,并修订所有小说。1994年被授予北京大学名誉教授。甲戌运2005年以81岁高龄赴英国剑桥大学攻读历史学博士。2010年获剑桥大学哲学博士学位。

三十四、李嘉诚

乾造: 戊辰　己未　庚午　丁亥
大运: 庚申　辛酉　壬戌　癸亥　甲子　乙丑　丙寅　丁卯
　　　　　3　　13　　23　　33　　43　　53　　63　　73

八字解析:

八字偏旺,土气牢固。除土金运外,水木火都旺运。从33岁开始发达,到82岁,整整50年。未土是燥土,又临日支午火,初看会觉得火旺土燥。但有年支辰库湿土及时支亥水湿润,则不湿不燥,趋于中和。辰未都是木库,亥时也藏木,木的力量非常强,木是日主的财。正、偏财星在地支中三含藏,正财坐月库,偏财坐长生,年支辰土是他的印星,印重又正财,这样构成库中有印,印中有财,食神坐禄,禄中有偏财的格局。财星不透,更能使财富聚集。命书上说:"财宜藏,藏则丰厚","禄有库,发则能存"。食神是财源,官是财的守护神,有官透出,比劫不会夺财。食神生偏财,偏财积累成正财,正财进入财库中,使财库不断扩大,蝉联多年香港首富。

第十六章 四柱格局

第一节 格局的概念

　　古人推命，非常重视格局，格局是研究命局必不可少的演断程序之一。但也有的学者认为不用格局同样可以推命局，不过大多数还是主张用格局的，因为推算命局主要靠选取用神、忌神，而后再看大运流年对命局中用神、忌神的影响。而格局是选取用神的重要依据，千万不可忽视不用。可是古代论格之法多达上百种，方法繁琐，记忆颇难，有些格局在实践中根本应用不上。

　　为了使初学者在研读方面少走弯路，故对格局加以整理，对照五行生克的道理，以简明翔实、删繁就简的思路，只选用普通八种格局、五种变格和三种从格，这样避免繁琐。普通格局又叫正格局，凡是以正官、七煞、正财、偏财、正印、偏印、食神、伤官入局的叫作普通格局，又叫正格，正格以外叫作变格。

　　关于建禄与羊刃又有一种说法，如建禄落在时支上，不被官煞所伤，不被比劫所争，反而成为月禄归时，逢财主大贵。古诗云：

　　　　　　日禄归时格最长，怕逢官煞喜身强。
　　　　　　若遇比劫来争禄，格局破尽最难当。

　　羊刃格又称月刃格，必须月支独藏月干羊刃，即称为月刃格，如月支中藏有他柱之干（除其日干），则化为他格。诗曰：

> 羊刃重叠不聚财，若要聚财妻父灾。
> 岁运若把财源进，得到小财失大财。

命局取格以月支为重点，配合日干、年时来判断轻重，但均以月令为根。其中逢官看财。因财能生官。逢财看煞。因财能生煞，逢煞看印，因印能化煞，逢印看官，因官印相生的道理。本书为了使初学者了解格局的简单道理，并将师授经验一并付出，以飨读者。如正格局断命术语、六亲与格局判定等，诸书中都没有说清楚。现都逐条讲解明白，以让读者很轻松地了解格局判定及应用，将此篇读完后，可使对预测学陷入一种难进难拔、"山穷水复疑无路"状态的读者，生出"柳暗花明又一村"的感觉。

第二节　普通格局的判定

普通格局取法：

①以月支为主，先看月支中人元所藏的本气透出者，就取透出之干与日主六亲关系的十神定为格局。比如命主出生在寅月，寅字藏地支甲、丙、戊，其中"甲"字是地支本气。在年、月、时的天干中，如见到有甲字，看这个"甲"字与日主是什么称呼，就取此称定格。再说得确切一些，也就是看月支本气与四支天干哪一位相同的，就以这个天干取格，二月为卯月，卯的本气是"乙"字，这个乙字如果透出与年、月、时干某字相同的，就取这个天干定格。辰月天干透"戊"，巳月天干透"丙"……所谓"天干透"，就是月支中所藏的人元在天干上透出之意。

也就是月支中的人元与四柱天干相同的叫作透。还有一种四柱地支五行与天干五行相同的也叫作透,这种"透"叫作"通根"。判断格局的透干指的是月支中的人元透干。再看与这位相同的天干对日主是什么关系,如果是正财,就是正财格,是偏财就是偏财格。

例如:甲子(1984)年正月十二日申时生。
这个命局为:

甲　丙　丁　戊
子　寅　丑　申
　　甲丙戊

丁火生于寅月,寅的人元中藏有甲丙戊三个字,甲字为寅支的本气,丙与戊为寅中的杂气,月支本气的甲字透出年干,甲为日主的正印,故此造为正印格。

②如果月支本气没有透出天干,只有杂气透干,那么只有取其杂气为格。

例如:乙亥(1995)年三月廿七日酉时生。
这个命局为:

乙　庚　丁　己
亥　辰　亥　酉
　　戊乙癸

这个命局,月支辰土人元中藏戊乙癸,戊为辰月本气,但在干支中没有透出,只有杂气的乙字透出,就只有取"乙"为格,乙字乃是命主的偏印,就叫作"偏印格"。

③如果在月支藏元中一个都没有透出天干,只可取其地支本气为

格，其他杂气不取。

例如：甲戌（1934）年四月十一日卯时生。

这个命局为：

甲	己	甲	丁
戌	巳	午	卯
	丙戊庚		

这个命局甲木生于巳月，月支巳火藏元丙戊庚，藏支没有透出天干，乃取地支本气的丙字为格，丙字乃是日干甲字的食神，这个命局字就叫作"食神格"。

④如果命局中子、卯、酉三个月支中每支只有一个天干本气，那就不论月干透与不透，可以一律以月支本气定为格局。

例如：庚子年（1960年）八月十四日寅时生。

这个命局为：

庚	乙	乙	戊
子	酉	丑	寅
	辛		

月支酉金的本气没有透干，可以直接以酉中的辛金定为格局，辛金为日干乙木的偏官，所以称为"偏官格"。

命局中月支藏干和日柱之间的关系是比肩、劫财、建禄、羊刃的，一般不取为正格局，因为建禄和羊刃都是比肩和劫财关系，如甲木生于寅月，寅是甲的禄，所以叫作建禄格；甲木生于卯月，卯是甲的羊刃，所以叫作羊刃格，建禄和羊刃虽是名称不同，但大意相似。所以比肩和劫财不能取格。建禄与羊刃不在八格之内。

正格格局速查表

日干＼月支＼格局	正官	偏官	正印	偏印	正财	偏财	食神	伤官	建禄	羊刃
甲日	酉	申	子	亥	丑未	辰戌	巳	午	寅	卯
乙日	申	酉	亥	子	辰戌	丑未	午	巳	卯	○
丙日	子	亥	卯	寅	酉	申	辰戌	丑未	巳	午
丁日	亥	子	寅	卯	申	酉	丑未	辰戌	午	○
戊日	卯	寅	午	巳	子	亥	申	酉	巳	○
己日	寅	卯	巳	午	亥	子	酉	申	午	○
庚日	午	巳	丑未	辰戌	卯	寅	亥	子	申	酉
辛日	巳	午	辰戌	丑未	寅	卯	子	亥	酉	○
壬日	丑未	辰戌	酉	申	午	巳	寅	卯	亥	子
癸日	辰戌	丑未	申	酉	巳	午	卯	寅	子	○

第三节　普通格局十神术语

一、正官格

正官透干通根于月令者，定为正官格。

正官格的含义：

1. 正官为克日主之星，属阴阳配偶之克。正官透干通根于月提或得令，而且身旺能任官者，该命必能显赫荣达。

2. 正官为之贵星，正官旺盛者，意味着此人品质高尚，有领导才能，柱中如偏财旺盛，则表示有优异的经营才能。

3. 正官格逢身弱印轻，官星不重，又无财生官者，以印星为用神。

4. 正官格逢身旺而官轻者，须行运助官，故以正官为用神。

5. 正官格的日主弱，又官煞混杂者，须去煞留官，绝对不能去官留煞，如果以印通关也最理想。

6. 正官极旺日主被压得太过，使命主庸懦无能，欠缺果断能力，则不宜再见食伤，因食伤耗泄日主之气，使日主更加衰弱，对其命主更为不利。

7. 正官格须要身强，因身强可以任官，但喜财来生官，逢印的大运也为最好。

8. 如果正官格遇上日主旺而又得月令者，则不喜印，因印可泄官气是忌神。

9. 正官格，只有官星一位最好，如两位以上则成为七煞，凶猛强烈。

10. 身旺的正官格命局最喜财星，因财能帮官，调和正官与日主之间态势。属身弱的命局，必须带以印星或比劫星，因印或比劫可促使正官与日主之间态势均衡。

11. 正官格柱中带旺财的称为官财两旺，谓之贵命，大运走到官星或财星时主发达显赫。

正官格行运吉凶：

1. 正官格带印绶者，称为官印两全，乃是贵命，逢官星及印星运主升腾发迹。

2. 正官格带有正官、正财、正印之三贵星者，主大吉大利，一生飞黄腾达。

3. 正官格的命局带有偏官不吉，名曰官煞混杂。如偏官与日干以外的他柱干（藏干也可）相合，称为留官（正官）去煞（偏官），因偏官贪合忘克日干，则对正官不构成威胁。

4. 正官格遇偏官大运主凶，乃"官煞混杂"，主公私不利，如遇官煞混杂的情况，逢到与煞合的岁运为"去煞留官"，乃诸事无碍。

5. 正官格与伤官同柱大凶，如正官格的他柱带伤官，若逢伤官运也不吉，其不吉程度看正官与伤官强弱可知。

6. 正官格命局中的食神（三个以上）主不吉，因食神克正官不佳，如有财星，则成接续之生，反主为吉。

7. 正官格中的印绶过多也不好，如有财制印则吉。

8. 正官格的正官十二运为墓，则名利难成，如逢冲无碍，如正官空亡，则是虚名。如与空亡地支逢同支大运，则主发达。

二、偏官格

偏官透干通根于月令者，定为偏官格。

偏官格的含义：

1. 偏官透出天干，又通根于月支而得令，而且当旺有食神者为偏官格，过旺无制者为七煞格。

2. 偏官一位为最佳，如果出现多位为杂，偏官要有制，无制又不宜多位，多位谓之七煞。

3. 偏官格身弱煞强，喜助身旺运，须要用印化煞，否则印太轻，再行煞运有亡身夭贫之祸，所以取印为用神，以生身化煞。

4. 偏官格身旺，七煞在月支最佳，以七煞为用，可以使日主平衡。

5. 偏官格身煞两强，需要印星通关调和，取印为用神。

6. 偏官格日主极旺，官煞不当令，谓之官煞衰弱，不仅煞不宜制，反须财生官煞，故取财为用神。

7. 偏官格日主弱而官煞旺者，切忌食伤制煞，因食伤虽能制煞反盗泄日主之气，喜用印生身耗煞。

8. 偏官格官煞太弱，逢食伤过多，因食伤乃官煞忌神，此称"鼠穷啃猫"，用神陷于穷困，主易生灾祸。

9. 偏官格的命局带正官不吉，因正官贵在纯粹，偏官遇正官者谓之"官煞混杂",两者不利。

10. 偏官格遇上正官,谓之官煞混杂主凶,宜"去官留煞",如甲日出生,月支"庚申",属于偏官格,他柱有"辛"之正官,谓之官煞混杂,如他柱又有"丙"字,丙与辛合,则正官贪合,这样不仅不存在官煞混杂,反而成为上格。

11. 偏官格身弱,偏官过多而无制者,主一生多灾多难,如身旺偏官过多而有制者,反主飞黄腾达,反之身弱偏官过多而有制者也没有什么大的发展。

12 偏官格身弱遇上财星过多者不吉,因财星生助官煞,使日主忍受不了官煞的克害。

13. 偏官格官煞旺相者怕坐墓,入墓,主灾厄立至,如遇大运,岁运再逢墓者,主必死无疑,此乃"随鬼入墓"之说也。

14. 偏官格身弱的主身体不佳,因偏官是日主的克星,故逢偏官大运时,要特别注意身体有病和其他事故出现。尤其三合会局的偏官格逢旺运时,主其灾特别凶猛。

偏官格行运吉凶:

1. 首先要将日主与偏官的强弱分析清楚,这对行运吉凶非常重要,如身旺而偏官弱者,逢偏官运有财星生扶主大有可为。遇身弱而偏官强逢印旺及印运也主前程似锦。

2. 此格天干的偏官坐空亡或未得月令或十二衰弱,又无财星所生,称为"偏官无根",这种命式,如走到偏官旺运,则突然发迹,反之偏官有根而过旺的,逢到偏官旺运,则祸从天降,所以命与运的均衡,特别重要。

3. 偏官乃是劫财大敌,故偏官格对财运并不影响,柱中有财星的偏官格,一旦逢到财星运,必主大发其财,如果命局不具备财星的偏官格,就是逢到财星之运,也不起多大作用。

4. 遇有官煞混杂的偏官格最喜干合,因干合可解去官煞混杂。

5. 偏官格逢正官大运主凶,乃"官煞混杂",主公私不利。如有

"官煞混杂"的情况，逢到与干合的岁运者为去官留煞，乃诸事无碍。

6. 偏官格逢正官大运谓之"官煞混杂"，同样主凶，遇到这种情况，逢正官天干与大运天干相合者无事，此乃为"去官留煞"，诸事皆利。

三、印绶格

印星透于通根于月支，又得月令，即印绶格。

印绶格的含义：

1. 印绶格因官煞或财星太旺，或食神过旺，导致日主身弱，因这些都喜印来生扶。

2. 凡是身弱者皆喜印生扶，其印必须要有根，印多则好，不管是正印或偏印，皆可以取为用神。

3. 身弱者喜印扶身，但不宜见财来破印，如果身旺印旺，干支都见，则喜财来破印。

4. 身旺印旺，印为忌神，因印星能克倒食伤，儿星被克，必定无子，有亦极少（指女命而言）。

5. 以印为用的命局，大多身弱，以财星为忌，身强印旺喜财坏印。

6. 印绶为生母，偏印为继母，但印绶并非专指母亲，有时代表父母双亲，柱中印绶多，特别年柱有印绶，说明双亲也多。

7. 印绶格为日干的保护神，即代表学业、文章、才能。印绶旺盛的人，属于技能出众、学业有成的类型。

8. 印绶又为护身之神，能制伤官而保护正官，俗说官印双全，乃如此，正官为禄，正财为马，偏官带印为之好命，因偏官能生印，印生日干，故可使偏官驯服为我所用。

9. 俗语说"月逢印绶，其福必清"，这专指印绶格而言，凡月支带印的印绶格，乃大富大贵，衣食无亏之命。

10. 凡印绶格的人，大多相貌堂堂，产业丰富，多属风采翩翩之士，做官必做文官。因资源丰富之故，如果从事产业经营必可成功。但这些必须具备印绶格的命式，带有官印双全，印绶和正官均逢旺相等条件，方可如愿。

11. 印绶格的命式中带有正官和正印的名曰官印双全，二星不论出现现在何柱皆是好命，逢到官、印的大运时主飞黄腾达。

12. 印绶格日干坐绝的人，属衰弱至极之命，如逢印绶相生的大运，谓之绝中逢生，其日主定能一跃而起，成为富命。

13. 印绶格最怕遇上死绝大运，这种运程最难发达，如果逢印绶旺相的流年，主小有发展，印绶格逢十死绝运，无论如何皆主不利。

14. 印绶格，忌财星过多，主其人愚钝，或有精神抑郁的危险。遇有这种现象时，有劫财来制正财则主吉。

15. 印绶格带有偏印者，谓之"印星混杂"不吉，印星过多者有孤独而不合群的现象。

16. 印星最好不要超过两个以上主吉，如有三个以上不利，谓之太过，为此如有财星制之，反而成为富命，因有"印绶太过，逢财则吉"之说。

印绶格行运吉凶：

1. 印绶格最怕走死绝大运，主灾厄立至，如恰巧岁运亦逢死绝，或地支正财的岁运，有生命危险。

2. 印绶格带正官的属于官印双全，如果是偏官的也好，因偏官生印，印生日主，故偏官克命的凶暴受到控制，此称"逢印化煞"，这种情况下，最怕逢财星大运，因财星破印而生偏官，使偏官凶暴而克日干。

四、偏印格

偏印透干通根于月令者渭之偏印格。

偏印格的含义：

1. 偏印别名叫枭神，指其有如枭鸟食母一样的残暴性，因与食神相隔在第七位，与食神互相为敌。故又称为倒食。

2. 印星为学业之星，相对的正印为才能之星，偏印为奇特的才能，即富有独特的创造才能、敏捷的构思。

3. 时柱带偏印，其人利己主义较重，性格独特而孤僻，印星过多的人，大多自高自大，所以也不大团结人。

4. 偏印格的命运最讨厌的是食神，尤其命式中见到偏印强旺，食神衰弱者，对求财非常不利，如果偏印过多的命式，再走食神大运，则主有灾祸降临。

5. 偏印格身弱，带有刑冲者，主经济穷困而且命短。

6. 偏印格中又带有正印者，名曰印星混杂，主不能专心工作，主事业上难以成功。

7. 偏印格中遇上食伤过多者，不宜再逢食伤大运，主事业上失败，或疾病灾难频发。

8. 偏印格的人有独特的创造性，但有做事虎头蛇尾，热度不长久的缺点。

9. 偏印过多而身弱的命局，主身体欠佳，因偏印过多克制食神之故，如偏印带有制化，不但无碍，反主身体健康。

10. 偏印坐日支，他柱再多有偏印者，男女都得不到贤夫良妻，因生日地支为配偶宫，由于偏印孤独利己的性格，故使夫妻之间不能协调，所以夫妻不和，如果得其适度制化，则无大虑。

11. 偏印过多而身弱的男命，有克妻之忧，因为身弱偏印过多易流于孤独，所以有生离死别之虑。

12. 命局中偏印过多，主与双亲缘薄，命式中偏印妨害正印，故与双亲有生离死别之苦。

13. 女命生时不宜有偏印，主与子女缘薄。因生时属于子女宫，子女星受克，为无子之兆，或虽有子女而倚靠不上。

偏印格行运吉凶：

1. 偏印格命运吉凶与食神的影响有直接关系，因食神是偏印之大敌。

2. 偏印格中带食神的，如走上食神大运，主立见灾厄。

3. 偏印格带食神，如逢官星运，也主祸从天降，因官星强化偏印，食神遭受克伤，不但穷困潦倒，而且有死亡之危险。

4. 偏印格带食神逢财星大运时，食神生财星，而财星制偏印主吉利。

5. 偏印格偏印过多逢食神大运，主灾祸临头，重则有生命危险，因食神乃为福寿之星，故食神遭克必有大难。

6. 偏印格走到偏印大运时，不宜遇上食神之流年，遇之主有灾祸，如果命式中又带有食神，其灾祸更凶，如女命遇之容易出现受子女连累之灾祸。

7. 偏印格不见偏财之克制或干合，走到偏财或干合之大运乃主发福。

五、正财格

正财透干通根于月令者谓之正财格。

正财格的含义：

1. 正财属稳定之财，财星通根于月支而且身旺者，方能任财。在家庭关系方面，如正官为夫，相对的以正财为妻。

2. 正财格必须身旺，方能任财。如果财旺身弱，外表财多，实则穷困之人，行到财运之年，必遭身危之险。

3. 正财格身弱财旺，必须比肩印绶帮助，身财两旺，而后方可任财，古话"身财两旺，天下富客，身财两均，富贵之命"。

4. 正财格他柱也带正财者更好，尤其日干与正财合者如锦上添花，年柱正财与日干相合，说明祖产丰厚，时柱正财与日干相合者则晚运有财。

5. 他柱的正财藏伏在地支中，比显于天干更好。因为财怕露而不怕藏，现于天干的财，易于流失。

6. 身弱财旺之命式，最喜比劫帮身，使身财平衡，可取比劫为用神。

7. 命局中不见财星，地支藏干中也不见财星的称为命中无财，这样的命局，就是身旺财星为喜用神者也发不了大财，就是行到财运之

年，也是空喜一场。

8. 正财格必须身财相称，方能享受财福，如财多身弱，又行运克身，必遭祸从天降。

9. 月干支是正财方是正财格，他柱再有正财更好，但不宜太多，如超过三位以上者，其财则不易守住，所谓财星过多者，乃富家穷人也。

10. 命局中日主强正财弱者，如走财星或食神大运则主发福，反之，如正财强而日主弱者，如逢印星或比劫大运也主好事来临。

11. 正财格如得时、得地，得势者，则主大吉，如五行属木，在春天出生为得时；以正财的天干看其年、月、日、时支的长生、建禄、冠带、帝旺的地支十二运强旺者，谓之得地；四柱中带有原神、食伤者谓之得势。

12. 命局中财星不宜过多，过多者乃富家穷人，唯有身旺者，不怕财多财旺，但必须带有克财星的比劫，或带官星，因官星能使财星漏气，见之主大吉，过多的财能生官，主大富大贵之命：必须提及的是，财旺生官，可保其财，古有"财旺生官不怕露"之说。

13. 正财是印绶的忌神，如果财先印后则主富命，所谓"先"者乃指月支，"后"者指大运、流年或他柱干支，月干支带正财为正财格，如他柱带有印绶，或逢印绶之岁运，帮助生日天干，乃是得财的富命。

14. 柱中天干有正财，地支有劫财，谓之"财坐煞地"。天干有劫财，地支有正财，为正财逢煞，财虽旺也难以发财。

15. 正财格最怕空亡与绝地，如遇空亡之地有合有冲，则能解其空亡。

16. 正财格的人意味着待人诚实、勤俭节约。如正财潜藏在辰、戌、丑、未四库的人，不但主生性吝啬，也主其妻劳苦。

17. 命局中财星过多，则克其印绶。印绶主母亲，故显示过早与母亲生死离别；如柱中出现官星，反主其母长寿。

18. 正财格的人，聪明伶俐，如正财过多，又没有比劫之制，则主性格耿直，顽固不化。如正财与劫财同柱，或天干有正财，地支比较劫多者，则外表忠厚，内心奸诈。

19. 正财格身旺且财星过多者，则主生性急躁，遇事刚强果断。如果身弱财多者反而怠惰懒动，果断力欠佳。

20. 正财格的人婚姻较佳，可得贤妻内助，多数好的机遇都始于婚姻方面，尤其身旺坐于正财的八字，婚姻特别美满。正财格的女性，婚运亦佳，因正财可生正官。

21. 正财格有原神生助，则可连续生正官，为此夫妻同心协力，相敬如宾。

22. 正财格的命式，遇到年、月、日柱的印绶，因印绶为父母，柱中财星多，克伤印绶，主其父母有生离死别之虑。

正财格行运吉凶：

1. 正财格身旺逢财星大运，主财源滚滚、顺心如意；如身弱的正财格，逢财星大运，使其日干更加衰弱，遇此主有病灾或钱财方面的痛苦。

2. 财星过多的命式逢比劫运主吉，逢官煞运也主发福，最怕走偏印运，因偏印能克制财星原神食伤，故逢偏印运时，必须注意不测临头。

3. 正财格最厌恶劫财，因劫财是正财天敌。正财格带有劫财时，如果逢食伤运主大吉，因劫财生食伤，食伤乃正财之原神，故可帮助正财。

六、偏财格

偏财透干通根于月令者谓之偏财格。

偏财格的含义：

1. 所谓偏财者，乃为流通之财，众人之财。偏财旺盛的人，不但善于理财，而在财的管理方面，也具有足够的优秀才能。偏财格的人，有轻财重义之倾向。

2. 偏财具有下列四种作用：①生助官星；②泄食神之气；③制服偏印；④克制印绶。

3. 在六亲关系中，偏财代表父亲。

4．偏财属于流通之财，众人之财，正财属于稳定之财，正财格如遇身弱，则不能任财，而偏财为众人之财，如遇身旺而比肩多者，主其财易遭他人掠夺。

5．正财藏伏地支则吉，如显于天干者易于流失，而偏财不论显藏都无妨碍。

6．正财以劫财为敌，因劫财是正财的七煞，而偏财视比肩为大敌，正财克制正印，偏财克偏印，各具功能不一。

7．正财的性质有诚实，正直之倾向，如正财旺相，家庭，住宅都有稳定感，而偏财则有流动倾向，故有离家出走，在外地发财之兆。

8．偏财格最喜正官，因正官可以克制偏财之大敌的比肩，所以没有官星的偏财格，没有什么发展前途。

9．偏财格视食伤为喜神，带有食伤的偏财格，则可得气得势，如果财星过多也并非好事，则食神变为忌神也。

10．偏财格以比肩为大敌，如比肩在月支，偏财在他柱，主白手起家，发财致富，反之，如果偏财在月支，比肩在他柱或行运．则开始很好，到后来不但破财，而且有疾病劳苦之虑。

11．偏财格坐于长生，建禄，冠带，帝旺，墓者主富贵之命。

12．偏财格最怕身弱，古有"偏财带官祸自出"之说。反之，身旺之偏财格带正官者，乃富贵之命也，也就是说，正官可制偏财之大敌，关键在于身旺身弱，能悟通这一点，则可明白其理也。

13．身弱的偏财格中有比肩者主吉，如再带官煞之制不吉，偏财与比肩同柱主凶。

14．偏财格最忌克冲与空亡，如果偏财入墓（地支辰戌丑未），反而喜克冲，因为克冲可以使墓库打开，成为吉事。偏财格最讨厌的是空亡，遇此者求官不成，求财难进，诸事难以顺心。

15．偏财格逢冲克空亡的人，主人格低贱，待人虚伪，其财来得容易，去也容易，如果偏财藏于墓库（辰戌丑未）者，逢上刑冲克害，反而主好事，因有"入墓难克"之说，偏财临空亡，如遇合，可以解除空亡的作用，这一点要特别注意。

16. 偏财格的人，富有侠义心肠，朋友有困难，胜过自己的困难，故具有"人饥胜己饥"的精神。

17. 偏财格带长生、冠带、建禄、帝旺或于贵人等吉星同柱的，主父亲健康长寿，本人也受父亲特别爱护；如果逢上死、墓、绝空时，主父亲不寿，而本人与其父缘分也淡薄。

偏财格行运吉凶：

1. 偏财格的行运与正财格相差不大，柱中日主旺而偏财弱者，逢到财星旺的大运主大吉，如果日主弱而偏财强的命局，逢到身旺的大运而发福。

2. 偏财格带有官星的是好命，但怕比劫过多，如比劫过多的官星运，虽富不贵。

3. 偏财格遇上比肩大运，要防止有失财的可能，因比肩是偏财之克星。

4. 食伤是偏财的原神，逢食神财旺大运主大利，印星虽能生助日主，看来是吉星，但能克制食神，因食神是财星的原神，对财星不利，所以过多也不是好现象。

七、食神格

食神透干通根于月令者谓之食神格。

食神格的含义：

1. 食神又名福星，因是财星的原神，月支带有食神的属食神格，食神格的人主身体健康，平安无事，女命者，食伤代表子女。

2. 食神格最忌偏印，故以食神为主的命式或大运遇上偏印的，各种倒霉之事都能出现。

3. 食神通根于月支，透干，得令，而且身旺的才是真正食神格。

4. 食神格日主强者主身体健康，福寿有余，命中如遇偏印强而食神弱，又没有制偏印的财星，主短命。

5. 食神格不怕身旺，喜比劫，财星，最忌印星。如身旺有印，而又有财星透干者，谓之食神吐秀，此乃属于上等格局。

6. 食神格最忌偏印，若柱中财旺可不怕偏印，如果财弱又有官煞生印，主不夭则贫。

7. 食神格局日主健旺的，最喜偏财。如偏财藏支透干者主官财两旺，福禄丰厚。

8. 食神格局中带偏印者，逢到偏印的大运主立见灾厄。如果命局不见偏印，走到偏印大运也无大碍；但如大运和岁运都逢偏印者，在饮食与财运方面，还应该多加注意。

9. 食神格的命局中日主旺而无财星，食神可当财断，行到财运必发，日主旺能任食，必是富贵之命。

10. 食神旺而日主弱，泄气太重：主子孙稀少，遇到食神入墓之年运主伤子，遇到空亡也不是好事，命局中食神太重，则制煞太过，必要财星通关，如没有财星乃穷苦之命。

11. 食神格太弱，又有强旺的偏印，名曰枭印夺食，主贫穷夭折，立见灾厄。

12. 食神格的命局中无有克伤者，主天生的富贵之命。其人宽宏大度，充满和气，但食神必须带有财星，没有财星的食神局，其福运不通，人格低劣。

13. 食神格利己主义较重，因是财的原神与财缘大，所以处事方面难免有些吝啬。

14. 食神格中见伤官多者，名叫食伤混杂，因失去食神的纯粹性，其命主心胸狭窄，凡事计较，这种命福寿也不佳。

15. 食神过多的女命，因克其官星，主婚姻不好，如带财星，则可趋吉避凶。

16. 食神格的女命带有偏印者，走到偏印大运时，主与子女有生死之别，如果命局无偏印，走到偏印大运时，无有大碍。

17. 食神格的人，一般都带有魅力，长相出众，所以交际关系突出。由于食神是财的原神，在某些方面主经济富裕，并且在经营方面也可获得成功。

食神格行运吉凶：

1. 食神格身弱又遇财星过多的不是好事，遇此者喜逢比劫岁运为好。

2. 食神可以控制正官，能使正官产生有利作用，所以逢到偏官大运主大吉。

3. 食神局最怕刑、冲、克与空亡和偏印，如遇到这些克星时，特别走到偏印大运时，要注意患上饮食方面的疾病，重则可能发生生命危险。

4. 食神格走到食神旺运时主发达，例如属木的食神走到寅卯方的木地或木运或亥子丑北方水运，食神旺地主发福。

5. 食神局的命式中没有财星者，走到偏印大运主立见灾厄，如果有财星，则可制服偏印，谓之命中获救。

八、伤官格

伤官透干通根于月令者谓之伤官格。

伤官格的含义：

1. 伤官透干通根于月支并且得令，方算伤官格。

2. 月干支带伤官的为伤官格。伤官格必须身旺，身旺的伤官格是好命。

3. 伤官为日干的泄气者，凡属伤官格的人，大多没有神秘性，但是日干强弱对于命主的贤愚智慧有极大关系。身旺的伤官格主头脑极端聪明。反之，身弱伤官格主命主相当愚笨。

4. 伤官格的人，虚荣心都很强，反对束缚，厌恶正官，多数都不服从领导。由于自己的才能出众，故从事自由职业的居多。

5. 伤官格的人，其叛逆性特别强，如再有比劫相助，其叛逆性愈加严重，如果有印绶制之，则能缓和一些。

6. 伤官格人的性格，待人亲切热情，并富有同情心，待人心肠很热，唯一缺点是好事已经做了，自己认为给人帮了大忙，向人讨人情，却容易因此产生不良的后果，最后落得"公公驮着儿媳走，挨压不讨好"。

7．伤官格的人，一般都志向高傲，有蔑视他人的个性。

8．伤官乃日主泄气之星，古有"年带伤官父母不全，月带伤官兄弟不全，日带伤官妻子不欢，时带伤官子女凶顽"之说。这句话从实践经验看来，不得不使人信服，但必须要看伤官是否有合与印绶之制，如年柱带有伤官，该伤官有他干合之和印绶制之，反而主其人的父母身体安泰。所以分析命局，必须要全面分析。

9．伤官是官星之大敌，官星为子女星，故伤官多的男命，一般享受不到子女之福。如果命中出现财星，方能受益于子女。古有"伤官有财主得子，无财伤旺主子死"之说。

10．伤官格旺盛的女命主克夫，因正官为丈夫。如果柱中财印均都旺盛的，不但不克夫，反而主丈夫荣达，因印绶能制伤官，财星又生正官之故也。

11．生日地支为夫妻宫，女命中带有旺盛伤官的，主夫妻之间常有争执；如果该伤官有干合，他柱再有印绶，或者走上了干合大运，或印绶大运，反而主婚姻幸福。

伤官格行运吉凶：

1．伤官格中带有正官，逢财星大运或印绶大运，主大吉大利。如逢伤官大运，主立见灾祸，伤官格身旺，而命式中无正官的，虽逢正官或伤官大运也无大碍。

2．伤官格身旺有财星者，主好命，逢到财星旺运主飞黄腾达。身弱的伤官格有印星，也是好命，逢到走印星大运，则心想事成，特别阳日干出身的伤官与命式中偏印相合的，如走到偏印大运，则事事如意，喜事重重。

3．伤官格身旺的，怕印绶生身，喜财星泄身；伤官格身弱的喜印绶生身，怕财星泄身，行运吉凶看法亦同。

4．伤官格的伤官逢长生、冠带、建禄、帝旺的主吉，逢到衰绝之大运主诸事不顺。

5. 伤官格身弱，而且食神与伤官太过的，主体弱多病，再逢食伤之大运，须注意身体，身弱的伤官格再逢到泄身的大运，主长期身体有病。

第四节 变格局类型

专旺格乃是特殊格局的一种，所谓专旺，就是四柱的干支与日主五行一气，日主极端强旺。这对日主来说，威胁极大，大有顺我者昌，逆我者亡的势态。专旺格乃是四柱中与日主同一五行特别强旺，并无有克破者，五行中的金木水火土，每行有一旺，所以称之为专旺格。

一、曲直格

甲木生于春天，地支寅卯辰为东方木或亥卯未合木局，又无庚辛申酉金克制。凡遇此格者必须顺其旺势为好，如木生火（食神）火生土，皆顺其旺势而行，《碧渊赋》云："木全寅卯辰之方，功名自有。亥卯未逢甲乙，富贵无疑。"这种命局的人，喜水木生扶，最怕庚申、辛酉冲破。命局中如有食伤透出，则以食伤为用神，如没有食伤透出，有财星透出，也可取用，但需走到食伤大运方能有用。总的说来，必须构成以下的条件，才能成为曲直格：

① 日干为甲、乙木。
② 月支为寅、卯、亥、子、未、辰。
③ 地支构成三合、三会木局成化，干透甲、乙或干支木势强旺又得水生，而没有其他破局之字的。曲直格的人，为人心地善良，好可怜落难之人，因五行中木主仁慈之故。有古歌一首：

甲乙生于寅卯辰，会局为木助自身。
柱中无有金官破，生时逢水事业成。

二、炎上格

丙丁火生于夏天，地支巳午未南方火全或寅午戌火局，炎上格必须构成下列几个条件：

1. 日干必须为丙、丁火。
2. 月支必须为巳、午、未、寅、卯、戌。
3. 地支构成三合、三会火局成化，天干透出丙丁，四柱又无有金水破局的才能构成炎上格。遇此格者身旺运行东方木运，南方火地皆主大富大贵。忌行金水二乡，运怕刑冲。有古歌一首：

火多炎上气逢逢，玄武无侵富贵人。
如遇东方行印运，事业发展定有成。

三、润下格

日干为壬癸水生于冬天，地支合成申子辰水局或地支亥子丑会局，无有戊己之气，喜行西方印地，北方水运不宜东南，最忌辰戌丑未官乡，又怕刑冲克害。古歌云：

日柱壬癸生于冬，合会水局在柱中。
无制喜行西方运，如见四库乃为凶。

四、稼穑格

此格日干是戊己土，地支辰戌丑未四库全，不见木克。《命理正宗》云：稼穑格者盖取戊己土日干，见柱中辰戌丑未多，四柱无官煞，则用此格。喜南方火地及西方金地，用金制木，则大富大贵。如见木运克破，纵然不死，也要大遭折磨。

戊己日干是稼穑,四库皆全木乃藏。
喜见西南金火地,用金克木永无殃。

五、从革格

日干为庚辛金,地支合成巳酉丑金局或会成申酉戌局,即以此为从革格,平生忌南方火运,喜庚辛旺运,故《碧渊赋》所说:"庚辛金局巳酉丑,位重权高。"又歌说,金居从格贵人钦,造化清高福禄深,四柱火多相混杂,空门艺术漫经纶。因五行金主义,这种人大义凛然,见义勇为,大有秦琼救友之义气。即:

从革日主庚辛金,合会金局忌火侵。
此造最忌南方地,若见火多念佛经。

六、羊刃格

羊刃格分为羊刃比肩和羊刃七煞两种。凡柱中阳见阳,阴见阴为比肩。阴见阳,阳见阴为劫财。羊刃格,就是干上透出羊刃,干支又有比肩、劫财的就构成羊刃格。柱中羊刃与七煞同时出现称为羊刃七煞格。此格最怕羊刃受冲,如戊日生人羊刃在午,如行正财子地,子午相冲,那就破了羊刃。又如壬日生人羊刃在子,忌行午地财运,羊刃受冲,灾祸立至,可想厉害至极。故:

羊刃格局怕刑冲,逢冲运时莫相逢。
如若岁运逢冲地,格局破损立见凶。

七、建禄格

建禄格,就是日主在月上处于临官禄地又透干的就是建禄格。如甲生甲寅月，乙生乙卯月，如年支对它没有破坏，即定为建禄格：

建禄临官在月提，无冲无破方为奇。
更见生扶兼旺相，飞黄腾达诸事宜。

此外，有些命局，日主极弱，还有些与日主异性的某一五行或几种五行比劫十分强旺，所以在取用神方面，就不能按普通格局取用，如果按普通格局取用，不但制不了强旺之五行，反而起了反作用，使强旺的五行对日主不利，在这种情况下，日主只好顺从，以保平安，这种命局就叫从格。现根据五行强旺不同，分为以下几种格局：

（一）从财格
从财格的条件：
1. 日主必须是衰弱无依，天干地支无有比劫，方可列入从财格。
2. 月支本气为财，或地支合会成财局而成化，而且天干透财，又得食伤生财。总之，命局的强旺之气全集于财，无有其他克破，可列入从财格。
3. 从财格最喜走财官运，最忌见比劫之乡，有丧命破家之危险，又忌印星破格，亦有官灾破产之祸，如见官煞主大富大贵，否则只富不贵。

（二）从杀格
从杀格的条件：
1. 日主衰弱无根无气，衰弱无依，官杀重重，又无有印化，又不见食伤制之，反得财生官杀，这样才能列入从杀格。
2. 从杀格行运以官杀为用神，财星为喜神，最忌食神、伤官克官杀。
3. 从杀格的地支中，必须有两个以上的得时得势之官杀，或三合，三会成为官杀局，旺杀透干，四柱不见食伤破格。

（三）从儿格

从儿格的条件：

1. 从儿格即是从食伤格，因为我生者为儿，叫作从儿格。从儿格首要条件，必须是日主身弱无依，才能构成从儿格。此格四柱如不见比劫，才能列入从儿格，而且食伤必在月支，而且必须有财星，方能入从儿格。

2. 四柱比肩多于食伤又见到印星，这样命局不能列入从儿格。

3. 从儿格必须在月支中带有食伤，并且比劫是四柱最旺之五行才能列入此格。

4. 从儿格最喜比劫和财星，最忌印星，次忌官星。

5. 从儿格如果是木日或是火日，须有金水来制约。如柱中金水俱无，主命主一生清贫，多灾多难。水土日干之从儿格最好，金日次之，木火日之从儿格主富而短命。

在从格中，如果在四柱中有两行气势相旺，这两行都可顺不可逆，这种格局叫作两气成象格，是特殊格局中比较复杂的一种。

总的说来，定格方法仍离不开以日干为主，配合月支，时支。

更重要的是月支，因月为提纲并掌握逢官看财，逢财看杀，逢杀看印，逢印看财的规律。并有古歌一首：

一官二印三财位，四杀五食六伤官。
立法先辨生与死，次把贵贱吉凶看。

也就是把格局分为正格与变格两大类。首先是以官、杀、财、印、食、伤来定格的叫正格，其余的统称变格。

为了使读者认识命局的普通格局与特殊格局的不同，特将两种格局区别解释，由于两种格局的内部规律不同，选取用神的原则也就各有所异。学者务必注意，绝不能把从格看成是普通身弱的命局，或把专旺格看成普通身强的命局，结果用神选错预测不准，却又找不到原因。本书只能在此将特殊格局简单地概述一下，让读者在应用时心中有数，如果遇到这类特殊格局一定要与普通格局区分清楚，否则就会张冠李戴，弄巧成拙。所以要先将普通格局深刻了解后，再深入了解特殊格局。

论格局

一、论格局

本书专以叙用神为宗旨，以贡献于研究用神家之需要。本书不谈格局，然历观新旧书中，无不论之，故亦略表几句。不另起炉灶，就各书之意义而述之也。

古书所载入格者为贵命，破格则贱。所谓格局者，如"朝阳""拱禄""拱贵""夹丑""炎上""润下""曲直""从革""稼穑"之类是也。名目繁多，恕不赘述。此皆呆格性质，普通人亦常见之。此种命局，未必尽贵。

又有伤官、食神格，正官、偏官格，正印、偏印格，正财、偏财格及羊刃、建禄格之类。神峰书中，不过表其性情恶劣与善良，并非完全作格局论；仍以五行之爱憎用功夫命中所爱，虽恶亦喜。命中所憎，虽喜亦忌也。不可以财、官、印、食悉为喜物，伤、煞、枭、刃皆以恶论。所谓"伤官格中，亦有君子；正官格中，能无小人乎？"

神峰十干定格之论中，以甲生寅月为建禄格，卯月为建刃格，巳月为食神格，午月伤官格，申月七煞格，酉月正官格，亥为偏印格，子为正印格，辰戌丑未为杂气财官格之类。按：其书本重用神，其法暗藏天理，可称为定用之导师，惜学者不察其中之妙用也。依十干定格之集结，并非提纲为格，乃以观提纲而定日元之弱旺。

二、正格、变格

A·正格

正官格：兼印曰官印格，兼财曰财官格。

偏官格：兼印曰杀印格，兼财曰财杀格。
印　格：兼官曰官印格，兼杀曰杀印格。
财　格：兼官曰财官格，兼杀曰财杀格。
食神格：用杀曰食神制杀格，用财曰食神生财格。
伤官格：取印曰伤官用印格，取财曰伤官生财格。

B．变格

从格：从官格、从财格、从伤格、从杀格、从食格。
化格：化土格、化金格、化水格、化木格、化火格。
一行得气格：曲直格、炎上格、从革格、润下格、稼穑格。
两神成象格：水木相生格、木火相生格、火土相生格、土金相生格、金水相生格，木土相成格、土水相成格、水火相成格、火金相成格、金木相成格。
暗冲格：丙午日午多冲子、丁巳日巳多冲亥、庚子壬子二日子多冲午、辛亥癸亥二日亥多冲巳、庚日申子辰全冲寅午戌。
暗合格：甲辰日辰多合酉、戊戌日戌多合卯、癸卯日卯多合戌、癸酉日酉多合辰。

徐乐吾以变格分专旺、从强、从财、从官杀、从儿、化气六格。一行得气五格即专旺；两神成象中，生我一局同于从强，我生一局同于从儿，克我一局同正格之煞旺用印，我克一局用正格之用财喜见食伤。正格、变格之外，又有杂格，约分三类：

1. 从正格变化而出者

如六乙鼠贵、六辛朝阳、日禄归时、飞天禄马、井栏叉等格皆是，其看法同正格。

2. 从五星沿革而来者

以纳音、神煞配合而成，既非五行之正变，自不在子平之范围，特相沿成习，牢不可破。

3. 拱夹、联珠、干支一气、暗冲、遥合之类

乃干支配合之关系，为一种看法，气势因是而和协，四柱因是而纯

粹，不成为格。譬如拱贵、夹印等格，能以拱、夹为用而论休咎处？用神另取，仍属正格，此不待言而明也。

《评注渊海子平》将格局分为内、外十八格：

1. 内十八格：正官格（含杂气财官格）、月上偏官格、时上偏财格、时上一位贵格、飞天禄马格、倒冲格、乙己鼠贵格（含六乙鼠贵格）、合禄格、子遥巳格、丑遥巳格、壬骑龙背格、井栏叉格、归禄格、六阴朝阳格、刑合格、拱禄格、拱贵格、印绶格氏含杂气印绶格。

2. 外十八格：六壬趋艮格、六甲趋乾格、勾陈得位格、玄武当权格、炎上格、润下格、从革格、稼穑格、曲直格、日德秀气格（含福德格）、弃命格（含从杀、从财）、伤官格（含伤官生财、伤官带杀）、岁德格（含岁德扶杀、岁德扶财）、夹丘格、两干不杂格、五行俱足格、支辰一字格、天元一气格。

据徐乐吾的看法：八字之中，十有八九是正格，学习命理要先明了正格的常轨，进而认识正格之五行变化、格局高低之别，而后才能看变格。他推荐读者先研习《子平真诠》一书，该书是以月令提纲为主，官、杀、财、印、食、伤、禄、刃互相为用，变化全在于配合，格局中孰为正官格？孰为财格、印格？要分类清楚，不相混合。但用神不尽发球提纲，全局关键重心之所在即是用神，从用神而定格局，辅佐配合，即变化之所由生。读者可先参阅徐乐吾所著的《子平真诠评注》，再阅《滴天髓补注》。

正格取法

一、取格原则

判断是何种格局的方法是主要在于用神。如某命造中以正官为用，且官星清而有力，则可判断其为正官格，具体的取格原则如下：

1. 月支本气透于天干（如寅月透甲，卯月透乙，辰月透戊，巳月透丙，午月透丁，未月透己，申月透庚，酉月透辛，戌月透癸，亥月透壬)。

2. 干上未透月支本气，而透月支所藏之神，即以该神取为格局（如寅月未透甲木于干上，而透丙或透戊，则可取丙或戊为格）。若支藏两神，并透干上，则斟酌其一（以有力而无克合者为上）。

3. 月支本气未透，月内所藏之神亦不透，以月内人元，轻重较量择一有力而无克合者为格。

4. 比劫不能取格，禄刃非在八格之内。

二、八正格

1. 正官格

指正官入局。克阴我之阳干、克阳我之阴干为正官。正官是天地之正气，四柱中出现一位好。出现的部位，以月柱为正，不能有刑冲。官星太多，部位偏离月柱，或官星逢冲，就难入格了。所谓"正气官星，切忌刑冲，多则论煞，一位名真"。取法如乙卯（年）、丁亥（月）、丁未（日）、庚戌（时）生人，月支中所藏本气为壬水，克自身干丁火为正官，并且四柱中一位官星，时柱上又出现丁火的正财庚金，故为正官格局。有歌诀为：

正官须在月中寻，无破无伤贵中求；
玉带金鞍真岈态，两行旌节上星州。

2. 偏官格

指偏官入局，七煞有制则为偏官。取法如丙子（年），甲午（月），辛亥（日），辛卯（时）生人，月支中所藏本气干为丁火，克日干辛金，丁火又为年柱中癸水所制，故此四柱为偏官格局。如果七煞被制过头，或四柱中官煞混杂则凶，行运又进入煞乡，也主不死亦穷。此外，日柱天干无根而遇煞制，或煞重藏根（七煞直接藏在日支中），于人不利。只有四柱中同时出现偏印偏财，身煞平衡，才主大富大贵。有歌诀为：

偏官有制化为权，唾手登云发少年；
岁运若行身旺运，功名大用福双全。

3. 七煞格

指七煞入局。克阳我之阳干，克阴我之阴干为七煞。取法如己巳（年），丁卯（月），丙午（日），壬寅（时）之生人，时干壬水克日干丙火为煞，故为七煞格局。七煞是制我之神，有制为福。命书云："七煞有制，谓之偏官。"七煞格与偏官格在格局中分得不很清楚，有的合书将偏官、七煞统称为偏官格或七煞格。该格局以七煞出现在时柱上，且只有一位为吉。有歌诀为：

时上七煞是偏官，有制身强好命看；
制伏喜逢煞旺运，三方得地发何难？

4. 印绶格

生我者为印绶。取法如癸未（年），己卯（月），丙子（日），癸巳（时）之生人，月支中所藏本气干为乙木，生日干丙火为印绶，如此四柱为印绶格局。这种格局的人，身旺为福。四柱中最喜透出官星七煞以及行官煞的运，因为官煞能生印。大忌柱中财多克印。印绶太过也不好，有歌诀为：

月逢印绶喜官星，运入官乡福必清；
死绝临身运不利，后行财运百无成。

5. 正财格

指正财入局。我克者为正财。取法如壬申（年），丙午（月），甲午（日），壬申（时）之生人，月支中所藏干己土为自身甲木的正财，自身日支坐财地，故此四柱为正财格局。正财格最喜身旺印绶，忌官星、偏印、身弱、比肩和劫财。但身强财旺者逢财看煞，见官更好。有歌诀为：

财星忌透只宜藏，身旺逢官大吉昌；
怕逢比劫来相会，一生名利被瓜分。

6. 偏财格

指偏财入局。我克者为偏财。取法如庚寅（年），乙酉（月），甲子（日），戊辰（时）之生人，日柱为甲克时柱辰土，为偏财格局。偏财格喜行财运，最怕逢冲，还忌行羊刃和劫财运。偏财如出现在时柱上，以一位为好。有歌诀为：

时上偏财一位佳，不逢冲破享荣华；
劫财羊刃均不遇，富贵双全比石家。

7. 食神格

指食神入局。我生者为食神。取法如己未（年），乙丑（月）戊辰（日），庚申（时）之生人，时支所藏干庚金是日干戊土的食神，故此四柱为食神格局。食神格以身旺好，忌印绶、官煞、比肩、羊刃（劫财）。有歌诀为：

食神身旺喜生财，日主刚强福禄来；
身弱食多反为害，或逢枭食主凶灾。

8. 伤官格

指伤官入局。我生者为伤官。取法如甲寅（年），庚午（月）丙午（日）甲午（时）之生人，月支所藏干己土为日干丙火的伤官，伤官格中以四柱无官星为好，伤官身旺无财则凶。四柱中如伤官多，有财星，或行身旺运，或行财旺运都是富贵发福之相。

三、八格详例

甲生寅月，寅为甲禄，非在八格之内，详于外格篇中。甲生卯月，卯为劫刃，非在八格之内，详于外格篇中。甲生辰月，干透戊土，为偏财格；透癸水，为正印格。若戊癸皆不透，亦可酌取其一。甲生巳月，干透丙火，为食神格；透庚金，为七杀格；透戊土，为偏财格；若丙庚戊皆不透，亦可酌取其一。甲生午月，干透丁火，为伤官格；透己土，为正财格；若丁己皆不透，亦可酌取其一。甲生未月，干透己土，为正财格；透丁火，为伤官格；若丁己皆不透，亦可酌取其一。甲生申月，干透庚金，为七杀格；透戊土，为偏财格；透壬水，为偏印格；若庚壬戊皆不透，亦可酌取其一。甲生酉月，干透辛金，为正官格，不透亦可取。甲生戌月，干透戊土，为偏财格；透辛金，为正官格；透丁火，为伤官格；若辛丁戊皆不透，亦可酌取其一。甲生亥月，干透壬水，为偏印格，不透亦可取。甲生子月，干透癸水，为正印格，不透亦可取。甲生丑月，干透己土，为正财格；透癸水，为正印格；透辛金，为正官格；若己癸辛皆不透，亦可酌取其一。

乙生寅月，干透戊土，为正财格；透丙火，为伤官格；若丙戊皆不透，亦可酌取其一。乙生卯月，卯为乙禄，非在八格之内，详于外格篇中。乙生辰月，干透戊土，为正财格；透癸水，为偏印格；若戊癸皆不透，亦可酌取其一。乙生巳月，干透丙火，为伤官格；透庚金，为正官格；透戊土，为正财格；若丙庚戊皆不透，亦可酌取其一。乙生午月，干透丁火，为食神格；透己土，为偏财格；若丁己皆不透，亦可酌取其一。乙生未月，干透己土，为偏财格；透丁火，为食神格；若丁己皆不透，亦可酌取其一。乙生申月，干透庚金，为正官格；透戊土，为正财格；透壬水，为正印格；若庚壬戊皆不透，亦可酌取其一。乙生酉月，干透辛金，为七杀格；不透亦可取。乙生戌月，干透辛金，为七杀格；透戊土，为正财格；透丁火，为食神格；若辛丁戊皆不透，亦可酌取其一。乙生亥月，干透壬水，为正印格；不透亦可取。乙生子月，干透癸水，为偏印格；不透亦可取。乙生丑月，干透己土，为偏财格；透辛

金，为七杀格；透癸水，为偏印格；若己癸辛皆不透，亦可酌取其一。

丙生寅月，干透甲木，为偏印格；透戊土，为食神格；若甲戊皆不透，亦可酌取其一。丙生卯月，干透乙木，为正印格；不透亦可取。丙生辰月，干透戊土，为食神格；透乙木，为正印格；透癸水，为正官格；若戊乙癸皆不透，亦可酌取其一。丙生巳月，巳为丙禄，非在八格之内，详于外格篇中。丙生午月，干透己土，为伤官格；不透亦可取。丙生未月，干透己土，为伤官格；透乙木，为正印格；若乙己皆不透，亦可酌取其一。丙生申月，干透庚金，为偏财格；透戊土，为食神格；透壬水，为七杀格；若庚壬戊皆不透，亦可酌取其一。丙生酉月，干透辛金，为正财格；不透亦可取。丙生戌月，干透戊土，为食神格；透辛金，为正财格；若戊辛皆不透，亦可酌取其一。丙生亥月，干透壬水，为七杀格；透甲木，为偏印格；若壬甲皆不透，亦可酌取其一。丙生子月，干透癸水，为正官格；不透亦可取。丙生丑月，干透己土，为伤官格；透辛金，为正财格；透癸水，为正官格；若己癸辛皆不透，亦可酌取其一。

丁生寅月，干透甲木，为正印格；透戊土，为伤官格；若甲戊皆不透，亦可酌取其一。丁生卯月，干透乙木，为偏印格；不透亦可取。丁生辰月，干透戊土，为伤官格；透乙木，为偏印格；透癸水，为七杀格；若乙戊癸皆不透，亦可酌取其一。丁生巳月，干透庚金，为正财格；透戊土，为伤官格；若戊庚皆不透，亦可酌取其一。丁生午月，午为丁禄，非在八格之内，详于外格篇中。丁生未月，干透己土，为食神格；透乙木，为偏印格；若乙己皆不透，亦可酌取其一。丁生申月，干透庚金，为正财格；透壬水，为正官格；透戊土，为伤官格；若庚壬戊皆不透，亦可酌取其一。丁生酉月，干透辛金，为偏财格；不透亦可取。丁生戌月，干透辛金，为偏财格；透戊土，为伤官格；若戊辛皆不透，亦可酌取其一。丁生亥月，干透壬水，为正官格；透甲木，为正印格；若壬甲皆不透，亦可酌取其一。丁生子月，干透癸水，为七杀格；不透亦可取。丁生丑月，干透己土，为食神格；透辛金，为偏财格；透癸水，为七杀格；若己癸辛皆不透，亦可酌取其一。

戊生寅月，干透甲木，为七杀格；透丙火，为偏印格；若丙甲皆不透，亦可酌取其一。戊生卯月，干透乙木，为正官格；不透亦可取。戊生辰月，干透乙木，为正官格；透癸水，为正财格；若乙癸皆不透，亦可酌取其一。戊生巳月，巳为戊禄，非在八格之内，详于外格篇中。戊生午月，干透丁火，为正印格；不透亦可取。戊生未月，干透乙木，为正官格；透丁火，为正印格；若乙丁皆不透，亦可酌取其一。戊生申月，干透庚金，为食神格；透壬水，为偏财格；若庚壬皆不透，亦可酌取其一。戊生酉月，干透辛金，为伤官格；不透亦可取。戊生戌月，干透辛金，为伤官格；透丁火，为正印格；若辛丁皆不透，亦可酌取其一。戊生亥月，干透壬水，为偏财格；透甲木，为七杀格；若壬甲皆不透，亦可酌取其一。戊生子月，干透癸水，为正财格；不透亦可取。戊生丑月，干透癸水，为正财格；透辛金，为伤官格；若辛癸皆不透，亦可酌取其一。

己生寅月，干透甲木，为正官格；透丙火，为正印格；若甲丙皆不透，亦可酌取其一。己生卯月，干透乙木，为七杀格；不透亦可取。己生辰月，干透乙木，为七杀格；透癸水，为偏财格；若乙癸皆不透，亦可酌取其一。己生巳月，干透丙火，为正印格；透庚金，为伤官格；若丙庚皆不透，亦可酌取其一。己生午月，午为己禄，非在八格之内，详于外格篇中。己生未月，干透乙木，为七杀格；透丁火，为偏印格；若乙丁皆不透，亦可酌取其一。己生申月，干透庚金，为伤官格；透壬水，为正财格；若庚壬皆不透，亦可酌取其一。己生酉月，干透辛金，为食神格；不透亦可取。己生戌月，干透丁火，为偏印格；透辛金，为食神格；若丁辛皆不透，亦可酌取其一。己生亥月，干透壬水，为正财格；透甲木，为正官格；若壬甲皆不透，亦可酌取其一。己生子月，干透癸水，为偏财格；不透亦可取。己生丑月，干透辛金，为食神格；透癸水，为偏财格；若辛癸皆不透，亦可酌取其一。

庚生寅月，干透甲木，为偏财格；透丙火，为七杀格；透戊土，为偏印格；若甲丙戊皆不透，亦可酌取其一。庚生卯月，干透乙木，为正财格；不透亦可取。庚生辰月，干透乙木，为正财格；透癸水，为伤官格；透戊土，为偏印格；若乙戊癸皆不透，亦可酌取其一。庚生巳月，干透丙火，为七杀格；透戊土，为偏印格；若丙戊皆不透，亦可酌取其一。庚生午月，干透丁火，为正官格；透己土，为正印格；若丁己皆不透，亦可酌取其一。庚生未月，干透乙木，为正财格；透丁火，为正官格；透己土，为正印格；若乙己丁皆不透，亦可酌取其一。庚生申月，申为庚禄，非在八格之内，详于外格篇中。庚生酉月，酉为劫刃，非在八格之内，详于外格篇中。庚生戌月，干透丁火，为正官格；透戊土，为偏印格；若丁戊皆不透，亦可酌取其一。庚生亥月，干透甲木，为偏财格；透壬水，为食神格；若壬甲皆不透，亦可酌取其一。庚生子月，干透癸水，为伤官格；不透亦可取。庚生丑月，干透己土，为正印格；透癸水，为伤官格；若己癸皆不透，亦可酌取其一。

辛生寅月，干透甲木，为正财格；透丙火，为正官格；透戊土，为正印格；若甲丙戊皆不透，亦可酌取其一。辛生卯月，干透乙木，为偏财格；不透亦可取。辛生辰月，干透乙木，为偏财格；透癸水，为食神格；透戊土，为正印格；若乙戊癸皆不透，亦可酌取其一。辛生巳月，干透丙火，为正官格；透戊土，为正印格；若丙戊皆不透，亦可酌取其一。辛生午月，干透丁火，为七杀格；透己土，为偏印格；若丁己皆不透，亦可酌取其一。辛生未月，干透乙木，为偏财格；透丁火，为七杀格；透己土，为偏印格；若乙己丁皆不透，亦可酌取其一。辛生申月，干透壬水，为伤官格；透戊土，为偏印格；若戊壬皆不透，亦可酌取其一。辛生酉月，酉为辛禄，非在八格之内，详于外格篇中。辛生戌月，干透丁火，为七杀格；透戊土，为正印格；若丁戊皆不透，亦可酌取其一。辛生亥月，干透甲木，为正财格；透壬水，为伤官格；若壬甲皆不透，亦可酌取其一。辛生子月，干透癸水，为食神格；不透亦可取。辛生丑月，干透己土，为偏印格；透癸水，为食神格；若己癸皆不透，亦可酌取其一。

壬生寅月，干透甲木，为食神格；透丙火，为偏财格；透戊土，为七杀格；若甲丙戊皆不透，亦可酌取其一。壬生卯月，干透乙木，为伤官格；不透亦可取。壬生辰月，干透乙木，为伤官格；透戊土，为七杀格；若乙戊皆不透，亦可酌取其一。壬生巳月，干透丙火，为偏财格；透戊土，为七杀格；透庚金，为偏印格；若丙戊庚皆不透，亦可酌取其一。壬生午月，干透丁火，为正财格；透己土，为正官格；若丁己皆不透，亦可酌取其一。壬生未月，干透乙木，为伤官格；透丁火，为正财格；透己土，为正官格；若乙己丁皆不透，亦可酌取其一。壬生申月，干透庚金，为偏印格；透戊土，为七杀格；若戊壬皆不透，亦可酌取其一。壬生酉月，干透辛金，为正印格；不透亦可取。壬生戌月，干透丁火，为正财格；透戊土，为七杀格；透辛金，为正印格；若丁戊辛皆不透，亦可酌取其一。壬生亥月，亥为壬禄，非在八格之内，详于外格篇中。壬生子月，子为劫刃，非在八格之内，详于外格篇中。壬生丑月，干透己土，为正官格；透辛金，为正印格；若己癸皆不透，亦可酌取其一。

癸生寅月，干透甲木，为伤官格；透丙火，为正财格；透戊土，为正官格；若甲丙戊皆不透，亦可酌取其一。癸生卯月，干透乙木，为食神格；不透亦可取。癸生辰月，干透乙木，为食神格；透戊土，为正官格；若乙戊皆不透，亦可酌取其一。癸生巳月，干透丙火，为正财格；透戊土，为正官格；透庚金，为正印格；若丙戊庚皆不透，亦可酌取其一。癸生午月，干透丁火，为偏财格；透己土，为七杀格；若丁己皆不透，亦可酌取其一。癸生未月，干透乙木，为食神格；透丁火，为偏财格；透己土，为七杀格；若乙己丁皆不透，亦可酌取其一。癸生申月，干透庚金，为正印格；透戊土，为正官格；若戊壬皆不透，亦可酌取其一。癸生酉月，干透辛金，为偏印格；不透亦可取。癸生戌月，干透丁火，为偏财格；透戊土，为正官格；透辛金，为偏印格；若丁戊辛皆不透，亦可酌取其一。癸生亥月，干透甲木，为伤官格；不透亦可取。癸生子月，子为癸禄，非在八格之内，详于外格篇中。癸生丑月，干透己土，为七杀格；透辛金，为偏印格；若己癸皆不透，亦可酌取其一。

变格之法

命局取格局，若适合变格，就应先取变格为格局。如果不合变格或变格不真、破格，再以正格论之。变格即是特别格局，一般分为下列数种：建禄格月刃格、专旺格、从格、化气格和半壁格。

一、建禄格月刃格（禄刃格）

月支为日干之禄或羊刃者，即可取为建禄格，或月刃格，惟阴干无月刃格。

二、专旺格

专旺格，或名为一行得气格。当命局日主五行极端强旺，当令得时，此命造即可以专旺格论之。专旺格，也可简称成为旺格。专旺格成时，最喜格中有食伤来流通其气，如此方可源远流长，富贵绵绵。同时专旺之五行，必须透干格为最真。专旺格局中忌见官杀，见之即为破格，须以正格论之。专旺格局中亦忌见财星来逆损旺气，亦视为破格，须以正格论之。除非财星只一位，虚浮于天干无根，可以微破论，认可算专旺格。专旺格，忌运行官杀，主破败、凶灾、疾厄、意外、刑伤。亦忌月支逢岁运来冲克，主破财、是非、困厄、灾伤。若原命局月支逢他支来冲，反主一生多波折、多冲击、奔波出外、多阻难。专旺格共有五格：曲直格（木专旺），炎上格（火专旺），稼穑格（土专旺），从革格（金专旺），润下格（水专旺）。

1. 曲直格（木专旺）

甲乙木生于寅卯辰月，或地支三会寅卯辰东方木，或亥卯未三合木局，或干支多甲乙寅卯木多势强，旺神木须透干方为真，四柱不可见金星（官杀）克伐破格，亦无强土（财星）来逆损破格，即为曲直格。

2. 炎上格（火专旺）

丙丁火生于巳午未月，或地支三会巳午未南方火，或寅午戌三合火局，或干支多丙丁巳午火多势强，旺神火须透干方为真，四柱不可见水星（官杀）来克伐破格，亦无强金（财星）来逆损破格，即为炎上格。

3. 稼穑格（土专旺）

戊己土生于辰戌丑未月，干支多见戊己辰戌丑未，或干支多见丙丁巳午来生扶，旺神土须透干方为真，四柱不可见木星（官杀）来克伐破格，亦无强水（财星）来逆损破格，即为稼穑格。

4. 从革格（又名金刚格，金专旺）

庚辛金生于申酉戌月，或地支三会申酉戌西方金，或巳酉丑三合金局，或干支多庚辛申酉金多势强，旺神金须透干方为真，四柱不可见火星（官杀）克伐破格，亦无强木（财星）来逆损破格，即为从革格。

5. 从强格（水专旺）

壬癸水生于亥子丑月，或地支三会亥子丑北方水，或申子辰三合水局，或干支多壬癸亥子水多势强，旺神水须透干方为真，四柱不可见戊己未戌（燥土）才算，湿土丑辰不算克伐破格，亦无强火来逆损破格，即为润下格。

6. 从旺格

从强格、从旺格与专旺格即为相似，即八字日主亦极强旺，日主当令，局中印星比劫多见。四柱皆不可见官杀，见之则不可入从强，从旺格。日主极强旺时，应先考虑专旺格条件，若不合专旺格条件时，再考虑从旺格。

从强格：日主当令，局中印星多于比劫，强之极，不可见官杀来破，从印星之强势。运喜印星比劫，忌食伤官杀。

从旺格：日主当令，或不当令，满盘印星比劫重重，旺之极，不见官杀来破，从印比劫之旺势。运喜印星比劫，忌食伤财官杀。

专旺格：喜食伤，而从强格从旺格不喜食伤，此为两格差异之处。

三、从格

当命局日主五行极衰弱，失时弱势无根无可依存时，必须弃命以从。

即四柱中克泄日主之官杀，食伤，财星三者五行，有一行或两行最强旺数量最多，日主顺从该五行之旺势，叫弃命从弱，取之成格，称之为从格。

从格因四柱之组合可分为真从、假从、不从。真从者出身富贵，假从出身较差。不从者须以正格论之。从格得成时，则所从之神即为用神，运忌行印星，比劫来生扶帮身，反主灾疾；亦忌月支逢岁运来冲克，主凶变灾厄；以及原命局月支逢他支来冲，主平生多波折、困厄、贫乏。

从格共有四格：从财格，从官杀格，从儿格，从势格。

1. 从财格

日主失令，极弱而无根。局中干支多财星且旺，财星须透干，地支财星要多。或月支为财星，月支与旁支三会或三合成财局，财星须透干。或月支为财星，地支财星至少二位以上，见食伤神财星，财星须透干。以上之条件成立，即成从财格。四柱一见比劫克财，或见印星旺而逆损，为破格，则不列入从财格。从财格成，四柱须见官杀，才可论贵。若不见官杀，只是富而不贵，或富多贵少。

2. 从官杀格（又名从杀格或从煞格）

日主失令，极弱而无根。局中干支多官杀且旺，官杀须透干，地支官杀要多。或月支为官杀，月支与旁支三会或三合成官杀，官杀须透干。或月支为官杀，地支官杀至少二位以上，见财星生官杀，官杀须透干。以上之条件成立，即成从官杀格。四柱一见食伤，或比劫印星旺透干有根（一位虚浮不算），即为破格，则不列入从官杀格。从官杀格成，局中喜见财星，才能富贵全美。若不见财星，只是贵而不富，或贵多富少。

3. 从儿格

日主失令，极弱而无根。月支必须为食伤，局中干支多食伤且旺，食伤须透干，地支食伤要多。或月支为食伤，月支与旁支三会或三合成食伤，食伤须透干。或月支为食伤，地支食伤至少二位以上，喜见比劫生食伤，食伤须透干。以上之条件成立，即成从儿格。

四柱一见印星，或官杀旺透干有根（一位虚浮不算），即为破格，则不列入从儿格。从儿格成，局中喜见比劫，但比劫不可太旺过多，若比劫数量多过食伤，格不成立，不能以从儿格论之。从儿格在局中定要见财星，从儿格才真。若局中不见财星，反不吉也。主财源困乏，多灾厄，多折难，或先成后败。若见财星，但财星在局中被克破，亦同上论。

4. 从势格

日主失令，极弱而无根。月支为财星，或官杀，或食伤，局中干支满盘尽是财星、官杀、食伤三者，皆非全局最旺者，即不符合从财，从官杀，从儿格之条件时，就以从势格论。四柱一见比劫印星旺透干有根（一位虚浮不算），即为破格，则不列入从势格。从势格成，局中最喜见食伤，以食伤决定命造贵气大小。若食伤为月支当令，或不是月支，但局中食伤数量多（至少二位），则贵气必大。反之，若食伤不见，或食伤数量少，主富而不贵，或富多贵少。

四、化气格

化气格简称为"化格"。化气格共分五格：化木格，化火格，化土格，化金格，化水格。必须日干与月干或时干相合，方可论合化。若日干与年干为争合其情不专，故不论合化。化气格是否成立，全看化神是否得月令。即相合之化神要和月支为相同五行，才可论化。若是化神与月支五行不同，虽化神成功，也可成格，但不得月令，亦难贵显。若化神不旺，或局中见克化神者，以不论化格。除非克化神自字，被局中他字克合者，则可论为假化，须待运助方能成真，发达成就。《滴天髓》云："化得真者，只论化，化神还有几般化，假化之人也多贵，孤儿异姓能出类。"日主必须无强根时，方可论化格。但若日主有强根，此根与化神五行相同，使化神更旺，则仍可入化格。化神及生化神之用神，均须透出干，方为真，否则化亦不真。化神必须纯粹专一，方为贵。若假化者须运助时方为贵。化神若杂乱不寻，所化不真，不能贵矣。化格成，行运忌运干来克日干，或与日干五合皆为凶运，主灾厄，官司，破财，受伤等。"化神一字还原"，指化神五合中任何一字被克皆凶，主破败，损财，官讼，灾祸，血光刑伤等。尤其最怕命、运、岁合会成克破化格之五行，该运岁必凶。

1. 化木格

丁日与壬月或壬时合；壬日与丁月或丁时合；生于寅亥卯未月，不见金星来克破。或地支三合三会木局。或地支木星多，且木星须透干。以上为化木格之条件。

2. 化火格

戊日与癸月或癸时合；癸日与戊月或戊时合；生于巳寅午戌月，不见水星来克破。或地支三合三会火局。或地支火星多，且火星须透干。以上为化火格之条件。

3. 化土格

甲日与己月或己时合；己日与甲月或甲时合；生于辰戌丑未月，不见木星来克破。或地支土星多，且土星须透干，以上为化土格之条件。

4. 化金格

乙日与庚月或庚时合；庚日与乙月或乙时合；生于申巳酉丑月，不见火星来克破。或地支三合三会金局。或地支金星多，且金星须透干。以上为化金格之条件。

5. 化水格

丙日与辛月或辛时合；辛日与丙月或丙时合；生于亥申子辰月，不见土星来克破。或地支三合三会水局。或地支水星多，且水星须透干。以上为化水格之条件。

五、半壁格

半壁格又命两神成象格或双清格。

命局中两种五行分别各站二干二支，两者力量相当，此格可分为"两行相生"及"两行相克"两种情形，为最清纯之命。为相生或相克，两者力量应平均，不可偏重或偏轻。半壁格成，行运以局中二物为喜用神；若日较强，则取另一行为用神；若日主较弱，则取与日主相同五行为用神。亦求其中和平衡为取用之法。半壁格之组合形态有两种：一种是两柱干支皆相同，两行分别各占二干二支。另一种是四柱干支不同，但两行同样在四柱中各占二干二支。

特殊格局的取用法

　　一般普通格局的取用法，分八正格，已为我们所熟知；而这一篇所讨论的是特别格局的取用，其构成的形式有如专旺，从旺，及合化等三类。全局气势偏旺于一方，不以日干配月令为主，而以全局气势为主，用随体变，不以扶抑为用，而以顺其气势为用；因为四柱气势既偏于一行或一方，其势强不可遏，那只好顺其气势为用，所谓"江河之水，可顺而不可逆"。

一、专旺格

　　专旺者，日干与全局干支，同为一类，气偏旺于一方也。木旺于春，支成木局或东方，为从木，又为曲直仁寿格；火旺于夏，支成火局或南方，为从炎格又为炎上格；土旺四季，支取四库，为稼穑格为从土格；金旺于秋，支成金局或西方，为从金格又为从革；水旺于冬，支成水局或北方，为从水又为润下格。

　　《滴天髓》："一者为独，又云独行喜行化地，而化神要昌，独象者，干支同属一类，即专旺格也，化神者，引化之神，即食伤也，旺之极者，以泄其气为秀，专旺格局固喜食伤为用，然并非无例外，也有喜印者，盖体性虽变，而取用之法，仍当配合气候，论其宜忌。同一格局有高低之分，也有虽成格而不贵，其中辨别，即在格局之纯杂，与用神之是否适合于需要而已，总之专旺格局，用神不外乎印与食神、伤官也，然有印而见食伤或宜食伤而见印，则格局之高低分矣。"

　　所透之神，为官煞则破格，当以官煞为重，而另取所用，所透为财，虽不破格，也以去之为美，所谓强众敌寡，须去其寡也，所透为印与食伤，则成格。透印者，以印为用，透食伤者，虽成格，不以贵论。然专旺格局，以宜用食伤，为通例，宜印为气候之调和乃例外也。

一般来讲，特别格局大多是五行气势偏于一方，凝聚不散，只要行运能顺从这股五行之气，或适当加以引化，都能够有奇特的际遇与成就；但是因为这种格局五行不全，缺点很多，所以往往于妻、财、子、禄、寿、父母、兄弟、姐妹等方面会有不少缺憾，福气经常不能齐全。例如说：专旺格由于五行气势皆归旺于日主，为人大多精力充沛，干劲十足，自尊心强，甚有骨气，做事也充满信心与魄力，所以只要行运能顺其势而引化其气势，就可尽情发挥其潜在的领导才华，而容易处于领导的地位；但是在另一方面讲，专旺格因为原局比劫及印星二行过于强旺，而食伤、财、官杀三行过于衰微或全缺，因此，若非自幼与父亲有所刑克或缘薄，就是成家后与妻子有所刑克或缘薄，其他如姐妹，子女，丈夫等方面也都较一般人更有可能发生刑克缘薄的现象。（注：命理学上所谓的刑克，范围包括很广。严重的叫作"克"，如死亡，残废等；轻微的叫作"刑"，如身体虚弱，疾病，意见不和，乖违忤逆，拆散离异等……）

曲直仁寿格

甲、乙日干，生于寅、卯、辰月，地支寅卯辰会木局，或亥卯未三合木局或干支甲、乙、寅、卯、亥党众而强，四柱无强金来克损木局的，就叫"曲直仁寿格"，简称曲直格或仁寿格。此格局的人，喜水木生扶，水赖其生则从其类，大畏庚申，辛酉，冲破东方秀气，原局透食伤则以食伤为用神，透财星则必待食伤而后发；如果食伤财均不透而单透印，则以印星为用神，运遇官杀有印转化，则不以为忌。此格成立者，因五行木主仁，故为人多慈悲为怀，好施舍恤孤，"民吾同胞，物吾与也"，多是这种人。

金刚从革格

庚辛日干，生于申、酉、戌月，地支申酉戌会金局或巳酉丑三合金局，或干支庚、辛、申、酉、丑党众而强，四柱无强火来克金局的，就叫作"金刚从革格"，简称金刚格或从革格。此格局的人，为金行专旺，生于申、酉月，则体质过于自强，应取食伤化神为用；生于巳、戌月，则取印星为用。从革格，因五行金主义，故为人大义凛然，义气奋发，见义勇为之人也。

率性炎上格

丙、丁日干，生于巳、午、未月，地支巳午未会火局，或寅午戌三合火局，或干支丙、丁、巳、午、寅党众而强，四柱无强水来克损火局的，就叫"率性炎上格"，简称炎上格或率性格。

书曰：木能生火到寅卯方而生焰大发，西遇申酉必遭刑克破耗，如果居离位（南方）果断而有为，如果居坎宫（北方）则主谨畏守礼，盖火性炎上，运程顺行东南木火之地，则烈烈轰轰不可一世，逆行西北金水之地则主此人拘谨怯懦，也主此人异乎寻常之人。凡格局纯粹而真，运虽稍逊不佳，也无碍其贵。

复次炎上格，必须用印，若见食神，伤官，则主此人富而不贵，盖土能晦火之光，不以贵取，土能生金为食伤生财，故转为富格；假若土多晦火，用财以泄土之气，名火炎土燥不作炎上格，炎上格成立者，因五行主体，故为人多重礼貌。

润下灵秀格

壬、癸日干，生于亥、子、丑月，地支亥子丑会水局，或申子辰合水局，或干支壬、癸、亥、子、申党众而强，四柱无强土来克损水局的，就叫"润下灵秀格"，简称润下格或灵秀格。

专旺格局，以得时得地气势纯一为贵，壬癸生于三冬，气候严寒，冻水不流，以理论之，必须丙火调候，然丙、丁财也，润下成格，比劫必多，丙、丁虽有调候之功，宁无引起争财之患不仅火土相连，逆其旺势已也，故润下成格未必富贵，取用之法，必须看格局纯粹与否。如果原命金水纯粹，喜行东方木运以泄其旺气，若原命带木火格局不纯，则宜西北金水运，以助成其旺。此格成立者，因五行水主智，故为人足智多谋，智慧超人。

稼穑笃实格

戊、己日土，生于辰、戌、丑、未月，地支辰、戌、丑、未多见，或四柱干支丙、丁、巳、午党众相助，而无强木克损土局的，就叫"稼穑笃实格"，简称稼穑格或笃实格。

土旺四季，生于辰戌丑未月，得辰戌丑未四支或三支，天干透出比劫，不见官杀克伐，格取稼穑。然火炎土燥，无生育之意，这就是"晦火无光于稼穑"，不论原局或岁运均喜食伤，以引化其气，稼穑格成立者，因五行土主信，故为人多信实无欺，人品重厚、丰肥，生财有道。

总之，专旺格乃以日干的旺神为枢纽，故必须地支会合日干的方局或命局党众而强旺，不论炎上、润下、从革、稼穑、曲直，在原则上均不能见官杀，一见官杀，就自破格，喜食伤流通其气势，见财星则须视命局构成不同的形势而论其喜忌；此外尚有调候的关系而论格局的高低。

专旺格，最喜日干气通月令而得时，其旺所引至时上遇生旺不临死绝；全局旺气干支均不逢冲克，而有印以生之，或食伤以泄之，使其相辅而行，而无孤独无偶的现象。然而有用印与令伤之不同；即日干生于当旺之月（如丙丁生于巳午月），地支会方合局，日干气势过于专旺，则宜取食伤化之，以泄其秀气；反之，如日干生于不当旺之月（如丙、丁生于寅戌月），则宜取印星生之，以成全其旺气。

专旺格，行运的得失，除调候者，必须特别留意，最忌旺被冲被克，行运旺神遇冲克，则格局破坏，旺气不专，多主重大刑克，甚至死亡。行运遇他神合去旺神，不论在干在支，轻者停滞不进，重者整个格局发生变化，由纯粹而混浊，富贵也必因而发生急剧的变化。

二、从旺格

全局气势偏旺于一方，而独有日干逆其旺气，日干无生无助，不得不弃原有之性质，而从旺神。从旺格是指命局日干弱极，而全局除了日主该行之外，其余食伤、财、官杀、印四行之中或有一行独旺，或有两行独旺，或竟三行皆旺，日主迫于形势，不得不弃命相从，此格是以全局气势为主体，而不以日干为主体，其形象共有四种：

1. 从官煞格
2. 从财格
3. 从儿格（从食伤）
4. 母旺子衰（格中皆印）

《滴天髓》："阳干从气不从势，阴干从势无情义，论理甚精。盖阳干本为生旺之气，非至气绝之地，不能言从。阴干本为衰竭之气，见全局偏旺何方，即弃其原来性质，而从旺神，阴干易从，阳干难从。即因原来气质有衰旺之别也，然此为难易之辨而已，成格与否须合下列各点观察之。"

（1）旺神成方成局，得时秉令，而日干气绝无根。如旺神虽成方局，而月令非当旺之时，或日干未至衰绝之地，支有微根，此在阴干为真从，阳干为假从，或不从。

（2）天干必有损抑日干之神。如从官煞者必透煞，从财者，必透食，倘无损抑，日干兀立无伤，虽然无根，也难作从论。

（3）四柱无印透干。印者，日元之根也，从官杀而见印，则印能泄官杀之气，以生日元。从财见印，则印能制食伤以护日元，故四主见印，决定不以从论。

（4）从旺格局必须以全局气势为主，必须纯粹专一，若散漫杂乱或见克、泄旺神之物，则日主虽无根，也难作从论。

弃命从势的格局，为人大多精明灵巧，顺应潮流，抓住机会，触觉敏感，对于各种复杂的环境适应力很强，也很容易受到贵人或上司的提拔而平步青云，步步登高，扶摇直上；但是从另一方面来讲，日主弱极无依，弃命从势，一生大多不是很安定，如一叶孤舟，在波涛汹涌的诡谲人潮里，随波逐流，外表虽时常强装欢笑，而内心却有难言之委曲，虽然容易得到富贵，但是福分很难完全，必有某些方面的缺失，如六亲、健康、寿命等。

从有真从与假从之分。真从，格局纯粹，大多生于富贵之家，行运得其喜用，大多可以施展宏图，就是逢逆运，也多履险如夷，但是这种格局世不多见。假从，格局中不纯粹，而且多生于普通家庭，但是假行真运，也可发富贵或富贵双生，只是时过境迁，可能一落千丈，或遇凶祸，或恢复原来的地位。而且从格大多属假从，虽较普通格局易于发富发贵，然所遇的困难，所冒的风险，则也过分。运过境迁，必防凶发，较之纯粹的格局，祸福略有不同。

先贤万育吾说："独步云：'弃命从财，须要会财；弃命从杀，须要会杀。从财忌杀，从杀喜财；若逢根气，命损无猜。'盖言从杀格，以杀神太重，身无所归，不得已而从之，要行杀旺及财乡；四柱无一点比肩印绶方论，如遇运扶身旺，与杀为敌，从杀不专，故为祸患。"（命局构成，日干不通根地支，并不见一点比肩及印绶，而地支会合七杀天透地藏，干支多官杀或官多变鬼，旺气偏于一方，日干弱不堪失，杀势强不可挡，则应弃命而从杀星；行财杀旺运，可以发福发贵，行印比帮扶运，从杀不专，中途变志，引起旺神冲激，必生大祸患。）

经云："弃命从杀论刚柔。"言天干从地支，须随五行性情：阴日干从地支杀屯者多贵；以阴柔能从物也；阳日干从地支杀纯者也贵，但次于阴，以阳寸步受制也。水火金土皆从，惟阳木不能从，死木受斧斤（刀），反遭其伤故也。关于阳日干阴日干柔命以从的区别，《滴天髓》说："阳干从气不从势，阴干从势无情义。"近贤徐乐吾注解最为详明，他说："十干为五行之代名词，而分阴阳；甲乙同一木也，丙丁同一火也；然虽同为一物，而论其性质，则阴阳截然不同，其用也有别。阳干性质刚健，有特立独行之性，非至本气休囚死绝之气，不能言从；或虽临死绝，而见印相生，仍为绝处逢生，也不能从；虽财官党众势强，而弱日主自归其弱，运仍喜扶身，不能弃原来根性也。"

若阴干则不然，其性柔弱，见四柱财旺则从财，杀旺则从杀，即使自坐生地，也所不论，此所以为从势无情义也。阳干如男性，虽环境亲友富贵熏天，只能自守穷庐，安于贫苦，努力奋斗，不能以他人之富贵为富贵也；除非无家室可归，不能自存，存得己，舍己得人，其独立为本性使然也。

阴干如女性，见环境富贵，只要有可从之势，即嫁之而去，男人之富贵，即自己之富贵，不思独立也，其本性使然也。

元理赋说："平生为富且贵，皆因杀重身柔，中途或丧或危，只为运扶干旺。"又说："不从不化淹留仕路之人，得化得从，显达功名之士。"这就是说命局构成，日干死绝无气，弱不堪扶，而杀星重叠，气旺一方，则应弃命从杀；以行财杀旺运为最相宜，如行运再遇印星比肩、劫财帮扶，中途变志，必主危亡。命局，八字构成就五行常理观之，已有气偏一方或有可从可化的趋势，但是详细加以研究，从化又不能成立；这种五行不得中和或流通，而气势偏枯闭塞又不能从化的命造，其一生必塞滞难通，万事不如意，当不以仕宦为限。反之，如果命局构成，从化可以成立，而行运又不背从化喜用，自然富贵显达。

先贤陈素庵说："凡看日主无根，满柱皆官，则当从官；满柱皆杀，则当从杀；满柱皆财，则当从财；满柱皆食，则当从食；满柱皆伤，则当从伤。凡从何神，只要此神生旺则吉；若从神受克，日主逢根，则凶。其不同者，从官从杀，只喜生官生杀及官杀运；从财从食伤，固喜食伤生财及财食伤运，即财再生官杀，食伤复生财，皆可，此其定理也。然又须看日主情势何如？所用之神意向何在？而变通推测之，无不验矣！或曰'旧但取从杀，从财，今复取从官，从食伤，其理何出？'盖不知命理惟取生克，克我之杀可从，则克我之官，何不可从？我克之财可从，则我生之食伤何不可从？古今命如是者甚多，术家未这遍考耳！至于从局动云：'弃命'，岂有命而可弃者乎？盖从神强甚，譬如马驰峻阪，舟饮疾风，非人力所及制；若强欲收顿，必有颠坠覆溺之祸；不若纵其所知，而驾驭得宜，则马与舟仍为我所用耳！此弃乃不弃。或曰：'不可强制信矣，行运生扶日主，何能源工业可？'不知身在峻阪之上，疾风之中，若弃马与舟而自求全，岂不速败乎！"

又说："日主无根，势屈不堪培植；他神满局，党多难以伏降；贵达权以通变，定舍弱从强。（日主无根，弱不堪扶，命局官，杀或财，食伤，气偏一方，势力很大，没有办法制裁，那么，只好从其强旺之势，这是达权通变，非一般冀求五行中和或流通的常理，所能概括。）从杀其常，正官理应同例；从财固美，食伤力也相当。凡所从之神，被克则为破格，此已弃之命，逢根即属不详。（从格如果所从之神被克，那是破格，再逢日干生旺有根，也是不吉之数；如丙火日干逢金财，逢印比劫禄的木火均不佳。）从神遭遇资扶，知福力之深厚；从神辗转生育，也为秀气；如丙火日干从金财，行财食伤运固佳，行官杀运也可，可以发福，但从官杀则不喜见印绶泄官杀生身。从之者上者，则贵登台阁，从之次者，也当拥仓箱。若岁运不齐，岂终身能无少驳；苟佳制化有道，则大局仍自无妨。（如从金财格，以土金运为最佳，如果岁运行运水木运，与所从的土金，极端反对，但如得原局干支或岁运干支冲克会合化解之，那也没有什么妨害。）更有主带微根，真杂假而未净，运行弃局，假成真而亦昌；但运过还妨凶发，必局纯乃得福长。（命局构成，日干弱极，但尚带有微根，行运得所从之神，冲克或会珍贵而去此微根，这是变假为真，也可以发富贵，但运过境迁，必忌凶发，较之原局真实纯粹者，祸福略有不同。）"

《滴天髓》："从得真时只论从，从神又有吉和凶。"又说："真从之象人有几人，假从也可发其身。"

先贤刘伯温注说："日干孤立无气，天地人元，绝无一自旋守恒生扶之意，财官强甚，乃为真从也。既从矣，当论所从之神，如从财只以财为主，而行支寄生其所者吉，否则凶；如以木为财，金不可克木，克木则衰矣！"又说："日主弱矣，财官强，不能不从，中有比劫暗生，从之不真。至于岁运财官得地，虽是假从，也可取富贵；但其人不能免祸，或心术不正耳！"

先贤任铁樵注说："从象不一，非专论财官而已了。日主孤立无气，四柱无生扶之意，满局官星，谓之从官；满局财星，谓之从财。如日主是金，财神是木，生于春令，又有水生，谓之太过，喜火以行之；生于夏令，火旺泄气，喜水以生之；生于冬令，水多木泛，喜土以培之，火以暖之则吉，反是必凶，有谓'从神又有吉和凶也。'尚有从旺，从强，从气，从势之理，比从财官，更难推算，尤其是当审察；此四从，诸书未载，余之立说，试验确实，非虚方也。"

（一）从旺者——四柱皆比劫，无官杀之制，有印绶之生，旺之极者，从其旺神也。要行比劫印绶则吉；如局中印轻，行伤食运也佳；官杀运，谓之犯旺，凶祸立至，遇财星，群劫相争，九死一生。

（二）从强格——四柱印绶重重，比劫叠叠，日主又当令，绝无一毫财星官杀之气，谓二人同心，强之极矣，可顺而不可逆也。如纯行比劫运则吉，印绶运也佳；食伤运有印绶冲克必凶；财官运为触怒强神，大凶。

（三）从殷者——不论财官印绶食伤之类，如气势在木火，要行木火运，气势在金水，要行金水运，反之大凶。

（四）从势者——日主无根，四柱财官食伤并旺，不分强弱，又无劫印生扶日主，又不能从一神而去，惟有和解之可也。视其财官食伤之中，何者独旺，则从旺者之势；如三者均停，不分强弱，须行财运以和之，引通食伤之气，助其财官之势，则吉；行官杀运次之，行食伤运又次之，如此比劫印绶，必凶无疑，试之屡验。

又说："假从者，如人之根浅力薄，不能自立，局中虽有劫印，也自顾不暇，而日主也难依靠，只得投从于人也。其象不一，非专认财官而已也，与真从大同小异；四柱财官得时当令，日主虚弱无气，若有比劫印绶生扶，而柱中食神生财，财仍破印，或有官星制劫，则日主无依无靠，只得依财官之势，财之势旺则从财，官之势旺则从官；从财行运伤财是不安定因素之地，从官行财官之乡，也能兴发，看其意向，配其行运为见。

然假从之象，只要行运安顿，假行真运，也可取富贵，何谓真运呢？如从财有比劫之争，行官杀运克制比劫必贵，行食伤运必富；有印通暗生，要行财运；有官杀泄财之气，要行食伤运（原局带官杀泄旺财之气，行伤食运生财并制合官杀，以聚集从神的旺气）。如从官杀，有比劫帮身，逢官运而名高（假从官杀格，原局带比劫，行官运制合，可以发贵）；有食儿破官，行财运而却重；有印绶泄官，要财运以破印，假行真运，不富也贵；反此为凶，或趋势忘义，心术不端耳！若能岁运不悖！抑假扶真，纵使身出寒微，也能崛起家声，所为也必正矣！此乃源浊流清之象，宜深究之。"

近贤徐乐吾补注说："从、有阳干阴干之别，阳干从气不从势，阴干论气势皆从。原注论从，谓日主孤立无气，四柱无生扶之意，何谓生扶呢？印绶是也。故柱见印绶，决不能从；以印绶为忌，必以克泄为喜，故从格干无印绶，而有克泄，为主要条件。分述如下：

（一）从气——日主临于绝地，本身之气已绝，所从之神，临于长生禄旺之地，其气方张，四柱无印绶生扶，而干透官杀（从官杀）或食伤（从财），则为从之真者；否则四柱虽无生扶，也无克泄，兀然独立，也难以真从。

（二）从势——所从之神，成方成局，其势极盛，四柱无印绶生扶，而有官杀之克或食伤之泄，则为从之真者；如见官杀或食伤又兼见印绶，则官杀之气生印，有印制刃伤，不能从也。

又说："日主孤弱，则官强旺，不能不从；而日主有微根，或有印生助，便是假从，从财而食伤不透，或柱见比劫；从官杀而官杀不透，或柱见食伤；也是假从。凡格局纯粹而真者，出身在地位自高，行从神旺乡，飞黄腾达，固无论矣！寻常之运，虽无发慌，也不失其地位，只要不行逆旺气之张，即无挫败之虑，盖其原来之格局高也。若不纯粹而假，行从神旺乡，与真从无别，一样可以取富贵，但为一时之顺运，未交运前，必然寒素，运过之后，即回复其原来之状况矣！"

先贤任铁樵注说："顺者，我生之也。只见儿者，食伤多也，构门闾者，月建逢食伤也；月为门户，必要食伤在提纲也。不论身强弱者，四柱虽有比劫，仍去生助食伤也。吾儿又得儿者，必要局中有财，以成生育之意也。如己身碌碌庸庸，无作无为，得子孙昌盛，振起家声；又要运行财地，儿又生孙，可享儿孙之福矣，故为顺局。从儿与从财官不同也，然食伤生财，转成生育，秀气流行，名利皆遂，故以食伤为子，财即是孙，孙子不能克祖，可以安享荣华；如见官产曾星，谓孙又生儿，则会孙必受其伤，故见官杀必为己害，如见印绶，是我之父，父能生我，我自有为，焉能容子，子必遭殃，无生育之意，其祸立至。是以从儿最忌印运，次忌官运，官能泄财，又能克日，而食伤又能与官星不睦，忘生育之意，起战争之风，不伤人丁，或散财矣！"

近贤余乐吾说："相生为顺，《明通赋》云：'全印、全冲、全制、全食、命强无破，则初受千金。''全制者伤官成象，全食者食神成象。凡气象已成，总宜顺之而行，全伤全食，气势格外纯粹，食伤并见，气势同属一方，孔洞为混，只要运行财地，泄食伤之气，未有不富贵者，所谓儿又遇儿也。'顺局与两神成象中之我生一局，同一看法：特我生为两神并立，势均力敌，顺局则食伤成形象，故云成象构门闾也。日干孤单项式，不得不从，凡食伤泄秀，精华吐露，秘为聪明绝顶之人。然从儿格以水木，土金、金水为美。若木火，则木被火焚；若火土，则土声名狼藉火晦；母旺为美，子旺反伤其母，必非佳造。"

由于前述，可知从格在古代仅有从杀，从财两种，之后增加而有从官，从食伤（儿），从势，从强，从旺等种；这是命学上的演进，经过统计、分析，就生人的命造中，证实无讹时，建为推算的定理，而此从格在命理研究中，占有相当的分量，希望读者详细的研究，不要忽略。

三、化气格

化气格又名化象，为特别格局中理论最复杂，推论最不易精的一种格局。此格乃指丁，壬合化为木；戊、癸合化为火；甲、己合化为土；乙、庚合化为金；丙、辛合化为水。就五种化象而言，不论日主属于何干它只能与月干或时干在相当适宜的环境与条件之下才可论化，其合化的条件相当严格。而化格的"化"字，不是五行生克制化的化，而是五行因克合而发生变化的化。生克制化的化，乃五行相克，居中转化通关，是一种比较单纯的物理作用，克者与被克者乃居中调停的化神，均保存原来各自的性质，原来的五行不发生变化。

而化格的化，乃五行相克，阴阳异性和洽有情，遇适当的环境，即混合而为一体，是一种比较复杂的化学变化，克者与被克者大多因合化的关系，丧失其原来的五行，而演生为另外一种五行。

先贤万育吾说："合者和也，化者变化也，即甲与己合之类。甲属木，本象遇己合则化为土，不以木论，是化象。大概化气以日为主，合年、月、日、时干皆可化，如天干无而地支遇正禄代之，甲不见己而见午，己禄在午之类，也可化，但要成局，仍要旺气聚于时方可，兼月气尤妙！或日得旺，自足以化，又有干支自化，却要行运化气旺乡，不然无用；若只得月气，却不可化。惟日有此气，不论财官印主体群落，但得生旺之气成局，运行化气旺乡，不遇伤克之地，皆是超越，喜身自旺，或柱有生气助旺，则化象尤有力；大忌相克重化如甲己化土，再遇甲不成象，主遭殃，遇冲克之运，也多刑克。若干合而不成格，则不化。但以本干支取祸福断之，不必论化气矣（命局单见日干合，地支不见合化的旺神或会合化神的方局，则以其他格局论断）！"

先贤张楠说："化气格，如乙日干见庚时支全巳酉丑，或多见辰戌丑未，均作乙庚化金看，行西方金运，富贵无疑，一见丙丁运破金即遭殃咎。盖以化成造化，要行本局禄旺之地，则发。又如丁壬合木，喜行东南同义词运，则发。化成造化，最怕行化神衰绝之乡，如戊癸合火行水乡，丁壬合木行金乡，轻则罢职，重则丧生。"

先贤陈素庵说："凡看命先看有无合化，若日干与月干或与时干相合，化作他神，则生克俱变矣！化木以木论生克，化火以火论生克。虽己合甲仍是土，庚合乙仍是金，然单己之土，丁壬两见，自以印财论，合甲之土，丁壬两见，即以木论矣！独庚之金，戊癸两见，自以印伤论，合乙之庚，戊癸两见，即以火论矣！"

陈素庵又说："凡化局之成否，化神之喜忌，皆详合化赋中，若旧书所载，某局生某月则化，也不尽然，如云：甲己生辰月不化，中有木气也，见戊字有听见，也为妒合也；乃又云：甲己得戊辰时，化土方真，既取辰又取戊，相矜持乎？若柱中辰、戌、丑、未全见，此反不能化，盖四支虽皆土，然互相冲转，不成化局矣！要之，化局看天干易，盾地支难，不特化神贵生旺，忌死绝，更须字字理会，孰能助化，孰能破化，孰助化而反伏破神，孰损化而仍可调停。至于行运，又须细看日主情势，化神意向，而变动推测之，总不可精心率略也。更有柱中化局不真，而行运一但助化，也能荣达，但此运过后，仍然不利耳！若世术于日干之外，余干见甲己二字，辄云化土，可作土用，见丁壬二字，辄云化木，可作木用，夫化局以日为主，合月、时乃化，即合年也在此例。若余干自丁合，也可以化气取用，则四柱五行，个个无一定，不甚纷纭乎？此虽通根得时，必无化理，勿因柱缺某神，勉强借凑也。"

又说："四柱取格为真，固宜审酌；十干遇合而化，尤贵推寻。甲己合而化土，乙庚合而化金；丙辛合而化水流湿，丁壬合而化木成林；并戊癸合而化火，皆阴阳配而同心。甲遇两己，己遇两甲，凡见二则争而非化；甲畏庚克，己畏乙克，但遇一则而相侵（甲己合见庚克甲或见乙克己来妒化）；有丁有壬双露，则其局必败，或丁或壬单见，则为害不深。总之，克我我生之木金，忌其相见；生我我克之水火，喜其加临。（甲己合化土，天干再见丁壬又露而化木克土，格局必败；如单见一丁或一壬，则为害较浅，然行运丁或壬合化，也能破格。基于前述可知：甲己化土格，最忌丁壬化官杀（木）克坏格局，也忌乙、庚化为食伤（金）泄化土的旺气，或乙、庚个别克甲、己破格；此外再见甲、己争合妒合，也以为忌。仅喜见丙辛化财（水），戊癸化印（火）为喜，此由化气十段锦所说可以看出，其他乙庚化金格，丙辛化水格，丁壬化木格，戊癸化火格，均同此类推）。若辨化局之假真，全察地支情势；先观月气，乃化神根本之乡；更重时支，必化神生旺之地；时趋绝地，化必不成；月属他神，化尤难冀；年支稍远，也须也化无乖；日支较亲，更求于化有忌。行运之喜凶，同原柱之例：遇助化之物，则气势加隆；值破化之神，则程途不利；化神一路如意，通显无疑；化神一字还原，灾危立至。"

《滴天髓》："化得真者只论化，化神还有几般话。"又说："假化之人也多贵，孤儿异性能出类。"

先贤刘伯温注说："如甲日主生于四季（辰戌丑未月），单遇一位己土，在月时上合之，不遇壬、癸、甲、乙、戊，而有一辰字，乃得化得真。又如丙辛生于冬月，戊癸生于夏月，乙庚生于秋月，丁壬生于春月，独自相合（仅二字天干相合，不见争合妒合），又得龙（辰）以运（化）之，此为真经矣！既化矣，又论化神；如甲己之土，土阴寒，要火气冒旺，土太旺，又要取水为财，木为官，金为食伤，随其所向，论其喜忌，再见甲乙，也不作争合妒合论，盖真化矣，如烈火女不更二夫，岁运遇之，皆闲神也。"

先贤任铁樵注说："甲己起甲子，至五位逢戊辰而化土；乙庚起丙子，至五位达庚辰而化金；丙辛起戊子，至五位逢壬辰而化火；丁壬起庚子，至五位逢甲辰而化木；戊癸起壬子，至五位逢丙辰而化火。此相合而化之真源，近世知者少，只知逢龙凤辰而化，不知逢五而化辰龙之说，供引之意！至于化象作用，也有喜忌配合之理，所以'化神还有几般话'也。非化斯神喜斯神，执一而论也。是以化象也要究其衰旺，审其虚实，察其喜忌，则吉凶有验，否泰了然矣，必太过而不吉也，须从其意向；柱中有水，要行金运；柱中有金，要行水运；柱内无金无水，土势太旺，必要行金运以泄之；柱内火土过燥，要行带水之金运以润泄之。如甲己化土，生于丑辰月，土湿为弱，火虽有而虚，水信无而实，或干支杂以金水，谓之不足，也须从其意向；柱中有金，要行火运；柱中有水，要行土运；柱中金水并见，过于虚湿，要行带火土运以实之，助起化神为吉也。既合而入，如贞妇配义夫，从一而终，不生二心，见戊己是彼之同类，遇甲乙是我之本气，有相让之谊；合而不化，勉强之意，必非佳偶，见戊己多而有急妒之风，遇甲乙众而更强弱之性；甲己之合如此，余可类推。"

先贤刘伯温说："日主孤弱而遇合神真，不能不化，但暗扶日主，合神又虚弱，及天龙（辰）以运之，则不真化。至于岁运扶助起合神，制伏忘神，虽为假化，也可取宝贵代，虽是异姓孤儿，也可出类拔萃，但其人多执滞偏拗，作事颤，骨肉欠遂。"

先贤任铁樵又说："假化之局，其象不一；有合神真，而日主孤弱者；有化神有余，而日带根苗者；有神不真，而日主无根者；有化神不足，而日主无气者；有既合化神，而日主得劫印生扶者；有既合化，而闲神来伤化气者。故假化比真化尤难，更宜细究，庶得假化之机，如甲己之合，生于丑戌月，合神虽真，而日主孤弱无助，不能不化，但秋（戌）冬（丑）久翕而寒，又有金气暗泄，岁运必须逢火，去其寒湿之气，则中和和暖矣！如甲己之合，生于辰未之月，而辰乃木之余气，一为木的墓库，能碍化土神的旺势，但春（辰）夏（未）气辟而暖，又有水木藏根，岁运必须土金之地，去其本之根苗，则无分争矣！如乙庚之合，日主是木（乙），生于夏令，合神虽不真（夏火能克化金），而日主泄气无根（夏火生泄日干乙木之气转弱），土燥又不能生金（夏月火燥不能生金），岁运必须带水之土，则解冻而气和，金得生而不寒矣！如丁壬之合，日主是丁，于春令，壬水无根，必从丁合，不知木旺自能生火，则丁火反不从壬水化木，或有比劫之助，岁运必须逢水，则火受制而木得成矣！如丙辛之合，日主是火，生于冬令（丑），重重金水，既合且化，嫌其柱中有土，暗来损我化神，湿土虽不能止水，而水空间混浊不清，岁运必须逢金木，则气流行而生水，化神自真矣！如是配合，以假成真，也能名利双全，光前裕后也。总之，格象非真，未免幼遭孤苦，早见蹭蹬，否则其人执傲迟疑，倘岁运不能抑假扶真，一生作事颤，名利无成也。"

命局入手，先宜注意干支之会合，千变万化，皆出于此。十干相配，有能合不能合之分，既合之后，有能化不能之别，喜神因合而失其吉，忌神因合而换其凶，其理一也，但须看地支之配合如何而定，如地支通根，则虽合而不失其用，喜忌依然存在。

盖有所合则有所忌，逢吉不为吉，逢凶不为凶，即以六亲言之；如男以财为妻，而被别干合去，财妻岂能亲其夫乎。女以官为夫，而被他干合地骈，官夫岂能爱其妻，此谓配合之性情，因向背而殊也。

近贤徐乐吾补注《滴天髓》："化与从相似，须化气之神，乘旺秉令，原来日干，气势衰绝，方能相合而化，更须见辰，五运遁甲至辰，必为化气无神之地，如甲己化土，遁甲至辰，则为戊辰；乙庚化金遁干至辰，必为庚辰，名为逢龙而运，乃化气无神之地也；重见己土，则为争合，也为不可；若戊土帮助化神，见辰必遇戊字，为化气无神，非特不忌，且喜见也。凡从格，以所从之神为用；化格，以生我化气之神为用，不论真假皆同。如化气过于旺盛，也可用泄，究为少数；若克抑则可用，盖从化皆以全局气势偏于一方，不能不顺其气势而行；过旺用泄，为引其性情，决偿能逆其旺势而用克也。化神所忌，也以逆其旺势为重，而还原并非大忌。

譬如甲己化土，行运至甲乙寅卯，非忌其还原，乃忌其逆土旺神也；乙庚化金，不忌甲乙寅卯而忌丙丁巳午；丙辛化水，忌见戊己，丁壬化木，忌见庚辛；戊癸化火，忌见壬癸，其理一也。故原局譬如甲己化土，原局化合甚真，岁再遇甲或己，则如烈女不事二夫，并因之破格也；若原局一己二甲，气势杂乱，岂能合化乎？引证任注不赘。化神必须行旺地，若无旺运相助，也平庸也。然化格之中，不论真假，均无高低之分，吉凶之别，变化多端，与八正格相同，不可概以富贵论。故云：'化神还有几般话'也。"

又说："化神旺相，月时得气，日主孤弱，不得不化，日主带根苗，有劫印生扶，便于工作是假化，化神见克制或见泄气，也是假化。凡格局纯粹而真者，出身地位自高，化行神旺乡，飞黄腾达，固无论矣！寻常之运，虽无发展，也不失其地位，只要不行逆旺气之乡，无失败之虑，盖其原来格局高也。若不纯粹而假，行化旺乡与真化无别，一样可取富贵，但为一时之顺运，未交运前，必然寒素，运过之后，即回复其原来之善矣！"

又说："十干配合，有合而化，有合而不化。何谓能化？所临之支，通根乘旺也。化气有真有假：有化气有余，而日带根苗劫印者；有日主无根，而化神不足者；更有合化虽真，而闲神来伤化气者，皆为假化，化真化假，均须运助。假化之格，能行运去其病根，固无异于真，真化不得旺运相助，也无可发展也。"

化气格的形象共有五种：

（一）**化木格**——命局丁日壬月或壬时，壬日丁月或丁时，生于寅、亥、卯、未月或生于辰月，而四柱水木多来助化，干支不风阴力的金神克制化局，或年月天干化金破局及争合妒合；化格增行助化之运（水木），也可行泄化之运（火土），行助化之运最佳行泄化之运次之，假化之格必需以去病或助化最首要，不可再行泄化或克化神之运。

（二）**化火格**——命局戊日癸月或癸时，癸日戊月或戊时，生于巳、寅、午、戌月或生于未月，而四柱木火多来助化，干支不见有力的水神克制，或年月天干化水破局及争合妒合。

（三）化土格——命局甲日己月或己时，己日甲月或甲时，生于辰、戌、丑、未月或生于巳、午月，而四柱火土多来助化，干支不见有力的木神克制化局或年月天干化木破局及争合妒合，行运喜火土加强助化并去病为佳。金运泄化也可。

（四）化金格——命局乙日庚月或庚时，庚日乙月或乙时，生于申、巳、酉、丑或生于戌月，而四柱土金多来助化，干支不见有力的火神克制，或年月天干化火破局及争合妒合。

（五）化水格——命局丙日辛月或辛时，辛日丙月或丙时，生于亥、申、子、辰月或生于丑月，而四柱金水多助化，不见强土克制化局，或年月天干化土破局及争合妒合，于是丙、辛合化为水，就叫化水格。

现列一表关于天干合化的情形，以便读者能够明确的运用化格的用法。（逐月横看）

寅月

丁壬化木（正化）

戊癸化火（次化）

乙庚化金

丙辛不化（柱有申子辰可化）

甲己不化（木盛故不化）

辰月

丁壬不化（木气已过故不化）

戊癸化火（渐入火乡可化）

乙庚成形（辰土生金故化）

丙辛化水（辰为水库故化）

甲己化土

卯月

丁壬化木

戊癸化火
乙庚化金
丙辛水气不化
甲己不化

巳月
丁壬化火
戊癸化火
乙庚金秀（四月金生可化）
丙辛化火（不可化水）
甲己无位

午月
丁壬化火（不能化木）
戊癸化火
乙庚无位不化
丙辛端正不化
甲己不化

申月
丁壬化木（可化）
戊癸化火
乙庚化金（正化）
丙辛化水
甲己化土

戌月
丁壬化火
戊癸化火（戌为火库正化）

乙庚不化
丙辛不化
甲己化土（正化）

未月
丁壬化木（未为木库故可化也）
戊癸不化（火气已过故不化）
乙庚不化（金气正伏故不化）
丙辛不化（水气正衰故不化）
甲己不化（己土即家故不化）

酉月
丁壬不化
戊癸衰薄不化
乙庚化金
丙辛化水
甲己不化

亥月
丁壬化木（亥中有木）
戊癸为水
乙庚化木
丙辛化水
甲己化木

子月
丁壬化木
戊癸化水
乙庚化木

丙辛化水（正化）
甲己化土

五月
丁壬不化
戊癸化火
乙庚化金（正化）
丙辛不化
甲己化土（正化）

由前述说明看来，化格的喜忌得失，大多与从格的喜忌得失类似，所不同者，乃化格必须天干逢合而化，从格不待天干而化，而两者均以全局旺而且强的化神或从神为推论的枢纽，则无二致。所以推论化格时，实在可与从格的推论法，比较研究，更易辨认其喜忌得失；唯因为两者构成的条件，究竟有若干差异，化格一时尚未便于工作归入从格。

《三命通会》《神峰通考》《星平会海》《渊海子平》等书，均载有化气格的歌诀，兹特选其可供参考者抄录于后：

甲己化土乙庚金，局中奇妙最难寻；
如何六格分高下，贵贱方知有浅深。
甲己中央化土神，时逢辰巳脱埃尘；
局中岁月趋火地，显述功名富贵人。
甲己干头生遇春，平生作事漫劳神；
百般机巧反成拙，孤苦伶仃走不停。
六乙坐亥休逢木，庚金相合透时干；
土生无火方成化，又恐金多返作难。
乙庚金局旺于西（金），时逢从革（金）更为奇；
辰戌丑未如相见，此是名门将相见。
乙庚最怕火炎伤，志气消磨主不良；

寅午相逢为下格，随缘奔走乞衣粮。
丙辛合化喜壬辰，富贵荣华有福人；
从革（金）格中逢一二，少年平步上青云。
丙辛合化喜逢生，翰苑英斐气象新；
润下（水）若居年月上，须知不是等闲人。
丙辛四季（辰、戌、丑、未）月中生，受化艰难福力轻；
数重来贫且贱，飘飘身世似浮萍。
丁壬化木在寅时，亥卯生提是福基；
除此二宫皆别论，金多又恐反伤之。
丁壬化木喜逢寅，盖世文章绝等伦；
曲直（木）更归年月地，少年平步上青云。
丁壬化木入金乡，狗禄蝇营空自忙；
气节低微无足取，眼前骨肉也参商。
戊癸南方火焰高，寅午时上逞英雄；
局中曲直（木）临年月，垂手功名着锦袍。
天元戊癸支逢水，败坏门庭事绪多；
行运更逢生旺水，伤妻克子起风波。

四、杂格

古书记载之杂格名目相当繁多，现代命学者有认为合理，或认为不合理者，莫衷一是，因此大半不取杂格论，或略而不谈。但是根据经验，有些杂格在论命印证时，也能准确推断。尤其在用正格及变格论命，无法找出满意答案时，往往在杂格中，可找到满意答案。习命理者，不应嫌杂格麻烦，而弃之不用。兹将杂格精要者，简介如下：

1. 井栏叉格

庚申、庚子、庚辰为主，须地支三合成水局，天干透三庚，乃为全逢润下。庚以丁为官，以申子辰水局，冲寅午戌火局，庚日得官为贵。《喜忌篇》云："庚日全逢润下，忌丙丁巳午之方，时遇子申，其福减半。"井栏叉，即井口也；润下者水也；井中有水，所以济人。此格实为金水伤官之变格。格成者喜水木金，忌火土。诗曰："庚日全逢申子辰，井栏叉出世超群，丙丁寅午全无露，定是清朝富贵人。"

2. 壬骑龙背格

此格以壬辰日为主，壬用支辰，暗冲戌中丁戊，柱中须辰多（主贵），方得冲起；也喜多得寅字（主富），合住财官为妙。喜行身旺食伤运，忌南方财官（火土）之地。若壬寅日，柱中多辰，亦去此格。《喜忌篇》云："阳水叠逢辰位，是壬骑龙背子乡。"独步云："壬骑龙背，寅多则富，辰多则荣。"壬龙骑背贵非常，大忌官星来破格，灾刑须见寿元伤。四柱辰多官爵显，寅多却作富家翁。

3. 六阴朝阳格

六阴指六辛日，辛为阴。子为阳，故曰六阴朝阳。必须六辛日逢戊子时，方可成格。局中若见火星官杀为破格，不入此格。柱中只宜子字一位，多则不中（若多一子福还悭）。宜身旺为佳。若此格成，多名胜于财，主贵。

六辛日真正合此格的只有："辛丑，辛酉，辛亥"三日。其余三日：辛巳日，巳中丙火破格；辛未日，未中丁火破格；辛卯日，卯刑时支子。故此之日皆格局有破。

格成喜行金木之运，忌行火水之运。

4. 六乙鼠贵格

《喜忌篇》云："阴木独过子时，为六乙鼠贵之地。"阴木即乙木，六乙日遇子时，名为鼠贵。专取其中丙子时，名为鼠贵幽元，无冲无破福周全，更为贵。此格要月通木局，日支亦为木旺之地，或水印星亦可。最怕午来冲子，丑来绊子，亦不喜卯刑子。局中多见子字尤佳，为聚贵。四柱须无官杀，方可入格，若见官杀，不入此格。

若岁运庚辛申酉凶悔，东方渐退，午运大凶。（午冲子）

鼠贵带食，早为藩省薇垣之相。

六乙之贵人为申子，为何用子（鼠）不用申（猴）？因申中之庚金为六乙之杀，乙日用申时为官星显灵，故不取申也。

六乙日真正合此格的只有乙未、乙亥日。其余四日格局有破。因乙巳，乙酉，乙丑日坐下藏干为官杀，乙卯日则卯刑时支子。

5. 六甲趋乾格

甲日见亥时，局中多亥字，忌行冲。格成忌见寅，巳，财星。主仁慈刚介心平。喜透印绶。

亥为天门之位，在乾卦位内。六甲日逢亥时，故曰六甲趋乾。甲之长生于亥，甲之禄为寅，而亥能暗合寅，为暗合寅禄，可求富贵。

千里马云："壬趋艮，甲趋乾，清朝吉士。"

6. 六壬趋艮格

六壬日见寅时，局中多寅字。忌刑冲。格成忌冲刑克破，官杀来侵，忌亥字添实。

六壬趋艮，多见寅字，主富。生逢亥月必贫。六壬趋艮，智足多仁。

寅在艮卦位内，故曰："六壬趋艮。"壬禄为亥，寅与亥暗合，故六壬日与寅时，名为暗禄，合禄。

7. 飞天禄马格

此格惟有四日：庚子，壬子，辛亥，癸亥。生十月（亥）十一月（子），冬水纯阴，柱中忌见官杀，方可入格。忌官星显露，禄难飞动，合神羁绊，不能飞动。要柱中有一字合住，方不走了贵气。喜伤官食神，及干支本运。

禄为官也，马为财也。在局中财官被冲起，故曰飞天禄马。行此格者，富贵可得。诗云："禄马飞天识者稀，庚壬重子贵非疑，柱无羁绊官星现，平步青云到凤池。"又云："飞天禄马少人知，辛癸亥多最为宜，不见辟煞并惹绊，少年富贵拜丹墀。"

《喜忌篇》云："若逢伤官月建，如凶处未必为凶，内有倒禄飞冲，忌官星亦嫌羁绊。"

庚子日，须局中多见子字，以冲起午中丁火官星，及己土印星。喜局中有寅戌未，其中一字来合午为妙，多则不宜。忌丑来绊子，及官星。

壬子日，亦须局中多子字，以冲起午中己土官星及丁火财星。其喜忌与庚子相同。

辛亥日，须局中多见亥子，以冲起巳中丙火官星及戊土印星。喜局中有申酉丑，其中一字来合巳为妙，多则不宜。忌寅来绊亥及官星。

癸亥日，亦须局中多亥字，以冲起巳中戊土官星及丙火财星。其喜忌与辛亥日同。

8. 倒冲禄格

此格唯有二日：丙午，丁巳。其喜忌之论法，与飞天禄马相同。因丙午日，午可冲起子中癸水官星，丁巳日，巳可冲起亥中壬水官星，故曰倒冲禄格。须局中无官杀，方可入格。

丙午日，须局中多见午字，无官杀方入格。喜丑申辰，其中一字来合子为妙，多则不宜。忌未来绊午，及官杀（壬癸亥子）显露。

丁巳日，须局中多见巳字，无官杀方入格。喜寅卯未，其中一字来合亥为妙，多则不宜。忌申来绊巳，及官杀（壬癸亥子）显露。

9. 财官双美格

专指壬午，癸巳两日。兼得禄马财官双全也。因午中丁己为壬日之财，而午又为丁己之禄也，巳中丙午为癸日之财官，而巳为丙午之禄也。财为马，官为禄。人命坐支兼得禄马财官双全，故曰财官双美。但仍以全局生克制化喜忌为审度，是否富贵才最正确。

日干坐支藏财官者，尚有甲戌，乙丑，乙巳，丙申，丁丑，戊辰，己亥，庚寅，辛未，壬戌，癸未日等。

10. 归禄格

又名"日禄归时"。即日干之禄在时位，四柱不可见官杀，见之则难归禄矣。禄忌被冲破。喜身旺坐旺地旺运，亦喜食伤财星。主得财获福。

甲日寅时，乙日卯时，丙日巳时，丁日午时，戊日巳时，己日午时，庚日申时，辛日酉时，壬日亥时，癸日子时，以上为日禄归时，号"青云得路"。其中丙日见癸巳时，为"时上一位贵"（七杀）；辛日见丁酉时，亦为"时上一位贵"，乙日见己卯时，为"时上偏财"。

丙辛日因时干见煞，克破时禄，故不入归禄格。

11. 拱禄格，拱贵格

日干与时干要相同，日支与时支共拱一禄神或一贵神。拱者，夹也，向也。禄是临官之禄，贵是官星之实，或指天乙贵人。拱禄拱贵，添实则凶，忌官杀，怕落空亡。

五拱禄

癸丑日，癸亥时。（拱子为禄）

癸亥日，癸丑时。（拱子为禄）

丁巳日，丁未时。（拱午为禄）

己未日，己巳时。（拱午为禄）

戊辰日，戊午时。（拱巳为禄）

五拱贵

甲寅日，甲子时。（拱丑为贵）

乙未日，乙酉时。（拱申为贵）

丙戌日，丙申时。（拱酉为贵）

戊申日，戊午时。（拱未为贵）

辛丑日，辛卯时。（拱寅为贵）

《三命通会》云："夹禄夹贵，必居八座之尊。干旺而禄贵夹，清正官员，也须看月令看支指，是纲有用提纲重，月令无神用此奇。"

12. 专财格

甲日见己巳时，丙日见丙申时。丙之禄在巳，申为丙之财，丙即坐申，引巳刑出庚金，丙日克之为财，两干皆丙，是为专财。专财格要身财俱旺，运行官旺，财神不背，大发财官。喜忌参考命局结构而论吉凶。

13. 天干顺食格

又名天干连珠。即八字之天干，依次相生为食神。如壬年，甲月，丙日，戊时。其喜忌依命局结构而论吉凶。

14. 地支夹拱格

又名地支连菇。如子寅拱丑，辰午拱巳。余仿此。其喜忌依命据结构而论吉凶。

15. 两干不杂格

即八字之天干，五行相同者各占两半。如命例："庚戌，戊寅，庚戌，戊寅。"其喜忌依命据结构而论吉凶。

16. 天元一气格

又名一气堆干格。即八字之天干，皆相同也。若其中一干混他干者，则不入此格。其喜忌依命局结构而论吉凶。

17. 棣萼联芳格

忌八字年月干，与日时干皆相同者。其喜忌依命局结构而论吉凶。

18. 地元一气格

又名一气堆支格。即八字之地支，皆相同。其喜忌依命局结构而论吉凶。

19. 一气生成格

又名天地同流格。即八字天干一气相同，地支一气相同也。

一气生成格共有：四甲戌，四乙酉，四丙申，四丁未，四戊午，四庚辰，四辛卯，四壬寅，四癸亥。

《三命通会》云："四柱干支一气，中间亦有轻重贵贱，须细别之。大要推其支内，有无财官印食入格，有无损伤天干，有无得令，上下干支财官印食，可化不可化，可从不可从，定其轻重贵贱。"

四甲戌：戌中有财官主贵，但四戌皆火土，墓气重，多主孤，或幼失双亲，或至晚年多灾祸。

四乙酉：胎元之贵，男吉，女多横亡不寿。多伤残。

四丙申：可取贵，七月火病衰，财旺生煞为凶，喜四丙类助身，克得财聚，主富贵，或先贫后富，岁运如遇刑冲破夺，必生灾祸。

四丁未：刃旺性强，虽贵亦多凶险，克妻之命也。刃旺多凶恶，宜军警。运引合刃见官之地，恐勃然祸至。

四戊午：刃旺性强，虽贵亦多险，克妻之命也。午冲子，午癸化真火，午合寅戌为印，权贵之命也。

四己巳：四火为印，多贵。巳冲出亥众壬甲为财官。（注：另一说为主贫困，男凶女吉。）

四庚辰：魁罡也。贵而风流，名重利轻。金盛，多凶祸克妻。

四辛卯：富贵双全。晚年财薄，寿不坚牢。

四壬寅：食神生财，富贵双全。

四癸亥：水旺太过，亦为飞天禄马格，亥冲出巳中丙午财官，但无申酉丑，来合住巳，故不多贵或多贫薄。

20. 四位纯全格

即四柱地支为四长生（寅申巳亥），或四专气（子午卯酉），或四墓库（辰戌丑未）。其喜忌依命局结构而论吉凶。

寅申巳亥：四生之局，又名"驷马乘风"，可得富贵。有五行生气，驿马学堂是为四生。

子午卯酉：四败之局，为桃花之地。有五行旺气，乙辛丁癸临之，是为四正。此格合者，多主富贵，但不免六亲刑害，进退连菇，以各相冲而无合也。若失局，男女犯之，虽贵有财，不免荒淫酒色，薄德之人。

辰戌丑未：四墓之局，五行杂气，华盖正印临之，是为四墓。书云："四库全时为四贵，位班上列据权冲。"

四位纯全格，虽合格者多可得富贵，但因四柱互见冲克，恐寿不长或多波折。

第十七章　四柱有关的几个问题

第一节　不同的时差如何界定

无论是求测者还是预测者,都不能忽视出生时间的准确性。如果出生时间不准确,那么所记录的就不是求测人的出生时空,进而根据错误的出生时空所画定的人生曲线,也就不是求测人的了。

如果出生时间正好是单数时,如七时、九时,可参照地方时。除此之外,使用北京时间。如日主生在北京时间正好是早七时,而日主出生的地方时,离北京时间还差十几分钟,可见日主是七时前生人,用卯时。如果日主生在东北,东北的地方时是在北京时间后的十几分钟,则用辰时。

在外国出生的中国人,或者是外国人用中国的四柱八字预测,是否要根据时差改为中国的时间呢?

我们认为无此必要。因为地球受着宇宙的影响。地球上的人当然也不例外,不同的时间,不同的方位所受的星宿影响不同,人出生的时间(年月日时)是一个记录,是人在地球某方位出生的记录,内含宇宙星宿影响的奥妙,因此无必要改成中国的时间。

岁荣通鉴(上)

第二节　如何判断十二生肖流年吉凶

每到新年前后,我们都会经常看到有一些港台星相命理大师推出十二生肖流年吉凶的畅销书,其中提到很多的星煞。他们借以判断吉凶的依据是什么呢?现将《流年歌诀》及相关的星煞注解介绍一下,读者就可以自悟了。

一、流年歌诀

1. 将星及三台　百谋事和谐　出入必称意　添喜又添财
2. 天罡罗计临　三杀年中寻　男遇恐凶险　女值有灾星
3. 红鸾和天喜　一年皆大喜　百事滔滔顺　财喜不须疑
4. 华盖驿马星　值年必不定　千思万条路　不若苦营生
5. 天月两德星　值此多安宁　一年滔滔顺　添财又添丁
6. 太岁当其年　出入欠安然　单月大不利　灾厄小人牵
7. 太阴连太阳　一年大吉昌　东作西成就　家计保安康
8. 白虎与飞廉　灾厄小人缠　失物恐呕气　提防麻衣穿
9. 玉堂文昌星　四季多康宁　谋为皆称意　灾祸不缠身
10. 钩绞皆称意　灾祸不缠身　小人灾厄有　幸遇贵人解
11. 灾杀病符运　值此多不顺　男遇恐失财　女逢有灾星
12. 岁破兼阑干　遇此大不安　损财呕气有　不然病祸缠
13. 血刃浮沉临　血光要小心　谨慎二字好　不然恐跌倾
14. 天解加地解　一年事和谐　谋为称心意　添喜更添财
15. 官符是官非　忍耐和为美　小人口舌有　谨慎免灾厄
16. 劫杀死事临　失财小人侵　单月小心好　阴多却少晴
17. 龙德加紫微　逢之多祥瑞　求利利万倍　求名身荣贵

18. 天狗连吊客　凶恶不可说　女逢有虚险　男遇恐失跌
19. 卷舌遇桃花　口舌不可夸　任你独宿坐　是非两交加
20. 天罡天空星　人品欠安宁　若不见孝服　必定祸事侵
21. 大耗遇丧门　失散葬子声　一年啾唧过　有解不见刑
22. 天杀连地杀　是非两交加　小人灾厄有　一年乱如麻
23. 天台月杀来　谨慎小人灾　单月恐不利　提防要失财

二、星煞注解

月德——吉星，能消除死符、卷舌、飞廉凶星之效。

福星——吉星，不能消除凶星，但能增加吉星之力量。

天德——吉星，能消除死符、卷舌、飞廉凶星之效。

红鸾——吉星，主吉庆之喜年，会合太阳、太阴。不论有多少凶星，皆作吉论。

太阳——吉星，最喜与太阴、红鸾相会合，诸凶皆灭。若太阴坐流年之命垣，且主得子。若会三台、驿马，主升迁。

驿马——吉星，能消除栏干、小耗、官符之凶星。

龙德——吉星，能消除月煞、咸池、病符之凶星。会太阳、太阴、红鸾，主喜庆之事。

紫微——吉星，能消除贯索、勾绞、灾煞、大煞、浮沉之凶星。会太阳、天解主升迁。

天喜——吉星，能消除五鬼、天哭、披头之凶星。

太阴——吉星，能消除披麻、死符之凶星。

华盖——吉星，能消除五鬼、浮沉之凶星。

陌越——中庸之星，遇吉则吉，遇凶则凶。

死符——凶星，主停滞不前。月德、天德可解。

咸池——凶星，但不会合披头、披麻亦无大凶。会合之时主家庭起风波。天德、月德可解。

小耗——凶星，但不会卷舌、五鬼亦无大凶。会合之时，主破小财，兼有是非。龙德、天喜均可解。

卷舌——凶星，但不会勾绞、官符、贯索，为害不大。会合之时，有是非官讼。天喜、紫微、龙德可解。

披麻——凶星，但不会五鬼、劫煞、伏尸、天哭，其凶不烈。会合之时有人口不安之虞。红鸾、太阴、天德、月德可解。

岁破——凶星，但不会咸池、大耗、天厄、披头、浮沉，为害不大。岁合、太阳、天解可解。

栏干——凶星，只主事有阻碍，并非大凶，忌与病符会垣。遇之久病不愈，驿马、紫微、天德、月德可解。

丧门——凶星，大忌与吊客、病符、披麻、天哭等会合，遇之有凶兆。天解、地解、紫微、太阳、红鸾可解。能会合三个以上之吉星，庶几安然。

吊客——与浮沉、五鬼、小耗、飞廉、会合。只主远亲有凶。若与披麻、丧门、白虎、会合，而无吉凶相助，主凶兆。

太岁——与卷舌、披头、月煞、天厄会合，主有委曲之事，天解、天德、月德可解。

伏尸——凶神，指不能发展，茫茫度日如伏尸一般，而不是指死亡之事。月德、天德、福星可解。

大耗——凶神，与大煞、白虎、吊客、浮沉会合主财物上之损失，会病符、披麻、丧门、吊客主疾病破财。

病符——凶神，与丧门、吊客、天狗、白虎会合，主疾病。天解、紫微、红鸾吉星可解。最忌与披麻、伏尸亦来会合。

飞廉——凶神，忌与大煞、勾绞、白虎相会合，主是非之事。天德、月德可解。

五鬼——凶神，忌与指背、飞廉、劫煞会合，主是非之事。天解、红鸾可解。

勾绞——凶神，与大煞、劫煞、指背、官符、剑锋会合。主有无妄之灾。

官符——凶神，与指背、天狗、白虎、三台会合，弃官制职，常人亦主讼诉。

披头——凶神，与白虎、指背、官符会合，主历久争论、欲罢不能。

白虎——凶神，会合亡神、劫煞、陌越、咸池。女命大为不吉。

第三节 如何从农历出生日的月相上看性情

月球是地球的卫星，每日移动速度大约13度，地球由西向东旋转，每四分钟距差1度，一昼夜分成360种不同的命度，其对地球之影响称为"生命能力"。根据月亮的运行可以了解它对地球上的人类所造成性情上的影响，因为月亮掌管潜意识，从星象学理论而言，如果月亮在诞生图标位置居强势时，代表家庭意识强烈，意即爱国心强烈；相位不佳时，可能有恋母情结产生。因此从我们的农历生日就可以看出每个人不同的性情，以下就为您逐一做详细分析。

诞生在初一（新月）者：

体魄强健，个性宜人，充满自信；唯倾于妄自尊大、自豪、不成熟；易敏感、沮丧、受伤害；喜欢尝试新事物，无定性；有幸运的人生；有掌握适时适地的能力；利于开拓自己的前程；具有吸引力。

诞生在初二日者：

具有行动力与热忱；易受感觉影响；易同情他人；有丰富的想象力（是优点也是缺点）；易在内心编制剧本，真伪不分；时而歪曲真理，易被人误为骗子；虽然命属幸运，但最好还是调整一下自己的缺点。

诞生在初三日者：

有高尚的情操及宜人的性格；有魅力，社交性强，朋友甚多；有强烈的道德意识，为值得信赖之人；乐善好施，喜欢帮助及保护贫苦、伤残、孤老和不幸之人；具有良好直觉力，有助于做正确的抉择；善于交友及影响别人，并获得他们的助益。

诞生在初四日者：

虽然给人以有自制力与自信心的印象，但事实上对自己的才能充满着怀疑；对世界及未来会有一些恐惧；讨厌受到压抑、限制，渴求在工作上或其他环境中有自由的选择或行动，虽然人生中会遭遇一些意外的阻挠，但仍能幸运地达成愿望。

诞生在初五日者：

像新月日诞生者一样，有积极的特性；充满希望与活力；可能对成就有些自傲；宜注意调整自己的言行，以免遭到前进时的阻碍；天生的才智与说服力，能助益在各行业中崭露头角；然而在下决心上有些瑕疵；在不能确切把握的机会上易失败。

诞生在初六日者：

具有宜人的举止与友善的个性，害羞，对自己有些不确定；为了穿着打扮，花费较大，但可因此增加信心与改善心情；常喜待在家里，家在生命的地位很重要；可从个人的人际关系上获得助益；但从工作同僚间所获助益较少，因此对爬上事业高峰不要期望太大。

诞生在初七日者：

可能经历较不愉快的童年及少年期，亦为情绪上不稳定及过度自信的原因；具有丰富的创造力和想象力，可借此助益人生的成长；穿着较不讲究；乐于学习和探究事理；具有温馨及同情心；可成为天生的教育家。

诞生在初八日者：

个性较严肃、好思考、不爱戏谑及开玩笑；具有非常的雄心与信心；工作勤奋、谨慎、稳扎稳打；易达成个人所期盼的成就；与异性相处不易；属晚年才想结婚；讨厌改变以及任何淆乱与不确定的事物。

诞生在初九日者：

您是一位积极和外向型者，率直、豁达、喜欢社交活动；擅于尝试新事物；精力充沛有热忱；唯稳定性不足；当事物不能马上使自己顺心时，容易气馁；适做开创者；在人生前进的道路上，浮沉难免，宜增加坚忍的毅力。

诞生在初十日者：

幸运地具有外向与乐观的个性，有良好的直觉意识，有助于掌握前进的方向；乐于接受新的挑战；视解决难题为一项快乐的事；喜爱旅游或赴国外工作及居住；如诞生图上有其他行星处于良好相位时，可成为巨富。

诞生在十一日者：

具有宜人及外向的个性；善于了解人性，有利于结交朋友并获得助益；当遭遇痛苦时，会有间歇性的沮丧；宜多考量处事的价值感；天生的同情心有助于往社会性、慈善性方面的工作发展并能够达到巅峰，赢得大众的尊敬。

诞生在十二日者：

具有诚恳的性格；年轻时，可能就会离家外出奋斗；拥有道德信念及灵感；崇高的精神能给予舒适的人生；喜欢户外运动，亦或成为优秀的运动员；缺乏物质的野心，工作较不努力；或不易爬上事业的高位。

诞生在十三日者：

喜具有秩序性及确定性的人生；工作勤奋，易实现理想；每当遭遇意外或难以解决的难题及阻碍时，能够幸运地获得他人给予指导和建言；喜欢动手的工作，对陶艺、雕塑、服装设计、绘画等有兴趣，并可发挥才能；当情绪低潮时会变得难以沟通，易造成一些困惑。

诞生在十四日者：

与人相处融洽、慷慨、极具正义感，常仗义执言；未婚前与异性相处甚欢；善于未雨绸缪，有雄心，不易看清隐藏的问题，宜加注意；不善于积蓄钱财，或有爱赌博的缺点。

诞生在十五日者：

稍有些傲慢，喜欢威吓别人；易一意孤行；常不能确定自己的行为是否正当；在理念上，期待爬上高位，以获得他人的尊敬，但在实践目标时，却又常常持相反的态度，宜提高警觉性。

诞生在十六日者：

有雄心欲达巅峰，易倾向于时尚、娱乐、艺术及设计等领域求取发展；喜欢稳定性的工作；有勤奋心与果断力；不喜欢受人指使；每当感觉受到欺压和被限制往目标迈进时，会突然地改变工作。

诞生在十七日者：

缓慢的生理代谢作用，使您不易保持苗条的身材，因此常常与饮食发生抗衡；有仁慈与体贴的心，可赢得许多朋友，但沮丧的倾向会造成不利的影响；喜欢以家庭为中心；期待能有机会表现自己的艺术才华；如果想兼顾家庭与事业，可能两者皆失败。

诞生在十八日者：

能够了解自己的人生目标，并会坚持去实现雄心；但容易发怒或有苛刻的行为倾向；与同事间易生麻烦；不易获得别人的支持和鼓励；不善于理清问题和早作适当的计划；易不拘小节；在回答他人问题时亦不甚有礼貌；虽有赚钱的才能，但不易保有财富；或易成为伪善者。

诞生在十九日者：

属于聪明、伶俐、快活型之人，充满精力与热诚；年轻时魅力十足，年迈时变得容易沮丧及恼人，中年时期亦不甚成熟，或可称愚笨；适合从事销售及开拓市场的工作；为天生的演说家；喜欢管人，但并不甚恰当。

诞生在廿日者：

具有良好的想象力及创造潜力，但因缺乏信心及专注力，容易变成退缩与踌躇；容易不断地受人影响，而难以正确掌握自己的行事方针，以至甚易失败。优点是具有理解别人问题的知觉力，能成为极佳的咨询人才或顾问。所以，宜早日获人指导或自我学习发展之，以免蹉跎光阴，减损了本身的天赋才能。

诞生在廿一日者：

除了偶尔会有些疑虑与自信不足外，基本上仍属于拥有快乐、外向与欣悦的灵魂；拥有快乐时光时，会不自觉地露出笑容；善于聆听别人的难题，适合从事社会工作，如当老师、志愿者等，亦适合担任医生或心理医生；亦可从事宗教事业。当家人或好朋友做错事时，易倾向于自我批评或谴责，因而会造成内心的忧虑不安及悲伤。

诞生在廿二日（下弦月）者：

属于安祥宁静及热爱家庭者，与家人及好友相处时，可获最大的安慰感觉，需要提醒注意的是：虽有强烈的物质欲望（雄心），但是缺乏必要的行动力和企图心，来达成目标，因而会产生沮丧；亦有敏感的倾向，对别人所加之批评易有刺伤的感觉；拥有仁慈心，能够宽恕别人，易为人所喜爱。

诞生在廿三日者：

喜欢旅行以及变化的人生；易被外国事物所吸引；在工作及居住方面易常有变动，或赴外国定居。然而矛盾的是，内心会因远离家园而并不真正的快乐，对被你远离的人，会感到一份内疚；具有良好的精神意识，热爱人类，易获人尊敬；适合从事安慰他人及救助他人的服务工作。

诞生在廿四日者：

虽有一点羞怯及对自己的不信任，但拥有一颗仁慈及欢悦的心，有动人的仪态，容易吸引别人，与家庭的关系密切而重要。但是下定决心后，会变得非常固执，甚至不惜和亲爱的人发生不必要的争执。可能凭借太多的直觉印象处事，有时候虽然效果不错，但并非每次都属正确，可能还常出差池，宜加注意！

诞生在廿五日者：

与廿四日者一样，有些怕羞，容易退缩，喜欢跟着别人走，而不喜欢去领导别人；有求知之欲望；热爱旅行及冒险；脾气来得快，使自己不易获得适当的心理平衡，影响所及是，感觉人生不快乐。理想的补救之道是：事情做错时要能获得伴侣的支持与鼓励。人生成功的目标，在于如何在事业方面，展现出自己的特殊艺术才华。

诞生在廿六日者：

你是一位相当保守的人士；期望拥有安全、温馨与可爱的家庭生活；事双亲至孝；生活中的快乐大部分依赖自己挑选的伴侣，反之，则人生感到悲哀与凄凉。喜欢小孩，除自己的外，也许还会再领养一位。人生是非分明，亦会为自己定下高标准的目标。

诞生在廿七日者：

是一位比较阴沉、忧郁与令人难以捉摸的人。在某些日子里会非常开朗、快乐；但在某些日子又会变得缄默与不愉快。如果在诞生图上，尚有其他的负面影响时，可能形成躁狂抑郁心理倾向者。当被激怒时，脾气来得很快。对事物的看法限于非黑即白的对立价值观，不能容忍别人有不同的论点，所以在事业上不易获得成功的发展，与同事间相处也是容易争论。然而，亦有可爱的一面，如运用天生的敏感性及对别人的关怀心，在适当的情况下，可成为一位优秀的顾问或解题专家。

诞生在廿八日者：

易有些情绪化以及不易被捉摸，虽然具有雄心，想成为著名人士，但却缺乏特殊的社交手段，所以在交友上易发生问题。具有良好的经济意识，了解金钱的价值，故花费时颇为谨慎；需要一个坚实稳固的家，但又想享有充分的自由，偶尔也会纵情一下；批评别人时较为严厉，标准设定较高；对自己则又不然！可讽言之："严以责人，宽以待己。"

诞生在廿九日者：

是一位言行慎重与秘密型的人，特别是在情绪方面，极不容易被人理解，充满神秘气息。有喜欢自己动手做的嗜好与兴趣；具有敏锐与精明的心思，善于往远处看；喜欢做幕后工作。最好的朋友是童年时一起长大的人，并会以最大的忠诚来对待他们。在本质上，是一位十分诚实的人，但遇到非常时机，也会为达目的而不择手段！

以上介绍的是月亮缠于不同月相（阴历日）时，带给诞生者的一般心性的影响。有人会十分符合，也有人不尽相同。就占星学而言，我们必须根据完整的诞生图来做分析，才能获得确实的结论，而不至于扭曲了占星学的真正价值。

第四节　如何从日柱上看吉凶

现将《六十日用法诗诀》介绍如下，读者可细细研读：

甲子：

天德贵人日。坐子、沐浴，逢官临桃花。

白玉仙子捧印来，一举成名天门开。

贵人不向西方去，烽火空负旷世才。

辛为正官，庚为偏官，戊己为财，见甲乙为破财，丙丁伤名利艰难，生在子月，无丑合，离祖自立，亥卯辰月主贵，巳月平常之命，午月甲死子神冲，他乡立业。申月，子嗣难有。辰月，移根换叶。亥月，文章显达。

甲寅：

天禄贵人日。坐比肩，食神，临官禄。

禄到人间最为奇，千秋功业酬白帝。

田园风光好福气，春江月夜柳丝垂。

双木并排，见寅月，孤克，二三妻，见申酉月大贵，卯月，身太旺破财，巳月，犯刑，亥月，早步帝阙，子月拱丑，贵。午月，会东方火局，才华超群，辰月，广置阡陌。

甲辰：

龙守财库日。坐偏财库，临衰。

身坐财库一世荣，慷慨风流人多情。

财团公司善交际，官星透显管万民。

子月，水多木漂，主移根换叶。申月、贵，酉月，富贵双显。午戌月，主富，卯月，羊刃主败财。丑月富厚有财，亥月透官，最贵。寅月，龙虎拱月，叫龙吟虎啸。

甲午：
龙马奔驰日。坐死、伤官、财地、进贵日。
龙马交驰好福气，娇妻美女喜北地。
八月桂花香千里，春风丽日相依依。
　　子月，冲午，鸳鸯难合。亥卯未月，贵显。午月，自刑，见亥子，主富。丑月，身弱，见火贫。寅月，得申酉吉，火月劳碌贫夭；卯月，财不聚；申酉月，武职得权。

甲申：
龙虎夺魁日。坐绝，临杀化印。
跃马横戈驰天涯，秦山楚国帅府家。
儿女手足喜相逢，斩将夺关壮士夸。
　　生于子月，印化煞，贵。亥卯未月，都贵，申月申时，死，夭命。丑月，带疾，辰月，孤独或僧道。巳月，清贫，敦厚聪明，且有刑。午月，艺业成名，酉月，先贵有疾，一成一败，亥月，文章显达。

甲戌：
青龙献艺日。坐养，临偏财，伤官。
一世荣华走他乡，千般艺技样样强。
官星印星来捧上，风流多情歌舞场。
　　子月，书海成名。丑未月，冲刑灾，多病。寅月贵，工作好，对妻不利，丑月，大富，巳月名利两全。午月，富而贵。辰月，僧道清高。亥月，艺人，功名不遂。戌月，背禄逐马，鸡鸭同鸣。甲临戌，财库，富贵双全日。

乙丑：

玉女佩珠日（丁为玉女，丑为珠）。临衰，坐枭与偏财，将星。

身坐金库财福秀，衣禄荣华样样有。

金水相涵好文章，东方西方对面谈。

生于子月，丑合，贵，丑月，带疾；寅月，寅中丙火克庚金官星，不禄。申酉月，无火，寿长。寅卯月败财。辰戌月，富贵。亥子月，诗文扬。巳午月，福寿。戌月，清秀厚道，财富丰盈。

乙卯：

风云相会日。坐禄，临比肩，爵位，天乙贵人。

身坐爵位人称羡，功名显达列朝班。

苍海珠玉会雨露，青山白云流水远。

子月，偏印，文笔命，喜食伤生财，土月富，亥月，辛官，武职勋业。寅卯月，财绝，僧道有缘。巳午月，破财，申酉月显赫。戌月福而寿。未月财富丰盈。

乙巳：

木火生辉日。交贵，驿马，正财，成名。

刚愎自用又聪明，财官同见公侯命。

文才武略怕青龙，兴旺成败一刻中。

子月，文才出众，一生劳碌。申月，官得生，近臣。丑月，武职建奇。亥卯月，通根见官杀贵。未月，有福，营商发财。巳午月，妻病或离别。申酉月，带疾，肝胆病。亥月，文章出奇。戌月，入墓，富而寿短。

乙未：

财福日。临财，坐养。也叫福贵日。

天元坐福人聪颖，得官逢比赛富翁。

丝绸路上愁石榴，春色秋花雨蒙蒙。

子月，平常命。未月，孤刑，申酉月，肾病，阳痿，女姓有妇科病，亥月，大贵。辰戌丑月，福商巨贾。午月，声名天下，夏月生，平常，冬生，寿长。巳月，功名难遂，艺业生涯。

乙酉：
龙凤呈祥日。（生于酉月为贵为蒙难日）坐绝，将星。
春花江水落凤霞，南北扬名匡天下。
南方一去坐金殿，玉石翡翠泪花花。
子月，生身，逢财星，吉。寅卯月，显贵。午月，艺名生涯。申月，贫命，劳碌。酉月，自刑，伤禄破命目疾，主灾，行印运时吉。亥月，喜财星，田园丰盛，巳月败散祖业，乙酉，多伤残。

乙亥：
名利双成日。坐死，临正印，劫财，文星贵人。
玉兔月桂喜官星，亲姻朋辈重友情。
青竹流水郁葱葱，太阳投江重复行。
子月，主有富，喜官杀显贵。亥月，自刑。午月，贵命，千荷夏日鲜。寅卯月，财星透，富寿。申月，得官。巳月，天涯风尘。戌月，艺道成名，干戈阵前之命。酉月，伤官，贵，死于非命。

丙子：
漓江照彩日。临胎，正官，喻文曲星，天官贵人。
彩照山川凤呈祥，年少成名坐华堂。
日落江河人堪伤，东彩西虹任君想。
子月，逢印，贵。土月，企业财团。寅卯月，学业有成。午月，贫，自立家业，兄弟难依。申酉月，经济有方。亥月，有疾，夭。子月，不禄，心脏疾患。丑月，透财贵。巳月，刑灾，大肠患疾。辰月，官星暗藏，超群出众。

岁荣通鉴（上）

丙寅：
红日东升日。坐长生，枭印，食神。
山川秀丽柳丝青，人生最喜烟霞景。
莫向离情虎山行，西南一去幽幽命。
酉月，正财，透财贵显。寅月，贵而不长久。卯，见财星福，官星显贵。申月，财官双显。未月，主福。戌月，衣禄平常。亥子月，六品之贵，巳午月，肠胃或肺疾。

丙辰：
火照龙潭日。临官，食神旺，正印。
日坐福神受皇恩，高官厚禄子孙兴。
平生享尽人间福，女命穿金又戴银。
戌月，冲，财门开，富命。辰月，僧道或孤。寅卯月，贵。丑未月，富厚。亥子月，贵格。申酉月，行火运，官至二三品。午月，两三妻，福禄两全。

丙午：
天河落彩日。坐劫地，伤官，羊刃。
人逢帝座爵士身，功名仕途显达人。
苍龙水火多有厄，细雨蒙蒙入燕门。
巳午月，平常命。亥子月，武官，功名挫蹬。午月，贫，倒冲子贵。寅月，三合局，文上显赫。卯月，喜行财星，贵而富。戌月合伙，商人。辰月，实业主。申酉月，财富商贾。

丙申：
火照金城日。病地，偏财，临杀。
身临财官显声名，且防比刃杀伤临。
马逢帝旺临官处，堆金积玉立大功。
子丑月，血疾，申月，文章有名。酉月，妻妾有情。子辰月，带

疾，亥月，喜财。午月，一生吉庆无病，长寿。寅卯月，官荣身。未月，虽富但肠胃有病。丙申日，遇岁运刑冲，必生灾祸。

丙戌：
天厨贵人日。坐墓，福神财地。
玉堂厚禄寒门出，金银珠宝西方路。
日落深潭闯鬼门，金榜题名显双亲。
生于子月，福寿延，有名有利，地支巳午戌月，富贵双全。申酉月，大富，财团。辰月冲，少年名显。亥月，武职，六品。丑月，一般经济人。辰月，身旺得职，身弱贫贱。

丁丑：
玉女守库日。坐墓，临财。
一轮满月彩画鲜，金银满库禄高迁。
丽人不行东南地，洁肤玉身受熬煎。
丑月，财透干，富。寅卯月，印，学士命。巳午月，妻迟，二婚，破财，一生辛劳。申酉月，金银满贯，戌月刑灾，财去财散两空空。亥月，喜行南方火运，名利有望。子月见火，戎马倥偬。

丁卯：
月照蟾宫日。临偏印，坐病。（虚名虚利）
日坐偏印身自强，西风不吹日惆怅。
驿马交驰到财乡，山斗文章盖一方。
寅卯月，印绶，喜行官运，寒门将相。辰戌丑未月、孤星，妻不顺，财不聚。巳午月，夫妻缘份薄，艰苦。午月多婚，贫，夭，申酉月，名利双贵。子月，武职。亥月，文职显耀。

丁巳：
朱雀跃辉日。坐帝旺，劫财，伤官，正财。

谢女才高满词馆，等闲平步出少年。
旌旗蔽日入凤阁，火焰马疲怨高山。
午月，长生，文章显奇。巳月，禄贵。寅卯月，透官星，一品大贵。辰月，商海有名。未月，贵格，申酉月富命。戌月，无福，见癸水，伤目近视。亥月，常常外出。

丁未：
人立画桥日。坐冠带，食神，比肩，偏印。
食神生旺胜财官，天河画桥拜金殿。
巽风相伴云雨水，太阳夺辉苦贫寒。
子月，沙场立功。丑月，外出经商，妻多离别。寅卯月，金堂玉马。巳午月，破祖业，自立家门。申月，财官双美，酉月，大富。辰月，杂气官旺。亥月，将相。丁未，性强，人贵，凶险多。

丁酉：
玉女乘凤日。坐长生，临偏财。
朱雀乘凤显英豪，金车玉凤福寿高。
贵人龙马东方起，太阳升时漫徒劳。
亥月，贵人捧印，酉戌月，犯刑，骨肉无情，因财分张。子月，杀旺，喜行土运，午月，干强，财旺，未月，衣禄平常，申月，财多身弱，富室贫人，戌月，技术生涯。

丁亥：
月照天门日。坐胎，临正印，正官。
词馆文章早荣身，驿马七杀风尘人。
最喜荷花并蒂开，金水文章佐朝君。
亥月，贵且富。子月，行木运，金戈铁马。戌月，冲，技艺精湛。寅卯月，贵而显耀。巳午月，自刑，小商。申酉月，利路绵绵。子月，带疾。辰月，专业技术成名。

岁荣通鉴(上)

戊子：

山环水抱日。临胎，坐正财。

水绕山环明月光，烟花影中福高享。

勿贪关城槐山梦，江海浮云一空束。

子月，喜行火运，福。丑月，聪明，主富贵。寅卯月，弱，病或夭亡，喜火土。巳午月，巳禄，印，午刃，喜行食伤富贵。申月，食旺，贵。酉月，伤名望。土月得才，富贵。亥月，虚秀，财帛不聚。

戊寅：

虎啸山谷日。临长生，坐杀，偏印。

将星入命立武功，猛虎纵风显英雄。

印绶财官悬天门，南征北战旅马行。

卯月，寅月，鬼旺，多疾或夭。巳、午月，印，诗文会海，兵权万里。申酉月，不禄，伤功名，土月，富。亥月，子月，商贾大富。

戊辰：

苍龙出海日。临冠带，正才，比肩，正官。

月洒高山江山秀，平生最喜东南游。

一生辛勤贵不显，为人热心福气厚。

子月，财旺，目盲，无火，虚而不实。丑月，财少，人聪明。寅卯月，官星，身荣。辰月，财不聚，孤克。巳午月，学业二次成名。申酉月，艺名四方。戌月，冲，少年出众。亥月，多疾，子月，无根，飘荡，技艺超群。

戊午：

马奔午门日。坐羊刃，正印，劫财。

日月分秀福气隆，杀官相见主武功。

平川一去前程远，戎马西洲比陶公。

子月，名利双收，丑月，财旺。寅卯月透干，朝野重臣。午未月印，锦绣文字，透官显贵。申酉月，企业财团董事。戌月财少，平常，孤克。子月，外乡立实。祖业无靠，六亲冷落，亥月，大富，刃旺，性强，人虽贵，凶险多。

戊申：
霞落花簇日。临病，食神，偏财。
日坐福星声名显，万卷诗书朝天关。
骑驴走马炉中火，风云雷雨步金殿。
寅月，冲禄，财旺。子月，财旺，印旺，贵，丑月福，爱酒色，固执。卯月，合食，名利双显。辰戌未月，土气专旺，不聚财，肾病。巳午月，事业沉浮不定多变动。申酉月，专业致富。亥子月，大富。

戊戌：
溪绕画亭日。坐墓，临正印，比劫。
热情憨厚心似海，白帝玉女捧印来。
溪绕画亭芳香名，田园平川云天外。
子月，显贵聚财。丑未戌月，刑灾，有破。寅卯月合印，诗文成章。申酉月，堆金积玉。亥月，冲，心神不定，异地创业。

己丑：
金牛拜金殿。临墓，坐比肩，食神，偏财。
一柱佛香拜金殿，艮山流水芳名显。
金匙开得丑戈库，富贵荣华醉管弦。
亥月，伤官尽，贵，有权威。寅月，贵显。卯月，兵权显赫。申酉月，庚为背禄。午月，冲，妻有厄。巳月合金，商贾巨富。辰月，孤身。子月，仓库充盈。

己卯：
武跨将坛日。临衰，坐七杀将星。

将士佩弓跨战马，暮雨风月度年华。
文星福禄若有情，北国回首似到家。
酉月：卯酉冲，一生多迁移，妻离。申月，早发迹。亥月，贵。未月，合，五谷丰登。午月：诗满乾坤。巳月，文秀。辰月，能建功立业。子月，无礼，凶暴。

己巳：
马跃平川日。临帝旺，坐正印，比劫，伤官。
南朝天子绶玉印，千里长江醉游人。
雪山草地马难行，春风得意座上宾。
巳为印，旺，巳月，金神，忌财，喜食伤。午月，显贵。土月，侯伯命。申酉月，喜印运，伤尽为武职。亥月，一品贵，有兵权。子月，食伤运大富，辰月，先贫后发。己巳日，人贵。

己未：
丹桂飘香日。临冠带，坐比肩，枭印。
月中桂子秋飘香，江河日月交相映，
莫道高山芳气散，二月春风论短长。
亥月，文章夸跃，清高，酉月，大贵。辰月，小职，近卫。申月，财福充盈，未月，财金散失，午月，合，清贫儒雅。巳月，喜官显贵。辰月，寒门将士。

己酉：
凤飞绿洲日。临长生，坐支食神。
一轮满月出苍海，金凤展翅飞天外。
秦山昆仑雪皑皑，龙凤呈祥玉珠来。
亥月，身弱，贫，寅卯月，有火，武职，酉月，高贵之命，酉多游方术士。申月，无官显贵。未月，大富。巳月，富贵陶朱。子月，食破，贫寒。

己亥：

平川流水日。临胎，坐支正财，正官。

禄马同乡拜玉堂，天堑通途文星扬。

沉影不随流水去，杀星冲动马无疆。

亥月，财显，官旺，贵。酉月，食神，财旺，申月，干透印，大贵。未月合武职。巳月，冲，外迹发愤。子月，多病，血疾。寅卯月，支中鬼旺，一生难成大事。印透大贵。

庚子：

金玉出海日。临死，坐支，伤官。

能歌善舞笔和墨，犹如白虎戏江水。

冲在禄马登科甲，斑竹细雨伤情泪。

子月，衰，伤官，无土运，鬼旺，风烛夭贱。丑月，虚名，轻财。寅月，偏财，不禄。卯月，合财，金玉满目。辰月，利路经商。巳月，武职显跃。午月，文官近卫。四季月，印旺富而有名，亥月，漂蓬，僧侣。

庚寅：

白虎镇山日。临绝，坐支偏财，七杀，偏印。

平川猛虎归山林，秋风落叶时不宁。

最喜大雪封山时，三夏浓荫卧孔明。

子月，食旺，身衰，比劫扶吉。寅月，清秀，命高。卯月，富不长久。辰月，富而贵。巳月，鬼暗藏，有印，职荣。申酉月，钱财聚散浮沉，戌亥月，董事财团。

庚辰：

福德贵人日。临养，坐支偏印，食神。

命带魁罡性刚强，不信鬼神在身旁。

玉佩娇阳入命来，执戈跨马佐高皇。

丑月，富而有名。子月，文才出众。寅卯月，财福寿促，午月，发迹有疾患。巳月，一生艰辛，未申月，财运发迹。酉月合，透官星，荣显。亥子月，食神旺发迹难寿。庚辰，贵而风流，名重利轻。

庚午：

火铸金印日。临沐浴，支坐正官印。

铁笔一支水为墨，淡彩浓云笔下绘。

学苑将士两般命，山野朱雀衔玉翠。

丑月有名声，辰月，自刑，富而有刑。寅月，火旺，带残疾，肺有疾患。卯月，财旺，大富之人。子月冲，天涯艺海。申酉月，日贵，垂手青云。

庚申：

双虎奔驰日。临官禄，坐支比肩，食神，偏印，又叫虎恋玉女日。

白虎交驰向南行，雀跃江河早成名。

禄到长生官得地，九重露雨沐朱衣。

庚月，透火，大贵之命。亥子月，诗词清畅流韵。申酉月，无官星。贫而贱。寅卯月，财满三峡。巳午月，官至侍郎，七杀，金戈铁马。

庚戌：

禄马贵人日。临衰，坐支正官，偏印。

将军百战不论功，高山流水又出征。

西去阳关知音少，前禄后福两三重。

辰月，冲，平常之命。卯月，合，因妻发福。寅月，侯王之命。丑月，财旺官升。巳月，火官，武职操权，有惊险。午月文职。难善终。申酉月，财来财散，散聚两依依。亥子月，文笔超群。

辛丑：

白玉生辉日。临养，支坐偏印，食神，比肩。

白玉生辉金门客，高山得贵子为墨。

身入平川多愁叹，干弋影里勋业垂。

子月，食神，荣华。丑月，伏吟，鸳鸯难合。寅卯月，财聚官旺。巳月，早遂名香，辰月显达，有名利。午月，凶。申酉月，逢官星，贵，少年坎坷。土月，平常。亥月伤官，一文鸣天下。

辛卯：

凤阙早步日。临绝，支坐财，伤官，驿马，冲禄。

高山起程水流长，边塞迢迢雪满霜。

佛山玉女岂有情，雪山日照花海棠。

辰月，伤官伤尽，自立自成，技艺，卜相，医生。寅卯月，合，财丰。巳月，冲，文星出众。午月，自刑，先荣后刑。未月，富。申月，贫，人生不定。酉月，多争论。子月，食旺，福旺。亥月，伤官。技业成名。辛卯，偏财，为福贵双全日。

辛巳：

金马登殿日。临死，坐支正官，正印，劫财，驿马。

金马临官号嘶风，玉堂拜相翰苑名。

最喜高山水环绕，娇阳日出漫消魂。

子月，食旺，名显。丑月，合，妻少缘，财淡。寅月，因财有刑。卯月，横财。巳月，金长生，化水名显。午月，暗鬼有疾。申酉月，贵中有失。亥月，冲，双贵。

辛未：

冰河解冻日。临衰，支坐枭印，偏官，多情忘义。

身入西国佛香地，曼歌轻舞管弦醉。

玉女传送风流人，高山日出彩画新。

申月，在贵人门下得富。酉月，又贵又富。辰月，库印，冲，清雅儒士。巳月，文月，武操重权，子月，富门贵显。丑月，经济商，云游。亥月，双贵。

辛酉：
凤卧金山日。临禄，支坐比肩，天乙贵人。
禄马贵人世少有，凤卧金山将帅候。
日出朝阳横天行，月圆金门寻石榴。
申月，劫财，一生财不聚。酉月，比肩，财逢劫。子月，福寿名高，巳月，损妻。寅卯月，财气通门户。巳月，合，名扬四海。午月干戈剑影，未戌月，清贫。亥月，富而有刑。

辛亥：
虎行天门日。临沐浴，支坐伤官，正财，驿马。
一去天门遥遥远，长亭驿路关山寒。
倒骑毛驴东行去，高山丽日花团团。
申月，发福。带疾。酉月。破禄，多磨。寅月，富商。卯月财团。巳月，冲，天涯游客。午月，武功建奇。土月，有官职。亥月，误入商海。

壬子：
马奔天河日。临帝旺。支坐劫财。
壬水浩浩漫天下，行人东方福到家。
江南平川鱼米乡，云雨湖海镜中花。
子月，平常人。丑月，官星，人清秀。寅月，大富贵。卯月，刑，妻离。辰月，官库，无冲不发。巳月，午月，利路经商。申酉月，文章璀灿。戌月，权重。亥月，贫。

壬寅：
福禄日。临病，支坐食神，偏财，偏官。
虎跃天河威名扬，犹如箕豹出山岗。
禄到长生官得地，九重雨露沐朱衣。

卯月，破财，有成有败。土月，吉。午月，正官，荣华显贵。申月，冲身弧，奔波人。酉月，风流才子。戌月，财旺。亥月，财有根富命。子月，因财有破。壬见寅为食神，号富贵双全日。

壬辰：
山流水长日。临墓，支坐偏官，劫财，库地，虚名虚利。
江水流芳美如画，杜鹃啼血巫山峡。
月下骑马走平川，一日尝尽牡丹花。
子月，成中有败，多凶。丑月辰戌未月，俱贵。寅月，食旺，人骑龙背，名流，财旺。卯月，清雅人。巳、午月，广置庄园。申月，奔劳，走乡串野。酉月，合，文上有名，才子。亥月，主掌权。

壬午：
花红柳绿日。临胎，支坐财，正官，驿马。
禄马相邀入帝乡，花红柳绿掩高堂。
出阕最喜函玉关，千里迢迢雁北上。
子月，月日冲，外乡立家，难团圆。丑月，禄旺，贵。寅月，贵而多疾。卯月，富贵双显，巳月，财旺，喜印地，午月自刑，夭疾，比劫扶，吉。未月，大富。申、酉月，状元及第。土旺四季，主权。亥月，身旺，财旺。

壬申：
白虎渡江日。临长生。支坐偏印，偏官，劫财，驿马。
命似白虎渡长江，最怕风雨江水涨。
丽日跨入平川地，金枝玉叶陪身旁。
子月，劫财，合水，一生奔波，贫。酉月，偏旺，带疾，孤身。亥月，刑，破财，见官星，大富。丑月，官星，行财运，清秀，禄贵。寅、卯月，食旺，富贵双全。巳、午月，身坐学堂，名利驱驰。申、酉月财帛进退。土月，贵。

岁荣通鉴（上）

壬戌：
龙出苍海日。临冠带，支坐正财，偏官，正印，火库。
身坐火库水得福，西行东邀人间苦。
壮士难酬青云志，醉看少女曼歌舞。
子月，有疾。丑月，人贵显。申月，枭印，劫财，亲姻难全。酉月，印绶，文印齐来。寅月，合，滋生荣茂；卯月，伤名，异路乘凤。巳月，英豪透发，午月，贵显双亲。辰月，青龙飞跃。亥月，兰蕙不禄。

癸丑：
桑柳成荫日。临冠带，支坐偏官，印，比肩。
池塘桑柳满园色，二月春风柳絮飞。
莫怨高山运来迟，干戈影里是翡翠。
午月，冲，财旺，福。未月，主贵。子月，合，功名显达。丑月，异常出仕。寅卯月，伤食旺，艺海生涯。巳午月，利路经商。四季土月，平平，残疾。申酉月，科场功名，亥子月，决战千里。

癸卯：
天姿文秀日。临长生，支坐食神。
学堂词馆贵人命，天姿文秀人多情。
最喜三星相拱照，诗琴歌乐官弦声。
子月，刑，无礼德，对妻不利，但平步青云。丑月，贵，奇显。寅月，艰难人生。卯月，人生富庶。辰月，财帛富月，父母难靠。巳月富而有残，午月，一生财丰。申月，书香早遂，酉月刀笔成名，冲，鸳鸯离合。土月主贵，亥月，名利双全。

癸巳：
彩霞佩玉日。临胎，支坐正财正官，驿马，文星。
贵人玉堂来拜相，墨池泉涌好文章。
武士跨马走天下，王公皇侯似平常。

巳月，财官双美，诗书琴画。午月，中年大富。申酉月，终生劳累，透官。丑月，秀气。辰月，山明水秀，红粉生涯。

癸未：

贵人佩玉日。临墓，支坐偏官，偏财。

日临官库将相命，男子英勇女贵荣。

西方一去福禄地，花园翠亭马不行。

子月，青云得路，贵。丑月，暗鬼冲伤。婚有变。寅月，秀贵，一生顺利。卯月，武职平常。辰月，富而秀贵，巳月，富而且有肺疾。未月，男女无子女，阳痿。申酉月，文字生发。亥月，财发。

癸酉：

天福日。临病，支坐偏印。

潇洒功名起一方，一冲一合异寻常。

江湖花洒安享福。南去高山势莫挡。

亥月，生涯遂心，风流。戌月，平常，善智谋。酉月，得祖业，破财。申月，印旺，文上出仕。寅月，艺技生涯。卯月，冲，印破，大富。巳月，富商。午月，生意人。申酉月，金水相涵，文秀。子月，印破，不禄，平常命。

癸亥：

天门悬彩日。临帝旺。支坐伤官。劫财，驿马。

九华山上天门开，日行东方花似海。

若去西方昆仑地，边塞将士恋故国。

未月，合木，贵。在外终。子月，妻离异，财分张；亥月，劫财，一生无正业，散业。四季土月，有作为，决战沙场。寅卯月，财团经营，或艺名天涯。巳午月，大富。癸亥，命薄，多贫贱。

第五节　关于四柱分析的感悟

一、八字专有名词

大家已经认识了十天干和十二地支，将两种东西互相碰撞，便成为人生的命理学。命理学的原理，离不开五行之相生相克。将此种道理套入人生当中，我们探索出许多不为人知的人际关系及宇宙秘密。

我以甲木日元的男性为例，解释命理学上的五行生克及专有名词。

甲木被生克：
辛金克甲木——正官
庚金克甲木——七煞
癸水生甲木——正印
壬水生甲木——偏印

甲木所生克：
甲木克己土——正财、正妻
甲木克戊土——偏财、偏妻
甲木生丁火——伤官
甲木生丙火——食神

甲木遇木：
甲木遇甲木——比肩
甲木遇乙木——劫财

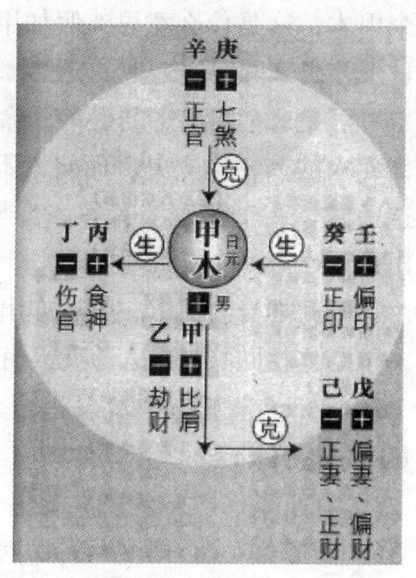

二、身强与身弱

所谓"身强"与"身弱",乃指代表你自己的天干日元,所属五行是否充沛。

一人之天干日元为丙火,生于午月午时,由于得到大量火的五行去生旺,此人之命局称为"身强"。当命局的五行很旺盛,此人在实际生活中要尽量表现得很弱,才可以平衡命局的强旺。

假如一人日元属火,却生于冬天完全欠火之季节,旁边又欠缺生旺火的元素,日元的火极之微弱,此命局称为"身弱"。于是在现实生活中,此人要示强,来增旺本身的五行。

三、与己相同

一位男士为甲木命,如命局中出现另一个甲字,或大运中出现另一个甲木,这是什么意思?假如甲木代表自己,另一个甲与他一模一样,这个多出来的甲便是他的兄弟,这种道理很易明白。

可是这个多出来的甲木,除了代表兄弟,也代表另一种身份,便是你太太的另一位丈夫,而此人不是你。换句话说,在任何命局中出现,这透露了一个秘密,有另一位与你具相同背景身份的人物,在现实中出现。

因此本身为甲木,大运亦出现甲木,代表一种可能性,你身边出现一位与你相同身份的人,此人有极大可能是你太太的情人。

四、比肩助身

凡命局或大运出现与自己同一组之五行密码,称为"比肩"或"比劫"(劫财),代表兄弟姐妹。

一棵极弱的甲木,当然需要很多兄弟姐妹去扶持。不过在现代社会中,兄弟姐妹并非只指亲生之兄弟姐妹,有时也指同性恋。

男性为什么会喜欢男性？因为不够比劫，自然喜欢同性。女性欠比肩，于是结交很多姐妹朋友。你本身属木而不够木，自然喜欢有兄弟姐妹来帮忙，发展到最后，有可能演变成同性恋。

五、兄弟运易犯刑伤

本身属木而命局或大运突然多了一个木，除了代表第三者，也代表进入兄弟运。这种运有两种结局。

身弱之人行兄弟运，代表突然得到双倍力量去支撑自己，不再惧怕砍劈，有足够能力去担负工作和财富。

可是假如本身之五行已很壮旺，再突然增加另一个相同五行，一个人如何负荷双倍重量！于是产生一种结果，你自己或兄弟会受伤甚至死亡。因此每逢大运行至所属天干，代表兄弟姐妹易有刑伤。

例如日元是甲木，流年是甲申，由于日元的木太强，五行出现不平衡，命局中最弱是哪一种五行，便在哪个部分出现刑伤。

六、犯伏吟涕泪吟吟

命局上凡自己碰见自己，即甲木遇甲木，乙木遇乙木，见到与自己一模一样的天干地支，称为"伏吟"。所谓"伏吟伏吟，涕泪吟吟。"意思出现这种情况，会令你伤心流涕。

逢甲木人在甲字天干之年，均犯伏吟煞，代表这一年会哭哭啼啼。

在什么情况下才不会哭哭啼啼？假如命局本身要木，流年的天干为甲，要木流年有很多木，便不会出问题。

你忌木，这一年还要面对多一种木，于是你犯了伏吟。犯伏吟的意思，你遇到一个运，本该可使你赚到一百万，但同时你的大运走进伏吟，即突然多出一个人去与你分享同一笔财富，于是这一年你投资失误，存折内的钱少了一半，你终日愁眉苦脸。

身强的人每逢遇比肩或劫财，代表有人与你分享所拥有的东西。这理论对大家非常重要。你本身为甲木,命局大运是乙木,代表在实际生活中,有一个与你相同的对手出现。这包括在公司上、业务上,甚至情场上,均多了一个对手。而最重要的,是你的财富会被人分去一半。

七、身弱有助也可以揽财

比肩或劫财分财只应验在身强的人身上,大家要留意。

从另一角度看,如命局属木身弱,木克土为财,命局中有极多土,即有极多财,但单凭瘦弱的身躯,如何担负丰厚的财富?

当突然行一个运,命局中多了一块木,即自己的能力多了一倍,这样对自己有利吗?当然有利!换句话说,身弱之人遇到比肩劫财,可以加强本身五行,成功揽钱入袋,因为多了一人去替他担财。

因此假如极度身弱,有比肩劫财是好事。但身强之人千万不能遇比肩劫财。木多再遇到木,则损兄弟姐妹,或要将财富分给别人。

八、命理探源

当大家理解到命理中各种生克原理,便不用死记什么比肩与劫财。命理学上很多这类比肩、劫财等名词,最重要是记关系。你是男性甲木的话,甲木是你的兄弟,阴木是你的姐妹。换句话说,从命局可看到一个人有多少兄弟姐妹。以甲木日元为例,命局中有多少甲木和乙木,便代表有多少兄弟姐妹,这是其中一种方法。当然还有其他更深层的方法去计算,稍后我会再作介绍。

从命局每种互相紧扣的关系中,我们可以探测出许多人生秘密。以甲木男性为例,阴水生阳木,癸水称为正印,代表甲木的母亲。假如此人所行之大运不利癸水,即表明这段时间不利母亲。下一个大运有很多金,金生水,此人的八字亦要水,可克火为财,代表母亲可以赚钱。

从一个人的命局,完全可知道另一个命局,可以知道其他所有亲友的状况,无须再看其他命局。

从命局可以看到配偶、父母兄弟的情况吗？绝对可以！可以看到太太的弟弟的运程吗？一样可以！只要按着五行生克的关系一直追寻下去与任何关系的人，均可以从一个人的八字中知道。单从一个命局，可以看到整个家族的人正在行什么运！而不需要逐个命局去批算。

这便是最上乘的批命理学。

九、揭开身世之谜

日元是甲木，癸水便是母亲，阴水生阳木，这是最理想的组合，自然生出最理想的木。但假如阳性的水生阳性的木，所生的木便有问题。

假如癸水是母亲，阳水即壬水便是母亲的情敌，或母亲的姐妹。假如母亲没有姐妹，当八字大运行至壬水，代表父亲有外遇。换句话说，当大运中突然多了一个壬水，代表多了另一位母亲。

在命理学上，癸水生阳木，但有些情况下，命局中无法找到癸水。人必为母亲所生，到底哪个字代表母亲？原来壬水亦代表母亲。若命局中找不到癸水，很有大可能性，壬水才是母亲。这是什么意思？

于是你发现一个天大秘密，原来你的母亲并非正室，父亲还有另一位太太。对于甲木，癸水是正印的母亲，壬水是偏印，代表妾侍。假如命局中只有壬水，代表母亲只是偏房，并非正室，那是从命局可以知道母亲的秘密。

十、身弱要印绶

你属木而不够木，需要很大水来生旺你，因此你需要母亲，母亲称为"印星"。

印星并不单指母亲。睡觉也是印星，属木而不够木，要水来生旺，你要经常睡觉。要睡多久？最好每天不少于十小时！

你属金，生于木旺的季节，金自然很弱，需要很多土来生金，于是你需要母亲，但母亲很早就已离开你。于是产生一种奇怪的现象，每逢见到女性，你便称她为"干妈"。凡印星不够的人，特别喜欢叫别人"阿妈"。

除了每天睡十个小时，经常叫别人阿妈，欠印的人要不断读书、进修，因为读书代表印星。还有第四种方法，就是经常进食，令自己身肥。这是由于命局弱，要不停令自己肥大。

古代称为"印绶"，所指便是养活我们的东西。无论你属哪一种五行，生你的五行必须充足。例如你属火，命局中必须有足够的木。属木的话要有足够的水，属土的话要够火，属金的话要够土。假如不够印绶，便是弱的命局，弱的话，经常睡眠不足，没有学识，母亲不健康。由于弱，有很多事情也办不到。你所克为妻财，弱代表负担不起财，做丈夫的无法控制妻子。因此命局所求，大家必须知道，便是所属的五行必须充足。在开始批算之前，请先检查清楚，你是否拥有足够的五行。

如何知道本身的五行是否充足？那是找出自己身强还是身弱，然后再找出所需的用神。在未学找用神之前，大家先要知道印绶的原理。

印绶之中，有正印与偏印之分。

五行相生的原理，乃阴生阳，阳生阴，此为五行正配，称为"正印"。

某人为阳木，需要阴水来生，即癸水生甲木。某人为阴木，需阳水来生，即壬水生乙木。

假如阳生阳，阴生阴，称为"偏印"或"枭印"。命局学上有"枭印夺食"之说，代表枭印会夺去食神。

十一、官杀是黑白二道

克制日元的五行，阳撞阴称为正官（官星），阳撞阳或阴撞阴，称为"七杀"，庚金劈乙木，称为"正官"。七杀是最凶的，代表是非官非、血光之灾。

有没有好的七杀？有的，但只在一种情况下，便是命局中的全盘皆杀，或全盘皆官。这是极端的命局，通常出奇人怪杰。

假如命局有官亦有杀，称为杂杀。有杂杀者，女为娼妓，男为盗贼，即女性左右逢源，男性俗称烂泥扶不上墙。

正官代表做官，甲木人必须得到辛金，才有官遇。正官代表名气，得到别人赞赏。若一人有正官，也有七杀，代表此人有好名气，亦有坏的名气，有部分人不喜欢他。

因此杂杀不是好现象，代表此人通于黑白二道，最终亦必然败于其中一方。这代表为官的人要与黑道划清界线，黑社会大哥也勿与官打交道。若既黑既白，最后必然两边不讨好，两败俱伤。

命局中无论男女，有杀的话代表行偏道，有官的话可能竞选公务员，但最忌的有官亦有杀。男性有官杀，代表黑白不分，烂泥扶不上墙；女性有官杀，官代表丈夫，杀代表情人，有丈夫又有情人，此人的命运，可想而知。

十二、正财与偏财

对于男性，所克的五行代表妻子和财富。阳木撞入阴土，木克土代表妻财。

甲木人要在哪一年结婚最好？对于甲木人，己土是正妻和正财。当大运行至己土，五行行妻运。己卯年为1999年，上一个己是1989年，下一个己是2009年。甲木人行至这些流年代表妻有妻运。未婚者有机会结婚，已婚者可以添丁。

正妻亦代表正财。何谓正财？用辛勤去换取的金钱，便是男性的正财。一般工作所得的合理财富。若通过投机博彩或遗产所得，便是偏财。

偏财亦代表偏妻，即是情人。甲遇戊，戊土便是情人星，甲木男士行至戊土年，便行情人星。2008年是戊子年，假如甲木人的咸池星是子，戊土又代表情人，这一年便是情人、咸池相星到位，如此人尚未婚，2008年必定结婚或同居。已婚的话，这一年相当危险，必定成七年之痒的男主角。

逢男性遇到偏妻星那一年，太太只得到一个"惊"字。但在一种情况下太太不惊，乃是太太的出生日也为戊土，代表太太既是妻子也是情人，丈夫即使行情人星，也不会出问题。

但不幸的，假如太太的日元是己土，代表她只能当太太的角色。当命局中出现戊土，代表除了太太，还有另一位情人在丈夫的生命中出现。

当找出代表太太情人的密码，再找出自己的咸池星，你就可以勘知自己在哪一年有桃花出现。

十三、男士的食伤代表创作技能

命局上无论相生相克，均以阴阳正负之配为吉象。阳阳，阴阴之配代表凶象。不过当中也有例外的。

对于男性，所生究竟代表什么？男性当然不能生子育女，但可以生出徒弟、伙计，及一切所创作的艺能。男性所称为"食神"和"伤官"。

你为男性阳木，阳火是你的食神，代表一切对你有利的创作，也代表男弟子和下属。

何谓伤官？阳木的正官是辛金，女弟子是丁火，丁火克制辛金，即伤害正官，因此称为伤官。丁火经常烧着正官的辛金，代表男性有女弟子会影响正官，即影响此人的名誉。

因此任何下属均以男性为好，女性比较差。从这个道理引申出来，古代所有批命的人，皆认为生儿子比生女儿好，乃源自这种命局理论。

如果木是丈夫，戊土是妻，土所生便是子女。换句话说，金是丈夫的子女。由此引申出来，太太是阴土的话，所生阴金是女儿，阳金是儿子。

由于金克木，属木男士的七杀，其实便是他的儿子，正官是他的女儿。这是从男性的角度而言。

十四、女性的官杀代表丈夫与情人

在五行相克的演绎上，女性与男性有很大的分别。克制女性日元的五行代表丈夫，相等于男性的正官。七杀代表女性的情人，也代表丈夫的兄弟。若女性为甲木日元，金克木，辛金是丈夫，庚金是情人。木克土为财，这一点与男性一样。阴阳互配为正财，纯阴纯阳为偏财。另一不相同之处，是子女的看法与男性不一样。

对女性而言，明显的，所生便是子女。从女性所生，即食神伤官，可知子女的状况。假如女性是甲木，所生的火便是子女。丁火伤官代表儿子，丙火食神代表女儿。

1996年是丙子年，由于丙代表女儿，甲木女性要生女，那一年有较大机会。若希望生儿子，1997年为丁丑年，丁代表儿子，那一年有机会生儿子。

女性与男性一样，甲木是比肩，乙木是劫财。生木者为母亲，因此癸水是正印，壬水是偏印，与男性没有分别。

第六节　关于天干地支的感悟

一、子与午

大家必定听过"子午线"。从方位上讲，"子"代表地球的正北方，"午"代表地球的正南方。

"子""午"这两个字与中国人特别息息相关。假如你到过北京故宫，你会发现，历代皇帝进入大殿的方式，是皇帝坐于轿上，两旁由太监抬着，从梯阶拾级而上，而皇帝所坐的轿，会在阶梯中央有龙雕的斜面上经过，再进入金銮殿。

换言之，皇帝进入金銮殿时，轿夫在阶梯上步行，皇帝从正中央的斜面悬空而上，经过所有龙的雕刻后，才进入皇帝位于金銮殿的座位上。在抬入大殿的整个过程中，皇帝均位于子午线的中轴上，不会被抬至另一方位。

这是什么原因？原来这套理论源自中国的术数学。皇帝代表天上最高的天神，被派遣到人世间去统治，而人世间最重要的密码，便是子午线，即地球极北和极南这两个位置，代表地球的正中央。

我到北京旅游时，曾参观清代权臣和珅的府邸。和珅与纪晓岚的故事，相信大家非常熟悉。和珅的府邸后来由恭亲王居住，现在开放予游人参观。

这个府邸中出售一种东西，全北京城只能在此处买到，那是一个字，称为"天下第一福"。何以称为"天下第一福"？原来此字由康熙皇帝所写，他每年过年时，必定亲题大字送给皇族子孙。

康熙所写的福字特别有型，那是先写一个多字，再写一个田字，取其意多田，即有很多田产。然后将左手边的示字写成多子，即有很多子女，于是成为多田、多子，然后再加一点，寓意可获得多一点。

这张在恭亲王府才能够买到的"天下第一福"，代表多田、多子，再多一点，称为"三多"。有福气之人，多田产、多子女，凡事均比别人多一点，此之为福。

何以康熙能将福字写成这般模样？因为福字根本便蕴藏了"子"字，多子即多水，子便是水，代表皇者之风。由这个福字，大家明白一个人如何才有福？乃源自有子。子与皇帝有极大关系，因此坐的方位，子方是也！

二、辰与"逢龙必化"

中国的皇帝特别喜欢以龙为象征，这其实是很有趣的题目。为什么中国人会发现龙是吉祥图腾？原来龙飞翔的时候，呈现弯曲旋转的姿态，仿如字母S的形态，而宇宙的密码，便是S形！

因此龙其实演绎了宇宙中一个最神秘的形态，那便是"曲者有情"，这是风水学的专有名词。龙以"辰"字去代表。"辰"最大的功用，是"逢龙必化"。即命局中每逢有"辰"字出现，便能使五行调合变化，成物滋长，从而衍生另一番新气象。

为什么皇帝要自称为"龙"？因为称皇要具备很多条件，皇帝在金銮殿所坐的地方是子，但有子并不足够，必须还有其他元素去配合。

　　金銮殿上必定摆放一物，那是一幅有九条龙的画。摆放九条龙的理由，因子为极皇者之气，必须加以缓曲调合。才可令子有所成就。

　　子最需要配合的，便是龙，亦即辰。辰在命局上代表湿土，子代表水。要称皇称霸，不能纯粹单靠子水，必须配合土在水的旁边。

　　当水源源不绝时，如何令水发挥作用？便是用石头去堆一条轨迹让河流灌溉农田。如不堆成堤坝，必须以土去制衡，在金銮殿上所表现出来，乃用龙，即用辰去制衡子。

三、子午卯酉代表极端性格

　　我现在向大家解四个字,那是大家懂的中文字,乃"子""午""卯""酉"。这四个字非常厉害，原来它们代表地球最强大的四股力量。子代表水的力量，午代表火的力量，卯代表木的力量，酉代表金的力量。

　　套用在日常生活中，这四个字对我们产生什么作用？

　　由于"子、午、卯、酉"代表宇宙中最强横的四种五行，凡属此四种生肖的人，均是十分极端之人。

　　四个密码分别代表四种极端，即水的极端、火的极端、木的极端、金的极端。

　　子代表老鼠、午代表马、卯代表兔、酉代表鸡。这四种生肖的人，按十二生肖的比例计算，占了地球上所有人的三分之一，这些人如何极端？

　　凡命局中出现"子、午、卯、酉"，代表一种极端的性格或特质。子所代表是江河的奔腾之水；午是烈火焚烧，非不炊不煴，乃是没节制地激烈爆发；卯是春木旺盛生长，绵绵不绝；酉是强金砍劈，极度强横。

　　反映在生肖上，属马的人发脾气会一发不可收拾，是拂袖而去的极端主义者，强烈之处尤如烈火；属兔的人在极端之处，是竭斯底里，无法遏制；属鸡同样是极度固执的人，没有商量余地，容易钻入牛角尖；而生肖为鼠的人是极度傲性的代表者。

从生肖上,通过"子、午、卯、酉",我们马上得知此四种具有的性格特质。未来大家批算命局,如命局或大运中出现此四组密码,代表拥有四种很强烈的五行柱,那是强烈的水柱、强烈的火柱、强烈的木柱、强烈的金柱,代表四种极端之事物与性格特质。

当你找用神时,这个观念一定要确立,特别是子午卯酉月出生的人,旁边有什么东西,都挡不住四大力量,例如午月子时,不要以为子时可以冲弱午月。

四、寅申巳亥善于随机应变

世上有很多誓不低头之人!这些人的烦恼特别多,特别需要找人帮忙!要知道对方是否固执之人,其实看生肖便知。属鼠、属马、属兔、属鸡的人,你要他们变节或改变原则,他们宁愿自杀!换句话说,余下八个地支所代表的八种生肖,较容易经常改变本身的性格。

大家要学好命理,先在生肖上下功夫,可以事半功倍。未来当大家在命局上遇到"子午卯酉"四字,你便明白,这四个字代表不会变节。

何谓不会变节?例如在子、午、卯、酉月出生,代表命局中拥有极强旺所属之五行,多的程度,不因时间及环境而改变。

将此特质套用于人格、人性上,这四种生肖最适宜做一种人,便是烈士!因为这四种人极度强硬,没有转弯的余地。命局属金的话,由始至终都是金,属木便由始至终是木,火是由始至终是火,水是由始至终是水。

举例酉月出生的人,用神必然是金的对家,即是木,因为命局中有极多金。酉所代表的是在任何情况下也必然有极多金,多的程度是其他五行均无法将这块金移走。

注意,其他的命局密码并非如此!其他密码会随时变节,在十二生肖中,蛇是最易变节的生肖,龙也是变化最多的生肖。此外,猴、虎、猪生肖的人也极擅于随机应变。

何以过去大家不懂得捉用神?那是由于对十二地支的了解不够透

彻。从现在开始,每逢见到"子午卯酉",大家要明白,这四字永远坚守着自己的五行,无论环境怎样转变,也保持着本身之特性不变。

五、四柱冲局,大起大落

经过之前的介绍,相信大家已知道"子午卯酉"是四股最强劲的力量。这代表什么?原来命局中只要拥有这四个字,便可以成功,称王称帝。

不过现实生活中,一般大家能接触到的,多数是"落难"的皇子皇孙。换句话说,只有皇帝的傲慢气质,却没有皇帝之实。为什么?

我以"子"字为例,子代表水,生肖上代表老鼠。在十二生肖中,老鼠排第一。

生肖为鼠人不能受责,嚣张傲慢,如果协调得宜,可以成皇成帝。属鼠的人如活在顺境中,气焰迫人,如皇帝般嚣张。但落难的话,虽不能有所作为,心中依然充满傲气。

若某人的命局是子年子月,出生日亦为子,不问而知,此人必定是落难皇孙,即衰中之衰!大家由此明白,逢子午卯酉全部出现在同一个命局内,代表此人极度固执、不懂变通、欠缺融洽和谐。是火的话全部是火、水的话全部是水、木是极木,金是极金,当四字互冲时,代表一种极端和极度不协调。

因此凡八字出现"冲局",此人一生必经历大起大落。

"六冲"是命理学的基本概念,大家先将六种互冲的组合记下来。

"子午"冲;"卯酉"冲;"辰戌"冲;"丑未"冲;"寅申"冲;"巳亥"冲。

有一点要留意,凡命局中出现"子午卯酉""辰戌丑未""寅申巳亥"全,为大格局,即是冲得好的话,可以大富大贵,荣运显赫。

但命局本身受冲,大多数作凶论,特别容易遇上意外及生命危险,一生起伏及情绪波动也较大。

六、四桃花，易冲动

一个命局来到手中，对方是否是感情用事之人，一望便知！

"子午卯酉"有另一形容词，称为"四桃花"。四桃花指一种不受制的力量，逢命局中遇上此四字，代表失去自控能力。爱情是盲目，这是一般人形容词。在八字的语言中，爱情是一种极端。

当有爱情出现，便再看不见身边其他人，眼中只有所爱的白雪公主或白马王子，眼前出现任何危险，均毫无惧色，对方有任何要求，也悉力以赴，子午卯酉代表，正是这种强烈之极端。

假如某人大运行至子午卯酉，此人在爱情上，比任何时间都大胆。大胆的程度，连太太也抛诸脑后，对所有桃花欣然接受。

逢大运行子午卯酉，代表皇帝般胆色，有如乾隆皇下江南，将皇后和三千后宫完全抛诸脑后，遇到喜欢的人便穷追不舍。

子午卯酉是一种胆量和胆色，命局上必定与爱情、情色有关。一个命局中有许多子午卯酉，此人之桃花劫也极多。大运中见子午卯酉，同属桃花劫。

此种桃花劫的渊源，来自一种大胆行为，以及乱冲乱撞，自以为是的性格。从这简单的四个字，大家开始发现愈来愈多人生秘密。

七、如何查桃花

即使你对八命局一窍不通，只从"子、午、卯、酉"四个字，就可从中发现无穷乐趣。

我先教大家一个最快记下这四个字的方法，就是将四个字写在你的手指上。

大家将手掌摊开然后举起，每根手指有三格，食指、中指、与无名指加起来共有九格。用笔将"子"字写在中指最底下一格，"午"字写在中指最顶一格，"卯"字写在食指第二格，"酉"字写在无名指第二格。

于是三根手指的九格中出现"子、午、卯、酉"四字。用大拇指按

着"子"字那一格,顺着"酉、午、卯、子"的次序,用拇指在手指上走一遍。你马上懂得如何屈指一算,那是用拇指顺着"酉午卯子"的次序在手指上推算。这方法极有用,可为你寻找出许多宝贵资讯。

已经写好了吗?你是否想知道自己在哪一年春心动?春心动有几种含义,这代表年轻时的第一次冲动,恋爱时的冲动,还有七年之痒的冲动。这些冲动在哪一年出现?马上便可计算出来。

大家先要懂得十二个地支的排列,打算学命理的你,地支的排列不能不识。

十二地支: 子 丑 寅 卯 辰 巳 午 未 申 酉 戌 亥
　　　　　鼠 牛 虎 兔 龙 蛇 马 羊 猴 鸡 狗 猪

先找出自己所属的生肖。如生肖属兔,兔即卯,卯人在哪年、哪月、哪个时辰最春情勃发?在命局上,这种春情勃发称为"咸池"。咸池的渊源,来自杨贵妃在华清池出浴。已婚男士最容易出错,是正当大运行至咸池,即春情勃发之时。

大家尝试找出自己春情勃发的密码。大家在手上已有了"子午卯酉"四字。将拇指按在"酉"字位置,依照酉、午、卯、子的次序去数一二三四。举例生肖属卯,从"酉"位置念"子丑寅卯",念至"卯"时拇指跳至第四格的"子"位置,于是生肖兔的咸池星是子。即兔人在每晚十一时至凌晨一时的子时最春情勃发。

每年的子月,即新历12月5日至1月5日,属兔的人分外渴望找一位情人。上一个子年是1996年,那一年可能是属兔人的第一次春天。女性的第一次春天,一般指月事来临那一年。

属兔的已婚人士,每年在12月5日至1月5日是危险期。那个月假如要到外地公干,尤其到北京公干,便非常危险,因为北京位于北方子水,子月亦为咸池月。假如属兔男性在子月遇到一位属鼠,即属子的女性,然后与她到酒楼吃饭,下一步他必定做错事!因为子便是他的死亡密码,也是他的咸池密码。

从这个角度，每人都可马上知道自己在哪一年最春情勃发。

大家从酉的位置开始念诵十二支第一个生肖是子，即属鼠的人，酉便是其咸池星，鼠生肖人在鸡年最易犯桃花。子丑寅卯之后是辰，除了鼠生肖，龙生肖的人在鸡年一样犯桃花。换言之，申、子、辰，即猴、鼠、龙生肖的人，在鸡年犯桃花。

八、桃花运与桃花劫

很多人搞不清，桃花究竟是好还是不好。所谓桃花，未婚者称为桃花运，已婚者称为桃花劫。咸池星代表性，在现代社会中，当大运行至咸池，已婚者易有婚外情，未婚者有同居的迹象，代表开始有性生活。

而性欲是好还是不好，那桃花带来好运还是灾难，要视乎该人的用神。

假如咸池星是子，子属水，本身用神是水，代表有正常而幸福的性生活。此人喜欢这种生活，这种生活亦为他带来快乐。

但假如命局极度忌水的话，此人不喜欢这种生活，或这种生活令他产生很多问题。发生在男性身上，代表身体状态易出问题。对女性而言，若咸池星非为用神，即本身忌水而咸池星属水，代表性生活不协调。命局的神妙之处，不单止看人的运程，与此人有关的任何状态，均可从命局中知道。

如你忌水而咸池星属水，代表你没有良好、健康而开怀的性生活，从咸池星可以得知这个秘密。咸池星理论，大家可引证自己过去的感情与性生活，找出当中曾经出现之密码，从而计算自己在未来的感情状况。咸池星的理论准确很高，微妙之处，连对方最不为人知的秘密也可推算出来，令对方大吓一跳。

九、四库代表包容力

大家已经知晓"子午卯酉"是地球四股最极端的力量，又为四桃花。现在要学习第二组密码，是"辰戌丑未"，称为四库。

刚才已经开宗明义的说明，子午卯酉是一种皇帝风采，是命局五行上的极端。任何公司、组合，必须有这四种极端的生肖存在，才容易成就兴盛。但单靠此四种力量依然不足够，必须借助第二组密码的配合。

为什么呢？因为子午卯酉是极端，在战争中的烈士，在成就大事业，需要很多其他因素去配合，而成功所需的另一种元素，是"辰戌丑未"，称为四库。

四库代表什么？辰是水库，戌是火库，丑是金库，未是木库。

单靠子水不能成事，必须懂得将水用仓库储存起来，慢慢运用，尤如处事不能以极端行事，要懂得缓冲。辰戌丑未所代表，是储存着大量能量的四种物质。

命局中有辰戌丑未，代表此人拥有强大储存能量之能力，亦代表拥有包容力。情况相等于在一个国家中，子午卯酉是皇帝，辰戌丑未是宰相或皇后，象征包容、协调。

命局中的辰戌丑未，代表龙、狗、牛、羊四种生肖的人，这些人奇怪地拥有一种包容、储存、休养生息、休闲、轻描淡写的情结。四库的意思，是体内储存了大量金木水火的五行。但并非如子午卯酉一般，坦荡荡、赤裸裸地表现出来，乃是蕴含着当中的物质，慢慢的、有计划地宣泄出来。

换句话说，作为皇帝是子，围绕着皇帝是龙，象征皇帝拥有包容力，所拥有之东西均受到控制。因此子午卯酉是一种极端，一种激情，而辰戌丑未是一种温情。

为什么大家要知道这些理论？因为命局的重心，便是找用神。要成功掌握用神，了解十二地支是最基础的第一步。

十、逢冲库必开

"辰、戌、丑、未"代表储存着一种物质，分别是水、火、金、木四种五行。

仓储有两种极端的情况产生。第一种是包容着当中的五行，但仓储的大门紧关，所包容的物质不容易宣泄出来。

我举一例，某人的五行要火，命局中见戌为火库，于是产生两种结果：一是该命局拥有火的仓库，但没有将当中的五行火释放出来；另一种是拥有火库后，成功将之打开，使大量火的五行涌出来。

要火的人能够成功将火库打开，当然最好不过。问题在于引火出库，只有两种可能性，一是靠"午"字去引火。"戌"包含了很多火，而"午"属乱冲乱撞，当"戌"突然碰上"午"火运，便能将戌的仓库门打开，令火大量涌出来。

第二种方法，是靠另一东西去将仓库的门撞开。究竟用什么方法去撞开仓库之门？原来命局上已经清楚说明，所谓"辰戌丑未"，即"辰戌"互冲，"丑未"互冲。"子午卯酉"的意思，即"子午"冲，"卯酉"冲。还有另一种组合"寅申巳亥"，即"寅申"冲，"巳亥"冲。共六种相冲，称为"六冲"。每年运程书所指的犯太岁，即生肖与流年的六种相冲。

因此要冲开火库，要辰撞戌。但当二字互碰时，又产生两种可能性。一是辰字冲戌字的仓库，有很多火涌出来；第二种可能性，戌的火冲开了辰的仓库，于是有很多水涌出来。

到底这两个字碰在一起，是火的仓库打开，还是水的仓库打开？这决定于两个字碰在一起，身边遇上哪一种五行。若辰戌旁边出现子水，当然是水的仓库被打开。若碰上午火，当然是火的仓库被打开。换言之，要视乎仓库旁边，是否出现其他五行去干扰。

例如辰撞戌，如要打开火库，在午月便可以成功，理由是午月火旺，可以冲开火库。假如在子月，便会打开水的仓库，不单没有火，还会涌出大量水的五行。

假如命局中见戌，五行要火，在2000年的庚辰年，会出现两种收场：第一种是午月时，火库被打开；第二种是到了子月后，水库被打开。如命局要火，在午月非常好运，在子月便衰到极致。

2003年是癸未年，这一年木的仓库被打开，木非常旺盛，而金极度衰弱，因此爆发了"非典"。

库为命局学中较深之理论，大家要将之好好消化，日后加以运用，自然明白此套理论极奥妙和重要。

十一、四长生代表多变化

刚才已教大家，"子午卯酉"是做皇帝的密码，"辰戌丑未"是当富翁的密码。现在要介绍十二地支中第三组密码，那是"寅申巳亥"又称"四长生"。

拥有"子午卯酉"这组密码的人，拥有皇帝气质。拥有"辰戌丑未"这组密码的人，拥有财富，因为四库代表财富。凡命局见到库，代表有钱，而且辰戌丑未属土，可代表拥有房地产。因此每逢见到"辰戌丑未"，代表拥有财富、房地产。每逢见到"寅申巳亥"，代表什么？这四个字代表变化、变幻。

有人说，"子午卯酉"代表小孩子时，怀有赤子之心，盲拳打死老师父，只懂得冲动；第二个阶段是"寅申巳亥"，那是踏入中年的时候，人生变幻，翻江倒海，要经历很多转变。当中年获得成就，开始步入晚年，便能积聚财富，开始进入"辰戌丑未"四库的阶段，也是人生最终的阶段。因为库亦代表坟墓，"辰戌丑未"又称"入墓"。假如命局要火而忌水，当晚年行至水库，必死无疑，因为忌水而遇到水库，必定遭殃。四库既代表仓库和财富，同时也代表坟墓。

至于"寅申巳亥"，代表变幻莫测，凡属虎、属猴、属蛇、属猪的人，性格均是变化多端，难以捉摸。当"寅申巳亥"遇到"辰戌丑未"，不会产生变化。但假如碰到"子午卯酉"，代表要出征打仗。

以生肖论，属虎的性格刚烈火爆，虎人遇到子午卯酉，会加重变幻兼恶死，但一见到辰戌丑未，便归于寂静。

属虎的男性喜欢冒险、投资、赌博，天生往外跑，不爱留在家中，属于隔邻饭香，老婆也是人家的好！属虎的女性不能接受责备和批评，被攻击会抗辩到底，但属虎无论男女，一遇到辰戌丑未，便会变得驯服，一遇到子午卯酉，马上变本加厉。

男士们要留意，要驯服属虎女性，用库便可将她降服。属虎女遇上命局中有库的男性，马上乖下来。但哪一年若遇上子午卯酉，那一年会特别蛮不讲理，恶死兼乱章。这是"寅申巳亥"在生肖上所发现之现象，在整个命局以至大运之中，均会产生相同现象。

十二、变节密码

凡大运行至"寅申巳亥"，代表目前的处境正是四个字："变幻莫测"。如何变幻莫测？这是大家所关心的问题，因为这种变幻与每个人都息息相关。

我用"巳"与"申"做例。巳代表蛇，申是猴。2004年为猴年，这一年令人担心，因为申字五行上属金，但申亦代表变幻，它属金，但有时又非金，它是变节的密码。因此猴年我称它为破财年，即全年中有时水多，有时火多，股票时升时跌，经济时好时坏，交通、赌马的意外也特别多，是变幻莫测之年。

巳本身属火，但它的五行会随时改变。当巳遇到申，会变成水。巳本身属火，水与火本来相对，但巳与申合后，巳由火变成水，因此每逢遇上巳，大家要非常小心。2001年是蛇年，全世界发生一件大事，便是"911事件"，令每个人都终生难忘。凡是蛇年，均会出现这种令人意想不到之事。

除了蛇年，猴年亦会同样出现令人难以意料之事。申字本身属金，当它遇上巳，会由金变成水。2004年当进入子月，发生了南亚大海啸，令全球震惊，这是申字变节所引发的灾难。记着，"寅申巳亥"是一组会变节的密码。巳字遇申会变水，遇酉和丑会变成金。它由本身的火，可变成水，也可变成金。当巳遇上午火和未土，会变回本身在的火。换言之，巳的五行可以是火，也可以是金和水。

有人问我："我要火而进入火运，为什么我仍然未有好运？"我于是反问他："你是否是入巳火运"？"对啊！"

此人终于明白了！虽然他的大运行巳火，但命局中有酉金，巳与酉合，令大运中的巳火也变成金。

假如大运行巳而命局中见申，巳与申会成水，一样不能有火。凡大运中见巳要非常小心，这人字表面是火，但它会随时变节。

寅字本身属木，申字本身属金，巳字属火，亥字属水。当亥遇上寅，会变成木，遇上子和丑，便全部变成水，不再有木。

总之，凡寅申巳亥均代表转动和变质的五行，与子午卯酉刚刚相反。子午卯酉是不变的五行，无论怎样撞碰，也不会改变本身性质。但寅申巳亥会随时改变，无论命局或大运，每逢见到此四字，切勿马上以为自己已经进入该种五行，否则撞板机会极高。而"寅申巳亥"经常是死亡密码，梅艳芳、张国荣、罗文、黄霑均死在"四长生"中。

第十八章 时间篇

第一节 干支节气金钳诀

一、本诀七十年一循环，每年一句，每句七字

庚午（1930）白龙随井六戌飞。（六小）

辛未（1931）黑兔家解丑十八。

壬申（1932）火鸡讼贲辰廿九。

癸酉（1933）黑龙困筮十未春。（五大）

甲戌（1934）赤龙井离戌廿一。

乙亥（1935）白猪解巽二丑春。

丙子（1936）青蛇颐鼎十三辰。（三小）

丁丑（1937）黄蛇山鼎未廿三。

戊寅（1938）黑猪涣丰五戌回。（七大）

己卯（1939）红猪涣既丑十七。

庚辰（1940）白蛇家解辰廿八。

辛巳（1941）青猪巽解九午春。（六大）

壬午（1942）黄豚离既酉十九。

癸未（1943）青马既未一子春。

甲申（1944）黄鼠噬兑十二卯。（四大）

乙酉（1945）黑牛震革亥廿二。

岁荣通鉴（上）

丙戌（1946）红羊艮离三酉地。
丁亥（1947）白牛渐睽十四子。（二小）
戊子（1948）青牛未既卯廿六。
己丑（1949）黄羊离既七午春。（七小）
庚寅（1950）黑羊兑解酉十八。
辛卯（1951）红牛离既亥廿八。
壬辰（1952）黑猴蹇家十寅春。（五大）
癸巳（1953）红猴节困巳廿一。
甲午（1954）白虎噬兑廿申春。
乙未（1955）青鸡屯需十二亥。（三大）
丙申（1956）黄鸡蹇睽寅廿四。
丁酉（1957）黑兔未困五巳春。（六小）
戊戌（1958）红虎讼既申十六。
己亥（1959）白鸡困未亥廿七。
庚子（1960）青兔睽未九寅春。（六小）
辛丑（1961）黄兔未家巳十九。
壬寅（1962）青龙坎巽申卅流。
癸卯（1963）青龙未鼎十一亥。（四小）
甲辰（1964）黑龙噬需寅廿十。
乙巳（1965）红猪蹇蛊三辰春。
丙午（1966）白龙遁蛊十五未。（三小）
丁未（1967）青龙巽既戌廿五。
戊申（1968）黄猪井家七丑春。（七小）
己酉（1969）黑猪既未辰十八。
庚戌（1970）赤蛇贲离未廿八。
辛亥（1971）黑鼠节革九戌春。（五小）
壬子（1972）红鼠坎离丑廿一。
癸丑（1973）白马噬丰二辰春。
甲寅（1974）青鼠家丰十三未。（四小）

岁荣通鉴（上）

乙卯（1975）黄鼠渐贲酉廿四。
丙辰（1976）黑马家既六子春。（八小）
丁巳（1977）红马离蹇卯十七。
戊午（1978）白鼠离未午廿七。
己未（1979）青羊贲困正八酉。（六大）
庚申（1980）黄羊贲兑子十九。
辛酉（1981）青虎坎兑卯卅春。
壬戌（1982）黄猴未需十一午。（四小）
癸亥（1983）黑猴噬归酉廿二。
甲子（1984）赤虎旅畜三子春。（十小）
乙丑（1985）白虎困贲卯十五。
丙寅（1986）青猴兑蹇午廿六。
丁卯（1987）黄虎睽渐七申春。（六小）
戊辰（1988）黑虎未巽亥十七。
己巳（1989）红鸡贲需寅廿八。
庚午（1990）黑龙坎有九巳春。（五小）
辛未（1991）赤龙坎需申二十。
壬申（1992）银犬随归一亥春。
癸酉（1993）青龙革解十三寅。（三小）
甲戌（1994）赤龙讼贲巳廿四。
乙亥（1995）黑狗困家五申脱。（八小）
丙子（1996）赤犬井旅亥十六。
丁丑（1997）白龙未巽寅廿七。
戊寅（1998）青猪贲离八辰春。（五小）
己卯（1999）黄猪艮鼎未十九。

初一干支立春辰，大小闰月卦爻详；
从此不用万年历，有缘来年再续编。

二、"干支节气金钳诀"注解

1. 该诀每年一句，每句七字。句前为流年顺序，句末小括号内为该年闰月，如：（四小）即指该年为闰四月，闰月为小月。

2. 该诀引用五行配五色，十二地支配十二生肖的对应关系。即取颜色指代日天干，生肖指代日地支，如：甲乙为青色，丙丁为赤或红色，戊己为黄色，庚辛为白色或银色，壬癸为黑色；子为鼠，丑为牛，寅为虎，……亥为猪等。举例：正月初一是乙丑，诀中就用青牛表示，如果是丙寅，就写赤虎或红虎或火虎等。

3. 用六十四卦中的两个重卦表示每年的大小十二月。一个卦代表六个月，即前一个卦表示上半年，后一个卦表示下半年。一爻表示一个月，阳爻表示大月，阴爻表示小月。每一个卦从上爻开始，依次往下看。例：1998年是正月大，就用阳爻表示，二月小，就用阴月表示，三月小，就用阴爻，四月大用阳爻，五月小用阴爻，六月大用阳爻，这样上半年六个月恰好组成山火贲卦。同理下半年就组成离为火。我们从上往下看，就知道下半年各月大小是：七月大、八月小、九月大、十月大、十一月小、十二月大。如该年有闰月，则不计入卦中，而是标在句末括号内，以示区别。如：1998年的口诀："青猪贲火八辰春。（五小）"。

4. 每句口诀中的前两字代表该年正月初一的日干支，第三、第四字代表该年的大小十二月，后三个字代表该年立春的交接日和时辰。由于每年立春交节的时间不是在正月就是在上一年的十二月，因为口诀字数所限，就将在正月交接的立春时辰写在日期后，而把在上年十二月交接的立春写在日期前面，这样即便于分辨，又容易记忆。

三、口诀的实际应用

1. 戊寅（1998）：青猪贲火八辰春（五小）。全句表示：1998年戊寅年正月初一的日干支为"乙亥"；月大小情况是：正月大、二月小、三月小、四月大、五月小、六月大、七月大、八月小、九月大、十月大、十一月

小、十二月大；立春交接时间是正月初八辰时，该年闰五月，为小月。

2. 丁丑（1997年）：白龙未巽寅廿七。全句表示：丁丑年初一为庚辰；大小月：正、三、五、七、八、十、十一月为大月，二、四、六、九、十二月是小月，立春在上年（1996年）十二月廿七寅时。

3. 实例：女，农历1963年六月十一日辰时。

推算步骤（熟练后即是脑筋一转）：

（1）背出癸卯1963口诀：黄龙未鼎十一亥（四小）。

（2）根据该年正月初一的干支戊辰推出六月十一日干支。即将正月初一戊辰放在左手食指指节辰位上记住是戊辰，与辰对冲的小指指节，戌位上就是二月初一又回到戊辰，四月初一又是戊辰，闰四月初一又回到戊辰，往返直到六月初一戊辰为止。再将月小所差的天数减去，剩下的便是六月初一的干支。从上半年未济卦知道，二、四两月为小，加上闰四月小，共差三天。这时再从六月初一的戊辰位上后退三位，便是六月初一的实际干支：乙丑，再从乙丑向后隔一位就是六月十一日的干支：乙亥。

只要将各年的口诀背得滚瓜烂熟，再勤加练习，在一两分钟内推出任何一年的任何一日干支就不是难事。

（3）该年的立春是正月十一日亥时，根据二十四节气的固定长度时间这规律，我们就可以很快推出该年的立秋是在六月十九日未时（限于篇幅，不可能再将二十四节气的交接时间规律论述清楚，请易友自查有关天文历算资料便知）。

（4）根据立秋的时间知道该女是出生在大暑后，立秋前，属于六月节。

（5）该女出生到立秋尚差八日三时辰。

（6）从上述步骤即可排出该女四柱及大运如下：

坤造：　癸卯　　己未　　乙亥　　庚辰
大运：　庚申　　辛酉　　壬戌
　　　　 3　　　 13　　　 23
　　　　66.3　　76.3　　86.3

当你烂熟于胸之时，"神算"的雅号就成为你的美名了。你就不会认为盲人不用看万年历就能推四柱是玄而又玄了，而是靠背诵熟记这些口诀，就可以办到了。

第二节　流星赶月

一、推算年干支口诀

　　　　　　掌上推算年干支，支子花甲起根源。
　　　　　　阳支都是旬开始，天干为甲尾四年。
　　　　　　隔位逆推十年正，顺推年尾五零三。
　　　　　　逐支加减六十数，掌上推算千万年。

推算方法：

"掌上推算年干支，支子花甲起根源。"此法是将地支排列在掌中，手掌上推算年干支的方法。首先，在掌上将地支定位，然后以地支子位为花甲子的开始，可定为1864年，1924年，也可定为1984年，等等。其年都是甲子年。

"阳支都是旬开始，天干为甲尾四年。"地支中的子，寅，辰，午，申，戌都是阳支，而且也是每旬的开始，天干都为甲，即甲子，甲戌，甲申，甲午，甲辰，甲寅，这些年的公历尾数均为四。

"隔位逆推十年正，顺推年尾五零三。"天干十数，地支十二数，天干与地支组合天干每循环一次，地支总与下二支（旬空）。其中余下的第一支便是下旬的开始。我们从地支子位开始，隔一位逆推，即从子位逆推隔亥到戌，恰是甲戌旬的开始，再逆推隔一位酉至申为甲申旬开始，年尾数都为四，年间隔都是十年。在确定旬开始以后，以该年尾数四为起点，从下支开始挨位顺推，其公历年尾数分别是5，6，8，9，0，

1，2，3，而后又是下旬的开始。

"逐支加减六十数，掌上推算千万年"掌握此法推算，如果将甲子年定为1984年，按口诀可知1994年为甲戌，2004年为甲申，2014年为甲午等。确定每旬开始的公历年数后，可根据需要顺推任何一年的干支，随意性很大，可推千年万年的干支。

二、推算月、时干支口诀

天干五合前为主，月时干序一至五。
年干隔数配寅月，日干配时本数身。

古往今来，年上起月，日上起时，是按天干五合的方法，分成五种情况，即甲、己之年（日）定月（时）的方法相同。我们也采用这种方法，并一前一天干为主，即甲、己以甲为主，乙、庚以乙为主……以此类推，配上序数甲为1，乙为2，丙为3，丁为4，戊为5，成为推算月、时的固定序数。

"年干隔位配寅月"，推算某年的月干，先看该年干与何干相合，然后按"天干五合前为主"的方法，查出该干的序数，并设此干为零，按序数隔干确定寅月的天干。如1998年是戊寅，戊癸干合，戊年与癸年的天干相同，属于同一种定寅月天干法。五的序数尾5，从5开始，隔己、庚、辛、壬、癸五天干到甲，就可以算出1998年寅月的天干是甲，其他月的天干就好推算了。

"日干配时本身数"，此句推算方法与年干定寅月天干法基本相同，只是在确定日干合干以后，从合之干的前干本身算起，按序数查，到何干，便是该日子时的天干。如己日，己与甲同一类型，以甲干为主，甲的序数为"1"以本身配子时，该日子时的天干为甲，即甲子时。同样，癸日子时的天干，因戊癸合干，以五为主，序数为5，从5开始数到壬，癸日子时为壬子时。

三、农历大小月卦口诀

一年上下两卦编,一七两月初爻安。
阴大阳小编上卦,遇有闰月年十三。
闰爻相邻爻间伏,确定年月按节算。

推算方法:

此诀是为了掌握某年农历大小月的排列顺序和有否闰月而编的。

"一年上下两卦编,一、七两月初爻安",在正常情况下,农历每年为十二个月。我们可以将一至六月编为前卦,七至十二月编为后卦,一年编为两卦,并以一月为前卦的初爻,七月为后卦的初爻。

"阴大阳小编上卦,遇有闰月年十三",我们将大月规定用阴爻表示,小月用阳爻表示,按大小顺序用阴阳爻将一年编为两卦。遇到有闰月的年份就多出一个月,一年为十三个月。

"闰年相邻爻间伏,确定年月按节算"。在出现有闰月的年份时,按闰月大小用阴阳爻表现出来,并标在闰月的前后两月的爻位中间的左侧,如同伏卦一样,一看便知到闰几月,是大月还是小月。同时,提醒您农历年的确定,不是按万年历编出的月份确定的,而是按节气确定的。如1998年,按上述方法可编成"井"和"坎"两卦,而该年闰5月为小月,上半年月卦符号为:

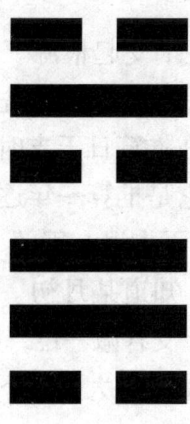

下半年月卦符号为：

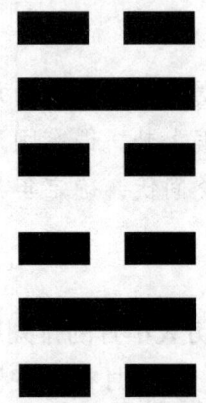

上半年卦第5、6爻间伏一阳爻，可知今年闰五月为29天。

四、推算日干支口诀

推算日干支，可以按公历和农历两种方法推算。
（1）农历日干支推算口诀：

> 大小月卦记心间，正一干支起根源。
> 大后干同地支冲，小后干支退一天。
> 初一十三二十五，支同隔干一位算。

推算方法：

"大小月卦记心间，正一干支起根源。"农历的大月为30天，小月为29天，固定不变。要推农历日干支，先要按《农历大小月卦口诀》将推算之年编上两卦，以便在推算日干支时用。除此之外，还要记住农历正月初一日的干支，因为它是推算一年逐日的基础。

"大后干同地支冲，小后干支退一天。"农历天干与地支组合，天干循环2.5次。根据这一规律，知道某月初一日干支，如果这个月是小月则应在干同支冲的情况下，干支各减一位，则是小月后下月初一日干支。如本月初一干支为己卯，这个月是大月，下月初一干支为己酉。如果这个月是小月，则下月初一干支应在己酉退一位后确定，即为戊申日。

"初一十三二十五，支同干隔一位算。"此两句是在确定某月初一干支后，将这个月分成三个阶段，即初一至十二，十三至二十四二十五以后。初一、十三、二十五日在干支上也是有规律的。知道初一干支，只要将该日天干隔一位顺推，而地支不变。同理，知道十三日干支，支同干隔一位，也知道二十五日的干支。如初一日干支为甲子，则十三日干支为丙子，二十五日干支为戊子。掌握这个方法，就可以根据所推之日属于哪一段，便可以很快知道这天的干支了。

（2）公历日干支推算口诀：

元旦干支为根源，大小二月记心间。
小月干同地支冲，大月上面加一天。
申子辰年年为闰，干同支冲退一天。
余年二月二十八，干同支冲退二天。
月首十三二十五，支同隔干一位算。

推算方法：

"元旦干支为根源，大小二月记心间。"推算公历日干支，首先要记住元旦日的干支。同时，还要知道大小月及二月的天数。公历大月为31天，小月为30天，其大小月是固定不变的，唯独二月有29天和28天之分。因此，要特别注意哪年二月为29天，哪年二月为28天。

"小月干同地支冲，大月上面加一天。"公历小月为30天，按农历大月推算口诀，我们知道本月初一日干支，与下月初一干支则是天干相同地支相冲。公历大月为31天，在小月干支相冲的基础上，干支各加一位数，即是大月后下月一日的干支。

"申子辰年年为闰，干同支冲退一天。"经过研究，发现凡地支为申、子、辰的年为公历闰年，二月为29天。在推算3月1日干支时，可按农历小月后的日干支推算方法，即在天干同地支冲的基础上，干支各减一位，则为3月1日干支。

"余年二月二十八，干同支冲退二天。"除地支为申子辰年二月29天，其他年二月均为28天。在知道2月1日干支后，按干同支冲规律，干支各减二位便是3月1日的干支。

"月首十三二十五，支同干隔一位算。"月首，代表每月第1日。其推法与农历日干支诀后两句相同。

五、实例

推算1998年农历六月初十日午时的干支。

1. 先按《农历大小月卦口诀》，将1998年农历大小月，排上两卦，并标出闰月。同时，记住正月初一日和元旦日干支。

2. 推算1998年的干支。我们按《推算年干支口诀》在手掌上将地支子位定为甲子，为1984年，并将大拇指按在地支子位上。按"隔位逆推十年正"，大拇指从甲戌1994年开始顺推，即1994年为甲戌，1995年为乙亥，1996为丙子，1997年为丁丑，1998年干支则为戊寅。

3. 推算农历六月份干支。确定1998年戊寅干支以后，按《定月时干支诀》，戊干与癸干合以戊为主，戊的序数为5，将大拇指固定在戊位上。"年干隔位配寅月"，从戊位开始，将大拇指顺数，隔过天干，已、庚、辛、壬、癸五干到甲，便是1998年正月的天干，即正月干支为甲寅，再从寅支开始，按甲、乙、丙、丁、戊6月干支为己未。

4. 推算六月初十日（公历8月1日）干支。

（1）推算农历日干支。如前所述，1998年大小月卦为"井"和"坎"。因为闰五月为29天，为阳爻，伏在井卦第五、第六爻间，卦形为 ☰ ｜ ☰ ｜｜ ☰ 。

因为要推算的是农历一九九八年正月初一日干支为己亥，先用大拇指在手掌亥支上定位，然后按《农历日干支推算诀》中的"大后干同地支冲，小后干支退一天"的规定，逐月推算初一日的干支。正月为大，干同支冲，大拇指跳到巳位上，二月初一日干支为己巳；干同支冲各减一，大拇指跳到亥位后，再减一位，三月初一日干支为甲戌；三月为小，干同支冲各减一位,大拇指跳到辰支后退一位,四月初一日为癸卯;四月为大,干同支冲,大拇指跳到酉支,五月初一日为癸酉;五月为小,干同支冲各减一,大拇指跳到卯支再退一位,闰五月初一日为壬寅。闰五月为小,干同支冲各减一,大拇指跳到申支后再退一位,六月初一干支为辛未。知道六月初一日的干支后,从此位顺推初十日的干支为庚辰。

(2)推算公历8月1日干支。

1998年干支为戊寅,年支不属于申子辰,故1998年2月为28天。按《日公历干支推算口诀》中"小月干同地支冲,大月上旬加一天,余年二月二十八,干同支冲退两天"的规律,逐月推算。1998年干支戊寅,大拇指定在寅位上。1月为大,干同支冲加一天,大拇指由申位到跳到寅,加1支到卯,2月1日为己卯,2月28天,干同支冲退二天,大拇指跳到酉位退二支,3月1日为丁未;3为大,干同支冲加1天大拇指跳到丑进一位4月1日干支为戊寅;4月为小,干同支冲,大拇指跳到申位,5月1日干支为戊申;5月为大,干同支冲加1天,大拇指跳到酉位,7月1日干支为己酉;7月为大,干同支冲加1天,大拇指跳到卯进1位到辰,8月1日干支为庚辰。

5. 推算农历六月初十(公历8月1日),该日干支为庚辰。我们按《定日时干支诀》知道,该日干庚与乙相合,按"天干五合前为主",以天干乙来推算,乙的序数为2,将大拇指定在天干乙的位置上。"日干定时本身数",大拇指从第二位到丙,可知庚辰日子时为丙子。将大拇指从丙子顺推到午年时,天干为壬,午时干支为壬午。

经过在掌上推算年、月、日、时干支,可知一九九八年农历六月初十(公历8月1日)午时干支,分别为戊寅年己未月庚辰日壬午时。

六、需要注意的几个问题

1. 要在理解《掌上巧推年月日时干支法》的基础上,将巧记口诀和在掌上定位推算结合起来,并经常对照万年历进行推算,才可能达到熟练生巧,运用自如。

2. 再运用此法时，应先制定一种表格，并随身携带，供推算年干支时使用。

此表格如下：

年序号　本年大小月卦（闰）　立春月日时　正月初一日干支　元旦日干　支

1988：|：||：：|：：|：正月初八庚子日辰时　己亥　戊申

1999 ||：||：|：：：|：腊月十九丁亥日未时　甲子　癸丑

在推算逐日干支时，一定要注意大小月，分清干同支冲和干同干支冲加减的区别。

第三节　掌上巧推年月日时干支法

一、逐年推算元旦干支口诀

欲推来年元旦日，先知今年日干支。

申子辰支年为闰，干加六位支冲支。

余年天干加五位，支冲退一便可知。

推算方法：

"欲推来年元旦日，先知今年日干支。"推算来年元旦日的干支，必须先知道今年元旦日的干支，并用大拇指在掌上定位。

"申子辰支年为闰，干加六位支冲支。"凡年支临申子辰的为闰年，2月29天。推算下一年元旦日的干支，只要大拇指从今年元旦日支位，跳到相冲的地支位上，而后天干顺加六位，便是来年元旦的干支。

"余年天干加五位，支冲退一便可知。"除申子辰年外，其它年干2月均为28天。大拇指在掌上定好今年元旦日支位置，推算来年元旦干支时，将大拇指跳到相冲之支退一位，天干加上五位，即是来年元旦的干支。

二、逐年推算正月初一日干支口诀

　　　　　　　欲推来年正一日，先知今年日干支。
　　　　　　　常年退回小月数，闰月小数五六七。
　　　　　　　小六干同天隔三，迂五前句各加一。
　　　　　　　逢七支同天隔三，各退一位定无异。

推算方法：

"欲推来年正一日，先知今年日干支。"推算来年正月初一日的干支，必须先知道今年正月初一的干支。

"常年退回小月数，闰月小数五六七。"常年，指没有闰月的年份。推算农历正月初一干支，要按《农历大小月卦口诀》，逐年编上两卦，以便确定某年的小月数。如果今年没闰月，求来年正月初一日干支。经过研究，凡有闰月之年小月数分别为五、六、七三种。

"小六干同天隔三，迂五前句各加一。"闰月之年，如果小月数为六，来年正月初一日干支，于前一年初一日干支则是地支相同，而天干则顺隔三位。小月数为五的，按干同天顺隔三后干支各进一位，便是来年正月初一日干支。

"逢七支同天隔三，各退一位定无异。"闰月之年小月数为七的，在确定当年正月初一日干支后，推算下一年正月初一日干支，只要按支同天隔三位后，干支各减一位，便是来年正月初一日干支。

三、用卦象推算公历各月第一日干支法

　　用卦象推算公历各月第一日的干支，主要是按公历大小月固定不便的实际，编上一个适用任何一年的卦象。然后按大小干支循环规律，进行推算各月第一日的干支。公历年大小月固定卦象，上半年是未济卦，

下半年为塞卦。在推算过程中，要特别注意二月，因为有28天和29天之分，所以在未济卦象的第二爻，标上闰年合非闰年字样，以便在推算时引起注意。在推算时，要将《公历日干支推算口诀》作为依据，确定下月第一日干支，然后按"月首十三二十五，支同隔干一位算"，推算出所求之日干支。

6月 | 一日干同地支冲 +1　12月 = 一日干同支冲

5月 = 一日干同地支冲　11月 | 一日干同支冲 +1

4月 | 一日干同地支冲 +1　10月 = 一日干同支冲

3月 = 闰一日干同地支冲 +1　9月 | 一日干同支冲 +1

2月 | 闰年2月29天，非一日干同支冲 –2　8月 = 一日干同支冲 +1

非闰年2月28天，一日干同支冲 +1

1月 = 元旦日干支　7月 = 一日干同支冲

四、用卦象推算农历各月初一日干支法

农历大小月，其天数固定不变，即大月30天，小月29天。但是，由于大小月的排列不规则，因此要按《农历大小月卦口诀》先编上本年的上下半年的月卦。然后依据两个卦象，参考《农历日干支推算口诀》，在知道正月初一的日干支后，按"大后干同地支冲，小后干支退一天"的规律，运用卦象来推算农历各月初一日的干支。经研究发现，农历相邻两月大小月的排列，共有四种类型，其推算逐月初一干支法如下：

（1）两小月相邻同支冲

（2）两大 – 下月干同支冲 –1 = 下月干 – 本月初一日干 = 本月初一日干支

（3）大小月相邻

（4）大小月相邻 – 下月干同支冲 = 下月干同支冲 –1= 本月初一日干支 – 本月初一日

△实例：推算2001年各月初一干支

1. 按《农历大小月卦口诀》，先将 2001 年编上月卦。上半年为艮卦，下半年为既济卦。

2. 2001 年正月初一日干支为丁亥。

3. 推算时，要将 1、2 月，3、4 月等相邻两月，与四种排列类型对照，然后按相同类型进行推算。

4、根据卦象，逐月进行推算。

6 月 "—" 干同支冲乙酉　　12 月 "=" 干同支冲—1 辛巳

5 月 "—" 干同支冲—1 乙卯　　11 月 "—" 干同支冲壬子

闰 4 月 "—" 干同支冲丙戌　　10 月 "=" 干同支—1 壬午

4 月 "—" 干同支冲—1 丙辰　　9 月 "—" 干同支冲癸丑

3 月 "—" 干同支冲丁亥　　8 月 "=" 干同支冲—1 癸未

2 月 "—" 干同支冲丁巳　　7 月 "—" 干同支冲—1 甲寅

1 月 "—" 正月初一丁亥

经过逐卦推算农历十二月初一为辛巳。

第四节　公历日辰的干支速算心法

这是一种计算公历日辰干支的速算心法。日辰干支在易学研究与实际运用中，是非常重要而且必需的。我们从实用的角度出发，总结了一套简洁有效的计算方法。它是基于公历的 80 年一个周期，日辰干支又重复的规律而设计的。这种方法记忆量少，卯申子巳口诀只需看一眼就能牢牢记住。让你真正可以做到袖占一课，便知端倪。

一、概述

在你用六爻为人占卜具体的事件之时，起卦的方法或立卦都很方便，这里就不再多费口舌。而我们最为伤脑筋的是不知道今天日子的干支是什么，当然，你会说，查一下万年历不就行了！查万年历当然行，这里我想说的是，不用查万年历，而直接推算出年月日的干支，以前也有一些同行的有关记忆口诀推算日辰干支，只是记忆量非常大，并且计算过程错综复杂，不是一般人就能熟练、准确掌握得了的。

下面的例1、例2是先介绍这种计算方法的过程，如不明了，不要着急，后面有详细的方法介绍。

例1：2001年10月15日（公历），求其日子干支？

步骤1：首先默诵口诀："卯申子巳"，与"卯申子巳"对应的是："酉寅午亥"；对应于1994年的1月1日的干支为：丁亥。

步骤2：以"丁亥"为起点，或以1994年为基点，至2001年，2001-1994=7；7×5=35；再算94年至2001年闰年的年份有96和2000两年，记作2，35+2=37。

步骤3：计算2001年1月1日至10月15日总天数减去60倍数的余数：1、2、3、4月份打平；5、6、7、8月份余3天；9月为30天，10月至15日，即15天，3+30+15=48天。

步骤4：37+48=25 以丁亥为1数，数至25数即为：辛亥日。查万年历核对：辛亥日！完全正确。

例2：计算1945年2月22日干支。

下面是计算过程：

甲子（1924年的1月1日干支为甲子）为基，5+1+31+22=59，以甲子为1，甲戌就为11，甲申21，甲午31，甲辰41，甲寅51，乙卯52，丙辰53，丁巳54，戊午55，己未56，庚申57，辛酉58，壬戌59，好啦！就是壬戌日，绝对不会错！

二、基本原理（说明：本心法的适用范围为1924年1月1日至2999年）

公历历法：

1. 公历每年为365天，闰年为366天。推算哪些年份为闰年的最

岁荣通鉴（上）

简便的方法是看年份的最后两位数，因为"公历干支速算心法"都是以心算出来的，所以阅者如果要想掌握这种方法，最好先跟着我的思路，熟练地掌握一些基本的知识。在你能熟练运用的时候，不管以何方法，都能随心所欲地进行计算。

心法：

（1）十位数为奇数，即1、3、5、7、9的情况，个位数为2或6的年份为闰年；

（2）十位数为偶数，即2、4、6、8、0的情况，个位数为0,4,8的年份为闰年。

记忆口诀：奇2或奇6为闰年，偶0或偶4或偶8为闰年。

比如，1968, 1972, 1994, 2000四个年份中，直接可以判断出72年与2000年为闰年。

2. 我们总结出公历对应纪日干支是以80年为一个周期，因为一般在使用的频率上，1924年以前的年份使用频率均不高（特别是在实际运用中），故我们从1924年开始记忆，即1924年的元月1日为己卯，1934年的1月1日为壬申，1944年的1月1日为甲子，1954的1月1日为年丁巳；1964的1月1日为与1924年的1月1日为地支相冲，天干不变，即为己酉，1974年的1月1日为壬寅，1984年的1月1日为甲午，1994年的1月1日为丁亥；列表如下：（下称卯申子巳口诀）

1924	1934	1944	1954	1964	1974	1984	1994
己卯	壬申	甲子	丁巳	己酉	壬寅	甲午	丁亥
2004	2014	2024	2034	2044	2054	2064	2074
己卯	壬申	甲子	丁巳	己酉	壬寅	甲午	丁亥

记忆口诀：卯申子巳 1924年的1月1日为己卯日

例3：计算2001年元旦的干支纪日

思路：1994年元旦为丁亥（如果你还不知道为什么为丁亥日的话，请你返回重新阅读前面的内容！），从1994年至2001年共有7年（注意这里包含1994年这一年，而并不包含2001这一年），首先想着这7年均为平年，其余数5乘以7即为35数，再根据前面的原理即刻即可知道：1996年及2000年为闰年，每一闰年加1，（想一想，为什么要加1？）得到35+1+1=37，因为前面没有考虑2001这一年的元旦这一天，故应再加上这一天，得38数，以丁亥为1，则丁巳为31，戊午32，己未33，庚申34，辛酉35，壬戌36，癸亥37，甲子38，好！2001年元旦日为甲子日！

3. 记熟公历每个月份的天数，就像自己家里有几个人，是男是女。

月份	1	2	3	4	5	6	7	8	9	10	11	12
天数	31	28/29	31	30	31	30	31	31	30	31	30	31

平年每年365天，闰年每年366天，这是一个非常重要的概念。因为甲子纪日的一个周期为60，故而在计算的时候往往以其余数，这样可以节省大量的计算量。比如1924年1月1日为己卯日，1925年的元旦就是从己卯开始数，至第5+1位为甲申日。这是因为1924年为平年，为365天，以60除余5天，再加上25年元旦这一天。阅者可细心领会！

诀窍：记熟公历每一月份的天数，在一瞬间就要反应出来任何一个月份的天数。比如7月份为31天。

干支纪日，是用十天干，配以十二地支，从甲子起至癸亥止，共60位，俗称60甲子，这个60是指一个周期，超过60则减去60。

诀窍：（1）开始用笔在纸上从甲子，乙丑，丙寅……庚申，辛酉，壬戌，癸亥，写个几十遍；然后口诵，最后又从癸亥，壬戌……乙丑，甲子口诵。（2）在运用本门心法的时候，常常运用从某一特定的干支数起，至某数为止，如从庚申数 1 至 36 为止，这里又有一些方便法门：庚申为 1，则庚寅必定为 31，我们再从庚寅数至乙未即为 36 数。

三、实际运用举例

例 4：计算 2002 年 12 月 16 日这一天的日辰干支。

步骤 1：找出前一个基准年份，即 1994 年 1 月 1 日的干支为丁亥（由卯申子巳口诀推算而来）；

步骤 2：从 1994 年至 2002 年一共有多少个整数年份：2002-1994=8 年（亦即为 1994，1995，1996……1999，2000，2001 这八个年份）；这 8 个年份先别管是否闰年，一律按平年算，也就是每一年为 365 天，减去 60 的倍数，每一年余 5。8×5=40（这个数是指从 1994 年 1 月 1 日起至 2001 年 12 月 31 日止，每一年均按 365 天计算而得出的总天数减去 60 的倍数而得的余数）；

步骤 3：从 1994 年至 2001 年，属于闰年的年份有 1996 年和 2000 年，每一年再加上 1，两年再得余数 2，此数与步骤 2 的余数相加为 42；

步骤 4：计算 2002 年 1 月 1 日至 12 月 16 日止总天数减去 60 倍数后的余数：心算方法是每两个月为一组，如 1、2 月的余数为 -1；3、4 月的余数为 +1；5、6 月的余数为 +1；7、8 月的余数为 +2；9、10 月的余数为 +1；11 月只有一个整月，计算余数就是本月的天数 30；12 月份从 1 日至 16 日余数为 16。综合前面的余数为：-1+1+2+1+30+16=50；

步骤 5：步骤 3 与步骤 4 两个余数相加为：42+50=92 此数因大于 60，故再减去 60 得余数 32；

步骤 6：以步骤 1 的基数丁亥为 1，数至 32 即得戊午干支，此即我们计算得出 2002 年 12 月 16 日的日辰干支，即戊午。

四、交节日期

我们归纳了近 100 年历法，总结出十二个节气与公历的月日有一定的对应规律：

公历月日	2月4日	3月6日	4月5日	5月6日	6月6日	7月7日	8月8日	9月8日	10月8日	11月8日	12月7日	1月6日
节气	立春	惊蛰	清明	立夏	芒种	小暑	立秋	白露	寒露	立冬	大雪	小寒
地支	寅	卯	辰	巳	午	未	申	酉	戌	亥	子	丑

表中所列的地支即当月的月令，也就是我们在排四柱时的依据；

说明：上面表中所列的交节月日有正负一天的误差，所以在为别人报出的月日刚好为表中所列的日子的时候，就要注意了，比如为5月6日14时，根据不同的年份可能已经交了立夏，也可能还未交节，这种情况月令就应该为辰。所以遇到交节的日子，最为稳妥的办法还是要查一查万年历。

五、总结

在综合运用之前，我想强调几个重要的步骤：
1. 要记熟六十甲子；
2. 闰年平年；
3. 月份大小；
4. 卯申子巳口诀。

第五节　万年历心算法

心算公式：

公历年号×五÷四+9+已过去的大月－月的倍数＝干支序号

如月份是双数则间隔三十天，此法一律以3月1日作为本年的起点，在3月1日前，以上一年年号算。

口诀：

乘五除四九加日，双月间隔三十天。

三五七八十尾头，此是妙法留心间。

甲子序号： 1　11　21　31　41　51
　　　　　甲　甲　甲　甲　甲　甲
　　　　　子　戌　申　午　辰　寅

例1：公历1983年8月15日，求日干支甲子：

83×5=415，415÷60（×6）的倍数=55（注：只取余数，在任何的一条心算公式中，大于六十的，以倍数计。若刚除完，此项可当0算。）

83÷4=20.75（注：只取整数，不取余数）

常数9（注：在任何一条公式中常数9都不变）

日期：15

已过大月：3、5、7（注：多少个月，按多少个月计，取数字。）

月份8月是偶月双数

心算公式：55+20+9+15+3=102，102减月小于102的最大30的倍数，即：102-（30×3）=12

12即是干支序号数，推算日干查甲子序号，11是甲戌12是乙亥，所以1983年8月15日是乙亥日。

例2：1949年10月1日，求日干支甲子：

49×5=245 除60的倍数（245－60×4=5）余5，49÷4=12.25，常数9，日期1，已过大月为3、5、7、8（4个月就取数字4）

心算公式：5+12+9+1+4=31　31－月的倍数=1

推算日干甲子序号：1即是甲子日（注：此项数如是3，即是丙寅日，其他类推）

由取可知，1949年10月1日，是甲子日。

例3：以上是上世纪的使用方法，下世纪使用此心算法，一律加上100，举例说明。

2005年8月17日，求日干支甲子。

105×5=525，除60的倍数=45（此项也和上面一样，只取余数）

105÷4=26，（只取成数，余数不取），常数9，日期：17，已过大月：3、5、7

心算公式：45+26+17+9+3=100 100-30的倍数=10

推算日干甲子：甲子是1，乙丑是2，丙寅是3，丁卯是4，戊辰是5，己巳是6，庚午是7，辛未是8，壬申是9，癸酉是10。2005年8月17日的是：癸酉日。

以上心法，熟读六十甲子即可运用，通俗易懂。有点悟性的朋友，可一目了然。

此法简单，可直接排四柱，只要熟悉阳历的交接日即可直接排四柱。（比如正月立春，一般都是2月4日至3月6日左右交接。）

第六节　快速判断年上起月与日上起时

一、年上起月

五虎遁口诀：

甲己之年丙作首，乙庚之年戊为头。
丙辛之岁寻庚上，丁壬壬寅顺水流。
若问戊癸何处起，甲寅之上好追求。

说明：

1. 十天干对应10个数：甲1、乙2、丙3、丁4、戊5、己6、庚

7、辛 8、壬 9、癸 10。

2. 不必死记硬背上述口诀，只需记住一个简单的公式就可以了。

3. 公式：两数相加减四，余数就是该年正月（寅月）的天干了。（超过十的看尾数）

4. 举例：

（1）甲己之年：(1+6) –4=3

3是丙，甲己之年的正月从丙起。

（2）再举一例：戊癸

(5+10) –4=11

看个位上的尾数是1，1是甲。戊癸之年的正月从甲起。

其他类推

二、日上起时

五鼠遁诀：

甲己还加甲，乙庚丙作初。

丙辛从戊起，丁壬庚子居。

戊癸何方发，壬子是真途。

公式：两数相加减6，余数就是该日干支子时的天干。

如：甲己日。甲是1，己是6。

(1+6) –6=1，1是甲，子时从甲起。

再举一例：戊癸

(5+10) –6=9，9是壬，子时就是壬子。

第七节　江湖秘传日干支速算法

一、"小尽前知"的基本概念

推算阴历的年、月干支非常容易，时干支也不困难，只是日干支的推算比较困难，不像年、月、时干支那样有规可循，因阴历月大月小都不是固定的。所以在应用时必须翻开《万年历》查找，如果在需用时手中一时又没有《万年历》，那就束手无策了。这样给搞预测研究的专业人员带来很大不便。为此，江湖老辈们费尽心血。编制出一种"快捷指掌速算法"，你看民间盲师算命，只要求测人报出出生时间，他们就能在几秒钟之内将求测人的出生时间换算成生辰八字，并将二十四节气的交节时辰都说得丝毫不差。

这种快速的指掌速算法历史久远，据说是西汉初期江湖祖师司马季主编创，专门为不便查书的算命盲人而作，只供盲师传教弟子使用，不准对外传授，而且保守得特别严密。师徒之间的传授也须经过长时间的考验。考验成熟后，开始先口传一些"大金蝉""小金蝉""流年赶月"等歌诀，并要求将这些熟背如流，然而在传授这些歌诀时，只准用心记，不准用笔录，也不教你怎么用法，必待徒弟要出山时，才能将具体用法向弟子解释明白。江湖术士对此法特别保守，被列入六耳（三人）不传道的规戒律。

为防止泄秘并不是直截了当地传授应用方法，而是转弯抹角地编出一大堆歌诀，就是再有聪明头脑的人也难解其中之意。这些歌诀本身就繁琐难记，但你必须要将它背熟，搞预测研究的人谁有闲工夫去将这些难以记忆的歌诀背下来，再者你就是下死功夫背下来，如果不点拨明白，那也等于功夫白费。只有盲人为了以此谋生，加之有天生的记忆力，才能做到这一点。其实"小尽前知"并无什么神秘之处，只是快速推排八字的一种绝窍。当然，学会这种"时间速算法"对推命会起到快速作用。但要想将这些歌诀倒背如流，又谈何容易。

为了使这门学问不至于淹没，现将这些江湖师传秘法和盘托出，公之于世，以待进一步研究，更使读者认识到真正受过明师培训过的江湖术士的师传秘诀中的奥妙之处。

现将传统江湖秘法"小尽前知"的具体运用方法公布于下："小尽前知"是以农历为基础推算干支记时的一种速算方法，其中的年、月、时干支都容易推算，只有日干支比较繁琐。农历有月大、月小之分，月大30天，月小29天，如果不是月小，因素，农历两个月是60天，与六十甲子的干支数目正好相符，也就是两个月的天数正好是一个甲子周数。按照这样的规律来计算，只要知道某年的正月初一的日干支，即可知其三月初一的日干支，五月初一、七月初一、九月初一、十一月初一日的日干支，这几个月的干支，都是与正月初一的干支是相同的（如有闰月，月份稍有变化）。由于农历存在着月小29天的差异，所以使隔月的初一干支又不能相同，如果要使隔一个月的初一干支相同，必须要知道某年中有几个月小，还要知道分别是哪几个月小，再将所求的日期从中将几个月小的时间差补上，只要掌握以上这样规律，计算日干支就非常简单了。

学会干支记日，首先要了解以下四个要点：①该年的年干支是什么；②正月初一日的干支；③立春日、时；④当年是几个月小，分别在哪几个月。只要掌握这四个要点，记日之难题就迎刃而解了。

一年仅用十四个字的歌诀，"小尽前知"即可将以上四个问题完全解决。这其实是非常简单的事，但古人在编制口诀时为了保守秘密，却费尽心机，采用了很多加密方法，将同一个地支采用了好多种名称，这样一来，使编出来的口诀不仅好听押韵，更重要的是使这种速算法对外保密，特意用多种名称来变换使用同一地支，更使外人难解其意。

先来介绍一下古人在"小尽前知"中对地支采用几种不同名称的歌诀：

"小尽前知"原有十套口诀，为了减少篇幅，只选择其中五套，以

便明示。

"小尽前知"歌诀（现择五套）

第一套：以四季花名代表小尽前知

第二套：以树木昆虫名代表小尽前知

第三套：以十二建星和二十八宿代表小尽前知

第四套：以十二月相思代表小尽前知

第五套：以古代国名代表小尽前知

① 四季花名

正茶二杏三桃红，四葵五榴六莲蓬。

七菱八桂九菊放，十松子柏腊梅风。

② 草木昆虫名

正月观灯请会茶，二暖拨柳发萌芽。

三看桃梨花明耀，四引妇女采桑麻。

五端爱乐榴在先，六伏芬草共蒲莲。

七菱新秋香云动，八仙蟋蟀闹金蝉。

九枣黄菊九重高，十数炉内去探硝。

冬冰鹅毛分水碱，腊竹雪打寒梅梢。

③ 十二建星与二十八宿名

正建寅山虎雷豹，二除宋林兔和耗。

三满辰刚龙蛟雨，四平巳楚蛇蚓导。

五定周午马鹿獐，六执未秦羊草犴。

七破晋申猿猴蝶，八危赵金鸡酉妙。

九成鲁戌豺狼狗，十收韩亥猪与硝。

冬开子水迷飞燕，腊闭丑吴獬牛梢。

④十二月相思

正月闷坐想丈夫，二月捎信到京都。
三月思君暗牵挂，四月悲叹独守孤。
五月房中常流泪，六月望郎到更初。
七月梦中鸾交凤，八月抱枕泪将枯。
九月恼人多有气，十月盼汝栏杆扶。
冬月剃发出家去，腊月吃斋念经书。

⑤古代国名

正燕二宋三郑明，四楚五周六月秦。
七晋八赵九月鲁，十韩冬齐腊吴经。

古人为了对指掌速算法保密，不仅将地支编出多种称谓，为了便于记忆，还将"小尽前知"的字数控制在七个字之内，编出了一些相关月份的简称。如在同一年中的三月、七月、十一月都是用小时，就用"水局"来称之：因水局是申子辰三字组成，辰指三弓，申指七月，子指十一月。当在一年中的二月、六月、十月均是月小时，就称之为"木局"：因木局是亥卯未三字组成，卯是二月、未是六月、亥是十月。当一年中的正月、五月、九月都是为月小时，称为"火局"：因火局是寅午戌三字组成，寅指正月，午指五月，戌指九月。当一年中的四月、八月、十二月皆为月小时，称为"金局"：因金局乃巳酉丑三字组成，巳指四月，酉指八月，丑指十二月。在不同的称谓中，有时用一年四季中的孟、仲、季来代称。如同一年中的正月、四月、七月、十月都是月小时，可称为"孟月"。如在同一年中的二月、五月、八月、十一月都为月小时，称为"仲月"。如在同一年中的三月、六月、九月、十二月都为月小时，称为"季月"。

"小尽前知"中还有：如同一年中的二月、四月、六月皆为月小时，可称为"春荷"。如八月、十月、十二月同为月小时，称为"秋梅"。

又如遇到闰月，可用前、后、双几个字来代表。如"后五"，指后五月小,"前六"指前六月小,"双七",指前后二个七月小。

其他的还有:将十天干用五种颜色来代表。

如甲乙是青色,丙丁是红色,戊己是黄色,庚辛是白色,壬癸是黑色。

如将上述一些规定了解以后,对"小尽前知"的应用方法就完全可以破解了。然而"小尽前知"只能为某年有几个月小打下基础,必须要学会怎样去运用,要学会运用,还要经过一个程序,即需将"流年赶月"歌背熟,所谓"流年赶月"歌就是上面所述的年干支与正月初一干支以及立春的时辰。将"流年赶月"与"小尽前知"两者结合起来。仅用十四个字的歌诀便可将一年中任何一天的天干地支以及二十四节气的交节时辰说得一清二楚。

例如某人是1935年出生,古歌是"乙亥(1)白猪(2)初二(3)稍(4)观(5)杏(6)葵(7)莲(8)菊(9)梅(10)"。

注解:(1)乙亥:指1935年的年干支。

(2)白猪:指正月初一日干支,白色为辛,猪为亥,该年的正月初一干支为辛亥。

(3)初二:指立春。

(4)稍:指丑时,该年正月初二丑时立春。

每年的立春节,最早不会早于腊月十五之前,最迟不会迟过正月十五之后。所以,凡是十五以后立春的属于腊月,十五以前立春的属于正月。如果正好是十五立春的,只有这天比较特殊,为了便于分别,古人将腊月十五称为一五,正月十五仍然称作十三。

(5)观:指正月小。

(6)杏:指二月小。

(7)葵:指四月小。

(8)莲:指六月小。

(9)菊:指九月小。

(10)梅:指十二月小。

歌诀中的第一句表明了乙亥年正月初二为壬子日丑时立春,第二句

岁荣通鉴(上)

表明了该年有六个月小,分别为正、二、四、六、九、十二月。

现在我们来试推一下1935年的七月初五日干支:

通过歌诀已知1935年的年干支乙亥,正月初一日的干支辛亥,先暂不考虑月小,每月仍以30天计算,三月初一、五月初一必定是辛亥,七月初一肯定又是辛亥,但因月小因素的介入,必即将正月初一至七月初一中间的月小减去,该年的正月至七月中间有正月、二月、四月、六月四个月小,减去月小的所差值,也就是从辛亥上往回退四位即辛亥一庚戌一己酉一戊申一丁未,即知七月初一日的干支是丁未。已知七月初一是丁未,再从丁未向前数五位(求七月初五日干支)即戊申一己酉一庚戌一,辛亥日,即知七月初五是辛亥。我们再来试推一下该年的八月十五日干支:

通过此例,我们已知1935年的年干为乙亥,正月初一日的干支是辛亥,开始不用考虑月小因素,还是以30天计算,二月初一是辛巳,三月初一是辛亥,四月初一是辛巳,五月初一是辛亥,六月初一又是辛巳,七月初一是辛亥,八月初一又是辛巳,从这里不难看出,每月都以三十天计算,这个月初一日的地支与下个月初一日的地支肯定是相冲的,但是天干都是相同的。这样就省略了逐日推算的麻烦。此例按每月三十天计算,假设八月初一日干支是辛巳,再将正月初一至八月初一的月小时间差刨去,即是该年八月初一日的该年从正月初一至八月初一经历了正、二、四、六四个月小,从辛巳上刨去四天,即辛巳一庚辰一己卯一戊寅一丁丑,即知"丁丑"是八月初一日的干支。已知八月初一日的干支是"丁丑",再推八月十五日干支就可迎刃而解了。再用"野马跳涧",往前赶,初一是丁丑,十一是丁亥,十二是戊子……辛卯是十五日的干支。

"小尽前知"原名"小金钳子"。"小尽"是指月小,表示一个月到了最后一天谓之尽,"前知"是提前知道的意思。说明在这一年中的月小已提前知道。"小尽前知"的歌诀对研究命理学者并没有什么实用价值,只是快速推算时间的一种诀窍。为了使读者对这门传统文化有所了解,明白其中含义,仅选择适用几条,以示明白。应用此法时首先要将"小尽前知"的歌诀背熟。运用时方法还不同,有时从多套前知中各抽一字凑成七字诀，有时在一套前知中抽出几个字。例如求1944年哪几个月是小尽？该年的"流年赶月"歌诀中，有"杏葵榴菱松月尽"字句，这句口诀是利用"小尽前知"第一套四季花名而组成的，该口诀中的第一个"杏"字，是从"四季花名"中"正茶二杏三桃红"的口诀中挑出，"杏"代表二月。第二三字"葵""榴"，是从第二句"四葵五榴六莲蓬"诀中抽出的，"葵"代表四月，"榴"代表五月。口诀中的"菱""松"分别从第三句和第四句中抽出，"菱"代表七月，"松"代表十月，说明1944年该年是二月小、四月小、五月小、七月小、十月小。

如1945年的"流年赶月"歌诀是"乙酉黑牛廿二猪，茶暖平常晋齐初"。这句口诀就不是从一套口诀中抽出的，而是从多套口诀中各抽一个字拼凑而成的。为了对此法加密，有的东抽一字，西抽两字，使人看起来无所适从，特别是初学者，无不感到头疼。为了弘扬祖国传统文化，揭开江湖传统秘密，笔者在古人思路的基础上又从另一角度着手，编出一种简单而适用的口诀，一年只用一句话就能将一年的立春日时、大小月、闰月和日时干支包括在内。此诀简单适用，命名为新编"流年赶月"法。不仅能使广大读者一看就会，就是盲师传徒，也可作借鉴。

二、新编"流年赶月"的基本概念

新编"流年赶月"歌方法简单适用，包含的内容很全面，既有年干支，正月初一的日干支，又有立春的日、时。不仅内含一年的小尽前知，而且末尾又标明闰月大小，这样多的内容完全压缩在这14个字的口诀（歌诀见后）之内。现以1932壬申年为例，上一句是"壬申红鸡廿（音念）九龙"，前两字的"壬申"是指1932年的年干支，"红鸡"指的是正月初一日干支，"红"属火代表天干的"丁"，"鸡"代表地支的"酉"，将天干地支合起来是"丁酉"。廿九是指该年腊月二十九日立春，"龙"是指立春的时辰，说明这一年是十二月二十九日"辰时"立春。下一句是"四六八九冬月云"，是指该年四月小、六月小、八月小、九月小，冬月是指十一月小，云是为了方便记忆用的配音字。

又如1938年是戊寅年，歌诀上一句是"戊寅黑猪初五狗"，"戊寅"是代表1938年的年干支，黑猪代表"癸亥"，说明该年的正月初一干支是癸亥，初五狗是指正月初五戌时立春。下一句是"后七三四六八冬"，是指该年"后七"是闰七月，后七月小，三月小，四月小，六月小，八月小，冬月是指十一月小。

三、新编"流年赶月"的应用方法

新编"流年赶月"歌的特点是：不用四季花名、草木昆虫等拐弯抹角的一些名词，直截了当用数字来代表，只要求测者报出时间，马上即可将所报的出生时间换算成年、月、日、时四柱的天干地支。此法以正月初一日干支为基准点，以此可推算出该年十二个月的每个月的初一日干支。既知每月初一日干支，就可快速的算出一年各月的初一、十一、二十一日干支；知道初一、十一、二十一日干支，其他日干支就不难推算了。

例如求1948年五月初一日的干支，口诀是"戊子青牛廿六兔，二四六七九冬处"诀中的"戊子"指的是1948年的年干支，"青牛"为"乙丑"指的是1948年正月初一的日干支。已知正月初一的日干支，就以正月初一的日干支为基准点，假设每月都按30天计算，正月初一是乙丑、二月初一的地支与正月初一的地支对冲，但天干不变，那么二月初一是乙未，三月初一的地支是与二月初一的地支对冲，三月初一是乙丑、四月初一又是乙未，如按30天计算，五月初一是乙丑，可是该年正月至五月其中有二月和四月两个小月，用时要在乙丑干支上将这两天刨去，即知五月初一日干支是癸亥，已知五月初一是癸亥，那么再推其余干支就不难了。如五月初一是癸亥、十一是癸酉、廿一是癸未。此法最好用排山掌推算，将地支固定在手指节上，然后再用"野马跳涧"的方法。隔位以十进位推算，那就方便得多了。

新编"流年赶月"歌诀（1924—2030）：

1924 甲子青虎初一蛇，一四七九冬腊逢。
1925 乙丑黄猴十二猴，前四二六九冬留。
1926 丙寅黑鸡廿二猪，一二四六九腊初。
1927 丁卯赤兔初四虎，二三五七九月数。
1928 戊辰黑狗十四蛇，后二一三五六八。
1929 己巳红犬廿五猴，一三四六七九留。
1930 庚午白龙初六犬，后六火局四七腊。
1931 辛未黑兔十八牛，三五七八十腊头。
1932 壬申红鸡廿九龙，四六八九冬月云。
1933 癸酉黑龙初十羊，五无一四六八十冬。
1934 甲戌火龙廿一狗，一三六八冬月守。
1935 乙亥白猪初二牛，一二四六九腊头。
1936 丙子青蛇十三龙，前三二四五八腊。
1937 丁丑黄蛇廿三羊，二三五六八腊详。
1938 戊寅黑猪初五狗，后七三四六八冬。
1939 己卯火猪十七牛，三四六七九冬头。
1940 庚辰白蛇廿八龙，三五七八十腊寻。
1941 辛巳青猪初九马，前六三七八十腊。
1942 壬午黄猪十九鸡，二五七九冬月稀。
1943 癸未青马初一鼠，一三五八十腊数。
1944 甲申黄鼠十二兔，前四二五七十住。
1945 乙酉黑牛廿二马，一二四五七冬要。
1946 丙戌红羊初三鸡，二三五六八冬稀。
1947 丁亥金牛十四鼠，后二三五六八十。
1948 戊子青牛廿六兔，二四六七九冬好。
1949 己丑黄羊初七马，二五七七九冬加。
1950 庚寅黑羊十八鸡，一四七八十腊期。
1951 辛卯红牛廿八鼠，二五七九冬月数。
1952 壬辰黑猴初十虎，前五一三六九冬。

岁荣通鉴(上)

1953 癸巳红猴廿一蛇，一三四七十腊加。
1954 甲午白虎初二猴，二四五七十月头。
1955 乙未青鸡十二猪，前三一四五七九。
1956 丙申黄鸡廿四虎，一三五六八十数。
1957 丁酉黑兔初五蛇，后八春夏七十腊。
1958 戊戌红虎十六猴，四六七九冬月头。
1959 己亥白鸡廿七猪，一四六八十腊初。
1960 庚子青兔初九虎，后六二四八十腊。
1961 辛丑黄兔十九蛇，二四六九冬月斜。
1962 壬寅青狗三十猴，一三四六九腊头。
1963 癸卯黄龙十一猪，二四四六八腊初。
1964 甲辰黑龙廿二虎，二四五七九月数。
1965 乙巳火猪初三龙，一三五六八九腊。
1966 丙午白龙十五羊，后三五六八九腊。
1967 丁未青龙廿五狗，三六七九冬月走。
1968 戊申黄猪初七牛，后七一三六九冬。
1969 己酉黑猪十八龙，一三五八十腊从。
1970 庚戌红蛇廿八羊，二三五八冬月详。
1971 辛亥黑鼠初九狗，后五一三四七冬。
1972 壬子红鼠廿一牛，一三四六八冬头。
1973 癸丑白马初二龙，二四五七八冬寻。
1974 甲寅青鼠十三羊，后四三五七八冬。
1975 乙卯黄鼠廿四鸡，三五六八九冬栖。
1976 丙辰黑马初六鼠，后八三五七九冬。
1977 丁巳红马十七兔，二五七九冬腊住。
1978 戊午白鼠廿七马，二五八十腊月花。
1979 己未青羊初八鸡，后六二三五七十腊。
1980 庚申黄羊十九鼠，二三五七十月数。
1981 辛酉青虎三十兔，一三四六七十住。

1982 壬戌黄猴十一马，双四二六七九加。
1983 癸亥黑猴廿二鸡，二四五七八十期。
1984 甲子红虎初三鼠，后十二五六八九。
1985 乙丑白虎十五兔，一四六八九冬住。
1986 丙寅青猴廿六马，一四七九冬腊加。
1987 丁卯黄虎初七猴，后六二四九冬丑。
1988 戊辰黑虎十七猪，二四六九腊月初。
1989 己巳赤鸡廿八虎，二三五七九月数。
1990 庚午黑龙初九蛇，后五一三四六八。
1991 辛未赤龙二十猴，一三四六七九留。
1992 壬申白犬初一猪，一四五七八十呼。
1993 癸酉青龙十三虎，后三一五七八十腊。
1994 甲戌赤兔廿四蛇，四六八九冬月斜。
1995 乙亥黑犬初五猴，后八一四六九冬。
1996 丙子红狗十六猪，一三六八冬腊初。
1997 丁丑白龙廿七虎，二四六九腊月数。
1998 戊寅青猪初八龙，二三双五八冬从。
1999 己卯黄猪十九羊，二三五六八腊详。
2000 庚辰黑蛇廿九狗，三四六七九腊丑。
2001 辛巳红猪十二牛，后四三六七九冬。
2002 壬午白猪廿三龙，三五七八十腊容。
2003 癸未青蛇初四羊，三六八九冬月详。
2004 甲申白鼠十四犬，后二五七九冬远。
2005 乙酉青鼠廿六牛，一三五八十腊走。
2006 丙戌黄马初七龙，后七二四六十荣。
2007 丁亥黑羊十七羊，一二四五七冬详。
2008 戊子红牛廿八狗，二三五六八冬走。
2009 己丑白羊初十鼠，后五三四六八十。
2010 庚寅青羊廿一兔，二四六七九冬悟。

2011 辛卯黄牛初二马，二五七八十腊加。
2012 壬辰黑羊十三鸡，后四二六八十腊。
2013 癸巳红羊廿四鼠，二四七九冬月数。
2014 甲午黑虎初五兔，后九一三五七冬。
2015 乙未红虎十六马，一三四六十腊加。
2016 丙申白猴廿六鸡，二四五七十月期。
2017 丁酉青兔初七鼠，前六一三五七九。
2018 戊戌黄兔十九兔，一三五六八十住。
2019 己亥黑鸡三十马，二四六七九十加。
2020 庚子红兔十一鸡，后四一六七九冬。
2021 辛丑白兔廿二子，正四六八十腊史。
2022 壬寅青鸡初四虎，二四七九冬月数。
2023 癸卯白龙十四蛇，后二正三六九冬。
2024 甲辰青龙廿五猴，正三四六九腊休。
2025 乙巳黄犬初六猪，后六二四五八腊。
2026 丙午黑狗十七虎，二四五七八腊取。
2027 丁未红龙廿八蛇，三五六八九腊随。
2028 戊申白狗初十猴，后五四六八九腊。
2029 己酉青狗二十猪，三五七九十月数。
2030 庚戌黄蛇初二虎，正三六八十腊雨。

　　以上歌诀，是根据江湖上秘而不传的"流年赶月歌"演化出来的，原来的歌诀繁琐难记，应用起来麻烦，现本着"删繁就简"原则将原来"小尽前知"中一些加密歌诀不用，直截了当的用数字来代表，这样既简单而又实用。从1924年开始编到2030年共编106年，每年只用两句话即可概括一年的正月初一日干支，立春日时干支，该年哪几个月小、是否闰月。很快就能推出某月某日的天干地支，快速简便，初看起好像非常复杂，只要掌握其中规律，反复练习，完全可以应用自如，请读者一试。

新编流年赶月诀，费尽心机附与君。
正月初一先定位，再将求月初一攻。
每月都按三十数，天干不动地支冲。
数到生月即停住，刨去月小莫放松。
除去月小是初一，应求干支此为宗。
从此不查万年历，手指一推明于胸。
若能参透玄中妙，快速推算妙无穷。
运用玄机推命理，万年都在手掌中。

四、秘传"八卦金口诀"的基本概念

另有一种"八卦金口诀"的推算方法，是江湖明师传授弟子的另一种秘传诀窍，诸书都没有记载过，称之为"千金不传之秘法"。此诀只用7个字就可把一年的年月日时干支以及交节时辰都包括在内，非常简捷而适用。

此诀非常简单，而且好记。内中用八卦爻象代表大小月，阳爻代表月大，阴爻代表月小，只要有一点周易纳甲基础的，一看就明白；如果对八卦爻象一窍不通的话，也就没有必要在此篇上苦苦追求。所以要想学会此"六十四卦金口诀"必须先学六十四卦。

八卦金口诀方法很简单，与前面的"小尽前知"的运用方法大同小异，稍有差别的是，前者用数字代替月大月小，用十四个字代表一年。而此法用八卦爻象代替月大月小，只用七个字即可将一年所有大小月以及二十四节气的交节时辰完全表示出来。具体运用方法只要掌握以下几条即可：

①诀中开头两个字的天干地支，是代表当年正月初一干支，而不是年干支。

②用八卦爻象的阳爻"▬"代表月大，阴爻"▬ ▬"代表月小，用六十四卦名代表一个复卦。

③以一个重卦代表六个月，两个重卦代表一年的十二个月。

例如1973年的歌诀是："庚午"噬"丰，初二龙"，前面的庚午二字，是代表该年正月初一日干支。后面的"噬"字是代表六十四卦中的"火雷噬嗑"，其八卦符号即上为离卦（☲），下为震卦（☳），离为火，震为雷，上火下雷两个卦爻合起来叫作火雷噬嗑（䷔）。"丰"是指六十四卦中的"雷火丰"卦，其八卦符号即上为震卦（☳），下为离卦（☲）将上震卦和下离卦合起来叫作雷火丰卦（䷶），该年上半年的卦象是火雷噬嗑，下半年卦象是雷火丰。也就是说，火雷噬嗑代表该年的上半年月大月小，雷火丰代表下半年的月大月小。

应用时从上往下看，如火雷噬嗑的离卦即"☲"，离卦的上面一横属阳，代表月大，中间断开的一横属阴，代表月小，下面的一横属阳，又是代表月大。"雷"乃震卦，即"☳"，上面断开的一横属阴，代表月小，第二横断开一横也属阴，代表月小，下面一横属阳，代表月大。离卦与震卦两者配合起来的叫火雷噬嗑卦（䷔），代表上半年，说明该年上半年是正月大、二月小、三月大、四月小、五月小、六月大，下半年的"雷火丰"代表下半年，八卦符号为"䷶"。上面第一横和第二横断开属阴，代表月小，最后一横属阳，代表月大。"火"即离卦（☲），上面第一横属阳，代表月大，中间断开的一横属阴，下面一横属阳，又代表月大。说明下半年是七月小、八月小、九月大、十月大、十一月小、十二月大，上半年的"火雷噬嗑"与下半年的"雷火丰"，正好与十二个月的月大月小的爻象相吻合。

歌诀最后的"初二龙"三个字，"初二"是指正月初二立春，"龙"是时辰，指正月初二辰时立春。歌诀后面的括弧内有前三或后五的小字，是代表闰月的标志。如（前五）说明该年是闰五月，前五月是月小，（后三）是代表闰三月的后三月小。

秘传"六十四卦金口诀"（1924年—2020年）

1924 甲寅 "兑" "蹇" 初一蛇

（兑为泽）（水山蹇）

1925 戊申 "未" "家" 十二猴（前四）

（火水未济）（风火家人）

1926 癸酉 "解" "巽" 廿二猪
（雷水解）（巽为风）

1927 丁卯 "贲" "需" 初四虎
（山火贲）（水天需）

1928 壬戌 "蹇" "有" 十四蛇（后二）
（水山蹇）（火天大有）

1929 丙戌 "坎" "需" 廿五猴
（坎为水）（水天需）

1930 庚辰 "随" "井" 初六狗（后六）
（泽雷随）（水风井）

1931 癸卯 "家" "解" 十八牛
（风火家人）（雷水解）

1932 丁酉 "讼" "贲" 廿九龙
（天水讼）（山火贲）

1933 壬辰 "困" "噬" 初十羊（前五）
（泽水困）（火雷噬嗑）

1934 丙辰 "井" "离" 廿一狗
（水风井）（离为火）

1935 辛亥 "解" "巽" 初二牛
（雷水解）（巽为风）

1936 乙巳 "颐" "鼎" 十三龙（前三）
（山雷颐）（火风鼎）

1937 己巳 "艮" "鼎" 廿三羊
（艮为山）（火风鼎）

1938 癸亥 "涣" "丰" 初五狗（前七）
（风水涣）（雷火丰）

1939 丁亥 "涣" "济" 十七牛
（风水涣）（水火既济）

1940 辛巳 "家" "解" 廿八龙
（风火家人）（雷水解）

1941 乙亥 "巽" "解" 初九马（前六）
（巽为风）（雷水解）

1942 己亥 "离" "既" 十九鸡
（离为火）（水火既济）

1943 甲午 "既" "未" 初一鼠
（水火既济）（火水未济）

1944 戊子 "噬" "兑" 十二兔（前四）
（火雷噬嗑）（兑为泽）

1945 癸丑 "震" "革" 廿二猪
（震为雷）（泽火革）

1946 丁未 "艮" "离" 初三鸡
（艮为山）（离为火）

1947 辛丑 "渐" "睽" 十四鼠（后二）
（风山渐）（火泽睽）

1948 乙丑 "未" "既" 廿六兔
（火水未济）（水火既济）

1949 己未 "离" "既" 初七马（后七）
（离为火）（水火既济）

1950 癸未 "兑" "解" 十八鸡
（兑为泽）（雷水解）

1951 丁丑 "离" "既" 廿八鼠
（离为火）（水火既济）

1952 壬申 "蹇" "家" 初十虎（前五）
（水山蹇）（风火家人）

1953 丙申 "节" "困" 廿一蛇
（水泽节）（泽水困）

1954 庚寅 "噬" "兑" 初二猴

（火雷噬嗑）（兑为泽）

1955 乙酉 "屯" "需" 十二猪（前三）
（水雷屯）（水天需）

1956 己酉 "蹇" "睽" 廿四虎
（水山蹇）（火泽睽）

1957 癸卯 "未" "困" 初五蛇（后八）
（火水未济）（泽水困）

1958 丙寅 "讼" "既" 十六猴
（天水讼）（水火既济）

1959 辛酉 "困" "未" 廿七猪
（泽水困）（火水未济）

1960 乙卯 "睽" "未" 初九虎（后六）
（火泽睽）（火水未济）

1961 己卯 "未" "家" 十九蛇
（火水未济）（风火家人）

1962 甲戌 "坎" "巽" 三十猴
（坎为水）（巽为风）

1963 戊辰 "未" "鼎" 十一猪（后四）
（火水未济）（火风鼎）

1964 壬辰 "噬" "需" 廿二虎
（火雷噬嗑）（水天需）

1965 丁亥 "蹇" "蛊" 初三龙
（水山蹇）（山风蛊）

1966 庚辰 "遁" "蛊" 十五羊（后三）
（天山遁）（山风蛊）

1967 甲辰 "巽" "既" 廿五狗
（巽为风）（水火既济）

1968 己亥 "井" "家" 初七牛（后七）
（水风井）（风火家人）

 岁荣通鉴（上）

1969 癸亥 "既" "未" 十八龙
（水火既济）（火水未济）

1970 丁巳 "贲" "离" 廿八羊
（山火贲）（离为火）

1971 壬子 "节" "革" 初九狗（后五）
（水泽节）（泽火革）

1972 丙子 "坎" "离" 廿一牛
（坎为水）（离为火）

1973 庚午 "噬" "丰" 初二龙
（火雷噬嗑）（雷火丰）

1974 甲子 "同" "丰" 十三羊（后四）
（天火同人）（雷火丰）

1975 戊子 "渐" "贲" 廿四鸡
（风山渐）（山火贲）

1976 壬午 "家" "既" 初六鼠（后八）
（风火家人）（水火既济）

1977 丙午 "离" "蹇" 十七兔
（离为火）（水山蹇）

1978 庚子 "离" "未" 廿七马
（离为火）（火水未济）

1979 乙未 "贲" "困" 初八鸡（后六）
（山火贲）（泽水困）

1980 己未 "贲" "兑" 十九鼠
（山火贲）（兑为泽）

1981 甲寅 "坎" "兑" 三十兔
（坎为水）（兑为泽）

1982 戊申 "未" "需" 十一马（后四）
（火水未济）（水天需）

1983 壬申 "噬" "归" 廿二鸡

（火雷噬嗑）（雷泽归妹）
1984 丙寅 "旅" "畜" 初三鼠（后十）
（火山旅）（山天大畜）
1985 庚寅 "困" "贲" 十五兔
（泽水困）（山火贲）
1986 甲申 "兑" "蹇" 廿六马
（兑为泽）（水山蹇）
1987 戊寅 "睽" "渐" 初七猴（后六）
（火泽睽）（风山渐）
1988 壬寅 "未" "巽" 十七猪
（火水未济）（巽为风）
1989 丁酉 "贲" "需" 廿八虎
（山火贲）（水天需）
1990 壬辰 "坎" "有" 初九蛇（后五）
（坎为水）（火天大有）
1991 丙辰 "坎" "需" 廿十猴
（坎为水）（水天需）
1992 庚戌 "随" "归" 初一猪
（泽雷随）（雷泽归妹）
1993 甲辰 "革" "解" 十三虎（后三）
（泽火革）（雷水解）
1994 丁卯 "讼" "贲" 廿四蛇
（天水讼）（山火贲）
1995 壬戌 "困" "家" 初五猴（后八）
（泽水困）（风火家人）
1996 丙戌 "井" "旅" 十六猪
（水风井）（火山旅）
1997 庚辰 "未" "巽" 廿七虎
（火水未济）（巽为风）

1998 乙亥 "贲" "离" 初八龙（后五）
（山火贲）（离为火）
1999 己亥 "艮" "鼎" 十九羊
（艮为山）（火风鼎）
2000 癸巳 "涣" "井" 廿九狗
（风水涣）（水风井）
2001 丁亥 "巽" "既" 十二牛（后四）
（巽为风）（水火既济）
2002 辛亥 "家" "解" 廿三龙
（风火家人）（雷水解）
2003 乙巳 "巽" "贲" 初四羊
（巽为风）（山火贲）
2004 庚子 "革" "既" 十四狗（后二）
（泽火革）（水火既济）
2005 甲子 "既" "未" 廿六牛
（水火既济）（火水未济）
2006 戊午 "未" "履" 初七龙（后七）
（火水未济）（天泽履）
2007 癸未 "震" "革" 十七羊
（震为雷）（泽火革）
2008 丁丑 "艮" "离" 廿八狗
（艮为山）（离为火）
2009 辛未 "涣" "睽" 初十鼠（后五）
（风水涣）（火泽睽）
2010 乙未 "未" "既" 廿一兔
（火水未济）（水火既济）
2011 己丑 "离" "解" 初二马
（离为火）（雷水解）
2012 癸未 "鼎" "未" 十三鸡（后四）

（火风鼎）（火水未济）

2013 丁未 "睽" "既" 廿四鼠
（火泽睽）（水火既济）

2014 壬寅 "既" "革" 初五兔（后四）
（水火既济）（泽火革）

2015 丙寅 "坎" "讼" 十六马
（坎为水）（天水讼）

2016 庚申 "噬" "兑" 廿六鸡
（火雷噬嗑）（兑为泽）

2017 乙卯 "蹇" "需" 初七鼠（前六）
（水山蹇）（水天需）

2018 己卯 "蹇" "睽" 十九兔
（水山蹇）（火泽睽）

2019 癸酉 "未" "节" 三十马
（火水未济）（水泽节）

2020 丁卯 "过" "既" 十一鸡（后四）
（泽风大过）（水火既济）

五、"六十四卦金口诀"的应用方法

通过以上介绍，读者对"六十四卦金口诀"已有所认识。应用方法和"流年赶月"一样，以正月初一日为基准点，即可推出一年中每一个月的初一日、十一、廿一日的干支，既知初一、十一、廿一日干支，其他干支就不难推算了。此法最适合用手指推算，例求（阴历）一九四八年五月十三日干支？该年口诀是"乙丑""未""既""廿六兔"，已知乙丑是正月初一日的干支是乙丑，就将乙丑记准在丑位上，二月初一和正月初一天干不动，地支对冲，二月初一是乙未，三月初一又回到正月初一的乙丑位上，四月初一又是乙未，五月初一又是乙丑，就这样来回反复，十二月都是这样，天干不动，地支相冲，即知五月初一是乙丑，但查《万年历》五月初一又不是乙丑，为什么呢？因为有月小的差距，必须要将正月至五月之间的月小时间刨去。查歌诀中有六十四卦"未""既"二字，"未"指该年上半年火水未济，"既"指下半年水火既济，该年上半年正月至五月有二月和四月两个月小，应该在五月初一的乙丑位上刨去两天，即乙丑—甲子—癸亥，既知五月初一的日干支是癸亥，再推五月十三的日干支就不难了，即初一是癸亥，十一是癸酉，十二是甲戌，十三是乙亥。通过以上推算，即可知一九四八年五月十三日的日干支是乙亥。

秘传口诀继先贤，七字内包一整年。
正月初一为基准，干支对冲三十天。
除去小尽寻初一，加减进退卦相连。
日时干支皆依此，用完继续再加添。
此是江湖金口诀，费尽心机又重编。

第八节　阳历日干支速算法

自古以来，我们中华祖先都习惯用阴历或六十甲子记年、记月、记日、记时。近代，人们都习惯地用阳历来记时间，特别是城市人，大多已不记阴历，孩子出生时，只记阳历几月几日几点出生。这样，给预测人员带来很多不便。为此，笔者在这个难题上动了不少脑筋。

利用阳历大小月固定的条件，用传统江湖"小尽前知"的方法，编出阳历日干支推算法，这种方法用起来比阴历时间推算方便得多。

阳历日干支计算比较简单，因阳历大小月和闰月是固定的，所以应用时比阴历推算方法简单得多，但也是以元旦干支为基准点，马上就可推出其他月份的干支。为了完善阳历日干支的推算，笔者又将此法重新编制，用起来更为简便，只需将以下的几首歌诀背熟，即可知道任何一年的某月某日干支，这个歌诀命名为"阳历金钱诀"，可用于任何一年。

平年元旦歌诀：

元旦干支五一同，五下七一干支从。
七下隔一是九月，九下干支冬一重。
元上干支三月一，四一又与元旦冲。
四下干支同二六，六下八一是真宗。
八下干支是十月，十下腊月又相同。
此是平年元旦诀，法与闰月不相同。

歌诀中"元旦干支五一同"，是说明不论任何一年元旦的干支与五月一日干支是相同的。"五下七一干支从"，是指五月一日的下一干支与七月一日的干支相同。"七下隔一是九月"，是说七月一日的干支下面隔一位是九月一日的干支。"九下干支冬一重"，是说九月一日的下一干支和十一月一日干支相同。"元上干支三月一"，是说元旦的上一干支就是三月一日的干支。"四一又与元旦冲"是说与元旦干支相冲的只有四月一日干支。"四下干支同二六"，说明四月一日的下一干支与二月一日和六月一日干支相同。"六下八一是真宗"是说六月一日的下一干支与十月干支相同。"八下干支是十月"是说八月一日的下一干支是十月一日的干支。"十下腊月又相同"，是说十月一日的下一干支又与腊月相同，这就是平年元旦的歌诀。但与闰年不同，如果推算闰年干支，则与平年的不同，请看闰年歌诀。

闰年元旦歌诀：

闰旦三月干支同，三下五一又相逢。
五下七一隔支九，九下干支冬月重。
五月支冲为二四，四下六八十腊顺。

岁荣通鉴(上)

此是闰年真口诀,它与平年不相同。

闰年和平年不一样,平年的二月是28天,闰年的二月是29天,所以日干的推算就不同。歌诀中"闰旦三月干支同",意思是说闰年的元旦干支与三月一日的干支相同。"三下五一又相逢"是说三月一日的下一干支与五月一日的干支相同。"五下七一隔支九",是说五月一日的下一个干支是和七月一日相同,而七月一日干支下面隔一位又是九月一日的干支。"九下干支冬月重",说明九月一日的下一个干支与冬月(十一月)干支相同。"五月支冲为二四",是说与五月一日相冲的地支和二月一日、四月一日地支相冲(天干不变)的干支相同。"四下六八十腊顺",这句歌诀是说四月一日与六月一日干支相同,六月一日下一干支与八月一日的干支相同,八月一日下一干支与十月一日的干支相同,十月一日下一干支与十二月一日干支相同。此是闰年推干支的方法,它与平年不相同,名叫"阳历金钱诀"。

　　阳历干支最简明,须将口诀记于心。
　　找出每月第一日,其他干支可推行。
　　闰年平年不一样,用时必须要分清。
　　万年历法皆依此,玄机妙法值千金。

阳历推算日干支比较快速简明,只要将这几首歌诀背下来,再了解闰月、平月和推元旦干支方法,很快就能知道一年中每一个月的第一天干支。即知每月一日干支和阴历一样,推算其它干支就不难了。

闰年与平年不同原因,是闰年2月份是29天,平年2月份是28天,它的规律逢4年就有一次闰年。你如果不知道该年是否闰年,可以用公式推算,推算方法是将所求年份用4去除,除尽是闰年,除不尽是平年。

例求1996年是否闰年?

1996÷4=499,正好除尽说明1996年是闰年。

再求1997年是否闰年?

1997÷4=499余1，除不尽是平年。

还有一个死规律，阳历4年一闰是固定的，每逢阴历申、子、辰年就是阳历闰年，也就是"申、子、辰年二月闰"，只要遇上阴历的申年子年或辰年，那这年肯定是阳历的闰年。

1924—2016闰年天干地支一览表

年份闰年	元旦干支	年份	元旦干支	年份	元旦干支	年份	元旦干支
1924	己卯	1928	庚子	1932	辛酉	1936	壬午
1940	癸卯	1944	甲子	1948	乙酉	1952	丙午
1956	丁卯	1960	戊子	1964	己酉	1968	庚午
1972	辛卯	1976	壬子	1980	癸酉	1984	甲午
1988	乙卯	1992	丙子	1996	丁酉	2000	戊午
2004	己卯	2008	庚子	2012	辛酉	2016	壬午

从以上表中可以看出，闰年元旦干支有一定规律，每隔三年就是一个闰月，天干顺着向前走，地支逆着往回推。不外乎子、午、卯、酉四个字。如1924年闰年，元旦干支是己卯，下隔三个字是1928年，元旦干支是庚子，再隔三位1932年是辛酉，推算时最好把子午卯酉位置固定在手指节上，和阴历推算方法一样，这样用起来比较灵活。

除了知道闰年与平年推算方法，还要了解元旦干支的运算规律。元旦干支的运算非常简单，只要知道上一年的干支就可知道下一年干支，它的运算规律是逢平年加5，逢闰年加6就是下一年的干支。

1940—2011 元旦天干地支一览表

闰年		平 年					
年份	元旦干支	年份	元旦干支	年份	元旦干支	年份	元旦干支
1940	癸卯	1941	乙酉	1942	甲寅	1943	乙未
1944	甲子	1945	庚午	1946	乙亥	1947	庚辰
1948	乙酉	1949	辛卯	1950	丙申	1951	辛丑
1952	丙午	1953	壬子	1954	丁巳	1955	壬戌
1956	丁卯	1957	癸酉	1958	戊寅	1959	癸未
1960	戊子	1961	甲午	1962	乙亥	1963	甲辰
1964	乙酉	1965	乙卯	1966	庚申	1967	乙丑
1968	庚午	1969	丙子	1970	辛巳	1971	丙戌
1972	辛卯	1973	丁酉	1974	壬寅	1975	丁未
1976	壬子	1977	戊午	1978	癸亥	1979	戊辰
1980	癸酉	1981	乙卯	1982	甲申	1983	乙丑
1984	甲午	1985	庚子	1986	乙巳	1987	庚戌
1988	乙卯	1989	辛酉	1990	丙寅	1991	辛未
1992	丙子	1993	壬午	1994	丁亥	1995	壬辰
1996	丁酉	1997	癸卯	1998	戊申	1999	癸丑
2000	戊午	2001	甲子	2002	乙巳	2003	甲戌
2004	乙卯	2005	乙酉	2006	亥寅	2007	乙未
2008	庚子	2009	丙午	2010	辛亥	2011	丙辰

例如求1997年的元旦干支，已知1996年的元旦干支是"丁酉"，而1996年是闰年，就在丁酉干支的下面加上6就是1997年元旦干支。其丁酉下面的第一个干支是戊戌，第二个干支是己亥、第三个干支是庚子、第四个干支是辛丑、第五个干支是壬寅、第六个干支是癸卯，即知1997年的元旦干支是癸卯。再求1998年的元旦干支，已知1997年的元旦干支是癸卯。但是1997年不是闰年，运算时只须由癸卯顺数5位

即可，癸卯下面的第五位干支是"戊申"，那么1998年的元旦干支一定是"戊申"。从这里不难看出，每四年就有一闰，八年的天干地支就是天生地冲，都是有一定规律的。其他依此类推（见表）。为了快速理解，现将闰月元旦编成两首固定歌诀进行解释，命名为"闰月元旦歌"。此歌易背好记，只要稍加细悟，即可在几秒钟内准确地将近百年的元旦干支马上推出，现介绍如下：

　　二四三二四零年，四八五六六四言。
　　七二八零八八顺，九六零四一二联。
　　天生地冲有规律，黄兔跑在白鸡前。
　　二八三六与四四，五六六零六八连。
　　七六八四与九二，零零零八一六间。
　　干生支冲元旦日，白鼠跑在黑马先。
　　以上均加六位数，如加五数是平年。
　　不用再去搬书看，万年都在指掌间。

此歌诀中1924年至2016年之间共有24个闰月，分为两段，前者12个月的地支歌为"黄兔跑在白鸡前"。所谓"黄兔"即"己卯"，"白鸡"即"辛酉"，这12个闰年的地支都是"卯"与"酉"互相轮换的。后12个月中"白鼠跑在黑马先"其歌意所说的"白鼠"，乃是"庚子"，"黑马"指的是"壬午"，都是子与午两个地支组成的。其歌中的"黄兔跑在白鸡前"，如1924年元旦地支为"己卯"，称"己卯"为"黄兔"，即黄兔在前。1932年元旦干支为"辛酉"，称辛酉为"白鸡"，也就是白鸡在后的意思。1940年元旦干支为"癸卯"，1948年又为"乙酉"，这些年的地支都是以"鸡"与"兔"互相转换的。关于天干的看法，从中不难看出，都是逐位向下相生，如己卯的"己"字属土，辛酉的"辛"字属金，癸卯的"癸"字属水……都是一直向下相生，这就是天生地冲有规律的歌意。下面歌意的天生地冲和上面一样，不同的是，上歌是卯与酉互相轮换，而下面即子与午互相轮换，其分析方法，前后一模一样。上述歌意中，相信读者已知闰年元旦干支的推算方法，在闰年干上加上6，就是明年的元旦干支，如不是闰年，即在元旦干支上加5，就是次年的元旦干支。如求该年每月的一日干支，最好再配合本章（阳历干支速算歌诀），两者配合起来使用即可。

第九节　秘传立春交节预知法

阴历的月大、月小、闰月都不是固定的，特别是节期时辰的安排，也很难找出定规。就拿立春节来说，有的在春节前，有的在春节后，根本无法固定，为此给研究命局的人，特别是初学者带来很大不便。命局推命最讲究交节时辰，古人云："术者推命有何难，只在先贤指掌间，交节时辰推不准，算命如隔万重山。"有些学者自己看书学习。虽然明白一些年月日的推算法，但未经过明师指点对交节时辰的运算方式弄不清楚。就拿立春时辰来说，今年是辰时，明年又是未时，到底是为什么，依据在哪里？诸书都没有明确记载。现将江湖上秘传的"节气定法歌"诀录出，以供读者使用。此歌诀又名"细分金"，是江湖上秘而不露的诀窍，是推算阴历干支时辰和节气的统一体系，也是命理专业者必读之篇。如果要想使用，必须将歌诀背下来，并且要背得滚瓜烂熟，而且要了解其中含义，方能运用自如。

"节期定法歌"（又名"细分金"）：

推节之法有何难，立春日时定根源。
加上五日三时辰，次年立春准时间。
如遇子时须加一，古人经验后人传。
推算日期何方法？加上小进可周全。
立春日时先定位，惊蛰时辰倒退三。
清明原时退一刻，立夏退三加一天。

芒种两日退一位，小暑进四三日连。
立秋退三加五日，白露六日退二言。
寒露七天时退六，立冬退四加七天。
大雪六日时加四，小寒六日时退三。
此是先师真口诀，埋没多年要失传。
只要精心细思悟，不用再把历书搬。

解释：

推节之法有何难，立春日时定根源。

这两句话的意思是，推算节期并没有什么困难，只需知道当年的立春节是哪一天，什么时辰，就可知道未来的一年和过去一年的立春时辰。推算立春时间，要以上一年立春节为基准。根据黄历经书记载，每年的立春节气至第二年的立春节，共是365日零三时一刻，与当今历法的交节时辰有点差异。当今历法是按一年365天5个小时48分46秒而推算的，所以与旧历书对照稍有出入。此法不仅可推立春的交节时辰，无论哪个月都可按同一方法去推算。

加上五日三时辰，次年立春准时间。

已知道去年立春日的干支和时辰，在此基础上加五天和三个时辰，便是今年立春的干支时辰。如求1999年的立春日干支时辰，已知道1998年立春时间是正月初八壬午日辰时，根据歌诀中要求加上五天零三个时辰，即壬午—癸未、甲申、乙酉、丙戌、丁亥，得知1999年立春是1998年腊月十九日丁亥日。再将辰时加上三个时辰，即辰—巳、午、未、得出1998年十二月十九丁亥日未时是立春干支和时辰。又如求2000年立春，已知1998年丁亥日未时立春，就从该日开始推算，即丁亥—戊子、己丑、庚寅、辛卯、壬辰，再从时辰的未加上三个时辰，即未—申、酉、戌，则知1999年十二月廿九壬辰日戌时立春。

如遇子时须加一，古人经验后人传。

仍接上篇，如求2001年立春日干支时辰，已知2000年的立春干支是壬辰日戌时，按照加五日三时推算，从壬辰干支加五，应该是丁酉，可是时辰是戌，即戌一亥、子、丑，从戌至丑已是两天时间，就需按两天计算，所以要在丁酉干支加上一天，得出2001年正月十二日戊戌日丑时立春。这就是"如遇子时须加一"的歌意，看出古人对日时的研究是多么精细，后人应用起来真是丝毫不差。

推算日期何方法？加上小进可周全。

以上所述，我想大家已经明白立春时间怎样推算，那么某月某日立春是否也按加五日三时的方法推算呢？非也。推算某月某日立春不仅要按以上方法，还要将月小天数加进去。例如想知道1999年的立春时间，须将1998年至1999年中间的月小天数加进去，再加上五日三时即可。已知1998年正月初八日立春，先以初八加上五日，即8+5=13，再看1998年至1999年之间有几个月小，查1998年二月小、三月小、五月小、闰五月小、八月小、十一月小，共有六个月小，8+5+6=19，便知1998年十二月十九日未时立春。又如求2000年立春，已知1998年十二月十九日未时立春，先将19加五天，再查1999年共有5个月小，则19+5+5=29，即知2000年的立春是1999年十二月廿九壬辰日。再将未时加上三个时辰是戌时。得出2000年的立春是在1999年十二月廿九壬辰日戌时。那么立春节有的在春节前，有的在春节后，又是怎样换算出来的呢？凡是立春日期最早不会早于腊月十五，最晚也不会晚于正月十五，所以十五后的日期属腊月，十五前的立春属正月，唯有十五这天的日期比较难分，为了便于分辨，将腊月十五称一五，正月十五还是称为十五。

立春日时先定位。

推算的节气并不困难，只要将当年的立春日时确定下来，然后再按"节气定法歌"中的指定歌诀进行加减，即可知道这一年任何一个月的节期，应用时按《节气定法歌》的歌意，当加则加，当减则减。但每一节气都以立春为基点，必须要将立春至所求节气之间的月小数加进去，便是准确的交节时间，然后再将时辰当加则加，当减则减。

惊蛰时辰倒退三。

这句话的意思是，推算惊蛰要在立春的日时上倒退三个时辰。以

1998年为例，1998年是正月初八日辰时交立春节，从辰时倒退三个时辰，即辰一卯、寅、丑，得出1998年二月初八丑时交惊蛰节。查《万年历》交节时间，是二月初八日丑时惊蛰，但必须注意的，如立春节这个月是小进，必须要加上一天（这年丑到寅时差3分钟），只要知道本年的立春时间，即可推出本年每一个节的交节时间。

清明原时退一刻。

以本年立春时间为基础点，遇上月小加一日。例如：1998年正月初八辰时立春，即正月初八日8：53分交立春节，该年从立春到清明有一个二月小，故加上一天，得知1998年三月初九日交清明节。（查《万年历》三月九日辰时即三月初九日8：06分交节）如果没有月小就按兵不动，只在时辰上退一刻钟（古一刻钟等于现在40分钟）即可。

立夏退三加一天。

仍以本年立春为基准，加上一天再退回三个时辰，再将月小数加入，即是立夏交节时间。查该年立春到立夏有两个月小，故应加上两天。则以初八辰时来推算，8（立春日）+2（月小天数）+1（基础数）=11，再从辰时退回三个时辰，即辰一卯、寅、丑，知其立夏交节是丑时，得出四月十一日丑时交立夏。

芒种两日退一位。

以立春时间为基础，加上两天退回一个时辰，再加上立春至芒种之间的二月、三月两个月小的天数，以初八辰时即8+2+2=12将辰时退回一个时辰为卯时，得知五月十二日卯时芒种（查《万年历》芒种交节的时间为五月十二日卯时）。

小暑进四三日连

同前面一样推法，以立春为基础，加上三天四个时辰，仍以初八日辰时计算，8+3+3=14（因立春到小暑有三个月小，故加三天）。再从辰时加上四个时辰，即辰一巳、午、未、申。故知1998年闰五月十四日申时交小暑节（查《万年历》为闰五月十四日申时交节）。

立秋退三加五日。

同样的道理。以初八日辰时立春节为基础，加上五天退回三个时辰。再加上月小天数，即是立秋交节时间。查该年立春到立秋共有四个月小。正月初八辰时立春，即 8+5+4=17 再将辰时退回三个时辰是丑时，故知 1998 年六月十七日丑时立秋，与《万年历》正吻合。

白露六日退二言。

以立春节为基础，加上六天减去两个时辰，再加上月小天数，就是白露交节时间。例如：初八日辰时立春，以初八日加六天，加上立春至白露之间的四个月小，再退回两个时辰。即 8+6+4=18 日，从辰时退回两个时辰是寅时，得出 1998 年七月十八日寅时交白露节（查《万年历》交白露节时间是七月十八日寅时）。

寒露七天时退六。

同样算法。以立春时间为基础，加上七天和六个时辰，再将立春和寒露之间的月小数加进去（这段时间有四个月小），就是寒露节的交节时间。例如：该年初八日辰时立春，即 8+7+4=19 日，从辰时上退六个时辰是戌时，这里需要注意的是，计算时辰加减时，如若向后退数见子减一天，辰时退到戌时过一个子时，须减去一天，那么得出 1998 年八月十八日戌时交寒露节。

立冬退四加七天。

同样的道理。求立冬交节时间，以立春为基础加上七天退四个时辰，再将中间的月小天数加进去，就是立冬交节时间。例如：初八日辰时立春，即 8+7+5=20，辰时退四个时辰是子时，向后退数见子减一天，那么立冬交节即是十九日子时。

大雪六日时加四。

推算大雪时间和其它一样，将立春时间加上歌诀中的六日和四个时辰，再加上立春到大雪之间的五个月小数，就是大雪的交节时间。例如：初八日辰时立春，即 8+6+5=19 日，以辰时加四是申时，故 1998 年大雪交节时间是十月十九日申时（查《万年历》的大雪交节时间是十月十九日 15 时 51 分申时）。

小寒六日时退三。

同样推法，在立春交节时间加上六天退三个时辰，再将立春至小寒之间的 5 个月小数加入，就是小寒的交节时间。该年立春节的初八日辰时立春，即 8+6+5=19 日，辰时退三个时辰是丑时为小寒。

此是先师真口诀，埋没多年要失传。

推算节期时辰，是四柱预测的主要环节，如果节期时辰不准，就无法推准交运时间。推算方法要从立春节开始，因歌诀中是"立春日时定根源"，根据立春节那一天的日干支和时辰往下推，推到所需求的那一个节，再按那个节的口诀要求，将立春节至所求节的这一段时间的月小加进去，然后再进行时辰加减，即可知交节时间。例如：某人是 1987 年六月六日出生，六月是小暑节，查这年的小暑节是什么时间，哪一天？查得该年是正月初七申时立春，则以立春为基础点，假设二月初七为惊蛰节，三月初七为清明节，四月初七为立夏节，五月初七为芒种节，六月初七是小暑节，查看节气定法歌诀中"小暑进四三日连"，也就是在小暑节加上三天四个时辰，同时需要注意的，要将立春至小暑这段时间月小的天数加进去。在这段时间，其中二月小，四月小。

其公式是 7+3+2=12 天，再将申时加上四个时辰为子时，得出该年的六月十二日子时交小暑节。请您打开《万年历》对照一下，1987 年的六月十二日 23 时 39 分交小暑节，正好是夜子时。仍将这个 1987 年六月初六出生的人，来看该年的芒种节是哪一天？

已知 1987 年正月初七申时立春，假设二月初七是惊蛰，三月初七是清明，四月初七是立夏，五月初七是芒种。细分金的歌诀为："芒种两日退一位"，即在立春日的基础上加两天，再将立春至六月初六之间的两个月小差数加上，即是 7+2+2=11 天，再从申时倒退 1 个时辰为未时，得出芒种节的具体时间是五月十一日未时。请你再查一下《万年历》，该年的芒种节为五月十一日未时。

推节秘法仔细评，此歌名叫细分金。
立春日时为基点，十二节期依此行。
日时加减明进退，加上小进满月平。
看看总共得几数，节期时刻即分明。

世间万物皆定数，无缘之人莫推行。

第十节　时干支推算法

一、传统时辰推算法

  时干支的推算方法，已在基础篇有所初步论述，现将江湖上分辨出生时间的应用经验录出，以便专业者研究。时干支的推算方法是根据日干支来推定的，推算起来并不复杂，只要知道这一天的天干地支，就可以根据古人所编的歌诀，推出时间来。先来明白一下一日一夜廿四小时范围内的地支所属，然后再根据日干推时干的具体时间来排列。（附表）

地支与时辰对照表

时间	白								夜		
	夜		黎明		白天					黄昏	夜
时辰	子	丑	寅	卯	辰	巳	午	未	申	酉	戌	亥
钟点	23-1	1-3	3-5	5-7	7-9	9-11	11-13	13-15	15-17	17-19	19-21	21-23

  古人把一天一夜二十四小时分为十二个时辰，每个时辰两个小时，时辰的地支是固定的，天干不是固定的。推算时需以日干支为基准点，来决定时辰的天干地支，古歌诀名曰：五鼠遁。前面已经讲过，现在把此歌重新整理化解如下。

二、新编时辰歌诀

日干是甲、己，子时是甲子。
日干是乙、庚，子时丙开始。
日干是丙、辛，子时戊上起。
日干是丁、壬，子时庚无疑。
日干是戊、癸，子时定壬子。

通过这一首简编歌诀，可知道某一天的子时是什么天干，其他干支就顺着往下排列。

三、传统秘法辨子时

推算时干支最关键的是子时，子时有早子时，夜子时之分，应用时很容易算错，所以要特别注意。夜子时即今日23点至24点之前，早子时即24之后至1点。也就是以24点为分界线，24点之前为夜子时，应用本日干推算时干，24点之后为早子时，应用次日日干推算时干。

子时的范围从晚上23点起至翌日清晨1点钟止，共120分钟（即2个小时）叫子时。前半部的60分钟叫作"夜子时（即晚上23点起至24点止）"。后半部的60分钟叫作"早子时（即早24点起至一点止）"。

关于辨别子时历来诸书说法不一，观点各异，有些学者认为没有早子时夜子时之说，认为古人把23点至1点定为子时，就不应该从中分出早、夜。笔者有以下几种观点是：

第一，人们过春节都以24点为分界线，所以应捕捉此时空信息。

第二，现代人的头脑概念认为24点之前是今日，24点之后认为是第二日，所以应适合此规律。

第三，24点为一天的结束，也是昼夜的交替时间，阴阳二气在此转换，今明两天在此为分界线，其它时辰则不具备这个条件。

第四，从十二生肖中的阴阳辨明，牛、兔、蛇、鸡、猪居阴，其蹄

 岁荣通鉴(上)

为双为偶，属阴无足；虎、龙、马、猴、犬属阳，其蹄爪为单为奇，独有老鼠前两只脚四爪，属阴，后两只脚五爪属阳，故夜子时属阴，属今日之夜，早子时属阳，属明日之早。

综上几点，笔者的结论是出生在24点之前的，按本日的日干推时干，出生在24点以后的，按明日的日干推时干，乃是不移之定规。

日上起时表

时刻 \ 地支 \ 日干	时支	甲己	乙庚	丙辛	丁壬	戊癸
自早上零时至上午一时	子	甲	丙	戊	庚	壬
自上午一时至上午三时	丑	乙	丁	己	辛	癸
自上午三时至上午五时	寅	丙	戊	庚	壬	甲
自上午五时至上午七时	卯	丁	己	辛	癸	乙
自上午七时至上午九时	辰	戊	庚	壬	甲	丙
自上午九时至上午十一时	巳	己	辛	癸	乙	丁
自上午十一时至下午一时	午	庚	壬	甲	丙	戊
自下午一时至下午三时	未	辛	癸	乙	丁	己
自下午三时至下午五时	申	壬	甲	丙	戊	庚
自下午五时至下午七时	酉	癸	乙	丁	己	辛
自下午七时至下午九时	戌	甲	丙	戊	庚	壬
自下午九时至下午十一时	亥	乙	丁	己	辛	癸

为了使读者明白，现举两例以示之。

例一：某人出生于1963年正月二十二日23：55分。

年	月	日	时
癸	甲	己	甲
卯	寅	丑	子

此人出生正月二十二日23：55分夜子时，用己丑日的日干支，因为在出生时还没交到24点，所以仍按二十二日干推算，时干应为甲子。

例二：某人出生于1963年正月二十二日零点一分，这里应以二十三日的日干支推算。因二十四点已过，所以要用次日的日干支计算时柱。

年	月	日	时
癸	甲	庚	丙
卯	寅	寅	子

正月二十二日早子时出生者，应该以次日的庚寅日干推算，歌诀为"乙庚丙作初"。时柱应为丙子。也就是日柱和时柱都要变。

四、古法详辨出生时辰

推算八字，时辰的干支很重要，很多人对自己的出生时辰说不明白，只知白天，夜里，有些人只能说出上午、下午、早饭时、晚饭时或者天要亮，天快黑等。具体时间说不准确，不但给搞预测的人带来麻烦，也影响了预测的准确度。为此，江湖上的前辈们费尽心血，总结出一些经验方法，利用人的脸型、头旋、兄弟多少来确定出生时间并编成几首歌诀来帮助核对出生时辰。第一种方法：根据脸型，来确定出生时辰，并编出四句歌诀：

岁荣通鉴（上）

子午卯酉面团圆，寅申巳亥四方团，
辰戌丑未长型脸，前人经验不虚传。

具体来说，也就是子、午、卯、酉时出生的人，脸型是圆的；寅、申、巳、亥时出生的人脸型是方的；辰、戌、丑、未时出生的人脸型是长的。

第二种方法：以一个人头上旋窝的位置和数目，来确定出生时辰，并编出"认旋知时"歌诀：

子午卯酉旋当中，寅申巳亥左右偏，
辰戌丑未右双旋，前人不是说虚言。

大概说子午卯酉时出生的人，头旋在头顶正当中；寅申巳亥时出生的人，头旋或左或右偏斜；辰戌丑未时出生的人，大多数是双旋或偏一边。这些经验都有验证的，应当适用。

第三种方法，根据一个人兄弟姐妹多少来确定出生时辰，并编出易记歌诀：

子午卯酉半桌多，寅申巳亥两三个，
辰戌丑未兄弟少，凡事自己去操心。

大体说来，子午卯酉时出生的人兄弟姐妹较多，一般都在四个以上。如果是寅申巳亥时出生的人，兄弟姐妹多数是2至3人。辰戌丑未时出生的人，大多数兄弟姐妹较少，所以遇到大事小事只有自己去操心，这种方法大多数可验证，但也不是绝对的，且这些年实行计划生育政策，大部分家庭只有一个子女，所以此法对兄弟姐妹论断，也有不验的。

第四种方法：用无名指上面指端骨节横纹与小手指尖端长度的高低辨别出生时间，并编出易记歌诀：

子午卯酉过纹生，寅申巳亥与纹同，
辰戌丑未纹在上，前人经验无改更。

具体说来生在子午卯酉时的人，小手指尖都高过无名指的横纹；生于寅申巳亥时的人，小指尖都与无名指骨节横纹相对齐；凡是辰戌丑未生人，小指尖都低于无名指横纹。

第五种方法：用兄弟姐妹排行的胎数，来判断出生时辰：

子午卯酉时生人，男的多是一四七胎，女的多是二五八胎。

寅申巳亥时生人，男的多是三六九胎，女的多是一四七胎。

辰戌丑未时生人，男的多是二五八胎，女的多是三六九胎。

李计忠解《周易》系列

易界名家 独门首传

岁荣通鉴

（下册）

李计忠 著

团结出版社

目 录

第一章 命理基础点窍 1

    第一节 夜子时与早子时 1

    第二节 月令为大运 2

    第三节 干支的作用力量与顺序 3

    第四节 八字干支生克路线点窍 9

    第五节 基本作用规律综合实例点窍 14

第二章 命理用神点窍 33

    第一节 用神的核心是喜忌组合 33

    第二节 快速确定喜忌组合的方法 34

    第三节 喜忌组合综合实例详解 35

第三章 原命局、大运、流年作用关系点窍 52

    第一节 原命局、大运、流年作用关系要点 52

    第二节 原命局、大运、流年作用关系 54

第四章 学业学历析断点窍 76

    第一节 学历析断的要点 76

    第二节 学历析断综合实例点窍 78

第五章 事业官贵析断点窍 92

    第一节 事业官贵析断要点 92

第二节　各等级官贵八字实例详解...........................97

第六章　财运贫富析断点窍...........................126
第一节　财运贫富析断要点...........................126
第二节　各等级财富八字实例详解...........................127

第七章　情感婚恋析断点窍...........................152
第一节　从配偶宫与配偶星看婚姻...........................152
第二节　从格局析断婚姻...........................155
第三节　结婚时间的早晚...........................156
第四节　结婚的应期...........................157
第五节　配偶的吉凶...........................160
第六节　看配偶的相貌...........................165
第七节　配偶的年龄大小与距离远近...........................167
第八节　夫妻感情及配偶家庭情况...........................168
第九节　婚灾的应期...........................172
第十节　婚恋之外的情感关系...........................174
第十一节　男命综合实例详解...........................176
第十二节　女命综合实例详解...........................190

第八章　健康与病伤析断点窍...........................211
第一节　十天干人体定位...........................211
第二节　十二地支人体定位...........................213
第三节　八字疾病析断五大要点...........................215
第四节　命局组合与疾病析断...........................220
第五节　常见疾病命理组合及实例详解...........................226
第六节　病伤、手术、疤痕速断...........................238
第七节　健康与病伤析断综合实例详解...........................243
第八节　车祸综合实例...........................253

岁荣通鉴（下）

  第九节 烧伤综合实例..................266
  第十节 打架受重伤实例..................274
  第十一节 意外摔伤骨折实例..................279
  第十二节 盲聋哑残病实例..................289
  第十三节 手脚伤残实例..................296

第九章 牢狱之灾析断点窍..................312
  第一节 牢狱之灾析断要点..................312
  第二节 盗窃牢狱之灾实例..................314
  第三节 经济犯罪牢狱实例..................321
  第四节 暴力伤害牢狱实例..................326
  第五节 其他犯罪牢狱实例..................335

第十章 生死之灾析断点窍..................346
  第一节 寿夭生死析断要点..................346
  第二节 疾病死亡之灾实例..................349
  第三节 车祸死亡之灾实例..................355
  第四节 溺水触电死亡之灾实例..................358

第十一章 六亲吉凶析断点窍..................363
  第一节 十神宫位六亲定位..................363
  第二节 十神宫位六亲析断要点..................364
  第三节 六亲吉凶析断原则..................370
  第四节 六亲吉凶直断秘诀..................374
  第五节 兄弟姐妹吉凶析断实例..................379
  第六节 六亲综合析断实例详解..................383

第十二章 父母吉凶析断点窍..................399
  第一节 父母吉凶析断要点..................399

　　第二节　父母事业婚姻析断实例..................................401

　　第三节　父母婚姻状况析断实例..................................404

　　第四节　父母健康疾病析断实例..................................407

　　第五节　父母死亡之灾析断实例..................................410

第十三章　子女吉凶析断点窍..................................429

　　第一节　子女吉凶析断点窍......................................429

　　第二节　男命子女析断实例......................................433

　　第三节　女命子女析断实例......................................452

第十四章　命理风水析断点窍..................................459

　　第一节　八字干支空间定位秘诀..................................459

　　第二节　六十甲子风水取象秘诀..................................460

　　第三节　十天干宫位体相风水秘诀................................463

　　第四节　命理风水析断干支取象秘诀..............................465

　　第五节　命理风水析断实例......................................470

第一章 命理基础点窍

第一节 夜子时与早子时

夜子时，就是 23：00—24：00 出生的人。

早子时，就是 00：00—01：00 出生的人。

夜子时的八字，用当天的日干支排日柱，用明天的日柱起时干来排出时柱。

比如 2014 年 3 月 25 日，是"甲午、丁卯、乙未"，这一天从 0：00—24：00 间出生的人，出生的日柱都是乙未日。

这一天 23：00—24：00 出生的人，是出生在夜子时，日柱仍然是乙未，但时柱要用明天丙子日的日干来起时干，日上起时口诀"丙辛从戊起"。所以这个夜子时的时干为戊，夜子时的时柱为戊子。

所以，2014 年 3 月 25 日 23：30 出生的，排出的八字为"**甲午、丁卯、乙未、戊子**"。

2014 年 3 月 25 日 22：30 出生的人，排出的八字为"**甲午、丁卯、乙未、丁亥**"。

早子时出生的人，是真正的子时出生，新的一天开始，日柱是新一天的日柱，时柱也从新一天的日柱起时干来排出时柱。

比如 2014 年 3 月 26 日 00：30 生人，是早子时生人，新一天开始，当天的日柱为丙申。时干从日上起，"丙辛从戊起"，所以时干从戊开始，子时为戊子。八字为"**甲午、丁卯、丙申、戊子**"。

夜子时与早子时排八字的区分非常重要，因为日柱与时柱的不同，对吉凶的推断影响极大。

实践证明，对于子时出生的人，只有区分夜子时与早子时，才能排出正确的八字，尤其是夜子时出生人的八字，日柱用当天的，时柱用明天早子时的，只有如此排，才能正确推断出求测人的各种吉凶事件。

夜子时排出的八字，与不用夜子时相比，日柱不同，所以校正的最佳参考就是以日干所定的十神喜忌结合事实，再就是日支是配偶宫，所以日支的喜忌可以通过婚恋关系来进行校正。经过校正对比，夜子时排八字更能准确析断出夜子时出生人的富贵贫贱与吉凶情况。

第二节　月令为大运

如何排大运，在入门里已经讲过了。

没起大运前，以月柱为大运。

这一点特别重要，所以没起运之前，月柱的干支与原局其他干支的喜忌组合，对命主及其六亲的吉凶影响力非常大。

因为以月柱为大运，所以相当于月柱伏吟，使月柱干支组合的力量增加了一倍。

没起运之前的流年，与大运干支、与原局干支形成流年大运组合、流年原局组合，组合的喜忌，影响到命主及其六亲的吉凶。

很多起运之前夭折的孩子，就是月柱干支与原局形成重大的忌神组合，或者是形成使原局用神受伤而无救的组合。

没行运之前的长辈之灾，也与月柱组合有关，月柱临大运使相关长辈或者受克无生，或者无制逢生旺，造成长辈生死之灾。

第三节　干支的作用力量与顺序

一、天干作用的力量与顺序

干支之字，有两类生克作用关系：一是普通的生克，二是有特殊作用关系的生克。

普通的生克，比如甲木克戊土、乙木克己土、寅木克辰土、卯木克丑土之类。

有特殊作用关系的生克，比如甲木合克己土、亥水生合寅木，寅卯辰三会东方木局而辰土受克。

特殊作用关系在天干有两种，合与冲。

比如甲、己合克，庚、甲冲克等等。

合与冲的作用，在力量上强于普通的生克。

合与冲的作用顺序也先于普通的紧贴生克。

紧贴的合或冲与隔柱的合或冲，它们的作用顺序都先于普通的生克。这一点，对于正确地判断某个干支的喜忌，以及在预测时正确地析断与讲述一个吉凶事件的发生过程，具有决定性的作用。

对于天干普通的生克，邻柱紧贴的先发生作用，隔柱的后发生作用。

在多数情况下，对于普通的生克，为了更好地提取出最主要的信息，而不被杂乱的生克干扰到清晰的思路，我们多数情况下会忽略普通生克的隔柱作用，因为它的力量微弱，对吉凶的影响力小，所以可以当作不发生作用；但是，如果这个字根强而且党众，自然要考虑力量的强大使它即使隔柱也会对吉凶产生重要影响。

二、地支作用的力量与作用顺序

特殊作用关系在地支有四类：合、冲、刑、害。它们的作用力量强于普通的生克。

地支还有一种作用力仅次于上述四种特殊作用关系，就是位置紧贴的普通生克。

因为距离紧贴，可以产生大约占特殊作用关系力量一半的生克力量，比如辰午、丑申、寅丑、申卯、亥午之类的邻柱紧贴关系。

地支特殊作用关系的先后顺序。合、冲在先，然后是刑，再后是半合（半生合"亥卯、寅午、午戌、丑酉、申子"，半克合"卯未、巳酉、辰子"），再后是害（未子，丑午，卯辰，申亥、戌酉）。

在同等距离下，合、冲如果同时存在，它们没有顺序的先后，但力量旺强者最终占主导地位，吉凶结果由旺强之字所形成的喜忌组合决定。

合的种类有四种：三会局、三合局、六合，还有一种是半合。其中三合局，亥卯未、寅午戌、巳酉丑、申子辰。

因为是点窍，面对的都是有一定基础的命理学习者，所以只讲解重点，其他基础的知识大家到入门的书籍里面就可以找到。

下面重点讲一下容易对命局吉凶产生重大影响的三会局与三合局。

1. 三会局

三字齐合，就构成三会。

寅卯辰会东方木，巳午未会南方火，申酉戌会西方金，亥子丑会北方水。

三会局有三会与三会合化成功两种情况。

三会合化成功的条件是，会神五行当令而旺，当原局之令，大运逢值，或大运逢生而流年逢值当旺。

三会成功，会神力量增副三倍以上，逢值当旺，再增一倍。

不符合这个条件的，只是会而不化，只论会局之内的生克。

2. 三合局

三合局，三字齐现，即成三合。

亥卯未合木局，寅午戌合火局，巳酉丑合金局，申子辰合水局。

三合局，有三合与三合局合化成功两种情况。

三合局合化成功的条件是，中神五行逢值当旺，当月令，值大运，或大运逢生、劫财帮、同时流年逢值，总之，中神必定要逢值，这时三合局合化成功，原神与墓库首尾两个五行全部合化成中神，这时，墓库木行受克无生，常常会把组合的喜忌程度放大三倍。

如果原来三字缺一字，逢大运或流年三字补全构成新的组合，强烈扭转原有组合的喜忌，造成重大的吉凶转变。

三合局在其他条件下，合而不化，以特殊作用关系的生克来论，发生作用的顺序在普通的紧贴生克之前。

比如，亥卯未三合，卯木当月令，则原局即三合成局，未土被合化成木，受克无生；如果原局有三合，但中神卯木休囚，则在大运卯木当令时，形成大运三合局，或者，原局卯木休囚，大运临原神亥字，流年中神卯字当旺，则流年形成三合木局。余仿此。

三合，原神当旺时，不合化，以原神临旺，中神旺相来论，土五行受克伤，相当于原神与中神两字临旺相，以二对一，克伤土五行。

三合，原神与中神之字临休囚，土五行原命局当旺，当旺之字力量增一倍，可敌原神与中神，如果土五行再临大运当旺，则在大运三合时，土五行总体力量相当于以四个休囚之字的力量对抗原神与中神两字，会耗伤三合当中的原神与中神。

比如，亥卯未三合，卯为财星为喜神，日主为偏旺之土，原局未土比肩当令而旺为忌，原局亥卯未三合，财星喜用克制忌神未土，但因未土当令而旺，可敌亥未两字，如果大运逢未，未亥卯三合，原局与大运相当于有四个未土耗损两个亥卯之字，所以，此运日主必定经济贫困，只有到卯运，卯木当旺，三合财局成功，才能有好的财运。

以上是三合中神当旺、原神当旺、与墓库土五行当旺时完全不同的内部作用情况，在判断原局、大运与流年组合的喜忌作用、喜忌力量时，非常重要。

三会的原理与三合相同。与三合稍有不同的是，在三字齐全的情况下，三合局只有中神逢值三合局才合化成功，劫财帮身之字临旺时，只能增加中神的力量，并不能引发三合局合化成功，也就不能引发三合当中土五行达到受克无生的地步，这对判断吉凶的程度有重要作用。在三字齐全的情况下，三会局只有化神的比肩或劫财之字逢运岁地支当旺，即可引发三会合化成功，使土五行受克无生。

因为三合与三会，本身的组合就是以二对一，所以当中神或会神当旺起力量更是倍增，相当于以四对一，所以被合化的土五行受克无生，故而三合与三会合化成功时，会对运岁命局的喜忌组合以及喜忌程度产生重大影响，进而对吉凶产生重大影响。

三合与三会的隐而待发。即原命局、或者大运与原局出现三合与三会当中的两个字，而第三个字在大运或流年出现，就会引发三合或三会，如果这个字恰好是三合的中神或三会的化神，就会引发合化成功的三合局或三会局，产生严重影响吉凶的喜忌组合。所以对原局或大运与原局当中的半三合，半三会，以及引发它们的第三个字，要在分析原局与大运组合时，快速分析出来。比如，在原局当中看到亥、未两字，就要立刻意识到，卯运会形成合化成功的三合局，形成让未土受重伤的组合，如果未土在原局是喜用神，此运未土受重伤，未土代表的类象必有大难，如果未土在原局是忌神，卯运忌神得到强有力的制约，如果未土是财星为忌，就制财得力而发大财。余仿此。

在合化成功的前提下（指三会、三合），三会局力量第一，三合局力量第二，六合当中的生合力量第三，半合当中的半生合力量第四。这是合局生合的受益方力量对比。

在合化成功的前提下（指三会、三合），发生作用有先后次序，三会第一、三合第二、六合第三、半合第四。

三会与三合，当中神与化神不逢值当旺时，三会与三合只是作用力紧密而强烈的生克关系，并且在这种生克关系当中，三合局当中的原神与中神，三会局当中的两个化神，处于休囚地位。此时，这个三合与三会，这个组合的喜忌类象，会随着耗神与化神哪个逢值当旺而变化。如果化局成功时为喜神组合，那么在大运流年化局不成功时，中神与化神受耗损，就会体现忌神类象，直到化神与中神逢值当旺，才能体现喜神类象，如果一生没有中神与化神的大运，这是喜神组合没有被大运引发，就没有富贵可言。反之亦然，如果化局成功时为忌神组合，那么在大运流年化局不成功时，中神与化神受耗损，就会体现轻微的喜神类象，平顺平安，直到中神与化神逢值当旺，才能体现强烈的忌神类象，大难临头，如果一生没有中神与化神的大运之字出现引动这种大凶组合，这一生就没有特别大的凶灾。

三、墓库的用法点窍

辰、戌、丑、未，四墓库。
辰、丑为湿土，戌、未为干土。
辰为水库，丑为金库，戌为火库，未为木库。

墓库相冲要点
辰戌相冲、丑未相冲。
相冲的结果，第一是土因相冲而变强旺，第二是支中藏干因冲而被克、泄、耗而受伤。受伤最重的是受克的水五行，其次是被化泄的火五行，然后是被耗的木五行。

辰戌相冲
辰中癸水受克伤，戌中丁火被旺土泄伤，这两个藏干是受损最重的。
其次就是乙木被旺土耗伤，也叫土重木折。但这个木折不折，是否体现明显的吉凶，要看原局组合当中，乙木有没有寅卯在地支做党众。如果乙木虚浮偏弱，但在地支没有寅卯木出现，乙木就是偏弱当中的非常衰弱。虽然不从，但最易受伤，这种乙木就会应验"土重木折"。
还有一种，就是辛金被旺土所埋。这种情况最易出现在原局庚、辛透干，而地支无申酉，旺土通根透干而克壬癸水的情况，这时最需要庚辛通土、水相克之关，但庚或辛独透而根微无党，所以逢土相冲，土多埋金而克水，应金、水五行类象之灾。
所以，辰戌相冲的结果，癸、丁、乙最易受损，受损后的吉凶，要看它们在原局的喜忌来定它们受损之后的吉凶，要看它们的十神类象与宫位，结果五行，来看吉凶应于何事。

丑未相冲
原理与辰戌相冲相同。

坐库通根与坐墓受克

有四种情况。

壬辰、辛丑、丙戌、乙未。

壬辰

为壬水坐辰土水库，因为同柱，所以壬水与辰中癸水五行之气相连，相当于壬能根植于辰中之癸。

当壬水在月令旺相，或者在地支有亥、子、申、酉为党众时，壬通根亥、申，子辰半合、辰酉六合，均使壬水根气有力，所以此时，壬辰为壬水坐库通根受益。

当壬水在月令休囚而衰、党少而弱，没有申、亥地支通根时，再被戌土冲伤辰根，或被天干丙、丁、戊、己之类合、冲、克而伤，则壬辰受伤，即为坐墓受克。

原局组合，或大运与原局组合，使壬辰之壬水坐墓受克，则大运或流年出现火土旺如甲辰、丙辰、戊辰、庚辰、壬辰之时，为忌神墓库辰土出现，为壬水入墓之期。

坐墓之时，喜神坐墓为忌神组合主凶，忌神坐墓为忌神受制为吉神组合主吉，六亲之字受克无生而坐墓主夭亡。

坐库，就是通根，受益，为了区别而不混淆，我们叫坐库通根，这是受益的情况；而坐墓就叫做坐墓受克，这是受损的情况。

坐库还是坐墓，由原局组合来定。如果是偏弱而组合之中得生扶，为坐库通根；如果是偏弱而组合之中受克而重伤，生扶帮的救助不利，就是坐墓受伤而无救。

如果原局是坐库，那么大运或流年受伤，在组合当中必有救应，无大灾；如果原局坐墓，那么大运或流年组合受伤，尤其是大运组合受伤，必应极大凶灾，应期就在流年引动墓库之时。

其余坐库或坐墓的分析原理与此相同。

辛丑

为辛金坐丑通余气根而受生，又为辛金坐丑土金库。

当辛金在月令旺相或党众或有通根时，为通根受生。

当辛金在月令受克或休囚，在天干被旺强丙、丁火紧贴相克，木火旺相，辛金受伤，地支巳午火旺而丑干，或未冲丑而伤丑土湿性，则辛金受克而得不到湿土之生，则辛丑为辛金坐墓受克受损。

丙戌、乙未

丙戌同柱，丙通根坐下戌中丁火。

戌为火库，所以让丙火由坐库受益变成坐墓受损，最容易出现的情况不是丙火受克无生，而是丙火旺强而无克泄耗之制，因为戌为火库，一遇地支火旺就不会再泄丙火，所以，丙戌柱生在巳、午月，或生在寅卯月而支见巳午，丙火最容易无制逢旺，再遇戌库，就是无制而入墓。

乙未同柱，乙木通根未中乙木余气根。

因为未月为夏天第三个月，尤其是月初，火有余气，未中藏中气根丁火。

最容易让乙未变成乙木坐墓的，一个是秋天的庚、辛金，另一个就是夏天的透干丁火。

庚辛金得强根申、酉当令，必克伤乙木，乙入未墓。

丁火从未中透出，如果原局有巳午火，干透丁火，则丁火有强根，再与未中丁火通根相连，则未中乙木被丁火焚毁，乙木根伤无救而入墓。

第四节　八字干支生克路线点窍

八字析断的本质，就是分析八字天干之间、地支之间、干支之间的生克作用，所以，八字干与干、支与支、干与支之间的生克作用规律，就成为八字析断当中最重要的内容。

干支作用的先后顺序，生克作用路线，作用力量的大小，这些原则性、规律性的内容才是八字析断最基础，也是最核心内容。

只有掌握了这些内容，八字的析断水平才会有质的提高，才会从干支五行胡乱的生克作用、从死记硬背记一些零散的断语，从东一榔头西一棒槌的半蒙方式，进入系统、全面、高准确率的八字分析预测阶段。

系统、全面分析八字，包括一个人的富贵贫贱层次，谋生职业类别，学业财官等级，婚恋外遇、配偶情况，健康疾病，意外灾祸，子女健康学业工作情况，父母健康财官等情况，性格心理，大运流年吉凶，吉凶程度与吉凶应期，八字风水布局方案等等内容。

一、干支生克路线三大核心规律

干、支之间所有看起来复杂的生克路线，都遵循三个最基本的规律。
一是普通生克的距离紧贴作用规律。
二是干与干之间合冲，支与支之间合冲刑害的特殊作用关系规律。
三是异柱之间的通根透干的管道连气作用规律。
这三条规律，是分析八字干支五行生克的最基本、最重要、最核心的规律。

二、普通生克的距离紧贴作用规律

1. 普通生克有四种情况

干与干之间，没有"合、冲"关系的生克，主要是指邻柱之间的紧贴生克。

支与支之间，没有"合、冲、刑、害"关系的生克，主要是指邻柱之间的紧贴生克。

同柱干支之间的紧贴生克。

异柱干支之间的由通根与透干关系所实现的异柱干支之间五行之气的流动与生克。

举例四种情况说明：
天干之间的生克
比如，甲克戊，没有合冲关系，是普通生克；甲克己，是合克的关系；庚克甲，是冲克关系。
地支之间的生克
比如，寅克辰、卯生巳，没有合冲刑害的作用关系，是普通生克；

寅生巳为刑生，卯克辰为害克，寅卯辰为三会，都有特殊作用关系。

同柱与异柱干支之间的生克

比如，乾造：己亥　甲戌　辛巳　丙申

同柱干支之间的生克

年柱己亥，己土克亥水，日柱辛巳，巳火克辛金，这是同柱干支之间的普通生克。

异柱干支之间的生克

年月两柱，己亥　甲戌，年支亥中甲木中气根透于月干，月干甲木通根年支亥水中气根，这种地支透干与天干通根的关系，使异柱的地支亥水与天干甲木之间建立起了五行之气的流通管道，亥水生甲木。

再进一步讲，申、亥、甲、戌，四个字形成一个完整的生克线路。源头从地支申亥相害而相生开始，再由亥中透甲而生甲，再由甲柱同柱而形成甲紧贴克戌。这是一条由地支之间的特殊作用关系，异柱干支之间的通根透干关系，同柱的紧贴生克关系综合形成的完整的生克路线。

2. 距离的紧贴有三种情况

两个邻柱的天干，它们之间的位置是紧贴。

两个邻柱的地支，它们之间的位置是紧贴。

同柱的天干与地支，它们之间的位置是紧贴。

干与干之间，支与支之间，紧贴的两个字，有生克作用；隔柱的两个字，如果没有特殊作用关系，没有生克作用。

【重要说明】

严格地说，隔柱的两个字、遥隔的两个字之间，甚至八字当中任意位置的两个字之间，即使没有特殊作用关系，也会一定会有生克之力的作用。只是这种作用力因为距离远、再加上有间隔之字的介入，生克之力变得很微弱，生克次序变得复杂，所以在实践当中难以反映出求测人明显的吉凶情况。

分析这种作用关系，就好像要析断一个人去年的每一天都做了什么事一样，因为不是强烈作用的组合，所以并不蕴含明显的吉凶事件，连求测人自己都没有印象的生活琐事，求测人不会有需求，预测师也没有必要去做这种无用功。

为了在分析当中抓住重点，找出作用力最强烈或者比较强烈，对吉凶影响程度大的那些喜忌组合，理顺干支之字的作用顺序与作用力度，建立起清晰的分析思路，就必须要把这些隔柱的微弱作用力忽略不计。

当然，如果一位预测师达到了大师级的水平，可以从这些微弱的作用关系当中总结出正确的作用顺序与作用力度上的细微差别，并能通过这些细微作用力所形成的组合，正确分析出所有吉凶事件的细节，达到出神入化的地步，当然可以把这部分作用关系纳入到自己的分析体系当中。

三、特殊作用关系的作用规律

1. 特殊作用关系有三种情况

天干之间的特殊作用关系有两种：合、冲。
地支之间的特殊作用关系有四种：合、冲、刑、害。
干支之间的特殊作用关系有两种：暗合、暗冲。
举例如下：
天干之间，庚甲冲克，庚乙合克。
地支之间，寅亥合，寅申冲、寅巳刑。
干支之间，壬午同柱，壬丁暗合，庚寅同柱，庚甲暗冲。

2. 特殊作用关系的作用顺序

合、冲、刑、害，在天干、在地支多现时，哪个先发生作用，哪个后发生作用。

天干之间、地支之间，有特殊作用关系的字，先发生作用。特殊作用关系必定在普通生克之前发生作用。

特殊作用关系有合、冲、刑、害，这四种类型的作用关系，它们的作用顺序也有先后之分。

合、冲的作用力最大，先于刑、害发生作用；然后依次是刑、害。

合、冲同现，在距离相同的情况下，同时发生作用；作用之后，形成的吉凶结果，由力量旺强的一方决定。

合、冲同现，在距离不同的情况下，距离近的先发生作用，距离远的后发生作用，形成的吉凶结果，由力量旺强的一方决定。

3. 关于三会与三合

合，包括四种类型，分别是：三会、三合、六合、半合（半生合、半克合）。

三会、三合，有合会成局与不成局两种情况。

三会、三合，只要三字齐现，就产生会合；但能不能合化成功，要看化神是否逢值当旺。

具体地说，三会局、三合局，化神逢值当旺或逢帮扶当旺，才能会局、合局合化成功。如果化神只是逢生或者逢休囚，就不会合化成功。

合化成功，就变成单一的化神五行，化神五行力量是原六个字的力量之和，力量暴增六倍。原因是，三会成功就是三个字合化成一个字，自然力量三倍增长，再因为化神当旺，当旺者力量是休囚者的一倍，合化成功的化神力量再增一倍，总体力量就相当于原来六个普通休囚之字的力量。

合化不成功，仍然存在三会与三合，但既然会合不化，必然是化神之字不当旺。这时存在两种情况，一种是化神逢生，一种是化神遇休囚或死地。这两种情况，都以三个字之间的生克作用来论哪方胜出。这其中的细节，在前面基本生克作用关系当中已有详细的解说，不再赘述。

四、同柱干、支之间的作用规律

分两种情况，一是通根到坐支，二是与坐支之间不通根。

天干通根坐支，这是最紧密的距离关系。力量大小有通根本气、中气、余气之分。

天干与坐支之间不通根，但因紧密相连，必然产生生克关系。

五、异柱干、支之间的作用规律

异柱干、支之间，通过干、支的透干与通根关系而产生直接的生克作用。

异柱干、支之间，如果没有透干通根的关系，不发生直接的生克作用。

例一：
乾造：**丙戌 乙未 戊戌 己未**

乙木通过通根两个未土余气根，而对旺强两个未土进行克制。

例二：
乾造：**庚寅 庚辰 戊子 丙辰**

时干丙火，通根年支寅木，丙、寅之间因为有通根透干，而建立起五行之气的流通管道，寅生丙，丙得寅生。

日主身偏旺，丙火印星化寅生身，为忌神组合。

印星丙火为忌，丙戊庚顺序连生，食神泄秀，脑子聪明，中专学历。

官杀喜神寅木被丙火化而生身，喜神力度大减，再被庚金克制，则无官而为普通职员。庚金食神泄为喜神，但庚克寅制官，故后来辞职做生意。

第五节 基本作用规律综合实例点窍

本节我们用大量的实测命例分析，来把前面讲过的各种基本用法与核心规律展现出来，细心的读者会在这些实例分析当中，领会到更多实战技法。

因为本教材为中高级阶段的点窍，为了更好地提高实战预测水平，不再把预测当中的某一个事件提取出来单独分析，而是把实战预测当中能测出来的所有事实都统一进行分析，这样的分析才能使学习者更好地理解不同的干支生克路线、生克组合对不同吉凶事实的影响，更利于学习者全面理解一个八字的分析预测过程。

所以本教材的实例分析，绝大多数采用的都是综合预测的实例分析，在分析当中，不但会有原局的分析与吉凶推断，还会涉及到大运与流年的干支作用关系，涉及命主本人吉凶以及六亲吉凶等等内容，一些规律性的核心内容也会不断地出现在各个实例的讲解当中，这样的分析完全是以实战预测的方式来进行讲解。对于超出了本章内容的部分，读者先做一般了解即可，把学习理解的重点先放在干支之间要基本作用关系的理解上，超出的部分，以后在相关内容的章节会以规律加大量实例的方式进行专题讲解。

例一：
坤造：己酉　壬申　乙亥　乙酉
大运：癸酉　甲戌　乙亥
岁数：　4　　14　　24
年份：1973　1983　1993

乙木生申月，受克处死地；己酉、申、酉四字一党，当令而旺强；壬、乙亥、乙四字一党，失令；日主偏弱。

时柱乙酉，酉克乙，酉杀为忌神。这是同柱相克组合。

天干，己、壬两字邻柱紧贴，己财克壬水，为忌神组合。

乙木偏弱，而官杀旺；乙亥组合，乙木坐亥得生；地支申、亥、酉组合，申亥相害，为特殊作用关系，亥水化泄申金有力；亥酉紧贴，亥水化泄酉金；亥水起到化官杀而生乙木的作用；故亥水为用神。

申中壬水透干，壬申同柱，壬水化泄申金；壬水与乙木邻紧贴，壬化申生乙，为官生身。

亥、壬印星为喜用神。

天干之间作用关系

天干之间，没有合冲的特殊作用关系，只有普通生克，所以我们只论紧贴的作用关系，隔柱的作用力都不计。

己克壬，紧贴必定相克；但能不能克得动，要看双方的力量；己无根虚浮，坐酉泄气，相对而方。壬水通根申、亥二字，生申月处相地，所以，己土克不动壬水。

壬水坐申通根，再通根亥水本气，申亥相害而连气，所以壬水正印根气相连，壬申亥一体。壬水正印，为母亲，居月柱父母宫，十神与宫位类象合一，壬水必为母亲。壬水母亲为喜用，旺相有力，紧贴生日主，喜神作用明显，说明母亲对命主的帮助非常大，也说明命主学业好、学历高，也说明命主在大型国有单位工作。

年干己土财星为忌神，己克壬，形成轻微的忌神组合，说明父母的关系不亲密，父亲能力差一些，拖累家庭，也说明父亲对命主起不到助力。

地支之间的生克路线

地支只有申与亥形成相害关系，实质就是申金生亥水。

时支酉与日支亥，没有特殊关系，但亥酉紧贴，所以亥水可化泄酉金。但从力量对比而方，亥申先作用，亥酉后作用，亥化申力量大，亥化酉力量小。

这个力量大小对比有什么用？非常有用。乙木比肩为姐妹，居时柱为妹。亥化酉力量小，说明有个妹妹，但学历、工作等方面都不如命主好，就是因为亥水对酉金的作用力小的缘故。

四柱干支作用关系

此造日支与日干直接作用，日干直接受益；而亥水却不能直接生时干乙木，因为是异柱干支，不能直接作用，这就说明妹妹的学历、工作不如命主。

月支申金可以生月干壬水，可以直接作用。而申金对日干只是气势上的克，实际并没有使日干乙木减力，相反，却有直接生水的路线，申、壬、乙组合，成了日主的生源。所以这申金官星，虽然理论上为忌神，但实际上由于命局的组合，官杀星都不能直接与日主产生作用；尤其是申金，却起到好的作用。所以日主会得到丈夫之力，同样也可得到官职、名誉等官星所代表的人、事、物之力。实际日主得丈夫关爱，也得男人之力才担任市政府宾馆副总经理之职。

时柱乙酉，比肩乙木受克，为七煞克比肩形成忌神组合，同柱紧密相克，没有中间通关，所以妹妹必有灾。但地支亥酉紧贴，亥化泄为救应，减轻忌神酉杀之力，所以有灾但为死里逃生。七煞克身，为伤灾信号，故其妹必有伤残。实际日主有一个妹妹小时候受伤而残疾。

年支的酉金也同样不能直接克日主，所以此造所有的官杀在原局组合当中，都没有对日主起到忌神作用。

1992年，甲戌运，壬申年。大运戌申酉三会，因会神金没临旺地，故不化金，而是官杀增力。戌土财星为忌神，主不利钱财。但大运干支组合为甲戌，运干甲木通根原局亥水中气根，所以亥、甲、戌这个组合的生克路线建立，戌土忌神有制。流年壬申，壬水通根申亥，化官杀而生甲乙，所以此年必为平安之年。

壬申年，申亥相害，两申生亥水，金多而水浊。大运流年原局地支组合，戌申酉申酉，土金五个一党，流年当旺而会金局，所以亥水被旺金堵了一下，有点微微受伤。没受重伤的原因，是流年申上透壬，天干再有乙、甲二字通根亥水，可以引流。所以此年亥水印星当体现一些忌神类象，对于青年人来讲，印星就是工作问题，印星有忌神类象，就是失去工作，或工作不利。但甲乙木泄水流通，还制戌土，说明财星有制，还有钱花，虽然钱财不丰，损耗多，但还是财运平稳。实际此年日主平安，在家抚养孩子，没有上班。

1995年，乙亥运乙亥年，岁运并临。用神亥水临岁运当旺，伏吟而力量倍增，化泄原局酉申酉旺金，化官杀而生身，必得官杀之利。官杀为男人，为丈夫，为工作，化官生身，必主工作上的提升，官印起到喜神作用，必主有实权有官职。实际此年得丈夫相助之力，由一个普通小职员，连跳多级，升到宾馆副总的位置。

例二：
乾造：丁未　丙午　丁未　戊申

日主偏旺，比劫重重。

此造虽比劫旺，但四柱内部组合好，内部作用关系没有伤到正财妻星，所以此造并不克妻。这通过干支组合的生克路线就可以清楚地分析出来。

正财妻星为时支申金，地支中午火虽旺，但不能克申金，一是由于申与午无特殊关系，又不紧贴；二是中间有未土相隔，午与未先发生作用，而后未与申紧贴再发生作用；所以总体组合是午、未、申三字连续相生的组合。在天干，形成丁、戊、申，三个字的组合，丁紧贴戊，戊坐申，所以丁、戊、申三字连生。这两个组合，因为未申的紧贴，戊申的同柱，使天干丁火与地支午火都克不到申金，反而成为申金的生源，比劫生食、伤，食伤又生财，财星毫无损伤，因此命主与妻子关系很好，且妻子身体也很好。

由此可见，四柱内部天干之间、地支之间、干支之间作用关系的重要性，如果不知道这些，就理不清四柱内部生克关系，得不到正确的析断结果。

例三：

坤造：癸丑　　己未　　辛酉　　戊子

女命，以食伤为子女星。

年干食神癸水与时支食神子水都受伤。

年柱癸丑，癸水通根丑库中气根，月柱己未与癸丑邻柱紧贴，天克地冲，天干己克癸，地支未冲丑伤癸水之根。

这里，己克癸，与未冲丑，都是紧贴的直接作用。

日柱辛酉，天干辛生癸，隔柱，距离远过己土，作用力不计。

地支酉丑半合，作用力小于未冲丑，作用距离远过未冲丑，所以未冲丑在作用力上、作用距离上都优于酉丑，所以丑中癸水受伤，癸水根伤。

这里可以看出，辛酉二字，在干支都不能在组合上阻止己、未土的忌神作用。所以年干癸水受克无生，在论子息时，它的同柱与邻柱都是忌神组合，主子女夭折流产之类。

再看时支子水，自坐戊土盖头，可直接作用，子水受克。戊辛紧贴，辛可化戊，辛坐酉，酉与子邻柱紧贴，酉可生子，所以这个时柱子水，有邻柱紧贴辛酉为生源，弱而逢生，这个平安无事。

年干支食神受伤，主第一胎有夭折之患。

实际命主于1997丁丑年生一子，由于脐带缠住脖子，生下来就夭折了。

例四：
乾造：壬辰　丙午　丙午　壬辰

日主偏旺。

比劫旺，天干壬水七煞两透，壬水坐辰，通根辰中癸水，所以壬水官杀有党、有根较为有力。

取壬水七煞为用神。

早年正行申、酉大运，是壬水生扶之地，日主仕途连登。

但两壬水都自坐辰土库，壬通根辰中癸水，以癸水为根气，最怕戌土来冲。戌土一冲，必伤辰中癸水，壬水失根，戌辰土旺伤官制杀，就会制去官职。

庚戌大运，大运支冲动年时支辰土，激起土气，辰土被冲起冲动，辰中癸水根气受伤，戌辰相冲而土旺，戌辰土克伤壬水喜用，壬杀受伤，喜神受伤就会失去喜神，所以此运丢官罢职。

例五：
乾造：甲寅　戊辰　壬辰　辛丑

日主弱，时上透辛金正印，通根于丑，化杀生身，故辛金正印为喜用。

壬辰同柱，壬连通辰中癸水为根。

月干戊杀当令，紧贴克壬水为忌神，甲木紧贴克戊，制戊为喜神。辛壬甲组合上连生，故甲寅可用。

此造月柱七煞干支一气制身有力，是命局最大的病，幸有年干食神干支一气，制杀有力。甲木可以直接克月干七煞救日主，而食神又与日主隔柱，几乎不产生多大作用力，所以食神甲木不泄日主之力。

时干辛金可以化泄本坐支丑土之力，辛金与日干紧贴，可直接生日主。辛金与年干甲木远隔，根本不作用，所以辛金不克甲木。此造组合好，喜用神互不相战，都能直接发挥用神作用。

实际此造为某军师长。

例六：
乾造：戊子　己未　癸丑　乙卯

日主偏弱。

己未、丑，三个字为官杀，当令而旺紧贴克日主。

乙卯食神在时柱，乙木紧贴化泄日主为忌神，这是乙木起到的第一个作用，就是跟与它距离最近的癸水作用，乙木也克己、戊土，因为在距离上隔柱，所以在作用顺序与作用力量上，都落后于乙癸之间的作用。

再看地支，卯木刑泄子水，卯木也半合克未土，卯木也紧贴克丑土，但在地以，合冲刑害的作用是有顺序的，合冲在前，刑害在后，合是指六合与三合、三会，半合的力量排在最后，所以卯刑子的顺序与力量排第一，卯未半合克的顺序与力量排第二，卯丑之间没有特殊作用关系，只有紧贴的距离关系，所以卯丑之间的作用顺序与作用力排最后。

通过上面的分析，就可以知道，这个乙卯，在作用顺序与作用力量上，都对日主先发生作用，而后再对官杀发挥作用，所以，这个乙卯食神它的第一性质是忌神，而不是制官杀。所以，构不构成食神制官杀的喜神组合，不但要看食神与官杀之间的组合位置，还要看食神与官杀在干支组合上构成什么样的特殊作用关系。

再者，因为原局未土当旺，己未土是原局第一忌神，未土当令，不但冲丑土伤了丑中癸水，也未害子，紧贴相害，在子水遥隔刑生卯木之前，就让子水受伤，所以子卯刑生，卯木失源，所以卯木也是受伤的，不能有力克制土五行，但它却因为乙癸紧贴而泄癸水日主为忌神。

土五行的官杀为忌，克制住它就会有官，克制力轻微就不会有官，但会有工作，就是一个普通人。

因此本造不是"七煞有制化为权"的贵命，而是一个普通的贱命。

实际命主是个普通的农民，一生辛苦劳累，没有什么成就，并且一生伤病累累。

如不懂得干支之间的生克路线及生克力度，就不能区别这些细微的地方。

有很多命局，日主的旺度差不多，官杀的旺度也相近，但命主的富贵贫贱相差很大，只有懂得这些干支作用关系，以及组合喜忌的力度，才能解决这些问题。

例七：
乾造：癸亥　　庚申　　戊子　　辛酉

日主弱极。

喜用金水，忌木火土。

己未大运，原局弱极的戊土，在大运得己未干支一气帮扶，此为忌神大运破原局从格，为破格之大运。此运日主必有大灾。应灾的流年，必是戊、己未被克伤的流年。

甲戌流年。

流年天干甲木，通根原局亥水，甲亥甲连成一气，癸水通根亥子，酉子紧贴相生，所以，酉子癸甲也连成一气，甲木生源悠长。

流年地支戌土，与大运戌未相刑而连气。戌年太岁逢原局申酉金，而戌申酉三会，未戌之气因戌申酉三会而流年申酉，申透庚，酉透辛，庚辛紧贴泄戊土日主，这样，大运流年未戌土之气流年庚申、辛酉金。戊土日主再次失根而从，在大运得根破格之后，流年形成的流年、大运、原局组合再次失根。

原局癸亥、庚申、子、辛酉，加上流年甲，共八个字，形成为金水木一气相生的组合，最后气聚甲木，通过甲己合克，把最后一个帮扶日主戊土的字克掉，日主大运得根而流年再次受克无生，必死之灾。

实际日主此年重病不治而亡。

这个八字里面，有极为重要的八字析断规律，相信有悟性、实践经验比较多的人能从中体会出来。

例八：
乾造：丙戌　戊戌　戊辰　己未

土五行当旺，火土一气。日主旺极。

这类八字，顺日主旺势，为取喜用神的关键。

火土为第一用神，金为中神。

最忌木五行官杀克身，水也为忌。

忌木五行，是因为日主旺极，但原局天干有丙火，所以天干不忌甲、乙，因为有丙火可化甲乙。寅木与地支土无特殊关系，不发生实质生克，不犯怒虽为忌但关系不大，卯木与辰戌未都有特殊作用关系，能犯土怒最为忌。

忌水五行，天干壬、癸水克丙火，逆命局之势。地支子水，与原局辰土半合，有特殊作用关系，为忌较严重。地支亥水，与原局地支戌辰土没有特殊作用关系，所以不犯土怒，所以亥运为平运。

其余巳、午、未、辰、戌，在地支都为喜用，戌土因为是干土，而且会引动原局戌土，作用力最强，所以戌运最好。

申、酉金顺势化泄，为平运。

癸卯运，乙亥年，因亥卯未三合木局，形成大运流年忌神组合，有路线牵动土犯怒，便克财而导致破财。

例九：
乾造：乙未　癸未　己卯　甲戌
大运：壬午　辛巳　庚辰　己卯　戊寅
年份：1958　1968　1978　1988　1998

日主己土生未月当令，通根本气；未、未、己、戌四字一党。

克泄耗日主一党，乙、癸、卯、甲四个字；但乙通根两个未土，这两个未库是乙木的根，所以，这是一种类型，就是单指八字当中的乙、未两字的关系，未土即是日主己的根与党众，也是乙木的根与党众，所以，这两个未土就相当于两个乙木的党众，这样一来就很清晰了，乙未、癸未、卯、甲，这六个字是一党，与未、未、己、戌，日主一党相

比较，日主一党当旺，力量再加一字，所以日主一党相当于不论旺衰的五个字，而克泄耗日主一党相当于不论旺衰有六个字。这样分析就很清楚了，日主偏弱。

关于乙、未的这规律，是一个类型的规律。

日主偏弱，则卯乙二字七煞为忌神，忌神通根透干，紧贴日主，必主日主有灾。

灾发之期，就是运岁木旺的流年。

1995年，己卯运乙亥年，亥卯未合木局，乙亥流年干违七煞为忌，有凶灾。这年命主摊上官司，破大财。

例十：

乾造：癸卯　乙卯　己酉　甲戌
大运：甲寅　癸丑　壬子　辛亥　庚戌
岁数：　1　　11　　21　　31　　41
年份：1963　1973　1983　1993　2003

日主己生卯月，受克处死地；己、戌一党，党从少；日主偏弱。

七煞乙木，当令，通根坐支，癸卯、乙卯，财杀相生；甲、乙木官杀当旺克身为忌。

甲、己合克，为紧贴特殊作用关系；乙克己为紧贴相克关系；癸生乙，为紧贴相生关系。

因为官杀当令而旺，力量最强，为忌的力量最重，所以官杀为第一忌神；所以，虽然酉金食伤在坐支泄身为忌，但酉可冲克卯木，可以制杀救日主，所以酉金为药，为喜用神。

戌土在地支，因为与日主己土隔柱，又没有通根，所以戌、己之间没有五行之气的流通管道，戌土对己的帮身作用只是气势相帮而已。

辛亥大运，酉中辛金透干，辛酉通根透干，辛金冲克乙木，制杀，形成喜神组合，杀为功名，为工作，所以这步运是利事业的运。

1997年，辛亥运丁丑年。原局戌中丁火透于年干，丁生日主己土，把戌、己之气连接起来。流年丑土出现，日主己土通根于丑，丑戌相刑，土气相连，己土得丑戌之根气，形成身弱而得两个流年旺土之根的喜神组合，身由弱变旺强，而任官杀。大运辛金在流年通根于丑，又通根于戌，增力；丑酉半合，原局食伤酉金增力；所以大运药字辛金，在丑年，得丑戌酉三字旺相的根气相助，形成喜神增力组合，辛增力，则制乙木更有利，更利事业。故此年，必有升官之应。

实际此年日主升职。

1999年，辛亥运己卯年。流年己卯组合，这个同柱组合，地支卯木克天干己土，这是七煞克身的忌神组合。亥运卯年，卯木当旺，流年、原局两卯冲一酉，卯字当旺，以二冲一，酉字在运年休囚，被当旺卯木以二冲一，必受伤。故而此年必有不利的工作变动。

实际此年日主因工作犯错误而被撤职。

例十一：

乾造：甲辰　乙亥　壬戌　癸卯
大运：丙子　丁丑　戊寅　己卯　庚辰
岁数：11　　21　　31　　41　　51
年份：1974　1984　1994　2004　2014

日主壬水生在亥月，当令而旺；亥、壬、癸互相帮扶。

克泄耗日主的字为甲辰、乙、戌、卯，五个字。

再看原局生克组合。天干乙木紧贴泄壬、亥两水；甲木通根亥，泄亥水；癸卯同柱，卯木泄癸水。地支卯亥半合，卯木泄亥水；辰、戌相冲，紧贴夹克亥水。日柱壬戌，戌土克亥水。

通过这些分析可以看出，在生克组合上，日主壬水一党在多处组合当中被克泄，所以日主一党处于劣势。

日主偏弱。

日主偏弱，则泄克者均为忌神。

甲乙卯，生亥月旺相，泄日主有力，所以是作用力最大的忌神。

1999年，戊寅运己卯年。大运寅合亥，泄日主之根，形成忌神组合。流年卯木半合泄亥水，再引动时柱卯木泄癸水，形成两处忌神组合。寅卯食伤为忌，食伤为财源，所以必主破财。食伤在大运流年当旺，食伤代表人的自主思想，代表人的求财欲望，所以日主这一年特别

想要自主创业求财，但因食伤为忌，故投资就会破财折本。

实际这一年命主办公司，当年秋天就没生意倒闭关门了。

例十二：
乾造：戊戌　己未　丁酉　甲辰
大运：　庚申　辛酉　壬戌　癸亥
岁数：　 8　　18　　28　　38
年份：1965　1975　1985　1995

日主丁火生未月，失令休囚；但丁生未月，通根中气，得到的力量相当于处相地；丁火在戌中有余气根，相当于得到一个隔柱丁火的帮扶；所以，生扶帮日主一党的字有戌中丁、未中丁、丁日主、甲，党众四个。

要重点说明丁火见戌、未土时的用法。戌、未土对丁火有两重作用，一个是土对火的化泄作用，一个是戌、未当中的藏干丁对天干丁火的通根增力作用。我们只要把这两种作用，分别列入生扶帮与克泄耗当中，各论各的就可以清晰地区分这两种力量对丁火的影响。

戊戌、己未、酉、辰，这六个字泄耗日主，而且土金五当令旺相，力量明显大于日主一党的力量。

日主丁火偏弱。

甲木印星紧贴生日主为喜用。戌中丁火、未中丁火，为日主之根气为喜用。

原局当中，未土当令，戊戌、未、辰四个土五行，所以土五行强旺。水五行只有一个辰中癸水，甲辰同柱，甲木因为与辰字同柱而与辰中乙木连气，相当于甲通根于辰中乙木；在组合位置上，癸水在辰库当中，癸乙相生，所以癸乙甲三字因甲辰同柱形成一气相连的喜神组合，最终癸水之气聚到甲木上，由甲木紧贴生偏弱丁火，所以癸水在原局组合当中起到的是喜神作用。

癸、酉一党，癸水偏弱。年支戌土当令，戌未相刑而旺土连气，己未、戊戌四个字连成一气，通过戌辰相冲，而重伤癸水。因为癸水在原局藏而不透，所以得不到酉金通关相生，所以癸水受克无生。

癸水为原局五行最大失衡。水为血液，所以一定会有患血液方面重病的隐患。

癸水受克无生，在原局即破格，说明此灾不可避免，一定会发生。

癸水在组合上是日主的喜神，丁、甲、乙、癸组合，癸水是生日主的源头，所以这个灾是日主的灾，因为日主在原局能与它直接连气的生源被克掉了。

然后定应期。原局破格，大运应期必定是逢水当旺得根的破格再立之运，那就是癸水逢当旺的运，就是癸亥运。

癸亥运，癸通根辰土，辰中癸与大运癸水因通根而连气，连到癸亥运柱，此时癸得强根不从想重立，故此为大运应灾之期。

流年是重立之格再被克破之年，就是辰年。庚辰年，辰土当旺，两辰冲戌，引动原局戊戌、己未，戌未相刑而连气，所以此年戊戌、己未、辰、辰，六个旺强之土因冲刑而成一体，在地支克掉辰中癸水，在天干，通过戊土合克癸水，而使六个连体旺土之力克掉癸亥两水，再度破格，故为生死大灾应期。

庚辰年，两辰冲戌，因为地支戌未相刑，日主之根丁火藏在其中，所以，两辰冲戌，地支湿土两辰当旺，冲刑的结果是，不但癸水受克无生，而且戌未之中丁火被强旺之土泄掉，使日主丁火失根，这是重大忌神组合，也说明日主有灾。

天干组合，戊土以六土之力，合克掉癸水。庚坐辰土，庚冲克甲木，甲木之根在辰中，因辰戌冲而折掉，再被庚冲克，甲木被克掉。

最后，丁火日主，失去甲木、乙木、癸水这一生源，失去地支戌未当中的两个丁火之根，所以这是日主大灾之年。

实际命主在2000年癸亥运庚辰年白血病发作。

例十三：

乾造： 壬寅 辛亥 癸酉 丙辰
大运： 壬子 癸丑 甲寅 乙卯 丙辰
岁数： 4   14   24   34   44
年份： 1965 1975 1985 1995 2005

日主癸水，生在亥月，当令而旺；壬、辛亥、癸酉，五个字为日主生扶帮一党；日主旺强。

日主偏旺。

天干丙火财星，紧贴日主癸水，耗日主为喜用；丙火生亥月处死地，旺衰程度为衰弱，但丙火通根年支寅木，而寅木泄合亥水忌神，形成辛亥、寅、丙的长生源。寅木化伤官化亥水劫财而透丙火财星，形成一个喜神组合。

丙财星生源悠长，所以虽衰而不弱，反而因生源悠长而有较强的力量。

天干组合，丙辛合克，这是特殊作用关系，力量很强；辛金偏印生旺身为忌，丙合克辛就是制住忌神。辛为印，则制忌得忌，得到印星之喜。

丙辰同柱，辰土为官星；但辰土能不能起到克制偏旺日主的作用，能不能起到喜神作用不能只看辰土本身，而一定要看辰土在原局当中与其他的字形成什么样的组合。

地支辰酉紧贴相合，辰土生酉金，酉金在坐支生同柱癸水，形成辰酉癸连生组合，这是一个会使偏旺日主更旺的忌神组合。所以看到这个组合，就知道，辰官起了忌神作用，如果行运遇不到卯木害克辰土的特殊作用关系，忌神官星不受制，命主就不会有官运了。如果行运有卯运，卯字伤官能起到半合亥水忌神，同时害克辰土的作用，制官得官，日主就会在卯运事业进步，得到官位。

天干壬水，冲克丙火为忌神；但壬对丙距离隔两柱，而且壬水坐寅被泄，壬水之根亥被寅泄，所以壬亥两字均被寅木化泄而再透丙生丙，所以壬水对丙的作用与丙对辛的作用相比，丙辛合的力量大于壬对丙的破坏力。

既然壬、辛亥为忌神，有克丙火之力，那么寅木就显得非常重要，只有寅木才能化壬寅而生丙，起到通关作用；并且，寅木能把壬、亥忌神变成生助丙火的生源。

1998年，乙卯运戊寅年。大运卯半合亥水，害克辰土，化比劫而克官星，制住两个忌神。辰官忌神得制，此运必得官。戊寅年，寅亥合，寅卯辰三会东方木，食伤喜用制官，形成制忌神的喜神组合，制官得官。所以此年必有官职提升。

实际此年命主升职。

2002年,乙卯运壬午年,大运组合为寅卯辰三会东方木的喜神组合,寅卯辰三字之气合为一体而化木,流年太岁午火半合原局寅木,与寅卯辰三会木气连在一起。午寅半合,则寅午之气相通,寅中丙与午中丁火连气,则丙火通根寅木,得借寅午之合而得到午火太岁当旺之气。所以此年,食伤财星喜用当旺,丙火临旺合克辛印,制印得印,必有工作上的进步。而且,壬午年,流年天干壬水冲克丙火,但因丙火得地支寅卯辰午合为一体的木火之旺气,而壬水处衰地,所以壬水克不动丙,但壬冲则丙动,所以必是工作上的有利为动。

实际此年日主职务再度提升。

从上面这些例题可以看出,干与干、支与支、干与支之间的作用关系、作用顺序,普通生克与特殊作用关系的作用顺序、作用力量,是分析命局,分析一个字起到喜神作用还是忌神作用,是形成喜神组合还是忌神组合的最重要的知识。只有正确掌握了这些知识,才能在分析命局时,清晰而正确地掌握干支之间的生克路线,断准吉凶。

2006年,丙辰运丙戌年。到了这步丙辰运,辰土官星得不到制约了,辰酉癸连生,官印相生为忌神,命主的官运就会结束了。丙戌年,流年一戌冲两辰,官星为忌相冲,主工作方面不利的变动。大运流年天干,两个丙火合克辛金,印星有制,所以工作没问题,但是丙辰、丙戌,地支辰戌冲,土旺为忌,化泄丙火的力量非常大,使丙火被减力,所以工作单位变成了清水衙门。

实际这一年被调离原岗位,变成普通职员。

例十四:

乾造: 戊午　己未　癸巳　癸亥
大运: 庚申　辛酉　壬戌　癸亥
岁数:　4　　14　　24　　34
年份: 1981　1991　2001　2011

日主偏弱。

官杀旺强克身为忌神;财星生官杀,耗日主也为忌神。

原命局组合并不好，全凭大运一路金水生助。这个八字是原命局组合差，但大运连续形成干支一气喜用大运的典型。

少年、青年时，走庚申、辛酉印运，化官杀而生身，学业优异。

2001年，壬戌大运，辛巳流年。运支戌中辛金透于流年天干，辛金化戌官而生身，主当年有辛金印星之利，利学业。流年地支巳火财星冲原局亥水，日主根动，主当年有远行；巳火财星当旺为忌，冲耗亥水，主当年耗财较大。综合而论，是花钱、远行、学习。

实际此年日主留学德国读研究生，家里花费十多万元。

例十五：
乾造： 丙辰　己亥　癸亥　癸亥
大运： 庚子　辛丑　壬寅
岁数： 11　　21　　31
年份： 1986 1996 2006

日主癸水偏旺，而且属于旺强程度较生的情况。

辰土官星生亥月，原局当中水五行党众多，所以辰土湿性很重，再加上两个癸水通根辰土，而两个癸水都坐亥水连气旺强，所以辰中癸水也是旺强。所以此辰土官星土性弱而水性强，不能制约癸水。

己土七煞紧贴克日主，但己土无根虚浮，所以己土克身之力微弱。

官杀喜用无力，说明命主肯定不会有官职；命主身旺强而财官弱，所以工作不稳定，多数时间是自我求测做点小生意。

丙火财星无根，财官衰弱，所以没有富贵可言，只是一个普通人。

2001年，辛丑运辛巳年。大运辛丑，丑中透出辛、癸，这是辛印化丑生癸，形成忌神组合，主没有工作单位，不上班。

流年辛巳，巳火财星当令出现，巳火克辛金，财克印，这是一个喜神组合，主投资项目求财。但这个喜神组合只是流年单柱的表面现象，也就是因为这个表面现象才让命主产生投资做小生意可以赚钱的信心。

但在流年、大运、原局组合之下，巳火财星是受伤的。因为流年要与大运和原局形成综合作用的组合。流年天干辛金，它出现之时先坐在巳火上，所以首先看起来像是有财可求，但随后，辛金就通根到大运丑

土当中得到中气根，这一通根增力，大运辛丑与流年辛巳，就形成辛丑、辛一党对巳火财星一党，明显巳火处于弱势。三子出现在大运流年，生原局癸亥癸亥，形成丑辛辛癸亥癸亥七个字连成一气的党众，所以巳冲亥的结果，就是巳火财星伤不到亥水，反被七字成党连成一气的亥水所伤，故而破财。这个流年太岁巳火，就代表命主这一年破掉的财。

实际命主此年因生意差而破财，并与妻子吵架，造成感情不和。

例十六：

乾造：壬子　壬子　戊子　己未
大运：　癸丑　甲寅　乙卯　丙辰
岁数：　 6　　 16　　 26　　 36
年份：1977　1987　1997　2007

日主戊土生子水，休囚；戊土无根，靠时柱己未劫财帮身。
日主偏弱。
印比生身为喜用。
未中丁火为印星，生身为喜用；日主生于寒冬，丁火暖局为调候。
壬子、壬子、子，五个寒水旺强紧邻而连成一气，三子害未土，令未中丁火受重伤。

乙卯大运，为凶运。原因是，大运与原局形成一卯刑泄三子，再通过乙卯同柱，形成壬子、壬子、子、卯、乙一气连生，气聚乙木，乙木汇聚七字之力，克日主，形成生源长达七个字的忌神大凶组合。并且，地支卯未半合克，乙木再通根到未土当中，令未土受克重伤。

1998年，乙卯运戊寅年，流年寅木七煞当令，克同柱戊土，也是忌神组合。

大运流年官杀临旺地，财官杀一气克日主，日主受克无生，必有大灾。

实际因为争家产，命主感到吃了大亏，愤怒之下杀哥嫂一家四口而入狱，死刑。

例十七：
乾造：癸丑　丙辰　丙戌　戊戌
大运：　乙卯　甲寅　癸丑　壬子
岁数：　 6　　 16　　 26　　 36
年份：1978　1988　1998　2008

丙生辰月休囚，丙、丙、戌中两丁为一党；其中丙戌柱，丙火因与戌土同柱而能根戌中丁火；丑、辰、戌、戌、戊，五个土当令旺强，泄身有力，癸水通根丑、辰，克丙火；日主偏弱。

这个日主的偏弱，是程度非常的弱，原因是湿土辰字当令，干透癸水，所以命局地支当中的辰、丑两土冲刑两个戌土，结果使戌中丁火受伤，导致丙火虚浮。

命局当中土最旺强，泄身为忌。

日主衰弱，但如果火来帮身，反而会继续生土，所以火五行助身无力。

木五行可以克制旺土生身，但也要看组合之后，木五行的干、支之字，能不能起克制忌神土五行的作用，如果起不到克土的作用，反而在组合当中起到生土的作用，那么木五行反而会成为忌神土五行的生源，成为忌神，这一点非常重要。

天干甲、乙木，起不到制戊土的作用，因为原局天干丙丙戊紧贴连生，如果甲乙木出现，就会形成甲乙丙丙戊的连生组合，最后气聚戊土，生到忌神上，成为忌神的生源。

地支寅木，因为与辰戌二字没有特殊作用关系，所以也克制不了辰戌土。只有卯木一字才可用，因为卯辰害、卯戌合克，都可以因为特殊作用关系，而起到克土的作用。

这样分析之后，心里有数了，一看大运，就知道，甲寅大运是一步不好的大运，对命主不利。

大运柱甲寅与原命局形成忌神组合，原因是地支寅不克辰戌，而寅中透甲，原局丙火通根寅木，形成寅、甲、丙、丙、戊戌连生的组合，最终生到忌神土五行上，土五行无制而逢生旺进气，加剧命局失衡力度，必主有灾。土为食伤，食伤为财源，食伤进气旺而为忌，就主破财。食伤为日主生出者，为精神思想，食伤过旺为病，旺而无制，泄身太过，人的精神就会出现异常。但此运肯定不会有生死之灾，因为必竟日主弱，有甲寅来生，虽然最后都生了忌神土，但终归是从日主这里路过了一下。

看应在什么流年。大运土五行得源逢生，则甲寅丙丙戌戌辰这一个线路都是忌神，因为它们形成了一气相生的忌神组合。

壬申年，地支申冲克寅，这是流年冲克大运寅木忌神，忌神有制，平安。

癸酉年，地支酉戌害，酉辰合，忌神戌辰土旺气得以化泄，得化泄之制，平安。

甲戌年，流年干支组合好，大运寅中甲木透在流年天干，这一年，甲戌同柱，甲克戌，制忌神，故平安。

乙亥年，流年乙木坐亥得生而旺相，而后乙木通根到原局辰土当中，克制辰土，忌神辰土有制，此年平安。

1996年，甲寅运，丙子年。丙火比肩出现帮身，丙一出现，就相当于出现了一个朋友来帮身，使日主增了力，所以身弱增了力，就要求财。丙火比肩帮身，就是和朋友合伙求财，合伙做生意。但是，这个丙火出现之后，它自带子水在坐支，丙子同柱，就是丙火开始帮身，便最被克伤，相当于事情进行到一半，丙火受伤帮不成日主了，日主再次落到身弱被泄的地步，这就是与朋友合伙做生意破财了。

实际此年因与朋友合伙投资而破财。

1997年，甲寅运丁丑年。丁丑相生，丑当旺，地支丑戌刑，戌辰冲，土旺泄身为忌，忌神当令而无制，必主有灾。食伤泄身之灾，破财，精神出问题。

实际此年命主再次投资做健身器材生意，结果又破财，受打击了，因思虑过重，出现精神分裂。

第二章　命理用神点窍

第一节　用神的核心是喜忌组合

在命理八字的学习经过了入门与提高的阶段之后，要想进一步预测水平，就要在取用神这一关键环节取得突破性的进展。

从入门到提高阶段，有五行取用，干支分取用神，逐字取用神等等，一步一步加深对取用神的理解，提高取用神的准确度。

这个阶段，取用神的方法有扶抑、通关、调候、从旺、从弱的顺势。这几种方法，是从初级到中级的方法，这在我们的入门一书当中已有讲述。

而从中级到高级，要进一步提升预测范围与准确率。到了点窍的阶段，取用神不但要看原命局当中的喜神，还要看忌神，更重要的是，要看组合的喜忌。要看一个字，在组合当中是起到喜神作用还是起到忌神作用。

这个阶段，因为初级中级的知识已经比较扎实，在大量实践之后已经运用得比较熟练了，所以在分析八字的时候，就不会出现初期阶段常常顾此失彼的情况。这个时候，就可以把分析的重点放在喜忌组合的辨别上了。

不论喜神还是忌神，都要在掌握正确生克路线的基础上，看组合后的作用。

喜神之字；在组合后起到喜神作用的，喜神之字才会体现喜神类象，如果起不到喜神作用，既使这个字出现了，也不会体现出喜神类象，也不会应吉，如果不但起不到喜神作用，反而在组合当中受伤，或者起到忌神作用，那就会体现忌神类象，就会体现各种不利。

忌神之字，在组合后起到忌神作用的，忌神之字才会体现忌神类象，如果起不到忌神作用，即使这个字出现了，也不会体现忌神类象，也不会有凶事，如果不但起不到忌神作用，反而在组合当中受伤，或起到喜神作用，那这个忌神之字就会体现喜神类象，就会体现各种吉事。

不但原命局的喜忌组合如此，大运与原局组合，流年与大运、流年与原局组合，都遵循这种喜忌组合的原则。掌握了这一喜忌组合的原则，取用神断吉凶，才能在实践当中进入较高水平。

第二节　快速确定喜忌组合的方法

在确定命局组合喜忌之字时，除了以日主为分析对象，还有另一种方法，就是以最明显的喜神或忌神之字作为分析对象。

最明显的喜神或忌神之字是命局因为自身的独特组合而形成的。

一般这个最明显的喜神或忌神之字，会出现在日主的坐支、月干、时干等这些与日主紧贴的位置；月干或时干，它们的本气通根与之连成一气，所以它们的本气通根之字也是明显的喜忌之字。在确定了这样的喜忌之后，再看其他字对这个喜忌之字的作用，就可以正确定出其他字的喜忌。

学会了这种方法，就能从与喜神的作用当中找忌神，从与忌神的作用当中找喜神，这是一种非常重要的取用与断命方法。很多重大的喜忌吉凶组合，都是通过这种方式找出来的。

看命局当中的喜神，不但要看喜神是否发挥出了喜神作用，还要看与喜神有紧贴关系的字或有特殊作用关系的字，这些字当中，如果某个字制约了喜神，使喜神受伤，发挥不出喜神的作用，这个字就是命局的"病"。这个病，就是非常严重的忌神，是不利与凶灾的隐患。当这个"病"字，在大运逢值当旺，形成的组合使喜神受伤时，一个人就面临严重的衰运，如果在流年，这个病字在组合当中发挥出制喜用神的作用，让喜用受伤，这个流年就是凶年。这是通过找出喜神的病字，断流年凶事应期的方法。

忌神怎么看，不但要看忌神是否发挥作用，在什么大运与流年发挥作用，这是初级阶段的看法；到了提高阶段，还要看与忌神紧贴的字当中，哪个字是制忌神最有力量的。因为克制忌神的字，是救日主的，是命局中的"药"。

比如日主偏弱的时候，官杀旺强紧贴克日主，那么官杀就是第一忌神，而命局当中生扶帮日主的字不得力，或者是不出现，或者是出现的位置不好，这时候，如果有食伤紧贴官杀，起到克制官杀救日主的作用，这个克制官杀的食伤，就是救日主的药，就是命局的喜用神。

再比如日主偏旺，印星强旺生身为忌，这时如果有财星贴印克印，这个财星就是制忌神的药，就是喜用神。

所以如果一个命局当中，忌神旺强，同时紧贴日主，这个忌神的作用力最为强烈，成为第一忌神，这个时候，紧贴制约这个第一忌神的字，即使表面看起来对日主有些不利，但这个字最大的功效就是制约第一忌神而救日主，所以这个字，就是命局当中最得力的喜用神。

这就是从忌神当中取用的方法。从忌神当中取用，我们就可以找出制忌神的字，制忌神的字逢大运当旺，逢流年再形成制忌神的组合，就是应吉之期。这是断八字什么运、什么流年应吉的方法。

第三节 喜忌组合综合实例详解

在这一节的实例分析当中，我们不但详解原命局的喜忌组合，也详解大运与流年的喜忌组合。

综合的分析与推断，会让我们对一个人的命运与大运流年的吉凶有一个整体的认识，这在实践预测当中是非常重要的。

例一：

坤造：壬寅　戊申　甲午　甲子
大运：丁未　丙午　乙巳　甲辰　癸卯
岁数： 6　　16　　26　　36　　46
年份：1967　1977　1987　1997　2007

　　甲日主生在申月，失令处死地；但日主生扶帮一党有壬寅、甲、甲子，五个党众之字，党众多而强；克泄耗日主一党的字有戊申、午，三个字；再看组合，申月子月旺相，申半合生子水，子水冲克午火，这是申子二字以紧贴关系以二对一，所以午火受制，这样一来，克泄耗日主的戊申午三个字，就少了一个午字，克泄耗一党处在劣势。日主一党占优势。

　　日主偏旺。

　　日主偏旺，克泄耗之字为喜用。更准确地说，起到克泄耗作用的字，才是喜用之字。

　　日主偏旺，则日主自身甲木比肩就是忌神；时干甲木紧贴日主，坐下子水同柱相生，所以甲子两字为忌神；日主甲木，通根年支寅木本气根，所以年支寅木为忌神。

　　申金七煞在地支，申冲克寅；寅木为忌神，被申金月令克制，这是日主之根受克制，所以申金为作用力最强的喜用神。它的作用力最强，体现在一个是它克制最有力的忌神，一个是它本身是月令当旺有力。

　　分析到此，就可以进行原命局断事了。官星申金起到喜神作用，必体现喜神类象，申金临月令当旺，克制忌神较为有力，那么喜神类象也会较为明显。官星起到喜神作用，代表有功名，对于学业来说，就是有大学学历；对于事业来说，就代表是在政府部门或较大的企业工作。

　　实际命主是大学文化，毕业后分到政府部门上班。

　　以上是通过申寅冲克这个喜神组合分析出来的情况。

　　申子午组合。午火泄旺身为喜神，在坐支，居夫妻宫，所以这个组合会与婚姻有关。申子相生，子水旺相冲克午火，午火喜神受伤，体现忌神类象，午火在夫妻宫，说明婚姻会出问题。出问题到多重的程度，申子一气相生，当令旺相，冲克午火，午火受伤较重，说明会有离婚。

结合大运怎么看，就看大运干支对原局喜忌之字形成什么样的组合，是形成喜神组合还是忌神组合。

青少年时期主要看学业。

丁未大运，丁通根坐支未，丁合壬，绊住壬水，这是一个制忌神的组合，忌神壬水印星有制，利学业。地支未合午，未克害子水，制住子水忌神，救起伤官午火，伤官泄身吐透主聪明；未土克子水，忌神子水印星有制，主利学业。所以天干壬水印星忌神有制，地支子水印星忌神有制，印星主文化，印星的喜神类象就是学习好。子水受制，则子水不再半合泄申金，申金喜用得到解放而增力，申冲克寅木就增力，这是喜神组合增力，主利功名。所以官印两项都体现喜神类象，学习非常好，必定是大学文化。

1999年，甲辰运己卯年。

原局有寅，大运见辰，流年卯木当旺，原局、大运、流年就这样形成了新的组合，三会东方木局，忌神组合。日主甲木通根木局，力量三倍增加，为忌的程度较重。

寅木在三会局当中，因会木而力量增加三倍，这时候，寅木反冲申金，申金七煞在组合当中受损伤。申金七煞为夫星，夫星被冲受损体现忌神类象，就是冲走了老公。

三会木局，辰土必然化木，辰土被三会合化而受伤；天干戊己土被甲木克伤，甲木能克伤戊己土，是因为甲木通根寅木，以三会木局为根；戊土是申金的生源，戊土被克伤，则申金夫星就更难抵挡地支寅木会局的冲力。

例二：一个喜用之字所形成的喜、忌两种组合。

坤造：壬子　壬寅　甲午　戊辰
大运：辛丑　庚子　己亥　戊戌
岁数：　10　　20　　30　　40
年份：1981　1991　2001　2011

日主甲木生寅月当令而旺；壬子、壬寅、甲，五个字为生扶帮日主一党，党众多而强；日主偏旺。

坐支午火同柱紧贴泄旺身，为喜用，财星戊辰在时柱紧贴耗身为喜用。

印星壬水生甲木，为忌神。

印星子水冲克午火，使午火喜用受损，为忌神。

这个八字，喜用午火伤官泄甲、寅二字而生戊辰财星，这是食伤生财的喜神组合，这样的组合，就是做生意的人。食伤为喜神，就是有经营头脑，有生财的智慧；财星戊辰干支一气较为有力，只要得到大运流年旺相，就会有财。

这个八字的组合问题就是子水冲克午火，因为午火为喜用，又在坐支为夫妻宫，所以这个子冲克午组合，就隐含着对婚姻感情不利的信息。但辰子半合克，辰土财星以半合的特殊作用关系制子水，虽然是遥隔，但作用力还是有的，所以，子水的忌神作用受到制约，依此可以推断，婚姻问题的程度并不严重。

以上是从原命局取喜用神，以及与喜忌神有关的组合不中分析出来的情况。

接下来判断青少年时候的一些情况，要结合大运，不能只看原局了。原局喜忌组合，只是提供一些重要的组合，以及这些喜忌组合可能引发的吉凶信息，这些吉凶信息能不能被引发，要看大运对这些组合的作用。所以，只看原局断事，可以断出一些事情，因为原局组合当中作用强烈的喜忌组合，在未来的大运流年当中，总会有被引发的时候，这类强烈喜忌组合的吉凶事件，总归是要发生的，但不结合大运，就不能确定事件发生的大体时间段，因为在没有大运组合引发的情况下，原局的某个喜忌组合的吉凶事件就不会发生。

结合大运，初运辛丑，财官旺相的大运，因为日主偏旺，所以辛丑运，地支丑土合克子水，制住忌神子水印星，财星当旺助原局戊辰喜用，这说明小时候不缺钱花，所以依次可推断命主从小家里经济状况很好。实际正是如此。

庚子大运。

如果单以日主偏旺来讲，庚克甲，是日主偏旺有制，但庚金能不能克到甲木，能不能起到喜用作用，要看组合。

庚子同柱，庚金坐子水；原局壬子同柱，说明壬水通根子水；现在大运子水出现，则原局天干两个壬水通根大运与原局两个子水，这样一来，庚金在地支被子水化泄，在天干被两个壬水化泄，形成庚子子壬壬连生的组合。在这个组合当中，庚金成为水壬子水的生源，而壬子水生身为忌，身旺逢生，是忌神组合。所以这步运，是官印为忌，自然对学业、工作都不利。

庚甲之间，有冲克的关系，有这种关系，说明能得到庚，庚就是夫，就是婚姻；这就是特殊作用关系先发生作用的结果；但随后，庚金被壬子水化泄而生甲为忌，说明有了婚姻，婚姻感情也不好。而且子运，地支子冲午，夫宫喜用午火受冲克而有损伤，虽然有寅木通关，但寅木能化解一部分克力，但化解不了特殊作用关系的冲力，所以婚姻感情一定会出问题。子、午为桃花，外来的桃花子水，冲夫宫的桃花午火，这就是丈夫会有外遇。

实际，这步运的十年当中，命主生活、工作各方面都不顺，结婚后丈夫还有外遇。结果日主一怒之下，也发生外遇，也应了大运庚来冲甲，这个来日主甲的庚就是日主的外遇，而大运来冲午的子，就是丈夫的外遇。

大运庚子冲日柱甲午；庚冲克甲，此运得夫结婚；庚子壬甲连生，与夫感情不好；子冲午，夫外遇；庚冲甲，自己也外遇；两人一起外遇，挺热闹的。

通过这步大运中发生的事实，我们就知道，在原局当中庚金并没有出现，但对偏旺的日主来说，庚金克旺身就是喜用。在庚子运庚金出现后，庚甲因特殊作用关系先发生作用，这也是命主这步运结婚的原因；但庚甲之间，因为庚子运柱的组合，形成庚子壬甲五行之气相生的忌神组合，这个组合导致庚金对甲木起到一点喜神作用，但还起到忌神作用；更精确一点来说，以点窍的方式来说，在特殊作用关系上，庚冲克甲是起到喜神作用，体现的类象是结婚，有丈夫，而在位置组合及五行之气的流动路线上，庚子壬甲组合，是忌神组合，体现的是庚金成为忌神的生源，这个组合作用顺序在特殊作用关系之后，所以体现为婚后夫妻感情不好。

通过在大运的一个喜神之字的两种作用路线与组合，一个喜社之字庚金，形成了两条生克路线，形成了两个组合，这两条路线，一个是喜神组合，一个是忌神组合，喜神组合由特殊作用关系引发，所以先发生，并主导结果，就是有婚姻；一个是忌神组合，由干支位置关系与能根透干的五行之气流动路线引发，这是个忌神组合，后发生，因为作用力没有特殊作用关系强烈，所以不主导最终的结局，但这个组合的存在却一定会反映它的忌神类象，就是夫妻感情不好，丈夫不爱命主。

这个例子，我们详解了，本书中更多的例子并没有这样详解，但关键地方都点窍了。这一实例就告诉我们，在实践当中，在预测进入到更高的层次，喜忌神的区分，并不像初中级时那么分明，一个字，无论它原来的喜忌，在大运流年当中，它是否起到喜忌作用要看组合，看生克的路线。而且，再进一步，一个字，针对一个字，在某个大运或流年，这个字可以在不同的路线当中，形成喜、忌两种组合，这两种组合能够同时存在，甚至可以形成三种或以上的组合，体现一段时期内吉凶并现的情况，也可以体现一个事件当中吉凶并出现的纠结与矛盾情况。

庚子大运，因为组合的原因，庚金在组合当中起不到克制偏旺日主的作用，反而生助壬子水，加大了壬子水的力量，增加了日主过旺失衡的力度，所以日主的运气不好。

那么，最差的流年，大体上就是寅卯木当旺的流年，具体看一下流年寅卯木加入后形成怎样的组合。

1998年，庚子运戊寅年。流年戊寅干支组合，寅木克戊土，这是个比肩劫财的忌神组合。日主甲木通根流年寅木，得根而增旺，忌神组合。破财年。

1999年，庚子运己卯年。大运与流年地支，子卯刑生，卯木克己土，忌神组合，劫财克财，主破财。流年地支与原命局组合，子卯刑生，卯寅辰三会木局，原局辰土被合化重伤，破财组合。流年天干与原局组合，庚壬甲，气聚甲木，甲己合克，忌神组合，克财破财。所以这一年，也是破财年。

2000年，庚子运庚辰年。

流年辰土当旺，辰土财星是喜神，但这个喜神因为与庚金同柱，所以并没有发挥出喜用神的作用。庚辰同柱，辰气到庚；原局与大运庚子子壬壬，有壬水强而透干，所以流年大运的庚金之气被壬水化泄而生甲木，最终仍是甲木受生，形成忌神组合。流年与大运地支，辰子半合，有约制子水这之力，算是起到一点制忌神的作用。总体来说，这是一个破财年，但情况比前两年好很多。

实际情况，命主在这三年当中求财做生意，做一样赔一样，劳累破财严重。

可以看出来，在这三年当中，流年、大运、原局组合，形成的干支组合，都是忌神当旺增力，五行之气都流动到忌神上，使喜用被克伤。所以即使喜用出现，但喜用之字因为组合位置与特殊作用关系的原因，起到的都是生助忌神的作用，起到的都是忌神作用。

这可以总结成一句话：喜神与忌神，是由干支组合所形成的生克路线决定的，而不是由喜忌之字对日主的表面作用决定的。这才是关于用神点窍的核心所在。再进一步拓展，其实这也是喜忌神分析与吉凶推断的最核心的规律。

下面看求测人的运气是如何转变的。大运的忌神组合是如何在流年变成喜神组合的。

己亥大运。

大运亥水当旺；原局两个壬水忌神，通根大运亥水而当旺增力；壬水得根而生甲木，形成忌神组合；在这个忌神组合当中，大运亥水是忌神组合的当旺之源。

日主甲木，也通根亥水，得根逢生旺，忌神组合；甲木合克己土，也是忌神组合。

己土财星，与原局戊辰之间，没有特殊作用关系，也没有通根，所以不通气，所以大运与原局的财星之间，没有形成喜神组合。

接下来，看流年干支出现后，如何把大运与原局的忌神组合变成喜神组合。

2001年，己亥运辛巳年。流年巳火食伤出现，与原命局寅木形成巳火刑泄寅木，食神化比肩，这是个喜神组合；巳火当中透出戊土财星，也可以说原局戊土财星通根流年太岁巳火，所以戊土财星逢生旺得根增力，一个戊土通根，把戊辰与巳火连通起来，形成喜神组合，食神生财，利财运。

另一个组合。原局午火临巳年当旺增力，午火在原局与甲、寅两字紧贴，午火增力之后必定化泄甲寅而形成喜神组合，午贴辰，则午火化甲寅而生辰土，伤官化比肩生财的喜神组合形成，利财运。

这样一来，大运亥生合寅，寅生巳午火，巳午火生戊辰财星，通过流年、大运、原局的这些特殊作用关系、位置紧贴关系，通根透干关系，形成一个从忌神到喜用神的五行之气流通路线，形成一个长长的喜神旺财组合。在这个组合当中，大运亥水忌神，顺利地变成了喜神的生源，起到喜神作用，这就是因为组合而形成的忌神起到喜神作用。所以我们前面说，喜神、忌神，真正的喜忌作用是什么，都由组合来决定，而不是由这个字本身的喜忌性质来决定。这才是八字论用神的高层次用法，其实也是八字喜、忌神与吉凶析断的高层次用法。

还有一个组合，流年太岁巳火与大运亥水相冲；巳火食神当令而旺，亥水印星冲克巳火食神，印星是项目，食伤是财源是本钱，所以亥冲克巳火就是项目投资，就是花本钱。花了本钱之后，赚不赚钱？在有了前面亥寅巳午戊辰的生源长长的喜神得财组合之后，就是项目投资之后，当年就会赢利赚钱。

实际是，当年命主投资开店，做品牌服装代理，开业之后生意很旺，当年就赢利赚钱。

2002年，己亥运壬午年。亥中透壬，天干壬生甲，地支亥生合寅木，气聚甲寅二字；而后流年午火当旺，引动原局午火紧贴化泄甲寅二字，午中透己，午紧贴生辰，己、辰二字财星逢生，生源悠长，此年是得财之年。亥透壬，壬克午，这条生克路线，代表还有进一步的投资。所以这一年，是生意发财，再投资开分店。实际命主此年财运非常好，同时又追加了一些投资，生意兴隆。

2003年，己亥运，癸未年。未土财星当令，未中透己，己未一气，己克亥，未克癸，财旺而忌神有制，财运更好。

实际命主这三年开店代理服装品牌而发财。

例三：
乾造：癸巳　丙辰　甲辰　甲戌
大运：乙卯　甲寅　癸丑　壬子　辛亥　庚戌
岁数：　7　　17　　27　　37　　47　　57
年份：1959　1969　1979　1989　1999　2009

　　日主甲木生辰月，失令休囚；甲辰同柱，所以甲通根辰中乙木，得根；癸、甲、甲三字一党，再加辰中两个乙木根气；相对比而言，克泄耗日主一党，辰土当令而旺，巳、丙辰、辰、戌，五个字一党，党众多而强；日主偏弱，但日主有偏弱当中的较为有力者。
　　原局癸水通根两辰，克巳、丙两火而生日主甲木，故癸水为喜用。
　　日主偏弱，帮扶日主的木五行原本可为喜神，但因为原局巳丙二字能根透干，泄身为忌，所以，当甲乙寅卯出现时，帮身并不得力，因为被丙巳两火化泄，而成忌神之源，所以木五行的喜神作用很弱，主要起到生助忌神丙巳的作用，忌神作用较强。明白了这个道理之后，就知道，青少年时期，走乙卯、甲寅大运，虽有木帮身，但木火土连生，木五行成为忌神之源，这一条线路是忌神组合线路。
　　但要注意，甲、卯二字在大运组合中，虽然有忌神组合线路，但也有喜神组合线路，就是位置上的喜神组合与特殊作用关系上的喜神组合。一个是甲辰同柱，甲克辰；一个卯辰相害，卯克辰；这是两个喜神组合，这两个组合的存在，可以确保命局当中，忌神财星有制，可以有小财收入，过上普通人的生活，不至于一贫如洗。
　　癸丑、壬子大运，印星当旺得根的在运，壬、癸水在大运有根，克原局丙火而生助日主甲木，起到制住食伤忌神，生助日主，日主增力克制忌神财星的作用，食伤与财星为忌受制，这样的大运必定发财。
　　实际是，在这两步运中，命主做建筑行业，发了财，成为一名建筑商人。
　　喜用大运主发财，但流年并不是年年都好，遇到流年组合破坏大运吉组合的时候，这个流年就会破财。
　　1998年，壬子运戊寅年。
　　流年戊土出现，通根原局辰辰戌巳，这个通根，形成一个忌神组合。年支寅木，是日主之根，寅字与原局巳火刑生，寅中丙火透于原局，所以寅字的出现，因为地支特殊作用关系寅巳相刑的存在，又因为丙通根寅木的通根关系，使寅木成为忌神巳、丙两字的生源，成为忌神组合的源头，成为忌神。巳中戊土透干，这样一来，寅、巳、丙、戊、辰辰戌，这是五行之气的流动路线，最后聚在忌神土五行上，通过戊土透干而克壬水，形成忌神组合。壬水印星喜神受克，就是项目投资破耗大。

戊寅组合，寅克戊，这是喜神组合，这个喜神组合的存在，让命主也能得财；但寅字被巳、丙泄气，克戊之力大减，所以出得多，进得少，自然与前面的乙亥、丙子、丁丑三个进财发财年没法相比。

实际命主当年投资破财。

例四：
乾造：辛亥　癸巳　癸卯　壬子
大运：　壬辰　辛卯　庚寅　己丑
岁数：　4　　14　　24　　34
年份：1975　1985　1995　2005

日主癸水生巳月失令，休囚；辛亥、癸、癸、壬子，六个字为日主一党，日主失令而强；日主偏旺。

原局卯木食神及巳火财星为喜用；巳中戊土官星为喜用。

财星巳火当令，戊土官星藏而不透，但生巳月旺相；官星与当令与公职有关；原局亥、癸两字夹克巳火，使官星之源受损，故而使财官之力略减，但巳火当令有力，作公职是没有问题，行过火土财官发挥作用时，还会有官职。

实际命主在1988年庚寅运己巳年参军，应地支寅巳刑生，巳中透己杀制身之喜，故而当兵。

1991年，辛卯运辛未年，未土克害子水，这是一个利于工作的组合。但天干庚辛生身为忌，所以工作情况一般。实际这一年转业到地方上班，成为公职人员。

1992年、1993年，辛卯运，壬申、癸酉年，流年金水旺而生身，形成忌神组合，印比为忌，所以工作方面多不顺心，财运也不好。

1995年庚寅运乙亥年。大运流年，地支亥寅合，乙木透干，此年忌神亥水出现，但因为亥寅相合，而变成喜神组合的生源。亥卯半合，半动夫妻宫，亥冲巳，财星动。此年命主结婚。

1996年，庚寅运丙子年，流年丙火财星透干，丙火通根大运原局寅木得根，丙辛合克，忌神印星被合克而动，工作调动到公安局。

从这个实例可以看出，日主身偏旺，要在原局的克泄耗之字当中找出喜用神，最有力的喜用神，一定是在原局出现，并且旺相的字，比如本例当中的巳火地支，是当月令的，巳中的丙火是当令的，戊中的戊土是当令旺相的。所以巳火年，丙火年工作上都有明显的吉象，而当巳火受伤的申、酉年，在工作与财运上都不利。

例五：
坤造：　戊午　　甲子　　壬戌　　庚子
大运：　癸亥　　壬戌　　辛酉　　庚申
岁数：　6　　　16　　　26　　　36
年份：1984　　1994　　2004　　2014

日主壬水生子水，当令而旺；子、壬、庚子，四字一党，党众而强；日主偏旺。

日主偏旺，需要克、泄、耗；原局甲木紧贴泄日主，戊土同柱克制日主，午火生合戊土；其中甲木当令处相地最为有力。

甲木食神泄日主，但甲克戊，戊为七煞，七煞喜神受克，所以命主不是公职人员。甲木为财源、为智慧，所以命主做个体生意，实际命主是做家具生意的个体户。

原局财星午火居年支，财星为父，年支为父母宫，所以午火可以代表父亲。午火生在子月，地支两子冲午火，使午火受伤，这是父亲早逝的信息。

1996年，壬戌大运，地支戌土当旺，两戌半合泄午火；流年丙子，丙火偏财出现，被子水克伤，地支三子冲一午，这两个都是忌神组合，财星受伤并引动年支父母宫，所以此年父亲有灾。

实际此年父亲去世。

2000年，壬戌运庚辰年，流年与大运辰戌相冲，流年与原局辰戌相冲，整体组合一辰冲两戌。辰冲戌的结果，就是官杀土当旺，而地支子水忌神受到克制，所以这个辰戌相冲，是个喜神组合。辰戌引动坐支夫宫，夫宫戌逢冲而旺，克日主壬水，形成喜神组合，七煞克日主，就是得到丈夫。

实际此年命主结婚成家。

在这个八字当中，我们看到，克、泄、耗的喜用之字，在不同的流年引发不同的事项。

甲木起到的喜神作用发挥了出来，并且在岁运没有受伤，甲木体现喜神类象，做家具生意赚钱；午火财星是耗日主的，本来是喜神，但在大运流年当中，午火被克泄而伤，所以体现忌神类象，是父亲早逝；官星戌土在坐支克偏旺日主为喜用，所以在戌运辰年，辰戌冲引动夫宫，七煞夫星克旺身形成喜神组合，得夫结婚。

所以，取用神的目的，其实不只是找出喜用之字，而是要找出喜神合与忌神组合，并在这个基础上，找出与此相关的大运与流年组合，这样才能断准较为重大的吉凶事件。

例六：
坤造： 癸亥　癸亥　戊辰　辛酉
大运： 甲子　乙丑　丙寅　丁卯　戊辰
岁数： 2   12   22   32   42
年份： 1984 1994 2004 2014 2024

日主戊土，生亥月失令，休囚；命局当中泄耗一党众多，癸亥、癸亥、辛酉，六个字干支一气，力量强大；日主戊辰自坐强根，但失令党少，所以身偏弱。

身偏弱，生扶帮日主者，为日主所需；原局没有印星生身，也没有劫财帮身，只有日主自坐比肩，所以原局取比肩戊辰为用神。

原局酉辰合，土生金，而后水旺泄金，金清水白，日主长相漂亮。

原局没有印星生身，再看行运，青少年时期走官杀大运克弱身，所以可以确定命主学习成绩不好，难以完成学业。

实际命主初中都没毕业。

到了丙寅大运，大运与原局地支组合，寅亥合，亥水忌神之气到寅木，寅中透丙火，七煞寅木之气到丙，丙火印星生身，使日主进气，形成喜神组合。所以从这步运开始，命主开始有财运。

丙火印星，起到两重作用，一是生助原局喜用戊土，二是原局日主生冬天，金寒水冷，所以丙火出现可以起到调候暖局的作用。

大运寅木七煞，是化泄原局忌神亥水财星，透丙印生身的关键之字，七煞寅木就是男人，再加上原局身弱而伤官生财，这个伤官辛酉到了大运，变成整个喜神组合的源头，也就是辰、酉、辛、癸、亥、寅、丙、戊，这条流动路线。食伤是人的生殖器官，也代表人的技能，现在生七煞，食伤与七煞都变成得财的源头，再加上原局水旺主淫，故而这是一个用身体换取男人钱财与庇护的组合。最终，寅中透出的丙火，是使命主最终受益的字。

实际此女在丙寅大运当中进入娱乐场所，混迹风尘，得到一些老板的喜爱，财运很旺。

因为原局当中日主戊辰干支一气，所以有自强自立的性格，但原局没印，所以过去因家贫没有机会学习，进入丙寅赚钱后，丙印生身，日主进气，印星与伤官都体现出喜神类象，所以自己花钱学习了很多才艺，色艺双全。

这个八字是原局印星喜用不现，只能取戊辰比肩为喜用，但行运因为组合，丙寅、丁卯，印星透干，官杀化财生印，印星再化官杀生身，最终是原局喜用受生，这是原局组合不好，而大运组合好的例子。但因为原局身弱而伤官泄身生旺财为忌，而且是金生水旺，财星情欲泛滥，所以才落入风尘。

例七：
坤造：戊申　甲寅　丁巳　壬寅
大运：癸丑　壬子　辛亥　庚戌　己酉
岁数：　5　　15　　25　　35　　45
年份：1972　1982　1992　2002　2012

 岁荣通鉴（下）

日主丁火生寅月，处相地；甲寅、丁巳 寅，五字一党，党众而强；印星甲木通根两寅，印、比旺而为忌。日主偏旺。

壬水正官合克丁火为喜用，壬水通根申金，但坐下寅泄减力。

戊土食神泄身为喜用，但被甲木贴克。

申金财星耗身为喜用，但在原局被两寅相冲，被巳火合克，寅巳申三刑，使申受损，但戊申同柱，申字冲克寅木，也是对忌神寅木的制约。

1996年辛亥大运丙子年。

大运亥水出现，亥水为官星本为喜神，但在地支组合不利，反而发挥出忌神作用。申亥相害，申气到亥；亥寅相合，两寅合亥，亥气到寅，寅木透甲，甲印生身，所以，这条线路，亥水在其中起到忌神作用，一是让申不克寅，二是亥不克巳，亥生合寅木，寅木再刑生巳火。组合使亥水成为忌神组合当中的一员。

另一条路线，亥中透壬于原局，壬紧贴合克丁火，这个合克，起到一点作用，但作用力微弱。这是个喜神组合，这个组合的作用就是让忌神组合的危害受到控制，使忌神组合对日主的不利减小一些，不致于成为重大的灾难。

丙子流年。丙火通根两寅，丙合克辛，使金喜神受伤，这是个忌神组合。

子年，子水与原局组合，申子半生合，气到子，子克丙，对丙火忌神有一定约制作用，这个约制，也让忌神的力量受到一些限制，如果没有这个限制，命主就会有大灾，有了这个限制，命主产生的不利就会轻很多。

这一年，因为亥水为忌，亥水为官星，所以问题出在亥水上，亥合寅而冲巳，两寅合亥，化掉了亥水对巳火的克力，所以，亥再冲巳就是只冲不克，这个关节很重要。巳在坐支被冲而动，所以问题会与婚姻感情有关，巳为日主丁火同柱之根，所以亥水官生冲巳，就是有外来的男人与日主发生关系，这是外遇的信号。

申亥寅寅巳、申亥寅寅甲丁，这两个忌神组合，最后都是生旺日主的组合，第一是令日主破财，第二是申金不制寅与巳火被冲动，申金与巳火为忌，申、巳二字为忌神就是手术的伤灾的信号，而且巳火在坐支，也相当于人体的生殖部位，对于女人来说，就是妇科手术，所以这一年，会有妇科病而手术。

实际此年命主有外遇，而且生病，因为患子宫瘤而做手术。

在这个八字当中，我们可以体会在喜用神在组合当中的多面性，一个喜用之字，不是那么简单地只起到喜神作用，它会在不同的组合当中，有的起到喜神作用，有的起到忌神作用，会反映出生活当中不同的事件类象。

所以，只有掌握了一个字的喜忌组合，掌握它在不同组合当中五行之气的流动与生克路线，才算真正步入取用的大门，才知道喜用神与忌神是如何发挥它们的喜忌作用的，从此摆脱那种看到喜神就断吉，看到忌神就断凶的半蒙断命的初中级水平，进入到喜忌神在原局、大运、流年组合当中喜忌作用辩证分析的中高层次的命理分析。只有这样，才会在实践当中断出生活中复杂的各种吉凶事件。

这种对用神，其实是对喜忌神深刻的理解，是在其他类似书籍当中看不到的，也只有在我们这种内部点窍的教材当中，才会给读者透露一些，让大家在学习的时候，能学到一些命理八字的核心规律。

这些核心规律，不但是技巧上的，更是理念上的。理念上的突破，不是一个小技巧、小招法，而是解决一大类八字问题的分析原则，能解决一个大类型的八字析断，从而解决所有八字在这个类型分析上的喜忌吉凶断法，从而使预测水平上升一个层次。

例八：

坤造： 癸丑　癸亥　庚申　戊寅
大运： 甲子　乙丑　丙寅　丁卯
岁数： 7   17   27   37
年份： 1979 1989 1999 2009

日主庚金生亥月，失令休囚；丑、庚申、戊，土金四个字为一党，丑、戊隔柱，没有本气通根，只是气势相助互帮；癸、癸亥、寅，此四字当令旺相，为泄耗日主一党；日主偏弱。

日主偏弱，则时干戊土印星生身为喜用；戊土没有本气通根，与丑土是隔柱气势互帮，戊寅同柱，寅木旺相而同柱紧贴克戊土，印星喜用受克减力，生日主的力量也减弱。

通过戊土喜用紧贴生日主，能生到日主，说明日主会有一定学历；但通过戊被寅克，戊土喜神作用变弱，可以推断命主学历不高。再参考命主青年时起乙丑大运，丑是土，但也是忌神癸水的根，而且原局癸水坐亥当旺，所以丑土对戊土的帮扶力度不大。以此可推断，命主学习成绩不会是优秀，而是中等偏上一点，只能取得中等学历。如果大运是戊土，原局戊通根戌，印星得力，就会成绩很好，如果原局没有寅克戊，就会优秀。

实际命主是艺校中专学历。

在这个原局取用的例子当中，可以看到，喜用神戊土，戊庚紧贴是个喜神组合，而戊寅同柱是个忌神组合，一个字在两个组合当中分别起到作用，戊生庚起到对偏弱日主的增益作用，而寅克戊，起到对庚金日主党众力量的减损作用。

我们点窍提高，就是在这种细节之处。喜用神的力度，由喜用神与其他各字所形成的组合才能判断出来，对喜用神力度的判断是对命主相关十神类象层次析断的根本。就像本例，就命主学历层次的析断，就要对喜用戊土印星的相关组合，尤其是与它紧贴的喜忌组合进行分析，才能正确分析出它对日主的作用力度。

甲子大运，子水生甲木，这是食伤生财的大运，气聚甲木。甲木通根原局寅、亥二字；地支子亥丑三会水局，最后干透甲木财星。财星为忌，大运食伤生财为忌神组合，忌神甲木财星临旺地，说明没有钱财。对于一个小女孩来说，就是家庭贫困。

1993年，乙丑运癸酉年。岁运地支组合丑酉半合，气到酉金；日主庚金临丑运酉年处生旺之地，财运稍好。

1994年，乙丑运甲戌年。岁运地支组合戌丑相刑，土连气，丑中癸水受制，形成喜神组合。原局戊土印星，通根流年戌土，当旺通根增力生日主，形成喜神组合，丑戌戊庚，一气相生的路线，日主偏弱得印星增力相生，工作事业取得进步。丑中癸水食伤受制，主财运较好；戌丑刑，丑贴克亥水，是制忌神的级合，亥水食伤受制，主利财运，亥水食神也主工作技能，说明才艺得到发挥，并给自己带来财运。

1996年，乙丑运丙子年。

丙火七煞出现，通根原局寅木，寅丙一气，丙火化寅而生戊，这是丙火七煞化财而生印，丙火七煞对女子来讲是夫星，化财生印，印是文书，丙生戊是喜神组合，命主得到丙火七煞，主婚恋得夫之象。

地支子申半合，引动夫宫，但子水旺而为忌；子丑亥三合拱水，食伤为忌，食伤是财源，为忌说明没钱，也说明破财，说明这个婚恋之事，是贫穷当中的婚恋，也是令自己耗费了钱财的婚恋。

她为什么喜欢这个男子？因为丙火是从原局寅中透出，所以丙火是命中之夫星。寅中透戊，再透丙，则寅丙戊庚可以形成连成之势，可以解决原局寅克戊的不利，所以这个丙火是命主需要的，他让命主体会到了戊土印星增力生身所带来的依靠的感觉。这个男子让她找到了心灵停靠和依赖的港湾。

再看丈夫的情况。丙火夫星，在流年、大运、原局组合当中，有寅木为根，有乙木相生，再有子水来克，这说此男是个上班族。因为地支亥子丑、申子两个组合，水旺克丙，而丙火偏弱而受克，说明此男是个普通职员，当时没有官职。庚申子丙组合，庚申是忌神的源头，说明此男家境贫寒。这里面，隐含了断六亲详细信息的核心规律，但限于这本教材的等级，不再细讲，有悟性的人，自然能做到举一反三，与相关实例配合研究，就可以得到另一条核心断六亲的大规律。

实际此年命主恋爱结婚，因为男方家境贫寒，但命主深爱男方，所以虽然男方没钱结婚，但命主还是与男方一起出钱购置了结婚家具，建立起一个温馨的小家。

第三章
原命局、大运、流年作用关系点窍

第一节 原命局、大运、流年作用关系要点

原命局的喜忌组合，相当于人的基因。组合的喜忌、喜忌程度，存储着各种隐而待发的吉凶信息。

原命局喜忌组合所隐含的吉凶信息，将受大运与流年组合的影响成为人生当中的各种吉凶事件。

原命局的喜忌组合最先形成。

而后是大运干支与原命局已有的喜忌组合发生作用，作用之后，形成新的喜忌组合。

大运与原命局的喜忌组合，可能形成单一的喜神组合，也可能形成单一的忌神组合，这两种情况，大运整体的吉凶情况比较单一，在这样的大运当中，人生的吉凶趋势比较稳定。

但在实际预测中，如果你是专业的命理预测师，就会发现，很多情况是大运与原命局形成多条生克路线，形成两三个或多个喜忌并存的组合，待流年出现时，引发不同的吉凶事件；这样一来，我们就会明白，在一步大运当中，人生发生重大起落的人，比如一个人的财官运在某一步大运到达人生的顶峰，但也是在这步大运他失去了他所有的财官，同时伴随着牢狱或其他灾祸，这类情况，基本上都是因为这种大运与原局形成两个或两个以上的喜忌并存的组合，并被流年引发所导致。

最后是流年干支对大运与原局组合发生作用。

流年干支可以增强大运与原局所形成的喜忌组合的力量，也可以破坏大运与原局所形成的喜忌组合。

流年干支可以与大运干支形成喜忌组合，也可以和原命局干支形成喜忌组合。不同的喜忌组合线路，体现了生活当中不同的吉凶事件。

原命局、大运、流年之间的关系，第一重要就是作用顺序，第二重要就是组合。这两点构成了一个八字原命局、大运、流年的全部喜忌组合关系。

在明了作用顺序之后，组合就是重中之重。因为，一个字，不论它表面上看起来是喜神还是忌神，它最终能不能起到喜神作用或忌神作用，它最终起到的是喜神作用还是忌神作用，都要看组合，看这个字在与它相关的组合当中的五行之气的生克路线。这一点是析断原局吉凶、大运吉凶、流年吉凶的核心要点。

在把原则与规律性的东西公布出来之后，本教材会用大量实例分析来加深大家对这些原则与规律的理解。

大运干支对原命局组合的干支以两种方式发生作用：一是特殊作用关系，二是通根、透干。

特殊作用关系，形成生克路线；通根与透干形成原局、大运、流年组合当中，不同柱的干、支之间的五行之气流通管道。

大运干支与原命局干支作用以后，会形成三种情况：

一是没有改变原命局的喜忌组合，大运吉凶仍遵循原命局组合的喜忌与吉凶。

二是由于大运干支的出现，使原命局的喜神组合或忌神组合临生旺之地，引动了原命局里的喜神组合或者忌神组合，从而使原命局当中引而待发的某种吉凶，发生在此步大运。

三是由于大运干支与原局干支的作用，改变了原命局某个重要喜忌组合的性质，形成了与原命局喜忌性质完全相反的组合，从而导致在大运当中出现与原有预期完全相反的、出人意料的吉凶情况。

流年干支对原局与大运组合再次作用，形成新的组合，组合后的结果，也是有三种：

一是继续延续大运与原局的组合喜忌。

二是引发大运与原局的喜忌组合，成为喜忌组合在流年的吉凶应期。

三是由于流年干支与大运原局因特殊作用关系的强烈作用，而形成全新的喜忌组合，从而引发全新的、与原来情况完全不同的吉凶。

第二节　原命局、大运、流年作用关系

例一：原局喜神组合有力，大运流年引动喜神组合而发财。

乾造：　庚子　　辛巳　　丙午　　丙申
大运：　壬午　　癸未　　甲申　　乙酉　　丙戌　　丁亥　　戊子
岁数：　　6　　　16　　　26　　　36　　　46　　　56　　　66
年份：　1966　1976　1986　1996　2006　2016　2026

节气：立夏1960年5月5日20时23分，芒种1960年6月6日0时49分

起大运周岁：6岁1个月14天，每一交大运年7月2日起运（公历）。

分析：

日元丙火生巳月当令而旺，丙午同柱自坐强根，巳、丙午、丙一党，日主明显偏旺。

偏旺者，在原局当中，对日主及日主一党起到克、泄、耗作用的字为喜用。

克者为子水官星；子水有两个生源，庚与申，庚申两字通根透干而连成一气，庚子同柱，申子半合，庚申通根透干，所以，庚子申三字连成一气，此谓喜神失令而强。强就强在有特殊作用关系和通根透干关系使它们之间的五行之气连成了一体。

这样的喜用组合，就是喜用强而有力。一但这样的喜用神，在大运临生旺之地，就能充分引发喜用神发挥出最大作用。喜用神是什么，在生活当中，什么方面的运气就好。

甲申大运，申金财星当旺，引动原局申金财星，使原局喜神组合庚子申增力，必定财官两旺。

大运甲枭印出现受制为吉组合，是得到一个发财的项目，偏印为项目。

1992年、1993年，壬申、癸酉年。流年金水两旺，使大运与原局形成的喜神组合再度临旺地。财生癸，而官制比劫，主得财。

实际命主投资经销轴承而发财。

例二：原局财星为忌神而有制，财旺大运贫困，制财大运发财。

坤造：	癸卯	己未	乙丑	丙子	
大运：	庚申	辛酉	壬戌	癸亥	甲子
岁数：	6	16	26	36	46
年份：	1969	1979	1989	1999	2009

节气：小暑1963年7月8日4时38分，立秋1963年8月8日14时25分

起大运周岁：6岁2个月12天，每一交大运年10月3日起运（公历）。

分析：

日主乙木生未月失令，有余气根，休囚；癸卯、乙、子，四字一党；休囚，四字半数，所以日主偏弱。

己未、丑、丙，财与伤官为忌神。

卯半合克未，原局卯木为用神。

癸生卯、子刑生卯，为喜神。

食伤与财为忌，在坐支与左右紧贴日主，逢财运必有破财；坐支夫宫财逢冲为忌，辛金七煞为夫，以辛为太极，土印埋金克水，为枭印三

刑而旺而夺食，主夫投机或赌博破财。

夫宫相冲为忌，运行财星忌神运不利婚姻，什么为忌就会失去什么，失去丈夫就是会离婚。

原局乙、癸卯、子连成一气，卯克未，乙通根未，这都是原局隐含着的制财的喜神组合，这个组合，要在水木旺的大运才能被引发。所以，如果命主一生当中有水木运，就能引发这个原局的发财组合，如果没有水木运，那就是运气不好，一辈子没有机会发财了。但看此造，36岁以后行癸亥大运，中年及之后会得到发财的机会，印比相生的大运，克制财形，形成大运与原局的喜用组合，必主有好项目经营而发财。

具体分析如下：

癸印喜神，衰弱受克，先天文化程度低。实际命主来自农村，先天学历低，没有工作。

原局辛杀夫星藏丑中，大运出现，出现则有夫。酉冲克卯，冲克用神为忌，主此运出现丈夫又会失去丈夫。得到丈夫之年，也就是结婚年，必是卯木克未丑土之年，大运酉冲克卯，只有卯木临太岁当旺时，受冲克才为发动有力，才能克未丑土忌神，故此年结婚。实际命主在1987年，辛酉运丁卯年结婚。婚前感情尚可。

1988年辛酉运戊辰流年，财星为忌神，主破财；辰酉六合，使酉冲卯减力，但辛酉必竟得戊辰之生，财杀为忌，辛乙相冲，与老公感情不合。原因是财生杀为忌，老公辛酉冲克乙卯去求财，但戊辰辛酉印比旺，主当年破财。

丙子时柱，女命丙伤官为儿子。丙弱而不从，子为忌，辰年子入库。丙火得救生儿子。

实际此年发现丈夫赌博行为，经常为此吵架，为了刚出生的儿子，迁就丈夫。

1989年，交运年。辛酉运己巳年。地支巳酉丑合金局，巳上透己化火，己通根丑未，所以巳火之气流通到丑未土之中，故而三合金局可成。则卯木被三合局冲克而伤，财官无制约，主失去财官，失去老公，离婚。

实际此年丈夫越赌越大，把刚结婚时买的60平方米的房子卖了还赌债了。无奈办理离婚手续。

1990年，壬戌运庚午年。

壬水喜神印星出现，生身；天干主动，生了身，日主得了生，就要劫财，要挣钱，因为日主乙木周围都是财，乙木受了生，得了气，就要克财，要赚钱；壬水是外来的正印，印是项目，所以要搞个项目，壬水弱，是个小项目，小生意。

壬水出现生身指向想要搞个小生意赚钱；但壬戌同柱，就是这个生意不好做，做了就会亏钱，因为壬坐戌受克，戌土是忌神，戌未丑三刑，财旺为忌，主破财。

壬水喜神印星出现被财戌克，形成忌神组合，主投资项目而破财。

流年庚午庚官合乙日主，忌神组合，主官非口舌。

庚金有壬泄，有午克制，不是大灾。

午火食神泄身为忌，但制庚官为喜，这是用破财来抵抗、来免除官灾，这是身弱食伤制官的真正含义，所以是会受到执法处罚。原因是午火食神为投资，火五行为餐饮，土财为顾客，午火年，戌未丑三刑土旺逢午火相生之地为忌，月时柱土旺为腹部，土三刑旺而逢生之年，为顾客饮食腹泻之病，并因此导致自己破财。午火食神流年为忌，就是一心求财，食神为原料，选用了为忌神的质量不好的原料，导致自己破财。但幸好命局中有子水，虽然午临太岁冲伤子水，但毕竟午冲子，是子克午，午火有制，所以不会令顾客出人命。如果午火无制，生了戌未丑三刑，顾客就会因食物中毒死亡。

流年午火食神害丑合未合戌，泄耗偏弱乙木，主破财。

流年庚午冲丙子时柱；天干，丙克庚，伤官见官，主违法受处罚；地支，午食神冲子水，流年旺伤了子水，子水被冲破，子水为印为店面，店面关门。

一对一冲的时候：如原局卯遇酉运冲卯，卯为破，如卯值流年当旺，卯为暗动增力，力量升一级，相当于两个卯的力量。如果原局有子，流年午冲子，流年当旺力大，原局子水被冲破受伤，冲破就是没了，如果子水是喜神印星为店面，就是店面关门破产了，但子冲午是相互作用，也是午有制约，说明关门破财这件事制约了午火，破了财，免了午火无制之灾。午火是食伤，食伤无制之灾，不是坐牢就是夭亡。

实际情况，1990年，命主借来3万元开小吃铺，头二月生意可以，第三个月出事了，由于从私人粮店进的面粉有质量问题，使一批中学生就餐后集体出现严重腹泻，被家长告到卫生局。小吃铺被关闭停业，被罚款一万，还包赔学生医疗费。

1991年，壬戌运辛未年。下半年，在亲属帮助下，在繁华地段开了一家干洗店，干了半年时间，生意刚有起色，因政府统一规划，租的房子被拆迁了，生意中断。

1990年、1991年，这两年做生意的原因。首先大运壬水出现生身，壬水这个印就是项目，生了身，身得气就要劫财，就要赚钱。因为原局组合是乙木日主周边都是财，所以乙木受生之后第一个想法就是去克财。

流年庚、辛，这是大运壬水在流年到生源了，有了庚或辛金为源，就相当于有了底气，从这个角度说，流年庚、辛的出现，对壬水的生助，就是从他人那里借来的钱，因为原局是没有庚辛金的。

但庚辛金，都与日主乙木有特殊作用关系，庚合克乙，辛冲克乙，这个特殊作用关系超越了单纯的相生，所以壬水化泄不了，导致庚合克乙为忌，辛冲克乙为忌。只不过庚午年，是食神泄身制杀，是以破财免官灾，是受了处罚；辛未年，未、辛、壬、癸、乙，天干还是有流通之气的，这也是开始生意渐好的原因；但未克子，还是流年太岁未库上面坐个辛杀，辛未上面辛金冲克乙木，下面未克子，结果是政府规划让店关门了。

原局未丑冲，大运戌流年未，未戌丑三刑，土库旺而为忌，为忌就是没有了，拆了，土库就是房子，所以是房子拆迁引起自己关店破财。未戌丑三刑克子水，因拆迁而关了子水店面，子水为印为店面。

1992年—1995年，壬戌运，壬申、癸酉、甲戌、乙亥年。

壬戌运，原命局中的用神卯木被戌土合而耗力，流年只要卯木不增力，就不会有明显好的财运。这是由原局与大运组合定下来的。

所以午、未年，食伤与财临旺，强行求财而破财。

壬申、癸酉、甲戌三年，卯木仍被戌土制，在流年也是受克耗，所以财运肯定不好。在天干组合上，流年形成印星化官杀生身，而官杀临太岁当旺，这是一种气势上的克力，也是生活上的压力，管理上带给日主的压力，这压力被命主的印化解生身，就是命主学习技术，生旺自己，提高自己、让自己变强的过程。

官印在流年出现，而不是在原局或大运出现，所以这就是打工，做临时工、合同工，而不是做公职；如果官印是在原局或大运就是做公职，因为那是一种非常稳定的官与印，在现实中就是公务员或大企业员工。

1995年壬戌运乙亥年。流年亥水当旺，亥卯未合木，原局用神卯木逢生，印生日主；运干壬水通根流年亥，壬生乙生日主；干支都形成流年喜神组合，财运开始好起来。

实际，命主在1991年破财之后，再没本钱做生意，也借不来钱了。只好打工做裁缝，每月工资400元。1995年，壬戌运乙亥年，把过去债还清了，开始赚钱。

1998年，壬戌运戊寅年。

戊寅组合，寅克戊，劫财克正财，喜神组合，得财，财运好。戊财是原局里没有的财，是戊运中的财，所以是额外的财运，工作之外的财运。

寅字出现在太岁，原局丙火得根。寅流年出现，透丙泄身，但寅又克同柱戊得财，这就是此年投资买了加工机器，并因此得财。寅透丙，有投资，寅克戊，投资有收益、有财运。

实际情况，1998年6月，命主买了几台服装加工机器，白天在单位上班打工，晚上利用业余时间收一些零活自己加工，这样有了些额外收入。

1999年，壬戌运己卯年，癸亥运己卯年，转运年。

此年非常重要。是转运年，公历10月交运，由壬戌变为癸亥。

壬戌运，戌合卯，合住、耗住原局的用神卯木。戌财起到忌神作用，所以此运总体财运差。

在此运当中，从亥年开始好转，到寅年木旺有明显起色，到卯年是重大转折。

卯年卯木用神逢值当旺之年。

以原局年柱论贵人，壬癸兔蛇藏，卯木太岁就是用神临年柱贵人到位，所以此年有老板下订单，遇用神贵人帮身。

壬戌运己卯年，流年卯木当旺，卯克己，比肩克财喜神组合；原局卯克未，大运卯被戌合，一卯对一未一戌，卯败而未戌胜，现在流年卯木出现当旺，两卯制未戌，卯木临旺，克方胜，日主流年强根逢旺地，乙克丑，原局与大运的未、丑、戌忌神，都因流年卯字出现而受制，忌神受制便得到忌神，忌神是财就得财，能担财、得财，并遇卯木流年贵人之助，为重要转折之年。

卯木当旺，克财得财，力量源泉在卯木，所以做的行业是木五行的行业，是服装业。

下半年癸亥运己卯年。印星干支一气大运，原局用神卯木逢生旺之运，亥卯未三合，财星有制大运。流年己卯，发财流年。

实际情况，一家做出口服装生意的老板，看中她的手艺，将一批出口服装的活交给她做。活量大，只好临时请来一批同行，把任务按时完成。此后，对方与命主签订长期合同，从此财运好起来。1999年底，收入二十多万元。

2000年，癸亥运庚辰年。

癸亥运，亥卯未合木，亥子丑拱水，这是两个大运喜神组合。

庚辰年，没有破坏这两个大运喜神组合，故此年应吉。

庚辰为财生官，庚合克乙，因天干癸水以亥子丑辰为根，癸坐亥也通根辰，所以癸水可化庚生乙。印化官生身为喜身组合，克财得财，说明自身建立根基，成为有管理权威的人。

实际情况，2000年，从原单位辞职，办起了自己的小型服装加工厂，到2004年，已是一位拥有一百二十多名职工的服装加工厂厂长了。

2004癸亥运甲申年，流年申克甲，近克无解，必破财，而后才有癸亥救应，官星克劫财，市场大环境不好。所以才来预测。

例三：原局忌神有制，形成制忌神的去病组合，制忌之字为喜用神，临大运与流年当旺，引动制忌组合时应吉。

乾造： 戊申　癸亥　癸未　壬子
大运： 甲子　乙丑　丙寅　丁卯　戊辰
岁数： 11　　21　　31　　41　　51
年份：1978　1988　1998　2008　2018

岁荣通鉴（下）

节气：立冬1968年11月7日16时30分，大雪1968年12月7日9时9分。

起大运周岁：9岁 5个月 15天，每一交大运年 4月 24 日起运（公历）。

分析：

日主癸水生亥月，当令而旺；申、癸亥、癸、壬子，六个字为一党；日主明显偏旺。

天干戊癸合克，戊官制癸水为喜神；但戊申同柱，申泄戊，所以戊土的喜神作用减弱。

地支未土在坐支，未克害子水，未同柱克癸水，起到克制偏旺比劫的作用，为喜神。

1997年乙丑运丁丑年，运岁两丑冲一未，土冲而旺旺克水，比劫得制，必利财官。

实际，此年在工作当中得到机会，利用此机会而发财。

这是原八字当中，喜神未克癸、未克子组合，在丑运被引发，在丑年再被引发，最终形成流年、大运、原局的官星制比劫的喜神组合。

例四：六亲吉凶的原局组合与大运、流年的引发。

坤造：	丙戌	辛丑	辛亥	戊子
大运：	庚子	己亥	戊戌	丁酉	丙申
岁数：	9	19	29	39	49
年份：	1955	1965	1975	1985	1995

分析：

日主辛生丑月，得生通根处相地，又通根戌土得根；戌、丑、辛、辛、戊，五个字为一党，党众多而强；日主明显偏旺。

坐下亥水食伤泄身为喜用，天干丙火正官合克日主为喜用；但是，这两个喜用之字，都因为组合的原因，被其他的字伤到了，喜神受了伤，那么关于喜神方面的事就不好。

亥字同柱紧贴日主，泄身为喜用；但地支戌丑相刑，土旺紧贴克亥水；亥水喜神在组合位置上，受到戌丑紧贴相克，对亥水不利；亥字喜神在坐支，居夫妻宫，主婚姻，所以亥字受伤，使命主存在婚姻不利的隐患。

天干丙火合克旺金为喜神，日主偏旺，则辛丑柱为忌神，印比帮身为忌；月柱辛丑，辛合丙，使丙火克不到日主辛，所以月柱辛字起到的忌神作用很大。

1989年，丁酉大运，己巳年。

大运丁酉，丁克酉为喜神组合，但这个喜神组合，因为丁火通根了戌土，而变得无力了。因为丁火通根戌土，戌丑相刑，使丁火之气因通根而生土，形成忌神组合。

大运地支为酉，使用原局两个辛金通根酉中，得根而旺，形成忌神组合。地支酉戌害、酉丑半合，戌丑酉辛辛，土金之气连成一体，形成印比帮身忌神组合。

流年己巳，巳火生己土，己通根丑；地支巳酉丑三合，酉字当运，巳火当年，所以三合拱金形成忌神组合。流年巳火冲亥，亥被冲伤，不能泄身；亥字泄旺身为喜，居夫宫，今被冲伤，就是失去丈夫。

实际此年丈夫过世了。

以上是从日主的角度来分析她的婚姻问题的，就是己巳年她会失去丈夫。

夫星的原局组合与大运引发。关于丈夫的生死大灾。其实如果真的分析她丈夫的吉凶情况，要以财星丙火为夫。

财星丙火生丑月失令，丙戌同柱，所以丙通根戌中丁火，所以丙火偏弱。

丙火偏弱；而原局天干两辛合丙，使丙火受伤；地支丑临月令刑戌，使戌中丁火受伤；所以丙、丁二字在干支组合当中都分别受了伤，而且没有救应，这就是原局当中夫星丙火受伤无救。

偏弱而受伤无救，是一种破格的必死之灾的组合，必应丈夫有生死大灾的破格组合。

丙火财星偏弱而在原局受伤无生破格，所以大运应期一定是火五行出现逢旺之时。

见火的大运是丁运，在丁运当中地支再见火的流年就是巳火年。

所以丁酉运己巳年就是原局丙丁火受伤而破格，逢大运流年组合逢值当旺而成为应灾之期。

例五：原命局忌神被大运、流年组合引动。

坤造： 癸丑　己未　辛酉　戊子
大运： 庚申　辛酉　壬戌　癸亥
岁数：　 6　　 16　　 26　　 36
年份：1978　1988　1998　2008

日主辛生未月，处相地；丑、己未、辛酉、戊，为生扶帮日主一党；癸、子财星耗日主。

日主偏旺。

生扶帮日主的土金五行是忌神。印比生扶帮主的时候，身变旺，比劫旺，主贫困，没有钱财，印星旺，主工作事业不好，没有得力和靠山，家里的长辈也没能力帮助自己。

辛酉大运，大运与日柱伏吟，为比肩帮身大运，是忌神大运。所以在这步运当中，辛苦操劳，投资生意不好。

1995年，辛酉运乙亥年。流年亥水出现，与原命局当中的子、丑二字形成亥子丑三会水局。这个水局通过癸水透干而把财星的旺强之气从地支送到天干，形成喜神组合。

癸水食神临旺地，通根亥子丑水局，增了力，就可以化泄旺金，起到喜神作用。

流年干支组合乙亥，财星乙木坐下得生，再有癸水相生，喜神财星进气。

所以1995年这年财运挺好。

1996年，辛酉运丙子年。丙火官星出现，丙辛合，官星合身。原局丁火弱极，所以官星虚浮出现，坐子水受克为吉。故而丙辛合，主日主得到丈夫。丙子组合，是一个食伤克官的喜神组合。

实际命主1996年结婚。

1997年，辛酉运丁丑年。流年丁丑，丁生丑，丑土得气；丑酉半合，丑生酉，酉金得气；酉中透辛，气到辛；所以此流年组合，是杀印比连续相生，形成对日主不利的忌神组合。比劫旺就主破财。地支丑未相冲，丑子合克，癸水与子水受伤，这是食神受伤，也主破财源，而且对女人来说，食伤是子女，子水在时柱子女宫位，就更代表子女。对于一个刚结婚的女人来说，时柱子女宫的食神喜用受伤，必定是不利子女，会有流产或子女夭折的情况。

实际此年命主生下一个男孩，孩子生下来就死了。

1998年，是交运年，辛酉运戊寅年；壬戌运戊寅年。

首先这两步大运，对日主来说，都是忌神大运。辛酉是比肩帮身为忌；壬戌是戌土克壬水，而且大运戌土与原局丑、未构成三刑组合，组合的结果是三刑土旺强，而伤丑中癸水食神，食神是财源，是本钱，食神受伤就是破财亏本钱。

流年戊寅，因为流年寅木财星出现，寅克戊，所以日主就有了求财的想法，印是工作，财克印是个喜神组合，就是把做生意求测当做自己的工作。但能不能求到财，要看这个财与日主之间能否形成喜神组合，能形成，就有财，不能形成就没财。

但流年天干戊土，合克原局癸水财星，这是个忌神组合。尤其是进入到壬戌大运，流年戊土通根戌土，力量倍增，戌、戊、癸，三个字构成了枭印夺食的忌神组合，主投资破财。而寅木除了对戊土有点克制作用，并没有对原命局中的字形成喜神组合或制忌神的组合，所以这个财是看到得不到的财。只有原局的癸水食神，才是命主的本钱，但被戊戌癸组合给克掉了。

实际此年命主做服装生意，结果赔了钱，破财三万余元。

例六：原局忌神组合在大运被加强，流年喜神之字在组合当中起到忌神作用。

乾造： 壬寅　辛亥　辛亥　庚寅
大运： 壬子　癸丑　甲寅　乙卯
岁数：　11　　21　　31　　41
年份：1972　1982　1992　2002

原命局日主辛金偏弱。

亥亥壬寅寅，食伤与财星旺强为忌神，主贫穷破财。

癸丑大运，原局日主辛金偏弱，通根大运丑土，得丑土印星相生，印为工作，所以这步运有工作，有生活来源。

甲寅大运，财星当旺，干支一气旺强为忌，必定不利财运。

1992年，是交运年，进入甲寅运壬申年，申金冲克寅木，本为克制忌神，但流年干支组合却使申金不能克制寅木。因为壬申同柱，申中透壬水，泄了申金的气；地支一申遇两亥，这是特殊作用关系，地支形成申亥亥寅寅寅的组合，申金被水木化泄，成为生助食伤与财的生源，成为忌神，在组合当中起到忌神作用。再加上，申冲寅，主因财而变动，不利的变动。所以这一年，必定发生财运不利的变动。实际是此年因偷东西，被工厂开除，没有工资，没有生活来源。

1993年，甲寅运癸酉年。原局偏弱辛金通根流年酉，增力，增力就相求财生财；但这流年癸酉财柱，癸水忌神食神泄酉金，食神癸水主求财，但泄身为忌，生财为忌，必主求财而破财。实际此年迷上赌博，最后输得一塌糊涂，破了财。

例七： 原命局喜用弱而受纳之力弱，大运喜用逢值当旺增强了化纳之力而形成喜神组合，大运喜用逢生被堵住而形成忌神组合。

坤造： 己亥　辛未　戊戌　癸丑
大运： 壬申　癸酉　甲戌　乙亥
岁数：　9　　19　　29　　39
年份：1967　1977　1987　1997

日主戊土生未月当令；己、未、戊戌、丑，五个党众，多而强；日主偏旺，旺强。

原局当中有辛金泄偏旺日主，有癸水、亥水财星耗日主；但在组合上，天干戊癸合克，地支未戌丑刑冲，使癸水受伤。

丑未戌三刑，未土当令，所以土旺强一是克水，二是埋金，在地支埋丑中辛金，在天干，己土通根未戌丑，在丑中辛金被众多干土堵住的情况下，天干辛金也因为没有本气根申酉，而被旺强土气堵住。

辛金与癸水之间的流通线路，被戊癸合破坏；辛金与亥水在隔柱干、支，没有生克线路；所以五行流通不畅，土五行的旺气堵在辛金上。

辛金在月柱，为胸部，金为肺，所以命主先天就有肺部疾病的隐患。

分析完了原命局组合，再看大运。

壬申大运，申亥相害，大运支与原局形成喜神组合；壬水通根申亥两支，起到了泄耗原局旺土的作用。

癸酉大运，大运与原局酉戌相害、酉丑半合，以特殊作用关系与原局旺土形成组合，引原局未戌丑之气到酉，由酉透干到癸水，起到泄耗原局旺土的喜神作用。

这两步大运，原局旺土在大运组合当中形成喜神组合，所以日主平安健康。

到了甲戌大运，大运戌土当令，与原局未戌丑三刑之土形成特殊作用关系，土五行旺强为忌，所以这步运，对日主非常不利。

1988年，甲戌运戊辰年。流年戊土当旺透干，合克癸水，使辛金没了泄路。原局己土通过戌未丑三刑，通过辰辰相冲，而通根原局、大运、流年戊未丑戌辰五个土，旺强己土生辛金，塞住、堵住、埋住辛金喜用神，使辛金被旺土之气憋伤。所以这一年日主易发肺、肾之病而破财。

实际，此年命主得了肺气肿，病情较重，看病住院花了很多钱。

在这个实例当中，我们可以看到，大运对原局组合的引发过程，也能看出大运的重要性。在分析明白原局组合的前提下，大运与原局组合，使原局喜用神临旺并发挥作用，就能形成喜神组合，命主就平安吉祥。如果大运与原局组合，加重了原局的组合之病，就会形成大运、流年与原局的忌神组合，就会引发原局当中的隐患，成为对日主不利的应期。

例八：原局喜用神弱而受冲，大运、流年组合再使喜用受伤，命主伤灾。

坤造： 丁巳　丙午　甲子　丙寅
大运： 丁未　戊申　己酉　庚戌
岁数：　1　　11　　21　　31
年份：1977　1987　1997　2007

日主甲木，生午火，失令休囚；甲子、寅三字为一党；丁巳、丙午、丙，火五行当令而党众，旺强。
日主偏弱。
食伤火五行泄身为忌。
子水克火生木为喜用。
丁未大运，丁未同柱相生一气，未合午而连气，丁巳、丙午之气到未。未害克子水，克伤原局子水喜用神，食伤与财星克伤印星喜用，对日主不利。
印星子水为母，财星未土主父；未克子，财克印，父母形成忌神组合。对孩子来说，就是父母对命主看护不周，而给命主带来不利。
1978年，丁未运戊午年。流年戊午，午未合，未克子，两午冲子，都是忌神组合。流年地支午火当令而旺，午未巳三字在地支会南方火局，忌神局。午寅半合，火局泄寅木，泄日主之根，对日主不利。所以这一年，原局、大运、流年组合，形成忌神组合，使子水、寅木受伤。日主必有灾。
实际，此年因为父母不小心碰倒热水瓶，烫伤命主左脚。

例九：大运干支喜忌组合并现，流年引发不同喜忌组合，导致一步运中各个流年不同的吉凶事件。

乾造：癸丑　乙丑　辛亥　丙申
大运：甲子　癸亥　壬戌　辛酉
岁数：　2　　12　　22　　32
年份：1975　1985　1995　2005

日主辛金生丑月，处相地；通根两丑，得两余气根；丑、丑、辛、申，四个土金为生扶帮日主一党，党众多而强。
日主偏旺。
坐支亥水泄身为喜用，天干癸水乙木泄耗日主为喜用，水木为食伤，泄身为喜用，主求财做生意。
天干丙火克身为喜用，丙火正官克身，主上班工作；但丙火无根而弱，喜用的力量小，丙为官，官星喜用力量弱，隐藏着对工作事业不利的信息，容易失去工作，工作上容易出现不利情况。
壬戌大运，大运戌土当旺。
大运干支组合，戌土克壬水，是一个忌神组合。伤官喜神出现而受克，主破财，哪个流年引发，就在哪个流年破财；戌为印星，印星为投资，克壬水财源，这是投资出本钱花钱，或者做生意亏本钱，先把这个考虑放在心里。
大运与原命局地支组合。地支戌丑丑相刑，因刑而印星土旺，戌丑丑当中都有辛金通根，所以土旺生身为忌。这是由大运地支与原局因为特殊作用关系，再加上通根透干的五行之气流通管道，两者综合形成的一条忌神五行之气的流通路线。
大运天干与原命局组合。通过运干壬水与原局亥、申的通根而形成管道。壬水从亥申当中透在运干，化泄偏旺日主，这是个喜用组合，得财的组合。
1997年，壬戌运丁丑年。天干丁壬合，壬水喜神被流年丁火合绊，喜神受制，不利财。壬水为伤官，为喜用，为智慧，为财源，被合绊，这年做事会失智，失智破财，容易被骗破财。地支组合，丑戌相刑，与日主辛金通根透干，生旺日主形成忌神组合，印生旺日主，印星体现忌神类象，不利工作事业。印生日主，会因房、车等事而花钱，会因产生投资而耗财。

实际，此年日主辞职，没了工作；自己花钱买了车，耗财，被别人骗了一万多元。

2001年，壬戌运辛巳年。

流年干支组合辛巳，巳火官星克辛金，形成喜神组合；日主偏旺有制，则做事情比较理智；官星克身形成喜神组合，说明做事守法、守规矩，并因此做事顺利；身偏旺而有制，则财运平稳，不会破财。

实际此年是平顺的一年。

2002年，壬戌运壬午年。

流年壬水出现，通根原局坐支亥，引动原局夫妻宫，泄旺身而形成喜神组合，主有婚恋之事。

流年地支午火生合戌土，戌丑刑，午丑害，地支午戌丑丑连气，印星进气为忌而生日主，这个组合主耗财花钱。

实际此年命主结婚。

在这里可以看出来，流年组合，更要注重各个不同路线的组合，不同的组合，会提示在这一流年所发生的不同的事。就像这个流年与大运原局形成的组合，一个组合是引动夫妻宫，是喜神组合，主得妻；另一个组合引动官印日主连生，偏旺日主进气，主耗财，是娶妻花钱。

2003年，壬戌运癸未年。

大运戌克壬，忌神组合。

流年未克癸，忌神组合。

流年、大运、原局地支组合，未戌丑丑相刑，土旺而克水，而生助日主，形成忌神组合。

此年必定破财。

印星为忌特别严惩，对父母也不利；印星在流年与大运在地支形成三刑忌神组合，这是车祸伤病破财的信号，因为印星为车，为忌而破财，就是车祸破财。

实际此年命主的父母因为工作不顺，生气之下不干了，辞职回家养老；命主在夏天未月遇车祸受伤破财。

例十：一个字在大运与流年组合当中，分别参与形成了喜、忌两种组合，对应了在当年发生的吉、凶两类事件。

坤造： 庚戌　庚辰　庚午　甲申
大运： 己卯　戊寅　丁丑　丙子
岁数： 6　　16　　26　　36
年份：1975　1985　1995　2005

　　日主庚金，生辰月相地；庚戌、庚辰、庚、申，六个字为一党；日主偏旺。

　　午火正官在坐支克身为喜用；午戌半合，辰午紧贴，辰戌相冲，这几个组合都是泄午火之力，使午火为喜神的力量有所减弱。

　　甲木财星帮身为喜神。庚、申二字围克甲木，所以甲木财星所在的环境不太好。

　　戊寅大运，寅午半合相生；原局喜神午火与甲木，临生旺之地，所以此运总体是平安平顺。

　　1990年，戊寅运，庚午年。流年地支午火官星当令，地支寅午戌三合官星局，引动夫宫；午火为桃花，临官星，流年引动夫宫，所以此年当有恋爱情感之事。实际是上半年谈恋爱了。

　　1990年，戊寅运，庚午年。这一年，流年、大运、原局，在天干的组合，形成的是忌神组合。因为原命局是土金两旺为忌神，所以戊寅大运，戊坐寅受克，是喜神组合，但在庚午流年，因为地支寅午戌三合化火，寅木化火不再克戊土；戊土通根寅午戌火局，再通根原局辰土，这个戊土以寅午戌与辰土为根，可以化火而生金，把地支的火土之气到天干，在天干形成戊生庚组合。在这条五行之气的生克路线上，三合火局成为戊土生庚金的源头，成为忌神，所以当秋天金旺的时候，日主可以顺利吸纳流年当旺火土生来的五行之气，就形成了忌神组合的应期。这个时候，在这条路线上，午火太岁成了日主被生旺的源头，午火是病，所以秋天得了午火即心脏方面的病，并因为治病而破财。

　　实际命主1990年下半年生病，得心肌炎，治病破财。

　　我们在这个实例当中可以看到，两个组合，一个是喜神组合，一个是忌神组合，这两个组合五行之气的流动线路，它们的源头都是午火。

　　庚午年，午火临太岁当令，第一个引动的就是原局日柱的庚午组合，这是个喜神组合。午火为官星、为桃花，临太岁克日主为喜用，就

岁荣通鉴(下)

是当年找到男朋友，恋爱了。

庚午年，午火临太岁一出现，就会与大运寅、原局戌，形成午寅戌三合火局；地支火局一形成，大运的戊寅组合，寅木化火，就不再克戊土，而变成生戊土。所以，这是流年地支组合，改变了大运干支组合之间的喜忌作用。戊土以火局为根，也以原局辰土湿土为根，所以这个戊土就能化火而生庚金日主，起到一定的忌神作用，就是午火代表的心脏功能对命主产生了不利。

所以说，那种认为喜用神流年出现一定就会吉，忌神流年出现一定就会凶的分析思路，是很不全面的。不论是喜用神，还是忌神，它们在原局出现，在大运出现，或者在流年出现，出现之后，是起到喜神作有还是起到忌神作用，还是在不同的组合当中分别起到不同的喜忌作用，要看这些出现的喜忌之字，形成怎样的喜忌组合，组合的五行之气的生克流动线路是怎样的，最后是对日主形成喜神作用还是忌神作用。只有这样分析，才能真正断准吉凶。

例十一：流年干支对大运喜神组合的影响。

坤造：	己卯	庚午	己丑	癸酉		
大运：	辛未	壬申	癸酉	甲戌	乙亥	丙子
岁数：	7	17	27	37	47	57
年份：	1945	1955	1965	1975	1985	1995

日主己土生午月，得令旺相；己、午、己丑一党，党众多而强；日主偏旺。

庚泄己、癸耗己，酉半合泄丑，此三字起到喜神作用；食伤泄旺身而生财。

年柱己卯，卯克己，七煞克比肩，形成克制忌神的喜神组合。

酉冲卯，食神冲克七煞，两个喜神形成相战组合，这个组合，是忌神组合；主因为食神钱财而引起官司。

乙亥大运，亥卯半生合，乙木通根亥卯，克日主起到喜神作用，主婚姻事业财运较好。

岁荣通鉴（下）

1989年，乙亥大运，己巳流年。大运与原局形成喜神组合。流年己巳，火土印比两旺，是忌神组合，主破财。地支巳亥相冲，破大运与原局亥卯之间的喜神组合，亥水为财，所以主破财。巳酉丑三合，巳火当令而火旺，所以三合局不能化金，而是巳酉丑三合，巳火克伤酉金，而丑土是酉金受伤之后的一个救应。酉金是食伤，受伤主破财，丑土是救应，说明钱财还有来源。实际命主在这一年因生病而破财。

1993年，乙亥运癸酉年。大运与原局组合是喜神组合。但癸酉年，太岁酉金出现，引发原局当中的酉冲卯组合，食伤克七煞，两个喜神相战，这是官司信号。因为大运亥与酉字之间没有特殊作用关系，所以亥水不能通酉卯冲克之关，所以此年会对七煞不利。七煞对命主来说，就是工作、财运，也是老公。所以这一年的官司，与工作或与老公有关。实际是老公因财打官司。

在这个实例当中，可以看到，在这一步较好的乙亥大运当中，命主与老公的事业财运总体上处于上升期；但如果某个流年干支的出现，它所形成的组合，破坏了大运与原局的喜神组合，这一年就会产生不利；或者流年干支出现之后，与大运原局，以特殊作用关系的强烈作用，形成了新的单独生克路线的忌神组合，那么这一个流年，在原有情况一切正常顺利的情况下，就会出现新的、意外的、不利的情况，什么忌神发挥作用，或者哪个喜用神受到了损伤，就会出现哪方面的不利情况。

例十二：大运流年忌神组合破坏原局喜神组合。

坤造：	壬寅	庚戌	辛巳	庚寅
大运：	己酉	戊申	丁未	丙午
岁数：	2	12	22	32
年份：	1963	1973	1983	1993

这个八字里有一个判断旺衰的诀窍，是专门判断未、戌这两个月火五行力度的。

戌土当令，戌是火库，所以对于戌、未土对原局当中其他火土五行的力旺影响，要分开来看。

戌、未土，首先时土，土生金，所以，在不化火的情况下，土金在戌未月是处旺相之地，金五行是受生受益的，这是第一个特点。

第二个特点就是，未在夏天，火有余气，戌是火库，火有余气，所以未戌土当中的藏干丁火，对原局当中其他出现的干支火五行的帮扶力度，相当于一个透干而出的火五行力度。这一点要记住，非常重要，它对判断日主的旺衰，判断原局当中火五行的党众多少，力量强弱，具有决定性的意义。

日主辛生戌月，生秋天，处相地，通根戌中辛金；生扶帮日主一党有，庚戌、辛、庚，四个字一党。

在这里，我们要知道，这个戌土，因为是火库，所以，当戌中丁火透出时，如果遇到大运或流年遇到巳、午火当旺，这个戌土就会因为火临旺地，而且丁火临旺通根于戌，而变成火库，这个时候，戌土火库不但不再生金，还具备轻微克损金五行的能力。这点要记住，这是戌、未两土重要的用法。

克泄耗日主一党有，壬寅、戌（戌中丁火）、巳、寅，五个字一党。

这个时候，哪方胜出，要看原局的生克组合了。天干壬泄庚，地支寅紧贴克戌，是柱干支组合巳克辛，地支两寅刑生巳火，这四个组合，都是以位置紧贴关系，或以特殊作用关系，对日主一党进行克泄的主动攻击组合，所以，在这些生克组合当中，日主一党处在劣势。

日主偏弱。

日主偏弱，对日主起到克泄耗作用的组合，以及组合当中的字，都起到忌神作用。

所以很明显可以看出来，原命局当中有两个特别严重的忌神组合。一个是辛巳日柱组合，巳火官星在坐支夫妻宫为忌神，说明不利婚姻，肯定会失去丈夫。另一个就是寅戌组合，寅见戌，就隐含着寅午戌合火局的隐患，大运或流年逢午字出现，寅午戌就会合火局，如果运年天干再见午中丁火透出引化，火局的力量就会透干而出克日主，成为明显的灾害。官杀为忌克日主，既是对日主的不利，也可能是丈夫的灾祸。

是不是丈夫的灾祸，要分析夫星的五行平衡情况，看有没有严重的失衡，看它的生扶帮与克泄耗情况。本例原局巳火夫星生戌月，得戌中丁火之助，有气；地支两寅刑生巳火，巳火夫星有两个生源；组合上壬寅巳也连生，生源长达三个字；所以巳火夫星是偏旺的。对于偏旺的巳火来说，壬水克字不克巳，反而通过壬寅巳的组合生到巳火，这是巳火没有克字；戌土内含丁火，火旺之时，戌土变火库，不再泄巳火，这是没有泄字；当戌变火时，戌不再是庚辛金的根，庚辛金就失根而虚浮，虚浮之后就会被旺火所克伤，所以巳火就没有了耗字。这样一来，当火旺之时，偏旺夫星巳火，就没有克、泄、耗之制，无制逢旺，太极破灭，必定是死亡之灾。所以这个八字原局当中，就暗含了命主必定会死老公的信息，只待大运与流年引发。

1990年，丁未大运庚午年。丁未运，未戌相刑而连气，丁火通根未戌，再遇流年午未合、午戌合，午寅戌三合化火局，寅巳相刑，干支火旺克身为忌，此年日主必定失去丈夫。

夫星巳火临午年，地支得寅午戌三合火局连气，天干得丁火透干，丁火坐三合火局为根，丁壬合，壬水被反化而干，未戌土临三合火局而化火，庚辛金受克伤而不耗旺火，所以夫星火旺无制，应有生死之灾。实际此年命主丈夫服毒自杀身亡。

在这个实例当中，我们可以看到，原局当中的戌土确实具有两重性质，作为土的土生金性质，与作为火库时的克金性质。当戌土遇到午火时，戌变火库，戌中的丁火必定克灭戌中的辛金。所以在丁未运庚午年时，午火当旺，午未合，未戌刑，午未戌连气一体，这时，午未戌中再透出丁火引化，再加上寅戌两字遇到午火而三合化火局，这些组合，一下就把戌土的土的性质变成了火的性质，这就是流年大运组合破坏了原局的组合，破坏了原局月柱庚戌当中，戌土生金的性质。在实践当中，三合、三会，因为能够改变合会局当中五行的性质，所以，为喜为忌的力量非常大，常常在大运、流年组合当中引发重大的吉凶事件。

例十三：原局形成喜神组合，原局喜用官星藏而不现，原局缺什么喜用组合，大运流年就出现什么喜神组合。

乾造：壬寅　甲辰　乙亥　丙戌
大运：乙巳　丙午　丁未　戊申　己酉
岁数：　10　　20　　30　　40　　50
年份：1971　1981　1991　2001　2011

　　日主乙木生辰月，处休囚之地，但乙通根辰土中气，故而得气；壬寅、甲、乙亥，五个字为一党，再加上乙通根辰而得气，故日主偏旺。
　　日主偏旺，则水木生助日主为忌；则丙戌辰泄耗日主为喜神，辰戌相冲，土冲而伤辰中癸水，为财星制印的喜神组合。
　　辰、戌两字，夹克亥水忌神，也是财克印组合。
　　本造干支组合，丙戌辰，伤官生财，而官星藏于戌土，所以当地支见申酉官杀时，财必生官杀而形成喜神组合，必有官运。
　　2000年，丁未大运，庚辰年。大运丁未同柱，未戌刑而连气，戌辰冲而连气，丁食伤之气到财星未戌辰土，辰土临太岁再透庚官，庚官得辰土之气，庚乙合，官星合身形成喜用组合，此年必升职。实际此年升官。
　　2001年，戊申运辛巳年，大运戊申，戊申同柱，财生官，喜神组合。流年巳火当令，巳申合，合官，主工作变动；巳冲亥，也主工作变动。戊申、辛巳组合，流年大运地支巳申合克，是否克伤？克不伤。因为大运戊土，通根流年巳火，这是巳火之气到戊，戊申同柱，再到申，所以，巳申合，而申不受伤。巳申合，巳中透辛，以巳申当中的辛庚为根，通根透干，再得戊生辛，辛冲乙日主，必有工作调动升职。实际此年再度调动升职。

第四章　学业学历析断点窍

第一节　学历析断的要点

一、学历析断要点总述

简单地说，学历与印星的喜忌以及喜忌的程度有关，但这并不全面。学历还与官杀、食伤有关。

印星主学业，官杀主功名，食伤主智慧，这三者当中的任意一种，是喜神而能发挥喜神作用，是忌神而能受到有力制约，都会在学业上有所成绩。

印星组合、官杀组合、食伤组合的喜忌与喜忌程度，都会对命主的学历高低产生重要影响。

而且一个人的学历程度，不但原命局组合有关，还和大运与原命局组合有关。

如果是一名专职预测师，很快就会在实践当中发现，有很多高级官员或者企业家，在青少年时期行大运时，印星、官星、食伤的喜神作用不能得到充分发挥，而要到青中年时期才能行到官、印、食伤在组合当中起到喜用神作用的大运。这类人，往往在青少年时期为生活所迫，以谋生实干为主，没有机会取得高学历，而到了青中年时期，在事业上升进步时才开始二次进修学历，而且这种进修，往往在一到两步大运当中断断续续地进行，总体持续的时间长达一二十年，随着事业走向高峰，学历的进修也会达到很高的层次。所以，面对不同年龄的人，不参考大运，只以八字原局来推断学历的方法，是残缺的、不全面的。

当印星、官杀、食伤分别在组合当中起到喜神作用，并且当旺有力或者党众多而有力，或者有强根而有力，或者与日主距离近而紧贴时，学历就会很高。

当印星、官杀、食伤分别在组合当中起到忌神作用，并且忌神旺相有力，距离日主近而紧贴时，不爱学习或者学习成绩很差，或者没有机会学习，学历就会很低。

当然，如果组合当中的喜神因受制而受伤，学历也会很低；如果组合当中的忌神受制而伤，学历就会较高。

二、如何从印星来分析学历

正印为用，学历更高，正印代表国家正规院校，比较正统。

偏印与正印相比，学历要低，一般偏印代表非正式院校的学历。比如：夜校大学，自考大学等等。

1. 学历高的命理标志

印枭为喜用，旺相逢生，学历高。

印枭为忌，衰弱被克，学历高。

印枭为忌，在命局中不现，学历高。

2. 学历低的信息标志

印枭为用，衰弱被克，学历低。

印枭为用，在命局中不现，学历低。

印枭为忌，旺而得生，学历低。

三、不同格局的印星与学历

1. 扶抑格

身弱的八字，首先确定八字的用神为印星，如印星透干生身，须要地支印星有根，同时官星相生为好。我们要知道，文凭是官方颁发的学历证明，这些都要考虑进去。所以身弱用印的八字，见八字有印星生身不一定就有文凭，要官印相生，地支为根，方为真才实学。如果天地气势不配，即使官印相生也无文凭，同时注意食伤对日干的影响。

身旺的八字，局中有印，财来制印，又得伤官泄秀，学历必高。

2. 从格

从强格：从强格印星透干，需要官印相生为好，或地支印星坐强根，生扶日干为好，否则无用。

从弱格：局中有印受制，或无印生，这种组合有文凭吗？不一定，八字不能简单的单看作用关系，或喜什么，用什么，就有什么。要视格局的整体判定，综合分析才能确定。那么，从弱局中无印生也不一定有文凭，到底怎么看呢？看克与泄。如果有官杀制身为喜神，会有功名，有学历；或者有食伤泄身为喜用，主人聪慧，学习也好，学历高。

第二节　学历析断综合实例点窍

例一：小学学历

坤造：	乙酉	壬午	癸丑	甲寅			
大运：	癸未	甲申	乙酉	丙戌	丁亥	戊子	己丑
岁数：	9	19	29	39	49	59	69
年份：	1953	1963	1973	1983	1993	2003	2013

日主癸水生午月失令休囚；癸水通根坐支丑土，年支酉金气势相生为党众，壬水劫财帮身；乙、午、甲寅，泄耗日主；日主偏弱。

这个八字，日主偏弱，所以需要印星酉金生身，酉金是喜神；但这个酉金与日主癸水隔柱，没有通根，酉、癸之间没有相生的管道，生助之力只是气势相生，生力微弱近于无。

印星出现，推断学历就看印星，酉金为喜神，生午月死地受克，午酉紧贴，酉金被克伤；再加上午火有寅木半合相生为源，当旺有源，克力很重。所以这个印星是生日主之力微弱，死地受克伤，说明命主学历很低。

再参看大运，命主9—18岁期间走癸未运，癸未组合就是未土七煞克癸水，这是个忌神组合，未土七煞起到忌神作用，主没有功名；地支未冲丑，也是丑中癸水受伤，官杀为忌没功名。据此就可以知道命主少年时期难以顺利完成学业，酉金微弱又受伤，它的力量只能让命主上完小学，中学都难以完成。

实际命主只有小学文化。

这个八字，到了甲申、乙酉运，印运，能后天再取得学历吗？不能。因为申运是壬水通根运支申金，壬水为劫财，不是日主，劫财壬水得根帮扶日主，是形成喜神组合，但这个喜神组合最终起到助日主作用的是壬水，壬水劫财帮弱身主财运变好，是工作上班的信息。只有印星申金直接生到日主癸水，命主才可能后天有进修学习的机会，但这个八字里显然没有这样的组合。酉运也是一样，酉金与癸水之间没有通根透干的通气关系，所以命主在酉运没有机会学习。

例二：初中没毕业

坤造：辛酉　己亥　戊子　戊午

此命戊土生于亥月，坐子水，又见辛酉二金相助，更增其寒，日干寒冬最喜火来暖身，时支午火暖身为喜，但八字不见木，午火孤独，又被亥子水冲克，午火受伤严重。

午火为印，为命主的喜神，但此喜神午火生亥月失令，又被酉亥子金水一气冲克，午火受伤。这是印星喜用原局受伤。印代表学业，喜用受伤则必体现忌神类象。印星出现，说明会念书，受克冲而伤，说明中断学业。所以依此可推断命主只具有初等文化，难以完成中学学业。而且印星也代表母亲，原局印受克冲而伤，也代表母亲早亡的信息。

命主反馈母亲在她小时候就去世了，她只读了初中一年级就辍学出来打工了。

例三：高中文化

乾造：癸丑　甲子　癸未　癸亥

此命日干癸水偏旺，忌神金水生旺，如果大运再走生助忌神的旺运必定不吉。早运癸亥为生助忌神，比劫当旺主贫穷，说明他出生的家庭经济状况较差。

癸亥运，地支亥子丑会水，丑中辛印生水起到忌神作用，身旺而印星生身为忌，说明不爱读书。

12岁开始走壬戌大运，地支戌丑未相刑，为官杀制身，官杀主功名，也是约束日主的，克比劫，说明家庭经济情况好转，也说明在压力下读书，但官杀在地支不透干，说明功名不显，说明读书成绩一般，考不上大学。依此可断有高中文化，结合22岁以后走忌神印运，断此子考不上大学。

22岁以后走忌神辛酉印运，不利读书，自然上不了大学，印为单位，起到忌神作用，说明没有工作单位，所以断其待业在家没财运。印比旺，必然容易惹是生非，所以断此子常有是非口舌。

实际，命主母亲反馈，儿子只有高中文化，毕业后没有工作，也不想工作。财运差，吃住用家里的，常惹是生非破财。

例四：高中学历

乾造：　戊午　　戊午　　甲寅　　己巳
大运：　己未　　庚申　　辛酉　　壬戌
岁数：　 6　　　 16　　　26　　　36
年份：　1983　　1993　　2003　　2013

日主甲木生午月失令，甲木通根坐支寅木本气，局中火土旺强，日主偏弱。

日主偏弱，喜印比帮身，但原局没有印星。

原局午、巳食伤当令旺强，泄弱身而为忌神；食伤为忌神，而且旺强，主过度喜欢自由，变得散漫，特别贪玩，喜欢自我表现，喜欢张扬，所以学习成绩必定不好。

再看青少年时期的大运，己未、庚申，为财、杀大运，耗克日主为忌神，没有功名。所以学业成绩必差。

食伤过重的人，喜欢玩乐，喜欢文艺表演，但因为食伤为忌神，所以对喜欢玩乐的东西只是浅尝辄止，不能精通而成为一技之长。

依此推断命主好玩，喜张扬，喜表演，文化学习成绩差，考不上大学，只能取得中学学历。

实际命主学习成绩不好，但喜欢影视表演，梦想成为明星。
2000年庚申运庚辰年考电影学院，落榜。

这个命局，原局印星喜神不现，不利学业；忌神食伤为忌旺强贪玩不爱学习，不利学业；官杀为忌神而大运行官杀时必定没有功名，不利学业。

例五：高中学历

坤造：	丁未	壬子	丁巳	辛丑
大运：	癸丑	甲寅	乙卯	丙辰	丁巳
岁数：	8	18	28	38	48
年份：	1974	1984	1994	2004	2014

日主丁火生子月，失令受克；但丁未、丁巳一党，未、巳两字为两个丁火之根，而子水被未、丑两字以特殊作用关系二克一，所以总体来说，日主丁火失令而偏强。

日主偏旺。

日主偏旺，所以壬子官杀为命局喜用；但地支未紧贴害克子水，地支丑合克子水，天干两丁合壬，所以壬子官杀喜用在原命局受伤。

看学业与学历，原局身旺而印为忌神，但印星不现，而官星出现当令，那么在原局就看官星，身旺而壬水合克丁火，那么壬水官星就是第一个与日主发生作用的喜用神，那么丑未土克子水就起到克用神的作用，就成为忌神。官星为喜神而受伤，就说明没有功名，所以通过原命局就可以推断命主不会有高学历。

官星不但代表学历，也代表工作，官星在原局受伤，说明先天不足，也可以推断出此女工作情况不好，不但不会有官职，而且工作情况还会比较差。

官星对女命也代表老公，官星原局受伤，再结合坐支夫宫巳火劫财为忌神，说明此女老公的情况也不好。

再结合大运，少年时走癸丑运，癸水七煞克身，形成天干喜神组合；地支丑未冲、丑合克子水，形成忌神组合，这样喜忌并存的组合，说明学习成绩普通，不会是优秀。

18岁以后走甲寅大运，这个年龄正是应该是高考上大学的时期，而甲寅为干支一气的旺印大运，原局日主身偏旺，甲寅印星旺强生身为忌，所以此运必定中断学业，考不上大学。

综合推断，可得出日主是高中学历，不会有大学学历。

实际，高中学历。后找工作做出纳。

1994年甲戌年，地支戌丑未三刑，戌丑未土旺克子水，子水喜神在流年受重伤，必定不利工作。实际此年下岗。

1995年乙卯运乙亥年，地支亥卯生合，气聚卯木，乙卯印星化官生身而形成忌神组合。在这个组合当中，因为卯合亥、卯刑子，印星化官杀，使亥、子水官杀变成忌神组合的源头，起到忌神作用，官印起到忌神作用，就是失去工作。实际此年下岗后失业在家，生活艰难。

1996年，乙卯运丙子年，流年子水七煞当令，两子刑一卯，这是个制忌神的组合，印星卯木忌神受制，印星有制就会有工作单位了。丙子柱，子水同柱克丙火，七煞克劫财，这是一个制忌神的组合，丙火劫财为忌神，受制主得财。壬水通根两子而增力，壬官合克丁日主，这个生克线路形成喜神组合，官得起到喜神作用，主此年利工作。依此可推断命主此年找到工作，上班挣钱了。实际此年重新上岗工作。

这个八字，原局印星不现，而官星出现，所以在原局以官星的喜忌组合来推断命主的学历情况。在结合大运时，第二步大运为印星忌神起作用的大运，根据年龄与印星起到的忌神作用，更加确定命主上不了大学，只会有高中学历。

例六：大专文化

乾造：壬戌　己酉　戊戌　癸丑

日主戊土生酉金失令，但戌、己、戊戌、丑五个土五行一党，因党众多而强。
日主偏旺。
月令酉金伤官泄身为喜用。
伤官泄旺身吐秀，主智慧；在原局组合上，戊戌同柱，酉戌相害，酉丑半合，酉字以特殊作用关系泄旺土之气，起到喜神作用，形成喜神组合。
再参看大运，前两步运是青少年学业时期，走庚戌、辛亥大运，食伤庚辛金透干，可以起到泄身吐秀的作用，说明学习成绩较好。
因为庚、辛食伤透干，所以流年官星必然受制，故而在此阶段难有明显的名气，也说明学习较好，但不是优秀。
所以推断可以考上一般大学，学历是大专或三本。
实际命主是大专学历。
这个八字的学历，是用食伤来看的，原局印星为忌但不出现，官星为喜用也不出现，以食伤的聪慧来看学历。

例七：大学本科学历

乾造：癸卯　癸亥　乙亥　戊寅

日主乙木生亥月当令，原局水木两旺，戊土受克无生，故为从旺格。
从旺格局，印比为喜用。
癸水印星当令而旺，党众又多，这是喜用旺强，印主学业，必定有高学历。
再结合大运，前三步大运为壬戌、辛酉、庚申，尤其是到辛酉、庚申大运，官杀大运，原局印星当旺化官杀生身，形成强有力的喜用组合，结合命主为六十年代生人，断命主必有名牌大学学历。

实际命主是七十年代的大学本科生。当时命主市里本科只考取了不到十个人，他就是其中一个。

例八：本科学历

坤造：	乙卯	己丑	己未	辛未
大运：	庚寅	辛卯	壬辰	癸巳
岁数：	10	20	30	40
年份：	1985	1995	2005	2015

日主己土生丑月当令而旺，己丑、己未、未，党众而强。
日主偏旺。
乙卯七杀，克旺身为喜用；天干乙克己，地支卯半合克未。
辛金食神通根丑土，紧贴泄身为喜神。
原局七杀喜神干支一气，较为有力；辛金食神有根而无伤；七杀主功名，食神主聪慧。所以原局组合说明命主会有较高学历。
七杀起到喜神作用，体现命主具有管理能力；食神起到喜神作用，说明命主具有专业技能。
结合大运看学业。
青少年时期两步大运，庚寅、辛卯，官杀当令而旺，使原局喜用七杀当令，所以学习成绩较好。官杀起到喜神作用，直接作用到日主时，会使命心具有管理能力，在学生期间，会任班干部。
实际命主在1993年庚寅运癸酉年考上大学，此年癸酉同柱，癸水财星泄食神而生七杀，七杀克身为喜主功名，故此年金榜题名考上大学。命主在上学期间，一直是班干部，组织管理能力较强。而且大运庚辛食伤透干，是个喜欢出风头的人。

岁荣通鉴（下）

例九：研究生学历

乾造： 庚戌 癸未 甲寅 己巳
大运： 甲申 乙酉 丙戌 丁亥 戊子
岁数：　3　　13　　23　　33　　43
年份：1972　1982　1992　2002　2012

日主甲木生未月，失令休囚。
未土财星当令，戌、未、己巳，财星旺而党众，所以财星强旺为忌。日主偏弱。
天干组合，庚、癸、甲，连续相生，这是天干化杀生身组合，是个喜神组合。戌、庚、癸、甲，四字连生，庚金化戌土，癸水化庚金，所以，庚金虽然表面上看起来克日主，但在实际组合上是生日主的源头。地支未戌相刑而连气，所以庚戌同柱，庚金就可以化泄戌未忌神之力。
甲申运，庚通根申，形成喜神组合；乙酉运，地支酉戌相害，酉金化泄戌土，形成喜神组合。所以这两步大运，是官杀在地支起到喜神作用的大运，必主有功名。实际命主青少年时期学习非常优秀。
23岁后进入丙戌大运，食伤生财，是忌神大运。这个时期正时学习向工作转变的时期。看流年，推断学业是否能继续。1992年、1993年壬申、癸酉年，官印当旺之年，与大运形成官杀化财，而壬申、癸酉是印化官杀生身的流年，必主大利功名学业，依此可推断命主能在学业上深造，能达到硕士学历。
实际命主一直学业优异，研究生毕业，毕业后先在国企，后到外企工作。

例十：研究生学历

坤造： 乙卯 辛巳 壬申 辛丑
大运： 壬午 癸未 甲申 乙酉
岁数：　5　　15　　25　　35
年份：1979　1989　1999　2009

日主壬水生巳月，失令；但原局辛、壬申、辛丑，五字为一党，所以日主偏旺。

这其中，丑土七煞因为组合原因，被申、辛两字围泄，所以成为生助日主的忌神；丑字起到忌神作用，是日主偏旺的重要原因。

日主偏旺，那么坐支申金、月时干辛金，都生身为忌；原局枭印为忌神。

印星出现，而且党众，并起到忌神作用，这时候，就看这个印星忌神是否有财星来制约，制约的效果是否有力。如果印星忌神没有得到有力的制约，必定不爱学习，学习成绩差，学历低；如果印星忌神得到制约，并且制约有力，制约的财星当旺有力，就会有较高的学历。

原局财星巳火当令而旺，并有乙卯邻柱紧贴相生，所以财星旺强；辛巳同柱，巳火同柱紧贴克忌神辛金，地支巳申紧贴合克，这两个组合是印星忌神受到强明力克制的制忌组合，是喜神组合。通过这两个组合，可以推定日主会有较高的学历。这个较高学历在什么时候实现，要看大运的喜忌组合。

5岁壬午大运，午火财星当令而旺，原局巳火喜用临午运当旺，所以辛巳、巳申两个制忌组合发挥作用，此运必定学习优异。

15岁走癸未大运，未土正官当旺大运。原局身旺，如果正官起到克制日主的作用，就是起到喜神作用，主利功名。癸未同柱，未克癸，忌神癸水受制组合，是喜神组合。未冲丑，也是个制忌组合、喜神组合，原因是原局辛丑同柱，丑土起到忌神作用，大运逢未冲丑，丑中癸水受克，劫财受制。丑未相冲而连气增力，使癸未组合制癸水更有力。所以在这步运中，原局辛巳、巳申组合仍在发挥制印星的作用，而且还增加了癸未、未丑两个官杀起到喜神作用的组合。官杀起到喜神作用主功名。所以此运日主必定有功名，学业必定优异。依此可推断，此运日主必定考上大学，取得大学学历。

再结合流年，1997年癸未运丁丑年，命主23岁，流年丁丑，丁通根运未，丁生丑，丑未冲而土旺克癸水，官杀在岁运都起到喜神作用，是明显利功名的年份。以此可推断，命主不但能取得本科学历，更能进一步取得研究生学历。

实际，命主是1993年上大学，1997年大学毕业，同时考上研究生，

2000年研究生毕业，取得硕士学位。

官杀对女命来说，还代表丈夫，命主1997年癸未运丁丑年，地支官杀形成喜神组合，天干丁火财星合日主，丁火通根未官，所以丁壬合，是喜神组合，加上官杀起到喜神作用，就是婚恋的信息。实际命主在1997年谈了男朋友。

这个八字，通过原局印星为忌而受到当旺财星有力的克制，而推断日主有较高学历。再通过午运财旺克印，未运官旺形成官星克比劫喜神组合利功名而推断出命主可以取得本科与研究生学历。

例十一：研究生学历

坤造： 壬戌　己酉　癸卯　乙卯
大运： 戊申　丁未　丙午
岁数：　 4　　 14　　 24
年份：1985　1995　2005

日主癸水生酉月处相地，天干壬水帮扶，但癸水在地支无根；壬、酉、癸三字为一党；其余戌、己、卯、乙卯，五字为克泄日主之字；在组合上，戌克壬，己克癸，卯泄癸，乙泄癸，日主一党处劣势。

日主偏弱。日主偏弱，本来印比生身为喜用，但本造在组合上有特殊之处，就是天干己、乙紧贴克泄日主，坐支卯木同柱化泄日主，与日主紧贴的三个位置表面看起来都是忌神。

这个时候，当克泄之字同时对日主不利时，就要区分出来哪个是第一忌神。这一点非常重要。对于日主偏弱，官杀与食伤同时出现紧贴克泄日主，对于这种类型的八字来说，紧贴克日主的官杀就是第一忌神。

克、泄、耗，都是对偏弱日主不利的字，克字的作用力最大，其次才是泄耗之字，所以在同为紧贴的情况下，原命局当中，月干己土七杀克日主为第一忌神。

确定了七杀己土为第一忌神的同时，也就确定了乙木伤官克己土七杀，是克制第一忌神的字，是命局的药。这就是八字取用当中重要的一种方法"病药"法。这个药字乙木，因为它是药，是药三分毒，所以它在克制第一忌神己土的同时，对日主有化泄之力，但对日主来说，七杀之克为第一病，所以治病为第一要务，所以乙木是原命局当中的第一喜用神。至于生身的印比，它们的重要性要排在乙木伤官的后面。

到这里，我们就可以明白，天干乙木伤官通根两个卯木，很有力，它克己土七杀，这是个制忌神的组合，也是非常重要的喜神组合。

伤官制杀形成制忌神的喜神组合，那么必然组合当中的七杀与伤官必然体现喜神类象。七杀主功名，伤官主聪慧，两者加在一起就是学业非常优秀，而且不是死读书的类型，而是在学习时举一反三的智慧型。

只要原命局的这个制杀的组合在大运组合当中没有被破坏，这个重要的喜神组合就会一直发生作用。这一点也非常重要。

丁未运，正是日主上学时期，丁火忌神出现，丁壬合，丁癸冲，合冲并现，丁火财星主耗财较多。原局己土通根大运未，得根增力，但己土被乙木克的组合并没有变，还是制忌组合，这就是主克一方的优势。地支组合，未土与原局卯卯半合，这是未土忌神出现而受制。所以在此运当中未己二字仍被乙卯克制。伤官制杀组合仍在发挥作用。在这种情况下，只要逢到流年金水木五行都利于命主学业。所以这是一步因为制忌组合有用而利学业的大运。据此可以推断，命主会取得大学学历。

实际命主不但取得大学本科学历，还读研究生毕业，取得硕士学位。

在这个八字当中，还可以分析出命主父母的情况。

偏财为父。丁火偏财藏年支戌中，有卯乙卯三字为党，生酉月偏弱；戌土泄丁为忌神，壬水暗合克丁为忌神，但命局当中卯戌合克，戌忌有制。己戌克壬，壬官受制得官。所以可以推断父亲在政府部门工作，有较高的官职。实际父亲是省级干部。

印星为母。酉印在月支为母亲。酉金偏弱，但有戌己紧贴相生，有生源，而且当令而旺，所以母亲也在国家单位工作，印星生身为用，母亲文化程度高。戌酉相生，丁戊辛连生，化官生身，母亲必有官职。实际母亲是大学校长。

例十二：研究生学历

乾造： 甲寅　丁卯　甲戌　癸酉
大运： 戊辰　己巳　庚午　辛未　壬申
岁数：　1　　11　　21　　31　　41
年份：1974　1984　1994　2004　2014

日主甲木生卯月，当令而旺；甲寅、卯、甲、癸，五个字为日主一党；日主明显偏旺。

日主偏旺，则原命局当中丁火泄身吐秀为喜用，坐支戌土财星耗身为喜用；癸水印星生身为忌；酉金官星因为组合关系，形成酉、癸、甲连生线路，在组合当中起到忌神作用。

己巳运，命主少年读书时期。巳火伤官当旺，地支巳酉半合克，形成制忌神的喜神组合，因为原局酉金官星起到忌神作用，所以巳火合克酉金，就是制官得官，体现官星的喜神类象，有功名。

丁火伤官在原局紧贴泄旺身吐秀，并且在戌土火库当中有根，较为有力。在巳运，丁火逢旺运，泄身吐秀有力，主人聪明智慧，学业优秀。

庚午运，天干庚癸甲为忌神组合，但这个忌神组合的源头庚金，被同柱坐支午火克制，形成制忌神的喜神组合，利功名。地支午戌半合，午寅半合，原局寅木忌神旺气得泄，形成喜神组合，午火伤官泄身主智慧超越常人。原局丁火在大运午得本气强根，喜神得根泄身有力，学业必定优异。因为这步运是21岁以后，所以据此推断，命主不但能得到大学本科学历，就是获得研究生学历也不是问题。

实际命主重点大学毕业，之后读研并取得硕士学位。

例十三：博士学位

乾造： 癸卯　丁巳　丁巳　丙午
大运： 丙辰　乙卯　甲寅　癸丑　壬子
岁数：　4　　14　　24　　34　　44
年份：1966　1976　1986　1996　2006

日主丁火生巳月当令而旺，局中只有一个癸水七杀克制日主，日主偏旺。

癸水七杀在本命局当中，既是五行平衡的用神，也是调候用神，因为癸水在原局弱而失令，所以只有行官杀大运时，癸水才能发挥双重作用，命主有官杀运则成材，无官杀运则为一平常人。

命主青少年时期三步大运，丙辰、乙卯、甲寅，均为印比生身为忌，所以必定少年家贫，没有机会完成学业，早早开始工作谋生。

24岁甲寅大运，甲寅为印星，为单位，因为甲寅生身为忌神，所以工作单位必定不好，但原局癸水冲克丁火可以发挥作用，所以此运能有工作。但印旺、身旺，比劫旺强，必定是体力劳累的工作，实际是工人。

1992年、1993年壬申、癸酉年，财官两旺，官杀透出克身形成喜神组合，故而这两年开始在工作上必有好的变动。实际这两年在工厂当中因工作出色，由工人转身工段长，开始管理工作。

1996年进入癸丑大运，癸水七杀在大运丑中得根，癸杀克日主形成大运喜神组合。大运喜神组合引动原局癸水七杀喜用，必定有官贵层次上的上升与跨跃，实际此运命主在企业改制当中升为厂长。

癸丑运，七杀当运得根，形成大运喜神组合，当得功名。对于一个三十多岁的成年人来说，功名就是职务，成为厂长。功名也代表学业，此时命主工作之余不断进修，参加党校学习，并学习企业与经济管理，完成本科学业的在职培训，获得本科学历。

壬子大运，壬水正官能根坐支本气，干支一气当旺，功名显达之运。此运企业大发展，命主级别在此运达到厅级，从企业管理者顺利过渡成为政府官员，成为市长，并在此运当中获得在职研究生学历，同时通过进修，获得经济管理类博士学位。

这个八字，显示一位草根在三十年的改革大潮当中，凭借实干，再加上机遇与自身运气而实现富贵双全的过程。学历从中学到博士，时间段跨越了三十年时间。

这样的八字，只有通过原局喜用组合，再结合大运，才能正确断出命主可能达到的官贵程度与学历程度，他的学历与官贵是息息相关的。这些信息，如果只分析原命局是分析不出来的。

所以分析一个人的富贵层次、学历高低、取得学历的时间段，只看八字原命局是不全面的，必须要原命局结合大运来进行分析。少数八字，不但要结合大运，还要结合现实情况，对关键时间点的几个流年也要分析，才能得出正确的结论。但一般来说，分析学历高低，主要是原命局结合大运来分析。

这个八字能成为高官，获得高学历，最重要的原因就是癸水七杀在原命局具有双重用神的作用，并且这种双重用神作用在大运当中得到实现，也就是五行平衡与调候平衡同时被大运引发而实现。并且大运只形成一种组合，就是干支一气的喜用组合，其中并没有夹杂其他的忌神组合来干扰，喜用组合纯粹有力，这是命主富贵与学历层次能实现飞跃的重要原因。

第五章　事业官贵析断点窍

第一节　事业官贵析断要点

过去古人所定义的官贵，主要是指在朝廷为官，官职的品级越高，贵气越大。

在过去对八字的分类中，有富贵贫贱之分，其中的"贵"，就是指官位的等级，其实质就是指由朝廷所确认的社会地位。

到了现代社会，"贵"字仍然主要指一个人在政府中当职或兼职的等级，比如厅局级是中级干部，省部级就是高级干部。

但现代社会，事业与官贵有了更广泛的含义，除在政府部门做公务员以外，在国企、民企、合资企业、外企当中任职，也会体现出一个人在事业上的成绩与管理能力。企业当中也有基层、中层、高级管理职务的划分，这种层级，也体现一个人的官贵等级。

另外，个人创办公司、企业等，成为个体、私营企业的老板，管理自己企业内的职员，这种管理能力与在社会当中的正面效应的声望、名气也会体现一个人的"贵"的等级，当然这种个人财富最主要的是体现"富"的等级。

在八字当中，最直接体现一个人事业功名的就是官杀。所以，与官杀有关的组合的喜忌，以及喜忌神的力量，喜忌神的生源长度、喜忌神的制化力量，以及行大运时对前述情况的引发，就成为决定一个人在事业官贵上取得多大成就的重要因素。

财星是生官的，所以财官之间的喜忌组合还与人的财富有关；官星是生印的，印为权柄，所以官印的组合决定一个人权力的大小，官印俱全而发挥喜神作用是掌实权之人；食伤是克制官杀的，食伤与官杀的组合会产生权威与牢狱的矛盾；官杀是克比劫的，官杀与比劫之间的喜忌组合决定一个人是一生碌碌无为还是官运亨通。

所以，事业与官贵，表面看起来，简单说起来是看官杀，其实是看整个命局中所有其他十神与官杀所形成的组合，看这些组合对日主的向背，这是决定命主有无事业与官贵，以及事业与官贵能达到何种程度的决定因素。

事业官贵点窍之一：

与官杀有关的组合，决定人的贵贱。

与财星有关的组合，决定人的贫富。

官、杀，不论是喜神还是忌神，是喜神时能在合当中起到喜神作用，并且在组合当中不受伤，同时旺相有力；是忌神时，它在组合当中受制，并且衰弱无气。这种组合情况，在大运得到引发强化，就一定会有官贵。反之，就不会有官贵。

财星的看法与官杀一样，不论是喜神还是忌神，是喜神时，能在组合当中起到喜神作用，并且在组合当中不受伤，同时旺相有力；是忌神时，它在组合当中受制，并且衰弱无气。这种组合情况，在大运得到引发强化，就一定会富有，反之就会贫穷。

看命主是否具有官贵信息，主要根据原命局的组合来看，原命局中有官贵信息，逢岁运引发才能兑现，如果原命局中不具有官贵的信息，而某个流年的组合好，也会偶有昙花一现的情况，难以持续。

有一种说法，喜用为财官，财官越旺越主富贵，这种说法表面上看起来是对的，但实质上这种表述是有严重缺陷的。因为喜用为财官，但财官在原局或大运流年的干支组合当中，不一定起到喜神作用，很多情况下，会因为位置或合冲刑害的作用，在组合当中会起到忌神的作用，在这种情况下，财官越旺，不但不会有富贵，反而会贫困，甚至产生各种灾祸。

判断八字的事业与贵贱，除了以上核心原则，还要分析判断喜神与忌神的旺衰程度，强弱程度，受生扶帮的程度，受克泄耗的程度，这些程度的判断，是区分富贵贫贱层级的重要依据。

有官位的组合：
官为用神，旺或得生，有官位
伤官为用，伤官伤尽，有官位
官为忌神，弱或受制，有官位；
官为忌神，旺有印性转化而不克身，有官位
官为忌神，旺而有制、化，有官位；
官为忌神，在命局中不现，有官位。

无官位的组合：
官为用神，弱或受制，无官位；
官为用神，旺但受制，有官不长；
官为忌神，旺而无制，又无印星转化，无官位
官为用神，在命局中不现，无官位。

事业官贵点窍之二：

　　官贵与工作、官运、诉讼、牢狱、伤病等情况，基本都是与官杀有关的喜忌组合。

　　在组合当中，官杀起到喜神作用，或者在组合当中官杀忌神受制，就会体现工作、升职、当官、有官运等信息。

　　在组合当中，官杀起到忌神作用，或者在组合当中官杀喜神受制，就会体现口舌是非、官司、牢狱、意外灾难等信息。

　　因为官杀这种在组合当中喜忌转换的特性，所以一个有官的人丢官甚至因职务犯罪坐牢，基本上都是官杀为喜用时，先行官杀大运而当官，因为官杀为喜用，财生官形成喜神组合，所以会在做官时财运亨通，必然得财，也必然以各种手段敛财，而当官杀运一过，官杀弱而受制，同时身旺无制时就会引起官灾。或者官杀为忌神原局有制，行制官杀的大运时官运亨通，可一旦过了制官杀的大运，大运之字克伤制官杀的字，导致官杀无制，官杀攻身为忌，就会因为过去做官时得罪人过多或者犯错过多，而受到官杀代表的法律克身制裁，丢官或坐牢。

在实践预测当中，一些有官贵的八字是同时带有牢狱之灾的，作为一名专职预测师，对引起这种情况的命理组合一定要做到心中有数。

1. 扶抑格官贵的看法

原命局当中，比肩旺，而又不从强，原命局有官杀，大运再有官杀，必定有官。

原命局当中，比肩偏弱，官杀出现，但官杀衰弱或在组合当中受到克制，行运再克制官杀，必定有官。

2. 从格官贵的看法

从比格：局中无官为官，或弱而受制为官，从比格走官杀运不论虚实皆凶。

从印格：有官为大贵，无官小贵。从官格，官杀为用旺而逢生为官。

从儿格：局中无官可为官，局中有官，而与食伤不作用可为官，但易发生官灾。

从才格：官不泄才。为官，官泄才也可为官，但因财致祸。

3. 无官贵（官灾、牢狱）的看法

（1）扶抑格的看法：

局中身弱，官杀旺而逢生，无官且易有官非，局中身旺，用官不见官，或官弱而受制无官且灾。

（2）从格的看法：

从强格：局中有官，到岁运官星不受制时无官且灾。

从官格：局中有食伤，无官，岁运引发易发生官灾。

从才格：官不制身反泄才凶。

事业官贵点窍之三：

在具体分析时，一般以官杀星看有无官运和工作优劣，印绶看工作单位大小和实际权力，财星看收入多少，食伤看表现和才干，比劫看人脉，也就是人际关系。

从八字组合看事业：

1. 杀印相生，伤官伤尽多为武职，一般在军警或执法单位工作；

2. 正官清纯，官印相生，一般在党委、政府、人大、政协工作；
3. 食伤生财，身财两停，一般从事工商贸易；
4. 日干旺，食神吐秀，一般从事文学、艺术、技艺等工作；
5. 日干旺，财星轻，一般从事工程、制作等工作；
6. 日干旺，比劫多，多数是自由职业，因为不服人管束；
7. 财官双美，是理财高手；
8. 七煞为用有力，多做开拓性的事业，从政从商都是奇才。
9. 根据比肩、劫财、食神、伤官、偏财、正财、七煞、正官、枭神、正印等十神的特性来分析推断一个人事业的方方面面。

从旺衰喜忌看事业：

1. 日干偏旺，官杀为用，旺而逢生，受生越大官越大，事业也越好。反之，官杀为用，衰而受制，受制越大越无官，事业坎坷波折多；
2. 日干偏弱，官杀为忌，衰而受制，受制越大官越大，事业也越好。反之，官杀为忌，旺而逢生，不仅无官，还要谨防官灾；
3. 日干偏弱，印星为用，官杀生印，印绶和官杀越旺官越大，事业成就也越大；
4. 日干从旺，八字无官杀，一般为官命，特殊情况下不是官命，原因是八字组合不佳；
5. 日干偏弱，伤官为忌，原局印绶有力制伤，官命；
6. 日干从弱，官杀为用，财官相生，食伤不制官杀，为官命，财星和官杀越旺官越大，事业成就也越辉煌；
7. 日干从弱，财星为用，无官杀泄财，是官命；
8. 日干从弱，食伤为用，无官杀，是官命；
9. 日干从旺，八字不见财星，官杀，原局食伤有力泄身为用，不受印绶克制，为大官命。

第二节 各等级官贵八字实例详解

本节的实例，从普通人开始，到基层官员，再到高级官员，从官贵不同的等级当中，可以体悟到与官杀有关的组合是如何作用的。

例一：普通工人

乾造： 丁未　甲辰　丙午　癸巳
大运： 癸卯　壬寅　辛丑　庚子　己亥
岁数：　3　　13　　23　　33　　43
年份：1969　1979　1989　1999　2009

日主丙火生辰月失令休囚；丁未、甲、丙午、巳，这六个字为生助日主丙火一党，未土因为是丁火的中气根而成为日主一党。

日主偏旺。

因为这个八字当中癸水七杀透干，所以看事业就看与癸水七杀有关的组合。

日主偏旺，癸水紧贴克丙火，就是喜神，这个癸水就代表命主的工作，也代表他的工作能力与事业情况。

癸水通根辰土，这是一个隔柱的余气根，力量微弱，再加上地支巳午火连气，午火紧贴生辰土，辰土受生而干性增加，对辰中癸水不利，所以这个辰中的癸水是受伤的。再看天干组合，丁火忌神通根未、午，比较有利，丁癸相冲，丁火起到较有力的耗癸水的忌神作用，丁火因为有未午巳为根，有丙火为党众，力量强过癸水，所以丁癸冲战的结果就是癸水喜用受伤。

癸水七杀喜用在原命局干支都受伤，就说明命主的官贵之气受损，难有官运。

原命局火土两旺，丁未、辰、丙午、巳火，火土党众占六个字，火旺生土，而土五行是食伤，是忌神，忌神非常强旺，食伤克官杀，而喜用官杀在原局衰弱受伤较重，这是先天不足，难有官贵了。

但癸水七杀出现，出现就代表有工作；而丙丁比劫透干强旺，比劫强旺，就说明性格耿直，丁火劫财强旺代表操作，说明是有工作单位的体力劳动者。

食伤为忌神而强旺，食伤是财源，为忌说明不富有。

原命局癸水七杀官星衰而受伤，而且还没有金五行财星出现相生，"财官"二字对这组八字来说是喜用神，但财星不现，官星无源，所以难以富贵了。

综合以上，可以推断，命主是个普通人，是个有工作单位的体力劳动者。

实际，命主是在国有企业上班的工人。

命主到了庚子、己亥大运，原局七杀癸水临大运旺地，也不会有官运，但工作情况与财运会因为企业的壮大与效益提高而变好，工资收入增加。

原因是，子运子未相害、子辰半合、子午相冲，未、辰、午三个字作用到子水上，而地支没有申酉财星通关，所以这个子水仍然受制，不会有官运。

亥运，原命局甲木通根运亥，甲木印星化官生身，起到的是忌神作用，形成忌神组合，所以这个化官生身组合就是没有官运。

实际命主所在国企在2000年以后十几年借助国家政策而效益很好，这是个国企垄断的时代，命主的工资、保险等各项待遇得到提高，但仍然是一名普通工人。

如果命主要像有些人那样，从一名工人成长为管理者，甚至成长为企业家，原命局当中一定要有财星出现才行，原命局地支必须见申金或酉金，形成财星化泄忌神食伤而生助官星的流通线路，官星有生源。只有具备了这样的原命局的基因组合，到大运财星透干生官引发时，才可能有官运，从普通人晋级到官贵阶层。但本八字原命局癸水弱，余气根也微弱而且受损，干支都受伤，又没有财星为源相生，先天基因不好，这样的组合，后天大运也生扶不起来。

例二：政府部门普通工作人员

乾造： 癸丑　甲子　癸未　辛酉
大运： 癸亥　壬戌　辛酉　庚申
岁数：　4　　14　　24　　34
年份：1976　1986　1996　2006

日主癸水生子水，当令通根本气；癸、子、癸、辛酉，五字一党；日主偏旺。

坐支未土七煞同柱克身为喜用。

辛酉生癸水，印生身为忌，未克癸为喜；有印有杀，印生之气聚于日主癸水，而七杀克癸水构成喜神组合；断其为公职人员。再看未土为七杀，断其工作单位是执法部门；再看天干辛癸甲一气连气，甲木为伤官为喜神为财源，断其单位是与钱财的执法有关，不是工商就是税务部门；再看甲木紧贴日主泄身吐秀为喜用，甲木伤官主技术，断其是做技术工作的。

对方反馈是在税务局上班，负责网络方面的工作。

未土七杀为官星为喜用，2003年是辛酉运癸未年。大运印星生身为忌，但原命局组合好，辛酉、癸、甲连生，有甲木泄身，所以辛酉的忌神之力被甲木泄掉，甲木是技术，所以此人以技术立足。癸未年，未土七杀克癸水，喜神组合，断此年有提升，能做管理工作。实际此年命主被提升为网络技术部门主任，虽然没有什么级别，但毕竟能管几个人了，体现了未土的喜神作用。

原命局丑酉俱全，遇巳火有可能成三合金局，所以关注2001年辛巳。

2001年辛酉运辛巳年，大运酉金当旺，大运与流年辛金透干，流年巳火出现，地支巳酉丑三合金局。三合印局生身为忌，身旺必破财。金局当中，丑土被酉金所化，化官生身为忌，官为忌神主口舌是非，断其此年有口舌是非破财。实际此年骑车撞伤别人，打官司赔钱近二万。印星为车，应印星为忌神之不利。因为此年局中未土无伤，未克子与癸，日主虽逢金局生旺，但仍有制约，所以日主没灾，只是印星合金局生身为忌，因车撞人而破财。

例三：普通职员，基层管理

乾造：丁未　癸卯　丁丑　辛亥
大运：　壬寅　辛丑　庚子　己亥　戊戌
岁数：　3　　13　　23　　33　　43
年份：1969　1979　1989　1999　2009

日主丁火生卯月，得令旺相；两丁火以未为根，故丁未、卯、丁，四字为一党；未、癸、丁、辛、亥，五个字是克泄耗日主一党。然后看组合，卯木当令，卯未合克，未土受制，则未中丁火旺相，己土受克，地支亥生合卯，亥字不克丁火；卯木当令，地支亥卯未三合拱木局，使亥未两字成为丁火一党。

日主偏旺。

日主偏旺，则印比生助为忌；官杀克身为喜，财星耗身为喜。

原命局当中癸水七杀透干，紧贴克日主，说明日主会有官职，这是因为七杀官星紧贴日主起到了喜神的作用。但官职不会高，只会是基层职务，原因是癸水坐卯木，被卯木忌神化泄而减力；再者，局中亥水官星，卯未形成亥卯未三合，形成印星组合，这个亥水成为忌神组合中的一员，没发挥出官星的喜神作用。通过这两点，可以知道，命主的原命局组合会有官职，但官在旺衰程度与组合上不得力，官职不会高，只会是基层管理职务。

原命局官印俱全，印为单位，官星为职务，说明命主在政府部门工作，职务是普通工作人员。

庚子运，原命局癸水七杀得根，这是个喜神组合。但地支子卯刑生，卯木泄掉部分子水之力，这是个忌神组合。大运七杀喜神出现，喜忌组合并现，说明此运不会有大的官运，流年组合得力时，会有小小的职务提升。所以，大运组合对原命局的引发，决定命主的官贵等级能否实现飞跃，这个喜忌相杂的组合，说明难以产生飞跃。

庚子运乙亥年，流年乙木印星为忌，但乙木出现逢庚合克，这是忌神出现受制的组合。乙为印星，为权柄，为忌神，受制就是得到权柄。亥子丑地支三会，透癸水，癸克丁形成喜神组合，利官运，主掌权。所以，这一年会有职务的提升，因为乙木忌神先出现，所以先有不利，而后庚合乙，所以最终因为庚财而不利变有利。

实际，命主上班后为普通职员，此年工作部门有提职名额，但命主资格不够，所以给领导家送礼表态，最后顺利升职。

例四：普通公职人员

乾造： 庚子　辛亥　丙戌　壬辰
大运： 己亥　戊戌　丁酉　丙申
岁数： 8   18   28   38
年份： 1978 1988 1998 2008

日主丙火生于亥月，失令；丙戌同柱，戌中丁火帮身，丙通根同柱戌中丁火，因为这一点根气的存在，日主偏弱而不从。

壬水七杀克身为忌；壬水通根亥，亥为忌；辛亥同柱，辛金生亥为源为忌；庚子、辛亥邻柱紧贴连气，都起到忌神作用。

戌土冲辰，克辰中癸水官星，克壬水七杀，所以在原命局戌土为喜用。因为戌生于亥月，亥子连气，子辰半合，所以辰土水库湿性很重，戌辰相冲令戌中丁火受伤，日主的根受伤，抵抗官杀与食伤克泄的能力就非常弱，官贵之气就没有了。

原命局官杀当令而旺，戌土食神有制杀的作用，但制杀之力较弱，制杀之力体现为有工作，制杀主功名，主学习成绩较好，制杀之力弱，说明功名等级低，只能得到工作与基层管理职位。

戊戌运，戌辰相冲，辰中癸水与透干壬水官杀得制，所以此运利学业，可以上大学。实际命主大学毕业。

戊戌运，官杀癸壬有制，制杀得杀，从事公职。

1996年戊戌运丙子年，大运戌辰相冲，使原命局辰中癸水，透干壬水，地支子水受制，形成喜神组合。但天干庚辛财星化戊生壬，是不利的组合。流年丙火出现，丙辛合克，辛金是亥壬七杀忌神的源头，所以辛金被丙合克，是个利于工作的喜神组合。断此年工作上会有好的变动。实际此年岗位变动，比以前好了很多，相当于升职了。但这不是官运,而是职务变得比以前好了。

这个八字,原命局官杀为忌,而印星不现,不能化杀生身,所以不会有权力。七杀为忌,食伤制杀也可有官,但原命局地支戌辰相冲,使日主丙之根丁火受重伤,所以食伤制杀这个组合只能让日主有稳定工作,不能再让日主有官职了。如果日主丙火能在地支有一个不受伤的中余气根,原命局当中食伤制杀的组合,在大运被引发后,日主就能有官职。

例五:升职与结婚

坤造:己酉　丁丑　辛亥　丁酉
大运:戊寅　己卯　庚辰　辛巳
岁数：　2　　12　　22　　32
年份：1971　1981　1991　2001

此八字日主偏旺,印星中和,宜取杀制比为第一用神,财星为喜神。忌印比,食伤为中神,但不宜在天干。

1995年乙亥年,流年干为喜用,流年支食伤有路线盗泄日主,有路线生用神财星乙木,没有路线克用神丁火。流年干乙木可以合住大运干忌神庚金,而庚金合不住乙木,命局辛金也无权冲克流年干用神乙木,乙木也有权克命局年干印星己土,印星为忌所以克了忌神就会得到忌神方面的好处,自然就会得到好工作,或者说在工作方面有好的变化。多有走动变动之事,工作方面有好的转化。

反馈:此年升职。

如果命局五行和大运五行能够反克高层次五行,那么乙木用神受伤,此年会有灾。

1996年丙子年,流年干正官天星透出合日主,流年支为食伤子女星,又流年支与命局形成亥子丑三会局,牵动了夫妻宫,所以会有婚姻、子女方面之事。正官星合日干,又逢天喜照命,在命理上此年应有动婚之事,不然也有男女情事或生子之事。

反馈:此年结婚。

例六：武装部长

乾造：壬寅　壬子　癸未　辛酉

日主偏旺，接近太旺，用神为木，命局寅木用神旺相，所以五行用神得力，但调候用神不现，也无通关用神，所以用神层次只能是第三层次，命主只能是小富小贵之命。
原命局官、印为主，所以主贵，因此判断是个小贵之命。
实际是某镇武装部长。

例七：银行行长/电视台台长的官司

乾造：丁亥　庚戌　庚辰　庚辰
大运：己酉　戊申　丁未　丙午

原命局枭神多的也有遭官司的隐患。辰多斗诉，犯口舌。
笔者在预测当中，遇到上述八字相同的两人，这两个人又是同学，其共同点都是公职，一个是银行行长。一个是电视台台长。
行乙巳大运，辛巳流年，都遭官司。
银行行长，辞职不干，电视台台长，被判刑。
辛巳流年，干给日主加力，支给官方加力，遭官司。

例八：政府官员

乾造：丁亥　甲辰　癸酉　丙辰
大运：癸卯　壬寅　辛丑　庚子　己亥　戊戌
岁数：　7　　17　　27　　37　　47　　57
年份：1953　1963　1973　1983　1993　2003

辰土当令而旺，丁、辰、丙辰，火土四字一党，克泄耗日主者旺强，故而日主偏弱。

印比为喜用。

两辰合酉，酉生癸，酉在坐以紧贴生日主，印星化官生身，形成原命局喜用组合。

官印起到喜神作用，命主必有官。

看大运，37岁以后，辛丑、庚子二十年大运，印星透干化官生身，为一生官运最好时期。

实际此人为市政府官员。

例九：政府官员

坤造：辛卯　庚寅　辛丑　庚子
大运：辛卯　壬辰　癸巳　甲午　乙未　丙申
岁数：　10　　20　　30　　40　　50　　60
年份：1960　1970　1980　1990　2000　2010

日主辛金失令而党众，故而偏旺。

地支子卯相刑，卯寅紧贴连气，食伤生财，财星寅木贴丑克印为喜用。

寅中丙火为正官，当令而旺，不透，透出之时财官相生必有官职。

此命印星有制，财官为喜用，必是公职人员，必有官职。

大运巳、午、未走南方运，流年透出木火时必有提升。

实际命主为政府官员。

例十：官运坎坷的县长

乾造：甲戌　庚午　丁卯　庚戌
大运：辛未　壬申　癸酉　甲戌　乙亥　丙子　丁丑　戊寅
岁数：　5　　15　　25　　35　　45　　55　　65　　75
年份：1938　1948　1958　1968　1978　1988　1998　2008

丁火生午月，党众而强，日主偏旺。

原局财星庚金为喜用。

大运见干支官杀克身,行官运,必有官职。

青年时期,癸酉大运,财杀相生,杀制身为喜用。

中年时期,甲戌运因时代原因行印星生身忌神大运,事业官途受挫。

乙亥大运后期,到丙子大运,亥子水官杀当运而旺,再度为官。

实际命主年轻时候入伍,退休前为县长。

例十一:政府官员,伤灾、打胎、提职、买房

坤造: 丁酉　乙巳　庚辰　戊寅
大运: 丙午　丁未　戊申　己酉　庚戌
岁数:　11　　21　　31　　41　　51
年份: 1967　1977　1987　1997　2007

日主庚金,巳火七杀当令而旺;丁、乙巳、寅,木火一党党众而强,官杀旺;日主偏弱。

坐支辰土与天干戊土印星生身为喜用。

巳中透戊,巳、戊、庚、巳、辰、庚,这两个组合都是化杀生身的喜神组合。这个原命局的组合,主从事公职并会有较高官职。

戊申、己酉、庚戌三步大运,都是印比生身大运,利仕途,必一路升迁。

实际命主是政府官员。

原局寅乙同党,乙不透,寅木一个,被巳火月令刑伤,1992年戊申大运壬申流年,两申冲寅,寅木受伤,主有伤灾。

实际此年命主脚被车压伤,住院一个多月。

对女命来说,食伤为子女。此命癸水食伤在辰中,而辰生巳火,又有寅巳相生,巳辰紧贴,巳火生辰土,所以辰中癸水受伤。依此推断其头胎孩子难以保住,多有流产之象。

命主反馈,头胎没要,打胎了。

1995年戊申运乙亥年。流年亥冲巳,巳火官星逢冲而动。断其工作变动。实际此年调动工作了。

1997年己酉运丁丑年，地支巳酉丑三合金局，形成巳、丑、酉连生，这个金局的源头是寅木，而且金局劫财旺必耗财。断其此年耗财，但有官运。实际这个为工作的事送礼，这年官职提升。

1999年，己酉运己卯年。流年卯克辰，财克印，财星为忌主耗财，印星为房子，所以断这年买房花钱。而大运酉卯相冲，这是卯财为忌而有制，所以不是破财，而是花钱变成房子。实际1998年、1999年命财运很好，1999年买了房子。

例十二：企业官员，调动、升职、伤灾、手术、辞职、承包办厂

乾造：辛丑　己亥　乙卯　丙子
大运：　戊戌　丁酉　丙申　乙未　甲午　癸巳
岁数：　 5　 15　 25　 35　 45　 55
年份：1965　1975　1985　1995　2005　2015

日主乙木生亥月当令旺相，地支亥卯相生，子卯相生，乙卯通根本气，日主偏旺。
天干己财、丙火伤官透干，泄耗日主为喜用。
天干辛金七杀冲克日主为喜用。
天干丙己辛在位置上连生，食伤生财再生杀形成喜神组合，这是一个与经营有关的、有官职的组合。
辛乙隔位相冲，丙辛遥隔相合，所以辛乙因为距离近而先发生作用，并主导作用结果。辛金七杀为喜用，命主必有官职。

1990年，丙申运庚午年，大运流年庚申一气，庚合乙，官星合日主必有工作变动。实际此年工作调动，由在船上工作调到政府部门任职。

1991年，庚申运辛未年。丑中辛金透干，冲克日主，形成喜神组合。七杀为领导力，故断其此年有官职提升。实际此年由副主任提升为正职。

1993年，丙申运癸酉年。原命局丑中癸水透干，子中癸水也透干，地支申亥相害，申子半合，申亥子丑癸一气相连，气聚癸水，癸水化酉生身为忌，这是癸水印星化官杀旺身，形成忌神组合，忌神组合生源悠

长，必应官杀之灾。再加上地支酉卯相冲，卯木因冲而旺动，因为癸水以申亥子丑为根而化泄酉金生身为忌，所以这个酉冲卯不是克卯，而是冲动卯木，七杀冲动日主之根，必主日主有伤灾。天干癸水化辛杀而生日主乙木，辛乙相冲，也主伤灾。断此年日主必有较大伤灾。实际此年命主因口舌打架，头部被砍伤，死里逃生。

此年原局辛金在流年得根而旺，冲乙木日主，七杀为工作，日主受冲，所以还会有工作变动。实际此年因受伤而调动了工作。

1995年乙未运乙亥年。亥水当令，地支亥卯未三合，干透乙木，三合木局成功。原局日主身旺，现在三合木局旺上加旺，必有灾，比劫必克财。未土受克，未为财星，喜神受克伤被合化，必破大财。三合木局，乙木透干为忌，乙辛相冲，辛在年干，为肺及呼吸系统，故必有这方面手术之灾。实际命主此年命主喉部肿瘤手术，割去部分声带。

2001年乙未运辛巳年。流年组合辛巳同柱，原局丙通根巳火，丙合克辛，这是七杀官星受合克，主失去官职。而丙巳伤官泄身生财，主求财。故断其此年会辞职经商求财。实际政府内部改革，搞承包经营，命主辞去职务，承包了养殖场。

例十三：升职与降职

乾造：辛丑　庚寅　戊子　壬子
大运：己丑　戊子　丁亥　丙戌
岁数：　7　　17　　27　　37
年份：1967　1977　1987　1997

日主戊土生寅月失令处死地；寅木七杀当旺，寅、子、壬子四字同党，财杀旺。

日主偏弱。

财杀克耗日主为忌神。寅木七杀为忌神，但寅中藏有丙火，这是有印，所以当大运丙丁印星出现，能化官杀生时，命主就有机会体现官理能力，就能升职。但因为原局印星不现，所以原命局组合确定命主后天即使出现印运，也不会有高的官职。

1987年丁亥运丁卯年，流年与大运组合卯合亥，流年与原局组合卯刑泄子水，气聚卯木，而后卯上透丁火，丁火化卯生戊，这是一条化官生身的生克线路，主利工作。实际此年工作职务有提升。

1989年丁亥运己巳年，流年地支巳火刑泄原局寅木七杀，而后巳中戊土透干到原局日干，这个线路是巳火化杀生身，主有提升。地支巳亥相冲，冲主动。所以此年有工作调动升职。实际此年命主升职。

1998年丙戌运戊寅年，大运丙戌，丙火通根原局寅木，化杀生身，是个喜神组合；日主戊土通根运戌，增力，是个喜神组合。流年戊土出现受生，所以看起来有升职的希望。但流年组合戊寅同柱，寅木七杀克戊土为同柱紧贴相克，这是个忌神组合。所以断此年想调动但调不成，而且还不利工作。实际此年因工作出了点错，结果被人反映了，职务反而降级了。这就是流年组合使原局忌神寅木发挥作用的缘故。

例十四：有过官司的官员

乾造：乙巳　戊寅　丙午　辛卯
大运：　丁丑　丙子　乙亥　甲戌　癸酉
岁数：　6　　16　　26　　36　　46
年份：1970　1980　1990　2000　2010

日主丙火生寅月旺相，通根寅木中气根；乙巳、寅、丙午、卯为一党，日主偏旺。

戊土食神化泄偏旺丙火日主，生助财星辛金，所以戊、辛为喜神。原局乙木印星透干，紧贴克戊土生日主，乙木为忌神。

原局日主偏旺，食伤与财星透干泄耗日主，但官星不现；因为原局喜神官星不现，所以日主先天组合并不好，如果行财官金水大运，日主才能有官职，但因原命局组合不好，只能是基层管理职务。

原局印星生身为忌神，所以如果组合不好的话，形成印星化官生身的组合，就很容易产生官司。

1994年，乙亥运甲戌年。大运与原局形成喜忌两种组合；亥水冲克原局巳火，这是个制忌神的喜神组合；但亥寅合，亥卯合，形成七杀生印的忌神组合，印星寅卯化杀生旺身，主容易出是非官司。流年甲戌，甲木通根亥水，甲木化亥而生丙火日主，此年必有官司。但因为有亥冲巳的喜神组合在，所以有救应，会有处罚，但不会是牢狱之灾。

实际1994年命主因经济问题被检察院调查，最后因问题轻微与免于起诉。

2001年甲戌运辛巳年。戌中辛金透干，引动原局辛金喜用，辛冲克乙木，乙木印星忌神受冲克，主有好的变工作动。

实际此年命主升职。

2003年甲戌运癸未年，流年癸水官星出现，地支戌未相刑，戊土食伤被引动，戊癸合，主此年工作有变动。因为戊土增力，泄日主而生辛金，所以利财运。但癸水无根，官星被合，也升不了官，工作调动难免。实际此年工作平级调动，但权力大了很多。

例十五：升职

乾造：　丙午　　壬辰　　壬戌　　庚戌
大运：　癸巳　　甲午　　乙未　　丙申　　丁酉
岁数：　2　　　12　　　22　　　32　　　42
年份：　1967　1977　1987　1997　2007

日主壬水生辰月，月柱壬辰同柱，壬水通根辰中癸水，天干两壬连气，但因地支一午两戌冲辰，使辰中癸水受伤，所以日主偏弱。

丙午财星与戌土七杀为忌神，因为原命局杀为忌癸水受伤，故难有高官；因原命局庚印透干，庚通根戌中辛金，庚印化戌杀而生身，故而当逢申酉运时，能有点官职。

实际丙申运时，原局日主壬水通根大运申金，申金印星生身，此运升职做了部门主管。

例十六：校长

坤造：壬寅　庚戌　丙午　辛卯
大运：己酉　戊申　丁未　丙午　乙巳
岁数：　10　　20　　30　　40　　50
年份：1971　1981　1991　2001　2011

戌土当令，戌中透辛，庚戌同柱，庚通根戌中辛金，庚壬紧贴相生，所以，庚戌、辛、壬，四字为克泄耗日主一党，而且土金旺相，日主偏弱。

壬寅、午一气连生，化杀生身，形成喜神组合，日主必有官职。

行运丁未丙午，身旺任财杀，有官。

实际命主为一中学校长。

例十七：银行主任

坤造：戊申　甲寅　乙巳　辛巳
大运：癸丑　壬子　辛亥　庚戌　己酉
岁数：　1　　11　　21　　31　　41
年份：1968　1978　1988　1998　2008

日主乙木生寅月，甲寅乙三字一党，日主偏弱。

戊申辛，财官杀相生，七杀辛冲克乙，地支申冲克寅，这两个是忌神组合。

但巳火合克申金，巳火同柱克辛金，官杀有制，必有官。

实际命主是银行的部门主任。

例十八：国企部门经理

乾造：己未　癸酉　壬寅　庚子
大运：壬申　辛未　庚午
岁数：　9　　19　　29
年份：1987　1997　2007

日主壬水生酉月处相地受生；癸酉、壬、庚子，五个党众；日主偏旺。
己未官星克身为喜用。
地支寅木泄身为喜用。
寅中丙财星为喜用。
庚午大运，地支午火化寅合未，形成寅、午、未、己连生的组合，最后己克壬形成喜神组合，必有官职。而寅午未相生，是食伤生财再生官，所以工作会与经营或钱财有关。
实际命主是一国有企业的营销部门的经理。

例十九：国企单位业务经理

乾造：甲寅　癸酉　丁丑　庚子
大运：甲戌　乙亥　丙子　丁丑　戊寅
岁数：　3　　13　　23　　33　　43
年份：1976　1986　1996　2006　2016

日主丁火生酉月，失令休囚；甲寅、丁，三字为一党；日主偏弱。
印星甲寅生身为喜用。
丑酉子癸，食伤与财杀为忌神。
原局甲木透干，可以化癸水生丁火，化杀生身，所以日主有会官职。
但因为在位置上癸水忌神与日主紧贴，并且是冲克，所以，甲木印星只能化掉部分癸水之力，这也决定了，命主会有官职，但官职不会高，只会是基层官职。

日主丁火坐下丑土化泄为食神，所以命主的工作会与经营有关。
实际，命主在国有企业当中做业务经理。

例二十：市政府所属酒店总经理

坤造： 己酉　壬申　乙亥　乙酉
大运： 癸酉　甲戌　乙亥　丙子　丁丑
岁数：　5　　15　　25　　35　　45
年份：1973　1983　1993　2003　2013

日主乙木生申金失令受克；壬、乙亥、乙，四个字为一党，日主偏弱。
天干壬水印星为忌神，坐支亥水为忌神。
天干己土财星紧贴克壬水，形成喜神组合。
己酉年柱，财杀同柱相生，酉金七杀为喜神。
时柱乙酉，酉杀克乙木，酉金起到喜神作用，所以日主必定有官职，有管理才能。
财星相生，所以日主的工作多半与经营有关。
实际命主为市政府所属的酒店总经理。

例二十一：跨国公司海外分公司财务总监

坤造： 丁未　丙午　辛未　甲午
大运： 丁未　戊申　己酉　庚戌　辛亥　壬子
岁数：　2　　12　　22　　32　　42　　52
年份：1968　1978　1988　1998　2008　2018

日主辛金生午月失令处死地受克；辛未同柱，坐印受生；日主偏弱。
官杀丁、丙透干，通根两午，克身为忌神。印比为喜用。
观命主大运12岁后戊申大运，印比一气，生助日主，学业优异。
22岁以后己酉大运，己土印星通根原局两未两午，化官杀而生身，所以既有学业，又有功名，研究生毕业，进入跨国公司工作，并得到提升。

庚戌大运，戌印生身，日主辛金通根印土，地支戌合午，形成午戌辛官杀之气生身为喜神的组合，成为海外分公司的财务总监。

例二十二：工商局长，升职、妻子手术、自己生病

乾造： 甲午 壬申 庚子 戊寅
大运： 癸酉 甲戌 乙亥 丙子 丁丑 戊寅
岁数： 10   20   30   40   50   60
年份： 1963 1973 1983 1993 2003 2013

日主庚生申月，当令而旺，通根月令，申、庚、戊三字为一党，因党从少而偏弱。

甲寅午财官为忌神，壬子食伤泄身但制官杀，故与前例银行主任一样，都是与经济或钱财打交道的官职。

1983年乙亥运癸亥年，食伤当旺制官升职。

1992年、1993年壬申、癸酉年再度升职。

1998年，丙子运戊寅年，寅木财星忌神，透丙火七杀克身，此年妻子脑瘤手术。1999年，丙子运己卯年，卯克己，己为印星喜神，受克伤，破财，因面瘫住院治疗，己土主面部。另己土出现，原局年甲合己，也说明面部有病。

例二十三：副处级

乾造： 甲午 癸酉 辛卯 己亥
大运： 甲戌 乙亥 丙子 丁丑 戊寅 己卯
岁数： 3   13   23   33   43   53
年份： 1956 1966 1976 1986 1996 2006

日主辛金生酉月，当通根本气；酉、辛、己三字一党；在组合上，

天干己、辛、癸、甲一气连生，气聚甲木财星；地支组合，亥卯一党，冲酉金，午火紧贴克酉金，所以卯午一党在生克组合上占优势。

日主偏弱。日主偏弱，则己土偏印生身为喜用，己土通根午火，这是个必定有官运的组合，因为己土从午火七当中透出，化杀生身，起到喜神作用，就是官气通身，必有官职。

在这种午中透己的组合下，午火七杀也起到喜神作用。

从丁丑运开始，命主就开始不断提升；丑运丑午害，午气到丑，丑中透出己土，原局己土通根午丑二字，生身形成官气通身的组合。

戊寅、己卯运，天干戊、己帮身，地支寅卯生午火，午中透己可以化一部分七杀之力生身，有官运，但因为卯运卯酉相冲，冲耗日主，所以到卯运就难以再升职了，官运也就到头了。

因为原局己土为偏印，又与午火是遥隔通根，所以生身的力量有所减弱，偏印又主副职，所以命主这一生从事的大多是副职的工作，没担任过正职。

例二十四：国企贸易公司经理，处级

乾造：	壬寅	戊申	庚辰	丁亥			
大运：	己酉	庚戌	辛亥	壬子	癸丑	甲寅	乙卯	丙辰
岁数：	11	21	31	41	51	61	71	81
年份：	1972	1982	1992	2002	2012	2022	2032	2042

日主庚金生申月，当令通根本气；戊申、庚辰一党；日主偏旺。

天干壬水通根申金，化申生寅，这是食神生财，是个喜神组合，这样的组合，说明命主的职业多与经商、生产、财务、金融等钱财方面相关。

时干丁火与寅中丙火，都是喜神；尤其是时干丁火与日主紧贴，所以丁火官星克庚金日主是个喜神组合，说明命主会有官职，并有这个官职与经营、生产方面的管理有关。

实际命主是政府某厅级单位下属一家贸易公司的总经理，级别为处级。

例二十五：两位处长，八字相同，命运轨迹相近之中有差别

乾造： 乙酉　丙戌　甲戌　己巳
大运： 乙酉　甲申　癸未　壬午　辛巳　庚辰　己卯
岁数：　9　　19　　29　　39　　49　　59　　69
年份：1953　1963　1973　1983　1993　2003　2013

日主甲木生戌月，失令休囚；乙、甲两字互帮，党众少；甲、乙木无根，局中无印相生，而且乙木被酉丙两字包围，克泄交加；日主甲木与己相合，甲戌、己巳两柱生在丙戌月，甲己合化土；所以这个八字，甲木从弱。

火土泄耗日主为喜用，官杀克身也为喜用。水五行印星生身为忌神。原局酉金官星在年支，生于戌月，酉官旺相为喜用，原局组合丙戌酉连生，巳戌酉连生，所以官星酉金得用，当大运辛字透干时，必有官运，而且这样的八字，因为原局酉官得用，所以只要财星大运流年庚辛透干就能有提职，若逢辛运，则官运到达人生最高点。但因为原局辛金不透，所以命主的官职等级就难以达到高级官员。

实际相同八字的两位命主在辛巳大运，官职都达到处级，一位是法院的后勤处处长，一位是化工厅科技处处长，两人都有财权。而且两人的父亲都是早逝，两人的婚姻都是两次，只不过一位是先订婚后取消婚约，而另一位是与第一任女友同居后分手。

例二十六：安全局工作，处长

乾造： 戊戌　己未　辛卯　辛卯
大运： 庚申　辛酉　壬戌　癸亥　甲子
岁数：　10　　20　　30　　40　　50
年份：1967　1977　1987　1997　2007

此造财无原神，是不会去发财的，那印为忌受财制，印主文，必是从文的，财的意向不主钱，而主本事、能力，印又表示权力，故是去印

得官的命。戌运忌神印到位主升职，两卯合制，待流年冲其合为应期，故应癸酉年升（如一卯合制，必不应冲，两合有争之意，应冲一留一）。

实际，命主早年当兵，后从事文字或文化工作，1988年入政府做秘书，1993年提职，1998年又调升入安全局。

例二十七：副县长

乾造：庚子　己卯　甲辰　己巳
大运：庚辰　辛巳　壬午　癸未　甲申
岁数：　7　　17　　27　　37　　47
年份：1966　1976　1986　1996　2006

日主甲木生卯月，当令而旺；子、卯、甲为一党；在生克组合上，子卯相生，卯克己，卯克辰，甲克己，忌神己、辰有制，所以在组合上，日主一党占优势。

日主偏旺。财官为喜用。

庚金七杀透干，冲克甲木形成喜神组合，命主必有官。

庚金喜用坐子水，被子水化泄，所以子水是忌神，是不利当官的因素，制子水的是土，所以当走癸未运时，未克子，子水忌神受制，庚金七煞得以解放，庚冲克甲木的升官组合去病增力，所以此运必升官。

甲申大运，庚金得根，有官运，但地支申子半生合，申金泄点力，所以此运官职能到处级就不错了。

实际，命主2003年癸未运癸未年升为常务副县长。

例二十八：副县长

乾造：甲申　辛未　戊子　丙辰
大运：壬申　癸酉　甲戌　乙亥　丙子　丁丑　戊寅
岁数：　6　　16　　26　　36　　46　　56　　66
年份：1949　1959　1969　1979　1989　1999　2009

戊土生未月，当令而旺，未、戊、丙辰，为日主一党；日主偏旺。

子水财星在坐支耗日主为喜神，申金半合生子水为喜神，这两个喜神作用发生在地支。

天干辛金被丙火合克，不能起到泄日主的作用，也不能克甲木。

甲木七杀克日主为喜神，甲克戊的喜神组合，主命主有官职。

甲申同柱，伤官制杀组合，是个忌神组合，因为地支的伤官同柱克天干的甲木，让甲木七杀的官职受克，但这个忌神组合有救应，就是申子半合，子水泄申金，可以减轻申克甲的力度，所以在这个命局中，天干壬癸水，可以生助甲木七杀为喜神，地支亥子水可以化泄食伤而救甲木，所以水五行在干支出现的大运，对日主来说，是有功名的大运。

青少年时期，壬申、癸酉大运，财星化食伤而生七杀，七杀制身为喜，所以学业优异。

乙亥、丙子大运，地支亥、子水化泄申金，而生甲木，形成喜神组合；亥水通过甲木通根而相生，子水通过申子半生合而化申生甲，这两步运是命主中年时期有官运的大运。

实际，命主退休前职务为分管工业的副县长。

例二十九：县委副书记、政协主席

乾造： 戊子　甲寅　辛酉　庚寅
大运： 乙卯　丙辰　丁巳　戊午　己未　庚申
岁数：　10　　20　　30　　40　　50　　60
年份：　1957　1967　1977　1987　1997　2007

日主辛生寅月，失令休囚；寅木当令，子、甲寅、寅，水木四字为一党，泄耗日主一党旺强，则日主偏弱。

日主辛金通根坐支本气，有庚劫帮身为喜，有印星戊土生身为喜。

原局甲克戊组合，财星甲克印星戊，是忌神组合，不利事业；但此组合自带治病之"药"，这个药就是寅中丙火，所以只要在运丙丁透干，或支见巳午，就可以化寅甲而生戊，形成官星化财生印，而印透生身的官气通身组合，就会有官。

看命主大运,丙辰、丁巳、戊午,三十年官印大运,必有官职。

己未大运,50岁以后,官得不再出现,就难以再升官了。

实际,命主18岁以实干能力当上公社书记,之后一路升迁,并在县委副书记职位上待了二十年,退休前担任了四年县政协主席,虽然级别最高只达到处级,但在当地很有威信,是实干能力很强的干部。

例三十:副县长

乾造: 丙午　辛丑　戊寅　丁巳
大运: 壬寅　癸卯　甲辰　乙巳　丙午
岁数: 8   18   28   38   48
年份: 1974 1984 1994 2004 2014

日主戊土生丑月,当令而旺;丙午、丑、戊、丁巳,火土六个字为一党,日主偏旺。

七杀寅木在坐支紧贴克日主,成为喜用,说明命主必有官职。

天干辛金透干泄日主,但丙辛合克,印星克伤官,这是个忌神组合,丙火起到忌神作用。

壬寅、癸卯大运,壬、癸克丙丁火,财星制印,起到喜神作用,制印得印,青少年时期,印星主文,所以学业必定优异。

甲辰、乙巳运,甲、乙官星透干,克身形成喜用组合,走官运,必有官职。

实际,目前命主是县委副书记。

例三十一:市委副秘书长,处级

乾造: 戊子　甲寅　甲戌　甲戌
大运: 乙卯　丙辰　丁巳　戊午　己未　庚申　辛酉
岁数: 6   16   26   36   46   56   66
年份: 1953 1963 1973 1983 1993 2003 2013

日主甲木生寅月，通根月令，旺相；子、甲寅、甲、甲四字为一党，日主偏旺。

坐支戌土财星为喜用，戊土财星透干通根两戌为喜用。财星为喜用，则戌中辛金官星必有喜用，所以此造行财星大运与官星大运时必有官职。

实际，命主退休前是市政府副秘书长，处级干部。

例三十二：处级干部

乾造： 壬寅　丙午　戊寅　乙卯
大运： 丁未　戊申　己酉　庚戌　辛亥
岁数：　11　　21　　31　　41　　51
年份：1972　1982　1992　2002　2012

日主戊土生午月，受生处相地；丙午、戊，三字一党；壬寅、寅、乙卯，财官杀相生克日主；日主偏弱。

官杀克身为忌神，印星丙午化官杀寅卯木生身为喜用。

因为地支午火半合寅木，透丙生日主戊土，形成印星化官杀生日主的路线，所以日主必定有官职。

观命主行运没有干支一气的火土大运，所以命主有官，但不会有高级官职，也就是不会达到厅级或省部级的官职，最多在初级官职当中达到最顶峰，也就是可以最高达到正处级。

这个八字，己酉运就开始走有官运，因为午中己土透在天干帮身为喜神，己酉同柱，己生酉，酉金冲克卯木忌神，制官得官。

庚戌运，庚乙合克，制官得官，这是天干的喜神组合；日主通根大运戌土，得根，是喜神组合。所以这步运也就官运有利。

这个八字当中，起到作用最大的是丙午印星，但大运没有丙丁巳午运，所以一命二运，原局组合非常好，但大运一般，只是没伤原局丙午喜用而已，但原局喜用丙午并没有在大运临旺地，所以官职只到了处级，难以再上升了。如果有南方火运的话，可以达到省部级的高度。

实际，此人是政府工商部门的一位正处级领导。

例三十三：检察院院长

乾造：己丑　癸酉　丁巳　庚子
大运：壬申　辛未　庚午　己巳　戊辰　丁卯　丙寅
岁数：　6　　16　　26　　36　　46　　56　　66
年份：1954　1964　1974　1984　1994　2004　2014

日主丁火生酉月，休囚；丁巳同柱同党；癸酉、庚子财杀相生克日主，己丑泄日主，日主偏弱。

癸水七杀通根子水，坐下酉金相生，紧贴冲克日主为第一忌神。

己土食神紧贴癸水七杀，通根坐下本气根，紧贴克癸水，为制忌神的喜用组合；制杀得杀，得功名，必有官。七杀为险，制杀清晰的组合，就是在执法部门工作，与公检法有关的官员。

再看行运，26岁后走午运，身逢旺地，可担杀，开始提升。

36岁以后，己巳、戊辰大运，火土当旺，食伤制杀，开始担任领导职务，是两步走制杀得官的大运。

实际命主退休前为检察院院长。

例三十四：检察院检察长

乾造：甲辰　戊辰　戊戌　庚申
大运：己巳　庚午　辛未　壬申　癸酉　甲戌　乙亥　丙子
岁数：　6　　16　　26　　36　　46　　56　　66　　76
年份：1969　1979　1989　1999　2009　2019　2029　2039

日主戊土生辰月当令通根；辰、戊辰、戊戌，五个字为一党，日主偏旺。

甲辰同柱，甲木通根辰中乙木，甲木七杀克戊土，形成喜神组合，这个组合说明日主有做官的能力。

庚申时柱，食神泄身为喜用。

壬申、癸酉大运，财星壬癸透干，化食伤而生七杀甲木，形成食

伤、财星、七杀连生的组合，最终七杀克身而官气通身，所以这两步运必定有较高官职，较大权力。因为在组合中，庚申食神为七杀力量之源，所以命主职业必与执法有关。

实际，1999年命主提升，2005年再度提升，成为检察院检察长，手握实权。

例三十五：教委主任，副厅级职务

乾造： 己丑　丙寅　庚午　壬午
大运： 乙丑　甲子　癸亥　壬戌　辛酉　庚申　己未
岁数： 2　　12　　22　　32　　42　　52　　62
年份： 1950　1960　1970　1980　1990　2000　2010

日主庚金生寅月，失令休囚；己丑庚一党，党众少而偏弱；丙寅午午财杀一体连气，丙杀午官紧贴克庚金为忌神；日主偏弱。

午、丙官杀先克日主，官杀以寅木财星为源。

己丑印星生日主，地支丑相害，丑土化泄午火，透出己土，己土化丙生身，形成喜神组合；官杀先克日主，印星后化官杀生日主；日主必有官职。

印星起到化官生身作用，印主文，命主的官职与文化教育有关。

壬戌运，印星戌土当旺，戌丑相刑，印星增力。

辛酉、庚申大运，比劫帮身，身旺克财得财，财官两旺，一路官运非常好。

实际，命主退体前职务为教委主任，副厅级别。

例三十六：武警部队厅级领导

乾造： 乙未　壬午　甲子　甲戌
大运： 辛巳　庚辰　己卯　戊寅　丁丑　丙子
岁数： 10　　20　　30　　40　　50　　60
年份： 1964　1974　1984　1994　2004　2014

日主甲木生午月失令休囚；但乙、壬、甲子、甲，五个字一党，虽失令但党众多而强；乙通根未，乙克未，甲克戌，日主偏旺。

财星未戌相刑而连气，未克子，财制印组合，制忌神的喜神组合，制印得印，所以通过这个组合可以看出命主是公职人员。

戌中辛金正官，有未戌做生源，大运不透，流年也会透出起到喜神作用，所以命主必定有官。

再看大运，20岁以后庚辰运，财官相生，庚杀冲克甲木形成喜神合，必为公职，必会连连提升。

七杀起到喜神作用，多在执法部门工作。

丁丑运，丁火通根原局未午戌，化甲生丑土，地支丑未戌三刑形成财星制印喜神组合，此运为官职跃升之运。

实际命主是武警某部厅级领导。

例三十七：厅级官员

乾造：	戊寅	乙卯	甲辰	辛未			
大运：	丙辰	丁巳	戊午	己未	庚申	辛酉	壬戌
岁数：	8	18	28	38	48	58	68
年份：	1945	1955	1965	1975	1985	1995	2005

此命日干甲木偏旺。

月干乙木劫财为忌，时干辛金官星为用，月干乙木忌神临月令旺相，时干辛金虽不得令，但得辰未连珠相生不弱，为官贵之命。

但辛金与乙木相比力量还是稍弱，大运庚申、辛酉补起不足，官运连升，为厅级官员。

例三十八：二十年事业运，官至厅级

乾造： 乙巳　庚辰　辛卯　壬辰
大运： 己卯　戊寅　丁丑　丙子　乙亥　甲戌
岁数： 1   11   21   31   41   51
年份： 1965 1975 1985 1995 2005 2015

日主辛金生辰月，得令处相地；庚辰、辛、辰，四字为生扶日主一党；日主偏旺。

坐支卯木财星为喜神，卯中透乙合庚冲辛耗日主起到喜神作用。

卯中透乙，乙巳同柱，乙生巳，巳火官星有源，日主必有较高官职。巳中藏丙戊庚，丙克庚，就是喜神组合，利官运。

丙子大运，巳中丙火透于运干，丙合克辛金，此为官气通身，升官的喜用组合。

子运，地支子水出现，子卯刑生，子水食神之气到卯，卯透乙，乙坐巳，巳透丙，丙合日主辛，这就是大运升官组合的五行之气流动线路。实际此运升到处级。

乙亥运，乙木透运干，乙通根卯辰，合庚、冲辛、生巳，都是喜神组合。地支亥水虽冲克巳火，但有亥卯合，卯木化亥，再透乙生巳，再次形成喜神路线。此运财星化伤官而生官，官气通身，必定官职再升。实际此运官至厅级。

例三十九：地委书记

乾造： 戊子　癸亥　庚戌　丙子
大运： 甲子　乙丑　丙寅　丁卯　戊辰　己巳　庚午
岁数： 7   17   27   37   47   57   67
年份： 1954 1964 1974 1984 1994 2004 2014

日主庚金生亥月，失令休囚；戊、庚戌，三字一党；日主偏弱。

癸水伤官泄身为忌神，但天干戊土合克癸水，印星克伤官，忌神有制，印星起到用神作用。

戌中有丁火官星，丁、戊、庚一气相生，这是个在坐支紧贴的官气通身组合，所以日主必定有较高的官职。

因原局戊土通根戌，透干生身，所以火土官印透干，都可以形成官气通身的喜神组合。

命主一路行丙寅、丁卯大运，木气到火，丙透生土，土生日主形成官气通气，所以必定一路官职连升。

戊辰、己巳运，也是印星化官生的大运，官气通身，官运亨通。

实际，命主一直在政府部门工作，从基层开始一路四十年不断晋升，预测时官至地委书记，退休前级别达到副省级。

例四十：厅级官员

乾造：甲午　丁卯　癸酉　乙卯
大运：戊辰　己巳　庚午　辛未　壬申　癸酉
岁数：　7　　17　　27　　37　　47　　57
年份：1960　1970　1980　1990　2000　2010

日主癸水生卯月，失令休囚；癸酉二字一党；日主偏弱。

日主偏弱，则印比为喜用；天干印星不透，所以戊己官杀在天干出现时克身为忌神；而辰戌丑未官杀在地支出现时，因为癸酉同柱，酉金可以化辰戌丑未官杀而生身，所以地支的官杀成为印星的生源，故地支官杀为喜用。

20世纪90年代以后，命主走辛未大运，辛金印星通根原局酉，辛未同柱，辛金印星化未土七杀而生身，化杀生身而形成通气通身组合，此运必有官运。

壬申、癸酉，印比生扶日主，官职连气。

实际，日主退休前官职厅级。

例四十一：和珅八字，一品宰相

乾造：庚午　乙酉　庚子　壬午
大运：丙戌　丁亥　戊子　己丑　庚寅

此造金水伤官格，表示聪明绝顶，才华横溢，有官星、财星混局为病神，逢伤官去官，比劫去财，所谓去忌神时得忌喜，故能得官得财。行亥子丑北方水地，伤官去官，升为中堂。行入庚寅运，忌神午火逢长生，忌神财星临旺，己未年春被捕赐死。

这种结构的八字，若不见财星为清廉之官；若不见官星，主有才气而无官职；若财星明透不合，贪得无厌而又挥霍无度；若官星与伤官不紧贴，则官职不大。

例四十二：袁世凯的八字

乾造：己未　癸酉　丁巳　丁未
大运：壬申　辛未　庚午　己巳　戊辰　丁卯

用神是时是丁火禄神，喜木生火，癸水酉金俱是忌神。
另外，丁火最怕丙火夺其光，十干体象曰："丁火就如一烛灯，太阳底下失光明"，所以丙火也是忌神。
从庚午运起，袁的官运节节高升，至己巳运升至一品；戊辰运戊癸合绊忌神癸，辰酉合助忌神酉，故戊运尚可，辰运就差了。戊辰运丙午年被罢官，戊申年几乎被摄政王杀掉，后为保命在家隐居。
到丁卯运辛亥年，辛亥革命成功后做了总统，亥卯未会印局生禄，又冲去忌神酉。癸丑年巳酉丑会忌神局，又冲了伤官，当年长子袁克定摔成重伤，为医儿子的病花费巨大。丙辰年忌神被合而不破，辰土晦火克卯印，丙火力夺丁光，在全国的声讨中忧郁而死。

第六章　财运贫富析断点窍

第一节　财运贫富析断要点

一、从日主旺衰看贫富

我们以财星为主的组合来看人的贫富，如果财星不现，就以食伤为主的组合来判断人的财富。

那是不是命局有财星或财星越多越旺的就是富命，而无财星或财星极弱的就是穷命呢？如果你是这个想法就不对了。那么怎样才能分辨贫富呢？看财星或食伤与日主之间的生克路线、生克组合，看财星对日主的喜忌作用、喜忌力量，看喜忌神的旺衰、党众、生源的长短。简单地说，就是根据财星对日干的喜忌，然后看财星的旺衰组合而定。

下面七点是分析一个八字贫富的重要原则：

1. 日干偏旺或从弱，八字财星为用，在命局明现逢食伤相生，富命，越生越富；

2. 日干偏旺或从弱，八字财星为用，在命局明现受比劫克制，穷命；越制越穷；

3. 日干偏弱或从旺，八字财星为忌，在命局明现受比劫克制，富命，越制越富；

4. 日干偏弱或从旺，八字财星为忌，在命局明现逢食伤相生，穷命，越生越穷；

5. 日干偏旺或从弱，命局不见财星，不是富命，但是否是穷命，得根据命局组合而定；

6. 日干偏弱或从旺，命局不见财星，不是穷命，但是否是富命，得根据命局组合而定；

7. 阳日干化气成功组合佳，一般是富命，合化越彻底越富。

二、从格局看贫富

"何知其人富？财气通门户"。通门户是财星在八字组合中发挥了通达四方，贯穿全局的好作用。

1. 扶抑格看财方法

身旺喜财，财旺而逢生富。

身弱无财富命。

身旺用财，财星不见或受制贫，身弱财旺而逢生穷。

2. 从格看财方法

从强格：局中无财，为富；财弱而受制，为富。

从弱格：局中财星起好作用反为富，坏作用穷。

从强格：局中无印，比劫旺为富命。

从弱格：如果从食伤格无财，大富。有财看其组合。

从财格：无伤官生，其人并不富。

从官杀：喜财来生杀，如无财星，则财富差矣。

第二节　各等级财富八字实例详解

例一：农民

乾造：乙丑　丙子　癸未　丁巳

日主弱，财与官旺，为忌神，并且克伤比劫，没钱没官没工作。

身与财、官平衡度太差，柱中无印，只能靠比劫担官杀，必然要靠消耗体力来化解财、官造成的压力。

实际命主是农村种地的。如有印化解,那情况就截然不同。

例二:农民工

乾造:乙未 戊寅 乙卯 甲申

日主偏旺,财、官弱,没有富贵,普通人的命。
实际,日主为农民,体力劳动者。

例三:农民工

乾造:戊子 乙卯 乙未 丙子

财、食伤太弱,日主旺,主不富而贫。
日主旺,主以体力谋生为主。
实际,命主为体力劳动者,是扛粮包的。

例四:破财

乾造:丁巳 丙午 癸丑 甲寅

原局日主太弱,只能取财、官为用,忌印、比,忌食伤克官。
甲辰运,丙子流年,因流年支子水为忌,破财五万。

例五:破财

乾造:戊申 壬戌 丁丑 戊申

这组八字日主无根,构不成从格,用神不好取,就专找忌神,因为忌神往往就是命局中最旺的五行,所以忌神好找。
此造土最旺,逢土年就必有不顺。如辰、戌、丑、未土之年,必不顺。最近的1997年丁丑年，日支也是丑土，晦火力量强，丑戌相刑，戌中丁火受伤，所以这年因投资而破财。

例六：失业、赌博、破财

乾造： 壬寅　癸亥　辛亥　庚寅
大运： 甲子　乙丑　丙寅

日主只有一时干比劫帮扶，其余皆是耗泄之五行，所以日主太弱无疑。

取土、金为用；身弱水大，用土制水生金，一神两用，如果取木泄水，身会更弱。

1992年壬申被厂子开除了。1992年壬申走丙寅走运，壬申冲克丙寅大运，天克地冲，壬丙相战，丙为官，寅为财。财也被冲克了，工作星也被冲克了，所以没了工作，也没了工资。

若食神克到官，就涉及到工作方面，这就是被克五行的灾。若食神克不到官，是食神本身之事，就代表晚辈、子女、旅游等。

1993年癸酉年，破财，癸食伤为玩乐，所以因赌博破财。

例七：普通人的流年财运

坤造： 辛亥　甲午　丙寅　壬辰
大运： 乙未　丙申　丁酉　戊戌　己亥
岁数： 9　　19　　29　　39　　49
年份： 1980　1990　2010　2020　2030

此造2001年来求测，我断其1995年财运较好，且有升职之事；1996年财运较好，得兄弟姐妹辈之力，1997年丁丑，花费较大；1998年、1999年财运一般，没有大的财；2000年庚辰年破财。

求测者反馈，事实正是如此。1995年财运不错，的确升职；1996年得小姑子（丈夫的妹妹）之力，搞服装生意，赚了不少钱；1997年买房子花费很大。1998年、1999年财运一般，没挣多少钱，也没赔钱。2000年破财一万余元，生意不景气。

此造日主偏旺，取财官为用。1995年乙亥年，行丙申大运，流年支亥为官星，为日主喜用神到位，所以此年有吉庆之事，天干乙木为印星，地支为官星，印代表权印，所以有提升之喜。另外，就是一般来说，喜用神往往也主财，很多八字财弱或财为忌，逢喜用神之年，虽不是财年，同样发财，所以喜用神往往也代表财。所以财年升职，也提高工资，也有其他营利途径，使财运上升。

1996年丙子年，也行丙申大运，流年支为喜用神，流年干透丙火比肩，为兄弟姐妹，所以得小姑子之助而发财。比肩代表破财，也代表帮助自己、朋友、兄弟姐妹。关键看流年支之喜忌，来提取信息之象。

1997年丁丑年，地支丑为忌，克用神官鬼之故，但丑与亥无特殊关系，克力不大，所以，不算太忌，天干丁火为比劫，有劫财、花费之兆，所以断其1997年花费大。实际此年买房子花费大。

1998年、1999年平运，读者自思。

2000年庚辰，行丁酉大运，地支辰土为忌，所以此年当有不吉之事，流年干透庚金，庚金为财，说明此年发生不吉之事是财方面不吉之事。因此，此年破财一万余元。

如果以庚为喜用神论，流年干透，喜用神应该发财，为什么反而破财？由此可见，流年干不论喜忌多数情况下只主事情发生的外象。而流年支主吉凶，也主事情发生的象。此造庚辰年，辰合运支酉金，引动财星酉金，也是主财方面之事。辰土为食神，食神主投资，所以此年是投资破财。所以流年支往往即主吉凶，也主事情的起因及事象。

例八：普通人从破财到平静生活

乾造：丙午　己亥　乙酉　丙戌

日干偏弱，财星为忌，命局财星旺相逢生助穷命。

此人是农家出身，从来不相信命运，干过很多行业，到广州做过装潢生意，好不容易挣了点血汗钱，因得肌肉萎缩病，不仅花掉所有的积蓄，还欠了一屁股债。

当时劝他不要到南方去，他不听非得去，最后落了一身病。

病稍好又想到南方去创业，后听我的忠言没去，现在家安安稳稳的，并结了婚，还生了一个胖小子。

例九：普通工人，下岗、破财

坤造：辛亥　甲午　丙寅　壬辰
大运：乙未　丙申　丁酉
年份：1980　1990　2000

日主偏旺，用神为财、官；忌神为印、比、食伤。

辰土最忌，因杀自坐辰，戌冲辰，辰中之用神——水必然受伤，丑未不会伤到水，所以为中神，不是大忌。

1995年乙亥，亥为用神，乙为印星，体现工作上的事，所以此年提升为车间班组长。

1996年丙子，财运挺好，干透比劫，利财运。实际是得小姑子的力，财运较好。

1997年丁丑，支为中神，丑晦午火，丁为劫财，这年买房花费大，丑上是伤官，为子女星，所以此年生孩子。

1998年、1999年戊寅、己卯，支印星为忌，流年干戊、己克用神的官杀，所以这两年舍弃工作，下海经商，1999年正式办理下岗手续。

2000年庚辰，庚是喜用神，支辰为食伤为投资，辰土为忌，太岁并入辰克壬水，这年投资破财一万元。

例十：普通百姓的清贫生活

坤造：庚子　癸未　丁未　庚戌
大运：壬午　辛巳　庚辰　己卯　戊寅
岁数：4　　14　　24　　34　　44
年份：1964　1974　1984　1994　2004

此造日主偏弱，食伤偏旺，官星中和，财星偏弱。应取印星克食伤泄官生身为用，比劫不能为用，因比劫虽然帮身但却生忌神食伤，喜忌参半，所以逢比劫岁运既有好的方面体现，也会有不利的方面体现。

综观命局，用神印不现，也就是说四柱没有用神，只能靠行运补救，凡是这样的命局一般来说难有大富贵，如行运好的话顶多只能达到中富中贵。如行运不好的话（没有用神大运），那注定一生贫贱。

年、月为忌神得不到父母之力，父母祖上贫贱。女命以正财为父，以正财为太极点来论，干有癸水，支有子水，所以对正财父亲来说是坐下伤官，干透伤官，再加上日主早年行巳午火运为正财的官星，所以父亲恐有伤残或牢狱之灾。

官杀在月干克日主，月柱为兄弟宫，也为家庭门户，所以一生来自兄弟姐妹方面或家庭方面压力大，受这方面的拖累大，因这些方面事操心比较多。

八字官星为忌，又冲克日主，女命必然婚姻不顺。命局七杀自坐截脚，这是二婚的信息，在月柱坐截脚，所以离婚会比较早，现在恐怕已经是二婚了。

四柱中水火相战，应有血液或头脑方面的病症。日主被未土食神盗泄，食伤为思虑，日主也被七杀冲克，七杀代表操心劳苦，所以是因用脑过多或操心过多造成的。

34周岁以前没有走喜用神运，运气不好，可以说人生的酸甜苦辣都尝过。用"苦难人生"来形容34岁以前运程一点也不为过。34岁以后己卯、戊寅两步运运支为喜用，境况有好转，运气较好，财运事业方面会渐入佳境。

实际情况：命主父辈及祖上贫穷，得不到祖上和父母之力，父亲蹲过监狱。一生来自家庭方面压力很大，自己为家庭和兄弟姐妹方面花了不少钱，也操了不少心，她只有付出没有回报。因这些事造成身体不好，血压不正常，及经常头昏头痛。1987年离婚，离婚后身无分文，背井离乡到外地谋生。所以在34岁以前的确是多灾多难，34岁以后渐渐好转了，一年可收入万余元。

例十一：工薪阶层

坤造： 壬子　癸丑　壬寅　辛亥
大运： 壬子　辛亥　庚戌　己酉　戊申
岁数：　1　　11　　21　　31　　41
年份：1973　1983　1993　2003　2013

这个八字，是身旺，坐下寅木食神泄身为喜用。

而地支寅丑暗合，寅丑紧贴相克，甲克己，是食神克制七杀；身旺七杀也是喜用，所以食伤克制七杀的组合，就是把自己的官给克掉了，就是没有官职。

再看行运，一路金水，金是印，就是打工的，印是忌神，化官生身，身旺为忌就没钱，所以这是个打工的职员。

实际命主就是普通的上班族。

例十二：投资破财

乾造： 壬子　乙巳　壬戌　甲辰
大运： 丙午　丁未　戊申　己酉
年份：1974　1984　1994　2004

日主偏弱，官杀偏旺，财偏弱，食伤偏弱，印星偏弱。

取印、比为用，忌财、官、食伤。

行戊申大运，形成申子辰三合局，虽合而不化，但水增力，日主由偏弱转偏旺，所以应取财官为用，忌印比食伤，乙亥年，亥水冲克用神巳火，恐因投资破财。实际正是破财。

例十三：家贫、个体创业、开公司、富裕

乾造： 癸巳　辛酉　癸亥　癸丑

癸水生酉月，印旺，天干透辛印生，坐比劫，时得癸比，八字从强，财星为忌，弱而受制必富。

财为忌神居年柱祖上父母，小时侯贫穷，父亦不吉。

实际，此人早年家境贫寒，又早年丧父，兄弟姐妹多。早年参军当兵，退伍后搞运输业，发财。后做农资生意，发财。

现经营一饲料公司。妻子能干。

例十四：种子公司业务员

乾造：	癸卯	己未	丁卯	丙午	
大运：	戊午	丁巳	丙辰	乙卯	甲寅
岁数：	6	16	26	36	46
年份：	1968	1978	1988	1998	2008

推断命主小时家里很穷，辰运开始转好运，从1993年开始事业顺利、财运亨通，一直发到今年。其中1993年、1996年及今年最好。

实际情况是，命主小时家里情况不好，早早地就出来工作了，但一直混得不怎么样，1993年时来运转，开始发财，1996年、1997年这两年赚了不少钱。

此命日干丁火偏旺，取食伤、财星为用。

原局卯木、午火为忌。

大运辰土泄身为喜转运。

1993年癸酉，与日柱天克地冲，日干旺喜克，地支为忌喜冲，故该年起步。

1996年丙子，子辰半合冲午火忌神形成制忌神的组合，午火为比劫，比劫被制发财。

1997年丁丑，日干丁火到流年干逢值被制为喜，丑未冲解卯未绊，未土用神泄身为喜，丑晦害午火，忌神午火受伤形成制忌神组合，丁丑年呈现忌神卯、午被制，日干丁火直接被丑土用神化泄，食伤越冲越旺，进而泄身为喜的组合，故此命该年财运最好。

实际此人是一家种子公司的业务员。

例十五：个体户

乾造：庚子　己卯　甲辰　丁卯
大运：庚辰　辛巳　壬午　癸未　甲申
岁数：　7　　17　　27　　37　　47
年份：1966　1976　1986　1996　2006

日干甲木偏旺，年月地支子卯为忌，年干为七杀泄月干财星发挥了坏的作用，月干财星被截脚，故祖辈父辈穷命。

1986年丙寅，大运壬午，寅午半合食伤局透干生财，故断其1986年开始起步，接着1987年丁卯、1988年戊辰、1989年己巳、1990年庚午、1991年辛未，都是一路火土旺地，故生意很好。但从1992年开始到1996年丙子一路金水木之乡，生助忌神，克害用神，故生意不佳，1997年丁丑，干支均是火土伤财星，故1997年财上好。

实际命主祖辈是贫穷人家，父辈的情况也比普通人家差好多，自己打小工做个体，从1986年起步，1989年、1990年、1991年生意很好，但从1992年到1996年生意不佳，但1997年生意却很好，赚了不少的钱。

例十六：开影楼、做木材生意

坤造：辛亥　丙申　癸巳　丙辰
大运：丁酉　戊戌　己亥　庚子　辛丑
岁数：　1　　11　　21　　31　　41
年份：1972　1982　1992　2002　2012

此造日主虽得月令，在年支又有一本气通根，但日主周围全是克、耗之星。全局八个字，有四个字是生扶日主的，也有四个字是克、耗日主的，在生扶日主的五行中，由于组合原因都没有直接能生扶到日主的。在克、耗五行中，有三个字可以耗日主，有两个字可以克印星。

日主稍偏弱。

逢大运日主遇旺地，可取克泄耗为用，逢日主休囚之地应取生扶为用。

1995年乙亥，1996年丙子，正行己亥大运，日主由中和转偏旺，应取财官为用忌印比。流年支为忌，流年干透出食神和财星是一种投资之象，所以投资效益不好。

实际1995年、1996年确实有些投资，但没赚着钱。

1997年丁丑，正行己亥大运，大运干透出七煞异性星，意味着这步运要有异性缘，逢丑土流年，己土有根，丑土也为杀星，所以这异性缘得以落根引发。

1998年戊寅，天干透出官星代表工作事业，也代表异性星，与日主相合，所以此年必然发生这方面的事，流年支寅木冲动命局印星，印星代表工作单位，流年支伤官代表变化、变动，所以推断要有改变行业之象。官合日主，也是有异性缘之象。

实际命主1997年开始确实有个要好的，1998年改行开婚纱影楼。

1999年己卯，流年干透出官星代表工作事业，流年支为食神代表改变、变动，流年支克流年干之官星，也牵动命局中辰土官星，所以此年有变换工作、事业之象。

实际1999年底婚纱影楼不干了，转给别人。到大连去发展，做木材生意。

推断2000年—2002年这三年财运非常好。2000年有投资买房或买车之象；财运虽好投资也大，在这三年之中，财运最好的是2001年，其次是2002年。另外2002年也有投资买房或买车之事，或者有其他事业上的投资。

实际命主2000年，财运确实不错，买了一辆货车，这一年除去花销净剩十万元左右；2001年这一年财运最好，盈利四十万，确实比2002年强，更比2000年好。2002年买了一套房子，同时也买了一辆轿车，另外还投资了一个项目，在一家新建的商场里买了个摊位，搞服装批发。

推断这些年财运好，是流年支为喜用到位之故。

2000年庚辰流年干透出印星，为投资，为房子或车辆等，所以判断有买车、买房子信息。

2001年辛巳财运最好，2002年壬午财运也好但不如2001年，道理是用神财星到位，且命局申内因有巳火，而没有午火，所以同样为喜用之年，巳火起到的财星用神作用比午火大，自然发财也大。2002年壬午，流年干透出比劫代表花费，所以这年投资花费会较多。

例十七：辞职、创业、赔本、办厂、发财、资产千万

乾造： 庚辰　甲申　丁未　甲辰
大运： 乙酉　丙戌　丁亥　戊子　己丑　庚寅
岁数： 43　 53　 63　 73　 83　 93

日主偏弱，印星偏弱，食伤偏旺，财星中和。
取印、比为用，忌土、金、水。
1983年癸亥，己丑大运，辞工作不干了，到黑龙江经商。
1984年甲子，子未相害，未中的人元丁火喜用神受伤。所以日主有病，胳膊长瘤开刀了。
1985年乙丑，丑未相冲，激起忌神之气，未中用神丁火也受伤，所以此年运气也不好。
1986年丙寅、1987年丁卯喜用神到位，这两年运气挺好。
1988年戊辰，己丑运，食伤太旺，食伤代表投资，食伤主为子女投资、为财投资，另也主有官司伤病灾。
实际此年在黑龙江投资赔得穷困潦倒。
相害用神受伤时，往往主身体上的、精神上的伤害，像牢狱等都属精神上。
1989年己巳，巳火为用神，比劫为朋友，己为食神，与印星相合，就是投资建厂。巳申合，是朋友帮拉贷款。
实际这年朋友帮拉贷款买厂子，当年赚20万，第二年赚10万。
1994年庚寅运甲戌年，运气一般。
1995年乙亥。乙合庚，又合忌神，又有一家贷款，亥合寅，寅中丙火受伤，表面看挺好，实是丙火受伤，丙克庚金，得了一些财。
1996年丙子，子未相害，未中人元丁火受伤，又是身体有病。
1997年丁丑，冲妻宫，丁克庚金，离婚又结婚，丁克一个，又得一个。

1998、1999年财运很好，庚辰年一般。
2001年、2002年辛巳、壬午，贷款已还上，还剩有资产一千多万。

例十八：辞职、合伙生意破财、重新创业开办炼油厂发财

乾造： 庚戌　壬午　丁亥　甲辰
大运： 癸未　甲申　乙酉　丙戌
岁数：　 1　　 11　　 21　　 31
年份：1970　1980　1990　2000

日主丁火生在午月旺地，虽得令，但自坐截脚，纵观全局，四柱八个字中，生扶日主的力量只占了三个，而克泄耗日主的力量却有五个之多，通过双方力量对比，日主还是偏弱。

取生扶为用，忌克泄耗。

1995年乙亥，乙木透干为喜用；干为表面，乙木为同，主偏印，代表偏职、偏业。所以表面风光；可能因有第二职业而风光。而亥水并入日支，有克日主的路线，支代表内里、内心，亥水为官星，代表工作、领导等。所以内心受压抑，这种压抑是来自工作、事业方面，来自领导长官方面的压制、压力。

实际这一年朋友开了个大酒店，让命主工作之余帮他料理，当部门经理，正式工作照常。时间长了被单位领导知道了，领导有意见，处处压制，与领导闹得很僵。

1996年丙子，流年干透出比劫，比劫为合伙投资之象，流年支子水为忌神，冲克日主之根午火，午火用神受伤严重，所以定会因合伙破财。

实际，1996年辞职不干，入股到朋友酒店之中，结果生意不景气赔了六七万元。

1997年丁丑，用神丁火起的作用也不大，忌神丑土起的作用也不大，所以这一年总体平淡。

实际1997年在家待了一年，什么也没干。

1998年—2001年，地支为喜用神，都是木火之地，所以运气上总体来说又往好的方面发展，2001年，财运较好，在事业上要有新的发展。

实际这几年运气又转回来了，总体上都挺好。

2001年辛巳、2002年壬午、2003年癸未，都是用神火地，用神到位之年。

其中2002年最好，2001年次之，2003年在这三年中是退气年，稍差，但毕竟是火气年，还会有些利润的。

至于甲申、乙酉、丙戌，都是表面很好，实质一般，没有大的财利但可维持，可以有些效益。

实际这几年命主投资建了一个炼油厂，连续三年财运极佳，之后三年也都较为平稳。

例十九：流年发财

乾造： 丁未　癸卯　丁酉　辛丑

大运：	壬寅	辛丑	庚子	己亥	戊戌	丁酉	丙申	乙未
岁数：	10	20	30	40	50	60	70	80
年份：	1976	1986	1996	2006	2016	2026	2036	2046

此造日主偏弱，财星的力量也偏弱。

比劫帮身为用神，印为喜。

辛丑运财星透出，乙亥年地支亥卯未三合，透乙木生身，发财七十余万。

例二十：创业、婚姻、财富流年析断

乾造： 庚子　戊子　壬申　乙巳

大运：	己丑	庚寅	辛卯	壬辰	癸巳
岁数：	9	19	29	39	49
年份：	1969	1979	1989	1999	2009

此造地支有两子水，巳申合化水基本成功，所以日主太旺，应取木化泄旺水为用，忌火土，尤其是地支午火，所以本命局每逢马年财运上

不好，必有破耗财之类事情，或其他方面不顺。

观此造，由于年柱干支为忌，所以早年家境不好，不利父道，父亲不是贫苦劳碌之辈，便是多灾多难，严重者寿禄难延。

实际父亲一生清苦，多灾多难。

从大运可以推断，本人是靠自食其力，自我奋斗之命，中年走木运，自1986年以后运气好转，在事业方面能取得一定成就，能发财，是小富之命。

事业在25—40岁，走用神大运，总体上是向上趋势，如果从事与木有关的事业，将更发达，命运层次可以相应提高。如此可达到中等以上富贵层次，否则只能达到中等富贵层次。如从事金属钢铁业，命运层次会降低，只能达到小富小贵层次。

四柱比劫旺为忌必然克妻婚姻不顺，是克妻的命。不是妻子多病，就是与妻子有生离死别之忧。有异性缘，一生会有感情风波，总之，情海多波。

实际，有外遇，婚姻不顺，因此家庭不和，已经离过婚。

子女方面，第一胎应是男孩的命，但时柱有伤官出现，有些伤子女信息，不是妻子有流产现象，就是孩子有身体等方面不尽如人意之处。

实际第一胎是男孩，孩子多病，并有先天性残疾，妻子也有流产。

19岁之前，走的是忌神大运，不利祖上和父母，这期间，多有祖上和六亲丧亡之事，家境也不太好，自身的身体易患伤风感冒，或易有水灾、车马之灾。因为走大运较晚，9岁才扎根，因此，青少年时期有很多关口，都已经过去了。

实际爷爷、奶奶都在17岁以前就去世了，这段期间家境的确不好，都吃不饱饭，小时候体弱多病，常感冒，有两次比较大的关口，一次是在五岁，被马车挤倒，都昏死过去。还有一次是大约十一二岁左右，在河里洗澡，差点淹死，捞上来都没气了。

1980年交运年，庚寅大运庚申年。流年干支为忌，流年干支为印星，所以会因印星所代表的事而有灾。印星代表车辆、工作身体等。

实际此年母亲病逝，自己也遭遇一次小车祸，住院一个星期。

1983年癸亥，妻星在命局中被合，逢冲之年是婚期。此年会有婚恋、耗财之事。实际此年结婚。

1984年甲子，流年干透出甲木为喜用，天干为表面，所以喜在表面，流年支为忌，地支为内心、内里。所以忧在内心。戊土为七煞代表子星，七煞为忌，流年干甲木克掉这个七煞忌神，就会得到七煞所代表人事物，由于命主1983年结婚，按常规推断会有得子之事。

实际此年生儿子，家里没有钱，内心压力很大。

1985年乙丑，流年干透出伤官代表投资，流年支丑土财星与命局子水比劫相合，所以有合伙求财之象。

实际此年合伙经营，做木材生意。

1986年丙寅，流年支寅木为喜用，流年干透出财星，所以此年发财。由于流年支冲动日支夫妻宫，流年干透出异性星，所以会有异性闯入。

实际此年发了财，挣了15万元，这在80年代算大钱了，在做生意过程中，认识了一位北方女子，产生了感情。

1987年丁卯，流年支卯木为喜用，流年干透出财星与日主相合，是有财源和女人缘之象。此年同样是发财之年，异性缘俱佳，不利于婚姻感情。此二年发财如猛虎，财来得猛来得快。

实际此年挣钱二十多万元，与那个女人交往很密，被妻子察觉，致使家庭不和。

1988年戊辰，流年干支为忌神，流年干透出七煞，代表官灾、小人及是非之类。总体上财运也不错，但此年犯小人，有些口舌是非。因此，也损耗了一些钱财。

实际此年也挣了二十多万元，但被罚款五万余元。

1989年己巳，流年支巳火，没有犯命局子水之怒，流年干官星在命局中无己土官星，起的作用不大，且与日主是异性相克，力量也不大，所以此年表面为忌，实际没起到忌神作用。流年支巳火合入夫妻宫，巳火财星合印星，所以有投资买房买车或扩大业务之象。

实际，此年扩大业务规模，买车、盖房，投资很大，花了四五十万元。但此年财运也很好。

1990年辛卯大运庚午年。这步大运，总体上也是好运，此步大运比上一个十年运程更上一层楼，事业财运上是一生中最辉煌的时期，达到中等富贵程度。

1990年庚午，流年支财星午火为忌，冲命局比劫，犯比劫，忌神之怒，所以会因朋友破财。

实际此年挣了三十余万元，但有一桩买卖与外地朋友合伙，被骗十余万元，朋友跑了再也找不到。

1992年壬申，流年干支为忌，流年支为印星代表房子，流年干透出比肩代表破费花销。此年应有大投资之象，如买房、置地等大投资。否则也有耗破财之事，或有将钱借给他人之事。

实际，此年买了一套豪华住宅，花了30万，以房产增值来计算，这相当于20年后的3000万元。

1995年乙亥，流年支为比劫亥水，冲妻星，所以不利婚姻，会离婚。比劫也代表投资，所以有投资。

实际此年又添加了一套新设备，婚姻方面不顺，离婚了。

1997年丁丑，丑土合子水，形成制忌神组合，流年干透出财星，所以此年财运较好。

实际此年虽有投资，但挣了四十余万元。

1998年戊寅，流年支寅木为喜用，所以财运事业较好，流年支冲动印星，所以有买房、买车之象。推断此年财名双得，利润丰厚，在1997年的基础上又上了一个新台阶。此年也很可能有添置家产、设备或购置房产、车辆行为。

实际此年挣了一百多万元，又买了两辆车，一辆轿车，一辆货车，总共花了五十余万元。

2000年，壬辰大运庚辰流年干透出印星，代表投资项目，流年支为忌神，所以投资破财。

实际此年新投资一个项目，投资两百余万元。

2001年辛巳，道理与2000年大致相同。也会有买房、置产地或买车等投资。

实际又扩大厂房，贷款50万元。

2002年壬午，流年干透出比劫，代表劫财、分财，流年支财星为忌冲动忌神比劫，所以会因比劫所代表的人事物而遭殃、破财、朋友分散等诸多之事会一并来临。

实际当年经营不力，负债经营，朋友也纷纷撤股，没有资金周转。

例二十一：装潢公司老板，资产几百万

乾造：壬寅　癸丑　己未　己巳
大运：　甲寅　乙卯　丙辰　丁巳　戊午
岁数：　7　　17　　27　　37　　47
年份：1969　1979　1989　1999　2009

原局土火有点势，但水与湿土也不弱，丑是财和财的原神，也当财看，所以丑未冲也是制财，寅丑暗合也是制丑中的金水，制去财与财的原神是发财的，但原局没制干净，壬癸水都透出来了，此造不看大运是不会发大财的，所以一定要结合大运。

这个八字原局组合较好，但是大运并不得力，所以只是几百万元的资产，算是富裕。

原局组合好，是指火土一气而身旺，但是财星壬癸水透干紧贴连气，并且有丑土余气为根，而且有官星寅木在地支制土，所以大运天干行庚辛而地支行水木的运才能成为大富，但此人中年行运为火土，使原局喜神组合不能得到大运的助力，所以成不了大富，只能凭借原局之力与流年组合而之利而得财，得不喜用临大运，就使财富等级受到限制。

例二十二：私营酒店老板

坤造：己酉　丙寅　丁卯　癸卯
大运：　丁卯　戊辰　己巳　庚午　辛未
岁数：　5　　15　　25　　35　　45
年份：1973　1983　1993　2003　2013

木火旺，丁坐卯印，卯酉冲有功制财，财在年上为他人之财，为别人做事的意思，但丁己半通禄，所以酉也有她自己的份儿。

食生财，为吃的东西，酉为财又为酒水。食己坐酉，就是喝酒的地方，酒楼。

癸卯带象，又伏吟到日支被日主所得，所以当老板。

此造是酒楼老板，占四成股份。

例二十三：从国企厂长成为私企厂长

乾造： 壬辰　壬寅　己丑　戊辰
大运： 癸卯　甲辰　乙巳　丙午　丁未　戊申
岁数：   8   18   28   38   48   58
年份： 1959 1969 1979 1989 1999 2009

己坐丑，丑为食伤库，一是寅丑藏干当中的甲己暗合，这是官星暗合身，所以必定有官，也就是必定会有从事公职的情况，必定会有做官的情况。然后壬寅同柱，壬水为财，这个财官相生，说明是与经济经营有关的官，所以是企业里的官。管理国有企业的官，管钱的官。

丑入辰墓，为食伤库入了财库，这个八字有个象，叫食神不现也为做企业的，辰是财库又是比劫，在时上有个象，为代表机器的象。戊为劫财，劫坐财库，为别人的企业，给别人打工，而且是合伙经营的，因为是劫财墓嘛。

辰墓了丑。为别人大自己小。

实际此人原为国企厂长，后来改制成了私企的厂长。

例二十四：辞职经商发财

乾造： 癸巳　甲寅　戊子　丙辰
大运： 癸丑　壬子　辛亥　庚戌　己酉　戊申　丁未
岁数：   1   11   21   31   41   51   61
年份： 1953 1963 1973 1983 1993 2003 2013

推断：原不从事公职，在 31 岁以后当官，1986 年和 1989 年升职。1992 年或 1993 年应该会辞职经商，1997 年、1998 年发财，1999 年后半年就差了，2000 年资金周转不灵，2001 年财运很差，赚不到钱。

反馈完全正确。

此造用丙火明显，七杀配印有权，但印弱须行运印得根才行，故戌运会当官。1986年与1989年是应期。实际1989年成为国企厂长。

己酉运伤官生财，做生意，财与伤官俱为忌神，故去忌神反得财。

辰酉合绊酉，可赚到钱。

逢丁丑年丑合绊子，两忌神全绊，财运最好。他说这年生意火得很，买主排队买他的货。

戊寅年泄水绝金，也行。

到己卯年，卯酉冲，解辰酉之绊。下半年金水旺后生意会衰退。

庚辰年辰酉合，大运先与流年相合，等于将大运酉绊了，全局子辰半会水成功。

例二十五：炒股千万资产

乾造：	辛亥	辛卯	乙未	戊寅				
大运：	庚寅	己丑	戊子	丁亥	丙戌	乙酉	甲申	癸未
岁数：	2	12	22	32	42	52	62	72
年份：	1972	1982	1992	2002	2012	2022	2032	2042

日主乙生卯月，当令受生处相地；亥、卯、乙、寅一党；日主偏旺。

辛杀两透冲克日主为喜用。

未戌辛辛，财杀相生，财杀透干，逢丁亥、丙戌大运，天干丁丙食伤泄身为喜，丁丙生戌财，戌财生杀，杀制身，形成喜神组合。主富。

实际命主炒股身家千万。

例二十六：酒店老板，走私判刑、出狱贩鱼、开酒店

乾造：	己亥	甲戌	庚辰	乙酉				
大运：	癸酉	壬申	辛未	庚午	己巳	戊辰	丁卯	丙寅
岁数：	7	17	27	37	47	57	67	77
年份：	1965	1975	1985	1995	2005	2015	2025	2035

日主庚金生戌月，受生处相地；己、戌、庚辰、酉，一党；日主偏旺。

天干甲乙为财星，庚冲甲，庚合克乙，两财受克；亥中甲木透干，甲财有源，乙通根两辰，有根。

己亥戌辰组合，亥水受克，这是个破财组合。

亥中透甲，辰中透乙，甲克辰，乙克辰，这些是财克印的制忌组合，主发财。

乙酉柱，酉劫克乙，这是个破财组合，劫财为忌，也主犯法违规。

实际命主1989年因走私被判刑一年半，1991年出来后也没有找到什么好的路子，1992年靠贩鱼起家，又在1993年开酒店，财运总体很好。

此命日干庚金太旺，全赖甲木、亥水耗身，但甲木被己土合绊，亥水被己土盖头，又被辰土克制，用神受伤，如果流年再遇冲克，必定大凶。

1989流年己巳，己巳与年柱己亥天比地冲，用神亥水受伤、天干两己争合甲木用神，再加上流年与命局明现亥人见戌、辰人见巳，为天罗地网俱全，这是牢狱之灾的标志，所以命主该年有官非牢狱之灾。

1992年以后一片水木之年生助用神亥甲，自然发达了。

像这样八字，如果走好运往往大财横发，一旦遇到凶运就会大祸临头。

例二十七：炒股资产过亿

乾造：	癸丑	丁巳	甲寅	乙丑

大运：	丙辰	乙卯	甲寅	癸丑	壬子	辛亥	庚戌	己酉
岁数：	5	15	25	35	45	55	65	75
年份：	1977	1987	1997	2007	2017	2027	2037	2047

日主甲生巳月，失令休囚；食伤当令，伤财两旺；这是伤官配印格；日主偏弱。

伤官为忌，配印制忌生身，成格，癸水通根两丑，生身为喜用。

伤官为财富，为忌受制，主富，主智慧过人。
再看行运，2007年以后，一路水旺的喜用大运，引动原局癸水喜用，必大富。
实际命主以几万元资金入市炒股，十余年间资产过亿。

例二十八：创业，三家网络公司老板

乾造：	戊午	壬戌	戊午	戊午			
大运：	癸亥	甲子	乙丑	丙寅	丁卯	戊辰	己巳	庚午
岁数：	7	17	27	37	47	57	67	77
年份：	1984	1994	2004	2014	2024	2034	2044	2054

日干戊土生戌月为比肩帮身之月，地支年、日、时三见阳刃印星午火，年时比肩戊土帮身有力，虽月干壬水财星耗身，但财星壬水无根无源，不能阻挡火土的强旺之势。
日干戊土从旺。
用神火土，忌神金水，木为变神。
日干从旺，喜印坐印，照象直读命主有本科以上文化。
从旺忌财星耗身，财星被制大吉，命主为富贵之命。
实际命主大学本科毕业，从打工到创业，开了三家网络公司。

例二十九：资产过亿老板

乾造：	己亥	戊辰	戊午	丙辰			
大运：	丁卯	丙寅	乙丑	甲子	癸亥	壬戌	辛酉
岁数：	1	11	21	31	41	51	61
年份：	1959	1969	1979	1989	1999	2009	2019

日主戊土生辰月，当令而旺；己、戊辰、戊午、丙辰为一党；亥水、两个辰中癸水为财星；日主偏旺。
此命造财官为喜用，但原局亥水出现不透，乙木官星藏而不现，全

待大运引发。

甲子、癸亥运，为人生黄金二十年，财官一气大运，引动原局，力量大，富贵实现就在这两步大运。

实际命主学历不高，以实干起家，从30岁开始发财，后经营企业，资产过亿。

例三十：某集团公司老总，资产三亿多

乾造：	己亥	戊辰	丁丑	癸卯				
大运：	丁卯	丙寅	乙丑	甲子	癸亥	壬戌	辛酉	庚申
岁数：	7	17	27	37	47	57	67	77
年份：	1965	1975	1985	1995	2005	2015	2025	2035

日主丁火生辰月，失令休囚；原局辰土伤官当令旺强泄身为忌；印星卯木克伤官，形成伤官佩印格局，而且印星卯木有亥水半合相生，有癸水相生，卯木化官制伤生身，一物三用，格局较高，必有富命，必有名气，是企业家的命局。

中年时期，行乙丑、甲子运，乙甲印星透干，化官杀而生身，成为西南某集团公司老总，资产3亿。36岁开始发达，1998年、1999两年发展最大，2001年、2002年都不错，发展顺利，属省内民企20强。2003年不顺，打了几起经济纠纷官司。

癸亥、壬戌大运，虽然压力较大，但因为原局卯木无伤，故仍可以维持在较高的富贵层次。每逢流年寅卯甲乙透干，企业效益都很好。

例三十一：企业家，身家过亿

乾造：	辛巳	戊戌	甲寅	甲戌				
大运：	丁酉	丙申	乙未	甲午	癸巳	壬辰	辛卯	庚寅
岁数：	10	20	30	40	50	60	70	80
年份：	1950	1960	1970	1980	1990	2000	2010	2020

日主甲木生戌月失令休囚；甲寅、甲三字一党；日主偏弱。

戊戌戊财星当令，巳火为源，财星旺强。

甲寅巳戌戊戌，这是日主五行之气的流动线路，食伤生财，这是个忌神的流动线路。但原局合，寅中透甲，甲戌同柱，甲克戌，这是忌神财星有制，财星力量旺强，只要行运水木，财星忌神受制，就能发大财。

乙未、甲午运，甲乙木透干，戌土财星有制，发财；但午运午火泄寅生戌，投资也大，贷款也多，所以这个是表面的风光，直到癸、壬水旺时，水印生身制制巳火，才能平稳还清贷款。

实际此命造为企业家，身家过亿。

例三十二：国有大型企业董事长

乾造： 壬寅 癸卯 壬子 壬寅
大运： 甲辰 乙巳 丙午 丁未 戊申
岁数： 8   18   28   38   48
年份： 1969 1979 1989 1999 2009

日主壬水生卯月，休囚；壬、癸、壬子、壬五水一党；寅、卯、寅三字旺而党少，泄日主，相较之下，水旺为忌，食伤泄木为喜。

原局食伤为喜用，寅中藏有两丙，也为喜用，大运走火土大吉。

丙午大运，寅午半合相生，丙火财星透干，通根寅寅午，形成喜神组合，流年逢官必有官。

因为原局食伤旺，而官星不现，所以财运最喜见官，财运就是官运。

实际此人丙午运成为某市最年轻的大型国企董事长。

例三十三：出身微寒，资产过十亿，破产入狱

乾造： 壬申 己酉 癸巳 辛酉
大运： 庚戌 辛亥 壬子 癸丑 甲寅 乙卯 丙辰 丁巳
岁数： 4   14   24   34   44   54   64   74
年份： 1935 1945 1955 1965 1975 1985 1995 2005

日主癸水生酉月，受生处相地；壬申、酉、癸、辛酉，六字为一党；再看组合，天干己土虚浮，被坐下酉金化泄受伤；地支巳火一个，没有戊土透干，被酉合，再被申合，巳火受伤而化金。

所以这个八字，日主旺强，而巳火为忌神。着眼点全在巳火上，巳火在原局从了金水。

巳火是财，从了金水，那么金水就是原命局当中的喜用，而巳火与生火的寅卯木就是忌神。

原局喜用当令，忌神受制，再看行运，壬子、癸丑为喜用大运，必发财而巨富。

甲寅大运，寅巳刑生，巳火得生源，生源通根透干，故此运巳火不再从，所以此运为破格之运。

破格之运，再遇木火顺大运之势则为吉，若遇流年逆大运之势则为二次破格，为大凶。

所以甲寅运，1976年开始，到1979年，丙辰、丁巳、戊午、己未，流年财官透干，与大运形成财官喜用组合，引动原局喜用，富贵层次跃进，资产过十亿。

1980年，甲寅运庚申、辛酉流年。流年与大运天克地冲，再次破格，印星忌神出现，干支一气为忌，形成强烈的忌神组合，枭印夺食，印主投资，食伤主资产，因为是引动原局为忌之神，所以必有重大投资失误。

实际此年开始因投资失误而破败。

因类原局忌神申酉酉很有力，所以一但被引动力量很大。到辛酉年，企业破产，本人入狱，失去所有。

例三十四：企业家，身家几十亿

乾造： 壬寅　癸卯　壬子　壬寅
大运： 甲辰　乙巳　丙午　丁未　戊申
岁数：　8　　18　　28　　38　　48
年份：1969　1979　1989　1999　2009

先天水木气势。行丙午运，寅午半合火局，从气从火势，伤官生财而吉，这里财不主财富，而主才华。

此造先天干生支，天生地，组合优越。

实际，这是一位知名大企业家的八字，身家几十亿。

例三十五：数百亿美元资产企业家

乾造： 乙未　丙戌　癸亥　癸亥
大运： 乙酉　甲申　癸未　壬午　辛巳　庚辰
岁数：　 8　　18　　28　　38　　48　　58
年份： 1962　1972　1982　1992　2002　2012

日干癸水生戌月失令休因；丙戌同柱，未戌相刑，所以丙火财星通根未戌；乙通根未，因为未戌当中透出丙火，所以，乙丙戌未是连戌相生的关系；日主癸水，通根坐支本气，癸亥癸亥，失令而党众多根强；相较之下，日主力量偏弱，但接近中和。

因为日主虽偏点弱，但党众多而有两个强根，所以必定能担财官，而原局天干食伤生财，所以必能担财，原局丙财坐库，戌库为官星不透出名气，所以必享有极大名望。

再看行运，中年时期天干癸壬辛庚，透出比肩与印星喜用，身中和偏下，得喜用大运透干之助，必以得巨富，地支行财官，必极为知名。

丙戌，财星坐库，乙未，食伤坐库，都在行运时起到喜神作用，必是富极天下之命。

实际此命造有数百亿美元资产。

第七章　情感婚恋析断点窍

第一节　从配偶宫与配偶星看婚姻

配偶宫就是日支。

配偶星，男命是财星，女命是官杀。

婚恋批断在八字批命中占有很重要的位置，特别是在实际批命当中，男性预测更多的是预测财官，女命多预测婚姻。

其实占婚也不是一件很简单的事情，里面涉及的知识很多，既有命理方面的，也有时代和地域方面的。特别是婚期最不好确定。

作为专职预测师，会在实战当中遇到双胞胎的八字，在一个时辰当中出生的双胞胎，他们的结婚时间并不一定在一年，结婚的对象也会有差别，子女的情况也会有差别，子女的财官婚姻差别就会更大了。

另外，不同的历史时期婚龄是不相同的。一是 1949 年前女子一般在 16 岁以前就结婚了，1949 年后有一段时间提倡晚婚晚育，很多男女都是 28 岁以后才结婚；二是地方不同，不同地方的习俗会造成结婚年龄的早晚，比如农村男女的结婚年龄就较早，而城市男女的结婚年龄就较晚；三是文化程度不同也会导致婚恋观念的不同。

总之，断婚期要配合很多方面的知识和技巧才能看准，不是仅仅看看八字就会批断的精准无比的。

其实八字也只是反映出一个人的大致吉凶信息和部分细节信息，而不是全面的、详细的，以及万能的。

婚恋之期一般以合冲、旺衰来定，岁运合原局和岁运鸳鸯合为婚恋应期；配偶星原局旺，逢受抑制之岁运为婚恋应期；配偶星原局弱，逢生旺之岁运为婚恋应期。

至于婚姻好坏吉凶，比起推断结婚应期容易得多，但还是要注意原局婚姻信息同岁运婚姻信息的配合。

原局主要看配偶星与配偶宫的旺衰喜忌，看组合有情无情，岁运为引发之期。

如果一个人的原局有婚姻不好的信息，只要所走的岁运不引发原局婚姻不利的组合，就不会出现生离死别的婚灾，只会是轻微的不顺。

反之，一个原局吉的婚姻，如果岁运打破原局的有利的喜神组合，必定会出现较重的婚灾，甚至出现配偶的死亡之灾。

所以原局与岁运的配合很重要。

另外配偶星与配偶宫的旺衰、喜忌、组合也是很重要的。比如配偶星为喜用、旺相不受制、靠近日主，或配偶星为忌衰弱受制、远离日主，都是婚姻吉利的标志。

如果配偶星为喜用衰弱受制，或配偶星为忌旺相又得生扶，就是婚姻不吉的标志。这些不吉的标志，就看岁运的引发了。

从古至今有关婚姻的断语不下上千条，要想记住它还真有点麻烦，但理解了原理之后，再运用旺衰、喜忌、组合，抓住几条大的原则，来灵活的读取婚姻信息，准确率会大幅提高。

看婚姻应以配偶宫为主，配偶星为辅。

配偶宫为喜用神者婚姻一般为好，配偶宫为忌神者一般不好。

配偶宫为喜用神主找的配偶对自己好，能帮助自己；反之配偶宫为忌神则找的配偶对自己不好，无情分或惹事。这是一般的看法，但如配偶宫之喜用神被它支坏，则表示自己好的配偶有疾或因自己要求过高很难找到如意配偶。再若配偶宫之忌神受它支坏者，则表示自己的配偶虽感情不算好，但能干、有本事。

看命以配偶宫为主，那配偶星有什么作用呢？总结起来有以下作用：

配偶星入配偶宫时，为配偶星得正位，为忌为喜都不宜将其冲克坏，如若坏掉易出现配偶病灾死亡。

一般而言，与日主或与配偶宫发生着冲刑穿及三合六合的配偶星才作配偶看。有时配偶星入"主"也当配偶看，非这两种情况则不当配偶看。

当配偶星当配偶看时，它的位置、多寡与驳杂都十分重要，是看配偶多少、能力及对自己是否真诚的重要依据。

配偶宫、配偶星被冲克、被合化为它物，可以直断命主婚姻不顺，至于不顺到什么程度，得配合配偶星的旺衰、喜忌、组合而定。

配偶星太旺或太弱，从又从得不彻底，可以直断命主夫妻不死即离。

八字合多、男命财多、女命官多（从格例外），往往婚姻不顺，不离婚也是多婚之象。

月支、日支为日干阳刃，不管男女，婚上大多不顺，另外日干坐下枭神也应婚上不顺，特别是戊午、丙午、壬子、己巳、癸酉、乙丑、甲戌、癸亥日柱，一般应二次以上婚姻。

遇干支相同的日柱，又叫姊妹同宫，主夫妻感情不和谐，比如甲寅、乙卯、丙午、丁巳、戊辰、戊戌、己丑、己未、庚申、辛酉、壬子、癸亥等12柱。

配偶星贴近日干，即配偶星在日支、月干、时干，又是喜用神，可以直断命主夫妻感情好，如果配偶星又生旺，那么配偶必定能干、有为，对命主帮助很大。反之，配偶星贴近日干，又是忌神，可以直断命主夫妻感情不好，如果配偶星又生旺，那么配偶不仅对命主没有帮助，反而会拖累命主。

女命伤官坐官杀或官杀坐伤官，不是女方欺夫克夫，就是女方有外遇。

男命财星被合化、合绊为它物，一般主女方外遇。

男命正偏财混杂近身，一般主男方外遇。

婚期一般以配偶星、配偶宫的旺衰、冲合、墓空、逢值为应期，比如配偶星偏旺日干弱、遇帮身岁运结婚；如果配偶星偏弱日干旺、遇生助配偶星的岁运结婚；原局配偶星被合入墓逢空，逢冲的流年结婚；原局配偶星被冲，逢合的流年结婚；配偶星或配偶宫逢值，往往也是结婚的应期。

命理上的结婚，是指事实婚姻。同房同居在半年以上的就算一次婚姻。

第二节 从格局析断婚姻

1. 扶抑格婚姻看法

以格局看婚姻必须结合宫位六亲，也就是看财官，要结合夫妻宫位，达到信息同步，方可决断。

身旺用财（官），财临月令，或旺而逢生，婚姻吉。

用财，财星弱而受制，一次受制不顺，二次受制二婚，三次受制克夫。

身弱忌财（官），财星旺而逢生，婚不吉，受制则婚姻吉。

扶抑格当中，不利婚姻的组合有以下几种：
男命：
身弱官杀为忌，财来生杀。
身弱财旺，财为忌神。
身弱用印，财来制印。
身旺用财，财星受制。
另要参看坐支夫妻宫是忌神还是用神，看坐支对日干的影响。
女命：
身弱官星旺而制身，无印化官杀。
身弱财旺而逢生。
身旺用官而官杀不见，或弱而受制。
另要参看日支夫妻宫是忌神还是用神对日干的影响，再进一步确定。

2. 从强格的看法

局中无财（官）或若而受制，婚姻吉，旺而逢生凶。

男命，从强格忌财，财星有根，坐支用神再受制，婚姻不利。

女命，从强格官杀有根，坐支为用神被耗泄，婚姻不利。

3. 从弱格的论法

财（官）星旺而逢生婚姻吉，弱而受制婚不顺。

男命，从弱格财不能发挥好的作用，如用伤官，才泄伤官。用官，才不生官。坐支为用受制皆婚姻不顺。

女命，从弱格用官，官不制身。用财，官来泄财，坐支用神受制，婚不顺。

乾造：癸酉　甲子　庚午　己卯

庚金偏弱，坐支妻宫午火克身为忌，但午生子水，酉子相生，子冲克午火忌神，这是妻宫忌神午火有制，所以婚姻和美。午火又为正官，克弱身为忌，但午火忌神有子水冲克，忌神有制形成喜神组合，所以此人必有较高官职，实际此人是省厅级官员。

坤造：壬子　乙巳　壬戌　癸卯

日主壬水偏弱，坐妻夫宫戌土七煞克身为忌，婚姻必定不顺；戌生巳月，乙巳戌连生，忌神戌土七煞逢生，所以必定会有离婚。

实际此人1996年结婚，1999年离婚。

第三节　结婚时间的早晚

一个人结婚早晚，应视原局婚姻的显示，一般先分析日主旺衰，看财官星对日主的喜忌状态与位置，坐支夫妻宫的喜忌旺衰等几个方面论证。

日主身旺或弱，与财星、官星严重失衡，结婚较晚。

如果财星、官星为用神，在年柱，月柱得生助，无破伤结婚较早，反之较晚。

财星、官星旺象为用神，紧邻日干结婚较早。

夫妻宫为用神受生，忌神受制，结婚时间正常。

财是代表钱财、女人，如果身弱的八字，走到好的岁运，与日干达到了某种平衡，那么，日主性欲增加，需要与财结合，就是说结婚对人而言首先是满足生理上的需要。这种欲望强烈，则结婚早。对女人而言，如果官星为用神，达到了平衡，同样结婚早。

婚姻早晚是相对而言，而不是绝对。所以我们在进行预测时，并不见得准确断准结婚年份，而应以日主与财星、官星发生性行为准，或某年财星、官星应吉而参断。试想，一个相同的八字不见得同年结婚，你结婚时，他在发财。你结婚时，他工作顺利，职务提升，都是财星、官星应吉。而真正的婚姻应期应视整体命局信息与岁运的配合而定。

第四节　结婚的应期

要想准确预测结婚流年，必须先确定日主早晚婚信息，然后再根据大运、流年定应期。

1．日主在适婚年行用神运，流年财星、官是为用，得生助，减小原局失衡，为婚恋信息。

2．命局身旺，男命行财运，到财旺流年。女命行官运，逢官旺流年为结婚、恋爱信息。

3．命局身弱，行印比运，如财官为忌神，逢财官受制年为结婚信息。

4．大运、流年作用，财官星或夫妻宫为忌受制为用逢生为结婚信息。

5．综合命局信息结合大运、流年的作用关系，看财、官星为忌、为用的情况，与夫妻宫相配合做到信息同步论断。

结婚时间判断大致有两种方法：

一种是遇流年与日干支天合地合或者是夫妻星合日干支，都是一种婚期的征兆。

还有一种方法是通过病药原理断婚期。病药原理断婚期，主要以日干与夫妻星为平衡点，再配合夫妻宫的引动来推断结婚日期。

比如男命，财星在命局被比劫所充，说明自己交往的女友会被人争去，这是用神受克为病，比劫成为婚姻目的阻碍点，那么他的婚期需有药的岁运来治这个病，治比劫的病有两种方法：一种是官杀制比劫；另一种是用食伤来通关，还得配合夫妻星的引动来综合判断。引动夫妻星的方式就是：刑、冲、合、害或值临都为引动。又如女命食伤太旺制官，岁运需有财通关，或者是印制食伤的流年治了官被克这个病才能结婚，当然也需配合夫妻星引动来看。

如夫妻宫有病，如日支逢合为病，逢冲的岁运为婚期；若夫妻宫逢冲为病，在逢合的岁运为婚期；夫妻宫逢空为病，待出空为婚期；如夫妻星入墓，待出墓为婚期。

有时命局成婚的阻碍点多，必须逢岁运将这些病全部解决，才可能结婚。也有的病太多，一生逢岁运都没治好，就主一生孤独，不能成婚。还有一种命局没有夫妻星，像这需岁运出现夫妻星，才结婚。

若夫妻星弱，待旺相。

还有日干支与流年干支相同时，也可能为结婚日期。

例一：
乾造：甲辰　壬申　戊申　丁巳

戊土生申月弱，以时干丁火生身为用。
庚午大运，午火印星为用，庚金忌神弱，庚午流年岁运并临，午火印星大旺，此年结婚。

例二：
坤造：丙申　壬辰　辛未　壬辰

辛金生辰月旺，地支三土，年支申金为根，日主身旺。
丙火官星为用受制，婚姻不顺，结婚晚信息。
未土日支为忌，也是不顺的信息。

庚寅大运，寅木生印，冲年支申金，为用神运，乙丑流年，乙木财绊庚金，丑土冲未土，此年结婚。

例三：

乾造：乙巳　辛巳　乙亥　甲申
大运：庚辰　己卯　戊寅　丁丑　丙子
岁数：　6　　16　　26　　36　　46
年份：1970　1980　1990　2000　2010

首先看妻星有没有，再看何时引动夫妻宫。
对结婚不利的组合在大运与流年得到解决时，就是结婚的应期。
①正财妻星不见。
②纠支配偶宫逢冲是病。
③比劫甲木劫财为病。
戊寅大运，天干透出正财；寅木合日支亥水解原局冲之病；90年庚午，庚冲克甲木解决劫财之病。原局中的病全部解决，所以命主此年结婚。

例四：

乾造：戊申　己未　庚寅　己卯
大运：庚申　辛酉　壬戌　癸亥　甲子
岁数：　8　　18　　28　　38　　48
年份：1975　1985　1995　2005　2015

原局日主偏旺。
印比同旺。
辛酉大运，日主更旺，大运支酉冲正财妻星卯木为病，这是逢岁运又出现新的病，冲待合来解。
戊辰年，辰酉合，解决了妻星被冲之病，寅卯辰三会木局，不管成不成功，都引动了日支寅木，所以此年结婚。

例五：

乾造： 庚戌　丁亥　甲寅　甲戌
大运： 戊子　己丑　庚寅　辛卯　壬辰
岁数：　4　　14　　24　　34　　44
年份：1973　1983　1993　2003　2013

原局夫妻星正财不现，大运己丑出正财妻星透干。
原局夫妻宫逢亥寅合，待冲。
1992年壬申年，申冲寅解合病。所以壬申年结婚。

例六：

坤造： 辛亥　甲午　丙寅　壬辰
大运： 乙未　丙申　丁酉　戊戌
岁数：　10　　20　　30　　40
年份：1980　1990　2000　2010

原局寅午半合，丙申大运冲开半合，正官星癸水在辰中是病。
癸酉年，辰酉合，破墓，所以此年谈对象。
甲戌年，冲辰，正官星癸水出墓，结婚。

第五节　配偶的吉凶

（一）男命妻子吉组合

1. 以财星为妻，为喜用神临月令旺，或得生助，妻不仅美貌且富贵。
2. 当用神与财星不驳时，妻多漂亮能干。
3. 财旺身旺主富贵且多女儿缘。
4. 日支坐财星为用神，并无伤克，妻内助，夫妻恩爱。
5. 财星为喜神、无冲破克制，能得妻之力。
6. 财星为用无根，但余气有根，也得贤惠之妻。

（二）男命妻子凶组合

1. 财为用，财气泄耗多，不得妻之力，也就是才星为用，得官杀耗泄。
2. 杀多为忌神，而财星生官杀，不得妻子力，妻凶悍无能。
3. 身旺用财，无财星者，夫妻不能白头偕老。
4. 财星重重，身弱不能从者，会克妻。
5. 财星弱，而八字比劫旺，无食伤化比劫生财，克妻再娶。
6. 日支为忌神，得生助，不得妻之力，否则妻会遭遇灾祸。
7. 日支为用神，逢冲破，夫妻不和。
8. 劫财羊刃旺，而无才星，有食伤时，若为贤美妻则克妻，为丑妻，妻子无伤害。

（三）女命丈夫吉组合

1. 身旺用官星，官星旺得生助，有贵夫且能共富贵。
2. 身弱官星为忌神，有食伤制官，夫可荣耀，行印运不吉。
3. 官星为用，才旺生官，夫必荣耀。
4. 身弱官星旺，得印星化杀生身，得丈夫之爱，且夫妻和睦。
5. 伤官旺，日主衰而有印星相救时，可以化凶为吉。
6. 官杀混杂为忌，而能制官杀时，可以化杀为吉。
7. 日支为喜用神，得生助，得能干之夫，夫妻恩爱。
8. 官星在八字中发挥好的作用时，得夫之助。

（四）女命丈凶神组合

1. 日主旺，官杀之力小，而又见伤官者，克夫再嫁。
2. 日支为忌神，得生助，或无制服，不得良夫。
3. 身旺印星为忌神，官印相生者，克夫。
4. 比劫大旺，而无官星制服，克夫。
5. 印兴旺，而无才制印，要侵犯夫权，或破夫运。
6. 食伤旺、财星旺、比劫旺、印星太过，都是克夫信息。

例一：
乾造：庚辰 己丑 辛酉 甲午

此造辛金生丑月，庚辰、己丑、辛酉六字一党，日主偏旺，而且是偏旺当中的强旺。

妻宫酉金为忌神；财星甲木失令受被强旺辛金紧贴相克；财星甲木又被坐支午化泄；再加上制酉金的午火与丑土之间有丑午相害的作用关系，所以午火制酉之力微弱。

所以，财星必有灾。

依此可断，此命妻有灾，是克妻之命，易有丧妻之痛。

实际，乙未运，己卯流年，大运、流年都为忌，妻宫和妻星都引动，此年春妻有病住院，破财，八月妻子去世。

例二：
坤造：癸丑 己未 辛酉 戊子
大运：庚申 辛酉 壬戌 癸亥
岁数： 6   16   26   36
年份：1978 1988 1998 2008

此造四柱八个字有六个字是生扶日主，只有两个字是泄日主，所以日主属太旺范畴，但仅就日主本身而言，只是偏旺，印星也是偏旺。

取水耗土泄身，忌火、土、木、金。

辛酉大运，年支给日主加力，辛苦操劳，投资生意不好。

1995年乙亥、1996年丙子，流年支为用，财运可以，1996年丙辛合，官星舍日主此年底结婚。

1997年丁丑，流年干支为忌神，此年生下一男孩，生下来小孩就死了。实是丑合克时支用神子水食伤，食神受伤之故。

1998年壬戌运，戊寅年，戊合命局癸水用神，支寅为财星是总神，所以此年做服装生意而破财三万元。

岁荣通鉴（下）

例三：
乾造：癸丑　乙丑　辛亥　丙申
大运：甲子　癸亥　壬戌　辛酉　庚申　己未　戊午　丁巳
岁数：　2　　12　　22　　32　　42　　52　　62　　72
年份：1975　1985　1995　2005　2015　2025　2035　2045

日主辛生丑月，通根两丑，申字帮扶，明显偏旺。
壬戌运，日主通根戌土，形成戌生辛忌神组合。
遇丁丑流年，土更旺，就不利了，流年支为印星，流年干是官星，所以印星和官星所代表的事物会有不顺。
实际，这年因工作不顺，辞职；自己买车，被骗了一万多元。
2002年，壬戌运壬午年。岁运两壬透干，从妻宫亥中透出，泄身为喜用，这是引动夫妻宫，结日日主年龄，此年必有婚恋之事。
实际，命主壬午年结婚。
2003年，壬戌运癸未年，丑未戌三刑，土旺，再通过戌中透辛使未戌两土生日主辛金，形成忌神组合，不利工作与财运，印为父母，也不利父母。三刑土五行是印星，也主刑伤伤灾之类。
实际此年父母工作不顺，被迫辞职不干，自己在未月遭车祸。

例四：
坤造：乙巳　庚辰　己丑　甲戌
大运：辛巳　壬午　癸未　甲申　乙酉
岁数：　11　　21　　31　　41　　51
年份：1975　1985　1995　2005　2015

此造支一片土。甲己合土乙庚合而不化。日主太旺，只有泄，取金为用，忌火、土、木、水。
天干最忌见乙、丙合克用神庚金。1995年乙亥一逢乙本出现，乙庚合，用神庚金被合绊住。不能发挥用神的力量，必然会有灾。
实际：乙亥年，丈夫死了。
丙子年，丙克用神庚金，也不好。

丁丑年，丁火克用神庚金也不好。

实际这三年都沉浸在丈夫突然死去的痛苦中。

1998年戊寅又新认识对象，寅木没克到土上，并与丑土暗合，所以有异性、朋友出现。

2001年辛巳年，又离婚了。

2003年癸未，干透财，流年支冲日支，可能在身体上、财上有点受损，注意有破财之患。

例五：
坤造：丙戌　辛丑　辛亥　戊子
大运：庚子　己亥　戊戌　丁酉　丙申　乙未　甲午　癸巳
岁数：　9　　19　　29　　39　　49　　59　　69　　79
年份：1955　1965　1975　1985　1995　2005　2015　2025

日主辛生丑月，当令而处相地；戌、辛丑、辛、戊，五个字一党；日主明显偏旺。

对偏旺的日主来说，克我的官杀必定是喜用神。

但丙火正官透出，却遇到辛金合丙火，两辛合丙，对丙火的耗力很大，这是喜用丙在原局受制。

地支戌中丁火，也是克日主的喜神，但丁火不透；并且，地支丑亥子三会拱水，丑为湿土，三会之后，湿性极重，这时丑戌相刑，戌中丁火喜用受伤。

再看夫宫，亥水忌神伤官坐在夫宫，明显不利婚姻。

官杀为喜用而受伤，天干丙被两辛合制，地支丁被丑刑戌所伤，再加上夫宫亥水忌神有力；这些加在一些，就是不利婚姻，而且夫有灾的信息。

1989年，丁酉大运，地支酉丑半合，戌酉相害，这两个都是忌神组合，土气生金，日主变旺，辛金增力，辛丙合，反化金成功，所以此运夫必有灾。

流年己巳，巳化金的丙火在流年得根不服，就是夫应灾之期。

实际，此年命主丈夫去世。

例六：
坤造：己酉　丁丑　辛亥　丁酉
大运：戊寅　己卯　庚辰　辛巳　壬午
岁数：　2　　12　　22　　32　　42
年份：1971　1981　1991　2001　2011

此八字日主偏旺，取杀制比为第一用神，财星为喜神。

忌印比，食伤不宜在天干。

1995年庚辰运乙亥年。

流年干为喜用，流年支食伤有路线盗泄日主，有路线生用神财星乙木，没有路线克用神丁火。流年干乙木可以合住大运干忌神庚金，而庚金合不住乙木，命局辛金也无权冲克流年干用神乙木，乙木也有权克命局年干印星己土，印星为忌所以克了忌神就会得到忌神方面的好处，自然就会得到好工作，或者说在工作方面有好的变化。多有走动变动之事，工作方面有好的转化。实际命主此年升职。

1996年庚辰运丙子年。

流年干正官天星透出合日主，流年支为食伤子女星，又流年支与命局形成亥子丑三会局，牵动了夫妻宫，所以会有婚姻、子女方面之事。正官星合日干，又逢天喜照命，在命理上此年应有动婚之事，否则也有男女情事或生子之事。

实际命主此年结婚。

第六节　看配偶的相貌

看配偶相貌主要从两方面着手：

一看日支；二看配偶星，即男命看财星，女命看官杀。

配偶星代表具体的人，配偶宫（日支）是配偶所在的位置，是配偶的家，也是配偶的生活环境，星、宫的喜忌对婚姻影响也是至关重要的。

1. 看配偶相貌，主要看日支与夫妻星临何五行
①日支为子午卯酉，主配偶漂亮端庄或有能力。
②日支为寅申巳亥，主配偶相貌一般，为人精明。
③日支为辰戌丑未，主配偶朴素、敦厚，相貌较丑。
④如果日支与月支相同，不论日支为何五行，都主配偶漂亮或能干。
2. 除了看日支外，还得结合夫妻星是何五行来看
①夫妻星（财、官）为火，主亮丽，面红润。
②夫妻星为木，主人长得高，发秀。
③夫妻星为水，主人较胖，团活。面黑，人机灵，相貌一般。
④夫妻星为土，主人长得敦厚结实，个头矮，较丑。
⑤夫妻星为金，人长得白晳端庄。

如从日支角度看人长得丑，但夫妻星正好为火，主亮丽，那么综合下来，主人长得端正，不丑不俊。如从两个角度看都丑，就主丑，如从两个角度看都俊，就主俊。总之，得灵活综合二者看，不能单从一个方面看。

例一：
乾造：辛亥　庚寅　己丑　乙亥

日主己土，财星亥水，丑中癸水在妻宫，妻星是水五行，再加上地支丑亥紧贴，土水混杂，所以这时的水五行主肤色较黑。
妻宫为丑，主长相不是漂亮的人，比普通相貌要差一些，长得结实较胖。
综合来看妻子长得敦厚、结实、体胖，相貌一般。

例二：
坤造：戊申　丙辰　己未　辛未

日主己土，七杀乙木为丈夫，藏在夫宫未土当中，故而以乙木与未土来论命主丈夫的相貌情况。

乙木五行主高，但不透干，藏在未库当中，故而不是高个子。

未土五行主矮，但夫星是乙木，所以个子不会矮。

不高不矮，就是中等个子。

乙藏未中，土五行显于外，所以肤色不白，七杀乙木，不黑，未中有丁火，红润。

实际命主的丈夫中等身材，相貌一般，面部微红。

例三：

乾造：戊申　乙丑　丙午　丙申

日主丙火，坐下妻宫午火，午火为南方离卦，主漂亮、热情、红润。

财星申金，金五行主皮肤白皙、亮丽。

实际其妻漂亮、亮丽、面红润。

第七节　配偶的年龄大小与距离远近

一、配偶的年龄差距

从八字看婚恋男女之间的年龄差距，主要从四柱看十神的倾向力大小来判断。

一般把官和印看成年龄大的，比肩为相仿，财和食伤是比自己年龄小的。

一方面看八字中的官印与财和食伤的力量大小，看柱中是官生印，还是食伤生财，看这两方面对比。如果柱中力量倾向于官和印的力量，就主对象比自己年龄大。如果倾向于食伤生财力量大，主配偶年龄比自己小，倾向力越大，年龄差距就越大。

还要结合行运看，如果有的人第二次婚姻，如行食伤生财运，就主配偶年龄小。

男从日支上看，日支是食伤或财星的，对象比自己年龄小，如果是印和官星的，说明年龄大点。

女命日支坐官星，说明对象比自己小，日支坐财星的也小，如日支坐印星的，一般对象年龄比自己大。

总之，以上两种判断方法可相互参考。

二、配偶距离远近

判断配偶距离远近，分两种距离，一种是日常工作生活的距离远近，一种是出生地距离远近。

天干主动，它标示着配偶工作生活距离。

地支主静，标示着祖籍距离，日支即代表祖籍也代表工作生活距离。

1. 如果配偶星在日支离日主最近，配偶为同事、同乡、同学等。
2. 如配偶星在月，时柱，为同镇、同区域之内。
3. 如配偶星在年柱为远方、外镇、外县、外市等。
4. 若干透偶配星离日主近，而支藏配偶星离日主远，说明夫妻工作生活距离近，但出生地相距远，等等。

配偶星有时因为合冲的关系，可能因合由远而拉近，也可能因冲由近而冲远，判断时要注意灵活运用。

第八节　夫妻感情及配偶家庭情况

看婚感情主要从四个方面着手：
1. 看配偶星的喜忌，起到喜神作用则关系好，起到忌神作用则关系不好。
2. 看日支与日干的关系及喜忌。
3. 看夫妻星离日主的远近。
4. 看日支与其他支的关系。

首先看配偶星的喜忌，配偶星为日主的喜用神并且也发挥出了喜神的作用，说明夫妻感情好，为忌神但受到有力制约，也说明夫妻感情较好；为喜神受制，为忌神受不到制约，就说明夫妻间感情容易出问题。

如果夫妻星是喜用神，但柱中没有，主夫妻感情平淡。如果夫妻星是日主的忌神，柱中不现，也主夫妻感情主平和或者较好。

日支代表夫妻宫，日干支的关系，一定程度上表示日主与配偶的关系。一般日干支相生，主夫妻感情好，干生支说明自己爱配偶，支生干说明配偶对自己好，如干支相克，夫妻矛盾多，如果日支为喜用神，关系要好些，为忌神则关系不好。

日干与配偶星的远近，揭示着夫妻间影响力和感情亲密度，当然结合配偶星的旺衰寿，越旺影响越越大，弱影响力小。

一般日干与配偶星相合，夫妻感情好，难舍难分。

若配偶星与日干距离远或无，说明一生不是与配偶分离时间长，就是夫妻感情淡化，相互影响不大。

日支与其他五行的关系也影响夫妻感情，尤其是合、冲，一般日支逢冲，主有婚灾或有灾、伤之事。

日支逢合，主配偶易有外遇，有与人私通的可能，至于私通是何人，就看日支与何十神相合。与比劫相合，说明配偶与自己年龄相仿的人有暧昧关系；如日支与官杀相合，一种是与有权有势的人，或是与自己年龄大的人私通；如与食伤相合，有可能与年龄比自己小或有技艺等人私通；如与财星相合，说明与有一钱的人私通，或与从事金融、财政等工作的人私通；如与印星相合，说明与有文化之人，或是年龄相当于自己父母辈之人私通；若出现争合，说明与多人私通。

例一：

坤造：辛巳　戊戌　乙卯　戊寅

大运：己亥　庚子　辛丑　壬寅　癸卯　甲辰　乙巳

岁数：　3　　13　　23　　33　　43　　53　　63

年份：1943　1953　1963　1973　1983　1993　2003

四柱中没有正官,说明夫妻缘分薄,日支卯与戌合。说明丈夫有外遇象,戌为财,就是与比自己年龄小的女人或与有钱的女人有暧昧关系。实际命主在丈夫在外有情人,命主闹了一阵之后只好当作看不见。

例二:
坤造: 丁亥　甲辰　辛巳　戊戌
大运: 乙巳　丙午　丁未　戊申　己酉　庚戌　辛亥　壬子
岁数: 　2　　12　　22　　32　　42　　52　　62　　72
年份: 1948　1958　1968　1978　1988　1998　2008　2018

此造七杀在前(年柱)正官在后(日支巳火中伏藏),正官为丈夫,七杀为偏夫或情人。说明先有情人后有丈夫,也说明先与情人破身,而后与真正的丈夫结婚。

年柱与日柱天克地冲,从四柱人体分布来看,日柱就相当于胯部,此处被年柱带七杀冲克,就是被情人破身。丁火七杀自坐截脚,相当于七杀的官星,且丁又与坐支亥中壬水相合,合有绊住、捆住之意。亥水又入辰土之墓,就是壬水捆住绊住七杀,带着七杀入墓,墓有监狱牢房之象。

由此推断其未婚前先破身,而且这个男的不是她现在的丈夫,并且这个情人会有牢狱之灾。实际情况正是如此。

官星巳火为夫,被年支冲,再紧贴戌入库,说明结婚的这个丈夫,能力一般,是个普通人。

戌土为火库,引申为寺庙等香火之地,戌亥又为天门,正是佛家、道家、玄学出入之门。戌土对日主来说是印星,对官星来说,是食伤,都是主信仰之意。一般来说,八字辰戌巳亥俱全的人,都与佛道、玄学有缘。由此可推断,命主自己与丈夫都喜欢周易玄学。

实际命主与丈夫都在学习周易风水,并且喜欢看佛道方面的知识。

例三：
坤造：戊子　甲寅　癸未　壬子
大运：癸丑　壬子　辛亥　庚戌　己酉　戊申　丁未
岁数：　8　　18　　28　　38　　48　　58　　68
年份：1955　1965　1975　1985　1995　2005　2015

此女士很健谈，带些傲气，气势凌人，不可一世的样子。伤官居月柱，干支一气，正符合伤官心性。

我对她说："你一生婚姻不顺，丈夫不死也得残疾，你瞧不起你丈夫，但对孩子却百依百顺，要什么给什么。你至少有一个情人，这些情人比你丈夫有能力，他们要是到你家，你丈夫都得躲，给让位置。"

求测人说："先生说得太对了，我丈夫脚有残疾，早年为了能进城，违心嫁给他，心里老是不平衡。所以老是跟他吵闹找别扭，让他跟我离婚，可他老实巴交的，就不跟我恼，来个不吱声，看在孩子面子上，也就凑合着过吧。不瞒您说，我确有外人，我丈夫也知道，我领到家里多次，他也不反对，真像你所说的还往外躲，给让地方……唉，现在老了……"

此造日主旺，伤官也旺，所以伤官心性暴露无遗：好面子、好装大，想用傲慢的气势来掩盖内心的空虚与无奈。

伤官旺，柱中又不现财星通关，克夫之象明显。像这样的命造，日主都瞧不起丈夫，即使丈夫比自己各方面都强，她也能鸡蛋里挑骨头，用更强的男人与自己的丈夫做对比，看不起丈夫，因为伤官旺就要克制正官，克就是挑剔，瞧不起，压制的意思。

对女命来说，以食伤为子女，可以泄日主之气，顺日主之势，日主与之是相生关系，自然对子女百般关爱。

为什么断她丈夫不死也得有残疾？因为柱中正官星戊土弱，又被甲木伤官克制，且寅中藏有甲戊，这个戊也被甲克，像这样的情况，丈夫会有伤残在身，否则也有早亡现象。

此造正官星受克制，而偏官星未土居坐支夫宫，这是情夫跑到家里，所以一定有情人。七杀己土不现，只在地支以未土形势存在，紧贴克日主，天干伤官甲木克不着它。地支寅与未没有特殊关系，也就没有生克路线，所以寅木不克未土。本命局正官受制，自然力量没有偏官大。在四柱命理中，力量大小在某种程度也可代表能力大小，因此情人要比自己丈夫能力强。

此造偏官居夫宫，正官远离日主，且在地支正官星藏在寅木里不得出，本是正官居夫宫才是位正，而此造正官却躲藏起来，让偏官占据，就是丈夫让位于情夫之象。

第九节　婚灾的应期

婚灾时间一般都是忌神流年，婚灾按从轻到重的程度，表现形式包括：吵架、夫妻长期分离、离异或一方有病伤、牢狱之灾、配偶死亡。

婚灾的引发时间，绝大多数都是忌神组合被引发之年，或者是喜用组合被制伤之年。

男命的婚灾引发时间，是看财星与日主的平衡度，配合夫妻宫的引动来看。这所指的是日主与财星对比，一般男命，日主与财星的平衡度差，女命，日主与官星的平衡度差，再逢岁运又加大了这种失衡度，并且引动了夫妻宫，就会有婚灾。

日主与财星平衡度差有两种形式，一种是财星旺，日主弱。另一种是日主旺，财星弱。

男命比肩多而旺强，就主克妻，如果财星被克逢墓就容易克死。

男命日主衰弱的，财星太旺的，婚姻肯定不顺。

女命主要看日主、官星、伤官。主要看伤官能否伤到官，看官星与日主的力量，如果伤官能伤到官，无论旺衰都会有婚灾。女命日主与官星平衡度差，以及命局中伤官能制官，都是婚灾的标志，这也得配合夫妻宫的引动来综合判断。

女命的婚灾主要在官杀和食伤的流年引发。

至于是离婚、打架、丧偶，主要看夫妻星被克程度以及夫妻星的太旺程度。

如果配偶星有克无生，配偶就会有生死之灾，或者配偶星旺而无制、克、泄、耗全无，也有生死之灾。

死亡的原因，一般因衰受克而死，多死于病灾；因旺无制而死，多是横死之灾比如自杀、车祸、水灾等。

例一：

坤造：壬寅　庚戌　辛巳　庚寅
大运：己酉　戊申　丁未　丙午　乙巳　甲辰
岁数： 2　　12　　22　　32　　42　　52
年份：1963　1973　1983　1993　2003　2013

首先看日主与官星的平衡度，此命局日主中和，官星火的力量大于日主，火偏旺怕生扶，生扶则火代表的六亲就会不顺或有灾，这个命局如果午火出现，把全局的火引发出来，火更旺，火五行所代表的六亲就会有灾。

丁未大运，庚午流年，巳午未会火，寅午戌合火成功，戌中的金，巳中的金，全被克成重伤。

原局官旺，日主中和，庚午流年使日主与官的力量相差更大，把官推向极端，官更旺，日主更显弱了。并牵动了夫星戌土之库，牵动了夫妻星，逢墓忌邀，所以丈夫有灾。

实际情况是，因为夫妻打架，丈夫怄气喝毒药死了。

例二：

乾造：丙午　辛丑　丙戌　丙申
大运：壬寅　癸卯　甲辰　乙巳　丙午
岁数： 5　　15　　25　　35　　45
年份：1971　1981　1991　2001　2011

天干出现争合观象，年干丙午旺争合正财妻星，必有妻子被人争去之患。

1989年己巳，大运癸卯，卯戌合，巳申合，星宫都被合，所以妻子跟人跑了。

1994年甲戌，辰冲戌上夫妻宫，第二个女朋友又把自己不多的家产带跑了。

此人一生的妻财难以守住，会因家产有纷争。

例三：

坤造：癸丑　甲子　戊子　辛酉
大运：乙丑　丙寅　丁卯　戊辰
岁数： 8   18   28   38
年份：1980   1990   2000   2010

子丑合化难成功，日主太弱。

1995年乙亥，亥子丑会水局，使日主与官星的力量更加失衡，且牵动夫妻宫，流年天干透乙木正官星，所以这年离婚。

原局有偏官，流年出现正官，会出现婚姻，感情风波。若原有正官，岁运出现偏星也如此，不有感情风波，工作也有变动。

有时没引动夫妻宫，但因子而结婚，有时看时柱女宫，子女宫位被引动，子女出现时也标示着结婚。

第十节　婚恋之外的情感关系

在社会生活当中，除了正常的恋爱、婚姻，还有其他各种情感情况与男女关系情况。

下面对这些情况的八字命理规律提炼出来，以便在实践当中应用。

（一）男命男女关系析断

1. 日支被冲者，无论男女，都会出现晚婚，结不成婚，结了婚就会发生离婚事件。

2. 不管男女命，柱中金水旺的，大多风流好色。

3. 男命偏财在前，正财在后，会先有夫妻之实，而后再结婚。

4. 男命正财被冲克在先，日干支合正财在后，娶的妻子不是处女，也就是说，娶的妻子是二婚或者妻子婚前已经和前男友发生过关系。

5. 男命正、偏财两现，会与两个以上女子有关系，所以也说明婚姻不顺。

6. 男命正财被其他干支合，主女友、妻子有被夺之象；如偏财被合，表示情人被别人争去，或者情人常背着自己与其他人发生关系。

7. 男命正财被合，尤其被比劫争合，生活中常发生女友或妻子被朋友抢了的情况，会发生离婚事件。

8. 男命财星与日干合，如中间有比劫阻隔定有争婚或争异性朋友之事。女命官星与日干合，同样论法。

9. 男命日支为比劫，并起到忌神作用，必定克妻，婚姻不顺。

10. 男命日支偏财，四柱中又有正财混杂者，会风流有外遇，并且喜欢娱乐场所的女子。

11. 男命透两个偏财，有婚姻不顺之象，特别是时上、月上都是财，在实际中有个正妻还应有个情人。

12. 男命正财多，争合日主有多妻之象。

13. 男命正财一位，与日主相合，主夫妻感情好，婚姻美满。这样的人结婚以后事业会好转起来，如财为忌神，结婚后反而主事业财运不好。

14. 男命身弱财强，妻掌家权，命主怕妻。

15. 男命无论身旺身弱。财能生到官，日主怕妻。

16. 男命，日主身旺财弱，财不能生官，又无食伤通关，命主常打妻。

（二）女命男女关系析断

1. 女命月干伤官，支七杀，会有三次婚姻。

2. 女命官、伤两透，无财，无印，定有婚灾。

3. 女命七杀在前、正官在后，婚前定失贞，会先与别的男子发生关系破身，而后再与命中的丈夫结婚。

4. 女命官杀同透，说明至少有两个男人，所以定有二婚之事。

5. 女命正官与其他干支合，主男友或丈夫有被夺之象。

6. 女命日坐伤官，不论喜忌必克夫。

7. 女命日坐七杀，又有正官混杂者，主女子不贞，会落入风尘，在一段时间为了钱财卖身。

8. 女命天干透两个偏官或地支藏两个偏官，桃花多，情人多。

9. 女命身弱，四柱财多、财旺，主风流。

10. 女命正官多，争合日主，会脚踏多条船，同时与多名男子保持关系，也主多夫之象。

11. 女命身弱官杀旺，夫掌家权，命主怕夫。

12. 女命伤官旺，财与印无或无力，命主好骂夫，瞧不起丈夫，二婚之命。

第十一节 男命综合实例详解

男命发生婚灾易在财与比劫的流年引发，并引动了夫妻宫。

女命发生婚灾易在官与伤官的流年引发，并引动夫妻宫。

还有日支被冲、被合的流年易有婚灾。

例一：

乾造：	戊子	乙丑	庚戌	丁丑			
大运：	丙寅	丁卯	戊辰	己巳	庚午	辛未	壬申
岁数：	6	16	26	36	46	56	66
年份：	1954	1964	1974	1984	1994	2004	2014

庚金生丑土寒冬之月，又复见子丑寒水寒土，最喜火来温暖。

时干丁火弱而被丑晦，无力暖身，全赖日支戌土燥土来暖身，但被月支、时支两寒土丑刑坏。

日支为妻宫，明现婚姻不顺之兆，多婚之命，至少三婚之后才能稳定。

命主反馈已经离过三次婚。

例二：
乾造：壬子　壬寅　庚辰　辛巳
大运：癸卯　甲辰　乙巳　丙午　丁未
岁数：　6　　16　　26　　36　　46
年份：1977　1987　1997　2007　2017

铁口直断此命1999年结婚，实际此命是1999年结婚。
我为什么能断准呢？
这是我抓住了财星逢值、三会财局、妻宫被合动的关键点。
1999年为己卯年，地支卯木正财出现，正财代表妻子，这就代表命主妻子出现，流年卯木与月支寅木、日支辰土三会财局，且妻宫辰土被合动，动就是动婚的意思，再加上岁干己土为正印，代表领结婚证、法定程序、父母许可，所以应该年结婚就不足为奇了。

例三：
乾造：庚子　己卯　甲辰　丁卯
大运：庚辰　辛巳　壬午　癸未　甲申　乙酉
岁数：　7　　17　　27　　37　　47　　57
年份：1966　1976　1986　1996　2006　2016

直断1985年婚，头胎生儿子。
实际是1985年结的婚，生了一个儿子。
1985年辛巳大运乙丑流年，丑土正财出现与年柱天合地合，故应结婚。
年干庚金七杀为儿，居年干为长，庚杀为阳为儿子。

例四：
乾造：壬子　癸卯　壬子　甲辰
大运：甲辰　乙巳　丙午　丁未　戊申　己酉　庚戌　辛亥
岁数：　5　　15　　25　　35　　45　　55　　65　　75
年份：1976　1986　1996　2006　2016　2026　2036　2046

直断其婚姻找不成未婚的，最终定然找个离过婚的。

实际此人娶了个大他十岁，前夫判刑坐牢后离异的女人。

此造日主壬水，财星不现。

壬子、癸、壬子，日主一党虽失令但党众，所以日主偏旺。

妻宫坐子水比肩，财星不现，所以用妻宫子水为妻子。这一点的确非常重要。

妻子被忌神子水在宫里劫过，所以娶的定然不是处女，是结过婚的。

妻是子水，则子辰合，辰为子的官星，是这个女子的前夫。

辰土前夫生卯月，卯辰相害，甲盖头克辰，这是官杀制弱辰，所以辰土前夫是有牢狱之灾的。而子水妻子虽旺，但有卯泄，有辰半合克，所以子水旺而有克泄，所以这个子水女人自身没有灾。

原局取象断法就是这么断的，真传一句话，快而准。

例五：

乾造：乙酉　丙戌　甲戌　己巳

大运：乙酉　甲申　癸未　壬午　辛巳　庚辰　己卯

岁数：　9　　19　　29　　39　　49　　59　　69

年份：1953　1963　1973　1983　1993　2003　2013

日主甲木生戌月，失令；乙、甲二字为一党，身偏弱。

戌土财星当令，戌戌己巳，火土相生，食伤与财相生，财星旺强；日支妻宫为戌土财星忌神，但有酉字以特殊作用关系化泄，所以旺而有化泄之制，可断婚姻总体平稳。

身弱食伤生财，所以必定是印星生身为喜用，行水五行大运，印生身，必有官职。

29岁后，癸未、壬壬午大运，癸壬水印生身，进入政府部门。

1990年壬午运庚午年，庚壬甲连生，化官生身，所以有提升。

1996年，辛巳运丙子年，丙辛合，忌神辛金被合克，形成制官得官喜神组合；流年支子水克丙火，子水为印，日主甲临印地，是处相地，所以有制升。

2000年，辛巳运庚辰年，庚辛官杀克冲日主，对工作不利，有不利的调动，实际机构改制没得到重用。

此命造的实际情况是，父早逝，两次婚姻，当过兵，后搞文字，侍候过厅长。1990年与1996年升官，2000年机构改革不得重用，是化工厅管科技的处长，会拍马屁，权力不大，但也有财权，现厅改行业办了，权力就更小了。

婚姻的具体情况是，在老家与一个女子同居过，但后来并没结婚，当兵转业后进入政府部门，工作稳定后才恋爱结婚。

例六：

坤造：癸丑　庚申　庚子　壬午

大运：辛酉　壬戌　癸亥　甲子　乙丑

岁数：　3　　13　　23　　33　　43

年份：1975　1985　1995　2005　2015

此造金水成象，用神是水，配偶宫子水为用神，冲去配偶星忌神，此为好婚姻。虽然是她管丈夫，但她丈夫很喜她管，感情稳定。

例七：

乾造：戊戌　己未　乙巳　丁亥

大运：庚申　辛酉　壬戌　癸亥　甲子　乙丑

岁数：　5　　15　　25　　35　　45　　55

年份：1962　1972　1982　1992　2002　2012

此造日主身弱而用印。

用神是水，火土俱为忌。

坐支巳火中含戊土妻星，故此为妻星得正位。妻得正位作忌神，说明夫妻感情不好，妻子的情况也不好，因为戊土妻星旺而受制不得力，所以妻子易有病。

以妻宫巳火为妻，巳火在原局克泄交加，是偏弱的，所以到癸亥运时，癸亥水干支一气，冲克巳火，所以此运对妻子不利。

但癸亥为印，生日主为日主喜用，所以此运对日主来说却是事业财运非常好的大运。

实际癸亥运时，命主自己很赚钱，但妻得糖尿病，多次严重发病住院。

例八：

乾造：己卯　丙子　丁未　甲辰
大运：乙亥　甲戌　癸酉　壬申　辛未　庚午　己巳　戊辰
岁数：　10　　20　　30　　40　　50　　60　　70　　80
年份：1949　1959　1969　1979　1989　1999　2009　2019

丁火日主，生子水失令；卯丁甲三字一党，日主偏弱；财星庚辛申酉原局不现，在大运当中才出现，因为身弱，所以财官为忌神。

财星不现，妻子看坐支妻宫未土；身弱，未字为日主之根，起到喜神作用，但同时，子未相害，未中丁受伤，未变湿土泄身为忌；这说明有婚姻，然后婚姻出问题，会离婚。地支卯未半合，子未相害，这两个忌神组合，都是说明有外来的人与妻子发生关系，妻子会有外遇。

天干上也一样，妻宫未食为妻，代表女性，年透己食与妻宫未食是一致的，甲印是己食之官，甲己合表示妻子在与命主结婚之前已破身，与别的男人先发生过关系。

甲寅年结婚，过去的男性不存在了，而卯未半合，未中有杀，未为杀气库，婚后仍有大量的男性与妻交往。

癸酉运冲去卯杀，妻与外情人无交往，可行壬申运，卯杀又回来了，甲子年水生卯杀，妻与外情人交往频繁，在辛未运，未食复吟，与妻离婚了。

例九：

乾造：丙申　丙申　庚午　乙酉
大运：丁酉　戊戌　己亥　庚子　辛丑　壬寅　癸卯　甲辰
岁数：　4　　14　　24　　34　　44　　54　　64　　74
年份：1959　1969　1979　1989　1999　2009　2019　2029

日主庚生申月，申申庚酉四字一党，日主偏旺。

财星乙木与日主庚合，这是个日主的妻星。

但乙财无根无源，在局中克泄交加，对日主起不到喜神作用，所以这个乙财的情况，就可以确定日主难有婚姻，娶不到妻子。

庚乙合，与财星合，说明虽然没有妻子，没有婚姻，但会有女人。

乙坐酉，乙酉同柱，说明乙木财星先被同柱的酉金劫财克过，然后才与日主庚金相合，这是距离位置决定的，这个说明，所有与日主有过关系的女人，都是与别人发生过关系的，也就是被别人克过了的，说明这类女人或者是别人的女人或者是妓女。

实际，命主一因贫穷而未婚，在外打工为生，有过同居女友，都是已婚的，并且命主时常嫖妓。

例十：

乾造： 己酉　丁卯　庚戌　己卯

大运： 丙寅　乙丑　甲子　癸亥　壬戌

岁数：　11　　21　　31　　41　　51

年份：1979　1989　1999　2009　2019

日支合财，两个财往身上合，富的意思。

这个命有两个老婆，两个财都合妻宫，这两个老婆同时存在。

其中一个老婆是月令卯，是他的同学，而且是离过婚的，因为卯酉冲，离婚后跟他一起过。

大老婆做过手术，身体上有病，但没有离，小的对大的还很好，做好吃的给大的吃。

例十一：

乾造： 癸卯　壬戌　辛亥　庚寅

大运： 辛酉　庚申　己未　戊午　丁巳

岁数：　10　　20　　30　　40　　50

年份：1972　1982　1992　2002　2012

日主辛生戌月，戌辛庚一党，日主偏弱。
天干透壬癸，坐下亥水，水为食伤，泄身生财为忌。
所以此命食伤与财都是忌神，并形成忌神组合。
食伤与财形成忌神组合妻宫亥水也是忌神，说明婚姻不好，会有离婚。
辛日主通根戌土，戌紧贴克亥，妻宫亥水忌神有制，说明会有婚姻。
但亥生合卯木，卯合克戌，使戌土喜神印星受制，说明结了婚后，还会离婚。
实际命主在1991年庚申运辛未年结婚，第二年己未运壬申年就离婚了。

例十二：
乾造： 己亥　丁卯　壬子　丙午
大运： 丙寅　乙丑　甲子　癸亥　壬戌
岁数： 9   19   29   39   49
年份： 1967 1977 1987 1997 2007

直断："您是个早婚的命，夫妻关系以前很好，但后来你有外遇，你专找年轻的小女生下手，导致你的婚姻有危机，出现感情纠葛。"
实际情况正是如此，命主既不想离婚，还想保持外遇。
此造天干正、偏财两透，说明正妻、情人都有。
正财在年、月柱多数早婚，因为年、月柱为先、为早。正才在前，年柱没有财星，说明婚前没有跟其他女人乱搞男女关系，与自己有夫妻之实的就是结发之妻。由于偏财时柱在后，说明后来有女人介入。
妻星正财在月柱，年、月柱为父母长辈宫，因此以年、月柱为大为长，时柱为子女宫，因此为小。由于偏财在时柱，所以其情人年龄要比妻子小。
看相貌与能力主要根据本身坐支来看的，正财妻星，坐下卯木相生，说明妻子有能力或也较漂亮，但与偏财相比还是没有偏财有力，因偏财自坐强根，是同气相助。所以妻子没有情人漂亮或有能力。

例十三：
乾造：庚辰　壬午　己丑　辛未
大运：癸未　甲申　乙酉　丙戌　丁亥　戊子　己丑
岁数：　8　　18　　28　　38　　48　　58　　68
年份：1947　1957　1967　1977　1987　1997　2007

此造日主旺相，财星癸水，弱又入年支辰土之墓。

财星弱而入墓，再加上地支丑未相冲，辰土生在午月，所以辰丑当中的癸水都是受伤入墓，此象主妻子有灾。所以这个八字，命主是克妻之命。

从空亡角度看，按日柱查空亡，午未空，正财妻星坐空地，也相当于落空亡，所以此人妻子不是常有病灾，就是有早亡现象，总之与命主缘分薄。实际此人娶了两房妻子，先后都因病死亡。

例十四：
乾造：甲戌　丁丑　乙未　丙戌
大运：戊寅　己卯　庚辰　辛巳　壬午　癸未
岁数：　6　　16　　26　　36　　46　　56
年份：1940　1950　1960　1970　1980　1990

此造原命局中有丑未冲，丑未戌三刑组合，日主根伤，身弱财旺，但有年干比劫从又从不了，故婚姻会极不稳定。身旺时追求女人，身弱时就厌弃女人。

实际情况，1956年结婚。1967年离婚，同年结婚。1970年（庚戌）离婚。1971年结婚。1978年（戊午）妻自杀。1979年己未又结婚，1982年壬戌离婚。1983年癸亥结婚，1989年己巳离婚。此人正式结婚五次，但一直风流成性。

例十五：

乾造：丁未　丙午　己酉　戊辰
大运：乙巳　甲辰　癸卯　壬寅　辛丑
岁数：　3　　13　　23　　33　　43
年份：1969　1979　1989　1999　2009

此造原命局火炎土燥，妻星不现，幸食伤酉金坐妻宫为财星之源。1999年己卯，大运癸卯，两卯冲酉，戊癸做合，妻有病。

实际情况，1993年癸酉被招聘为乡镇干部。1999年己卯妻子二次生病住院。

例十六：

乾造：乙酉　戊子　甲子　丁卯
大运：丁亥　丙戌　乙酉　甲申　癸未　壬午　辛巳
岁数：　6　　16　　26　　36　　46　　56　　66
年份：1950　1960　1970　1980　1990　2000　2010

此造原命局中妻星戊土虚浮无根，其生源食伤丁火也无本气根，1998年、1999年均是木旺之年，故妻有病。

实际情况，1998年戊寅日主下岗，妻子生病耗钱财，1999年亦然。

例十七：

乾造：辛亥　乙未　乙卯　丙戌
大运：甲午　癸巳　壬辰　辛卯　庚寅　己丑　戊子　丁亥
岁数：　8　　18　　28　　38　　48　　58　　68　　78
年份：1978　1988　1998　2008　2018　2028　2038　2048

此造原命局中亥卯未成局，乙木两透，身不太旺以水为用，丙辛合，卯戌合，均于妻星不利。1995年乙亥，大运癸巳，太岁冲大运为忌，群比劫财，妻自当有难。

实际情况，1995年妻因难产而死。

例十八：
乾造：壬寅　庚戌　壬寅　己酉
大运：辛亥　壬子　癸丑　甲寅　乙卯　丙辰　丁巳　戊午
岁数：　4　　14　　24　　34　　44　　54　　64　　74
年份：1965　1975　1985　1995　2005　2015　2025　2035

此造原命局中财星不现，藏于寅戌二支中，壬水坐寅，木湿不利火，壬水虽虚浮无根，却两透天干，又得旺印化杀之生，得志便猖狂，旺印透干易夺食伤，这些都是不利妻的信息。1991年辛未，大运癸丑，金水旺地，又遇丑未戌三刑，戌未中之丁火郁而妻病。

实际情况，1991年三月妻患精神分裂症。

例十九：
乾造：乙酉　癸未　辛丑　辛卯
大运：壬午　辛巳　庚辰　己卯　戊寅　丁丑　丙子　乙亥
岁数：　9　　19　　29　　39　　49　　59　　69　　79
年份：1953　1963　1973　1983　1993　2003　2013　2023

此造原命局中身旺财衰，乙癸被坐支截脚，卯木被辛金盖头，支中丑未刑冲，卯酉相冲，都是不利妻的信息。1998年戊寅，大运戊寅，岁运并临，虽是财旺之地，但两戊合癸生辛，乙木财星遭遇有克无生，妻有灾。

实际情况，1998年妻子病故。

例二十：

乾造：戊寅　辛酉　丁卯　癸卯
大运：壬戌　癸亥　甲子　乙丑　丙寅　丁卯　戊辰　己巳
岁数：　4　　14　　24　　34　　44　　54　　64　　74
年份：1941　1951　1961　1971　1981　1991　2001　2011

此造原命局中辛酉为妻星，虽辛酉干支一气，但戊土坐寅，形同虚浮无根，财星无源。丁癸相冲，但癸卯同柱，卯印可化杀生身，日主有源，故日主虽无本气根，却旺于财星，如再行木火岁运，就有伤妻之忧。

1975年乙卯，三卯冲一酉，乙木克戊化癸生身冲克辛金，故妻有灾。

实际情况，1975年妻子去世。

例二十一：

乾造：辛巳　庚寅　庚子　庚辰
大运：己丑　戊子　丁亥　丙戌　乙酉　甲申　癸未　壬午
岁数：　6　　16　　26　　36　　46　　56　　66　　76
年份：1946　1956　1966　1976　1986　1996　2006　2016

此造原命局中身强财弱，比劫林立，于妻不利。1988年戊辰，大运乙酉，印比旺地，妻星乙木透干，坐以截脚，被群比所劫，故有丧妻之灾。

实际情况，1988年戊辰丧妻。

例二十二：
乾造：丙寅　己亥　壬子　壬寅
大运：庚子　辛丑　壬寅　癸卯　甲辰　乙巳　丙午　丁未
岁数： 8   18   28   38   48   58   68   78
年份：1933 1943 1953 1963 1973 1983 1993 2003

此造原命局中身旺财弱，比劫透干，于妻不利，如再行印比之岁运，会有克妻之事。

实际情况，1961年辛丑结发之妻病亡。丙午运与后妻常犯口角，还欲离婚，1995年乙亥，妻亥月病重，丑月辞世。

例二十三：
乾造：乙巳　戊子　乙卯　己卯
大运：丁亥　丙戌　乙酉　甲申　癸未
岁数： 8   18   28   38   48
年份：1972 1982 1992 2002 2012

此造原命局中身旺财弱，行丙戌大运时，卯戌可合火，食伤丙火可泄身生财，财星转旺，至1989年己巳流年更是火土旺地，财旺有生无泄同样有灾。

实际情况，一九八九年七月十二日晚八点（己巳年壬申月乙巳日戊时），妻子生小孩因产后大出血死亡。

例二十四：
乾造：己亥　乙亥　壬子　辛丑
大运：甲戌　癸酉　壬申　辛未　庚午　己巳
岁数： 7   17   27   37   47   57
年份：1965 1975 1985 1995 2005 2015

此造原命局中支会亥子丑水局，水太旺而妻星不现，妻宫又被比劫占据，这都是不利妻的信息，所幸月干乙木可生财，但行辛未大运时，乙辛相冲，乙木失去通关能力，如妻星在岁月中明现必受克而妻有灾。

实际情况，妻子跳井自杀。

例二十五：
乾造：戊子　乙卯　丁酉　壬寅
大运：丙辰　丁巳　戊午　己未　庚申　辛酉　壬戌　癸亥
岁数：　8　　18　　28　　38　　48　　58　　68　　78
年份：1955　1965　1975　1985　1995　2005　2015　2025

此造原命局中日支酉金为妻星，在局中无生无助也无救应，且局中有子卯刑，卯酉冲的组合，逢木火旺之流年，自然会受冲克而妻有灾。但因1989年至1999年在己未、庚申运中，故不会有生死之灾。

实际情况，1989年至1999年妻常年有病。

例二十六：
乾造：丁酉　庚戌　乙卯　丙戌
大运：己酉　戊申　丁未　丙午　乙巳　甲辰
岁数：　2　　12　　22　　32　　42　　52
年份：1958　1968　1978　1988　1998　2008

此造原命局中日主身弱，用印而无印，食伤生财为忌。1995年乙亥，大运丙午，食伤太旺，岁君合庚而生丙丁，太岁亥水泄酉金而生卯木，财星得旺生而无制泄，妻应有灾。

实际情况，1995年亥月丧妻。

例二十七：
乾造：丙子　戊戌　丁亥　庚子
大运：己亥　庚子　辛丑　壬寅　癸卯　甲辰　乙巳　丙午
岁数：　4　　14　　24　　34　　44　　54　　64　　74
年份：1939　1949　1959　1969　1979　1989　1999　2009

此造原命局中财弱生杀,杀重身弱,早年行运又不助身,身弱不胜财官也克妻。中年转行东方运,印星化杀生身,则财星遭遇克泄交加,故克妻。

实际情况,命主一生克死三妻。

例二十八:

乾造: 乙亥　癸未　庚子　甲申
大运: 壬午　辛巳　庚辰　己卯　戊寅　丁丑　丙子　乙亥
岁数: 　6　　16　　26　　36　　46　　56　　66　　76
年份: 1940　1950　1960　1970　1980　1990　2000　2010

此造原命局中妻星甲乙两透,既得生又通根,妻宫为食伤也利财星,但1996年丙子,大运丁丑,亥子丑会水局木浮不受生,被克泄交加而妻有灾。

实际情况,一九九六年十二月(辛丑月)丧妻。

例二十九:

乾造: 癸卯　乙丑　壬申　壬寅
大运: 甲子　癸亥　壬戌　辛酉　庚申
岁数: 　6　　16　　26　　36　　46
年份: 1969　1979　1989　1999　2009

此造壬水自坐长生,天干壬癸水比劫齐透,故知壬水旺矣,可取月干之乙木伤官通根于寅卯,取伤官生财,无奈地支寅申一冲,食神、偏财、偏印之气皆被损之,故命主于壬申、癸酉流年因食伤财被伤而多端不安,日时相冲其妻剖腹生产。

实际情况,壬申年妻剖腹产。

第十二节 女命综合实例详解

例一：
坤造：乙酉　戊子　辛酉　己亥
大运：己丑　庚寅　辛卯　壬辰　癸巳　甲午　乙未
岁数：　8　　18　　28　　38　　48　　58　　68
年份：1952　1962　1972　1982　1992　2002　2012

日主偏旺，接近太旺，无官，取食伤水为用。所以逢克、合食伤之年都不顺。

1985年，壬辰运，丙寅年。

寅木合用神亥水为忌，流年干透丙火官星，因此牵涉丈夫、婚姻感情方面之事。所以此年离婚。

像这样的日主根基牢固，主要看合克用神的流年，逢有合克用神的年份，必然有灾。

天干有用神，怕天干出现克合用神之星；地支有用神，怕地支出现克合用神之支。

例二：
坤造：辛亥　辛卯　戊戌　乙卯
大运：壬辰　癸巳　甲午　乙未
岁数：　8　　18　　28　　38
年份：1978　1988　1998　2008

戌土为夫宫，被月支、时支卯木争合，说明命主在婚恋方面容易出现争婚之事。

实际第一个即将结婚的男友被别的女人抢走，至今心情难平。

卯木为正官，说明抢走这个男友的女性是公务员。

实际上抢走自己男友的女子正是工商局的。

例三：
坤造： 甲寅　乙亥　癸亥　癸亥
大运： 甲戌　癸酉　壬申　辛未
岁数：　5　　15　　25　　35
年份：1978　1988　1998　2008

此命日干癸水生于亥月，日时复见亥水，更增其寒，八字不见火，但有三木作引子，可湿木不生火，亥水阳刃三见，又临日时配偶、生殖宫，明现不利婚姻之兆。

依此推断命主婚姻不顺、为多婚之命。

命主反馈已结过三次婚，死了一个，离了一个，现在一个还在闹离婚。

命主当时问，是男方的原因还是她本人的原因。

我说双方都有问题，但主因在你。

她问为什么？

我说："你性欲太旺，你老公满足不了你，所以你常常越轨，对吗？"

此女大方地回答："是这样的，没想到这也能看出来。"

例四：
坤造： 乙巳　己丑　庚辰　己卯
大运： 庚寅　辛卯　壬辰　癸巳　甲午　乙未　丙申　丁酉
岁数：　5　　15　　25　　35　　45　　55　　65　　75
年份：1970　1980　1990　2000　2010　2020　2030　2040

1993年癸酉，大运壬辰，岁运合动夫宫，又巳酉丑三合金局成功，官星巳火被合化成金，也就是官星被合没了，是被劫财合化。

直断她因第三者插足而与老公离婚，劫财为小的，第三者比命主年龄小。

命主反馈正确。

例五：
坤造：庚寅　丙戌　己亥　甲子
大运：乙酉　甲申　癸未　壬午　辛巳　庚辰
岁数：　9　　19　　29　　39　　49　　59
年份：1958　1968　1978　1988　1998　2008

铁口直断断其1989年死一个丈夫，到1997年再死一个丈夫。

对方大吃一惊，说："老师，没想到这也能测出来，这一切难道都是命中注定的吗？您算得太对了，1989年我第一个丈夫病死了，今年6月我第二个丈夫被车给撞死了，人家都说我是白虎命，克夫克子，请问我以后还能结婚吗？结婚后还克夫吗？"

我安慰她说，找我化解，我包你没事。

她当时很激动，记下了我的电话与住址。不久与其第三位丈夫登门寻求化解婚灾的方法，我看了他老公的八字，给他们设计了一套消灾解难的方案，结果他们夫妻俩平安至今再没离婚，也没有其他灾祸。尽显风水化解的神奇。

她当时走的大运为壬午，刚好与原局寅戌组成寅午戌三合火局，原局寅木官星被合掉，明现失夫之象。

1989年己巳，巳火冲日支配偶宫，亥中甲木官星被冲掉，所以该年其夫必定大凶。

1997年丁丑，地支亥子丑三会水局，配偶宫亥中甲木官星被化掉，大运寅午戌三合火局，寅木官星也被化掉，自然1997年也是失夫之象。

例六：
坤造：戊申　甲子　辛酉　己丑
大运：癸亥　壬戌　辛酉　庚申　己未
岁数：　5　　15　　25　　35　　45
年份：1972　1982　1992　2002　2012

直断，你命克夫，你老公1996年不在了。

话音刚落,电话里就传来痛楚的哭声。该女士一边哭一边诉说:"我们1989年结的婚,婚后夫妻感情也很好,还生了一个女儿,本来一家三口平平安安、和和美美的,但1996年却突降灾祸,我老公出门被汽车撞死了……"

此命日干辛金坐酉禄自旺,得申、丑相助,日干偏旺,又生于寒冬子月,太寒必孤,最喜官杀丙丁巳午火来暖身,八字不见官杀星为凶,再看配偶宫为忌神酉金所居,又是姊妹同宫,立见大凶,原局婚灾信息明显。

1996年丙子、大运辛酉,原局忌神酉金出现,又是配偶宫酉金重现,流年天干丙火官星出现,丙辛合而化水,官星丙火被化,失丈夫。

另外秘诀传"无者怕出现,反伏凶又凶",此命丙火官星就是"无者怕出现",因为原局没有丙火;大运辛酉就是反伏凶又凶,因为辛酉与日柱辛酉相同,就是伏吟。

此命通过原局配偶星与配偶宫大凶的分析,就可以看出此女克夫,剩下来的就是看岁运的引发之期了。

例七:
坤造: 己酉　乙亥　乙卯　壬午
大运: 丙子　丁丑　戊寅　己卯　庚辰
岁数: 2   12   22   32   42
年份: 1970 1980 1990 2000 2010

此命日干乙木生亥月得令,又自坐卯禄强根,还得月干乙木旺助、时干壬水相生,日干很旺,但还没有达到太旺或旺极的程度,最喜官杀制身。

年支见酉金七杀本喜,但酉金远隔不说,反而生忌神亥水,亥水进而生助日支忌神卯木,卯木又帮身为忌,这样形成夫星与夫宫都为忌神的组合。

流年庚辰,岁支辰土合去官星酉金、月干、日干乙木争合岁干官星庚金,但日干合庚金失败,按顺序,是月干为先,日干为后,所以以月干乙木合岁干庚金为主,另外年支七煞酉金生亥水,亥水先生月干乙木，后经过月干乙木、日支卯木，日干最后才受益。

从这条生克路线看，也是月干乙木胜、日干乙木败，再加上流年与命局呈现辰午酉亥四刑俱全，必应灾事。

直断其庚辰年必有离婚。

实际命主在2000年因第三者插足而与丈夫离婚。

例八：

坤造： 辛卯　己亥　戊午　庚申
大运： 庚子　辛丑　壬寅　癸卯　甲辰　乙巳
岁数：　 9　　 19　　 29　　 39　　 49　　 59
年份： 1959　1969　1979　1989　1999　2009

此造用神是午火，财官都是忌神，这种夫宫是用神夫星是忌神的八字怎么判断她的婚姻情况。

如果用一句话概括，可以说："你的丈夫不理想，但你还能记起他的好，能凑合着过。"

但再看大运，行至癸卯运，戊土日主受克处死地，官杀起到忌神作用，这时候夫妻关系肯定不会好。但是，因为在大运上官杀甲乙不透，所以，虽然不好，但不会对日主造成真正的伤害，而且夫宫午火生日主，说明丈夫还是顾家的，所以关系不好，但不会离婚。

实际，两口子婚后总吵架，每隔一段时间就不和，也闹过离婚，但最后都没离成，感情也是一阵好一阵不好的。

这里面的主要原因，是丈夫的缺点过多，原因是卯木正官生在亥月，地支申亥卯连成，庚申亥卯是一气的，所以卯木偏旺，而辛金七杀无根，制卯的力量弱，所以结果就是丈夫卯木的事业与官运都不怎么好，而且卯木偏旺受制不利，所以丈夫的性格也急躁了一些，有时会对命主不好。但夫宫午火对卯木还是有点气势的化泄作用，它们之前没有特殊作用关系，这个气势化泄作用小了点，这是关系不好的原因，幸好午火是坐在夫宫的，对日主起到喜用的作用，说明丈夫是爱日主的，这也是总吵架但最终离不成婚的重要原因，命主在情感上非常需要而且离不开午火。

例九：
坤造： 辛丑　己亥　丙午　丁酉
大运： 庚子　辛丑　壬寅　癸卯　甲辰
岁数：　11　　21　　31　　41　　51
年份： 1971　1981　1991　2001　2011

日主丙午偏弱，妻宫午火劫财为喜用，亥水七杀夫星为忌神。

亥午紧贴，所以亥水克到午火，起到忌神作用；天干辛财透干，通根酉金，辛合丙起到忌神作用。

因为原局官杀不透，所以没有直接克到日主丙火的路线，而喜神午火在日主坐支起到通根本气的作用，所以夫宫午火的喜神作用占优势。再看在运，寅卯运时，天干官杀为忌，但地支寅卯生助妻宫，起到重要的喜神作用。

断命主夫妻之间感情总出问题，严重的甚至会闹离婚，但最终离不成，还是有感情，还会在一起。

能在一起的原因，就是日主丙火与夫宫午火是相依为命的互助关系，谁也离不开谁。

实际，行癸卯运庚辰年与丈夫闹婚，但后来又和好了。

例十：
坤造： 戊申　丁巳　甲辰　戊辰
大运： 丙辰　乙卯　甲寅　癸丑　壬子
岁数：　10　　20　　30　　40　　50
年份： 1977　1987　1997　2007　2017

日主甲木，偏弱。

夫宫辰土财星为忌，夫星申金七杀为忌。

申杀为夫，申辰拱合，这是丈夫进入夫宫，所以有夫妻之缘。

但申杀被巳合，这是丈夫与别一个女人好了，丈夫有外遇，有情人。

到甲寅运寅申冲了夫星，卯辰克了夫宫，就会离婚。

1998年甲寅运戊寅年，1999年甲寅运己卯年，就会离婚。

实际就是1998年闹离婚，1999年正式离了，原因是丈夫有了外遇，而后命主自己也有了外遇。

丈夫有外遇是原局巳申合，七杀被合，而寅年逢冲是产生外遇的应期。

自己有外遇是己卯年，己财合甲，合了日主，所以这时日主自己也有了外遇。

例十一：

坤造：	癸丑	癸亥	辛亥	癸巳			
大运：	甲子	乙丑	丙寅	丁卯	戊辰	己巳	庚午	辛未
岁数：	10	20	30	40	50	60	70	80
年份：	1982	1992	2002	2012	2022	2032	2042	2052

此造金从水，从儿，忌官，伤官亥冲巳，夫宫喜冲去夫星忌，管丈夫，但婚姻很好。家道丰盈，日子过得很不错。

例十二：

坤造：	壬子	乙巳	庚子	壬午	
大运：	甲辰	癸卯	壬寅	辛丑	庚子
岁数：	2	12	22	32	42
年份：	1973	1983	1993	2003	2013

此造从儿格用水，夫宫子水为喜，忌见官杀夫星。

原局水火之力相当，但行运入东方，泄子水又生助巳午火，这样夫宫就制不住夫星了，所以无法找到如意郎君，几次恋爱都失败。

例十三：

坤造： 庚子　戊寅　甲子　丙寅
大运： 丁丑　丙子　乙亥　甲戌　癸酉　壬申　辛未　庚午
岁数：　1　　11　　21　　31　　41　　51　　61　　71
年份：1960　1970　1980　1990　2000　2010　2020　2030

日主甲木生寅月，子、寅、甲子、寅一党，身旺。

夫宫子水印星生身为忌，夫星七杀庚金克身为喜用；但庚金弱而被坐下子水化泄，使喜神庚金受伤。

庚金为喜用，以戊为源，冲克甲木为喜，说明夫妻感情好；但庚受伤，说明丈夫自身运气不好，健康情况较差。

实际，夫妻感情很好，但夫体弱多病，拖累自己。

例十四：

坤造： 甲戌　戊辰　癸丑　丙辰
大运： 丁卯　丙寅　乙丑　甲子　癸亥　壬戌　辛酉　庚申
岁数：　3　　13　　23　　33　　43　　53　　63　　73
年份：1936　1946　1956　1966　1976　1986　1996　2006

日主癸生辰月，通根辰丑，但命局戊辰丑辰官杀土旺，官杀克弱身，且官杀居夫宫；官杀既是日主的根又是克日主的忌神，所以日主一定会有婚姻，但同时也一定婚姻不顺，必定会有多次婚姻，官杀五现，应该有五次婚姻。

官杀旺而受制不利，所以她的丈夫都是不离则死。

实际这是一个一生嫁了五次人的八字，其中前三任丈夫都是死亡，第四任丈夫是离婚。

例十五：
坤造：丙辰　癸巳　己未　丙寅
大运：壬辰　辛卯　庚寅　己丑　戊子
岁数：　1　　11　　21　　31　　41
年份：1976　1986　1996　2006　2016

日主己生巳月，印比生助，日主身偏旺。
官星寅木透丙生己，起到忌神作用，所以婚姻难以幸福。
丙寅组合，丙火化官生身；地支巳寅相刑，巳火化官生身；这两个忌神组合都把官星喜神给化了，变成忌神。这说明，会有男人，但最终都不是丈夫。寅官出现，就是有男人，但丙巳二字化寅生身形成忌神组合，就是最后这个男人都不是自己的丈夫。
夫宫坐支未土，为比肩，为忌神，受制不得力；寅克未，有一点克力，这点克力是喜神组合，这点克力，就说明至少会有同居男友；但地支巳刑寅，所以寅克未克力，所以说明，最终难以成家，要一直到巳火受制的子亥大运，才能有稳定的家。
地支夫宫未见寅，藏干己甲暗合，甲为暗合之官星，所以这个女人是做小三的命。
直断其一直是给别人做情人。
实际，此女到四十岁也未成家，之前风流无比，一直混于风尘场所，年轻时一直给别人做小三。

例十六：
坤造：壬寅　辛亥　己未　丙寅
大运：庚戌　己酉　戊申　丁未　丙午
岁数：　4　　14　　24　　34　　44
年份：1965　1975　1985　1995　2005

日主己生亥月，自坐未库本气根，丙印生助，身弱。
不着地支亥寅合，亥寅寅三字当令而旺强，紧贴围克未土，所以地支未土根重伤无用，只有天干丙生身救急，但天干丙被辛合，喜用被合，所以这个八字，在原局的干支喜用，在干支都是受制的，这就决定这是一个苦命人，极易中途死亡。

身弱，财官为忌神，而财官旺强，所以贫穷。

夫宫未土为官库，而支现两官寅木，地支寅未相见，甲己暗合而入夫宫之库，且形成忌神组合，这是引男人进入自己的家克自己，所以这是一个妓女的命。时干丙寅同柱，丙火化寅生身，这是男人给自己带来一些钱财。但丙被辛合，流年大运遇辛字合丙，则会失去这一切。

丁未运辛巳年，地支未出现在大运，未土是原局破格逢值；天干丁被壬合，流年辛合去丙，地支巳亥相冲，巳火逢旺透丙，这是原局重伤的未、丙二字临旺逢值破格之期，也是大灾之应期。

实际，此女无婚姻又无财。只能靠卖身挣点吃饭钱。无正当工作，而且腿脚也不好，丁未运辛巳年死于肾病。

例十七：

坤造：	丙子	戊戌	丁丑	丁未				
大运：	丁酉	丙申	乙未	甲午	癸巳	壬辰	辛卯	庚寅
岁数：	6	16	26	36	46	56	66	76
年份：	1941	1951	1961	1971	1981	1991	2001	2011

丁生戌月，丙丁丁一党，偏弱。
戌土伤官当令，戊戌丑未食伤旺强，克七煞子水。
夫宫丑土，被食伤三刑而形成忌神组合。
女命，夫宫食伤为忌，且食伤旺强克伤官星，必主丧夫。
食伤为忌，加三刑泄身旺强，也主命主自己易有伤残。
实际命主丈夫早亡，自己也是残疾。

例十八：

坤造：	甲辰	戊辰	己酉	庚午				
大运：	丁卯	丙寅	乙丑	甲子	癸亥	壬戌	辛酉	庚申
岁数：	9	19	29	39	49	59	69	79
年份：	1972	1982	1992	2002	2012	2022	2032	2042

日主己土生辰月当旺，火土党众而强，所以日主偏旺，强旺。

坐下酉金泄身，夫宫为喜用；七杀甲透克身为喜用；行运木水为喜用，故必嫁贵夫，丈夫有能力。

七杀甲为夫，甲克戊、克辰，克者为财，说明丈夫情人多；行运乙甲天干，都有生助甲木的运，说明丈夫行喜用神运，财运好，女人多，外遇多。

地支夫宫酉合两辰，也说明丈夫外遇多。

原局甲弱，而土旺，说明丈夫先天身体情况不太好。

实际情况是：丈夫是有钱老板，但夫妻之间的感情不好，丈夫不爱自己，外面有其他女人。

例十九：

坤造：乙巳　庚辰　己未　戊辰

大运：辛巳　壬午　癸未　甲申　乙酉　丙戌　丁亥　戊子

岁数：　1　　11　　21　　31　　41　　51　　61　　71

年份：1965　1975　1985　1995　2005　2015　2025　2035

此造原命局中日主身太旺，喜泄而忌克，且局中夫星乙木无本气根，坐巳为泄，又乙庚做合，都是不利夫的信息。1997年丁丑，大运甲申，均为土金旺地，甲己合化土，乙庚合化金，夫宫又逢冲为忌，故夫有生死之灾。

实际情况，1997年（丙子）3月（壬辰）夫亡。

例二十：

坤造：己丑　丙寅　己丑　戊辰

大运：丁卯　戊辰　己巳　庚午　辛未　壬申　癸酉　甲戌

岁数：　3　　13　　23　　33　　43　　53　　63　　73

年份：1951　1961　1971　1981　1991　2001　2011　2021

此造原命局中日主太旺，理论上喜官杀抑身，实际上却不服官杀之管，喜顺忌逆，寅木夫星为忌，且夫星寅木了无生源，又被盖头丙火所泄，故有夫而难留。1980年庚申丧夫是寅申相冲之故；1982年壬戌，夫又亡，是岁运命寅午戌合之故。

实际情况，1980年丈夫死亡。后又结婚不到一年，1982年因女方生活作风不端，双方争吵交手打起来，男方以铁锹劈女方的头，以为她死了，逐服毒身亡。

例二十一：

坤造：	甲辰	戊辰	壬寅	辛亥				
大运：	丁卯	丙寅	乙丑	甲子	癸亥	壬戌	辛酉	庚申
岁数：	7	17	27	37	47	57	67	77
年份：	1970	1980	1990	2000	2010	2020	2030	2040

此造原命局中月柱戊辰土为夫星，在局中虽本柱自旺，但却有克无生，夫宫被食伤所据，时干辛金不但不卫官，反生亥水而助寅，寅辰半会，寅亥做合，都是不利夫的信息。1992年壬申，大运乙丑，虽是土金旺地，但申辰拱水，申亥相害，反是食伤增力，戊土遭遇克泄无生，夫有灾。

实际情况：1992年九月其夫死于空难。

例二十二：

坤造：	癸卯	丁巳	壬戌	癸卯				
大运：	戊午	己未	庚申	辛酉	壬戌	癸亥	甲子	乙丑
岁数：	7	17	27	37	47	57	67	77
年份：	1969	1979	1989	1999	2009	2019	2029	2039

此造原命局中日支戌土为夫星，戌土在局中有生无泄，卯戌合而不化，都是不利夫的信息。1993年癸酉，大运庚申，岁运均为金之旺地，庚金又透干，申酉戌会金局得化，戌土本性无存，夫得消失，或者说是三癸冲翻丁火，巳火从金，戌申戌土无生而被旺金泄尽，夫有生死之灾。

实际情况，1992年冬丈夫突然死亡。

例二十三：

坤造：乙巳　丁亥　己丑　甲戌
大运：戊子　己丑　庚寅　辛卯　壬辰　癸巳　甲午　乙未
岁数：　3　　13　　23　　33　　43　　53　　63　　73
年份：1967　1977　1987　1997　2007　2017　2027　2037

此造原命局中时干甲木为夫星，坐支丑戌相刑，形同虚浮无根，且甲己合，1991年辛未，太岁合卯克亥刑丑戌，甲己合化土成功，甲木无存，故夫有生死之灾。

实际情况，1991年未月丧夫。

例二十四：

坤造：辛未　戊戌　丁未　壬寅
大运：己亥　庚子　辛丑　壬寅　癸卯　甲辰　乙巳　丙午
岁数：　8　　18　　28　　38　　48　　58　　68　　78
年份：1938　1948　1958　1968　1978　1988　1998　2008

此造原命局时干壬水为夫星，虚浮无根，坐寅为泄气，局中伤旺，夫宫也被食伤占据，戌未相刑，这些都是不利夫的信息。

实际情况，1984年第二个丈夫病故。

例二十五：

坤造：丁未　甲辰　甲辰　甲戌
大运：乙巳　丙午　丁未　戊申　己酉　庚戌　辛亥　壬子
岁数：　9　　19　　29　　39　　49　　59　　69　　79
年份：1975　1985　1995　2005　2015　2025　2035　2045

此造原命局比劫林立，夫星不现。1997年丁丑，大运丁未引发丑未戌三刑，刑伤戌中辛金，故夫有灾。

实际情况，1997年亥月丧夫。

例二十六：
坤造：丁丑　丁未　丁卯　癸卯
大运：戊申　己酉　庚戌　辛亥　壬子　癸丑　甲寅　乙卯
岁数：　1　　11　　21　　31　　41　　51　　61　　71
年份：1937　1947　1957　1967　1977　1987　1997　2007

此造原命局中夫星癸水虚浮无根又无源，坐卯被化泄，夫星不旺。1991年辛未，大运癸丑，引发丑未相冲，癸水得根又被拔，夫有灾。
实际情况，1991年夫亡。

例二十七：
坤造：丁未　壬寅　壬子　癸卯
大运：癸卯　甲辰　乙巳　丙午　丁未　戊申　己酉　庚戌
岁数：　6　　16　　26　　36　　46　　56　　66　　76
年份：1972　1982　1992　2002　2012　2022　2032　2042

此造原命局中年支未土为夫星，未土得坐干丁火之生，本是旺夫之象，但干中有二壬合丁，丁癸相冲的组合，支中有子未相害，子卯相刑，木旺克土的组合，故逢水木旺的岁运，夫易有灾。
实际情况，1996年12月（辛丑）丈夫帮人修房摔断手臂，后医好。

例二十八：
坤造：癸巳　甲寅　丙午　丁酉
大运：乙卯　丙辰　丁巳　戊午　己未　庚申　辛酉　壬戌
岁数：　4　　14　　24　　34　　44　　54　　64　　74
年份：1956　1966　1976　1986　1996　2006　2016　2026

此造原命局日主自坐羊刃，旺印生身，夫星癸水虚浮无根，午酉相刑克，官星无源，寅巳相刑，都是不利夫的信息。1998年戊寅，大运己未，食伤临旺，且戊癸做合，夫星遭遇灭顶之灾，其夫必有生死之灾。

实际情况，丈夫患心脏病死于一九九八年十月十八日上午九时（戊寅年癸亥月丁亥日）。

例二十九：

坤造： 丁未　己酉　辛卯　戊戌
大运： 庚戌　辛亥　壬子　癸丑　甲寅　乙卯　丙辰　丁巳
岁数：　6　　16　　26　　36　　46　　56　　66　　76
年份：1972　1982　1992　2002　2012　2022　2032　2042

此造原命局中旺印化杀生身，卯酉相冲、卯戌相合，七杀丁火坐水通根，都是不利夫的信息。1992年壬申，大运壬子，子未相害，两壬合克一丁，申酉戌会金局，生水克木，夫星被克泄无生，夫有生死之灾。

实际情况，1992年丈夫患病入院治疗三年，于1994年死亡。

例三十：

坤造： 甲辰　甲戌　戊申　甲寅
大运： 癸酉　壬申　辛未　庚午　己巳　戊辰　丁卯　丙寅
岁数：　7　　17　　27　　37　　47　　57　　67　　77
年份：1970　1980　1990　2000　2010　2020　2030　2040

此造原命局中身强杀重，如岁运相宜，可为女强人，但局中有辰戌相冲，寅申相冲的组合，夫宫为食伤所据，恐于夫不利。1997年丁丑，大运辛未，岁运命辰戌丑未刑冲俱全，申动而冲翻寅木，甲木虚浮，被辛金荡平，夫有灾。

实际情况，一九九七年六月十二日（丁未月己未日），其丈夫车祸身亡。

例三十一：
坤造： 壬辰　壬子　庚寅　己卯
大运： 辛亥　庚戌　己酉　戊申　丁未　丙午　乙巳　甲辰
岁数： 2   12   22   32   42   52   62   72
年份： 1953 1963 1973 1983 1993 2003 2013 2023

此造原命局中夫星丙丁火没有明现，藏于日以寅中，局中水旺，寅卯辰会木局，有水大木湿象，有木多火塞之象，夫星不甚明朗，且两壬癸水，即使岁运中丙丁火明现，反而会冲克。1996年丙子，大运丁未，丙火自坐截脚，且丁壬合木，丙壬相冲，夫星显现反受克泄交加，故夫有大灾。

实际情况，一九九六年八月十三日（丙子年丁酉月乙丑日）丧夫。

例三十二：
坤造： 丁未　丁未　丙子　己丑
大运： 戊申　己酉　庚戌　辛亥　壬子　癸丑　甲寅　乙卯
岁数： 11   21   31   41   51   61   71   81
年份： 1977 1987 1997 2007 2017 2027 2037 2047

此造原命局中日主坐支子水为夫星，水不透干又不源，局中有子丑合，子未害，丑未冲的组合，于夫不利。1999年己卯，大运庚戌，子卯刑，丑未戌三刑，子水遭遇克泄无生，故夫有生死之灾。

实际情况，1999年开春丈夫服毒自杀。

例三十三：
坤造： 庚申　己丑　戊子　丙辰
大运： 戊子　丁亥　丙戌　乙酉　甲申　癸未　壬午　辛巳
岁数： 7   17   27   37   47   57   67   77
年份： 1927 1937 1947 1957 1967 1977 1987 1997

此造命局身旺食伤旺而夫星不现，夫得如在岁运出现而又不能自带强根，或不得旺财之生，则必因克耗过重而受损，而导致夫有灾。

实际情况，一九九二年八月夫亡（壬申年己酉月）。

例三十四：
坤造： 丙戌 己亥 丙午 戊戌
大运： 戊戌 丁酉 丙申 乙未 甲午 癸巳 壬辰 辛卯
岁数： 8 18 28 38 48 58 68 78
年份：1953 1963 1973 1983 1993 2003 2013 2023

此造原命局身旺食伤旺，月支亥水为夫星，被己土盖头，左右腹背受敌，又无生源，故夫易有灾。身旺必酷爱男性，但食伤旺，却一旦为夫难长久。

实际情况，婚姻不顺，1967年死夫。一生外遇很多。

例三十五：
坤造： 癸卯 己未 己卯 辛未
大运： 庚申 辛酉 壬戌 癸亥 甲子 乙丑 丙寅 丁卯
岁数： 2 12 22 32 42 52 62 72
年份：1964 1974 1984 1994 2004 2014 2024 2034

此造原命局中日支卯木为夫星，身旺为喜，为夫星得位，但卯木在支中却处于无生无泄的状态。1991年辛未，大运壬戌，均是比劫、食伤旺地，八月卯酉相冲，夫有灾。

实际情况，丈夫于一九九一年八月二十日（辛未年丁酉月庚子日庚辰时），因白血病死亡。

例三十六：
坤造： 辛巳 乙未 辛酉 辛卯
大运： 丙申 丁酉 戊戌 己亥 庚子 辛丑 壬寅 癸卯
岁数： 10 20 30 40 50 60 70 80
年份：1950 1960 1970 1980 1990 2000 2010 2020

此造原命局中巳火为夫星，不透干，被未土所泄，三辛冲乙，卯酉相冲，木伤而夫昨星弱无生源。1991年辛未，大运庚子，己酉合金得化，夫星陨落。

实际情况，1991年夫死。

例三十七：

坤造： 丁未　戊申　丁未　癸卯
大运： 己酉　庚戌　辛亥　壬子　癸丑　甲寅　乙卯　丙辰
岁数：　11　　21　　31　　41　　51　　61　　71　　81
年份：1977　1987　1997　2007　2017　2027　2037　2047

此造原命局中夫宫被食伤所据，癸水坐卯，戊癸做合，卯未做合，丁癸相冲，水不通源等，都是不利夫的信息。

实际情况，1992年与男友登记仅半年，尚未办酒席，丈夫死亡。

例三十八：

坤造： 戊子　辛酉　己酉　甲戌
大运： 庚申　己未　戊午　丁巳　丙辰　乙卯　甲寅　癸丑
岁数：　6　　16　　26　　36　　46　　56　　66　　76
年份：1953　1963　1973　1983　1993　2003　2013　2023

此坤造地支两酉一子一戌，天干透出戊辛甲，故知食神旺极，泄土太过，惟有取用时支戌土中之丁火偏印为用，所幸大运一路行走火土，故运可助命。此造命主嫁于富家，然其夫承接上代遗产颇巨，但无所事事，能力低庸，此乃夫宫坐酉忌神，夫星甲木正官于酉月戌时，官星坐绝地之因，此造泄我太过，命主本人之健康不佳，其夫亦得癌症。

实际情况，夫患癌症。

例三十九：
坤造：癸亥　甲寅　癸未　庚申
大运：乙卯　丙辰　丁巳　戊午　己未　庚申　辛酉　壬戌
岁数：　4　　14　　24　　34　　44　　54　　64　　74
年份：1986　1996　2006　2016　2026　2036　2046　2056

此坤造甲寅伤官当令，泄弱癸水元神，所幸时逢庚申金来破木生水，格取伤官配印；兹因癸水其性至弱矣，故此造依然需要庚金发源生水。此造命主行运至丁巳，因天干丁火克庚金，地支与大运形成寅申巳亥四刑，故家中突遭变故，其夫于该运亡故。

实际情况，命主在丁巳运丧夫。

例四十：
坤造：己亥　乙亥　甲寅　甲戌
大运：丙子　丁丑　戊寅　己卯　庚辰　辛巳　壬午　癸未
岁数：　5　　15　　25　　35　　45　　55　　65　　75
年份：1963　1973　1983　1993　2003　2013　2023　2033

此造甲木生于亥月，干透甲乙，通根于寅，故知比劫之气旺，然天干甲乙木克掉己土无丙丁火引化，故格局中木土交集，己土被比劫所克，乃是凶象，此命主于大运己卯而丧夫。

实际情况，于己卯运丧夫。

例四十一：
坤造：庚寅　甲申　戊寅　丁巳
大运：癸未　壬午　辛巳　庚辰　己卯　戊寅　丁丑　丙子
岁数：　2　　12　　22　　32　　42　　52　　62　　72
年份：1951　1961　1971　1981　1991　2001　2011　2021

此坤造年月日时天克地冲，甲木七杀被庚金所克，地支寅巳申三刑，夫宫坐寅木亦被申巳所刑克。故此坤造连克数夫，刑丧多端，此因气势悖杂，格局中缺乏壬癸水通关庚甲之战局，故灾祸不断。

实际情况，于己卯运丧夫。

例四十二：

坤造：	己丑	甲戌	乙酉	庚辰			
大运：	乙亥	丙子	丁丑	戊寅	己卯	庚辰	辛巳	壬午
岁数：	7	17	27	37	47	57	67	77
年份：	1955	1965	1975	1985	1995	2005	2015	2025

此坤造地支丑戌酉辰一片土金气势，杀神过旺乙木太弱，乙酉日时落辰时，虽有少许微根，然酉辰一合乙木之根被辛杀克合，故知此造杀旺身弱，然天干甲己一合化土生金亦不吉，故此坤造早年丧夫，常身体欠安。

实际情况，早年丧夫。

例四十三：

坤造：	己丑	辛未	庚申	庚辰			
大运：	壬申	癸酉	甲戌	乙亥	丙子	丁丑	戊寅	己卯
岁数：	4	14	24	34	44	54	64	74
年份：	1952	1962	1972	1982	1992	2002	2012	2022

此坤造全局一片土金气势，乍看之下象是从革格；但无法成立，其理是未中之丁火在于季夏尚有余气，金神难以从之，故此造宜以正格论。六月土旺金顽，尤应用丁炼庚，无奈丁火不透又月令与年支丑土相冲，未中之丁火伤矣，故命主之夫星丁火则危机早伏。此造命主之夫于癸酉年因肝癌而亡。

实际情况，癸酉年其夫死于癌症。

例四十四：

坤造： 辛巳　丙申　癸丑　丙辰

大运： 丁酉　戊戌　己亥　庚子　辛丑　壬寅　癸卯　甲辰

岁数：　3　　13　　23　　33　　43　　53　　63　　73

年份：1943　1953　1963　1973　1983　1993　2003　2013

　　此坤造地支辰丑申官印相生，故知元神旺矣，原本喜于月时透出丙火正财通根于巳支，无奈丙见辛则怯，丙火用神被羁绊，地支巳申相刑，丙火之根亦被刑伤，行运又是一路行走西北之运，增其阴晦，命主中年失去丈夫，运程起落不定。

　　实际情况，中年丧夫。

例四十五：

坤造： 丙申　辛卯　辛丑　壬辰

大运： 庚寅　己丑　戊子　丁亥　丙戌　乙酉　甲申　癸未

岁数：　11　　21　　31　　41　　51　　61　　71　　81

年份：1966　1976　1986　1996　2006　2016　2026　2036

　　此造原命局中身旺喜克泄耗，然年干丙火夫星却虚浮无根，又与时干壬水遥冲，夫不旺之象。1995年乙亥，大运戊子，支会亥子丑水局，申子辰合水局，三比劫合冲乙木，乙木的出现，反使丙火被克绝，夫有灾。

　　实际情况，1985年丈夫患皮肤癌，于1995年死亡。

第八章　健康与病伤析断点窍

第一节　十天干人体定位

要准确判断出日主会患有何种病症，首先要熟练掌握五行干支代表人体的部位和器官。

一、宫位人体部位

年柱代表头部，肩以上部位（脖、耳、眼、面、毛发等）。
月柱代表胸部（肩至腰部的范围，包括肺、心、肝、胆、胳膊等）。
日柱代表腰腹部和胯部（包括人的生殖系统）。
时柱代表下肢（膝盖、腿、踝、足）。

二、十天干脏腑部位

甲肝乙胆丙小肠，丁心戊胃己脾乡，庚是大肠辛属肺，壬是膀胱癸肾藏，三焦亦是壬中寄，包络同归入癸乡。

三、十天干体表部位

甲头乙项丙肩求，丁心戊肋己属腹，庚是脐轮辛为股，壬是胫部癸为足。

四、十天干宫位疾病

甲在年柱受克，主头部有病伤或秃顶。
甲在月柱，代表胆、上肢的意义大些，根据这些重叠信息来定位。
甲木在日柱，代表肢体，肝胆。
甲木在时支受克，代表四肢、人体骨架、腿部有疾病。

乙木在年干，代表头部、脖子、脑神经、毛发。
乙木在月柱，代表上肢、肝部。
乙木在日主，代表肝部。
乙木在时柱，代表肢体骨骼。

丙火在年柱，代表脑神经，眼目，有壬水合克或丙辛合易患眼病、近视等。
丙火在月柱，代表肩部、心脏系统。
丙火在日柱，代表小肠。
丙火在时柱，代表腿脚部神经。

丁火在年干，代表脑神经，眼目。
丁火在月干，代表心脏系统，若受冲克，主心脏血液循环系统肯定有病。
丁火在日、时，代表流血。

戊土在年干，代表鼻面，主头部。
戊土在月干，代表肋部、胸肌、脾（脾就是胰）。
戊土在日干，代表腹肌、腰肌、胃、肠、消化系统。
戊土在时干，可定位于大小腿肌肉。

己土在年干，代表人面部皮肤、肌肉。
己土在月干，代表脾、胸肌及身体上部皮肤。
己土在日柱，代表腹肌、腰肌。

己土在时干，可定位于大小腿部肌肉。

庚金在年柱，代表头骨、牙齿。
庚金在月柱，代表胸骨、上臂骨骼、经络。
庚金在日柱，为大肠、脐轮（庚在日，被旺水泄，主常肚痛，受凉）。
庚金在时柱，为尾骨、下肢的骨骼、经络。

辛金在年、月，为淋巴。
辛金在月干，为胸、肺、淋巴。
辛金在日柱，为股部。
辛金在时柱，为下肢骨骼。

壬水在年干，代表口，有孔的（食伤性质）耳道等。
壬水在月干，主呼吸血液。
壬水在日干，三焦，膀胱、泌尿系统。
壬水在时干，为胫部、腿部、下肢动脉。

癸水在年干，可视为脑供血系统。
癸水在月干，为心包络。
癸水在日干，为肾，泌尿、生殖系统。
癸水在时干，为足、脚、下肢静脉。

第二节　十二地支人体定位

子水在年支，为耳道，支为左耳，干为右耳。
子在月支，为胸部、心脏部位血液。
子在日支，为泌尿，生殖系统。
子在时支，为足、足部血管。

丑在年支，头面部皮肤。
丑在月支，背、胸部肌肉。
丑在日支，为腹肚、脾胃、腰背部肌肉。
丑在时支，腿部皮下组织。

寅在年支，为头发、脑部神经，血脉。
寅在月支，为胆，手臂。
寅在日支，为腰部、腰椎、肝胆。
寅在时支，为腿、脚。

卯在年支，为毛发、血脉、脑神经。
卯在月支，为肝胆、上肢、手臂、十指。
卯在日支，为肝、胆。
卯在时支，为腿、脚。

辰在年支，头面部皮肤、肌肉。
辰在月支，可定位于肩，胸、肋以及此范围的肌肉。
辰在日支，可定位于胃、消化系统。
辰在时支，可定位于下肢皮肤、肌肉组织。

巳在年支，可定位于面门、眼目、咽喉、齿。
巳在月支，可定位于心脏、血液循环系统。
巳在日支，为生殖器官、为肛门。
巳在时支，为生殖器官、为腿脚。

午在年支，可定位于精神、头、眼目。
午在月支，可定位于心脏、血液循环系统。
午在日支，可定位于小肠、阑尾。
午在时支，为腿脚部位。

未在年支，可定位于面部肌肤。

未在月支，可定位于膈膜、脊梁、胸肌。
未在日支，可定位于胃脘、腹肌。
未在时支，可定位于下肢肌肉及皮肤。

申在年支，可定位于呼吸道系统。
申在月支，可定位于肺、腹腔、经络。
申在日支，可定位于大肠。
申在时支，可定位于腿、骨架、经络。

酉在年支，可定位于头骨、呼吸道系统。
酉在月支，可定位于肺。
酉在日支，可定位于小肠、经血。
酉在时支，为脚部位伤灾。

戌在年柱，可定位于面部肌肤。
戌在月支，可定位于胸腔、心脏、脾、胃。
戌在日支，可定位于命门、腹肌和胃。
戌在时支，可定位于腿、踝、足。

亥在年柱，可定位于头、头部的血液循环系统。
亥在月支，可定位于为血液循环系统。
亥在日支，可定位于肾、泌尿、生殖器官。
亥在时支，为泌尿生殖部位、为腿脚。

第三节　八字疾病析断五大要点

一、八字的内外与左右

天干代表体外，地支代表体内。

天干为人体的上半身，地支为人体的下半身。

天干为右面，地支为左面。

二、健康疾病五个析断要点

断病灾主要从下面五个方面入手，可以迅速找出最容易反映疾病的组合。

1. 命局中最衰弱的五行。
2. 命局中最强旺的五行。
3. 命局中被冲克的五行。
4. 命局中被合化的五行。
5. 命局当中过寒、过燥、过湿等情况。
6. 同柱干支的相克，也就是同柱干克支的盖头、同柱支克干的截脚。尤其是支克干，如果被克的天干虚浮没有根，这个受克的天干所代表的身体部位多半有疾病。

（一）分析命局过弱的五行

过弱，就说明这个五行是薄弱环节。如果八字当中出现这样的五行，这个五行所代表的身体器官就容易有先天隐患。

```
        印   比   日   食
坤造：  甲   丙   丙   戊
        午   子   午   戌
```

甲木最弱，在年柱为头，甲坐午火，干透丙火多，为甲的食伤，甲木被盗泄太过，所以命主思虑过度，睡眠不好，经常头痛。

```
        食   印   日   劫
乾造：  己   甲   丁   丙
        酉   戌   丑   午
```

甲木最弱，在月干虚浮无根，左边己合甲，右边丁泄甲，坐下戌耗甲，甲木受伤，所以上肢虚浮无力，甲木在月柱为胆，所以命主还患胆囊炎。

(二) 分析命局过旺的五行
1. 过旺的五行，在命局中没有克处、没有泄处，此五行本身就会致病。如果有克处泄处，则被这个过旺五行所克或所泄的字，就容易有病。

```
       财   食   日   劫
乾造：  戊   丙   甲   乙
       戌   辰   戌   亥
```

土过旺，脾、胃有病，皮肤干裂，脱落。
这是土本身太旺造成的病，因土没有泄处，又没有克处（克得有路线，戌与亥无路线）。

2. 被过旺五行所克的五行会有病伤。

```
       比   才   日   伤
乾造：  乙   戊   乙   丙
       未   寅   卯   子
```

木最旺，克土，有肌离之伤。实际头、面部、身上遭车祸留下伤疤，上半身伤疤面积大。

3. 被过旺五行反克造成的病。
某五行过旺，主克之五行遭到伤害，条件是主克力量很弱，被克力量强大，至使主克方受伤。（若相差不大，则造不成伤害）
木多金缺，金多火息，火多水干，水多土荡，土多木折，主克方所代表的身体器官会有病。

```
        官   官   日   劫
坤造： 辛   辛   甲   乙
        卯   卯   子   丑
```

木强金缺，在年月柱，为上呼吸道、肺部，实际得肺结核。

4、被过旺五行生多为克形成的病。

土多金埋、金多水浊、水多木漂、木多火塞、火多土焦。

这里的"埋"、"浊"、"漂"、"塞"、"焦"就是一种受克、受伤的意思。被生一方的五行所代表的身体器官容易有病。

```
        伤   伤   日   杀
乾造： 辛   辛   戊   甲
        丑   丑   辰   寅
```

金弱，土多，在年月柱，主上呼吸道、肺部。

实际命主从小时候一直到青中年时候，经常发烧，变成肺炎、扁桃体炎、咳喘等。

5．被过旺五行盗泄太过形成的病。

是主生方力量太弱，受生方力量过旺，结果是主生一方被受生一方严重化泄而受伤。

火多木焚、木多水缩、水多金沉、金多土虚、土多火晦，这里的"焚""缩""沉""虚""晦"就是一种受伤的意思。

```
        官   印   日   印
乾造： 甲   丙   己   丙
        辰   寅   亥   寅
```

此造木多水缩，又在日柱，代表肾、泌尿系统、生殖器官上，如阳萎、早泄导致房事不行，夫妻关系不好，离婚。

（三）分析命局被冲克的五行

五行被冲克受伤，那么此五行所代表的身体器官必然有病伤灾。

```
        枭    食    日    比
乾造：  庚    甲    壬    壬
        子    申    申    寅
```

甲木在月柱受克，甲为胆，在胸部，更代表肝胆。实际此人患胆结石。寅木被申金冲克，寅木在时支为脚，所以脚容易受伤。实际日主遭车祸截肢。

（四）分析命局被合化的五行

合化实质就是生克的一种特殊表现形式，某五行合化成功，就相当于是化学变化。

物理变化，只改变它的形态不改变特有的性质，化学变化是改变了物质的性质。

比如申子辰合化成功后，实质就是水得到生助，申金被合化后，被盗泄受伤，辰土被水反克受伤。申和辰受伤，那么这两个方面就易有病伤，如申为大肠，辰主脾胃。所以此种情况就易患大肠、脾胃之病。

又如甲己合化成功后，合成土，甲木受伤，如反化未成功，己土受伤。

```
        枭    食    日    枭
坤造：  庚    甲    壬    庚
        子    申    辰    子
```

申子辰合水趋于成功，辰土受伤。辰代表的五行属胃。实际此人胃出血。

（五）分析命局寒暖燥湿

命局过寒，金水多，生于冬季易得病；命局过燥，生于夏季，火土多。也易得病。

```
        印    比    日    印
坤造：丙    己    己    丙
        辰    亥    丑    子
```

命主（属夜子时）生于冬季，水旺不透而过寒。所以日主的己土，就相当于是冻土，土主皮肤，湿寒冻住，所以易患皮肤病，如果蚊虫叮咬，还容易发炎。

实际命主腰腿寒冷，血气不调，每隔一段时间就犯皮肤病，好了再犯，为此非常烦恼，还经常感冒。

第四节　命局组合与疾病析断

一、喜忌组合与健康疾病

1. 五行平和纯粹，长寿；五行偏枯混乱，短寿。
2. 用神逢生或忌神受制的，长寿；用神被制或忌神逢生的，短寿。
3. 四柱喜神组合有力的，长寿；四柱忌神组合旺强的，短寿。
4. 命局喜用神有生源、流转有情、顺次相生，干支并茂的组合，富贵长寿。

二、十神组合与健康疾病

1. 食神为用，原局组合为枭神夺食，大凶。
2. 正官为用，原局组合为伤官见官，大凶。
3. 财星为用，劫刃乘旺劫财，原局无食伤化劫刃或官杀制劫刃的，大凶。
4. 七杀为用，被冲而无解救者，大凶。

 岁荣通鉴(下)

5. 阳刃重重为忌逢冲或阳刃在岁运重逢时，大凶。
6. 七杀为忌旺相又逢财生者，大凶。
7. 官杀旺相为忌，而不见印星者，大凶。
8. 官杀旺相为忌，本有印星解救，又逢财星坏印者，大凶。
9. 八字衰弱，原局又见三刑六冲者，大凶。
10. 日干衰弱，官杀旺相，制官杀的食伤也旺相的组合，大凶。

以上要点不仅适用于病伤，也适用于官非、牢狱、凶灾等。

三、命理疾病析断经验汇总

生老病死是人类生命运行的最基本规律。岁月的流变，可以使人从无到有，从弱到强，又从旺到衰，死亡是必然的归宿。疾病虽非人生之必然，但因燥湿寒暑的四季变幻，生态环境的恶化，饮食和道德的污染，世人也庶几难免。

疾病可以误人于一时，也可误人于一生，既可以造成肉体上的痛苦，更可以酿成精神上的磨难，也是人的一种凶灾，也是命理学一直在研究和更有待于加深研究的课题之一。

抛开佛教中的六道轮回和业力说，世人现有的观念认为：研究卫生、健康、防病、诊病、治病，乃是医学界的事。但在中国的古老科学中，医易是同源的，是相辅相成的。中国古代高明的医家往往都具有很高深的命理知识，而命理家也往往都深通医理。四柱八卦预测不仅可应用于诊病治病，更可以超前得知一个人在何时何地将发生何种疾病灾害，还可以提供到何方去，找何种医生，服用何种性味的中药，采用何种调理方法，更有利于疾病的治愈和健康，收到事半功倍的效果。

四柱命理为什么能预测疾病？因为它是以阴阳五行相生相克之理为理论基础的。中国古代科学认为：世上的一切事物都是由金木火水土五行所构成的，五行之间又具有相生相克、相冲相合的联系，每种五行又具有阴阳两种属性，同性之间生克力大，异性之间生克力小，不同物质具有不同的五行构成比例。每种五行又都受宇宙时空场的制约，而且有四时旺衰的变化，这就形成了宇宙间一切形体的成住坏灭空，一切生物的生旺老病死，这一理论可以更全面更真实地解释客观世界的一切。

人体在表面上看来都是一个血肉之躯，都是由骨肉皮毛所构成，都具有相同的器官、脏腑和肢体，但在微观下，这血肉之躯也是由五行构成的，且每个人的五行构成比例，各个五行的旺衰强弱，五行之间的排列组合状况又是各不相同的。每一个人在某时某地一降生，就秉赋了那一时空点的信息，确定了自己所特有的五行构成特点和命运的好坏及层次。一个人的四柱干支，不仅代表了出生的时间，也代表了出生时的那个宇宙时空点的能量场，也代表了他身体的五行构成的比例、旺衰、强弱和组合情况。若不能确立这个观念，劝君就不要跨入四柱预测之门。

那么如何从四柱中看一个人的健康状况和疾病之灾呢？在具备了四柱预测的基础知识之后，以下一些要点也许能给您带来一些启发和灵感：

1. 把握好阴阳五行干支和人体部位、器官、脏腹的对应关系；水为下肢，火为体温，土为腹肚。

五行与人体器官的对应关系：金为口齿，木为眉发，水为耳，火为目，土为鼻面。

五行与人体组织的对应关系：金为筋骨，木为神经脉络，水为血液、体液，火为体热，土为皮肉。

五行与会体内脏的对应关系：金为肺、大肠，木为肝胆，水为膀胱、肾，火为心、小肠，土为脾胃。

在人的四柱中，五行是通过干支来体现的，因此，必须五行和干支结合起来推断。

十天干与人体部位的对应关系是：甲木为头，乙木为颈，丙火为肩，丁火为胸部，戊土为心口部，己土为上腹部，庚金为下腹部，辛金为股部，壬水为胫部，癸水为足部。

十天干与人体器官的对应关系是：甲乙木为眉发，丙火为目，丁火为唇舌，戊己土为鼻面，庚辛金为额、齿，壬癸水为耳、喉。

十天干与人体脏腑的对应关系：五阳干对应五腑，甲为胆，丙为小肠（十二指肠），戊为胃，庚为大肠，壬为膀胱；五阴干对应五脏，乙为肝，丁为心，己为脾，辛为肺，癸为肾。

十二地支与人体部位的对应关系：子水为耳、生殖器，丑土为肚腹、嘴唇左脚，寅木为毛发、手掌、左腿；卯木为体毛、十指、左胁，辰土为皮肤、左胸、左臂，巳火为面部、口腔、咽喉、肛门、左肩，午火为额头、眼目，未土为脊柱、右肩，申金为右胸、右臂，酉金为右胁，戌土为命门、右腿，亥水为头部、右脚。

十二地支与脏腑的对应关系是：子水为膀胱、尿道，丑土为脾脏、子宫、精囊，寅木为胆、脉络，卯木为肝、神经，辰戌为胃，巳火为心，午火为小肠，申金为大肠，酉金为肺、精血，亥为肾、阴囊。

2．把握好阴阳五行干支与五气的对应关系：

甲乙寅卯木主风症，丙丁巳午火主热症，庚辛申酉金主燥症，戊己辰戌丑土主湿症，壬癸亥子水主寒症。

3．把握好阴阳五行干支与中医辨证施治中的阴阳、寒热、虚实、表里的对应关系。

阳干支所引发的病症为阳病，阴干支所引发的病症为阴病。由木燥火旺所引发的疾病，其症多为热；由金生水旺所引发的疾病，其症多为寒。

因某五行亢旺，而引发的疾病为实症；因某五行衰弱导致的疾病为虚病。

由天干所引发的疾病，其症多在表；由地支、藏干所引发的疾病，其症多在里。

由天干、年月干支所引发的疾病，其症多在上体；由地支、日时干支引发的疾病，其症多在下体。

4．命局中某五行太不及，且在局中受克时，则命主易在该五行干支所对应的体位、器官或脏腑方面患病。

5．命局中某五行太过，且在局中有克或无泄时，命主易在该五行干支所对应的体位、器官、脏腑方面患病。

6．命局中五行过于偏枯，缺两五行以上，而局中之五行干支双相克战者，则偏旺五行易犯怒，偏弱五行易受伤，命主易在该五行干支所对应的体位、器官和脏腑方面患病。

7．命局中五行和者，一般来说一生中不会有大的或长期的病灾。所谓的"和"，并不是非得五行齐全缺一不可，也并非是五行之间只生不克，而是指偏旺者有克有泄，偏弱者有生无克，五行均趋于中和，生化有情虽缺一五行也无妨。如局中某五行太旺，但局中有泄无克，或局中某五行太弱，但局中有克泄而天生扶，也为"五行和者"。

8. 原命局之病是与生俱来的，是先天之疾，是终身之病，但也并非是一生中都形影相随的，也需由岁运而引发，随岁运的变化而发生轻重隐显的变化，遇到好的岁运，对病五行扶抑有情而使其趋于中和时，病魔也会销声匿迹，但好的岁运一过，又会病魔缠身的。

9. 原命局五行中和者，虽说是一生无大病，但也不敢保证其一生无病，因为行运有好坏，岁月有顺逆，某一五行虽在原局中和，但在岁运中被扶抑太过时，也会导致该五行所对应的体位、器官、脏腑发生疾病的，但这是岁运之病，一般都是有惊无险的，岁运一过病状即消失。

10. 预测疾病，必须命、运、岁结合着看，原命局的信息仅表示一个人先天的身体素质，何时有病，何时病愈是岁运决定的，四柱大运是发病的根据，是内因，岁月是发病的条件是外因，外因通过内因而起作用，内因通过外因而爆发。

11. 通过四柱预测一个人的疾病，与预测岁运吉凶在思维方式上略有不同。预测岁运吉凶时，往往都是把日干看成是命主的，而把其他的干支看成是命主所处的环境。在预测疾病时，既要把日干看成是命主，又要把整个四柱八字干支看成是一种整体，这个整体就是命主的身体。所以，更要注重五行的构成，旺衰、干支的组合和岁运的变化。

12. 通过四柱预测一个人的疾病时，与预测岁运吉凶在推理方法上也略有不同。预测岁运吉凶时，是按五行在岁运的旺衰变化对日干是喜是忌来推理的，而在预测疾病时，是不论对日干的喜忌的，五行在岁运旺衰变化的喜忌是原命局中有病五行而言的。岁运中即使是忌神受制，也会导致该五行所对应的体位、器官、脏腑有病的。是故世事难以尽遂人意，升官发财的岁运未必身体也健康，穷困潦倒的岁运也未必是贫病交加。

13. 在进行预测时，首先要搞清日主的旺衰，这不仅是预测岁运吉凶的前提，也是预测疾病的重要参考因素之一。当日主在岁运中出现不吉的信息时，这不吉的信息是体现到财、官、婚姻或六亲之灾上呢？还是体现到命主本人生病上呢？一般说来，"弱为病，旺为灾"，日主旺的命主多体现到财、官、婚姻或六亲之灾上，而日主弱的命主多体现到自身疾病上。这不是一条铁的定律，但从数理统计上来看，是有这样的概率的。

14. 在分析原命局五行的旺衰时，不要一见某个五行太弱，就断命主会因该五行太弱而患相关的病，还要看一下局中有没有生这个太弱五行的五行，如果有，而且旺相能生，就不为病。也不要一见某个五行太旺，就断命主会因该五行太旺而患相关的病，还要看一下局中有没有泄这个五行的五行，如果有，而且有根受生，就不为病。

15. 一个命局的生机在于行流通，一个命局中某个五行的生机也在于流通，一个五行不论旺衰，只要有生有泄而流通，就不会出现太大的问题。弱者有泄天生是为病，旺者有生无泄也是病。特别是水、火两个五行，其性好动，不流通就易病。故"木不受水者血病"，"土不受火者气病"，而气血两病是万病的根源。

16. 四柱中的五行是因相生相克而互相关联的，人体的体位、器官、脏腑也是互相关联的，因而由五行旺衰失衡所导致的疾病也是互相关联的。某一五行太过或不及，其病一般直接体现在该五行所对应的体位、器官、脏腑上，但有时也可能体现在与该五行相关联的五行所对应的体位、器官或脏腑。所以，在断病的种类时不能只顾一点而不及其余。以水五行为例：

当水五行太弱时：

（1）会因水五行本身受克而致病。

（2）会因水五行弱不受生而导致金五行旺而无泄而致病。

（3）会因水五行弱不能通关而造成局中金克木，如局中木太旺、太弱，便会导致因木五行致病。

当水五行太旺时：

（1）会因水五行本身旺无所依而致病。

（2）会对金五行化泄太过，而导致金五行之病。

（3）水太旺必克火，会导致火五行受克之病。

（4）如局中土衰，水太过会形成反克，水旺土崩，而导致土五行之病。

（5）如局中木衰，水太过会反生为克，水大木漂，而导致木五行之病。

最后需要申明一点：虽说是分析四柱可以测疾病，虽说是自古医易同源，但医者为医，易者为易，各有分工，不可越俎代庖。命理工作者在为人预测疾病时，如本人没有医生资格证书，即使技术再高超，也不可为已病者制定医疗方案、开处方和投药，只能提供参考信息。

第五节　常见疾病命理组合及实例详解

一、胃病

1. 戊土太旺，或太弱，易生胃病。
2. 木旺土弱，胃病。
3. 土弱金旺，胃病。
4. 水多土荡，胃病，胃出血病，而且还易患皮肤病、湿疹。
5. 戌被合化成另一种五行，比如寅午戌化火，易有胃病。
6. 辰戌相冲，易有胃病，胃受伤。
7. 戊土弱，得旺火生，火多土焦，易得胃炎。
8. 柱中水多而旺，土与火弱，易患胃炎、胃下垂。
9. 戊土遭木局克破，有刀伤之灾，或因胃病或其他病开刀。

例一：

乾造：壬午　癸卯　癸亥　乙卯
行运：甲辰　乙巳　丙午　丁未　戊申
　　　　8　　18　　28　　38　　48
　　　50　　60　　70　　80　　90

此造原命局中旺水生旺木，己土藏于午中，午火又被壬水盖头，土五行弱极，岁运如逢己土透干，易犯水怒而遭木克，届时土五行所对应的体位、器脏、六亲会有灾咎。

实际情况，1999年三月检查出贲门癌，做了切除手术。

例二：
乾造： 戊子 癸亥 乙亥 甲子
行运： 甲子 乙丑 丙寅 丁卯 戊辰
　　　 9　 19　 29　 39　 49
　　　 57　 67　 77　 87　 97

此造原命局支中一片旺水，旺水生旺木，戊土虚浮无根，又戊癸作合，土五行弱极，如遇生扶得根的岁运，反易犯水怒而受旺木之克，则土五行所对应的体位、器脏和六亲易有灾咎。

实际情况，1989年患食道癌，后病情好转。

例三：
乾造： 戊子 庚戌 丁巳 甲辰
行运： 己酉 戊申 丁未
　　　 6　 16　 26
　　　 84　 94　 04

此造原命局中木生火旺，土也不衰，只是局中不现明水，岁运中金水两行易伤。1998戊寅年患胃出血，是运支冲克太岁而引发了木克土，土克水所致，这是岁运之病。

实际情况，1998年亥月患胃出血，上吐血下泻血，后治愈。

二、高血压

1. 血稠症

四柱火土旺，金水弱，火旺于土，中老年后易出现血质粥样稠化现象，一般在火旺岁运犯病。

2. 血管肥厚淤阻症

四柱火土旺，土旺过火，同时金水弱，中老年易犯此病。

3. 血管硬化阻寒症

四柱无水，火弱土厚，地支多见阳金（申）中老年患此症。

4. 局部病变血管硬化症

柱中火弱，金水旺，易患血管硬化症、血栓等。

5. 甲木旺，逢克为之犯怒，易患脑溢血、脑肿瘤。

例：
坤造：己丑　辛未　壬寅　丙午
行运：壬申　癸酉　甲戌　乙亥　丙子
　　　　9　　19　　29　　39　　49
　　　58　　68　　78　　88　　98

此造火土两旺，丑未相冲，金水之根尽伤，日主太弱，克去泄尽反为美，最怕岁运得根独立，则必犯火土之怒而招灾。

实际情况，1999年（己卯）二月（丁卯）血压增高，中风不语，瘫痪。

三、心脑血管病

1. 地支水旺，天干见水克火，易患心脏病。年柱金水旺，易并发脑血管，脑溢血较多，一般在水旺流年或在火弱运引发。

2. 地支金多而强旺，年月柱金多；或者四柱见厚土埋金，易患心脑血管破裂，出血较多，一般在金火旺年犯病。

例一：
乾造：甲午　甲戌　甲寅　乙亥
行运：乙亥　丙子　丁丑　戊寅　乙卯
　　　　5　　15　　25　　35　　45
　　　59　　69　　79　　89　　99

此造原命局中木五行太旺，支中寅午戌三合火局，本为命局所喜，但火性喜炎上，以干上透火为好，如再遇干不透火而支中火又增旺的岁运，支中之火会更加郁闷，旺无所依火五行所对应之体位、脏器和六亲易有灾咎。

实际情况，1990年七月十九日（庚午年甲申月乙亥日）心脏病突发，抢救及时，死里逃生。

例二：
坤造：丁未　庚戌　庚申　甲申
行运：辛亥　壬子　癸丑　甲寅
　　　5　　15　　25　　35
　　　73　　83　　93　　03

此造原命局金太旺，甲木虚浮无根反不受克，但逢遇生扶得根的岁运，木五行所对应的体位、脏器、六亲易有灾咎。

局中丁火虽通根于戌未两支，但难得甲木之生，遇子未相害，丑未相冲或干透癸水的岁运，丁火所对应的体位、脏器和六亲易有灾咎。

实际情况，1986年先天性心脏病开刀。

例三：
坤造：癸丑　丙辰　乙丑　乙亥
行运：丁巳　戊午
　　　4　　14
　　　77　　87

此造原命局丙火虚浮无根，弱不受生，且局中土旺，水也不弱。丙火又坐湿土，左邻右舍尽是土水，即使在岁运得生得助得根也难以发光发热，故火五行所表之脏器、六亲不旺，而易有灾。

实际情况，患有先天性心脏病。

例四：
乾造：癸卯　甲子　丙子　己亥
行运：癸亥　壬戌　辛酉　庚申
　　　　4　　14　　24　　34
　　　67　　77　　87　　97

此造原命局日主虚浮无根，虽有甲木之生，仍为太弱，喜克泄而忌生扶，如在岁运得根遇生扶，反易使五行所表之器官、脏腑及六亲有灾。实际情况，1998年夏患轻度脑血栓，已愈。

四、肺病

1. 辛金弱，土旺，土多金埋，柱中水多湿气重，易患肺气肿、肺结核。
2. 辛金弱，土旺、火旺，命局燥热，易生肺炎。
3. 金太旺或太弱，肺或支气管有病。
4. 金、水伤官，寒则咳嗽、热则痰火。
5. 金被火克而受伤，常患肺炎、口舌溃烂。
6. 柱中辛卯、庚寅，庚辛金无根，易患肺病，肺气肿。
7. 酉金被冲克太过，肺炎。
8. 辛金弱遇强水，平常易患伤风感冒。

例一：
坤造：丁巳　壬子　壬戌　庚戌
行运：癸丑　甲寅　乙卯
　　　　2　　12　　22
　　　79　　89　　99

此造原命局中金生水旺而克火，但丁巳干支一气，火也不弱，且庚金以戌为根，而戌又为火之库，丁壬又合木向火，故如遇木生火旺，而土又通关不力的岁运，火必克金，则金五行所对应的体位、脏器和六亲易有灾咎。

实际情况，1999年九月初一日中午，突然全身无力，呼吸困难，急救花费4—5万元。

例二：
坤造：丙午　癸巳　壬午　甲辰
行运：壬辰　辛卯　庚寅
　　　 6　 16　 26
　　　72　 82　 92

此造原命局中水弱火旺而无金，逢木火旺的岁运，如遇明金现于干支及易受克，则其所对应的体位、脏器、筋骨易罹患疾病。

实际情况，1999年正月本人高烧不退，经查得肺癌。

例三：
乾造：丁未　癸卯　己亥　戊辰
行运：壬寅　辛丑　庚子
　　　10　 20　 30
　　　77　 87　 97

此造原命局中缺金，支中亥卯未三合木局，泄癸水而生丁火，干中戊癸合火，癸不冲丁，故局中木生火旺，逢金五行在岁运明现之时，其所对应的体位、脏器易有疾患。

实际情况，1989年因肺病住院。1996年眼底出血。

例四：
坤造：甲戌　庚午　丁亥　庚子
行运：己巳
　　　 3

岁运吉凶：1995年—1997年得十多次肺炎。医治花上万元。

命理简析：此造原命局五行齐全，力量也较均衡，但组合不太好，干中金木交战，支中水火交战，丁坐亥，庚坐午，甲坐戌，均为盖头截脚，特别是庚金坐午，午戌又拱火，是命局中的薄弱环节，逢火旺、水旺、木旺的岁运，金五行所表之体位、脏器易罹患疾病。

五、神经头脑病

1. 日主弱，食伤重重，在不行印比运的时候，会常有头昏之病。
2. 甲木弱而火多，旺火泄木，木受伤，木主神经，最易犯精神病。
3. 金木相战，土旺木折，或木强金缺，逢岁运再相冲时，常肋骨有断折之伤灾或神经受损之灾。
4. 木无生源，再遭克易患类风湿、关节炎，胰腺炎。
5. 甲乙木无根或根被拔，易患肩周炎或神经炎。
6. 木五行逢冲克而受伤，为动中致灾，如神经受到强烈震荡，会招至筋骨折伤、受损。
7. 木遭火焚，易患神经病或神经官能症。
8. 土重木折，易患坐骨神经症或各种无菌性神经炎。
9. 夏季的木五行休囚，柱中无水生润，易患关节炎。
10. 冬季之木寒湿，无火调候易患类风湿、神经麻木病。

例一：
坤造：乙卯　戊子　甲寅　癸酉
行运：己丑　庚寅　辛卯

此造原命局中金生水、水生木、木成太旺之势，克抑不得，但局中又不现明火，旺无所依。木为神经、甲木为头，易因神经过敏而导致精神病。

实际情况，1997年因疯而入精神病院，至今（1999年）未愈。

例二：
乾造：丙子　庚子　乙丑　巳卯
行运：辛丑　壬寅　癸卯
　　　　9　　19　　29
　　　45　　55　　65

此造原命局日主乙木虽可以卯为根，但支中两子刑一卯，干中全是克泄耗，乙木为神经，思虑太多，精神负担太重，且乙庚合，不易接受外界劝告和帮助，乙干被克泄耗太过时，易引发精神病。

实际情况，一直未婚，大约30岁的时候疯了，一直没好。

六、糖尿病

以下几种八字组合，是八字断糖尿病的绝招。
1. 四柱金火相战，或燥土埋金、金脆水枯。
2. 出生在火月、日、时，四柱中见金火相战，天干无水透。
3. 四柱有庚午或辛巳、火旺、土焦。
4. 四柱火旺、土焦。
5. 年月柱水弱，日时柱见戌巳、午戌、巳午、巳巳、卯戌、戌戌。
6. 天干丙、丁克辛、地支见戌、巳或午、戌。在火旺，土燥岁运发病率最高，命局火旺，逢水年犯火怒也如此。

例一：
乾造：丙子　戊戌　壬辰　辛亥
行运：己亥　庚子　辛丑　壬寅　癸卯　甲辰
　　　10　　20　　30　　40　　50　　60
　　　46　　56　　66　　76　　86　　96

此造原命局中日主壬水在支中有亥子为根，干中又得辛金之生，气势不弱，是可敌戊戌旺杀，但壬水毕竟坐以为杀墓，且遇辰相冲之组合，难与根气相通，最怕杀旺的岁运，也怕辛金受克、冲合，则易罹患生殖泌尿系统疾病或灾咎。

实际情况，1985年患糖尿病。

例二：
乾造：丙申　甲午　己巳　戊辰
行运：乙未　丙申　丁酉　戊戌　己亥
　　　 2　 12　 22　 32　 42
　　　58　 68　 78　 88　 98

此造原命局日主太旺，食伤为用，喜金泄土之旺气，忌木克土犯怒，然局中申金被丙火盖头，在支在又受巳午火之克，且火炎土燥不生金，故用神不甚得力，莫如支中见亥子水，冲克火印为好，然局中火土太旺，水太弱易被克伤，故泌尿生殖系统易患病。

实际情况，1995年得肾结石、糖尿病等，医疗费近三十万元。1997年到广州医治要换肾，1998年才动手术换肾，又花医疗费几十万元。

七、眼部疾病

1. 命局有亥子，与巳午相战易患眼疾。
2. 羊刃重重三四个，易患盲聋。
3. 柱中丙辛合，丙火有根，同时丙火之根被亥子水冲克而伤，必定有眼病或近视程度较深。如果丙火无根无生，虚浮而从，则没有眼病，视力会非常好。

例一：
乾造：壬子　癸丑　癸丑　癸亥
行运：甲寅　乙卯　丙辰
　　　 6　 16　 26
　　　78　 88　 98

此造比劫四透，支会水局，为专旺之润下格，金、水、木均可为用，忌土克犯怒，火明现身易遭劫，故火五行所表体位、六亲易有事。

实际情况，1989年己巳眼病手术后，视力模糊，只能隐隐约约看见一点光亮，几乎失明。

例二：
坤造：丙辰　甲午　癸卯　乙卯
行运：癸巳　壬辰　辛卯
　　　　5　　15　　25
　　　81　　92　　01

此造原命局癸水只在年支辰中有一墓库根为无用，日主弱极从儿，身弱无妨，但早运虽然东南好运，奈何干透金水，使日主得生得助而破格，反成了身弱食伤财旺的形势，癸水克丙，壬水冲丙，丙辛合水，使丙火不能泄木之旺，木旺又泄水之气，癸水为肾，木为肝胆，故命主肾虚而又肝郁不疏，故目不明也。

实际情况，父母为表兄妹结婚，命主是一个青光眼患者。

八、肝病

1. 柱中水多，见子卯刑，木又不透干，必有肝病。
2. 卯木被酉金冲克，有肝病，乙木或卯木被旺火盗泄，容易有肝萎缩。

例一：
乾造：丁丑　戊申　壬辰　庚子
行运：丁未　丙午　乙巳　甲辰　癸卯　壬寅
　　　　8　　18　　28　　38　　48　　58
　　　45　　55　　65　　75　　85　　95

此造原命局中申子辰三合水局，土金水三五行旺，丁火虚浮无根而难明，木五行也只在辰中一点中气而难以生发，故木火两五行所对应的体位、脏器和六亲易有灾咎。

实际情况，1997年十二月确诊为肝癌，1999年四月又发现胆囊炎。

例二：
乾造：癸卯　壬戌　乙酉　乙酉
行运：辛酉　庚申　己未　戊午
　　　 0   10   20   30
　　　 63   73   83   93

此造原命局中虽干透两水生两木，但两乙分别坐酉杀截脚，与卯根难以通气，卯戌合，酉戌半合，反致两酉冲一卯，此根似有若无，局中之木合赖水生，故逢土旺、金旺之岁运，木五行所对应的体位、脏器易罹患弱之病。

实际情况，1996年五月得肝病花一万多元，1997年五月肝病复发住院三个月，立秋后好转。

例三：
乾造：乙亥　戊子　壬午　癸卯
行运：丁亥　丙戌　乙酉　甲申　癸未
　　　 8   18   28   38   48
　　　 43   53   63   73   83

此造原命局中旺水生旺木，局中无金，火不透干，致使五行呈太旺之势，喜土而忌金，如在岁运逢旺金，不但不能抑木，反会金生水而水生木，使木五行旺无所依，支中见酉更易犯其怒，使木五行所表之体位、脏器及六亲易有灾，甚至累及土五行。

实际情况，1967年得肝病。

九、皮肤病

火炎土燥或者土水混杂，总之，命局当中土五行过旺过衰，容易得皮肤病。

例一：
乾造：癸亥　癸亥　壬寅　丙午
行运：壬戌　辛酉　庚申
　　　1　　11　　21
　　　84　　94　　04

此造原命局日主从劫强而身偏旺，然寅亥合木，寅午合火，丙火自坐强根，财星也不弱，取食伤为用，喜火土，忌金水。命主早行西方运为忌，加大了命五行之气的湿度，戊寅、己卯两年干支盖头截脚，喜用交战，土受克，冬春之季又是水旺之季，土受湿侵，故有皮肤患疥癣之疾。

实际情况，在1998年冬至1999年春身上出现皮肤病（疥疮），医疗费用了五百多元。

例二：
乾造：丁酉　癸丑　己丑　壬申
行运：壬子　辛亥　庚戌　己酉
　　　2　　12　　22　　32
　　　60　　70　　80　　90

此造原命局日主偏旺，取食伤为用，喜金水，忌火土。局中五行缺木，丁火弱极为病，逢岁运得根，反易致灾。然辛亥运，七八戊午流年，岁君为燥土，戊癸合火，加大命局土旺之病，且湿热交加，易患皮肤病。

实际情况，1978年不明原因起了一脸疙瘩，多处求医不见好转，至今仍留有疤痕。

例三：
坤造：丁未　庚戌　辛未　丁酉
行运：辛亥　壬子　癸丑　甲寅
　　　 2　 12　 22　 32
　　　69　 79　 89　 99

此造日主偏旺，杀为用，喜木火，忌土金。早行北方运，喜用交战，水土混杂，引发了原局土旺土燥无制不透之病。
实际情况，80年代末期得牛皮癣，十几年都没治好。

例四：
乾造：乙卯　己丑　乙丑　己卯
行运：戊子　丁亥
　　　 8　 18
　　　83　 93

此造身财两停，局中水冷金寒土冻，其木难以生发，取食伤火通关兼调候为用，运行北方，自然畏寒喜暖。命局干支皆阴，更喜阳火。
实际情况，每年冬季来临时，手脚、耳朵都会生冻疮。1993年当兵，1997年退伍，在这四年里无热水洗脚，睡到天亮脚还是冷冰冰。

第六节　病伤、手术、疤痕速断

1. 火炎土焦，无丁点湿气，常有意外伤残、血光之灾或凶死。
2. 女命时支子女宫坐羊刃，或子女星落于其他柱之羊刃中，可能生产时开刀手术或者因子宫卵巢有病而开刀，否则一定克子女。
3. 日干为木弱，同时八字火多为忌，轻者神经衰弱，重者会患上精神病。
4. 命局中七杀强于日主，而食神正印较弱，制杀与化杀的力量不

足，就会一生常遭伤灾或有一种久治不愈的暗病，具体判断要看七杀与日主的五行来定。

5. 蛀牙的看法。金主骨骼，食神主口，食神为金时主牙齿，临空亡主牙上有洞为蛀牙。

6. 伤灾的判断

（1）身弱逢忌运，逢三冲一定有伤灾；

（2）身弱杀旺逢财杀旺地必伤无疑；

（3）七杀阳刃并见，肢体有伤残；

（4）伤官透干气旺，身上必有疤痕，否则定受伤；

（5）命局中七杀强于日主，而食神正印较弱，一生常造伤灾或有暗疾在身；

（6）日元坐杀为忌神，必定受过伤；

（7）日支被月时支冲破者，或是夹冲，有伤残；

（8）财多身弱逢杀旺岁运定见伤；

（9）伤官七杀，阳刃并见，定有伤残；

（10）食伤旺而身弱，岁运又食伤叠见而有力，不病则伤残；

（11）身旺枭神重叠，岁运又逢印枭，不生病则伤残；

（12）寅申巳、丑未戌三刑全，定有头面肢体伤。以上的伤灾也包括西医的动刀手术。

7. 与近视有关的标志

（1）八字中有火被水克；

（2）火土熬干癸水；

（3）天干有庚或辛，同时又有丙或丁。

8. 与腰痛有关的标志

（1）柱有卯辰二字；

（2）金木相战；

（3）壬癸水弱戊己土重；

（4）木旺水弱；

（5）戊寅、己卯、庚寅、辛卯居日时二柱，多腰疼或腿脚受伤。

9. 肠胃不好的标志

（1）八字中戊己土被木克；

（2）偏印多；
（3）食神逢枭；
（4）丙丁克庚辛；
（5）土弱金旺，土弱水旺，辰戌冲等等。

10. 疤痕、痣点的看法

（1）八字见木克土的组合，身上有疤痕或痣点；
（2）干支有七杀、伤官、枭神、阳刃，身上有疤痕或痣点。以这两条为基准，再根据该五行的旺衰、喜忌、内外来看疤印、痣点的大小、美丑、内外、上下。比如七杀居年干为忌，必是头面有较明显的疤痕或痣点。

例一：

坤造：丁亥　壬子　壬午　壬寅
行运：癸丑　甲寅　乙卯　丙辰　丁巳
　　　 3 　 13 　 23 　 33 　 43
　　　50 　 60 　 70 　 80 　 90

此造原命局五行偏枯，水火交争，且行运在干支组合上五行旺衰鲜明力专，在火旺的岁运，金五行明现时易受伤。

该造命主行甲寅乙卯运，应是一生中最佳时期，丁巳大运火旺，再逢丁丑流年，三丁合住三壬，四柱生机几近停滞。唯心史观支中水火交战，巳亥冲，寅巳刑，丑午害，亥子丑三会不成，则火必生太岁而克亥子水，壬癸为胫足，金为筋骨，故受小腿开刀之苦。

实际情况，1997年患胫骨结核开刀病重，死里逃生。

例二：

乾造：庚子　己卯　癸巳　乙卯
行运：庚辰　辛巳　壬午　癸未
　　　 10 　 20 　 30 　 40
　　　 70 　 80 　 90 　 00

此造原命局木旺土衰，如再逢木旺之岁运而火又不能透干通关的话，土五行所对应的体位、脏器、六亲易有灾咎。

实际情况，1999年正月十五日丙寅月癸丑日因胃穿孔大出血住院抢救，胃切除五分之三。

例三：
乾造：戊戌　己未　丁未　丁未
行运：庚申　辛酉　壬戌　癸亥
　　　3　　13　　23　　33
　　　61　　71　　81　　91

此造原命局火炎土燥身偏弱，局中无一点水，水五行反不受克，便逢水明现于地支而又不能合入命局的岁运，易罹患循环系统、泌尿生殖系疾病。

实际情况，1997年六月患肾结石住院开刀。

例四：
乾造：丙子　戊戌　甲戌　癸酉
行运：己亥　庚子　辛丑　壬寅　癸卯　甲辰
　　　6　　16　　26　　36　　46　　56
　　　42　　52　　62　　72　　82　　92

此造原命局日主甲木无根虚浮，虽干透癸印，却遇戊癸做合，弱极从财，最怕在岁运中遇生扶得根却又旺不起来，易被火土所累，或被金所伤，导致木五行所表之体位、脏器或六亲有灾。

实际情况，1997丁丑年己酉月因肝病动大手术，死里逃生。

例五：
乾造：甲辰　丁卯　己未　戊辰
行运：戊辰　己巳　庚午　辛未
　　　 8　　18　　28　　38
　　　72　　82　　92　　02

此造原命局土多土旺，但春天之土毕竟为虚，辰为木之余气，未为木之墓，卯未半合木，卯辰半会木，土五行外强中干。且局中无金，土之旺气无以发泄，土无所依，旺木无制。甲己做合日主总受木之克。局中虽无明水，但两辰中癸水无透无克，局中土不仅虚而且湿。木为风，水为湿，故命主会有风湿之苦。

实际情况，十六七岁在外地打工，得风湿病，长年腰痛，已严重驼背。

例六：
坤造：己卯　丙寅　己丑　丁卯
行运：丁卯　戊辰　己巳　庚午　辛未　壬申
　　　 4　　14　　24　　34　　44　　54
　　　43　　53　　63　　73　　83　　93

原命局日主偏旺，丑中癸水为用，喜金水，忌火土。因支中寅卯木为旺，更忌木透干，壬运虽为喜，便丁壬合木转为忌，丁丑、戊寅两年均加大了命局之病，1998年戊寅流年，运支冲太岁，犯旺木之怒，故有胆结石开刀之苦。

实际情况，1997年6月患胰腺炎，住院四个多月。1998年10月13日（癸亥月壬午日）胆结石开刀。

岁荣通鉴（下）

第七节　健康与病伤析断综合实例详解

例一：
坤造：甲寅　乙亥　癸亥　癸亥
大运：甲戌　癸酉　壬申　辛未
岁数：　5　　15　　25　　35
年份：1978　1988　1998　2008

此命日干癸水偏旺，地支三重亥水阳刃叠见，1995年乙亥，四阳刃亥水聚会，必出凶灾。

此命2000年批八字，我说："你1995年出了大事，不病也要见血光"，她反馈说："我1995年骑车摔下两米多高的坎，把脑壳跌伤，真是死里逃生呀！"

例二：
乾造：癸巳　丙辰　甲辰　甲戌
大运：乙卯　甲寅　癸丑　壬子　辛亥　庚戌
岁数：　7　　17　　27　　37　　47　　57
年份：1959　1969　1979　1989　1999　2009

此命日干偏弱，地支财星为忌，逢生又遇六冲，明现凶象。2000年庚辰天干庚金忌神冲克甲木用神，地支两戌与两辰相互冲战，土越冲越旺，辰中循藏五行受损，辰土中藏有癸水、乙木用神，被制，故应病灾。土主脾胃，水主肾，故命主得胃病和糖尿病。

实际2003年3月命主上门求测，我说："你2000年得胃病，2002年得糖尿病。"

对方正是因为这两种疾病在医院久治不愈才来预测。

例三：

乾造： 丙寅　甲午　癸巳　戊午
大运： 乙未　丙申　丁酉　戊戌　己亥　庚子　辛丑　壬寅
岁数：　3　　13　　23　　33　　43　　53　　63　　73
年份：1928　1938　1948　1958　1968　1978　1988　1998

地支午午自刑、寅巳相刑，癸水无根、火炎土燥，肾脏、脾胃、肝胆、生殖泌尿系统必定有疾。

实际此造父亲1997年秋季来预测。我对命主父亲说："你儿子多病伤之灾，1992年、1996年和今年定有病伤之事，否则家里就要破财。"他反馈说："儿子1992年因疝气开刀，今年又因腹部长瘤子而开刀，花了不少的钱。"

例四：

乾造： 戊午　乙丑　己丑　乙亥
大运： 丙寅　丁卯　戊辰　己巳　庚午
岁数：　5　　15　　25　　35　　45
年份：1983　1993　2003　2013　2023

此命身弱，年时乙木七杀夹攻弱身，大运丙寅，七杀在大运占阳刃旺地，刃为刀为伤，说明这步大运命主会有伤灾。流年甲子，岁运命官杀混杂攻身，地支三合财局助官杀制身大凶；流年乙丑，原局乙木七杀忌神逢值，又乙丑与原局月柱乙丑伏吟为凶。

丑居艮宫，艮为狗之象，断他小时候被狗咬过，被咬的时间为1984年甲子或1985年乙丑。

实际是乙丑年被狗咬伤。

 岁荣通鉴（下）

例五：
乾造：庚戌　丁亥　甲寅　甲戌
大运：戊子　己丑　庚寅　辛卯　壬辰
岁数：　4　　14　　24　　34　　44
年份：1973　1983　1993　2003　2013

日主偏旺，忌印、比，取财为第一用神，官为第二用神。忌食伤，但地支出现巳火可以冲去亥水为喜，而午火，寅午戌合火局，戌中藏辛金用神受伤，所以午火为忌。因此日主己巳年较好。

庚午年，午火克庚金，寅午戌合戌中辛金受伤，必主肺病。实际家中盖房子，劳累过度，得了肺病。

另外四柱戌土盖头，土为脾胃，所以命主脾胃不好，脾肿大，常犯胃病。

例六：
坤造：甲午　己巳　己卯　癸酉
大运：戊辰　丁卯　丙寅　乙丑　甲子　癸亥　壬戌　辛酉
岁数：　7　　17　　27　　37　　47　　57　　67　　77
年份：1960　1970　1980　1990　2000　2010　2020　2030

日主己土偏旺，坐下卯杀约身为喜用。
时支酉金紧贴冲克卯木为忌神。
酉冲克卯组合，是手术伤灾组合；卯在日柱，主腰腹部，也主肝胆。
1992年，乙丑运癸酉年，地支巳酉丑三合金局，是忌神局，冲克坐支喜用卯木，此年必有手术伤灾，肝胆之病。
实际此年因胆病住院手术。

例七：
坤造：己亥　癸酉　壬子　甲辰
大运：甲戌　乙亥　丙子　丁丑　戊寅　己卯　庚辰　辛巳
岁数：5　　15　　25　　35　　45　　55　　65　　75
年份：1963　1973　1983　1993　2003　2013　2023　2033

日主壬水身旺，所以金水为忌。

1992年，丙子运壬申年，水旺的岁运，丙火财星被壬水冲克，形成忌神组合。丙火财得为肉体，受克，主破财伤灾。

实际，此年命主因车祸头部受伤。

例八：
乾造：甲午　甲戌　癸丑　甲寅
大运：乙亥　丙子　丁丑　戊寅　己卯　庚辰　辛巳　壬午
岁数：6　　16　　26　　36　　46　　56　　66　　76
年份：1959　1969　1979　1989　1999　2009　2019　2029

1. 甲木为直为急为风，午火为火，三甲一气；命主性格急躁、做事风风火火。

2. 甲木为胆，午火为炎，说明命主胆不好。实际命主有胆囊炎、常有口苦的感觉。

3. 癸水为肾为尿，丑土为石；命主有结石。实际命主尿道有结石。

4. 丑为脾胃、癸水为病，说明命主有脾胃病、胃口较差。实际命主从小就脾胃弱，饮食不佳。

5. 甲午，甲木为叶、午火为烟，日干从弱，喜甲午泄耗，说明命主是个抽烟的人。实际命主命主烟瘾大，一天两包烟还不够。

6. 戌土为皮肤、甲木为骨骼，甲木克戌土，说明命主皮肤受过伤，地支丑戌刑，寅午戌三合化火，甲木受损，出过车祸或有其他外伤或做过手术。实际命主曾被吉普车撞成骨折。

7. 午火为血压，被丑戌泄，丑戌为高，直断命主血压高。实际命主40岁以后患了高血压。

例九：
坤造： 辛亥　辛卯　戊戌　乙卯
大运： 壬辰　癸巳　甲午　乙未　丙申　丁酉　戊戌　己亥
岁数：　8　　18　　28　　38　　48　　58　　68　　78
年份：1978　1988　1998　2008　2018　2028　2038　2048

年柱辛亥为小时候，辛金为肺，亥水水泄辛金，说明命主肺部、气管不好，直断命主小时候得过肺炎。
实际小时候一感冒就烧成肺炎，常咳嗽，但现在好了。
乙木为肝胆为手脚，辛金冲克，直断命主有肝胆之患或手脚常遭受小伤。
实际命主手指受过伤，腿也被烫伤过。

例十：
坤造： 壬戌　丁未　己未　庚午
大运： 丙午　乙巳　甲辰　癸卯
岁数：　10　　20　　30　　40
年份：1991　2001　2011　2021

此八字从旺用食伤，时干庚金为用，时支午火克庚金为病，1989年己巳，与命局三合巳午未火局克庚金为凶。
我根据这个组合，直断命主1989年有病伤之灾。
命主反馈说该年被开水烫伤而住院。

例十一：
乾造： 癸丑　壬戌　乙未　丙戌
大运： 辛酉　庚申　己未　戊午　丁巳
岁数：　7　　17　　27　　37　　47
年份：1979　1989　1999　2009　2019

此八字缺金，大运己未，流年庚辰，原局不见的庚金在大运出现，庚金为官杀克身不吉，庚金为刀，直断命主该年有官非或刀伤之灾。

命主反馈该年与邻居因一点小事打架，被邻居用菜刀砍成重伤住院，最后派出所出面调解，让邻居赔了医药费与误工费。

例十二：

乾造：癸丑　戊午　戊子　甲寅
大运：丁巳　丙辰　乙卯　甲寅
岁数：　6　　16　　26　　36
年份：1978　1988　1998　2008

八字独见午火，1996年丙子，丙火重见，地支两子冲午，午火受伤严重，当年应有伤灾。因为子午相冲，必见冲撞与血光，所以直断他当年有车祸受伤破财之灾。

命主反馈该年农历七月的一天，在乡下办完公事骑摩托车回家时，将他人撞死，自己也受了重伤。

例十三：

坤造：己巳　丙寅　丙午　癸巳
大运：丁卯　戊辰　己巳　庚午　辛未　壬申　癸酉　甲戌
岁数：　2　　12　　22　　32　　42　　52　　62　　72
年份：1930　1940　1950　1960　1970　1980　1990　2000

八字木火旺极，只有顺其木火之势而从旺，但时干癸水破格无制化，只要流年有一丁点儿根气就会与原局木火相战，癸水官星主灾。

我根据此偏枯之象结合岁运直断此小女孩1992年、1996年、1997年有病伤之灾，否则家人就有难。

求测人感叹地说："你说得完全对，看来我外甥女是受伤的命，她1992年不慎坐入火盆，将屁股烧伤。1996年我妹妹与妹夫打架，妹夫把我妹妹的鼻梁打断了，1997年她又从摩托车上摔下来，将手颈部摔成骨折。"

1992年壬申，壬水坐申金长生帮癸水，忌神逢生助大凶，天干壬丙冲、地支申寅冲，地支巳申寅三刑，用神寅木、巳火、日干丙火被制为凶，自然应灾。

1996年丙子，大运丁卯，走用神大运本吉，但子水冲午、阳刃逢冲主伤，子卯相刑也主伤，癸水见子水根不从火，与旺火相战必凶。

1997年丁丑，大运丁卯，丑晦午火，丑午害，用神午火被制，癸水见丑根不从，又癸丁相冲，也是有灾之年。

1993年、1995年为金水之年，为什么不见灾呢？

1993年癸酉，巳酉半合不化，癸水无根力弱，干支无冲战、相刑，故没有大凶之象；1995年乙亥干透乙木化亥水，地支亥卯半合化木、寅亥六合化木，亥水不冲巳火，反而转化成用神，故1995年也不应灾。其实，到底有没有灾，还得看岁运命生克制化实际情况而定，不能一见到水就说大凶，要细看这些水有没有力、被制化了没有。只有真正掌握了生克组合的喜忌才能分析正确。

例十四：

坤造：己酉　乙亥　乙卯　壬午
大运：丙子　丁丑　戊寅　己卯　庚辰
岁数：　2　　12　　22　　32　　42
年份：1970　1980　1990　2000　2010

日支临卯木被又冲克，日支为腹部、卯为肝，左为亥水为病、右为午火为炎，直断命主病在腹部，得过肝炎、肝病。

实际命主是得过肝病。

例十五：

乾造：乙巳　己丑　己丑　辛未
大运：戊子　丁亥　丙戌　乙酉　甲申
岁数：　9　　19　　29　　39　　49
年份：1974　1984　1994　2004　2014

此人为武汉人，2001年上门求测，我刚排完八字就直断此人得过

肝炎，他说对。

这是根据年时乙辛相冲之象直断出来的。

此命年干为乙木、时干为辛金，虽遥隔，但照常相冲，辛金得令得生力大，冲克乙木有力，而乙木不得令又不逢生，被冲克受伤。乙木为肝，故得过肝病。

例十六：

乾造：乙丑　丁亥　丁酉　壬寅
大运：　丙戌　乙酉　甲申　癸未　壬午　辛巳　庚辰　己卯
岁数：　2　　12　　22　　32　　42　　52　　62　　72
年份：1926　1936　1946　1956　1966　1976　1986　1996

大运辛巳，流年乙丑，岁运命巳酉丑三合金局透辛金，乙辛相冲，辛金冲乙木有力，乙木为肝，故此命死于肝癌。

例十七：

乾造：乙巳　丙戌　丁未　乙巳
大运：　乙酉　甲申　癸未　壬午　辛巳　庚辰　己卯　戊寅
岁数：　5　　15　　25　　35　　45　　55　　65　　75
年份：1969　1979　1989　1999　2009　2019　2029　2039

日干从强，地支未戌燥土为用，最忌湿土冲刑。
1973年癸丑，流年丑土冲刑命局戌未为忌。
实际，该年在学校翻杠玩耍时，不小心把胳膊摔成骨折。

例十八：

乾造：癸卯　丙辰　丙午　甲午
大运：　乙卯　甲寅　癸丑　壬子　辛亥　庚戌　己酉　戊申
岁数：　10　　20　　30　　40　　50　　60　　70　　80
年份：1972　1982　1992　2002　2012　2022　2032　2042

八字无财,官杀当财看。

此造癸水正官生卯木印星一个象,不喜卯午相破,破卯木印星。

行丑运,丑午害,求财费劲。

此命木火成气势,丙火为装饰、漂亮,卯木为阴木,但被辰害,此人是做家具装饰的。

癸水在年干为父,通根辰土,但局中卯辰相害,辰有制,再加上地支两个午火,火旺而湿土干,辰中癸水受伤,所以年干癸水父亲的根伤了,主父早亡。时支为腿脚,午火当旺为忌,受制不利,所以腿上必有伤灾。

实际,此造父早亡,自己的腿有残疾。

例十九:

乾造:	癸卯	甲寅	丙午	戊戌	
大运:	癸丑	壬子	辛亥	庚戌	己酉
岁数:	10	20	30	40	50
年份:	1972	1982	1992	2002	2012

此造日主丙生寅月,偏旺。

地支寅午戌三合火局,天干透丙引化,所以局中火土旺强。

年干癸水为润局之水,但坐卯被泄而伤,癸卯癸甲,癸水被卯甲围泄,制火不利。

地支卯克戌,但因中间寅午戌合,午火在中间,所以卯戌合而拱火,不能制戌。

木生火,火生土,最后气聚戊戌土,而火旺土焦。

所以此命局之病在时柱戊戌,戌化火,而戊土焦而受伤。戊戌在时柱为腿脚,所以此人必有腿脚之残。

实际,从小得了不治之症,腿残了,拄双拐走路,一直未医好。

例二十：
坤造：癸丑　癸亥　甲寅　丁卯
大运：甲子　乙丑　丙寅　丁卯　戊辰　己巳　庚午　辛未
岁数：　9　　19　　29　　39　　49　　59　　69　　79
年份：1981　1991　2001　2011　2021　2031　2041　2051

日主甲生亥月，癸癸亥甲寅卯，日主偏旺，过于强旺。
天干两癸相生为忌，时干丁火泄身为喜用；但癸丁冲克，喜用受损。
1993年，乙丑大运，癸酉流年，癸水忌神通根丑酉相合组合，当旺生日主为忌，必有破财之事。
地支丑土半合生酉金，丑酉相生，酉冲克卯，本为制旺木为喜神组合，但酉上透癸水生日主为忌神组合，所以酉金力量不足，冲卯为冲动卯木，丑酉癸甲组合，财杀为忌，必主破财伤灾。酉冲克卯，杀制劫财，主伤害危中有救。丑为源头，在年支，为头、面部皮肤，所以会有头面部伤灾。
实际，此年因得罪人而被人毁容住院。

例二十一：
乾造：辛卯　己亥　丙寅　辛卯
行运：戊戌　丁酉　丙申　乙未　甲午
岁数：　5　　15　　25　　35　　45
年份：1956　1966　1976　1986　1996

此造原命局日主坐印，支中杀印相生，日主偏旺。但局中其他三柱干支相战，财克印，伤官驾杀，因寅亥合，亥卯合，印制伤官，逢伤制杀或印制伤而又制不住的岁运，易有伤灾。1992年元旦仍为辛未流年，大运乙未，命运岁三合木局，乙印透干制伤，但伤官也在岁运得强根而不服，生三辛而克一乙，故肝受伤。
实际情况，1992年元旦，跌伤。严重肝损伤，输血感染丙型肝炎。

第八节　车祸综合实例

有些人一生中总是多灾多难，身上伤痕累累，时不时的就会意外受伤。这种人大多在四柱命局中有着固定的伤灾信息，每逢岁运引发就会有伤灾发生，而且往往程度较重。

有些人只是偶而受过那么一两次伤，伤的程度也不太重，这种人的四柱命局中往往没有固定的、明显的伤灾信息，只是在某个岁运中，发生了五行相战，使某一五行受损，导致了该五行干支所对应的体位、器官或脏腑受伤，伤的程度一般都不太重。

有时人们把伤灾和病灾混在一起论述，统称为伤病灾。这是因为二者给人造成的感觉和后果是十分相近的，但利用四柱预测人的伤灾和预测病灾在思维模式和推理方法上还是稍有区别的。

1．人在岁运有病时，往往表现在命局中是某一五行因刑冲克害而受伤所致，而人在岁运受伤时，表现在命局中虽然也是发生了五行之间的刑冲克害，但代表伤灾部位的那一五行，未必就在刑冲克害中彻底受伤。

2．在用四柱预测疾病的推理中，当岁运介入时，是不必考虑日主对岁运的喜忌时，只看致病五行的喜忌即可。而在用四柱预测伤灾的推理中，则必须考虑日主对岁运的喜忌。

3．在岁运易发生病灾的命局，大多数是日主在原命局处于偏弱以下的；而在岁运易发生伤灾的命局，大多数是原命局中日主是处于偏旺以上的。叫做"弱为病，旺为灾"。

4．在用四柱易发生病灾时，可以不以日主为中心，而只看命局中的致病五行（或太弱，或太旺）即可；而在用四柱预测伤灾时，必须以日主为论事中心。

5．在用四柱预测病灾时，主要是从五行干支、阴阳、旺衰及其之间的生克制化刑冲合害这个角度去分析推理的；而在用四柱预测伤灾时，主要是从十神旺衰及其之间的生克制化刑冲合害这个角度去分析推理的。

四柱命局的伤灾信息是多方面的，常用的有如下几种：

1. 杀、伤、刃并显的命局，命主易发生伤灾。

2. 伤杀同透，无财通关而杀又近身的命局，在伤杀交战的岁运中，命主易有伤灾。官伤同透，也同论。

3. 身杀两停而无印通关的命局，在身或杀被激怒的岁运中，命主易有伤灾。官多为杀，故身官两停也同此论。

4. 五行过于偏枯的命局，只有三五行或两五行的命局，而这三五行或两五行之间又是相冲克的关系，则此三五行或两五行在岁运中增减力不均时，即引发五行之间的交战，即使岁运中明现了一个通关五行，也会发生使其中一五行增力，另一五行减力，而第三五行受冲克的情况，命主都易发生伤灾。

5. 日主一气专旺的命局，即所说的曲直格、润下格、从革格、炎上格、稼穑格等命局，在官杀或财星明现而又不现通关五行的岁运中，命主易发生伤灾。

6. 七杀强养于日主，而食印弱极的命局，命主易有伤灾。

7. 假从、假化官杀格的命局，在日主得根欲独立的岁运中，命主易有伤灾。

8. 四柱干支组合多为盖头截脚，枭印和伤食同柱、官杀和食伤同柱的命局，在枭印夺食伤、食伤与官杀混战的岁运中，命主易有伤。

9. 四柱中干支之间刑冲合害多、生克无情的命局，在引发刑冲的岁运中，命主易有伤灾。

10. 四柱中水旺火衰和火旺水衰、水火两五行又短兵相接的命局，在水火相战的岁运中。如火被战败或旺火被激怒，命主易受火烧、水烫等高温之伤灾。

四柱中的伤灾信息，有时是和官灾，口舌，破财，六亲之灾同象的。当在岁运中出现不吉信息时，究竟是伤灾还是官灾、六亲之灾等，确实存在着难以具体决断的问题。对此提供如下参考：

1. 日干被冲克受损或被激怒时，多为自身伤灾。

2. 日主五行被刑冲克害，受损或被激怒时，多为自身伤灾。

3. 日支被刑冲克害，多为自身伤灾。

4. 用神受伤，多为自身伤灾。

5. 日主一气专旺被岁运所逆而怒性发作时，多为自身伤灾。

6. 伤官太旺而无制泄或被激怒时，多为自身伤灾。

7. 两五行交战而导致日主受苦时，多为自身伤灾。

8. 岁运中出现官杀制身，而身并没增力，多为自身伤灾。

例一：

```
         劫    劫    日    才
乾造：  甲    甲    乙    戊
         戌    戌    未    寅
       戊辛丁 戊辛丁 己丁乙 甲丙戊
```

行运： 乙亥　丙子　丁丑　戊寅　己卯　庚辰　辛巳
　　　　3　　13　　23　　33　　43　　53　　63

此造原命局中日主偏旺盛，干支土木大战，喜火通头，逢岁运某方增力或双方增力相差悬殊而无通关时，易有不幸事。壬辰流年，运在丙子，辰戌相冲，子未相害，子辰相合，引发戌未刑而土旺，故有灾。实际情况，19岁壬辰年，车祸入院数月。

例二：

```
         财    杀    日    劫
坤造：  癸    乙    己    戊
         丑    卯    未    辰
       己癸辛  乙   己丁乙 戊乙癸
```

行运： 丙辰　丁巳　戊午
　　　　4　　14　　24
　　　　77　　87　　97

此造原命局中日主偏旺，七杀也不弱，且近身相克，辰未之中皆有杀气，岁运中一方增力，或双方增力相差悬殊时，易有伤灾。1996年

 岁荣通鉴（下）

丙子，运在丁巳，日主得刃又得生，增力较大，便不服天朝管，七杀流年也遇旺地，但子卯刑，子丑合，子未害，引发丑未相刑冲，至亥月，巳亥相冲，冲羊刃，亥卯未又合木局，故鼻面受伤。

实际情况，1996年十月（丙子年己亥月）出车祸，脸部严重破相。

例三：

```
        比   官   日   官
乾造： 乙   庚   乙   庚
        巳   辰   未   辰
      丙戊庚 戊乙癸 己丁乙 戊乙癸

行运： 己卯 戊寅 丁丑 丙子
        2    12   22   32
        67   77   87   97
```

此造原命局官多为杀，七杀更强，且乙庚相合，比肩并不助身，而支中巳火却是伤官，日主坐未，也有制杀之意，暗藏杀机，1988年戊辰，运在丁丑，食伤透干欲制官杀，但岁运都是官杀旺地，丑未刑冲，动了日主之根，也引发了火克金而金克木。

实际情况，1988年车祸，并得肝炎。

例四：

```
        劫   劫   日   才
乾造： 甲   甲   乙   戊
        戌   戌   未   寅
      戊辛丁 戊辛丁 己丁乙 甲丙戊

行运： 乙亥 丙子 丁丑 戊寅 己卯 庚辰 辛巳
        3    13   23   33   43   53   63
```

此造原命局中比劫助身，坐下有根，日主偏旺，财多刑穿，日主坐未，戌未相刑。2012年壬辰，运在丙子，比劫助伤官、流年天干与运干壬丙相战，灾祸不断。此年上旺，又辰戌相伴，冲月令提纲，引发祸端。

实际情况，19岁壬辰年，车祸入院数月。

例五：

	印	印	日	才
乾造：	壬	壬	乙	戊
	寅	子	酉	寅
	甲丙戊	癸	辛	甲丙戊

行运：	癸丑	甲寅	乙卯
	8	18	28
	70	80	90

此造原命局中看似日主太旺，但乙木坐酉，七煞近身相克，虽能起到约身的作用，但也是一种不安定因素，如在岁运中金木某一方增力或双方增力相差悬殊时，易因金木相战而致灾。1982年壬戌，运在甲寅，木之旺地，且寅戌拱火克金，二月卯冲酉，木旺无制，必克戊土，故鼻面受伤。1993年癸酉，运在乙卯，二酉冲一卯，且运犯太岁，故腿上有伤。

实际情况，1982年癸卯月，脸部受伤，住院一年半。1993年癸酉，车祸伤脚上开刀动手术。

例六：

	财	财	日	官
乾造：	戊	戊	甲	辛
	戌	午	戌	未
	戊辛丁	丁巳	戊辛丁	己丁乙

行运： 己未　庚申　辛酉　壬戌
　　　　 4　　 14　　 24　　 34
　　　　62　　 72　　 82　　 92

此造原命局中戌未相刑，日主甲木虚浮无根而从财。遇生扶得根的岁运，易生独立之心而不从，不从而力又不能胜财官时，甲木必受辛金之克或旺土反克，土旺木折，头和四肢易有伤灾。1997年丁丑，运在壬戌，癸丑月，癸丑日，枯木逢水以为生机来临，岂知丁壬合，戊癸合，生源得而复失，反而引发丑未戌三刑，丑未冲，土旺生金而克木。从神煞角度讲，丑未冲也是刑冲了金舆星。

实际情况，1997年腊月初八（癸丑月癸丑日）发生车祸，头部撞伤险丧命，抢救三天三夜，破财一万多元。

例七：

　　　　 枭　　 才　　 日　　 食
乾造：戊　　 乙　　 庚　　 壬
　　　　戌　　 卯　　 寅　　 午
　　　　戊辛丁　丁　　甲丙戊　丁己

行运：丙辰　丁巳　戊午　己未
　　　　 7　　 17　　 27　　 37
　　　　65　　 76　　 85　　 95

此造原命局中支合火局，日主庚金虚浮无根，杀重身轻，喜克泄而不喜生扶，但时柱壬水坐午，喜用相战，最易犯官杀而伤身，1997年丁丑，运在己未，土金旺地，丑中既有金之根，也有水之根，身与食伤都想独立，丑未戌三刑，丑午相害，均牵动了七杀火气而制金，故有伤头伤肺之灾。

实际情况，1997年十月廿一日（丁丑年辛亥月丙寅日）命主发生车祸，致使头部轻伤，胸肺重伤。

例八：

```
         杀      劫      日      官
乾造：   丙      辛      庚      丁
         申      丑      辰      丑
       庚壬戊  己癸辛  戊乙癸  己癸辛

行运：  壬寅    癸卯    甲辰    乙巳
         9      19     29     39
        65      66     76     86
```

此造原命局中，日主太旺，本喜食伤泄身，但局中却官杀并透而虚浮无根，逢官杀得根，官伤相见，日主又增旺的岁运，都易有伤灾。大运甲辰，官杀增力，日主也增力，但甲庚相冲，以木五行不利，1994年甲戌，官杀得根又增力，日主也得根临旺地，但辰戌相冲，丑戌相刑，却犯了官杀之怒，同时土旺生金，旺金必克木，矛盾交叉之下，日主必有伤灾。从神煞的角度看，甲戌年，是金舆星逢刑冲。

实际情况，1994年九月骑摩托车撞伤。

例九：

```
         劫      杀      日      比
乾造：   己      甲      戊      戊
         卯      戌      戌      午
       乙戊辛  丁戊辛    丁      丁己

行运：  癸酉    壬申    辛未    庚午
         6      16     26     36
        46      56     66     76
```

此造原命局日主太旺，本喜食伤泄身，却七杀透干，以卯为根，虽说是甲己合土，卯戌合火，但七杀仍有独立之象，这就是伤灾的信息，逢七杀增力制身犯怒，身旺又行旺地，食伤制杀的岁运都易生伤灾。

1973年癸丑，运在辛未，癸水滋杀，伤官制杀，丑未相冲，丑未戌相刑，都是伤灾的信息。从神杀角度讲，金舆星被刑冲，应为车祸。

实际情况，1973年癸丑因车祸差点死去。

例十：

```
        伤    官    日    财
乾造：  丙    庚    乙    己
        午    寅    未    卯
        丁己  甲丙戊 己丁乙 乙
```

行运： 辛卯 壬辰 癸巳
       10   20   30
       76   86   96

此造原命局中日主偏旺，伤官太旺，伤官见官，而官又太弱，这都是易受伤的信息，最怕冲犯伤官的岁运。大运癸巳，寅巳相刑，巳午未合火局，伤官更旺。1996年丙子，子午相冲，子未相害，子卯相刑，故有重伤。

实际情况，1996年四月开拖拉机翻车受重伤，死里逃生。

例十一：

```
        才    偏    日    伤
乾造：  丙    辛    癸    甲
        申    卯    酉    寅
        庚壬戊 乙    辛    甲丙戊
```

行运： 壬辰 癸巳 甲午 乙未
       10   20   30   40
       66   76   86   96

此造原命局癸水坐酉，通根于申，丙辛又合水，看似日主弱，实则日主之气尽泄于伤官，支中金木相战，卯酉相冲，寅申相冲，易有伤灾，金旺而水不能通关时则伤木，木旺而火不能通关时则伤土，木旺而伤金。乙未大运，木旺之地。1996年丙子，子卯刑而木火旺，必伤金。1998年戊寅，戊癸合，寅申冲，土金均伤。从神煞上讲，即是金舆马星逢冲。

实际情况，1996年撞车受伤。1998年又撞车受伤。

例十二：

	食	比	日	食
乾造：	丙	甲	甲	丙
	午	午	子	寅
	丁己	丁己	癸	甲丙戊

行运：	乙未	丙申	丁酉	戊戌
	1	11	21	31
	67	77	87	97

此造原命局中看似日主偏旺，实则木气尽泄于火，食多为伤，伤官太重，怕水旺的岁运犯其怒，因支中有子午冲，尤怕生扶子水的岁运，不是犯火怒而伤金焚木，就是遭水火之灾。

实际情况，1996年十一月开三轮车翻车，差点丧命，住院一年病情好转。

例十三：

	杀	比	日	杀
乾造：	乙	己	己	乙
	酉	丑	丑	丑
	辛	己癸辛	己癸辛	己癸辛

行运：	戊子	丁亥	丙戌	乙酉	甲申
	3	13	23	33	43
	48	58	68	78	88

此造原命局中比劫太旺，七杀乙木虽两透天干，但无本气根，且乙木坐酉，食伤驾杀，七杀不足以抑身，但逢七杀临旺的岁运易有伤灾。

实际情况，1998年有车祸。

例十四：

```
         才    枭    日    比
乾造： 辛    甲    丙    丙
         卯    午    戌    申
         乙    丁己  戊辛丁  庚壬戊

行运： 癸巳  壬辰  辛卯  庚寅  己丑
        3    13    23    33    43
        54   64    74    84    94
```

此造原命局中日比太旺，喜食伤泄身，但局中金木各自有根独立，又无水通关，逢食伤财旺的岁运，或丁火透干的岁运，会发生火金相战或金木相战的局面而必有一伤。己丑大运，金临旺地，但甲己做合，木不受克，丁丑流年，丁火克辛。

实际情况，1997年丁丑出车祸受伤。

例十五：

```
         印    杀    日    杀
乾造： 壬    辛    乙    辛
         寅    亥    卯    巳
         甲丙戊  壬甲   乙    丙戊寅

行运： 壬子  癸丑  甲寅
        8    18    28
        70   80    90
```

此造原命局中日主偏旺,虽七煞两透,却虚浮无根,反被水泄而生木,使木有太旺的趋势。再逢水木旺的岁运木五行易有伤灾,逢辛金得根,水被冲合的岁运,木五行也易有伤灾。甲寅运,木之旺地,丙子流年,丙合辛,子刑卯,助亥冲巳,都在加大木的力量,使其旺无所依。实际情况,1996年秋天发生车祸,骑摩托车被撞伤。

例十六:

```
        财    伤    日    才
乾造:  丙    乙    壬    丁
        申    未    寅    未
       庚壬戊 己丁乙 甲丙戊 己丁乙

行运:  丙申  丁酉  戊戌  己亥  庚子
        1    11    21    31    41
       57    67    77    87    97
```

此造原命局中,日主虚浮无根,丁壬合化木,而生木向火,丙申同柱,寅申相冲,丙壬又相冲,火旺时必克金,日主得根必犯火怒。九八年戊寅,木火旺地,运在庚子,日主得根,五行交战的结果导致庚金受克,故伤头脸。

实际情况,1998年七月初二晚10半点(即戊寅年庚申月壬寅日辛亥时)发生车祸,伤头脸。

例十七:

```
        才    比    日    杀
乾造:  壬    己    己    乙
        寅    巳    未    亥
       甲丙戊 丙戊庚 己丁乙 壬甲
```

行运： 丙午　丁未　戊申　己酉
　　　　 5　　 15　　 25　　 35
　　　　67　　 77　　 87　　 97

此造原命局中寅巳相刑，寅木生巳火而向土，日主有太旺之嫌，但寅木毕竟是木，且得水生，支中又亥未拱木，乙木透干坐亥，七杀也不弱。如逢比劫或七杀再增力的岁运，易有伤灾。

实际情况，1988年戊辰骑摩托车摔倒，被车砸伤左踝骨，轻度骨裂。

例十八：

　　　　 比　　 财　　 日　　 食
乾造：丙　　庚　　丙　　戊
　　　　午　　寅　　申　　戌
　　　丁己　甲丙戊　庚壬戊　戊辛丁

行运： 辛卯　壬辰　癸巳
　　　　 9　　 19　　 29
　　　　75　　 85　　 95

此造原命局中丙火两透，年丙坐午，支合火局，日主身旺比劫旺，局中无水，火炎土燥不生金，庚金处在火的包围之中，虽有申金为根，却根气难通，再逢木火旺的岁运，庚金所对应的体位、器官易有伤灾。1998年戊寅，大运癸巳，都是木火旺地，戊癸做合，寅巳申三刑，也导致火金伤。

实际情况，1998年戊寅，乙卯月发生车祸，造成头部受伤，住院两个多月方愈。

例十九：

```
         枭    比    日    伤
乾造：   癸    乙    乙    丙
         巳    丑    酉    子
       丙戊庚 己癸辛 辛    癸
```

行运： 甲子　 癸亥　 壬戌　 辛酉
　　　 7　　 17　　 27　　 37
　　　 61　　 71　　 81　　 91

此造原命局中天干顺序相生，地支也是顺序相生，应为好命，但从组合上看，四柱干支均是盖头截脚，日主虚浮无根，支合金局，乙木坐酉，七杀旺，而且近身相克，乙木在岁运得根时反会有事。1995年乙亥，运在辛酉，引发金局，又会成水局，日主生独立之心，却无独立之力，金克木，水漂木，故四肢有伤灾。从神煞角度讲，巳亥相冲，冲了金舆星，故因车致祸。

实际情况，1995年五月坐摩托车跌断了脚骨，至今走路很不方便。

例二十：

```
         正    伤    日    偏
乾造：   癸    戊    丙    甲
         丑    午    戌    午
       己癸辛 丁己  戊辛丁  丁己
```

行运： 丁巳　 丙辰　 乙卯
　　　 4　　 14　　 24
　　　 77　　 87　　 97

此造原命局中火土太旺而水木金太衰，甲木虚浮无根，其气被丙午火盗泄殆尽，癸水虽坐丑通根，但丑戌相刑，戊癸做合，实际上也是被旺土围克，午戌相合，丑午相害，丑戌相刑，一点辛金也在水深火热之中。岁运逢火旺则甲木伤，金残，水干。九八戊寅运在乙卯，木旺之地，寅午戌合火局，金水遭灭顶之灾，此后的岁运，难得起死回生，故腿残。

实际情况，一九九八年四月廿二日（戊寅年丁巳月甲子日），在回家的路上被车撞伤，造成一条腿残疾。

例二十一：

	枭	杀	日	食
坤造：	甲	壬	丙	戊
	午	申	午	戌
	丁己	庚壬戊	丁己	戊辛丁

行运：	辛未	庚午	己巳	戊辰	丁卯
	3	13	23	33	43
	57	67	77	87	97

此造原命局日主偏旺，火土太旺，甲木虚浮无根，全赖壬水之生。壬水在局中也无本气根，全赖坐申长生，丁卯大运，戊寅流年，虽是木之旺地，但寅午戌三合火而冲申，卯戌也合火，丁壬又做合而向火，故甲木失去生源，而导致自身木五行之灾。

实际情况，一九九八年七月初六日早上七点以后（戊寅年庚申月丙午日壬辰时）发生车祸，伤右臂致残。

第九节　烧伤综合实例

例一：

	官	官	日	印
乾造：	丙	丙	辛	戊
	子	申	巳	子
	癸	庚壬戊	丙戊庚	癸

行运：丁酉　戊戌　己亥　庚子　辛丑　壬寅
　　　　4　　14　　24　　34　　44　　54
　　　　40　　50　　60　　70　　80　　90

此造原命局中日主辛金坐巳，为官杀近身，且干透两丙，争合辛金，官杀也有抑身之意，但支中丙子与申半合水，且巳申合水，丙辛合水，综合下来还是水旺火衰，四柱干支又都是盖头截脚，包藏了水火相战的祸根，逢火旺的岁运，易受高温火烧水烫之伤。

实际情况，1997年一月廿二日早七点十五分（丁丑年壬寅月辛丑日辰时）在市浴池洗澡，掉进还没有调好的热水池中，除头以外，全部烫伤。

例二：

　　　　印　　劫　　日　　伤
乾造：甲　　丙　　丁　　戊
　　　　寅　　寅　　酉　　申
　　甲丙戊　甲丙戊　辛　　庚壬戊

行运：丁卯　戊辰　己巳
　　　　3　　13　　23
　　　　77　　87　　97

此造原命局旺木生旺火，比劫太旺，局中无官杀制身，戊土虚浮，也不足以泄身，再遇木火旺而无制泄的岁运，会因旺无所依而致灾。

实际情况，1974年出生没多久左脚被烫伤，母亲生他差点死了。1987年丁卯左手中指被刀削去一块肉。

例三：

```
        比    财    日    财
坤造：  己    癸    己    癸
        酉    酉    酉    酉
        辛    辛    辛    辛
```

行运：甲戌　乙亥　丙子
　　　 2　　 12　　22
　　　71　　 81　　91

此造原命局己土虚浮无根，日主之气尽泄于酉金，酉金又生癸水，金水呈太旺的态势，岁运遇火时易犯金怒而遭水克，如无其他干支化解时，易遭受火灾、高温的袭击而受伤。

实际情况，幼时颈被开水烫伤，留有疤痕。

例四：

```
        劫      劫      日      杀
乾造：  丙      戊      丁      癸
        午      戌      卯      卯
        丁己   戊辛丁   乙      乙
```

行运：己亥　庚子　辛丑　壬寅
　　　 1　　 11　　21　　31
　　　67　　 77　　87　　97

此造原命局中午戌合火，卯戌合火，戊癸合火，看似一片火海，日主旺极，实则戊土坐戌，伤官独立，日主只是太旺，宜泄不宜克，局中一点癸水，反成祸水，且戊癸合，伤官驾杀，终有后患。火旺时，会因火致灾，水旺时，又会因水致灾。九九己卯，大运壬寅，丁壬合木，己土克尽癸水，寅午戌火局得化，日主旺无所依，因火旺致灾。

实际情况，1999年五月初十（己卯年庚午月丙午日），命主在烧结厂烘窑周围查看，窑壁突然决口，炭火从决口处漏出地面，致使他下半身重度烧伤。

例五：

```
        食    印    日    伤
乾造：  丁    壬    乙    丙
        未    寅    卯    子
       己丁乙 甲丙戊  乙    癸
```

行运：辛丑　庚子　己亥
　　　　5　　15　　25
　　　72　　82　　92

此造原命局日主乙木太旺，喜火泄身，然丁壬合木，丙火生子，伤枭同柱，水火相战，遇水旺的岁运，会因火生灾，逢火旺的岁运，又会因水生灾。九六丙子，水之旺地，大运己亥也是水之旺地，岁君又是丙火，故有烧伤之灾。

实际情况，1996年7月因油漆厂起火，脸被烧得很惨。

例六：

```
        伤    伤    日    食
乾造：  壬    壬    辛    癸
        申    寅    亥    巳
       庚壬戊 甲丙戊  壬甲  丙戊庚
```

行运：辛丑　庚子
　　　　0　　10
　　　92　　02

此造原命局中食伤太旺，癸巳同柱，支中巳亥相冲，寅巳申三刑，这都是易受伤的信息，而且多因水火之争而受害。九六丙子，运在辛丑，亥子丑会水局，丙火透干而受冲克，必会发生因火或高温而受伤。

实际情况，1996年二月十一日午后一点钟（丙子年辛卯月乙丑日壬午时），不小心掉进学校熬好后待凉的药盆里，全身严重烫伤，抢救一月余，死里逃生。

例七：

```
        伤      印      日      劫
乾造：  丁      癸      甲      乙
        丑      卯      戌      丑
       己癸辛   乙    戊辛丁  己癸辛
```

行运：壬寅
　　　 9
　　　2006

此造原命局日主偏旺，旺木克旺土，喜伤官丁火通关，支中丑戌相刑，丁火失根，干中丁癸相冲，印制伤，在水火相战的岁运中，易因火或高温而致灾。

实际情况，1999年三月初二（己卯年戊辰月己亥日），因父亲把他抱到灶台上站着，脚踏锅盖致灾，掉进沸水大锅中只露脸和手脚，严重烫伤。

例八：

```
        官      财      日      劫
坤造：  辛      戊      甲      乙
        未      戌      子      亥
       己丁乙  戊辛丁    癸     壬甲
```

行运：己亥　　庚子
　　　 6　　　16
　　　 97　　 07

此造原命局中日主偏旺，但日主并无本气根，全靠水生木旺，干中木土交战，支中土水交争，未戌相刑，都是伤灾的信息。1997年元旦，岁在丙子，未交大运，小运壬午，水火交争成为主要矛盾，水胜火则易因火或高温致灾，若火胜水，又会因水冷致灾，时在子月水旺，故为烧伤。

实际情况，1997年元旦，从炕上摔倒在火红的炕炉上将双臂严重烧伤。

例九：

乾造：
印	印	日	官
甲	甲	丁	壬
午	戌	巳	寅
丁己	戊辛丁	丙戊庚	甲丙戊

行运：
乙亥	丙子	丁丑	戊寅	己卯
4	14	24	34	44
58	68	78	88	98

此造原命局中支会火局，丁壬又合木向火，壬水坐寅也是水生木，故日主呈一气专旺之势，喜木火土而忌水金，逢金生水旺的岁运，必犯火怒而致伤。七二壬子，运在丙子，水火大战，因局中火有木为源，终是子水败，而子水又为太岁，故足有伤。

实际情况，1972年脚烧伤。1980年动手术。1984年冬动二次手术，以后身体状况一直好。

例十：

乾造：
官	比	日	杀
辛	戊	戊	申
亥	戌	寅	寅
壬甲	戊辛丁	甲丙戊	甲丙戊

行运：丁酉　丙申　乙未
　　　　4　　14　　24
　　　　75　　85　　95

此造原命局中，寅戌拱火，日主偏旺，但七杀也不弱，且近身相克，形影相随，岁运中身杀力量稍一失衡，即易有灾，特别是干中伤杀同透，更增加了不安定因素。1976年丙辰，运在丁酉，丙丁火透干通木土之关本是好事，却导致身旺无制，丙辛做合，辰戌相冲，反导致火受伤，故伤目。1998年戊辰，运在丙申，申冲寅，七杀减力，日主临旺地也得生扶，丙辛做合，辰戌相冲，还是火受欺，故被高温所伤。

实际情况，1976年左眼角被别人刺伤。1988年被滚水烫伤脚。

例十一：
　　　　　杀　　官　　日　　财
乾造：　甲　　乙　　戊　　壬
　　　　辰　　亥　　辰　　子
　　戊乙癸　壬甲　戊乙癸　癸

行运：丙子　丁丑　戊寅　己卯
　　　　7　　17　　27　　37
　　　　71　　81　　91　　01

此造原命局中看似日主中和，实则是旺水生旺木，官杀混杂而太旺，五行又偏枯，木土水三五行易在岁运中发生交战而致灾，特别是局中壬坐子刃而水旺无火，极易在逢火明露的岁运中，因火或高温致伤。1994年甲戌，运在戊寅，寅戌拱火，比劫助身，七杀也增力，但两辰冲戌，反灭了戌中丁火，故在水旺而丙火透干的子月，被蒸汽烫伤脸部。

实际情况，1994甲戌年丙子月锅炉管破裂，热气将命主脸部严重烫伤。

例十二：

```
          比    枭    日    比
乾造：   辛    己    辛    辛
          巳    亥    巳    卯
        丙戊庚  壬甲  丙戊庚   乙
```

```
行运： 戊戌  丁酉  丙申  乙未  甲午  癸巳
        7    17    27    37    47    57
        48   58    68    78    88    98
```

此造原命局中枭比帮身日主偏旺，辛日主坐巳，官杀形影相随，巳亥同柱，枭印制伤，支中巳亥相冲，伤官见官，水火交战，岁运中水火短兵相接时，日主会因火灾或高温而受伤。

实际情况，10岁前腿烫伤。1987年腿伤。1994年伤头。

例十三：

```
          财    官    日    枭
坤造：   甲    丁    庚    戊
          戌    丑    子    寅
        戊辛丁 己癸辛  癸   甲丙戊
```

```
行运：丙子
       1
      95
```

此造原命局中日主稍偏旺，坐下伤官，官星贴身，子丑又作合，就很难摆好与官杀的关系，丑戌相刑，对火不利，故在岁运中发生水火交战时，日主就会因火或高温而受伤。1996年丙子，运在丙子，水火相战，故庚金受苦。

实际情况，1996年被热开水烫伤。

例十四：

```
          伤      财      日      比
乾造：    乙      丙      壬      壬
          卯      戌      寅      寅
          乙    戊辛丁  甲丙戊  甲丙戊

行运：   乙酉    甲申
          5      15
          80     90
```

此造原命局木火太旺，壬水无根，但寅戌拱火丙壬相知的组合，必会导致岁运中的水火相战，使命主受高温烧烫之苦。1967年丙辰，小运庚子，寅卯辰会木局助火，两壬在岁运中也得生通根，水火相战，日主受苦，乙庚做合，乙因庚受火克而受克，故有烧伤手而致残之事。

实际情况，1976年12月掉进火坑，将右手烧伤致残，面部留疤痕。

第十节　打架受重伤实例

例一：

```
          枭      伤      日      比
乾造：    丙      辛      戊      戊
          申      卯      戌      午
         庚壬戊    乙    戊辛丁   丁巳

行运：   壬辰   癸巳   甲午   乙未   丙申
          2     12     22     32     42
          57    67     77     87     97
```

此造原命局中印生比劫而身旺，喜官杀抑身，也喜食伤泄身，但辛金坐卯，喜用相战，幸干中丙辛合，支中卯戌合，虽官伤相见也两相无碍，但逢冲合的岁运，而又恰是金衰木旺之时，命主就会因财生官非口舌而受皮肉之苦。

实际情况，1972年四月二十日（壬子年乙巳月癸亥日）被人砍了两刀。

例二：

```
        印    比    日    食
乾造：   壬    乙    乙    丁
        寅    巳    卯    亥
       甲丙戊 丙戊庚  乙   壬甲

行运：  丙午   丁未   戊申
         7    17    27
        69    79    89
```

此造原命局中日比太旺，寅巳刑，亥卯合，食伤火也不弱，用神可谓得力，但最怕岁运遇克伐而逆其性，犯其怒。九五乙亥，大运戊申，木又遇生扶旺地，但运支申金冲寅而犯木之怒，寅刑巳，巳刑申，金五行出现反受伤，不是官非口舌，就是自身受伤。

实际情况，1995年被人误作仇人打成重伤。

例三：

```
        财    枭    日    比
乾造：   乙    己    辛    辛
        卯    卯    未    卯
         乙    乙   己丁乙  乙
```

行运：戊寅　丁丑
　　　　7　　17
　　　　82　92

此造原命局中辛金两透，又有己未两土生，看似偏旺，实则外可中干，辛金虚浮无根，己未两土也被旺木所制，但毕竟比劫两透，在局中又有生无克，如在岁运得根，得志便猖狂，不是旺金克旺木，就是旺木反克金，终有一伤。

实际情况，1994年在广州商场打架，被人打致重伤，头部大出血昏迷差点死去。

例四：

	劫	杀	日	印
乾造：	庚	丁	辛	戊
	申	亥	卯	子
	庚壬戊	壬甲	乙	癸

行运：戊子　己丑
　　　　8　　18
　　　1988　1998

此造原命局中因比劫旺而日主偏旺，喜官杀抑身，喜食伤泄身，但局中丁火坐亥，伤官驾杀，喜用交战，除庚申一柱外，其余三柱都是盖头截脚组合，这种命局总是多事的。

局中较薄弱的五行是丁火和戊土，都虚浮无根，因亥卯合，七杀形同坐印，还是有制身之力的。逢木火旺的岁运，则土金两五行易伤。

大运己丑，本是土之旺地，但亥子丑三合水局，1999年己卯，子卯相刑，木旺克土，四月火旺克金，故有一伤。

实际情况，1999年公历5月4日令在南宁市读中专，有一晚外出被人砍了几刀，背部缝了18针。

例五：

	枭	杀	日	杀
乾造：	丁	乙	己	乙
	酉	巳	酉	丑
	辛	丙戊寅	辛	己癸辛

行运：	甲辰	癸卯	壬寅	辛丑
	10	20	30	40
	67	77	87	97

此造原命局中支合金局，伤官太重，而干中又七杀两透，这都是易受伤的信息，逢伤旺，七杀旺，或伤官七杀同旺的岁运，易发生伤灾，大运辛丑，金之旺地。1999年己卯，卯酉相冲，故头肩手受伤。

实际情况，1999年正月被弟弟用斧头砍伤头、肩、手。

例六：

	官	比	日	杀
乾造：	壬	丁	丁	癸
	子	未	未	卯
	癸	己丁乙	己丁乙	乙

行运：	戊申	己酉	庚戌
	4	14	24
	76	86	96

此造原命局中丁火两透，得两未中余气通根，日主身本不弱，但官杀混杂，丁癸相冲，丁壬作合，制身也很有力，两丁坐两未，食伤也不弱，且子未相害，官伤相战，易有祸端。全赖癸水坐卯，卯未又合，印可化杀生身。1994年甲戌，运在己酉，甲己合，戌未相刑，土旺克子水，卯酉冲，冲伤用神，又解开卯未合，官伤相战，日主必受伤。

实际情况，1994年被流氓砍到肩部，受重伤。

岁荣通鉴（下）

例七：

	印	杀	日	印
乾造：	辛	戊	壬	辛
	酉	戌	申	丑
	辛	戊辛丁	庚壬戊	己癸辛

行运： 丁酉　丙申
　　　　4　　14
　　　　85　　95

此造原命局中旺土生旺金，旺金又生水，日主壬水虽无本气根，却坐申长生，也属太旺，但如果壬水和辛印或坐支失去联系时，则必遭旺土之克。丙申运，丙辛相合，丁丑流年，丑戌相刑而土旺。丁壬作合，壬不受生，而丁壬合木犯土，故壬水遭克而使自身的木五行遭灾。

实际情况，1997年丁丑，伙同他人拉车抢劫，被司机持斧将其手砍伤致残。

例八：

	劫	官	日	才
乾造：	庚	丙	辛	甲
	午	戌	未	午
	丁己	戊辛丁	己丁乙	丁己

行运： 丁亥
　　　　2
　　　　92

此造原命局中官杀太重，戌未相刑，都是易受伤的信息，最怕伤官见官的岁运。大运丁亥，伤官驾杀，幸喜丁壬相合，亥未合拱木生火，九四甲戌，日主得根临旺地，便戌未相刑又伤金，又土旺克亥水，故足有伤。

此例虽不是打架受伤，但自身是被他人用器具所伤。

实际情况，1994年三月左脚一指被别人的小孩用锹锄断。

例九：

```
         劫    官    日    才
乾造：   丁    癸    丙    辛
         酉    卯    申    卯
         辛    乙   庚壬戊  乙
```

行运：　壬寅　　辛丑　　庚子　　己亥
　　　　 6　　　16　　　26　　　36
　　　　63　　　73　　　83　　　93

此造原命局干支组合较松散，除癸卯月柱外，其余三柱都是盖头截脚，印生身和财生官都是气势之生，日主又虚浮无根，看似身偏旺，实则外强中干，因天水坐卯，官制劫也不得力，故在比劫实旺的岁运，或官杀实旺的岁运都易有事。

1999年己卯，大运己亥，伤官制官，官气尽泄于印，印又暗制食伤，身旺无依，必有灾。

实际情况，1999年己卯年壬申月丙辰日喝醉酒，兴奋之下，用拳头打玻璃窗，结果划破了手臂动脉，大出血，差点丧命。

第十一节　意外摔伤骨折实例

例一：

```
         枭    枭    日    枭
乾造：   戊    戊    庚    戊
         寅    午    寅    寅
        甲丙戊  丁己  甲丙戊 甲丙戊
```

行运： 己未　庚申　辛酉　壬戌　癸亥　甲子
　　　　4　　14　　24　　34　　44　　54
　　　　42　　52　　62　　72　　82　　92

此造原命局中虽是三戊生一庚，但戊坐寅，印受财制，寅午合七煞近身，日主又虚浮无根，只好假从财官。最怕在岁运得根，又旺不起来，则必受官杀之制，金五行所以应之体位会遇伤灾。

实际情况，1997年摔伤右腿，右膝盖骨碎裂。

例二：

　　　　财　　杀　　日　　官
乾造： 庚　　壬　　丙　　癸
　　　　寅　　午　　戌　　巳
　　　甲丙戊　丁己　戊辛丁　丙戊庚

行运： 癸未　甲申　乙酉　丙戌　丁亥
　　　　6　　16　　26　　36　　46
　　　　56　　66　　76　　86　　96

此造原命局中支合火局，日主偏旺，四柱干支组合都是盖头截脚，易发生五行混战，官杀混杂却虚浮无根，八四甲子，运在乙酉，都是财官得地，子午相冲，羊刃冲犯岁君，乙庚合，甲庚冲，木受伤。

实际情况，1984年摔成脑震荡。

例三：

　　　　比　　比　　日　　比
乾造： 壬　　壬　　壬　　壬
　　　　申　　子　　申　　寅
　　　庚壬戊　癸　　庚壬戊　甲丙戊

行运：癸丑
　　　5
　　　97

此造原命局中日主太旺，支中又有寅申相刑冲的组合，伤灾信息。岁运中宜见木而不宜再见金水，也不宜见火土。九四甲戌，干透甲木本是日主所喜，但寅戌有拱火之嫌，小运又是乙巳，构成寅巳申三刑而犯金水之性，故于申月三申冲一寅而伤肢。

实际情况，1994年七月十四日（甲戌年壬申月戊寅日）跌伤手腕脱节。

例四：

	印	食	日	印
坤造：	丙	辛	己	丙
	午	卯	卯	寅
	丁己	乙	乙	甲丙戊

行运：庚寅　己丑　戊子　丁亥　丙戌　乙酉

此造原命局日主己土得干中两丙之生，通根于午，支中又木火相生，日主偏旺，但也坐卯近杀，且局中杀旺，丙辛做合，忘生日主，辛金无根却坐印，易犯官杀，逢身杀抗衡之岁运或食伤惹犯官杀之岁运，易有伤灾。

实际情况，命主于辛未年，因火车相撞，飞出车外，摔断了一条腿。

例五：

	杀	才	日	财
乾造：	癸	庚	丁	辛
	卯	申	未	亥
	乙	庚壬戊	己丁乙	壬甲

行运： 己未　戊午　丁巳　丙辰
　　　　8　　18　　28　　38
　　　71　　81　　91　　01

此造原命局中看似旺金生水，财官两旺，但癸水坐卯，亥卯未又三合拱火，七煞生身力大而制身力小，故日主还是偏旺的，再逢木火旺的岁运，金五行易受伤。大运丁巳，火之旺地。九八戊寅，木火旺地，岁君戊土又合住癸水，火旺无依而克金，支中寅又冲申，故有骨折之伤。

实际情况，1998年搞建筑工程纯挣三十多万元，六月视察工地，意外掉坑，双腿摔断。

例六：
　　　　枭　　食　　日　　官
乾造：　己　　癸　　辛　　丙
　　　　酉　　酉　　卯　　申
　　　　辛　　辛　　乙　　庚壬戊

行运： 壬申　辛未　庚午
　　　　2　　12　　22
　　　71　　81　　91

此造原命局中丙辛合，日主太旺，木火两五行太弱，如再遇金旺或水旺的岁运，木火所对应的体位、器官就易有伤灾。1972年壬子，大运壬申，子刑卯，壬冲丙，故唇伤。八零庚申，大运壬申，都是金之旺地，对木不利，故伤股。

实际情况，1972年摔倒跌破嘴唇，伤口有2寸长，1980年十一月初七午时（庚申年戊子月庚申日壬午时）意外摔倒，股骨骨折伤灾，住院两个月。

例七：

	比	劫	日	官
乾造：	己	戊	己	甲
	未	辰	未	戌

己丁乙　戊乙癸　己丁乙　戊辛丁

行运： 丁卯　　丙寅
　　　　6　　　 16
　　　　85　　　95

此造原命局中甲己合化土，而成日主一气专旺之稼穑格，逢逆其势的岁运易有伤灾。且甲木毕竟为官杀，又在辰未中有根，如在岁运得根即可独立而制身犯怒，局中又辰戌相冲而伤木火，未戌相刑而伤金，这都是易有伤灾的信息。大运丁卯，木之旺地，1989年己巳，土旺之地，时在丑月，引发丑未冲和丑未戌三刑，刑旺致灾。

实际情况，1989年丑月摔断腿骨。

例八：

	伤	劫	日	印
乾造：	壬	庚	辛	戊
	寅	戌	丑	戌

甲丙戊　戊辛丁　己癸辛　戊辛丁

行运： 辛亥　　壬子　　癸丑　　甲寅
　　　　3　　　 13　　　 23　　　 33
　　　　65　　　75　　　 85　　　 95

此造原命局中土金一气太旺，喜壬泄身，但支中丑戌相刑，壬水无根，最忌甲木透干。乙丑年运在壬子，运是好运，但子被丑合，且引发丑戌刑，金旺克木，故伤头，脑神经震荡。

实际情况，1984年十二月廿九日（乙丑年戊寅月戊子日）晚回途中掉入八九米深的石厂里，摔伤头部，经一个月抢救，头部开刀，死里逃生，显痴呆，一年后才逐步恢复记忆，能正常工作。

例九：

坤造：
比	才	日	才
丁	庚	丁	庚
卯	戌	巳	戌
乙	戊辛丁	丙戊庚	戊辛丁

行运：辛亥　壬子
　　　　1　　11
　　　　88　　98

此造原命局日主偏旺，财也不弱，火金相战，喜土通关，而忌木火，火旺则金伤，金旺则木伤。九四甲戌，运在辛亥，亥卯合木生火，但亥也冲巳，羊刃逢冲，日主减力，戌为土金旺地，甲庚相冲，木必受伤，故有伤手之灾。

实际情况，1994年的夏天冲凉时被掉下的洗面池扎破左手缝了19针。

例十：

乾造：
枭	比	日	劫
戊	庚	庚	辛
戌	申	辰	巳
戊辛丁	庚壬戊	戊乙癸	丙戊庚

行运：辛酉　壬戌　癸亥　甲子
　　　　3　　13　　23　　33
　　　　61　　71　　81　　91

实际情况，1998年寅月摔伤腿、脚，几月未能走路。

此造原命局中日主太旺，本喜食伤水泄身，但局中枭印也旺，潜伏着枭印夺食伤的信息，时支又为巳火七煞，岁运一旦逢旺，不是转生旺身，就是制劫犯怒，支中又巳申刑，辰戌冲，这些都是易有伤灾的信息。1998年戊寅在甲子，甲木透干无水通关，群比劫财，但流年为木之旺地，而导致寅巳申相刑，故伤腿脚。

例十一：

```
        财      伤      日      食
乾造：  己      丙      乙      丁
        巳      寅      未      亥
       丙戊庚  甲丙戊  己丁乙  壬甲
```

行运： 乙丑   甲子   癸亥
         0   10   20
        88   98   08

此造原命局中日主偏旺，食伤太旺，支中寅巳刑，巳亥冲，都是易受伤的信息。九五乙亥，运在乙丑，巳亥相冲，丑未相冲又相刑，都是在伤丙丁火之根，至申月又冲了寅，使火完全失掉了制金之力，待金旺之日，必伤乙木。

实际情况，1995年八月十日（乙亥年甲申月癸酉日）跌伤，脑震荡。

例十二：

```
        才      财      日      财
乾造：  丙      丁      癸      丁
        申      酉      巳      巳
       庚壬戊   辛    丙戊庚  丙戊庚
```

行运： 戊戌   己亥   庚子   辛丑
         5   15   25   35
        61   71   81   91

此造原命局五行偏枯，火太旺，干支组合又不好，丙申、丁酉、癸巳均是盖头截脚，水火金三五行易在岁运中爆发战争，日主一旦在岁运得根，必犯火怒而克金。1971年辛亥，运在己亥，两亥冲巳，申亥又相害，则火怒必克金，也必生己土而克癸水，故大腿骨折。

实际情况，1971年辛亥大腿骨折。

例十三：

```
        比    比    日    伤
乾造：  辛    辛    辛    壬
        亥    丑    丑    辰
        壬甲  己癸辛 己癸辛 戊乙癸
行运：  庚子  己亥  戊戌
        2     12    22
        73    83    93
```

此造原命局中比劫三透，坐丑为印得根，日主太旺，这不仅是取决于比劫多，而更在于得旺土之生。然日主之旺气又泄于水，壬水不仅得三辛之生通根于亥，还通根于丑辰三土之中，命局五行相生的落点是伤官水太旺，局中水土均旺，金无本气根，便陷伏了伤灾的信息，己亥运，水旺之地，九一辛未，土之旺地，丑未相冲，土旺克水必犯水怒克火，故伤目。

实际情况，1991年到深圳打工，被铁丝击中左眼差点弄瞎，又被打劫打伤。

例十四：出生时间：农历1957年三月三日晚十点半

```
        伤    印    日    劫
乾造：  丁    癸    甲    乙
        酉    卯    辰    亥
        辛    乙    戊乙癸 壬甲
```

行运： 壬寅　辛丑　庚子　己亥
　　　　9　　19　　29　　39
　　　　66　　76　　86　　96

此造原命局中日主太旺，本喜食伤泄身，但丁火虚浮无根，且丁酉同柱，伤官见官，局中又丁癸相冲，卯酉相冲，这都是易有伤灾的信息。大运己亥，甲己做合，亥卯做合，水木旺地，1997年丁丑，酉丑合金，八月又是金之旺地，引发卯酉相冲而伤卯，故手指有伤。

实际情况，1997年八月被砂轮锯掉右手二指。

例十五：出生时间：农历1954年正月十五日寅时

　　　　比　　食　　日　　食
乾造：甲　　丙　　甲　　丙
　　　　午　　寅　　辰　　寅
　　　丁己　甲丙戊　戊乙癸　甲丙戊

行运：丁卯　戊辰　己巳　庚午
　　　　6　　16　　26　　36
　　　　60　　70　　80　　90

此造原命局中，食伤太旺，喜泄旺火之气，忌水逆其性，也忌金伤木。九二壬申，运在庚午，丙壬相冲，寅申相冲，甲庚相冲，岁运命一片战乱，金伤木，火伤金，故有手、脊柱之伤。

实际情况，1992年六月廿三围墙倒下，砸伤头、手和腰，留下"腰脱后遗症"。

例十六：

```
        比    印    日    财
乾造：  乙    壬    乙    己
        丑    午    酉    卯
      己癸辛  丁己   辛    乙

行运： 辛巳  庚辰  己卯
        3    13    23
       88    98    08
```

实际情况，1993年癸酉手臂骨折。

此造原命局中虽乙木双透，年乙得丑土之培，通根于时支卯木又得壬水之生，看似日主偏旺，但乙木坐酉，七杀近身相克，且支中酉丑拱金，酉午相刑，丑午相害，卯酉相冲，四柱干支皆是盖头截脚，组合极不安定，生克无情，一生必多伤灾。1993年癸酉，运在辛巳，巳酉丑三合金局，卯酉相冲犯太岁，辛金透干必克乙木，故四肢有伤。

例十七：

```
        才    财    日    财
乾造：  壬    癸    己    戊
        寅    卯    巳    辰
       甲丙戊   乙  丙戊寅 戊乙癸

行运： 甲辰  乙巳  丙午  丁未
        1    11    21    31
       63    73    83    93
```

此造原命局中日主坐刃而偏旺，但支会东方木局，寅卯又得坐干之生，杀也甚旺，似这般身杀两停的命局，如遇岁运某方增力或双方增力相差悬，或出现食伤制杀又制不住时，都易有事。此局干中喜金忌火土，支中喜火通火而忌金。己巳年运在丙午，都是火土旺地，寅巳相刑又增火势，巳年丑月酉日又合成金局而冲印，日主旺极必有灾。

实际情况，1990年正月初六（己巳年丁丑月丁酉日），打猎时猎枪爆炸，左手从腕关节被炸断。

例十八：

```
        印      比      日      食
坤造：  壬      乙      乙      丁
        寅      巳      丑      亥
       甲丙戊  丙戊庚  己癸辛  壬甲

行运：  甲辰    癸卯    壬寅    辛丑
         7      17      27      37
        69      79      89      99
```

此造原命局中木火旺而金衰，巳亥相冲，巳丑又拱金，巳中庚金本为真金，奈何局中却有寅巳相刑的组合，如在岁运中逢未冲丑、丑未戌相刑、寅巳相刑、寅午戌合火等情况，反会使巳中庚金被克绝，金为筋骨，故有重伤致残之事。

实际情况，1997年六月（丁丑年丁未月）跌成重伤致残。

第十二节 盲聋哑残病实例

例一：

```
        杀      枭      日      伤
乾造：  癸      乙      丁      戊
        卯      卯      卯      申
         乙      乙      乙    庚壬戊
```

行运：甲寅　　癸丑
　　　　6　　　 16
　　　　69　　　79

此造原命局中木太旺，日主丁癸相冲的组合，故长期眼病。1975年乙卯，运在甲寅，丁火终于在寅中得根，却遭申冲，寅中一点丙火被申中壬水冲灭，至此岁运命一片旺木，木多火熄，在此后的运程中更无死灰复燃之机，故失明。

实际情况，长期眼病，1975年乙卯失明。

例二：

	比	官	日	食
乾造：	丁	壬	丁	己
	酉	寅	未	酉
	辛	甲丙戊	己丁乙	辛

行运：辛丑
　　　　10

此造原命局中两丁合一壬，壬水有源，丁火有根，壬又坐寅，实际是两火反克一水，极易在岁运引发水火交战。1961年辛丑，丑未相冲灭掉未中丁火，导致眼疾；1962年壬寅，两壬合两丁，合中带克，故两丁无光而失明。

实际情况，1961年眼病完全失明。

例三：

	才	杀	日	劫
坤造：	辛	癸	丁	丙
	酉	巳	酉	午
	辛	丙戊庚	辛	丁己

岁荣通鉴（下）

```
行运： 壬辰   辛卯
         4     15
        86     96
```

此造原命局中两酉合巳，癸水坐巳，丁癸相冲，巳中庚金变真，巳火即使不从金，也成一团死火，极易在岁运中被克掉。但局中丙火坐午，也在克金之势，火水金三五行在岁运中必然要交战，辛金坐酉，又有水做护卫，很难克翻，吃亏的还是巳火。命主生后的几个流年及初运壬辰，均利金水而不利火，火灭则不见光明。

实际情况，命主是先天性盲人，职业算命。其兄长也是盲人。

例四：

```
         财    杀    日    七
坤造：   甲    丙    庚    丙
         辰    子    寅    戌
       戊乙癸  癸  甲丙戊 戊辛丁
行运：   乙亥  甲戌  癸酉  壬戌
          1    11    21    31
         65    75    85    95
```

此造原命局中寅戌拱火，庚金失根，丙火太旺，但月柱丙火坐子，易在岁运中发生水火交战。

五岁戊申，运在乙亥，金水旺地，申子辰三合水局，漂甲木而克月丙，乙庚相合，难以济丙，故月干丙火被克绝，丙火为视力，所以眼睛有伤灾，在此后的大运中也毫无生机。

实际情况，五岁斗牛受伤，结果瞎了左眼。

例五：

```
         财      杀      日      官
乾造：   庚      戊      壬      己
         辰      寅      寅      酉
        戊乙癸  甲丙戊  甲丙戊   辛
```

此造原命局中土、金、木三五行旺，明火不现，但丙火藏于两寅之中，反不易受到伤害，辛巳、壬午两步大运，虽巳午火明现，但寅巳相生，寅午相合，纵使遇水，也不会彻底被克伤。1984年甲子，运在癸未，丁火虽藏于未中，却被癸水盖头，不得通明，子未相害，即克灭未中丁火，反使火五行受伤，在此后的大运中，也毫无生机。

实际情况，1984年九月棉籽扎眼受重伤，右眼失明。

例六：

```
         才      官      日      杀
乾造：   癸      乙      戊      甲
         卯      丑      寅      寅
         乙    己癸辛  甲丙戊  甲丙戊
```

此造原命局中官杀混杂而太旺，但日主通根于丑，又不能从，故喜用为火，但局中却不现明火，又少行北方水运，中行西方逆运，即使流年现火，也会遭木多火塞之遇，故一生暗无天日。

实际，命主是盲人算命师。

例七：

```
         比      劫      日      食
乾造：   辛      庚      辛      癸
         未      子      酉      巳
        己丁乙   癸      辛    丙戊庚
```

行运: 乙亥　　戊戌　　丁酉　　丙申
　　　　8　　　18　　　28　　　38
　　　　39　　 49　　　59　　　69

此造原命局中金水太旺，子未相害，灭掉未中丁火，癸巳同柱，巳火也难以通明，但在原局中巳酉相合，巳火倒也无妨，最怕在岁运中遇卯冲酉，或亥冲巳，则巳火必遭灭顶之灾。

实际情况，此人双眼失明。

例八:

　　　　官　　　食　　　日　　　食
乾造: 庚　　　丁　　　乙　　　丁
　　　午　　　亥　　　未　　　亥
　　　丁己　　壬申　　己丁乙　壬申

行运: 戊子　　己丑
　　　　4　　　14
　　　　94　　 04

此造原命局中，亥未在午火之上，丁亥同柱，岁运发生水火相战时，丁午火必夹克庚金，庚金必伤无疑，金伤则不鸣；月支亥水处在午未丁的环境包围之中，午未相合，亥未相合，午亥相合又相刑，逢水火相战的岁运，此亥水也必受伤，水伤则耳不聪。

实际情况，小时多病打针致聋哑，讲不出话。

例九:

　　　　比　　　劫　　　日　　　比
乾造: 甲　　　乙　　　甲　　　甲
　　　戌　　　亥　　　子　　　戌
　　　戊辛丁　壬甲　　癸　　　戊辛丁

行运：丙子
1
95

此造原命局中四木透干，无制无泄而太旺，但只在亥中通一点中气根而亥子又半会水，有头重脚轻、腐郁不通之弊，故神经郁塞，头脑愚钝，智力不得开发。初运丙子，水之旺地，一丙通根于戌，难泄旺于之郁气，丙子同柱，反而刺激丙火发怒，自身之金必伤，金伤则不鸣。

实际情况，至今只会走路，不会讲话。

例十：

	财	官	日	官
坤造：	甲	丁	庚	丁
	戌	卯	戌	亥
	戊辛丁	乙	戊辛丁	壬甲

行运：丙寅
6
00

此造原命局中卯戌合火，庚金伤根，甲庚相冲，木生火旺，若庚金彻底虚浮，反倒无事，而庚金毕竟坐戌得生有根独立，必被旺火克伤，生后的几步小运，都是金木相战，水火交争，受伤的总是金木，金伤则不鸣。

实际情况，此女六岁还不会说话。

例十一：

	枭	食	日	比
乾造：	己	癸	辛	辛
	亥	酉	丑	卯
	壬午	辛	己癸辛	乙

此造原命局中金水两旺，本不该聋哑，器官发育是正常的，但局中卯木被辛金盖头，酉丑合金，卯酉相冲，卯木与水接济不上，已是死木，是神经被阻断。

实际情况，从小聋哑。

例十二：

```
         伤    食    日    才
坤造：   戊    己    丁    庚
         午    未    亥    子
         丁己  己丁乙 壬甲  癸
```

行运： 戊午　　丁巳
　　　　6　　　16
　　　　86　　 96

此造原命局火土两旺，庚金虚浮无根，支中子午相冲，子未相害，亥未相合，水五行也极易受伤。如逢火土旺的岁运，引发水火相战，则会金水两伤，水伤易致耳聋，金伤易致语言障碍。

实际情况，小时有病打针致聋，讲话不清，言语不成。

例十三：

```
         印    印    日    劫
坤造：   戊    戊    辛    庚
         午    午    酉    寅
         丁己  丁己  辛    甲丙戊
```

行运： 丁巳　　丙辰
　　　　7　　　17
　　　　85　　 95

此造原命局中日主偏旺，但支中寅午拱火酉午相刑，干中燥土不生金，局中无一点水，旺火无制，逢火旺之岁运必伤金，逢水明现的岁运必遭土克。金伤则不鸣，水伤则耳聋。

实际情况，小时有病打针成聋哑。

第十三节　手脚伤残实例

残疾是指某个肢体或器官是部分或完全丧失了功能，或残缺不全，足以影响到这个人的正常生活能力的一种生理现象。它给人所造成的痛苦，不仅是肉体的，更多更突出地是体现在精神上的，而且是终生的。因此，它是较疾病伤灾更为严重的一种凶灾，也是命理学研究的重要课题之一。

造成人残疾的原因主要有三方面：一是疾病落下后遗症，二是受伤落下的后遗症，三是先天不足。因此，命局中也是带有这方面的信息的，也是可以通过四柱进行预测的。有些残疾也是可以通过五行调整加以避免或减轻灾害程度的。

在四柱预测中，残疾的信息与伤灾疾病的信息大体上是相同的，体现在五行上，都是某五行太弱，在岁运中又遇到有克无生的打击所造成的，但在着眼点和推理方法上又有所不同：

1. 在预测一个人的伤病灾时，主要是依据原命局中某个五行的整体力量是太弱或太旺，在某个岁运中又遭遇到雪上加霜的逆境来做出判断的。在预测一个人的残疾之灾时，不仅要看某个五行的整体力量的旺衰，更要具体地去看某个干支的旺衰。

2. 在预测一个人的伤病灾时，要通过命局的整体组合情况来综合判断某一五行的旺衰，而在预测一个人的残疾灾害时，更要具体地去看某个干支在命局中的位置组合情况。如果某一个干支在命局中所处的环境十分恶劣，上下左右合是克泄耗，有根不通气，有生生不着，有帮帮不上，即使这个干支所代表的五行的整体力量在命局中并不算太弱，但这个干支本身却是孤立无援的，可称作是死木一枝，死火一点，死金一块，死水一潭，当其上下左右克泄他的干支在岁运中又增旺并被引动时，这个干支就会被彻底地克绝，这个干支所代表的肢体或器官就会出现功能方面的问题而导致残疾。

3. 当命局中某个干支在岁运中被克绝时，这个干支所对应的肢体或器官就至少会有病或受伤；当这个干支在某个岁运被克绝后，却在随后的流月流年和大运中得到了生扶，一般应伤病断；如在此后的流月流年和接连几步大运中都是雪上加霜、毫无生机和复苏的希望的话，一般应断为残疾或残废。

4. 如原命局中某个五行的某个干支在原命局中处于被克绝的状态，而生年生月生日及小运又都是雪上加霜的，在此后的岁运中也了无生机，一般应断为先天性残疾。

5. 原命局中日主五行太旺时，一般都是导致命主伤、病、死亡之灾，而不会导致残疾。

6. 在预测残疾时，不能单把日干看成是命主，而是要把整个命局四柱八个字当成一个整体来看，看成是命主的身体。而命局中的每个干支都各自对应着这个身体的躯干、四肢和五官。

7. 在预测残疾时，不必考虑日主的旺衰，可只看原命局中各个五行干支的旺衰及位置组合，看是滞有某人五行的干或支处于被克绝的境地，在岁运中有救无救，有救为伤病，无救为残疾。

8. 在预测残疾时，不必考虑日主的喜忌，但导致肢体或感官残废而被克绝的那个五行干支，往往都是日主的喜用神，或是理论上的喜用神。而为忌神时，往往都是自残。

9. 手脚之残大多是木五行干支被克绝；四肢之残也大多是木五行干支被克绝，但同时伴随着金五行干支也严重受伤，或金五行干支被克绝，又同时伴随着五行干支严重受伤；瘫痪、高位截瘫、植物人等与智残的命理原因有着共同之处，大多是日主本身为甲乙木，而被克绝；独眼或双目失明，大多是火五行干支被克绝；聋大多是水五行干支被克绝；哑大多是金五行干支被克绝。

10. 上述致残的命理原因只是个一般规律，或者叫做大致的情况。因为五行之间的生克是有连带关系的。五行之间的旺衰是相互影响的。在具体实残中，千万要注意；不能孤立地根据某个五行干支被克绝，就去武断这个干支所对应的肢体、器官有残疾，还要进一步开扩一下视野，还要考虑一下，当这个五行干支被克绝后，还会对其他五行干支造成什么样的后果，是否还有其他相关的五行干支也因唇亡齿寒的关系而被克绝。如水五行干支被克绝后，金五行干支就失去了防护，也可能就被旺火克绝。这在中医的五行理论中也讲："水主肾、肾藏精，主骨生髓，开窍于耳、目，其华在发。"一个水五行干支被克绝，具体所引发的体症，可能是性功能和生育能力的丧失，也可能导致眼瞎、耳聋，也可能骨有伤残。只有全面综合考虑之后，才能断得准确到位。这是需要有十分丰富的实践经验才能做得到，一般的命家能够根据某五行干支在某步岁运被克绝而断出："身有残疾"，就已经是神断了。

与提取四柱中的伤病信息一样，对一些偏枯的命局，对那些只有两个或三个五行的命局，对那些某个五行深藏不现的命局，一定要考虑到当这个命局所缺或深藏的五行干支在岁运中出现或逢冲时又被克绝，也会导致其所对应的肢体或五官的残疾的。

例一：

```
        杀      官      日      比
乾造：  癸      壬      丁      丁
        卯      戌      未      未
        乙      戊辛丁  己丁乙  己丁乙

行运：  辛酉    庚申    己未
        8       18      28
        71      81      91
```

岁运吉凶：1971年辛亥，因小儿麻痹引起经络萎缩致残。
命理简析：此造原命局卯戌合火，未戌相刑，金伤火闷，丁壬相合，丁癸相冲，水火交争，幼儿期遇岁运引发，易发高烧。1971年辛亥，水之旺地，大运辛酉，金之旺地，卯酉相冲，卯木被克翻，在此后的运中也毫无生机，必有发高烧而损伤神经之事，症在小儿麻痹。

例二：

```
        官    比    日    官
乾造：  乙    戊    戊    乙
        巳    寅    戌    卯
       丙戊庚 甲丙戊 戊辛丁  乙

行运： 丁丑   丙子   乙亥   甲戌
        3     13     23     33
        68    78     88     98
```

此造原命局中日主戊土偏旺，木本为喜用，但寅戌拱火，卯戌合火，寅巳相刑，一旦逢火透干的岁运，就会化木生土，使日主旺而无制无泄。特别是年干乙木坐巳，将遭遇火旺木焚的命运，寅戌拱火，寅巳相刑，巳中庚金，戌中辛金，都会受伤。命主两岁时流年丙午，小运癸丑，丙火透干，戊癸合火，寅午戌成局，丑戌相刑，必有发高烧损伤神经筋骨之事。

实际情况，命主两岁时患小儿麻痹致残。

例三：

```
        枭    印    日    伤
乾造：  丙    丁    戊    辛
        申    酉    寅    酉
       庚壬戊  辛   甲丙戊  辛

行运： 戊戌   己亥   庚子   辛丑
        10    20     30     40
        66    76     86     96
```

此造原命局支中申酉三金串通一气冲克寅木，寅木毫无生机，干透两火无根，又局中无水，这都是易患小儿麻痹症的信息。流年丁酉、小运癸亥，丁癸相冲必发高烧，寅木受冲克，是神经有病。但寅毕竟有亥生合，故为轻残。

实际情况，出生后七个月就患小儿麻痹症，左脚轻残。

例四：

```
        伤      比      日      正
乾造：  癸      庚      庚      乙
        卯      申      戌      酉
        乙     庚壬戊  戊辛丁    辛

行运：  己未    戊午    丁巳
         9      19     29
        72      82     92
```

此造原命局中金太旺而木太衰，干中两庚合乙，支会申酉戌金局，哪里还有木的生存空间，即使卯有癸生，也会被连根铲除。

两周岁时流年乙巳，小运壬午，乙被庚合，水火相战，支中巳酉相合，午戌相合，引发金局将卯木克绝，故有发高烧，神经萎缩之事，症为小儿麻痹。

实际情况，命主两周岁时患小儿麻痹致残。

例五：

```
        财      食      日      印
乾造：  丁      乙      癸      庚
        未      巳      酉      申
       己丁乙  丙戊庚    辛     庚壬戊

行运：  甲辰    癸卯    壬寅    辛丑
         1      11     21     31
        68      78     88     98
```

此造原命局中，丁癸相冲，易在岁运中发生水火交战，而引起小儿高烧；乙庚相合，金旺而木也有墓库之根，易在岁运中发生金木相战，受伤的终是乙木。初运甲辰，几个流年都是金水旺地，故此人在幼儿时期会发生因发高烧而肢体神经萎缩之病，症为小儿麻痹。

实际情况，命主生过麻痹症而脚残。

例六：

	才	杀	日	财
乾造：	庚	癸	丁	辛
	戌	未	未	丑
	戊辛丁	己丁乙	己丁乙	己癸辛

行运：	甲申	乙酉	丙戌
	4	14	24
	74	84	94

此造原命局中丁癸相冲，而丑未戌三刑又使丁癸双双失根，未中乙木更遭灭顶之灾。1973年癸丑，小运丁酉，不仅引丑未戌三刑，而且岁运丁癸相冲，必有因高烧而损伤下肢神经之灾。

实际情况，三岁时小儿麻痹，脚神经萎缩，终身残废，但还可以慢慢走。

例七：

	印	比	日	伤
坤造：	癸	甲	甲	丁
	酉	寅	戌	卯
	辛	甲丙戊	戊辛丁	丁

行运：	乙卯
	4
	97

此造原命局看假日主太旺，然支中寅戌拱酉，却无本气根，故最怕少行水火相战的岁运，火受刺激必盗泄日主之气而伤金，金受刺激必伤木。1993年癸酉，小运丙寅，水火相战，卯酉相冲，卯木遭灭顶之灾。

实际情况，命主1993年六月因高烧打针致瘫痪，至今未愈。

例八：

```
         才      印      日      比
乾造：  戊      癸      甲      甲
         申      亥      辰      子
        庚壬戊  壬申    戊乙癸  癸
```

行运： 甲子   乙丑   丙寅
        3   13   23
        71   81   91

此造原命局中看似日主太旺，但申亥相害，亥子半合，申子辰三合水局，戊癸做合，又有水大木漂之危，大运甲子，水之旺地，1972年壬子，一片汪洋，木被漂泛，易有神经之疾，独戊癸之合不破，癸水却受克，故有小儿麻痹之患。

实际情况，命主1972年壬子因患小儿麻痹症，致右腿终身残疾。

例九：

```
         印      才      日      财
坤造：  戊      甲      辛      乙
         午      子      酉      未
        丁己    癸      辛      己丁乙
```

行运： 癸亥 壬戌 辛酉 庚申 己未 戊午 丁巳

按十一月辛金因寒冬雨露，最忌冻金而困丙，故宜丙火调候为急，然用丙亦忌水火相冲。此坤造辛酉日生于甲子月，地支未酉生扶，可惜年月子午相冲，癸丁皆伤，辛金之最爱壬丙不出皆难言贵，况且此造戊午年生于甲子月天克地冲，日时辛酉、乙未亦是金木交集，水火受创难成既济之功，故命主肌肉萎缩为一伤残之命造。

实际情况，命主伤残，肌肉萎缩。

例十：

```
         劫      财      日      劫
坤造：辛      甲      庚      辛
         未      午      申      巳
       己丁乙  丁己    庚壬戊  丙戊庚
```

行运：乙未
　　　　6
　　　97

此造原命局中金太旺而木太衰，干中甲庚相冲，三金克甲，支会火局，旺火泄甲，岁运中无论是金旺、火旺还是火金相战，甲木都要遭灭顶之灾，甲木为头为神经，故命主不仅为智障儿，支配神经或迷走神经的功能也不健全。

实际情况，命主生下后便脑瘫，不能走，不能说话，生活不能自理。

例十一：

```
         印      枭      日      伤
乾造：壬      癸      乙      丙
         申      丑      未      戌
       庚壬戊  己癸辛  己丁乙  戊辛丁
```

行运：甲寅
　　　　7
　　　99

此造原命局中日主乙木坐未本为有根，但因丑未戌三刑的组合，其根被刑伤，尽管有壬癸二水透干，乙木却不受生。这是一种神经脆弱的信息。未交大运时的丙子、丁丑、戊寅流年，及初运甲寅，寅申相冲，水火相战，反而祸及乙木，故脑病致残。

实际情况，命主小时得脑膜炎，全瘫在床上，变成植物人。

例十二：

```
            食        杀        日        杀
乾造：  庚        甲        戊        甲
            寅        申        寅        寅
        甲丙戊  庚壬戊  甲丙戊  甲丙戊
```

行运：乙酉　丙戌　丁亥　戊子　己丑　庚寅　辛卯

按七月戊土，庚金当令，金水进气，木火休囚，故戊土宜先以丙火暖，然后方能论及财官或食神生财。此造戊寅日生于甲申月，格局中不见丙丁火生助元神，然而年干透出庚金通根于月令，月干和时干双透甲木七煞通根于地支三寅，气势形成克泄交加，而日主难敌。此造命主因患糖尿病而于戊子大运，癸酉流年锯掉一条小腿。

实际情况，命主因受伤而锯掉一条小腿。

例十三：

```
            财        才        日        财
乾造：  癸        戊        乙        己
            卯        午        巳        卯
            乙       丁己    丙戊庚    乙
```

行运：丁巳　丙辰　乙卯　甲寅　癸丑　壬子

木至午月根枯枝萎木气尽泄，非金发源生水方能挽回造化之妙。观此造乙巳日生于午月地支一片木火，惟一透出一点癸水无奈天干戊癸一合，癸水又无金所生，有如炎夏之焦木，何来生机可言！故此造命主初行丁巳运，因医疗失误而造成双脚萎缩，严重残疾。

实际情况，命主少年脚残。

例十四：

```
         伤      财      日      枭
乾造：  癸      甲      庚      戊
         卯      寅      寅      寅
         乙    甲丙戊  甲丙戊  甲丙戊

行运： 癸丑    壬子    辛亥    庚戌
         4      14      24      34
        67      77      87      97
```

此造原命局中木太旺，而癸水庚金戊土均虚浮无根，不能独立，戊癸相合，可使戊不受克，但癸水却在合中受克，即使逢岁运冲合，癸水也会被旺木化尽，故足有先天残疾。日主庚金有戊土相生，只能假从，岁运一旦得根独立，就会发生金木交战，甲庚相冲，不是造成筋骨折伤，就是神经有疾。

实际情况，命主先天性瘸脚。

例十五：

```
         才      劫      日      官
乾造：  戊      甲      乙      庚
         戌      寅      卯      辰
       戊辛丁  甲丙戊   乙    戊乙癸

行运： 乙卯    丙辰    丁巳    戊午
         9      19      29      39
        66      76      86      96
```

此造原命局中寅卯辰三会东方木局，木五行太旺，寅戌又拱火，戊土受甲木之制，对庚金大大不利，如果庚金虚浮无根反倒无事，而庚金毕竟坐辰得生，岁运中就难免要发生金木相战，受伤的反而是庚金，五八戊戌，小运辛巳，乙辛相冲，甲庚相冲，乙庚相冲，乙庚无合，寅巳相刑，而火旺克辛，金木相战而金败，在此后的大运中也毫无生机。

实际情况，1958年三月得病一腿残废。

例十六：

	印	印	日	才
乾造：	戊	戊	辛	甲
	申	午	亥	午
	庚壬戊	丁己	壬甲	丁己

行运：	己未	庚申	辛酉
	9	19	29
	77	87	97

此造原命局中火土金旺而木最弱，四个柱都是干支相生的，却相生无情，辛金生亥水，却使一亥刑两午，易在岁运中引发水火交战，幼儿期遇岁运引发必发高烧；甲木坐午，使甲木被克泄交加，频临绝地，逢岁运再遭冲克，便万劫不复。七零年庚戌，小运丁酉，午戌拱火，丁火透干，午酉亥相刑，甲庚相冲，火旺木焚，木为肢体，也为神经，症在腿症。

实际情况，命主1970年病灾致灾左腿残。

例十七：

	伤	枭	日	财
乾造：	戊	乙	丁	辛
	午	卯	巳	亥
	丁己	乙	丙戊庚	壬甲

行运:	丙辰	丁巳	戊午	己未	庚申	辛酉	壬戌
	8	18	28	38	48	58	68
	26	36	46	56	66	76	86

此造原命局木火太旺而金太衰，辛金在局中既无根又不得生，周围环境全是克泄耗，而乙辛相冲，巳亥相冲，必导致岁运中的金木相战，水火相争。命主二岁，流年己未，小运癸丑，丑未刑冲，反使辛金得生通根，而具有生克之力，乙辛相冲，两败俱伤，此后岁运更不利木，故肢伤致残。

实际情况，命主两岁扭伤右腿成拐脚。

例十八：

	比	伤	日	劫
坤造:	辛	壬	辛	庚
	亥	辰	卯	寅
	壬申	戊乙癸	乙	甲丙戊

行运:	癸巳	甲午
	0	10
	81	91

此造原命局中支会寅卯辰木局，干透庚辛三金，辛卯庚寅同柱，埋下了金木相战的危机，逢岁运引发必有一伤，而且行运都是对木不利的，故有腿残之事。

实际情况，命主是瘸子。

例十九：

```
        劫    正    日    印
乾造：  辛    乙    庚    己
        亥    未    申    卯
        壬申  己丁乙 庚壬戊 乙
```

行运： 甲午 癸巳 壬辰
       9   19   29
       80   90   00

此造原命局中土金太旺，但辛金生亥水，支中又亥卯未三合木局，木也有与金抗衡之心，故金木相战是不可免的，而木受伤也是必然的。从干支组合上看，乙木被庚辛二金夹持，合不能合，冲却能冲，只因乙木在坐支未中有根，又亥未相合，二岁半时流年癸丑，小运丁丑，丑未相冲，乙木失根，被彻底克翻，木为肢体，也为神经，其症为腿残。

实际情况，两岁半时得病，一腿致残。

例二十：

```
        财    印    日    比
坤造：  乙    戊    辛    辛
        巳    子    亥    卯
        丙戊庚 癸   壬甲   乙
```

行运： 己丑 庚寅 辛卯
       5   15   25
       70   80   90

此造原命局中日主辛金虽比劫两透，却虚浮无根，最忌乙卯木耗身克印，特别是年干乙木，不仅与日主相冲耗身，还生助巳火官杀，是日主的肉中刺，眼中钉，而乙木坐巳近戊，又被两辛冲，自身也了无生机。九八戊寅，运在辛卯，虽然都是木旺之地，但子卯刑，寅巳刑，都是日主所忌，故三辛围克一乙木，将其拦腰斩断，故有自残断臂之举。

实际情况，命主1998年自己用刀将左手砍掉。

例二十一：

	比	才	日	伤
坤造：	丙	辛	丙	己
	申	卯	子	丑
	庚壬戊	乙	癸	己癸辛

行运：	庚寅	己丑	戊子	丁亥
	2	12	22	32
	58	68	78	88

此造原命局中两丙合一辛，但丙火虚浮无根，合不住辛，而辛金通根于申，又得旺土之生，生克之力是很强的，辛卯同柱，卯木始终受制，其唯一生机是子卯相刑相生，但子又被丑合，卯木了无生机。戊子大运，乙丑流年，两子刑一卯，却遇两丑合两子，乙木生不了丙火却冲犯了辛金，卯木便遭灭顶之灾。

实际情况，命主1985年四月二十三日（乙丑年壬午月辛巳日）在砖厂不慎将左手绞断，残废。

例二十二：

	杀	劫	日	劫
乾造：	庚	乙	甲	乙
	子	酉	子	亥
	癸	辛	癸	壬甲

行运：	丙戌	丁亥	戊子
	1.8	11	21
	62	72	82

此造原命局中甲乙木三透，但并无本气根，金赖水生，而七杀庚金透干，通根于月支酉，也有制身之干乙木，被庚金合克，又坐下为酉，实际已是死木，但原命局就是这样平衡的，倒也无妨，但如逢岁运酉动，月干乙木就会被彻底伤掉，而导致肢体伤残。

实际情况，命主是铁路部门的电工。1987年作业时被电击伤双手臂跌落于地，截肢成残废人。

例二十三：

```
       财    伤    日    杀
乾造： 丁    甲    癸    己
       丑    辰    未    未
      己癸辛 戊乙癸 己丁乙 己丁乙

行运： 癸卯   壬寅   辛丑   庚子   己亥
        7    17    27    37    47
       44    54    64    74    84
```

此造原命局中官杀太重，日主太弱，喜泄喜克，甲木本为喜用，但局中喜用相战，丑未相冲，反易土旺木折而不容甲木。大运己亥，1993年癸酉是金水旺地，日主增力，不服杀制，必生助甲木去制杀，但辰酉合金，伤甲木之根，导致自身木五行有折伤之灾。

实际情况，命主1993年九月廿一（壬戌月己丑日）坐货车翻到20米深的河床上，摔成重伤，抢救十天方苏醒，现手臂残废。

例二十四：

```
       比    比    日    财
乾造： 戊    戊    戊    壬
       戌    午    午    戌
      戊辛丁 丁己  丁己  戊辛丁
```

行运： 己未　　庚申　　辛酉　　壬戌
　　　　9　　　19　　　29　　　39
　　　　67　　 77　　　87　　　97

此造原命局中日主旺极，火土之性可顺不可逆，一点壬水透干，却虚浮无根，原命局就这么平衡着，壬水反不受克，己未运是日主旺地，七五乙卯年，旺官克身，犯旺土之怒，导致旺火焚火，旺土折木，壬水也遭灭顶之灾，引发自身的木五行之灾。

实际情况，命主1975年（乙卯），手伤残。

例二十五：

　　　　印　　　杀　　　日　　　伤
乾造：　甲　　　癸　　　丁　　　戊
　　　　戌　　　酉　　　未　　　申
　　　戊辛丁　　辛　　 己丁乙　 庚壬戊

行运： 甲戌　乙亥　丙子　丁丑　戊寅　己卯　庚辰
　　　　2　　 12　　22　　32　　42　　52　　62
　　　　36　　46　　56　　66　　76　　86　　96

此造原命局中日主偏弱，甲木本为喜用，但局戌未相刑，甲木虚浮无根，全赖癸水相生，然癸水也无本气根，全赖坐酉相生，但因有戊癸合，癸水难生甲木，局中土金两旺，哪有木五行的生存余地。大运丁丑，土金旺地，1975年乙卯，流年助木，奈何卯酉相冲，反导致自身木五行受伤。

实际情况，1975年手伤残。

第九章　牢狱之灾析断点窍

第一节　牢狱之灾析断要点

　　牢狱是人类社会进行自我管理的手段之一，其目的在于惩治罪犯，教化愚顽，维持秩序，净化社会。

　　我们通常所说的牢狱之灾，就是指被投进监狱、劳教或判死而言，其基本特征是被强制管束而失去自由，并受到刑罚、劳役之苦。因此，所说的牢狱之灾，可能是坏人受罪，也可能是好人受苦，也可能是代人受过，也可能是蒙受不白之冤。但无论是出于何种情况而入狱，在这个人的四柱命理上都是有信息反映的，都是可能预测得到的。

　　虽说是牢狱之灾是可能预测的，古今命理书中也不乏推断牢狱之灾的精彩命例，但却鲜见专门论述牢狱之灾理论的章节，因为这也是命理学中较难把握的一个领域，没有足够的功底和实践经验，是很难做到铁口直断的。

　　不同的命局其信息有不同的表现形式，有些十分直观，有的非常隐蔽，有的可直接在四柱中体现出来，有的则需要详推大运和流年。何况四柱信息本来就是多象的，牢狱之灾仅是官灾的一种，而官灾本身又和其他的伤灾、病灾、婚灾、六亲之灾、破财之灾等有是信息相同的，故很难将牢狱之灾的信息单独加以归纳整理，并上升到理论上去加以概括。

　　在实际生活当中，导致牢狱之灾的原因大多与酒、色、财、气、执五个字有关。所谓酒，即是酒后无德，失去理性，伤人、伤物、伤风化而触犯刑律；所谓财，即是贪求不义之财，强取豪夺他人或公共之财；所谓色，即是好色而越轨，放纵淫秘、强迫或伤害异性意愿，强占他对人之所爱等；所谓气，即是"人活一口气"，遇事不能忍让，极端地维护己方的利益或尊严，甚至铤而走险；所谓的执，即是太执著于后天观念所形成的理念或信仰，甚至为此危害到国家安全，此类大多为政治犯。不论是因何而起，如演变成牢狱之灾，都是以严重地伤害他人、触犯当时当地的法纪为先决条件的。因此，在推断牢狱之灾的时候，不仅要结合宫位去看十神之象，更要结合日主的心性。

在命理八字当中，如果存在下列信息之象，易有牢狱之灾：

1. 日主身自旺，局中无官杀，或官杀弱而被克泄，形成身旺无制，此种命局之命主必胆大气粗，不把上级和法律放在眼里，如再行比劫运而官杀透干被制，易因不服管教而导致牢狱之灾。

2. 日主身自旺，局中有官杀而太弱，又远离日主，也是身旺无制，易犯牢狱之灾。

3. 局中身旺食伤也旺，无财星或财星太弱，印星不足以制食伤，官杀不能抑身。如行官杀岁运，或行食伤旺运，都易犯牢狱之灾。

4. 局中身弱官杀旺，无印星或印星不足以化官杀，则命主常受欺压，如行日主得生、助、得根之岁运，其力仍不足以抗官杀时，易犯牢狱之灾。

5. 局中比劫透干而旺，日主却坐下为杀，官杀透干又近身，如岁运透财，易因劫财不成而犯牢狱之灾。

6. 日主坐下为杀，官杀透干又近身，即使局有印星，难以化解，如岁运刑冲坐支，易犯牢狱之灾。

7. 身弱财官旺，比劫透干，则贪财之心常有，逢财星透干之岁运，必会因贪求不义之财而犯牢狱之灾。

8. 官伤同透、或官食同透、或食杀同透、或伤杀同透的命局，如官杀无比，食伤无制，两相交战，则无论身旺身弱，如再逢食伤与官杀相战为忌的岁运，易犯牢狱之灾。

9. 局中有食伤与官杀同柱、互为盖头截脚的组合，且官杀近身，食伤无制，如再逢食伤与官杀相战的岁运，易犯牢狱之灾。

10. 日主坐支为官杀或食伤，而支中又有食伤或官杀与坐支相刑冲，则在引发刑冲为忌的岁运中，易犯牢狱之灾。

11. 日主坐下为财，且为官杀之根，而官杀又透干近身，易在财透干或坐支逢刑冲为忌的岁运中遭遇牢狱之灾。

12. 局中干透官杀生枭印，枭印又生身为喜，官杀枭印，各自都有根而日主不坐本气根也不坐印，本是官气通身的贵兆，但如逢岁运合住或制住枭印，财官杀制弱身，易有牢狱之灾。

13. 局中火炎土燥喜水，而水弱，火为官杀，食伤为水，这种命局的命主，易酒后失德而惹祸生灾。

14. 局中比劫透干劫财，或坐下为财，而日主却坐下为官杀，且官杀透干而近身，此种命局的命主，易替人受过或坐冤狱。

以上所列并非是铁的定律，仅供参考而已。学者在实践应用中还需注意四点：

1. 逢岁运官杀制身可导致牢狱之灾，逢岁运制掉官杀也可导致牢狱之灾，因为实际生活中的官杀是制不掉的。

2. 逢岁运官杀制身，如果制得干净利落，制得服服帖帖，反无狱之灾。如日主受制而不服，甚至形成官杀制身又食伤制官杀的局面，最易发生牢狱之灾。

3. 官符、罗网等神煞只可作为推断中信息提示，而不可用作推断依据。

4. 岁运遇到伤官见官，枭神夺食，地支刑冲的组合时，一定搞清能不能成立，二要弄清喜忌。

第二节　盗窃牢狱之灾实例

例一：

```
          杀    财    日    伤
乾造：丙    甲    庚    癸
      辰    午    子    未
      戊乙癸 丁己  癸    己丁乙
```

行运：乙未　丙申　丁酉
　　　　7　　　17　　　27
　　　　83　　　93　　　03

此造原命局中日主虚浮无根，弱极从伤，身边守着甲财，却无望消受，眼见甲财坐午近丙，被官杀所据，岂肯甘心？且伤官透干，子午相冲，逢身得生助时，必要从官杀手里夺财。

1997年丁丑，大运丙申，日主得根，但官杀齐透，丑未冲，子丑合，又拔了伤官之根，此伤官见官，必招官杀制身之祸。

实际情况，1997年十月，参与偷摩托车团伙，被捕入狱，刑期五年。

例二：

```
         才      伤      日      伤
乾造：   壬      庚      己      庚
         戌      戌      卯      午
       戊辛丁  戊辛丁    乙      丁己
```

行运：辛亥　壬子
　　　　5　　　15
　　　　87　　　97

此造原命局日主身旺食伤旺，局中又有伤官生财的组合，故命主求财之心常有，奈何财星壬水虚浮无根不受生，命主必通过歪门邪道去求财，然日主己土坐下卯木为杀，近身相克，形影相随。1998年戊寅，大运壬子，财官旺地，命主必有劫财之举，也必遭官制。

实际情况，1998年到处偷劫钱财，流浪在外，几次被遣送回家。1999年入狱。

例三：

```
        杀    比    日    官
乾造：  己    癸    癸    戊
        未    酉    巳    午
      己丁乙  辛   丙戊庚  丁己
```

行运： 壬申　　辛未
　　　　5　　　15
　　　1984　　1994

　　此造原命局中官杀混杂，水土混杂，杀旺身弱，日主又虚浮无根，但却有比肩透干，且坐印得生，故此局命主思维并不聪敏，且总受到周围环境和人的压抑，但心里总不服气，总想要做出一些反抗的举动，身弱的岁运中胆小受气，稍遇身旺就会理智不清地做出一些胆大妄为的错事。

　　实际情况，1997年偷盗，1998年二月被捕。

例四：

```
        财    劫    日    官
乾造：  庚    丁    丙    癸
        戌    亥    午    巳
      戊辛丁  壬甲   丁己  丙戊庚
```

行运： 戊子　　己丑
　　　　5　　　15
　　　　75　　　85

　　此造原命局中日主自坐羊刃，以巳午戌为强根，又有丁火劫财坐杀，身强官杀弱，食伤制杀，财不生杀，水火交战，在身旺无制的岁运中，必会因财犯官。

　　实际情况，1994年五月初八（甲戌年庚午月癸酉日）盗窃拖拉机被判刑七年，1998年午月减刑二年，1999年四月释放。

例五：

```
          食     食    日    食
乾造：   庚    庚    戊    庚
          戌    辰    寅    申
         戊辛丁 戊乙癸 甲丙戊 庚壬戊
```

行运：辛巳　　壬午　　癸未
　　　 3　　　13　　　23
　　　73　　　83　　　93

此造原命局中日主坐杀而食伤太旺，且有寅申相冲的组合，局中又不现财星，故命主一定是无视王法，常抱侥幸心理而作奸犯科之人。

实际情况，1990年因偷盗坐牢。

例六：

```
          食    劫    日    才
乾造：   庚    己    戊    癸
          子    卯    戌    丑
          癸    乙   戊辛丁 已癸辛
```

行运：庚辰　　辛巳　　壬午　　癸水
　　　 8　　　18　　　28　　　38
　　　68　　　78　　　88　　　98

此造原命局中身旺财弱，丑戌相刑，比劫透干，这种命局之人，往往贪财好色，逢身旺的岁运便无所顾忌。但局中毕竟有己卯同柱的组合，为官杀制劫，且食伤庚金不制官杀，反生了财刑卯，官杀无伤，逢财遭劫而官临旺的岁运，必惹官灾。

实际情况，1976年初被收审两个月。八四年甲子因盗窃判刑十年，

1993年出狱。1996年又因抢劫判刑七年。

例七：

```
           枭    枭    日    财
乾造：     癸    癸    乙    己
           丑    亥    亥    卯
          己癸辛 壬甲  壬甲   乙

行运：     壬戌   辛酉
            9     19
           82     93
```

此造原命局旺印生身，身旺财衰，官杀食伤均不现，故命主常怀非法求财的心性，且法律意识淡薄。九三癸酉，大运辛酉，均是七杀旺地且透干，印星可化杀生身，故命主必胆大包天，但毕竟支中两酉冲卯，拔日主之根，故有官灾。

实际情况，1993年申月因盗窃入狱，1996年出狱。

例八：

```
           杀    印    日    才
乾造：     甲    丁    戊    癸
           寅    卯    辰    亥
          甲丙戊  乙   戊乙癸  壬甲

行运：     戊辰   己巳   庚午
            3     13     23
           77     87     97
```

此造原命局中日主自坐强根，又得有根有源之印生，自我感觉身强力壮，身也又现癸亥旺财，自认天下之财尽可据为己有，实早支会寅卯辰木局，七杀甲木坐寅透干，财杀两旺，丁火受制逢合之岁运，必遭杀制而惹犯官灾。

实际情况，1993年申月因盗窃案入狱，1996年冬出狱。

例九：

```
            财    比    日    比
乾造：    甲    庚    庚    庚
            寅    午    辰    辰
         甲丙戊  丁己  戊乙癸  戊乙癸
```

行运：　辛未　壬申　癸酉　甲戌　乙亥　丙子　丁丑
　　　　　5　　15　　25　　35　　45　　55　　65
　　　　 19　　29　　39　　49　　59　　69　　79

此造原命局中日主虽无本气根，但坐印得生，比劫三透，身旺比劫旺，但月支为官，又得旺财之生，也可制劫抑身，故命主正常情况下，虽可劫财，却不犯官。但逢官杀透干，无印通关，或伤官明现支中的岁运，则会引发官非。1960年庚子，大运乙亥，寅亥相合，子午相冲，因劫财而惹出官灾。

实际情况，1960年因盗国库粮济民被判刑十年，执行一年多，被释放。

例十：

```
            比    劫    日    才
乾造：    戊    己    戊    癸
            申    未    戌    丑
         庚壬戊  己丁乙  戊辛丁  己癸辛
```

行运：　庚申　辛酉　壬戌
　　　　　4　　14　　24
　　　　 72　　82　　92

此造原命局中丑未戌三刑，日主身太旺，比劫林立，财星透干，却形成虚浮，食伤不能生财，故财官透干的岁运，必引发其怒性发作而有灾。

实际情况，1995年偷木材被捕，后保外就医。1995年立冬后三天入狱，判刑十年零八个月。

例十一：

	食	印	日	比
乾造：	壬	己	庚	庚
	寅	酉	戌	辰
	甲丙戊	辛	戊辛丁	戊乙癸

行运：	庚戌	辛亥	壬子
	10	20	30
	72	82	92

此造原命局中日主身太旺，食伤壬水又虚浮无根，虽可生财，却不足以泄身，局中又不现官杀，故忌官杀，不拘礼法。

实际情况，1988年因偷铜被抓获，至1994年出狱。

例十二：

	印	伤	日	枭
乾造：	己	癸	庚	戊
	酉	酉	子	寅
	辛	辛	癸	甲丙戊

行运：	壬申	辛未	庚午	己巳
	5	15	25	35
	74	84	94	04

此造原命局中身旺伤官旺，局不现财官，枭印透干，旺身为忌，却

虚浮无根，不足以抑伤官，也不足以通岁运官杀之夫，故命主不拘礼法，易犯官灾。

实际情况，1989年触犯法律被判劳改三年。1993年至1995年因盗窃又判三年。现在到处流浪、生死不明。

第三节　经济犯罪牢狱实例

例一：

```
         才    印    日    伤
乾造：   戊    壬    乙    丙
         子    戌    未    戌
         癸   戊辛丁 己丁乙 戊辛丁
```

行运：　癸亥　甲子　乙丑　丙寅　丁卯
　　　　 1 　 11 　 21 　 31 　 41
　　　　49 　 59 　 69 　 79 　 89

此造原命局中戌未相刑，日主失根，弱不受生，但局中伤官生财为忌，又坐支为财，故贪财好色之心难免，局不现官杀，易头脑发热，不计后果。1995年乙亥，大运丁卯，身伤临旺，必有胆大求财之举，但亥卯未合局不成，反引发戌未相刑，此财是动不得的，实际中的官杀也必会因财动伤其根而制命主之身的。

实际情况，1995年八月被捕入狱，因经济问题判刑三年，监外执行。

例二：

```
         伤    官    日    杀
乾造：   癸    丁    庚    丙
         丑    巳    戌    子
        己癸辛 丙戊庚 戊辛丁  癸
```

行运： 丙辰　乙卯　甲寅
　　　　 3　　 13　　 23
　　　　76　　 86　　 96

此造原命局中日主身弱，官杀混杂，却伤官透干，官灾难免。1998年戊寅，大运甲寅，戊癸合，枭神制伤，旺财生官杀，如日主生取财恋色之心，必惹官非受制。

实际情况，1998年因贪污坐牢。

例三：

　　　　杀　　印　　日　　伤
乾造：壬　　乙　　丙　　己
　　　午　　巳　　寅　　丑
　　　丁己　丙戊庚　甲丙戊　己癸辛

行运： 丙午　丁未　戊申　己酉　庚戌
　　　　8　　18　　28　　38　　48
　　　 50　　60　　70　　80　　90

此造原命局中身旺食伤旺，喜财而局不现财，官杀壬水又虚浮无根，反被印化生身，故命主必贪财傲物，法律意识淡薄，易因食伤制杀为忌而犯官灾。丁未大运，甲辰流年，都是身伤旺地，伤官无泄，必胡作非为非犯官。

实际情况，1964年因贪污公款被判刑十年入狱。

例四：

　　　　比　　杀　　日　　印
乾造：戊　　甲　　戊　　丁
　　　申　　寅　　辰　　巳
　　　庚壬戊　甲丙戊　戊乙癸　丙戊寅

行运：乙卯　丙辰　丁巳　戊午
　　　　2　　12　　22　　32
　　　70　　80　　90　　00

此造原命局中月杀时印，身杀印各坐强根，鼎足而立，日主虽是身旺，但印星生身有力，却化杀力微，好在寅申相冲，七杀有制，但逢丁火逢合或受制的岁运，日主易遭杀制。局中无财，又比肩透干，这种命局的人，身旺时必重财轻义，逢财星透干的岁运，必因劫财而犯官灾。

实际情况，1993年因经济问题惹官司而被判刑四年，1997年出狱。

例五：

　　　　　伤　　劫　　日　　杀
乾造：乙　　癸　　壬　　戊
　　　　巳　　未　　申　　申
　　　丙戊庚　癸　　丁巳　丙戊庚

此造原命局中日主虽无本气根，却坐旺印，又比劫透干，故常有贪财好色之心，又有伤官透干，七杀又坐印，戊癸作合，故又胆大妄为，行事无所顾忌。但毕竟有癸未同柱，戊土近身的组合，如作奸犯科则易犯官灾。

实际情况，1986年坐牢六个月，1988年公安没抓住，1990年判九年，1996年提前释放，1997年诈骗钱财，1998年又骗钱跑了，1999年3月杀人又逃。

例六：

　　　　　官　　枭　　日　　官
乾造：乙　　丙　　戊　　乙
　　　　巳　　戌　　申　　卯
　　　丙戊庚　戊辛丁　庚壬戊　乙

行运： 乙酉　甲申　癸未　壬午
　　　　4　　14　　24　　34
　　　　69　　79　　89　　99

此造原命局中年官乙木生印，印又生身，日主身旺，而时柱乙卯干支一气，官也不弱。坐支食伤气势克卯，喜用相战，财星不现，身旺财透的岁运，必会因财犯官。

实际情况，1992年十月因贪污一万多元判刑六年。

例七：

```
         劫    官    日    才
乾造： 辛    丁    庚    乙
         亥    酉    子    酉
         壬甲  辛    癸    辛
```

行运： 戊戌　己亥　庚子　辛丑
　　　　7　　17　　27　　37
　　　　78　　88　　98　　08

此造原命局中日主身旺，比劫透干，财星无根，官星虚浮，贪财之心常有，且法津意识淡薄，岁运遇财必巧取豪夺而犯官。

实际情况，1994年十一月二十二日（丙子月甲申日）因经济问题入狱至今。

例八：

```
         财    印    日    枭
乾造： 丙    辛    壬    庚
         辰    丑    辰    子
      戊乙癸 己癸辛 戊乙癸 癸
```

行运：壬寅　癸卯　甲辰
　　　　0　　　10　　　20
　　　　77　　87　　　97

此造原命局中日主在四个地支均有通根，又得枭印之生，且无官杀透干，日主自我感觉必是身强力壮，实则两辰一丑中虽有其根，但毕竟是其官杀，且壬水坐辰墓，官杀近身，形影相随，逢财官增旺或印星受损的岁运，如日主不能自我约束而无视礼法的话，必受官方之制。

实际情况，1997年因贪污受贿而被判六年刑。

例九：

　　　　财　　　杀　　　日　　　印
乾造：辛　　　癸　　　丁　　　甲
　　　亥　　　巳　　　酉　　　辰
　　　壬甲　丙戊庚　辛　　戊乙癸

行运：壬辰　辛卯　庚寅
　　　　2　　　12　　　22
　　　　73　　83　　　93

此造原命局中巳亥相冲，癸巳同柱，日主伤根，虽有甲印之生，也为身弱，而局中辰酉相合，巳酉半合，辛亥同柱，辛癸相邻，财杀两旺，丁癸相冲，七杀制身而无食伤制，日主又坐财星为忌，故身旺之时易因同犯官。

实际情况，1997年因挪用公款被判六年。

例十：

　　　　印　　　财　　　日　　　杀
乾造：丙　　　癸　　　己　　　乙
　　　午　　　未　　　亥　　　丑
　　　丁己　己丁乙　壬甲　己癸亥

行运： 甲午　乙未　丙申　丁酉
　　　　 9　　 19　　 29　　 39
　　　　75　　85　　 95　　 05

此造原命局中日主身旺坐财，也为杀之根，又有旺印生身，故胆子大，然而七煞近身相克，印星只能生身，却不能化杀，且有巳亥相冲的组合，易财星坏印。1996年丙子，大运丙申，亥子丑会水局冲掉印星之根，杀旺制身。

实际情况，1995年因贷款损失二十万元，被捕入狱；1996年判有期徒刑二十年。

第四节　暴力伤害牢狱实例

例一：

```
         杀     印     日     枭
乾造：  甲     丁     戊     丙
        寅     卯     辰     辰
      甲丙戊   乙   戊乙癸  戊乙癸
```

行运： 戊辰　己巳　庚午
　　　　3　　13　　23
　　　 77　　87　　97

此造原命局中日主自坐强根，又得枭印之生，自觉身旺，易胆大妄为，但局中寅卯辰会木局，甲木坐寅透干，杀也不弱，逢枭印被合，受制之岁运易遭官灾。

实际情况，1992年打架用刀伤人，判死缓。

例二：

```
        食    财    日    食
乾造：  戊    庚    丙    戊
        戌    申    戌    子
       戊辛丁 庚壬戊 戊辛丁 癸

行运： 辛酉  壬戌  癸亥  甲子
        1    11    21    31
       59    69    79    89
```

此造原命局中日主虽坐支通根，但毕竟是坐墓泄身，在局中无生无助，身弱不担财，财旺必生官杀制身，身弱服官杀便相安无事，而局中却食神旺透，食多为伤，且有戊子同柱的组合，岁运遇官杀必引发官伤交战，日主受苦。命主十一岁后即行官杀运，身弱又不服官，必官非连连。

实际情况，因帮人打架，13岁入狱，后接连入狱。

例三：

```
        食    比    日    枭
乾造：  甲    壬    壬    庚
        辰    申    寅    戌
       戊乙癸 庚壬戊 甲丙戊 戊辛丁

行运： 癸酉  甲戌  乙亥
        6    16    26
       70    80    90
```

此造原命局中日主虽无本气根，但壬水两透，又得旺印之生，仍属偏旺，理论上食伤官杀都为喜用，然局中寅申相冲，枭神夺食，甲夺同柱，食神制杀，喜用要战，年时两柱也是天冲地冲，食不泄身，官不制劫，这种命局的命主，必胆大妄为，遇身旺食伤旺，或官杀增力，食伤与官杀交战的岁运，易犯官灾。

实际情况，1982年因伤人致残被抓，判刑二十年。1996年减刑释放。

例四：

	食	才	日	财
乾造：	甲	丁	壬	丙
	辰	卯	午	午
	戊乙癸	乙	丁己	丁己

行运： 戊辰　己巳　庚午　辛未
　　　　1　　11　　21　　31
　　　　65　　75　　85　　95

此造原命局中食伤财旺，日主虚浮无根，弱极从财。但在组合上，卯辰相邻半会不成，且辰上坐甲，食伤制杀，成为隐患，在日主得生得助得根的岁运，必然想独立不从而妄为犯官，如力量不足以敌财官，则必受官制。

实际情况，1993年闰三月初五（癸酉年丙辰月丁丑日）参与杀人作案，被拘留，判七年有期徒刑，2000年三月刑满。

例五：

	官	食	日	官
乾造：	戊	乙	癸	戊
	申	卯	巳	午
	庚壬戊	乙	丙戊寅	丁己

行运： 丙辰　丁巳　戊午
　　　　4　　14　　24
　　　　72　　82　　92

此造原命局中日主太弱，但食伤与官杀两旺，同透相战，必常犯官司口舌，每逢身旺食伤旺的岁运，而无财星引化，或遇官杀旺的岁运而无印星引化，则必生是非。

实际情况，1984年打架伤人进少管所。1993年官司，1996年丙子再伤人坐牢。

例六：

	杀	比	日	印
乾造：	乙	戊	戊	丁
	卯	子	子	巳
	乙	癸	癸	丙戊庚

行运：	丁亥	丙戌	乙酉
	0	10	20
	75	85	95

此造原命局两子刑一卯，旺财生官，官星乙卯干支一气，对日主具有威摄之力，日主虽得旺印生，但坐支截脚，根气不通而不受生，又由于组合上官印相远，印星不能化官，日主却自恃印旺，又有比肩透干，自我感觉身强力壮，在财官旺的岁运必因无视官而遭官制。

实际情况，1995年一月十八日晚亥时用小刀将人刺死，判十二年徒刑。

例七：

	比	劫	日	比
乾造：	壬	癸	壬	壬
	子	丑	寅	寅
	癸	己癸辛	甲丙戊	甲丙戊

行运： 甲寅　乙卯
　　　　10　　20
　　　　82　　92

此造原命局中因比劫多旺而身强食伤重，月支丑土为官，但寅丑暗合食伤制官，子丑相合反化水，局中不现财星，官不足以制劫抑身，这种命局的命主必目无王法，全无礼法，贪财忘义，逢丙星透干的岁运，必劫财犯官，不管命局中的官星如何弱，而实际总是要受官制的。

实际：1996年在广州杀人劫财，1997年被捕，1998年判死刑，后被改判死缓。

例八：

　　　　劫　　才　　日　　杀
乾造：戊　　壬　　己　　乙
　　　申　　戌　　卯　　亥
　　　庚壬戊　戊辛丁　乙　　壬甲

行运：癸亥　甲子　乙丑　丙寅
　　　　1　　11　　21　　31
　　　69　　79　　89　　99

此造原命局中日主坐杀，虽有戌土为根，却不通气，时干乙木七煞虎视眈眈，且亥卯合杀克戌制身，而年干劫财贪生又贪财，并不帮身，故身弱杀强，又无印星引化，这样的命局，日主身弱时必常被人欺，岁运稍得生扶，便想制人，且胆大妄为，是其特性，但毕竟七煞近身，终被杀制。

实际情况，1986年丙寅年，四月初四（癸巳月丙辰日），他将与母亲打架的人杀伤，四月十二日（癸巳月甲子日）被抓，判无期徒刑。

例九：

乾造：
枭	比	日	官
甲	丙	丙	癸
申	子	午	巳
庚壬戊	癸	丁己	丙戊寅

行运：
子丑	戊寅	己卯	庚辰	辛巳
10	20	30	40	50
54	64	74	84	94

此造原命局中日主自坐羊刃，丙火丙透，又得甲木生，但甲木坐申，子午相冲，暗财生暗杀，且癸水透干，这种命局的人，总感到受人制，常处在压抑之中又不服气，稍遇身旺的岁运，便要做出失去理性的反抗之举而惹犯官灾。

实际情况，1995年二月廿九（乙亥年己卯月己未日），因复仇而犯爆炸罪判刑四年。

例十：

乾造：
比	官	日	财
乙	庚	乙	己
卯	辰	未	卯
乙	戊乙癸	己丁乙	乙

行运：
己卯	戊寅	丁丑
5	15	25
80	90	00

此造原命局中比强日主旺，在四个地支均有根，而官星庚金无本气根，只是坐辰得生，但卯辰半会木，卯未半合木，实际是群比劫财，欲断官之源，且乙庚作合，此局之命主必恃强无恐，胆大妄为，再遇身旺之岁运，必因劫财而犯官。

实际情况，1996年四月因抢劫罪被判处四年半有期徒刑。

例十一：

	比	比	日	杀
乾造：	庚	庚	庚	丙
	戌	辰	午	戌

行运：	辛巳	壬午	癸未
	5	15	25
	75	85	95

此造原命局中日主身旺，比劫林立，财星不现，故命主劫财之心常有。然庚金坐午邻丙，七杀近身相克，印星不能通关，故命主稍有不轨行为，即会犯官受制。

实际情况，1990年伤人致残被判刑十年。

例十二：

	财	伤	日	劫
乾造：	癸	庚	己	戊
	丑	申	丑	辰
	己癸辛	庚壬戊	己癸辛	戊乙癸

行运：	己未	戊午	丁巳
	4	14	24
	77	87	97

此造原命局中身旺比劫旺，伤官自坐强根，而不现官星，这种人必恃强傲物，目无法纪。局中食伤虽可生财，但癸水坐丑月有戊癸合的组合，如逢比劫旺透，食伤被合的岁运，必然会因争财或女人而招惹官灾。局中不现官杀，而实际中官杀是无时无处不在的。

实际情况，1993年二月十九日（癸酉年乙卯月辛卯日）用刀将人刺死，判刑八年。

例十三：

```
         劫    官    日    比
四柱：   辛    官    日    比
         酉    酉    子    辰
         辛    辛    癸    戊乙癸
```

乾造：丙申　乙未
　　　 4　　14
　　　84　　95

此造原命局中日主太旺，可顺不可逆，故命主决不甘心受欺压，也受不得半点气，岁运一见财官，必犯其怒性而招灾惹祸。

实际情况，1999年三月十四日中午（己卯年戊辰月辛亥日）被几位同学围攻殴打数次，被迫自卫对几位同学连捅几刀，当事人抢救无效死亡，命主当日被捕。

例十四：

```
         官    伤    日    伤
坤造：   庚    丙    乙    丙
         子    戌    丑    戌
         癸    戊辛丁 己癸辛 戊辛丁
```

行运：乙酉　甲申　癸未　壬午
　　　 7　　17　　27　　37
　　　67　　77　　87　　97

此造原命局中日主虚浮无根，为身弱，财官为忌。1990年庚午，大运癸未，癸水本可化官生身，但两庚合克，不得脱身，便会有不理智的反抗举动，而丑未戌三刑，又使庚官失根，流年又为火之旺地，故官星有伤，但实际的官杀是必然要制身的，故有害夫之举又遭遇官灾。

实际情况，1990年6月与父亲合谋杀丈夫入狱，1998年出狱。

例十五：

乾造：
	官	劫	日	枭
	戊	壬	癸	辛
	申	戌	亥	酉
	庚壬戊	戊辛丁	壬甲	辛

行运：辛酉　庚申　己未
　　　 6　　 16　　 26
　　　74　　 84　　 94

此造原命局中日主自坐强根，得旺印生，支中申酉戌会金局，比劫又透干，日主太旺，且戊土坐申，官杀制劫力微，故命主必气壮而目无礼法，不服管束，不容人欺，己未大运是杀旺之期，逢戊寅流年，食伤临旺地而犯官。

实际情况，1998年阳历四月三日即戊寅年乙卯月庚辰日因杀人判刑一年。

例十六：

乾造：
	财	劫	日	伤
	己	甲	乙	丙
	未	戌	亥	子
	己丁乙	戊辛丁	壬甲	癸

行运：癸酉　壬申
　　　 9　　 19
　　　88　　 98

此造原命局中日主无本气根，只是坐印得生，虽有比劫透干，但戊未相刑，甲己合化土，比劫并不帮身，财旺身弱，但局不现官杀，又伤官透干，命主和好争夺打斗，目无法纪。九八戊寅，大运壬申，岁运天克地冲，寅合亥而冲申，命主必因气旺而犯官。

实际情况，1998年六月把人打残废而入狱。

第五节　其他犯罪牢狱实例

一、强奸坐牢实例

例一：

```
        官   官   日   官
乾造：   甲   甲   己   甲
        子   戌   卯   子
        癸   戊辛丁 乙   癸
```

行运：	乙亥	丙子	丁丑	戊寅	己卯	庚辰	辛巳
	4	14	24	34	44	54	64
	28	38	48	58	68	78	88

此造原命局中官多为杀，且坐下也为杀，卯戌合，根受伤，弱极从官，如在岁运得牛得助得根而又无印星通关时，会即生独立之心而求财色，必受官杀之制而惹犯官灾。1957年丁酉，运在丁丑，日主临旺，但丑戌刑，丁火不能通关，卯酉冲，故犯官受制。

实际情况，1957年因男女关系被判刑十二年。

例二：

	比	比	日	印
乾造：	辛	辛	辛	戊
	丑	丑	亥	子
	己癸辛	己癸辛	壬甲	癸

行运： 庚子 己亥 戊戌 丁酉
　　　　2　　12　　22　　32
　　　　63　　73　　83　　93

此造原命局日主无本气根，却比劫林立，又得旺印生，身旺喜克泄耗，然局中却不现财官，亥子丑会水又不成，劫旺无以发泄见财必夺，且无视法纪，故极易在财或女人身上惹犯官非。

实际情况，1987年犯强奸罪，判刑十三年，1995年乙亥减刑出狱。

例三：

	印	官	日	比
乾造：	戊	丙	辛	辛
	戌	辰	未	卯
	戊辛丁	戊乙癸	己丁乙	乙

行运： 丁巳 戊午 己未 庚申
　　　　4　　14　　24　　34
　　　　62　　72　　82　　92

此造原命局中辰戌未相刑冲，旺印生身，虽无本气根也终是身旺，喜财而时辛坐卯，有财易被他人所夺，故命主必贪财好色，而官星丙火尽被戊辰化泄，且丙辛作合，故命主法纪意识淡薄，易因财色而惹犯官灾。

实际情况，1997年四月被人借去六万元，债务人逃跑。丑月在外县因强奸未遂被关了几天。1998年丑月被抓，判刑四年（因1997年事）。

例四：

```
          杀      伤      日      财
乾造：    庚      丁      甲      戊
          戌      亥      寅      辰
        戊辛丁  壬甲   甲丙戊  戊乙癸

行运：  戊子    己丑    庚寅
         2      12      22
         72     82      92
```

此造原命局中，日主甲木自坐强根，又有寅亥合，寅辰半会的组合，庚金被丁火阻隔，日主便觉得天下之财或女人尽可为自己所有，实际上丁火坐亥，是不足以制住官杀的。九一辛未，大运己丑，岁运命丑未戌三刑，刑财旺官，必有刑罚之事。

实际情况，1991年辛未七月丙申廿三日甲戌强奸幼女被拘留，判刑十年。至2001年八月初三刑满。

二、拐卖人口坐牢实例

例一：

```
          比      劫      日      枭
乾造：    壬      癸      壬      庚
          子      卯      戌      戌
          癸      乙    戊辛丁  戊辛丁

行运：  甲辰    乙巳    丙午
         1      11      21
         73     83      93
```

此造原命局中日主坐杀，但得印生，比劫又旺，卯戌合克，喜用相战，喜财而局中无财，在身旺财透的岁运，命主必会因财或女人而犯官。

实际情况，1993年八月十一日（癸酉年辛酉月庚戌时）因拐卖妇女被判刑五年。

例二：

```
         食    比    日    财
乾造：   丁    乙    乙    己
         亥    巳    卯    卯
        壬甲  丙戊庚   乙    乙

行运：  甲辰  癸卯  壬寅  辛丑  庚子
         10    20    30    40    50
         57    67    77    87    97
```

此造原命局身旺，比肩透干，财星遭劫，官杀不现，食伤受制，这种命局的人，必然会目无法纪，为争财而不计后果。运到辛丑，七杀透干，如有违法乱纪的行为，很易犯事。1994年甲戌，劫财又透，且甲己做合，必争财而犯官灾。

实际情况，1994年五月十一日（甲戌年庚午月丙子日），因拐卖儿童判刑五年。

三、时代背景的牢狱

例一：

```
         印    劫    日    杀
乾造：   甲    丙    丁    癸
         戌    寅    巳    卯
        戊辛丁 甲丙戊 丙戊庚   乙

行运：  丁卯  戊辰  己巳  庚午  辛未  壬申
         6     16    26    36    46    56
         40    50    60    70    80    90
```

此造原命局中日主身旺比劫旺，喜财而局中无财，易与人争财斗色，而局中癸水无根，又贪生卯木，无力制身，必轻视法纪。且丁癸相冲，七杀却制身而不制劫，如合伙作奸犯科，总是命主受制而他人却可逃脱罪责。1958年戊戌，大运戊辰，岁运相冲，伤官制掉官杀，必胆大妄为，而实际中的官杀是制不掉的，必有官灾。

实际情况，1958年九月蒙冤入狱，家破人亡。

例二：

	枭	印	日	生
乾造：	癸	壬	乙	丙
	亥	戌	亥	子
	壬甲	戊辛丁	壬甲	癸

行运：	辛酉	庚申	己未	戊午	丁巳	丙辰	乙卯
	7	17	27	37	47	57	67
	30	40	50	60	70	80	90

此造原命局中日主虽无本气根，但得旺印生，故智高胆大，局不现官杀，却透伤官，缺点是常常不把官方和上司放在眼里，但局中有壬戌同柱的组合，易财星坏印，如岁运枭印因合或受制，再行事放肆，则易犯官灾。

实际情况，1949年当兵，任侦察员，解放后历任县政府科长、局长。1962年被打成"反革命"，判刑劳改。1970年释放回家受制为"四类分子"。1980年获得平反恢复工作。

例三：

	官	印	日	食
乾造：	丙	戊	辛	癸
	辰	戌	卯	巳
	戊乙癸	戊辛丁	乙	丙戊庚

行运： 己亥　庚子　辛丑　壬寅　癸卯　甲辰　乙巳
　　　　6　　16　　26　　36　　46　　56　　66
　　　　22　　32　　42　　52　　62　　72　　82

此造原命局中日主无本气根，却得旺印化官生身，干中组合为顺生，本是好命，但官星丙火离巳根太远，又被辰化泄，官不抑身，日主坐财，食伤无根，不能生财，反伤官星，帮命主身旺时，必为富不仁。壬寅大运，为财官的旺地，寅卯辰会木局克伤戌土，刑旺巳火，又干透壬水，伤官见官，戊土不能通关，故有官灾。

实际情况，曾因地主成分坐过十三年牢。

例四：

　　　　杀　　杀　　日　　劫
乾造：　己　　己　　癸　　壬
　　　　丑　　巳　　卯　　戌
　　己癸辛　丙戊庚　　乙　　戊辛丁

行运：　戊辰　丁卯　丙寅　乙丑　甲子
　　　　2　　12　　22　　32　　42
　　　　51　　61　　71　　81　　91

此造原命局中虽壬癸两透，但虚浮无根，又不得印生，故而身弱，局中官杀太旺，日主却不但因有比劫透干而不从杀，反而坐下卯木食神制杀，命主必在身旺或食伤增力的岁运中，不服压抑，忘乎所以，以卵击石，引发官杀制身。

实际情况，1975年有官司，因此被判四年。

四、其他情况的牢狱实例

例一：

```
         杀    官    日    伤
乾造：   壬    癸    丙    己
         寅    丑    子    丑
       甲丙戊  己癸辛  癸  己癸辛

行运： 甲寅   乙卯   丙辰   丁巳
        1     11     21     31
       64     74     84     94
```

此造原命局身弱伤官旺，却又官杀混杂，局不现财星，似这种命局的命主是不可以刻意求财好色的，何况坐下为官，有近难化。丁巳大运是比劫旺运，丁壬相合，杀不制身，命主便肆无忌惮巧取豪夺。但即使是老虎打盹，也总有醒的时候，更何况岁运并无财，在食伤的刺激下，怎能不被察觉有不轨行为？故官灾难免。

实际情况，1998年与人合伙犯罪，因命主没直接参与作案，故其余案犯1998年上半年被抓坐牢，唯命主安然无恙。直至1999年二月廿二日（丁卯月庚寅日己卯时）被逮捕入狱。

例二：

```
         枭    杀    日    枭
乾造：   庚    戊    壬    庚
         子    子    辰    子
         癸    癸   戊乙癸  癸

行运： 己丑   庚寅   辛卯   壬辰
        2     12     22     32
       62     72     82     92
```

此造原命局中日主太旺，仗恃有印相生，必无视官杀，反映到生活实际当中，就是不服上级领导，不愿受纪律约束。但壬水毕竟坐辰近戊，七煞近身相克，而印星庚金又虚浮无根，只能生身而不能化杀，如一意孤行，必受制裁，1978年戊午，大运庚寅，子午相冲，引发戊杀制身，而庚金仍不足以通关，反使寅木不能克辰而去拱午火，故有官灾。

实际情况，1978年有短期牢狱之灾。

例三：

	比	劫	日	官
乾造：	壬	癸	壬	己
	子	丑	寅	酉
	癸	己癸辛	甲丙戊	辛

行运： 甲寅　乙卯
　　　　10　　20
　　　　83　　92

此造原命局中比劫旺而身强官弱，坐支寅木食伤又制官，喜用相战，在身旺财透的岁运，必会破财犯官。

实际情况，1996年二月廿八日（丙子年壬辰月壬午日），因交通事故被判刑二年。

例四：

	财	才	日	比
乾造：	戊	己	甲	甲
	申	未	午	戌
	庚壬戊	己丁乙	丁己	戊辛丁

行运： 庚申　辛酉　壬戌　癸亥
　　　　5　　15　　25　　35
　　　　73　　83　　93　　03

此造原命局中虽甲木双透，却虚浮无根，又无印生，故身弱财旺，弱不担财，但官星不透干，身虽弱而不受制，故逢身稍转旺的岁运，必然会发生比劫劫财而犯官的事。

实际情况，1985年坐牢，1989年出狱，1996年犯案跌伤左脚。

例五：

```
           才    杀    日    官
乾造：     乙    丙    庚    丁
           卯    戌    子    丑
           乙   戊辛丁  癸   己癸辛
```

行运： 乙酉　甲申　癸未
　　　　4　　14　　24
　　　　79　　89　　99

此造原命局中身弱财旺，又官杀混杂，偏偏日主又坐下为食伤，易犯官灾是非。1994年甲戌，大运甲申，官杀增力，伤官也增力，故有官灾。

实际情况，1994年与抢劫事件有牵连而入狱，后破财消灾。1996年十一月由于1994年案事关重大，又重新入狱，至1999年四月九日才出狱，因劳动表现好，减刑九个月。

例六：

```
           才    财    日    印
乾造：     壬    癸    己    丙
           子    丑    巳    寅
           癸   己癸辛  丙戊庚  甲丙戊
```

行运：甲寅　乙卯　丙辰
　　　 1　　 11　　 21
　　　73　　 83　　 93

此造原命局中日主身旺，杀不制身反生印，此种命局之人往往胆大，行事无所顾忌，但毕竟局中财旺可制印，在官杀暗旺透干而印不能通关的岁运中，就会招惹官灾是非。

实际情况，一九九四年十一月初四（甲戌年乙亥月丙寅日）入狱。

例七：
　　　　　 比　　 财　　 日　　 食
乾造：丙　　 庚　　 丙　　 戊
　　　 辰　　 寅　　 申　　 子
　　　戊乙癸　甲丙戊　庚壬戊　　 癸

行运：辛卯　壬辰
　　　 6　　 16
　　　83　　 93

此造原命局中庚寅同柱，寅申相冲，财星坏印，日主伤根身弱，却有比肩透干，身旺时必争财斗色，但支中有申子辰合官局的组合，子水官星又被食神戊土盖头，无论身旺官旺食伤旺，如行为不轨，必定惹犯官非。1994年甲戌，大运壬辰，岁运相冲，七杀透干，枭神夺食，故有牢狱之灾。

实际情况，一九九四年十二月因贪财抢劫，判十一年徒刑入狱。

 岁荣通鉴(下)

例八：

乾造：
杀	伤	日	和
己	甲	癸	丙
亥	戌	未	辰
壬甲	戊辛丁	己丁乙	戊乙癸

行运： 癸酉　壬申　辛未　庚午　己巳
　　　　6　　16　　26　　36　　46
　　　　65　　75　　85　　95　　05

此造原命局中日主身弱坐杀，且丑未戌相刑冲，局无印星化解，又伤官透干制官合杀，逢身旺的岁运必犯官杀而致灾。1984年甲子，大运壬申，申子辰会水局，两甲制杀，而实际生活中的官杀是制不得的，故有牢狱之灾。

实际情况，1984年入狱，1990年出狱。

例九：

乾造：
劫	劫	日	劫
癸	癸	壬	癸
卯	亥	午	卯
乙	壬甲	丁己	乙

行运： 壬戌　辛酉　庚申
　　　　9　　19　　29
　　　　72　　82　　92

此造原命局中身旺坐财，亥卯合，食伤可生财，但比劫林立，局中又不现官杀，必好财色而又目无法纪，逢财星透干的岁运，必群比争财而犯官灾。

实际情况，1993年春后做过非法生意，1996年被抓，1997年9月出狱，破产100万元左右。

345

第十章 生死之灾析断点窍

第一节 寿夭生死析断要点

华夏祖先所创的古老科学认为，世间的一切都是由金木水火土五行所构成，人体也不例外，而且更得五行之全，所以贵为万物之尊。

一个人的四柱，不仅表明了一个人的五行构成情况，其五行的阴阳、干支的排列组合及相互间的相生相克，更生动而形象地表明了一个人的生机强弱。生生不息则健康无虞，局部停滞则或病或灾，完全停滞则非死即废。故四柱预测是可以揭示人的生死之灾的。

从大的方面来区分，人的死亡可分为正常死亡和非正常死亡两大类。对正常死亡，人们已不必再去问一个为什么了，我们所要研究的是那些令人遗憾的、不应该的，而又可以问一下是否可以避免的非正常死亡。

细分起来，非正常死亡的种类是相当繁杂的：有的是自杀，有的是他杀，有的是被处死，有的是因病而亡；有的是因伤而亡，有的是遭遇天灾；有的是遭遇人祸，有的死于火灾；有的死于溺水，有的死于交通事故；有的死亡是自酿杀机，有的是遭受池鱼之殃；有的死在情理之中，有的死于意外事故……

几乎是所有的命理书中都提到了"富贵贫贱吉凶寿夭"八个字，我们现在所讨论的死亡课题，就涉及"寿夭"二字。

现代人的生活条件较古人已有相当大的改善，医疗卫生事业已相当普及和发达。世界卫生组织近期公布的数字表明，现代人的平均寿命为75岁左右，这可以作为现代界定寿夭的重要参考。但发达国家与发展中国家的差异很大，繁华都市与穷乡僻壤的差别也很大，且与医疗卫生事业的发展相对应的，现代疾病的种类和不治之症也在迅猛增加。

四柱命理学是可以预测生死之灾的。古人对这方面的研究是非常重视的，但正统的命理书籍，虽然都涉及"寿夭"二字，但大都是对富贵贫贱、吉凶祸福、财官运、伤病灾及子嗣、婚姻做详细论述，而对生死之灾的预测都是一带而过，或只做笼统的论述，而没有详细的交代。

在四柱预测中，死亡的信息与与伤病灾的信息是有其共同点的，都不外乎如下几种情况：

1. 日主或某五行在岁运中遇重克而受制。

2. 日主或某五行弱不受生，在岁运中又遇旺生，遭反克而受制，如土多金埋，水大木漂等。

3. 日主或某五行本弱，在岁运中又被旺食旺伤化泄而受制。

4. 日主或某五行太旺，在岁运中又增其旺势，无制无泄，变得旺无所依。

5. 日主或某五行太弱，全赖另一五行（印星）之生，在岁运中生其之五行（印星）受制。

6. 日主或某五行为干时，弱而不能独立，在岁运中又被忌神合克，不得外援，又不得化。

所不同的是：

1. 提取伤病灾信息时，四柱中的各个五行干支都要看，而在提取死亡信息时，只看日干的处境。

2. 日主或某五行虽在岁运受制，但命局仍有生机则只能断灾而不能断亡；只有日主或某五行在岁运受制后，原命局的生机完全停滞，才可断死。

3. 仅凭命、岁、运三柱，只能断灾，而不可妄断死亡，只有参断流月流日两柱后，才可定论为死亡。

4. 只有岁运都为忌时，才有死亡之虞，如大运不为忌，流年再凶，也不至于导致死亡之灾。

在古人论述死亡之灾的诸书中，可以奉为经典的，当数《滴天髓》中的"何知章"。书云："何知其人夭？气浊神枯了。"

何谓气浊？

1. 日主失令，月悖，时脱。即日主在月令无气，月令反为忌神；在时支也无根气，或时支之根之印被坐干盖头，或被他支刑冲；如果日主坐下为截脚的话，即使在时支通根也不通气。

2. 提纲与时支不照，年支与日支不合。即四个地支成战局，非冲即刑或相害，极不稳定。

3. 喜冲而不冲，忌合而反合。即喜用神逢合，难以发挥作用；而忌仇神却在局中无所顾忌，得志便猖狂。

4. 日主太弱而印太旺，弱不受生，虚不受补。

5. 干支组合无情。局中虽有生扶，却远离日主，而不得其力；日主虽有根，却被坐支阻隔而不通气；喜用被盖头截脚；仇忌神却近身为害。

6. 命局五行偏枯，形不成相生相克的链条，难以维持平衡，岁运为忌时的抗打击能力、应变能力极差，易大起大落。

何谓神枯？

1. 日主太旺而无泄，日主太弱而无生扶。即原命局无用神。

2. 用神浅薄。即用神虚浮无根而无生克能力；或用神深藏而遭刑冲；或用神太弱而无喜神相辅；或用神被合为闲忌仇。

3. 精流气泄。即身弱用印而局中财星坏印，或印生比劫而不生身；身弱无印而食伤重叠，旺泄日主；或用比劫而比劫却贪生食伤而不帮身。

4. 湿而滞，燥而郁。即金寒水冷土湿，火炎土燥而木枯，无调候用神。

5. 行运反逆，即大运干支与喜用无情，即与忌神结党，助纣为虐。

6. 从组合上讲，日主被忌神包围，局中虽有喜用，却远水不解近渴，旺鬼克身在前，而生扶在后。

7. 原命局无用神，大运出现用神时却弱而受制。

第二节　疾病死亡之灾实例

例一：

```
         食   比   日   印
乾造：   乙   癸   癸   庚
         巳   未   巳   申
       丙戊庚 己丁乙 丙戊庚 庚壬戊
```

行运：　壬午　辛巳　庚辰
　　　　10　　20　　30
　　　　75　　85　　95

此造原命局中日主癸水虽坐巳截脚，但巳申合水得化，又得旺印生，日主太旺，以乙木泄身为用，然乙木虚浮无根，用神浅薄，非长寿之人。实际情况，此人一生支气管炎相伴。1993年（癸酉）死亡。

例二：

```
         官   印   日   杀
乾造：   甲   丙   己   乙
         辰   寅   亥   丑
       戊乙癸 甲丙戊 壬甲 己癸辛
```

行运：　丁卯　戊辰　己巳　庚午
　　　　5　　15　　25　　35
　　　　69　　79　　89　　99

此造原命局中官杀混杂，旺鬼克身，全赖丙印坐寅化杀生身，但丙火毕竟无本气根，一旦丙火在岁运中逢合或受制，命主就会有性命之虞。

实际情况，在1991（辛未）年死亡。

例三：

```
        比      劫      日      劫
坤造：  乙      甲      乙      甲
        未      申      亥      申
       己丁乙  庚壬戊   壬甲   庚壬戊

行运：  乙酉    丙戌    丁亥    戊子
         9      19      29      39
        64      74      84      94
```

此造原命局日主太旺，克不得，而只能用火顺泄，然局中都无明火，支中又官杀两现，气浊神枯，是为无寿之人。丙戌大运，用神丙火透干，却坐下墓库，逢己未流年，亥未合，戌未刑，土旺火郁，至辛未月，丙辛做合，喜用相战，群比劫财，旺无所依而灾至。

实际情况，1979年六月（辛未）患白血病，医治无效身亡。

例四：

```
        印      杀      日      印
乾造：  戊      丁      辛      戊
        午      巳      卯      子
       丁己   丙戊庚    乙      癸

行运：  戊午    己未    庚申
         3      13      23
        81      91      01
```

此造原命局中辛金虚浮无根，日主太弱而印太旺，虚不受补，从位置组合上讲，虽然是杀印相生，但七杀近身，杀制身在先，印生身在后。用比劫而支中巳午半会，即使岁运得助，也难有立足之地，气浊神枯，岁运从杀，反倒无事，一旦得根，即受火制，非长寿之人。

实际情况，13岁得白血病。1993年九月十七日（癸酉年壬戌月乙酉日）晚死亡。

例五：

```
         食      杀      日      食
坤造：  乙      己      癸      乙
        巳      卯      酉      卯
       丙戊庚   乙      辛      乙

行运：庚辰   辛巳   壬午
       5     15    25
      70     80    90
```

此造原命局中日主癸水虚浮无根，但坐酉为印，又从不了，以酉为用，但局中两卯冲一酉，用神浅薄，又运行南方，故非长寿之人。

实际情况，1994年甲戌年五月因发高烧打青霉素过敏，抢救无效而亡。

例六：

```
         印      官      日      劫
乾造：  甲      壬      丁      丙
        寅      申      酉      午
       甲丙戊  庚壬戊   辛     丁己

行运：癸酉   甲戌
       5     15
      79     89
```

此造原命局中丁壬合木向火，引通了甲寅丙午二柱，火太旺宜泄却局无食伤，不宜见财官，却明现申酉二金克之不绝，故整个命局是金木火三五行在混战，气浊神枯，非长寿之人。甲戌运，寅午戌合成火局，申酉与也成金局，战事愈演愈烈，至丙子年，子午相冲，犯火怒，故患血病。

实际情况，1996年患白血病。1997年亡故。

例七：

```
        才      食      日      伤
乾造：  癸      庚      戊      辛
        亥      申      子      酉
       壬甲   庚壬戊   癸      辛
```

行运：乙未
          7
         90

此造原命局中日主虚浮无根，身弱无印而食伤重叠，只能从儿，局中食伤旺而生旺财，应为富命。但此局食伤太旺，一怕岁运逆其性，二怕日主在岁运得根，而此人初运正好逢忌，可谓时乖命蹇。

实际情况，死于1994年十月。

例八：

```
         印      才      日      劫
乾造：   庚      丙      癸      壬
         戌      戌      未      戌
        戊辛丁  戊辛丁  己丁乙  戊辛丁
```

行运： 丁亥   戊子   己丑
        3   13   23
       73   83   93

此造原命局日主虚浮坐杀，但有庚壬二干生扶，从又从不了，用比劫，壬水自顾不暇，支中四燥土相刑，根本没用神的立足之地，喜庚印，却远在天边，被丙财阻隔，气浊神枯，非长寿之人。少行水运，尚有生机，运进己丑，坐支被刑冲，大限已到，再遇流年不利，就有性命之忧了。

实际情况，1998年某夜无任何伤灾就死亡。

例九：

	食	财	日	劫
坤造：	乙	丁	癸	壬
	卯	亥	未	子
	乙	壬甲	己丁乙	癸

行运： 戊子　己丑　庚寅
　　　　2　　12　　22
　　　　77　　87　　97

此造原命局看似日主偏旺，食伤泄身得力，气壮神足，实则危要四伏：一是支合亥卯未木局得化，木太旺为命局之病，需用丁火泄，但丁火却坐亥截脚，虚不受木，又与壬合为木，用难为用；二是日主坐杀，截断根气，壬与丁合，比劫并不帮身，周遭环境全是克泄耗，纵是命局水旺，日主自身却弱不经风。庚寅运合住乙木，命局生机顿滞，丁丑年，合子克亥冲动未土，七杀制身，故亡。

实际情况，1997年十二月初十（癸丑月乙卯日）得肝腹水死亡。

例十：

	印	财	日	劫
乾造：	庚	丁	癸	壬
	戌	亥	卯	子
	戊辛丁	壬甲	乙	癸

行运：戊子　己丑　庚寅
　　　　6　　16　　26
　　　　76　　86　　96

　　此造原命局中日主太旺，不宜克抑，只宜用木，日主坐卯，看似用神得力，实则亥卯相合，子卯相刑，木不纳水，湿而滞，水冷金寒，丁火又不是以调候制庚，遇甲将被庚冲，遇乙将被庚合，气浊而用神浅薄，又少行逆命，是为无寿之人。

　　实际情况，1992年至1997年患皮肤癌。1997年二月初九（丁丑年癸卯月戊午日寅时）死亡。

例十一：

	食	枭	日	印
乾造：	丁	癸	乙	壬
	未	卯	酉	午
	己丁乙	乙	辛	丁己

行运：壬寅　辛丑　庚子　己亥
　　　　5　　15　　25　　35
　　　　72　　82　　92　　02

　　此造原命局中日主乙木虽得令通根于卯，又有壬癸二印夹生，但坐酉近杀，壬癸无根，且卯未相合，卯酉相冲，有根不通气，有印不得生，时支午可制酉，却又被壬水盖头，气浊神枯，为无寿之人。

　　实际情况，1996年患肝腹水，治愈后于1997年亥月吐血而亡。

例十二：

	财	印	日	印
乾造：	乙	戊	辛	戊
	丑	子	巳	子
	己癸辛	癸	丙戊庚	癸

行运：丁亥　丙戌
　　　 0　　10
　　　86　　96

此造原命局中辛金坐巳，子丑相合，日主形同无根，只是得旺印生，虚不受补，四柱干支皆是盖头截脚，生克无情，气浊神枯，又少行逆运，是为夭寿之人。

实际情况，1998年十月初六（戊寅年癸亥月乙亥日）突然头痛，当时未引起重视，吃了药，下午还在上学，晚上加重，于初七（丙子）早上8时30分（癸巳时）死亡。

第三节　车祸死亡之灾实例

例一：

	才	杀	日	劫
乾造：	己	庚	甲	乙
	巳	午	辰	丑
	丙戊庚	丁己	戊乙癸	己癸辛

行运：己巳
　　　 2
　　　91

此造原命局中日主弱食伤财旺而无印，用神没有容身之地，庚金坐午，杀伤火拼，无论谁在岁运中得势，倒霉的都是日主，故非长寿之人。

实际情况，1998年二月廿四日十六点（戊寅年乙卯月戊辰日庚申时）被火车轧死。

例二：

```
         杀     伤    日   印
乾造： 甲     辛    戊   丁
         寅     未    午   巳
        甲丙戊 己丁乙 丁己 丙戊寅
```

行运： 壬申　癸酉　甲戌
　　　　8　　 18　　 28
　　　　82　　92　　 02

此造原命局中支会火局，旺印生身，火炎土燥，若用食伤泄身，辛金却虚浮无根，易被枭印所夺，若用官杀制身，官杀却火上浇油，气浊神枯，非长寿之人。

实际情况，1996年有车祸。1997年有车祸。1998年十二月十八日午时死亡（戊寅年乙丑月丙戌日甲午时）。

例三：

```
         食     比    日    才
坤造： 戊     丙    丙    辛
         寅     辰    午    卯
        甲丙戊 戊乙癸 丁己  乙
```

行运：乙卯
　　　　8
　　　　2006

此造原命局中支会东方木局，日主太旺，戊土为用却虚浮无根，丙辛做合，财不能抑印，气浊神枯，无克无泄，是为夭折之命。

实际情况，1999年命主母亲带她从四川回云南，汽车未出四川就翻车，女孩身亡（己卯年己巳月甲子日），其母受伤。

例四：

```
        伤    印    日    印
乾造：   戊    甲    丁    甲
        辰    子    酉    辰
       戊乙癸  癸   辛  戊乙癸
```

行运：乙丑
　　　10
　　　98

此造原命局中丁火虚浮无根，日主太弱而印太旺，虚不受补，气浊神枯，又少行食伤忌运，故为夭折之命。

实际情况，1998年二月廿四日下午四点在铁路上被火车轧死（戊寅年乙卯月戊辰日申时）。

例五：

```
        印    食    日    杀
乾造：   丙    辛    己    乙
        子    卯    酉    亥
        癸    乙    辛    壬甲
```

此造原命局中日主太弱虚浮无根，克泄交加，但有年丙印生，从又从不了。局中无比劫可用，只能用丙，然丙印也虚浮无根，又坐子截脚，丙辛又合，实在是气浊神枯，为无寿之人。1997年丁丑，小运丁丑，岁运并临，丑土本为日主之根，但一会水局，与子相合，一合两生金，日主之根得而复失，反使命局生机停滞。

实际情况，1997年初秋，命主死在其父的车轮下。

例六：

```
          劫    食    日    枭
乾造：   戊    辛    己    丁
         午    酉    丑    卯
         丁己  辛    己癸辛  乙
```

行运：壬戌　癸亥　甲子
　　　 5 　　15 　　25
　　　83 　　93 　　03

此造原命局中日主太旺，但酉丑合金而冲卯，并无犯怒之机，且用神辛酉干支一气，也泄身得力，命局中并无明显短寿信息，只是年支午火对用神不利，但也只有在辛酉双双被制被冲破合而失去泄身作用，使命局完全处于停滞状态时，才会有死亡之虞，故此命主少年夭折，纯属岁运无情。

实际情况，1996年正月（丙子年庚寅月）死于车祸。

第四节　溺水触电死亡之灾实例

例一：

```
          才    印    日    杀
乾造：   辛    乙    丙    壬
         未    未    午    辰
         己丁乙 己丁乙 丁己  戊乙癸
```

行运：甲午
　　　 9
　　　00

此造原命局中虽日柱干支一气，但午未合，乙辛冲，丙壬冲，日主仍需用印，然乙木坐墓，又遭辛冲，气浊而用神浅薄，为无寿之人，且丙壬相冲，易遭水火之灾。丁丑流年，虽壬杀被丁合，但丑未冲，乙木失根，且冲动辛金克乙，印也不能生身，丑午相害，辰午相刑，日主之气被旺土泄尽。

实际情况，此人1997年四月廿二日（丁丑年乙巳月庚午日），被水淹死。

例二：

```
        官   比   日   才
坤造：  戊   癸   癸   丙
        申   亥   未   辰
      庚壬戊 壬甲 己丁乙 戊乙癸

行运： 壬戌  辛酉  庚申
        1    11    21
        69   79    89
```

此造原命局中水五行并不弱，然日主坐杀，纵使有申印而不能生身，纵使以月令为强根，却有根不通气，戊癸做合，比劫不帮身，日主本身却岌岌可危。局中火财生土杀，极易在水火交战的岁运中，遭受七煞制身之灾。干中无生扶，最怕坐下未土逢刑冲。壬戌运癸丑流年，干中水火相战，支中丑未戌三刑，又逢戊午月，财星得根，戊癸做合，难逃死关。

实际情况，癸丑年（1973年）戊午月，因溺水死亡。

例三：

```
        劫   劫   日   印
乾造：  庚   庚   辛   戊
        午   辰   丑   戌
      丁己 戊乙癸 己癸辛 戊辛丁
```

此造原命局中日主太旺，却无本气根，喜用水泄身，而印又太旺，支中辰戌相冲，丑戌相刑，三会土方局，如用神在岁运出现，反会遭枭印夺食伤之灾，庚金坐午，官杀即可生印旺身，又可制劫犯怒，即使岁运逢水也克不去官杀，反引发水火交战，旺土克水，用都不能用，忌都去不掉，气浊神枯之命。

实际情况，乙亥年（1995年）壬午月，死于水灾。

例四：

```
         印    劫    日    伤
乾造：   己    辛    庚    癸
         酉    未    戌    未
         辛   己丁乙 戊辛丁 己丁乙


行运： 庚午   己巳   戊辰
        9     19    29
       78     88    98
```

此造原命局中土金太旺，以水泄身为用，但癸水坐未截脚，在支中难以立足，未戌相刑，土燥火郁，气浊神枯。又少行旺印之运，枭神夺食，故难长寿。

实际情况，1986年夏天，溺水身亡。

例五：

```
         比    比    日    伤
坤造：   丙    丙    丙    己
         辰    申    午    丑
        戊乙癸 庚壬戊  丁己  己癸辛


行运： 乙未   甲午
        5     15
       80     91
```

此造原命局中日主自带强根，火土两旺，气壮神足，以申金为用，但申金既被丙火盖头，又邻午火相克，用神浅薄，非长寿之人。身旺之人，最怕逢无制无泄的岁运。

实际情况，1991年七月初三上午（辛未年丙申月甲寅日）涉水过桥被洪水冲走身亡。

例六：

	才	杀	日	才
乾造：	丙	己	癸	丙
	午	亥	酉	辰
	丁己	壬甲	辛	戊乙癸

行运：	庚子	辛丑	壬寅	癸卯
	9	19	29	39
	75	85	95	05

此造原命局中日主当令而旺，又坐印得生，但因财杀两旺，又组合得不好，干中没有印星的容身之地，却七煞近身，仍是岌岌可危，日主一命，全系于酉金，酉金在岁运中逢冲、逢合、受制，都会给命主的生命带来危险，而此局支中辰午酉亥全，极易对酉造成伤害。

实际情况，1987年九月初八下午，即丁卯年庚戌月壬子日，此人到广西全州妹夫家，上树触电身亡。

例七：

	官	杀	日	劫
乾造：	甲	乙	己	戊
	寅	亥	巳	辰
	甲丙戊	壬甲	丙戊庚	戊乙癸

行运：丙子　丁丑
　　　　4　　14
　　　　79　　89

此造原命局中五行偏枯，身杀两停，木土交战，又无用金泄身抑杀，如在岁运中平衡不好，不是身旺无制，就是身旺无泄，故非长寿之人。

实际情况，1998年腊月初六子时（戊寅年乙丑月甲戌日甲子时）在山上打猎，被同伴误认为狍子用猎枪击毙。

例八：

　　　　　官　　劫　　日　　杀
乾造：甲　　戊　　己　　乙
　　　　戌　　辰　　卯　　丑
　　　戊辛丁　戊乙癸　乙　　乙癸辛

行运：己巳
　　　　4
　　　　98

此造原命局日主太旺，宜泄不宜克，然局中官杀混杂，又近身相克，木土交战性不定，通关之印不可用，泄身食伤又不明现，用神浅薄，少行南方火运，与用神相反，故夭。

实际情况，1998年五月廿八（戊寅年戊午月庚子日）从凉台上跌下死亡。

第十一章　六亲吉凶析断点窍

第一节　十神宫位六亲定位

一、六亲十神定位

男命：
比肩代表兄弟；劫财代表姐妹；
正印代表母亲；偏印代表爷爷、继母；
食神代表继祖母；伤官代表奶奶；
正官代表女儿；偏官代表儿子；
正财代表妻子；偏财代表父亲、小妾。

女命：
比肩代表姐妹；劫财代表兄弟、公公；
正印代表继母；偏印代表母亲；
食神代表女儿；伤官代表儿子；
正官代表丈夫；偏官代表情夫（或后继丈夫）；
正财代表父亲；偏财代表婆婆。

二、六亲宫位定位

年柱，代表祖上、父母宫。年干代表父亲，年支代表母亲。
月柱，是父母宫，同时也是兄弟宫。

日柱，日干为自己，日支为配偶宫。
时柱，是子女宫。

三、四柱宫位定位要点

年	月	日	时
祖上	父母	自己	子女
足腿	兄弟	配偶	头手
远方	腹胸	心脑	眼脸
国外			远方门户

年月时比劫为腿脚

第二节 十神宫位六亲析断要点

一、通过十神喜忌析断六亲与日主关系

从喜忌上看，如果某六亲是日主的喜用神，关系好；是忌神，关系不好。

如果该六亲是喜神并且在组合当中起到喜神作用，说明对日主有帮助；如果该六亲是喜神但在组合当中起不到喜神作用，说明该六亲只是感情上对日主较好，但没有实质性的任何帮助。

如果某六亲是忌神，并在忌神组合当中发挥作用，如果被大运引发这种作用，该六亲会在这步运中对日主利益造成伤害。

从有无上看：六亲为日主的喜用神，但命局中无，就得不到此六亲星的助益。如果六亲星为日主的忌神，命局中无，就不会受到他的拖累，相反还能得到他的助益。

从旺衰上看：六亲旺而为用，对日主助益就大，衰助益就小。同理，如六亲星为忌神，旺拖累大，无就不拖累，衰拖累就小。

从组合上看：原来的喜用因为组合的原因，起到忌神作用，或者原

来的忌神，因为组合的原因，而起到喜神作用。这体现在现实当中，就是某一个人的行为，在一个环境当中，与其他人的行为相互作用以后，对命主产生了影响最终吉凶的作用。在这个时候，六亲对让日主受益或受损，都不是直接的作用，都变成间接的作用。如果命局组合好的话，一个人想害你都害不成，他对你所有的不利，都会在一个整体环境的组合之下，变成对命心有利的局面。所以人运气好的时候就是这样，但如果运气衰的时候，一个人想帮你，但是往往会因为其他因素的作用，他对你的作用，中间都被其他情况所改变，结果最后的作用力到命主身上时，全都变成了对命主不利的情况。

二、通过宫位喜忌析断六亲与日主关系

如宫位是日主的喜用神，就会得到此宫位的人、事、物的帮助。

如果宫位是日主的忌神，就会被此宫位代表的人、事、物的拖累。

宫位的析断方法，与十神定位六亲的方法相结合，准确率会显著提高。

从宫位的喜忌可以看六亲星的富贵贫贱。

某宫位是日主的喜用神，说明此宫位代表的六亲家庭条件好，此宫位的喜用神越旺，富贵程度越高，休囚则富贵程度就低。如宫位为忌，说明此宫位代表的六亲星条件差，越旺则越差。

其实六亲的富贵贫贱不是一成不变的，因命局的用神是随着岁运改变而改变的，因此，六亲星守位的喜忌自然也是随岁运改变而改变的。

三、宫位十神与六亲富贵贫贱析断

1. 十神为喜用神时居于某宫

（1）官星为喜用，在某官位，其相应宫住所代表的六亲有当官、掌权、主贵、有身份、有名气或在当地社会有名气、身份、有地位。官星越旺，名气、地位就高，弱就小。

（2）财星为喜用在泉宫位，其相应宫住所代表的六亲家庭条件好，生活富裕，那么富的程度，以财的旺衰来看。

（3）食神，伤官为喜用在某宫位，其相应宫位所代表的六亲，聪明有才华，口碑好；多出文人才子，或靠口或技艺扬名。食伤的旺衰，也代表技艺的高低，也主名、主富。食伤为喜用神在年上，还可能祖上会医术，在此宫位有何十神，也就预示在这宫位要出哪方面的人。

（4）星为喜用在某宫位，其相应宫住所代表的六亲，好读书，多为书香门第，或行善积德之家，也出文人、主贵（如文化、事业这方面）。

（5）比劫为喜用在某宫位，其相应宫位代表的六亲，是白手起家，创业致富。

2. 十神为忌居于某宫位

（1）官星为忌居于某宫位，其相应宫位的六亲，会遭到官灾或是有多病多难及贫贱之象。

若七杀为忌居于年柱，主祖上、父母辈有得恶疾或牢狱之灾等迹象。

若官星为忌居于某宫位，主此宫位六亲，老实、厚道，但贫穷，也主胆小怕事。

（2）财星为忌居于某宫位，其相应宫位所代表的六亲，会因财或女人遭灾，或家境贫乏，被财所困。

（3）食伤为忌居于某宫位，其相应宫位所代表的六亲，不是心无城府，口无遮拦，到处拉家常，便是怀才不遇，且多病伤之灾。

食神旺而为忌，主身体不好，多病，虽穷但穷得老实，人缘好；伤官为忌，主牢狱、官灾，也主病伤灾，伤官损名声、损家誉；食神只是有点病，不犯大忌。

（4）印星为忌居于某宫位，相应宫位的六亲，为人忠厚老实，家业清贫，平平淡淡的，如偏印为忌居于宫位，不通人情，只顾自己，不管他人，人缘关系不好，比较孤独寂寞，这样人左右邻居不交往，不走动。而正印为忌邻里关系好，善于奉献。如果偏印在年柱，主小孩时常缺奶吃。

（5）比劫为忌居于某宫位，其相应宫位代表的六亲，一生劳碌奔波，多为体力劳动者，必有破家业之事。比肩居于某宫位，只是贫苦，但老实，不愿侵犯别人，不占别人便宜。劫财居于某宫位、容易出违法这种现象。

```
          劫   比   日   财
乾造：    乙   甲   甲   戊
          巳   申   寅   辰
```

日主偏旺，用神财官，忌印、比、食伤。

六亲方面，年干劫财，祖上贫穷。

月支七杀，虽为喜用神，可能兄弟姐妹当中有的当官，也有夭折、伤残现象。

时上偏财为喜用，子女星得生扶，子女能有出息。

四、六亲对命主影响程度析断

主要从下面两个方面看。

（1）从日主的远近来看，离日主越近，影响力越大。越远则影响力越小。

（2）看六亲星的旺衰，六亲星越旺，影响力越大，越弱，影响力越小。是有利的影响或是不利的影响，就以六亲星的喜忌来看。如比劫为忌，不但得不到兄弟姐妹帮助，而且会被钱财所困；如印星为忌，父母处处袒护，使日主无主见；又如财星为忌，会因家境贫穷念不起书，会因父亲拖累自己；食伤为忌，就是子女不成器，男官杀为忌，儿女不听管束；会因打架闹伙而惹是生非，没有出息。

这种影响是随岁运的转化而转变，因用神在转变，只能看走哪段运（原局能扭官杀，子女有出息，后又转身弱，儿女有灾了，这时为忌神）。

```
          才   财   日   伤
乾造：    戊   己   乙   丙
          申   未   酉   子

大运：    庚申  辛酉  壬戌  癸亥  甲子
           8    18    28    38    48
```

日主太弱，用水、木。

原柱受父亲影响较大（财旺受父亲影响大，印旺受母亲影响大），行运38岁后，行癸亥、甲子大运。日主由弱转旺，财官不为忌。现在与父母住在一起，日主乙木在未中有根，偏财又紧贴。

```
         杀    食    日    印
乾造：   庚    丙    甲    癸
         子    戌    申    酉

大运：  丁亥  戊子  己丑  庚寅  辛卯
         65    75    85    95    05
```

日主太弱，申酉戌金局，最好是用水、木，忌火、土。

父亲是一村之书记，年干庚金劈甲，为有用之木，但甲木弱，所以只是一个村书记。母亲为一般家庭妇女，位正主端正贤良。

月财临月支当令旺，姐妹生活较富裕。月干丙火为忌，所以有一个兄弟，得精神病。走运戊子、己丑、日主身弱财旺，原局妻宫是忌神，妻宫对他是压力，子女也是压力，所以此步运为孩子念书，学技术而花钱。

五、十神、宫位六亲铁口直断

1. 八字中年干比肩，月干比肩，偏财不显，说明父亲早逝。
2. 八字里年支是正财，月支也是正财，说明母亲早丧或与父亲早离异。
3. 八字里日支是羊刃，其他处再有一羊刃，即直接断配偶早丧。
4. 八字中月干是七杀、其他处再出现七杀，说明兄弟中有人夭折。
5. 八字中比肩入库，然后逢冲，可断在同胞中有人流落在别人家中。
6. 男命八字时干出现食神，而月令再有食神，可断为第一个生的是女孩，假如是男孩则不能存活。

7. 女命八字中时支如果是正印，它处再有正印，克子，或者有女儿，没男孩。

8. 八字中男命无财，比肩劫财旺盛，或者女命中没官星，而伤官与羊刃旺盛，可直断为和尚尼姑或孤独之命，终生无嫁娶。

六、十神喜忌与宫位喜忌的区别

看命主与六亲关系，主要看六亲星的喜忌，并不是看宫位。宫位的喜忌只管此宫位的六亲对命主有无助益和庇荫，不管关系好坏。而六亲星的喜忌一般不但关系到与命主的关系、感情好坏，也能据此判断对日主是否有助益和庇荫。一般来说，某六亲星是日主的忌神，主与此六亲关系一般，如是喜用神则主关系好、感情深。例如：偏印为祖父，为喜用神时，则祖父与我感情好，反之感情平淡。至于对日主能否有助益，还要结合宫位来看，如果此六亲的宫位为喜用神，说明此六亲星家庭条件好，有能力帮助日主，说明日主由以得到此六亲之力．或者此六亲星在命局中位置组合好，可以帮到日主，同样可以得力。相反，如果某六亲星虽为喜用神，说明与日主感情好，但在命局中组合不好，就帮不上日主，或者此六亲的宫位为忌，说明家庭条件不好，没有能力帮上日主，这种情况，日主只能得到精神上的慰藉，没有物质上的帮助。

有的命局中之喜用神是随着岁运改变而改变的，所以宫位的喜忌及六亲星的喜忌也是随之变化的。因此有的六亲在某段期间内，与日主感情深，岁运改变后成为日主的忌神，感情就会随之淡化甚至出现矛盾。有的六亲以前能帮上命主，岁运转变后，宫位为忌神，就帮不上日主，反而会拖累日主。还有的以前关系不好，岁运转变后，成为日主的喜用神，关系好转，感情变好，等等，这些都是岁运作用的结果。

总之，六亲与命主的关系及六亲对日主的助益与否，并不是一成不变的，是随着岁运的改变而改变。

还有一种情况应当变通来看，如果某六亲星为日主的喜用神，但在命局中不现，说明此六亲星对日主一生影响力不大，感情平淡，缘分薄。还有某六亲星为日主的忌神，但也不现，反而说明日主与此六亲感亲深厚，受此六亲影响大。因为这种情况是喜用神没有起到喜用的作用，忌神也没有起到忌神的作用，应该反看。如：日主弱，印、比为用，然而命局中无印星，有比劫，说明日主得不到父母长辈之力，可以得到兄弟姐妹的支助。

第三节 六亲吉凶析断原则

六亲者，祖辈、父母、夫妻、兄弟姐妹、子女并命主本身之意。

其中日主的命运是一个命局的中心信息，最为直接可察，是预测的主要课题。

父、母、夫、妻、子、女的命运在命主的命局中属于第二信息，较为间接，但因命主有着密不可分的关系，也是影响命主命运的直接因素，故通过干支之间生克关系的展开，也是可察的。

四柱命理学产生于华夏大地，而炎黄子孙又特别看重血缘关系，家庭观念贯穿古今，六亲之中，一荣俱荣，一损皆损，休戚与共，自古自然。因此，在四柱命理学的形成过程中，就融入了六亲的内涵，成为一个命局的各个组成部分，既影响着命主的富贵贫贱吉凶寿夭，又表达了与日主之间及相互之间的喜忌、亲疏、扶抑关系，构成了命主的生长环境。在命主走进社会之后，这些代表六亲的干支又具有了师长、上级、同事、朋友、竞争对手、法纪和官方等内涵，引申为命主的社会环境。

命局中的六亲，是根据各干支五行与日主的生克关系来确定的：生日主者为印为父母，正印为生母，偏印为继母或庶母；克印者为财为父，偏财为生父，正财为继父或庶父；日主所克者为财为妻，正财为妻，偏财为妾；妻财所生者为官杀为子女，七杀为子，正官为女；同为印星所生的比劫为兄弟姐妹，比肩为兄弟，劫财为姐妹。在此基础上，还可以将生克关系进一步展开，以确定较疏的亲缘关系，如偏印为正官所生，为外孙，克正官者为食神，为女婿等，不过，这已是命局中的第三信息了，转为隐蔽、模糊，还不如直接看其本人的命局，实用价值已不大了。

以上的确定原则是指男命而言的，因古时女人是一般不参加社会活动的，少小从父，嫁后从夫，夫不在从子，预测的对象大都为一家之长的男性，故早期古书上的六亲只做上述论，实际上女命有女命六亲的确定原则，除父母、兄弟、姐妹与男命相同外，余者为：克日主者为官杀，为夫，正官为正夫，七煞为二夫；日主所生者为食伤为子女，伤官为子，食神为女。

以上六亲的确定只是一些原则，而非铁的定律，命家在实践应用中还需灵活运用，不可刻板拘泥。

1. 不必严究十神的正偏。

如原则是正印为母，但命局却没有正印，而是偏印透干，总不能说该局命主没有生母，或说其继母所生，此时偏印也为母。

2. 不必深究命局中的有无。

一个命局总共才八个字，连地支藏干也算上，最多也不过才二十个字，不可能将六亲全部都明现到命局中。

如果一个命局正偏印都不现，连地支藏干中也没有，总不能说该命主没有母亲，此时就需以宫位和虚拟的印星来推断母亲的情况，看其在命局这个环境中是有利还是不利，如不利，当宫位受刑冲为忌时，或在岁运中枭印明现而受伤时，就可断其母亲有灾。

3. 可根据十神干支的阴阳属性与日干阴阳属性的异同而确定六亲为男为女。

如男命日干为阳，则阳性干支所对应的六亲为男，阴性干支所对应的六亲为女。如就此而论，女性也以偏财为父就有失偏颇了，如以财为父的话，应以正财为父才对，正财的阴阳属性才与日干相异而为男性。

4. 可以日主的旺衰喜忌来确定干支六亲。

如男命局日主身弱，就应以偏印为父，如局中无印星，比劫也可为父，因为印比都是帮日主的，而偏财却是耗日主的又助官杀克身的，按东方人的伦理观念，如果儿子老被人欺，或受官方上级的整治，哪有父亲不帮儿子反去助人欺子的，大义灭亲者能有几人？女命局亦然。

同理，如男命局中日主身弱，就应以食伤为子女，而能再以官杀为子女了，按东方人的伦理观念，父亲软弱被人欺时，哪有几个不帮父亲的，骑在长辈头上作威作福的不孝子毕竟是少之又少。食伤虽也泄日主弱身，但毕竟是帮日主克制官杀的。

当日主身旺时，必然喜克泄耗。按东方人的伦理道德观念，好男儿只要身强体壮，能够担起生活的担子，必然喜欢孝敬父母，更喜欢娇纵孩子，"百善孝为先""无后为大"嘛，此时以偏财为父，以官杀为子女则是合情合理的。如果局中不现偏财而明现官杀，以官杀为父也是可以的，"养不教，父之过""严父慈母"嘛。如局中不现官杀，而现食伤，以食伤为子女也是可以的，"俯首甘为孺子牛"嘛。

弄清命局中六亲与各五行干支或十神的对应关系后，才可推断六亲之灾。

除特殊的预测咨询外，一般的推命的主题都是推命主之命，六亲之灾只是推命过程中的"副产品"，是一些捎带信息。正因为六亲之灾是体现在命主的命局之中的，所以信息具有同一性，如某一十神在岁运中受伤，真的较难区分是命主之灾还是六亲之灾。从某种意义上讲，六亲之灾也是命主之灾，故多数预测者在做结论时都喜欢说："……，如不是命主有事，即是某某六亲有灾。"这样做并非是技艺不高的闪烁其辞，反而是命家应取的实实在在的态度，因为确实两种情况都有可能。

推命时应具备两种视点：一个是把日干看成是命主，余干支是命主的周遭环境；一个把整个命局都视为命主，每个干支都是命主身体的一部份。如果采用第二种视点看命局，任何一个干支五行在岁运受损，都是日主之灾，都可能是该干支所对应的器官，脏腑或体位患病或受伤正因为如此才有"即使是忌神被克伤命主也会有灾"之说。

断六亲之灾是一般都采用第一视点。

如果命局在岁运中失衡，或进一步加大了原来的不平衡，则必有某一五行干支受损，其表现形式可能是被冲克，可能是被刑害，可能是生源被合，可能是本身被合化为其他五行，如果这一受损的十神就是日主本身或是日主的用神，那么此灾就多数是命主的，而非是其他六亲的。如果这一受损的十神是命局中的闲神或是客神，而日主或日主的用神只是间接地受点影响，那么就多数是该干支十神所对应的六亲有灾。当然对命主而言也就会有小小的不大顺。但却决不会是日主自身之灾。

如果命局在岁运中失衡，或进一步加大了原来的不平衡，也可能是某一五行干支过旺，其表现形式可能是旺而无制，也可能是有生无泄，如果这一过旺的十神，就是日主本身，或是日主的用神，那么此灾也多数是日主本身之灾；如果这一过旺的十神是命局中的忌神，那么此灾就多数命主的六亲之灾,而非命主本身之灾。

如果命局在岁运中由原来的不平衡而达到了平衡,或已减小了不平衡,也会有一偏旺的五行干支受到了损失,而此十神也肯定是原命局中的忌神,此时命主本人会有好事,或基本太平,但以忌神以所应的六亲会有灾。

断六亲方法与断日主方法可以按同样道理去判断。

日主旺,需要克泄耗为用,忌生扶;日主弱需要生扶为用,忌克泄耗,太旺怕克;太弱忌生扶。

断六亲按同样的原则去分析,先确定出六亲,即确定出父母、兄弟、姐妹、子女等十神,把十神与相应的人物的五行对应之后,再判断该六亲的旺衰,定出喜忌与喜忌组合,就能较为顺利地断相关六亲的吉凶与吉凶应期了。

六亲偏旺也同样要取克泄耗为此六亲星的喜用神,逢六亲星的喜用神岁运,那么此六亲星必然就顺利,如果逢岁运生扶,此六亲则必然不顺。

六亲如果弱极,那么六亲就构成从象,就按从格的原则给此六亲星取用,吉凶判断也按从格的原则去判断。

六亲太旺或旺极,同样也按太旺或旺极的取用方法为此六亲星取用。

总之,日主是怎么判断,六亲星也是同样道理。

六亲偏旺、太旺,逢生扶有灾。

六亲偏弱,逢冲克有灾。

六亲太弱、弱极,逢帮扶有灾。

某宫位有其对应六亲之克星时,必主此六亲有灾或早亡(人元受克:丑中癸,辰中癸;寅中的戊;巳中的庚,都是人元受克)。

如年柱为比劫,不论喜忌,都主克父,因为年干这个位置相当于父亲的家,是父亲住的地方。

日支比劫克妻;女坐伤官,克夫。同理,月柱官杀,克兄妹;另外时上有伤官克子女,女命时柱印星克子女或有流产现象。

第四节　六亲吉凶直断秘诀

四柱预测六亲吉凶祸福，有一些秘传的规律，这些规律都是实践心血的结晶，来之不易，都是简单实用、直观明了的方法，在此公开一些给广大读者。

一、克星入宫，刑伤难免

如果某宫位，有此宫位所代表人的克星亲会有死伤病残现象。

例如：年柱也为父母宫，年干为父位，年支为母位，如果年干坐比劫，必然对父亲不利，原因是偏财为父，年干本来应为父亲偏财的位置，而现在被偏财的克星——比劫占据，必然不利，比劫愈旺，愈不利。

反映在现实生活中，一是对父亲身体性命不利，不是父亲多病多灾，就是早亡。还有主父亲白手起家，且父亲多是贫苦劳碌之人。

如果比劫是喜用神，情况可以缓解，但也说明父亲可以帮助自己，但身体不是太好。

年支坐财星，不利母亲，克母。

月柱为兄弟宫，月柱临官杀，必克比劫，克兄弟姐妹，所以兄弟姐妹必然有刑伤，轻则病伤残，重则夭折。

日支男坐比劫不论喜忌，必克妻星正财，妻子一到家就受克。

女命日坐伤官不论喜忌，必克正官夫星，长此以往必对婚姻感情和身体健康不利，轻者吵架、离婚，重者有死别之患。

时柱，男命临食伤，必克子女星官、杀。

时柱，女命临印比，必克子女星食、伤，必然不利子女，不是子女有流产夭折，就是子女不成器，有病残现象。

对于女命来说，日时坐印枭还主有流产、难产。

例一：
乾造：甲辰　庚午　辛丑　壬辰
大运：辛未　壬申　癸酉　甲戌　乙亥　丙子　丁丑　戊寅
岁数：　6　　16　　26　　36　　46　　56　　66　　76
年份：1969　1979　1989　1999　2009　2019　2029　2039

月柱为兄弟宫，月支临七杀，克比劫，所以可以断定此造兄弟姐妹中必有被克伤的，也就是说会有夭折或病残现象。
实际此造有一个姐姐在八岁时夭折了。

例二：
坤造：己亥　癸酉　丁未　壬寅
大运：甲戌　乙亥　丙子　丁丑　戊寅　己卯　庚辰　辛巳
岁数：　7　　17　　27　　37　　47　　57　　67　　77
年份：1965　1975　1985　1995　2005　2015　2025　2035

此造兄弟宫月干透七杀，克比劫，会刑克兄弟姐妹。
另外月柱也为父母宫，可以将支视为母宫，应当印星木居之为正位，被印星的克星财占据，必对母亲不利。
再看时柱，本是子女宫，女命以食伤为子女，食伤居之为正，可偏偏食伤星的克星印占据，所以对于女必有损害，不是多有流产，就是子女有夭亡残疾现象。
实际此造母亲一生多病，命主38岁丧母；而命主做人流多次，且有一个孩子掉进水里淹死。

二、生扶之星入宫，健康有为

如果某宫位临此宫位所代表人的生扶之星，多主此宫位所代表的人，比较长寿，如果是喜用神的话，还主此宫位的人有能力、有作为。因为宫位生扶在此居住的六亲，就好像房子风水好，利于人健康发展。人住在此是受生受益的，即使没有大的作为，也会安全健康。

例一：
乾造：癸未　庚申　癸丑　戊午
大运：己未　戊午　丁巳　丙辰　乙卯　甲寅　癸丑　壬子
岁数：　6　　16　　26　　36　　46　　56　　66　　76
年份：1948　1958　1968　1978　1988　1998　2008　2018

　　此造年干临比肩，年柱也为父母宫，年干为父位，年支为母位。
　　年干本是父星偏丁火的位置，被克星水占据，不利父。主父亲白手起家，不是一生劳苦便是寿禄难延。
　　而母位年支临未土，生印星，所以母亲能长寿。
　　兄弟宫为月柱，正好值临生养之星正印，所以总体兄弟姐妹身体较为健康，只是有一个比用，藏于丑土杀星里，还是有点克性，所以综合判断，此人兄弟姐妹至少五人，但有一个身体不好或夭亡。
　　时柱为子女宫，时柱干支都对子女星有利，都是生助子女星的，所以子女应当各个健全，而且多有作为。子女可以当官掌权。
　　实际此造父亲白手起家，为体力劳动者，父亲54岁去世，母亲比较长寿，活了82岁。兄弟姐妹6人，有一个只活了5天。现在兄弟姐妹5个，个个都较好，没有太大病灾。子女都很好，有出息，大儿子现在是某市局长。

例二：
乾造：丁丑　壬子　乙亥　壬午
大运：辛亥　庚戌　己酉　戊申　丁未　丙午　乙巳　甲辰
岁数：　4　　14　　24　　34　　44　　54　　64　　74
年份：1940　1950　1960　1970　1980　1990　2000　2010

　　此造年柱丁丑，干支均生扶父星土，所以年柱父母宫，对父亲有生扶作用，说明父亲不会有大灾，早年父亲应该有所作为。
　　年支却不利母亲偏印星，丑土中气藏有偏印星癸水，受本气土克，即受宫位克，母亲不死则离。
　　月柱既为父母宫也为兄弟宫，临印星，且正印透干，女命以正印为继母或养母,所以养母或继母身体好,寿命长。

月柱宫位生比、劫,所以兄弟姐妹个个健康。

时柱为子女官,时干克食伤子女星,而时支助子女星,说明命主子女们,健康的健康,不健康的就多灾多难,总之,几个子女们,有的有出息,有的什么都不是。好得好,差的差,很不均衡。

实际,命主生母与父亲离婚,继母身体较好,活了86岁。其他六亲也如所测。

三、伤官用法秘诀

伤官是一个伤人之星,它如果为忌神的话,在何宫位,此宫位所代表的人,就要受到损伤,轻者病伤灾,重者早亡。

伤官在年柱为忌,祖父早亡,或母亲早亡;

伤官在月柱为忌,母或兄弟姐妹早亡;

伤官在日柱为忌,女命克夫,男命伤肢;

伤官在时柱为忌,男命克子女,女命易有妇科病。

上面这些伤官造成的伤人,是有条件的,是指伤官为忌神的情况下;如果伤官起到喜神的作用,就没有这些不利的信息。

例:

坤造:	戊子	丁巳	甲午	乙亥
大运:	丙辰	乙卯	甲寅	癸丑	壬子	辛亥	庚戌	己酉
岁数:	2	12	22	32	42	52	62	72
年份:	1949	1959	1969	1979	1989	1999	2009	2019

日主弱,伤官旺而为忌。

直断,母亲早丧,兄弟姐妹中必有人夭折。本人刑夫克子,是个苦命人,至少会死一任丈夫,死一个孩子。

实际情况,母亲去世早;兄弟姐妹当中死了一个哥哥、一个弟弟;结了两次婚,两个丈夫都因为意外灾祸死了;与第一任丈夫生的女儿,很小就夭折了。

上面除了子女有损是因为时支坐枭为子女星克神的原由外，其他的不利都是月、日支临忌神伤官之故。

四、家庭六亲吉凶直断

1. 年干比劫不利父。
2. 柱中偏、正印同透，必有两个母亲：生母、养母或继母。
3. 年干为壬，时干为乙或年干为乙，时干为壬，主生母为偏房。
4. 四柱纯阳，命不利女，家中女人多殃，四柱纯阴不利男性，家中男人多不兴旺。
5. 年干伤官，不论喜忌，皆主祖业飘零。
6. 年支为戌或亥，戌、亥又为父母星的，主父母有宗教信仰或懂五术玄学，或主祖上有这方面信仰之人。
7. 年柱偏财坐驿马，而驿马又不被合者，主父亲是远方创业之人。
8. 年支为印星是喜用神，出身书香门第，父母必有一个是读书之人。
9. 年柱为六乙（乙丑、乙亥、乙酉、乙未、乙巳、乙卯），日和时柱地支为卯、辰，或日干为乙，日支和时支为卯、辰，主家中出媒婆、巫婆、药婆之人。
10. 四柱中有甲寅、乙卯，而且日柱又为甲辰旬（甲辰旬中寅卯空），主门户出长发师姑。
11. 四柱天干有丙、壬相克，比劫形成忌神组合，主兄弟有灾。
12. 年柱为甲申，或年干为甲，其他三柱天干有庚，主尊长有灾。因甲为阳，主尊长。
13. 年柱为乙酉，或年柱天干为乙，其他三柱天干有辛，主子孙有灾。乙为六合，乙为阴，阴为女、为卑、六合主小儿，故子孙有灾。
14. 四柱天干甲、乙、壬、癸全见，主出烟花女子。
15. 月柱天干与年柱天干作合，主祖辈贫穷，依靠外人而立业。
16. 年柱天干与日柱或时柱天干相合，主自置房舍而立业。
17. 四柱天干有两干相合，如年柱天干有合，为内合；若年柱天干无合，而月柱、日柱、时柱天干有合为外合。内合主在家立业，外合主在外立业。

18. 四柱天干两两相合为"合逢四位"，主后妻生子，可以长大成人。

19. 如果子息宫受冲，但不受伤，表示儿子会留守祖业一段时间后还会离家到外地谋生。

20. 女命，年月柱不见正财，正财为父，主父亲不守祖业，离开祖籍到外地谋生，否则也是无祖业可继承。

21. 女命不见子女星（食、伤），表示日后子女不会在本地发展，而在外地创业。男命不见官、杀（子女星）也是同样。

22. 男命无正印、偏财，而父母宫又不受损，表示自己与父母缘分薄，如果父母不是经常在外难以团聚，就是本人背井离乡，不与父母住在一处。

23. 女命食神女儿星游移到日支夫宫，日后女儿会得到家产，否则也可得到丰厚的嫁妆。男命正印女命偏印不在年月两柱内（包含人元），月支母宫又受到严重冲克，表示母亲早亡或有重大疾患，如伤残，智力缺欠等。

第五节　兄弟姐妹吉凶析断实例

一、兄弟姐妹数量

兄弟姐妹的数目主要看八字中比劫的数量，若是从格，从什么就以什么数确定，也要结合月令来看。

另外父母星旺相，说明身体好，生育能力强，生得就多。20世纪70年代后，由于计划生育的政策，判断兄弟姐妹和子女数目就不太准了，因为即使同样的命局，20世纪70年代前与现在的兄弟姐妹数必然不同，所以四柱的推断方法也是随着社会发展而改变的，四柱的推断理论，也必须符合现实社会，必须符合实际。

二、兄弟姐妹吉凶

如果日支与月支伏吟，兄弟姐妹必有死在日主前头，不然，有兄弟姐妹二婚或妻子的兄弟姐妹有二婚现象。

月柱伤官称"上不招，下不招"（身上身下兄弟姐妹有夭折之象），又叫"上顶下踹"。

四柱地支本气为官杀，而中余气藏有比劫的，兄弟姐妹十有八九有夭亡、残疾、牢狱、痴呆现象。

月干支为官杀的必克兄弟姐妹，兄弟，姐妹必有病伤，残夭之象。

三、旺衰喜忌与兄弟姐妹吉凶

1. 吉组合

身弱，比劫旺而助身，能得兄弟之力。
身弱，兄弟之神相合者，主兄弟和睦。
身旺局中无比劫，或受制，能得兄弟朋友之助。
比劫作为喜用神，兄弟相敬如宾。
比劫旺而为忌，而官星制比劫有力，兄弟为官。
身弱才星旺，比劫制才，兄弟富且得其财。

2. 凶组合

官杀旺者，主克兄弟。
命局中有比劫相助，得冲破伤者，兄弟不和。
身旺比劫为忌神，比劫旺者，兄弟争夺。
身弱用比劫，而官星克比劫，兄弟有牢狱之灾。
身弱才星旺，用比劫相帮，无比劫，主兄弟贫穷。
身旺比劫为忌神，而印星生比劫，兄弟无能。

四、实例讲解

例一：
乾造：　甲　　庚　　辛　　壬
　　　　辰　　午　　丑　　辰
大运：辛未　壬申　癸酉　甲戌　乙亥　丙子　丁丑　戊寅
岁数：　6　　16　　26　　36　　46　　56　　66　　76
年份：1969　1979　1989　1999　2009　2019　2029　2039

月柱为兄弟宫，月支临七杀，克比劫，所以可以断定此造兄弟姐妹中必有被克伤的，也就是说会有夭折或病残现象。

实际此造有一个姐姐在八岁时夭折了。

例二：
坤造：　己亥　　癸酉　　丁未　　壬寅
大运：甲戌　乙亥　丙子　丁丑　戊寅　己卯　庚辰　辛巳
岁数：　7　　17　　27　　37　　47　　57　　67　　77
年份：1965　1975　1985　1995　2005　2015　2025　2035

此造兄弟宫月干透七杀，克比劫，会刑克兄弟姐妹。

另外月柱也为父母宫，可以将支视为母宫，应当印星木居之为正位，被印星的克星财占据，必对母亲不利。

再看时柱，本是子女宫，女命以食伤为子女，食伤居之为正，可偏偏食伤星的克星印占据，所以对于女必有损害，不是多有流产，就是子女有夭亡残疾现象。

实际：此造母亲一生多病，命主38岁丧母，命主做人流多次，而且有一个孩子掉进水里淹死。

例三：
坤造： 己酉　戊辰　甲寅　乙丑
大运： 己巳　庚午　辛未　壬申　癸酉　甲戌　乙亥　丙子
岁数： 9　　19　　29　　39　　49　　59　　69　　79
年份： 1978　1988　1998　2008　2018

节气：清明1969年4月5日7时15分，立夏1969年5月6日0时50分

起大运周岁：8岁11个月24天，每一交大运年4月2日起运（公历）。

2005年预测。

命主是一家较大企业的董事长。

29岁，1997年庚午运丁丑年秋季，父亲辞去家族企业董事长，推荐命主接班。

当时企业有一千多名员工。到2005年，公司总产值比1997之前平均值翻了两倍，利润也大幅增长了。

命主有三兄妹，上有哥哥，下有妹妹。

父亲认为命主性格开朗豁达，社交能力与综合管理能力较好，文化底蕴好。哥哥业务能力较好，但综合管理能力不如命主。

父亲在命主接班刚开始的一二年，给命主很多具体指导，到如今命主可以从容地解决各种问题了。

兄弟姐妹排行判断。

命主兄妹三人，上有哥下有妹。

比肩劫财为同辈兄弟姐妹，比肩为同性，劫财为异。

长幼先看是否通根月令，通根月令当旺的为长，不能根月令处相地与休囚的为幼；同样都处相地的，如甲寅，看作用关系，看合冲之类，五行气连到年上的为长，连到月、日、时的顺次排在后面，从大到小。

甲为日主，寅为姐妹；甲己合，甲木合到年干，所以日主甲木比寅木年纪大，寅木是妹妹。

乙木劫财为兄弟，但因通根辰月，宫位在日柱之前，所以乙木是哥哥。

兄弟姐妹能力区分与判断。

命主做董事长，官大，但给哥哥的股份比自己多10%，哥哥分成收入比命主多。

对于兄弟姐妹之间能力的判断，看日主一党比肩劫财各字克制忌神组合的力度，以各自组合克制忌神的力度，来区分各自的能力大小，财官大小。

甲木日主，甲己合克，制忌神组合，天干合克关系，作用力强。

寅木，妹妹，地支，与其他地支没有特殊作用关系，作用力弱。

乙木，通根辰月令，乙丑同柱，两处克土有力，克财力量强于甲木，所以乙木哥哥股份多，比命主多。

酉金正官为忌神，克制比肩与劫财；其中，酉辰合，酉中辛官冲克辰中乙木，酉金对乙木起到忌神作用，所以乙木哥哥不是老板；相对来说，酉金对甲木，起不到忌神作用，所以甲木为老板。

再参考大运，命主求测时2005年，是辛未大运，乙酉流年。辛酉冲克乙木，哥哥被冲克，为忌神组合，所以哥哥没有命主官大，不是老板。

第六节　六亲综合析断实例详解

例一：

乾造:	乙	甲	辛	壬
	未	申	酉	辰
	乙己丁	戊庚壬	辛	乙戊癸

大运:	癸未	壬午	辛巳	庚辰	己卯	戊寅	丁丑	丙子
岁数:	8	18	28	38	48	58	68	78
年份:	1962	1972	1982	1992	2002	2012	2022	2032

此造命主于2002年夏求测，我排好命局，开口便说："您的命太硬了，谁都克不动你，而你命里挺苦的，早年就克父，母亲恐有再嫁之兆。你得不到双亲之力，子女缘分薄。你上有姐，下有弟，你应有一个弟弟随着母亲改嫁带到继父家里。"

实际情况，命主7岁丧父，第二年母亲带着一岁半的弟弟，嫁到邻村。爷爷在命主13岁就去世了，奶奶在他21岁也去世了。妻子1985年因病去世，妻子临死前也没留下一儿半女。

我说："人家的兄弟姐妹都抱成团，互相帮助，有困难大家一起上，而你的兄弟姐妹们，不但帮不上你，而且还要分夺有限的家产，你争我夺的，常因钱财问题闹纠纷。所以你只能是个自食其力的人。"

对方反馈，兄弟姐妹五个，有一个过继出去，为了家产到现在都不和气，大家见面就像仇人。

此造偏财父星自坐墓库，且又休囚无气，乙未在年柱，克父母，此造正应此语。所以有长辈早逝现象。

正财妻星自坐绝地，是克妻破财之兆。壬水虽透在天干，由于重合原因，通不了辛金克甲木之关，这是克在先生在后，尤其甲木自坐截脚这种组合，距离最近，很难救应。这种组合就揭示了破财、克妻、克父的征兆。

为什么爷爷、奶奶多病寿短？爷爷定位于偏印，偏印未土在年支，上有乙木盖头又有旺金盗泄。奶奶定位于伤官星，自坐墓库，受克，所以是多病短寿之象。

如何看出母亲改嫁带走一个弟弟？母亲定位于正印星，落在时支，时柱主外，印星又逢空，有一种到外地看不见之象，由此推断，母亲要改嫁。由于酉辰合，酉为比肩，被印星母亲合走了使其空了——不在原来家中，酉在日主下面，所以是弟弟，因此推断有个弟弟随母改嫁。

至于兄弟姐妹，以比、劫定位，是日主的忌神，所以得不到帮助，又月支劫财与日主争克月干之财，由于财在月柱，月柱为门户，所以此财可看作家产。这就产生了争夺家产之象。

例二：
坤造：甲辰　乙亥　甲戌　甲戌
大运：甲戌　癸酉　壬申　辛未　庚午　己巳　戊辰　丁卯
岁数： 6   16   26   36   46   56   66   76
年份：1969 1979 1989 1999 2009 2019 2029 2039

此造甲戌大运，庚戌流年，丧父。甲戌大运，甲寅流年，丧母。

偏财父星偏旺。所以对于父星来说，应取克泄耗为用，忌生扶。行甲戌大运，戌土是父星的旺地。流年庚戌，太岁又加大土的力度，所以此年丧父。

这就是："旺怕生扶，逢生扶之岁运则有灾。"

印星在命局中虽然临月令，但仍是偏弱，应取生扶为用，忌克泄耗。甲戌大运，甲寅流年，对印星都是克和泄，尤其是流年寅木合命局印星亥水，亥水受伤严重，所以此年丧母。

此正是："六亲星弱，喜生扶，忌克泄耗，逢克泄耗运必有灾。"

例三：
坤造：辛亥　丙申　癸巳　丙辰
大运：丁酉　戊戌　己亥　庚子　辛丑　壬寅　癸卯　甲辰
岁数： 2   12   22   32   42   52   62   72
年份：1972 1982 1992 2002 2012 2022 2032 2042

此造日主虽得月令，在年支又有一本气通根，但日主周围全是克、耗之星。全局八个字，有四个字是生扶日主的，也有四个字是克、耗日主的，在生扶日主的五行中，由于组合原因都没有直接能生扶到日主的。在克、耗五行中，有三个字可以耗日主，有两个字可以克印星。所以日主表而看是旺，但实质只是中和上下。

逢大运日主遇旺地，可取克泄耗为用，逢日主休囚之地应取生扶为用。

断："你这个人家庭观念比较重，有亲情感，比较顾家，为家庭及父母花费大。"

她说：" 我的确是这样一个人，我过好了也希望家中父母及兄弟姐妹都能过好，这几年为家中父母及兄弟姐妹读书花了10万元左右。"

日主周围全是正财，日主就具有正财心性，正财心性的人，思想保守，家庭观念重，有亲情感。

四柱中丙火在月干被坐下印星耗，也被年干印星辛金合去，财星巳火也被月柱申金印星合去。所以日主的钱财会被父母及兄弟姐妹花耗。

断："你有个女儿，在这之前流过产，流产的是个男孩。"

反馈："我的确现在有个女儿，在未生这个女儿之前确实也流过产，流产孩子性别不太清楚。"

八字财星多之人，好生女儿，因为财为女，财多之人自然生女的机率就高些，这是一般性规律，但并非绝对。

女命以伤、食为子女，年支亥中藏有甲本伤官子星，由于申亥相害，申中的庚金克亥中的甲木，甲木在年柱受克，年柱为前。时支辰土藏有乙木女儿星为后。所以在生这个女儿前流过产。

断："你的父母感情比较和睦，父母感情深。"

反馈："我的父母感情一直挺好的，父母间很少有矛盾。"

女命以正财为父，偏印为母。四柱中正财与偏印相合，所以父母感情好。

例四：

乾造： 庚戌　壬午　丁亥　甲辰
大运： 癸未　甲申　乙酉　丙戌　丁亥　戊子　己丑　庚寅
岁数： 2　　12　　22　　32　　42　　52　　62　　72
年份： 1971　1981　1991　2001　2011　2021　2031　2041

日主丁火生在午月旺地，虽得令，但自坐截脚，纵观全局，四柱八个字中，生扶日主的力量只占了三个，而克泄耗日主的力量却有五个之多，通过双方力量对比，日主还是偏弱。

取生扶为用，忌克泄耗。

第一步大运，是癸未大运，大运干支都为忌，幸在大运支中藏有中气丁火为用神，不至于有大灾。从四柱中限运来看，小时候限运段是年柱，年柱干支都为忌神，断其小时候家境不好，比较贫困。

反馈："小时候家里穷，温饱都成问题。"

1979年，癸未大运的己未流年，大运支与流年支忌神伏吟，忌神伏吟哭淋淋。断此年家里有病丧，不是爷爷就是奶奶有灾。"

实际命主的奶奶在1979年去世。

1980年，甲申大运庚申年，庚金冲克甲木，甲木为印星。断这一年母亲会有灾，家中有动土拆盖房屋之事。

实际这一年母亲没有灾，是家中盖房，拆旧屋起新房。

1989年己巳，因为流年支巳火为喜用神，流年干为食神克忌神官星，官星不克身是一喜，命局不喜欢什么，流年克去这个忌神，就会得到这个忌神所代表的好事，这年正好克到忌神官星，官星为工作，所以会有一个好工作。但另一方而这个己土又起到坏的作用，它合住了命局及大运中用神甲木，克甲木的原神壬水，流年支巳火冲日支亥水，甲木的原神都被抑制，对甲木来说，这是不利的，甲木为印星代表母亲。断其自身利工作，工作有好的变动，但此年不利母，母亲灾。

实际命主这年找到一个好工作，工作上很顺心如意，但这年母亲也去世了。

例五：
乾造：　戊午　癸亥　乙酉　癸未
大运：　甲子　乙丑　丙寅　丁卯　戊辰　己巳　庚午　辛未
岁数：　7　　17　　27　　37　　47　　57　　67　　77
年份：1984　1994　2004　2014　2024　2034　2044　2054

此造日主偏弱，印星偏旺，财、官偏弱，应取比劫泄印帮身为用。

断：

1. 父亲是二婚之人，自己有继母，有异腹手足。

2. 兄弟姐妹有损，即有早亡现象。

3. 父亲寿长母寿短，母亲去世得早，不是1983年癸亥就是1984年甲子去世的。

4. 父亲掌点权，但官不大。

5. 1996年当兵，1999年退役。

6. 出年时住家房子后面有比较大的水域，例如江河湖海之类；房子右前面有菜园之类田园之地，房子左前面有果树。

实际情况，命主父亲是当地镇政府的副书记，母亲死得早，1983年就去世了，当时他6岁。后来父亲与他现在的继母结婚，继母过来还带来个男孩，这个男孩比自己大。兄弟姐妹中他有一个亲姐姐夭折。1996年当兵，1999年退役。住家出生地后面就是大海，前面靠右是菜园子，靠左是苹果园。

四柱中偏、正印混杂，偏印两透，正印隐藏。偏正印混杂，是有两母之象。所以推断会有继母。

财星为父，男命以偏财为父，偏财是时支未土，时干是偏印癸水，对偏财未土来说，癸水又是偏财的偏财，也就是父亲的后妻。所以父亲是二婚之人。

推断父亲是当官掌权的，由于偏财父星在命局中偏弱，以偏财为太极点来论，应以生扶偏财为用，所以日主行火、土运时利于父亲事业，命主在16—26岁行乙丑大运，大运支为偏财父星的喜用，所以父亲运气好，事业上会有进展，那么主要会有哪方面进展呢？主要从大运干来看，因为大运干揭示一种表面的象，大运干为比肩乙木，对于偏财未土来说是七煞，七煞主权威、名气。所以推断父亲是掌权的，但由于木在命局中不旺，所以为官不大。

断兄弟姐妹有损原因是命局中有比劫的墓库未土，一般来说命局中有何六亲星之墓，此六亲所代表的人就会有早亡信息。

断母亲去世得早，是因为印星旺为忌，在16周岁以前，日主行的是月柱运癸亥与甲子大运。这两步运都是印星水的旺地，所以母亲会在此两步运中去世。断1983年癸亥、1984年甲子母亲去世，也正是印星太旺物极必反的道理。

断1996年丙子当兵是对方已经告诉笔者曾经当过兵，让笔者推断是哪段时期当的兵，并不是笔者一下子看出他是当过兵的。看哪年当兵必须在命理的基础上结合社会实际。在我国法定征兵年龄是在18周岁以上（包括18周岁），此造日主1995年乙亥是18岁，1996年丙子是19岁。1995年乙亥乙木是比肩，亥水为正印，比肩不属动星也不属静星，属中性星。正印是静星，所以此流年静星占主导力量，日主不太可能出去当兵，因为当兵一是外出之象，二是当兵都要军训，不断地运动，静星占主导力量，动的可能性不大。而1996年丙子，天干透出伤官为动星且伤官主运动、外出，流年支为偏印，偏印比正印好动，且流年支子水冲动祖上宫（命局年支），祖上宫逢冲必然有离祖远行之象，所以推断此年当兵。断1999年己卯退役，一是两三年满役，二是流年支卯木冲动命局官杀星，官杀代表工作、事业，当兵其实也是一种工作事业，冲动官杀自然就有改变工作事业倾向。所以推断1999年退役。

例六：
乾造：丁未　癸卯　丁丑　辛亥
大运：壬寅　辛丑　庚子　己亥　戊戌　丁酉　丙申　乙未
岁数：　3　　13　　23　　33　　43　　53　　63　　73
年份：1969　1979　1989　1999　2009　2019　2029　2039

此造丁火生在卯月，得月令之气，但在日主周围全是克泄耗星。在天干只有年干丁火相帮，在地支只有未中丁火为根，综合看来，日主偏弱无疑。此造正是"得令不旺"的典型例子。

所以应取印、比为用，忌财官食伤。

断：
1. 本人不是老大，有个哥哥。
2. 身体有高血压病。
3. 婚姻不顺，三婚不到头之命。并且所找的对象一个不如一个。
4. 母亲寿长，得母亲之力。父亲寿短，1990年庚午，有丧父之忧。
5. 命中克子女，子女必有不尽人意的地方，比如伤残病亡或智力缺欠等。
6. 1995年升职。

实际情况，命主不是老大，有个哥哥；有高血压病；已经离了两次婚；得母亲之力，母亲现在还健在，父亲1990年去世；有一个孩子都4岁了还不会走路，而且智力上有缺欠；1995年升职，升为某钢厂副厂长之职。

①断不是老大，身上有个哥哥。年柱有比肩，比肩为同性兄弟姐妹，日主为男性，所以年上比肩也是男性，由于年、月柱为长、为大，所以上面应有哥哥。

②断有高血压病。丁火为心脏，癸水为血液，四柱中有癸丁相战，必有心血之疾。这样的人多半会患有高血压。

③断婚姻不顺，三婚不到头之命。八字中只有偏财没有正财，且偏财入墓，财为忌神。必然婚姻不顺，有正妻也还会有偏妻，由于八字中有两个偏财，所以至少会有两个偏房，这自然是三婚之命了。

④断母亲寿长，得母亲之力，父亲寿短，1990年庚午，有丧父之忧。印星位正居月令有力，且为喜用，所以多得母亲之力，母亲寿长。年干为父，年干却是父星偏财的克星，必然不利父，况且父星偏财在四柱中有墓库，这叫受克入墓，这就是父亲早丧信息。断庚午年丧父道理是逢墓忌邀，也就是说逢某六亲星在命局中有墓库，最怕流年或大运合之或动之，哪步大运动了墓库，这墓库是谁的墓，谁就有灾。此造行庚子大运，子水合动了偏财父星的墓库，并且大运干透出正财星，偏财为父，正财自然为继父了，这就有父亲死后母亲重新嫁人，自然就有继父了。逢庚午流年，比肩逢流年午火为旺地，且午丑相害，午中丁火克丑中辛金偏财。所以此年丧父。

⑤断命中克子女，子女必有伤残病亡或智力缺欠等。道理是官杀为子女星，藏在丑土中，被本气土所克，所以必然有的子女会有灾。一般来说，凡是地支所藏人元被本气所克，那么被本气所克的五行所代表的六亲就会有灾。

⑥断1995年升职。1995年为乙亥，虽然流年支为忌神，但有路线起到好作用，却没有路线起到忌神作用。所以会有喜事发生。1995年乙亥，流年支与命局形成亥卯未三合局，不管合化成功与否，都是用神木加力，且没有路线克到火。另一种路线就是流年支亥水生流年干乙木，流年干乙木有生日主丁火，流年支亥水为官星，流年干乙木为印星，官生印，印生身，官气通身，升职。

例七：
坤造：乙酉　己卯　甲午　甲子
大运：庚辰　辛巳　壬午　癸未　甲申　乙酉　丙戌　丁亥
岁数：　4　　14　　24　　34　　44　　54　　64　　74
年份：1948　1958　1968　1978　1988　1998　2008　2018

此命甲木日干生卯月当令，又得时柱甲子相帮，日干偏旺，喜官星克制旺身，但官星远隔、又被月支卯木冲伤。断命主为多婚之命，配偶有死亡或离异。

身旺喜伤官午火泄身，伤官午火得月令旺相，断子女有出息；但时柱为忌，时支又冲克午火用神，断命主得不到子女的关爱，一生辛勤劳碌，凡事得靠自己。

实际情况，命主死了一个丈夫、离了一个丈夫，她目前单身单过，靠卖菜为生。女儿在幼儿园上班，儿子在乡下教书，因为子女结婚后，女婿媳妇作祟，都不能照顾她。

例八：
乾造：丙戌　庚子　己未　戊辰
大运：辛丑　壬寅　癸卯　甲辰　乙巳　丙午　丁未　戊申
岁数：　10　　20　　30　　40　　50　　60　　70　　80
年份：1955　1965　1975　1985　1995　2005　2015　2025

根据伏吟之象，断他1960年庚子姐姐有灾，反馈说姐姐该年病重住院。

断1979年己未夫妻关系紧张，妻子身体不好或有破财之事，他说对，常吵闹，妻子身体不好，这疼那疼的。

断他1988年戊辰破财耗财、子女不顺，他反馈说那年女儿病了住院，花费了2千多元。

例九：

乾造:	辛丑	辛丑	丙午	己亥				
大运:	庚子	己亥	戊戌	丁酉	丙申	乙未	甲午	癸巳
岁数:	1	11	21	31	41	51	61	71
年份:	1962	1972	1982	1992	2002	2012	2022	2032

时上己土伤官入年月之墓，伤官为女儿，不利女儿之象，断第一胎流产，断第二胎生的必是儿子。

反馈正确，原因是头胎是婚前怀的孕，故没要打掉了，婚后生了一个儿子。

八字伤官叠叠又入墓，命主与祖母无缘，断其奶奶在命主出生前就去世了。

命主反馈说奶奶在他爸爸3岁时就去世了，爷爷又娶了一个。

例十：

乾造:	乙巳	戊子	甲辰	丁卯				
大运:	丁亥	丙戌	乙酉	甲申	癸未	壬午	辛巳	庚辰
岁数:	4	14	24	34	44	54	64	74
年份:	1968	1978	1988	1998	2008	2018	2028	2038

日支辰土为偏印壬水之墓，八字又不见壬水，偏印为祖父，主祖父去世得早。

命主反馈说爷爷在他父亲3岁时就去世了，他根本就没有见过。

例十一：

坤造:	癸丑	己未	辛酉	己亥				
大运:	庚申	辛酉	壬戌	癸亥	甲子	乙丑	丙寅	丁卯
岁数:	6	16	26	36	46	56	66	76
年份:	1978	1988	1998	2008	2018	2028	2038	2048

此命枭神叠叠，年月逢冲，年支为枭神己土之墓，直断她的母亲会因病早亡。

命主反馈其母生下她14天就得了破伤风，医治不及时而去世。

例十二：

坤造：	戊申	甲寅	壬申	己酉				
大运：	癸丑	壬子	辛亥	庚戌	己酉	戊申	丁未	丙午
岁数：	10	20	30	40	50	60	70	80
年份：	1977	1987	1997	2007	2017	2027	2037	2047

月支寅木旬空，月柱为兄弟姐妹宫，主不利同辈。

寅木食神代表子息，八字又见两申冲寅的组合，寅木受伤严重，寅中暗藏丙火财星，被两申冲掉，丙火为偏财，代表父亲，这说明会在同胞、子息、父亲方面应灾。

断命主克父克兄弟，不死也得残废，自己必定会有多次流产、堕胎。

命主反馈，二哥、父亲都去世了，自己多次打胎引产。

1994年甲戌，地支三会金局冲克月柱甲寅，月支寅木微根被拔，遂根据旬空、生克之象，断他们是在1994年应的灾。

命主说，1994年二哥被车撞去世，年底父亲得病也去世了，同年命主自己也因怀孕而打胎。

例十三：

乾造：	乙巳	戊子	甲辰	丁卯				
大运：	丁亥	丙戌	乙酉	甲申	癸未	壬午	辛巳	庚辰
岁数：	4	14	24	34	44	54	64	74
年份：	1968	1978	1988	1998	2008	2018	2028	2038

年柱、日柱均旬空寅卯。

时支卯木旬空，时支为子息宫，卯木劫财为妹妹。直断命主有个妹妹早亡，妻子会有多次流产。

命主反馈：小妹妹去世，老婆已经有过三次打胎。

例十四：
坤造： 乙巳　己丑　庚辰　己卯
大运： 庚寅　辛卯　壬辰　癸巳　甲午　乙未　丙申　丁酉
岁数：　5　　15　　25　　35　　45　　55　　65　　75
年份：1970　1980　1990　2000　2010　2020　2030　2040

时支卯木旬空，时支为子息宫、卯木为正财星，主不利子女及父亲。断命主必有多次流产，父亲如果有妹妹必主早亡。
命主反馈说，自己流产已有四次，小姑小时候因意外受伤死亡。

例十五：
坤造： 丙午　己亥　辛卯　己亥
大运： 戊戌　丁酉　丙申　乙未　甲午　癸巳　壬辰　辛卯
岁数：　8　　18　　28　　38　　48　　58　　68　　78
年份：1973　1983　1993　2003　2013　2023　2033　2043

断：
1. 你爷爷奶奶死得很早，你无缘相见；
2. 你父母也去世了，且父亲死在母亲前头；
3. 你1995年运气不好，如果你该年没有病伤之灾，就会破财；
4. 1996年你老公运气不好，不生大病就有大灾；
5. 子女恐有先天兔唇。

反馈，爷爷奶奶的确死得很早，爸妈也都不在了，爸爸死在1979年，妈妈死在1981年。同辈共有六姊妹，其中一个是同母异父的。1995年老公到汉正街进货时，被挑夫挑走五千多元的货物而破了财。1996年老公生病住院花去七千多元。

此命日空（午未）、年空（寅卯），年支和日支空旺。年柱为祖上和父母所居之宫，空则有失，偏印虽为喜但坐水地而土流，偏印为祖父，故祖父死得早。

伤官代表祖母临月令为忌大凶,综合年支空伤官为忌的分析,祖母也不在了。

偏财卯木代表父亲坐下为忌又逢生,忌神逢生大凶,又卯木旬空,不吉之兆,戊戌运偏财卯木被合动死父。

正印代表母亲八字不见,用神不见大凶,戊戌运,正印戊戌在大运出现,我用二十年时间实践总结,分析近五万个八字所总结出的一千多条各类断命规律,其中有"……无者怕出现,独者怕重见,反伏凶又凶……"等准确率极高的铁口直断规律,这"戊戌正印"正是无者怕重见,立见大凶,所以直断她母亲也在这步运中去世。

例十六:
乾造: 庚子　己卯　甲辰　丁卯
大运: 庚辰　辛巳　壬午　癸未　甲申　乙酉　丙戌　丁亥
岁数:　7　　17　　27　　37　　47　　57　　67　　77
年份: 1966 1976 1986 1996 2006 2016 2026 2036

断:
1. 日干甲木偏旺,年月地支子卯为忌,年干为七杀泄月干财星发挥了坏的作用,月干财星被截脚,故祖辈父辈穷命。

实际,两辈人都非常贫困,没有当官做生意的人,日子过得比普通人家都差。

2. 你祖父、父亲都去世的较早,而家里的女性长辈却长寿。

实际,爷爷死得早,没见着,爸爸也在1962年命主两岁时去世了。

年支子水印星代表祖父星,为忌又入墓于辰日不吉,年干为祖父宫位,临七煞无根又发挥了坏的作用,双重作用为凶,故断其祖父死得早。

日干偏旺,偏财辰土为用,被双卯克害为凶,又无解救,再加上月干父宫临财坐死地也为凶,故父亲也死的早,另外日干偏旺,月支为阳刃,辰土财星逢空,这都是父亲早丧的命理标志。

3. 你在家不是老大,你兄弟姐妹较多,有6个左右,但活到成年的估计只有3个。

实际,母亲生了7个,死了4个,目前只有三弟兄,命主排行老六。

月支占阳刃，月支在先，故命主不是老大。

同胞6个的计算方法为，甲、卯、卯、辰中乙木、卯辰半会两次，共6个。卯木逢空，兄弟必失，空两个，子刑一个，辰害一个，故死了4个，只剩下兄弟3个。

例十七：
乾造：壬子　庚戌　辛丑　乙未
大运：辛亥　壬子　癸丑　甲寅　乙卯　丙辰　丁巳　戊午
岁数： 2　 12　 22　 32　 42　 52　 62　 72
年份：1973 1983 1993 2003 2013 2023 2033 2043

丑戌未三刑，金水有势，坏了戌中的丁火杀，戌在月令，月令的七杀为父。因八字以财在月令为父，偏财为父，财星不透看杀星。父会不会早死，不会，为什么？因为庚戌在月上为父母宫，乙庚合合到了时上，什么象？八字偏财为父，时上父星乙合了庚金，把庚戌一柱当了父亲看，乙合了回来，丑戌刑，乙庚合，是父星与父宫都坏了，丑运庚辰年父亲去逝。丑运是丑到了，庚辰年是庚到位把乙父星合走了。一般墓中的六亲被坏都会突然死亡。三刑应全者在六亲上都不利，甲申年兄去逝，因月令也代表兄弟姐妹宫，甲申年甲坐了绝地。

此造丑戌未三刑，先论刑后看冲，刑坏了戌中七杀，戌土在月令，七杀为父亲（年月没有财，以官杀为父），但不会早死，因为乙庚合到时上，但父亲的宫、象、星都坏了，走丑运庚辰年父亲死。

此人哥哥甲申年死，因乙庚合换象，以甲木为哥哥，甲申年甲坐绝。庚为哥，不是甲，走了寅运（甲寅运），绝在寅。甲申年庚得禄被冲，故哥哥车祸后一周死亡。

兄弟宫占阳了，主哥，所以庚是哥哥，不是姐姐。兄弟宫占阴为妹。

 岁荣通鉴（下）

例十八：

坤造： 甲午　癸酉　戊辰　壬子
大运： 壬申　辛未　庚午　己巳　戊辰　丁卯　丙寅　乙丑
岁数： 1　　11　　21　　31　　41　　51　　61　　71
年份： 1954　1964　1974　1984　1994　2004　2014　2024

此造女命以食、伤为子女，子女星不在时柱本位，而游移到了月柱，月柱为父母宫，说明孩子经常在公婆那里寄养，有时也在娘家父母那儿待段时间，但主要是在公婆那儿待的时间长。

对于女命来说，月为父母宫，包括了两头父母，所以子女可能寄养在两头父母那里，由于月支与日支相合，日支为夫宫，所以月柱的父母宫位与丈夫关系近，代表婆婆、公公的信息强些。

断故其子女常住在公婆家里。

实际：夫妻俩在外工作，孩子由公婆照料。

例十九：

乾造： 癸未　甲子　丙午　庚寅
大运： 癸亥　壬戌　辛酉　庚申　己未　戊午　丁巳
岁数： 3　　13　　23　　33　　43　　53　　63
年份： 1945　1955　1965　1975　1985　1995　2005

此造偏财父星，游移到时干，属外部游移，所以主父亲和自己不能常久在一起居住，以年、月为本地，以日、时为外地，父星是由内地移到外地，说明父亲经常外出，或在外经商做生意，或旅等等，且在外地点常变，漂泊不定，居无定所。

子女星、官星，干支均有，游移到年干和月支，主要体现下面这些信息：

1. 可能有多个子女，一部分子女在外部游移，如在外工作、居住地点常有变化，不稳定，或经常外出等。

2. 可能有一部分子女寄养在父母那里（官杀子星内部游移到父母宫）。

3. 还可能有部分子女，有时外部游移，在外面走动，有时内部游移，居住在父母家里。

实际情况正是如此，命主难得与父亲、子女相聚。

总之，如果正印星不坐本宫本位（母宫年支或月支为母宫），而游移在年干上，如果母宫不受损伤有这样寓意：命主或母亲任何一方或双方因出行、工作、谋职等原因不能经常团聚。如果母宫受到损伤，情况就很严重，表示母亲早亡或本人送养给他人，导致骨肉分离。如果男命七煞不坐子息宫（时柱）而游移到年月支，如果子息宫又不受冲，那么表示儿子都能留守祖业，不会背井离乡在外地生根。

第十二章　父母吉凶析断点窍

第一节　父母吉凶析断要点

通过八字析断父母情况，可以析断父母与命主的关系远近，析断父母的能力大小、从事职业，甚至可以析断父母的财官运，健康疾病，也可以推断父母的生死之灾。

要做到较为准确的析断，要掌握好十神析断与宫位析断两种方法的结合，掌握好喜忌组合与大运流年的应期组合。

下面把一些规律断法总结出来，但要使用好，还是要加深五行干支生克以及喜忌组合的应用，只有这方面的基本功深厚了，才能真正用好这些规律。

一、十神析断

印星为用通根透干，母心慈而长寿，精明貌美。
偏财为用通根透干，父慈祥而和气，精明能干。
印为用神，财星克印，父母不全，父母关系不和。
印星被破，主克父母。印星为忌神旺，多受父母之灾连累。
印星为用神弱，而父母星受制，父母会发生生离死别。
印为用神而受制，母无能而寿短。
偏财为用而受制，父无能而寿短。
印为忌神而逢生，母多灾而寿短。
偏财为忌神逢生，父大凶。

忌财，财来生官，父有官灾。

财为用，官来泄财，父有官灾。

印为忌神，官来生印，母有官灾。

总之，用财财旺，得父之力；用印印旺，得母之益。

柱中偏、正印同透干，必有生母、养母或继母（包括拜干妈）或寄养性的，还有可能他母亲是继室。

看命主长得像谁。天干透出的主面貌长像；地支揭示性格、内心世界的东西。命局财官旺长得像父亲；印星旺像母亲。

四柱纯阴，财星太旺或太弱，父亲早丧；若时干克年干者，少年丧父；时干不克年干，中年丧父。

四柱纯阳，印星太旺或太弱，母亲早丧；时干克年干者，少年丧母；时干与年干不相克者，中年丧母。

年、月、日、时、胎支皆克干，为父母早丧之命。

提纲克年父母不全，就是月支五行克年柱纳音五行。

四柱中有三纳音克胎元纳音者，主父母早年双亡。

二、宫位析断

年支为印星是喜用神者，出生书香门第。父母必有一个文化层次高的。

年干伤官，不论喜忌，皆主祖业飘零。

年为偏财坐驿马，而驿马又不被合者，主父亲是远方创业之人。

年月为喜用神受制，克父母，且易先富后贫。

年月为忌神时，不得父母力或父母出身微贱。

年支，月支为戌、亥，又是父母星，主父母有宗教信仰或懂五术玄学。

年与时支伏吟，出生时见不到爷爷、奶奶，或者爷爷。奶奶在本人六周岁前去世；若伏吟之五行正好是伤官更准，不然爷爷奶奶得有二婚。

第二节　父母事业婚姻析断实例

例一：
乾造：　己未　　戊辰　　丁巳　　丙午
大运：　丁卯　　丙寅　　乙丑　　甲子　　癸亥
岁数：　 6　　　 16　　　 26　　　 36　　　 46
年份：　1984　　1994　　2004　　2014　　2024

此局属两气成象格中的火土两气成象格。

基本上五行占命局力量一半以上，都不能克，克易犯怒，引起灾祸。

火土为用，寅木可用，卯木为忌因卯辰、卯未有特殊关系，容易犯土怒，天干出现未有火通关，所以未在天干不为忌。

忌水冲克巳、午火。

原局财星金五行不现，则以年干宫位定位父亲。

父亲己土，生在戊辰月，火土一气而从旺，原局火土相生，所以父亲所做职业与土地建筑之类有关。

丁丙为生己之印，为父亲喜用，说明父亲有文化有权柄。

己未同柱通根，未中有乙，乙杀弱而被通根丁火化泄，丁通未中，化乙生身，所以父亲必定有官职，有管理能力。

依此可断，其父有单位、有管理能力、做土建类工作。

实际情况，其父亲是某建筑公司经理。

例二：
坤造：　辛酉　　庚子　　壬申　　庚子
大运：　辛丑　　壬寅　　癸卯　　甲辰　　乙巳　　丙午　　丁未　　戊申
岁数：　 7　　　 17　　　 27　　　 37　　　 47　　　 57　　　 67　　　 77
年份：　1987　　1997　　2007　　2017　　2027　　2037　　2047　　2057

断她生长在富裕之家,父亲很能干,不是当官的,就是公司老板。

命主反馈说她家条件很好,父亲是一家大型企业的总经理,高薪并有股份。

此命八字从旺,年月为用,前两步都是用神大运,所以我断她出生家庭条件好,在当地属偏上的富贵之家。

根据从旺忌财,不见财星生官星,财星代表父亲,财星为忌不现,相当于财星为忌有制,说明父亲有能力,是工作事业上比较出色的人物。

因财星不现,故看年干,年干辛金印星,生身为喜用,说明父亲给日主带来极大助力。

再看父亲辛金坐酉,局中金水一气,壬子水泄旺金,相当于父亲辛金的食伤,所以父亲身旺有泄路,有经商的才能,而且财运很好。壬子食伤泄旺身,而不见官星,则必有管理才能。有管理才能,还有食伤生财的市场开拓与产品开发能力,必定是经理人或企业老板。

例三:
坤造:庚戌　壬午　戊子　乙卯
大运:辛巳　庚辰　己卯　戊寅　丁丑
岁数:　11　　21　　31　　41　　51
年份:1980　1990　2000　2010　2020

此命日干戊土生午月相地,因戌午半合而通根戌午;地支午卯一党而夹子,故卯午胜而子败;卯戌合而间隔午火,午火当令,故卯戌拱火;故日主戊土稍偏旺。

壬水财星紧贴戊日主为喜用,壬水财星独透为父,故直断父亲与命主感情深厚、对命主帮助很大。

壬水为父亲,生午月失令;壬庚子一党而偏弱;所以,在日主青少年时期的辛、庚大运,是父亲得印星相生,父样走喜用大运,印星生身,所以直断其父有高学历,再断其父必在大型企业工作。

壬午同柱,午火为壬之财星,同柱贴身,直断其父做财务方面工作,最可能是会计之类的工作,因为学历高,必定是注册会计师。

因壬水偏弱,午戌两忌神是父亲的财官,所以断其父靠工资,为人清廉正直，不贪污不犯法，戌土为忌，断其父没有官职。

壬水偏弱，而卯午戌为忌，2000年后行己卯忌神大运，故断其父不长寿，月干壬水偏财之根子水被月支午冲、时支卯木刑泄受伤，所以命主父亲不是长寿之人。

2002年壬午，与月柱伏吟不吉，又两午冲子，子水受伤严重，天干偏财壬水虚脱无根，断其父有生死之灾。

实际情况，与命主感情很好；文化程度高，持有注册会计师、注册评估师双证，是该市这方面的权威，但没有官职，凭技术能力工作出色，但不幸于2002年初因病去世。

例四：

乾造： 癸丑　甲子　癸未　辛酉
大运： 癸亥　壬戌　辛酉　庚申　己未　戊午　丁巳　丙辰
岁数：　4　　14　　24　　34　　44　　54　　64　　74
年份： 1976　1986　1996　2006　2016　2026　2036　2046

此命八字偏旺，年月为忌，早运走的也是忌神大运，故出生贫寒，家境不好。

喜财不见财，代表父亲能力不强，对他帮助不大。

忌印星紧贴，也说明母亲也无能力，对他也没有帮助。

实际情况，命主父母是普通人，无官无财，命主自己离开家乡，四处奔波求财，日子过得很苦。

第三节　父母婚姻状况析断实例

例一：
乾造：辛亥　壬辰　辛未　庚寅
大运：辛卯　庚寅　己丑　戊子　丁亥　丙戌
岁数：　4　　14　　24　　34　　44　　54
年份：1974　1984　1994　2004　2014　2024

断此人婚姻出问题，妻子有外遇。
实际命主最终因妻子外遇离婚。
原因是妻宫未土与亥拱合，未寅紧贴而甲己暗合，所以妻子外遇。
再断，你是从小被家里送给别人做养子，而且你养父娶了两个老婆。
实际情况，命主养父有一正妻，包一情妇，三人住一起，还相处融洽。
此造是正偏印混杂，财暗合他星，可论父有外情；但再看两印星，一辰土得正位，因为月支为母的正位，未土在坐支，说明他双母都是有名分的，如在古代看，辰土为父的正房，未土为他母亲是偏房。

例二：
乾造：壬戌　戊申　戊辰　戊午
大运：己酉　庚戌　辛亥　壬子　癸丑　甲寅　乙卯　丙辰
岁数：　10　　20　　30　　40　　50　　60　　70　　80
年份：1991　2001　2011　2021　2031　2041　2051　2061

断命主父母感情不好，会离婚，命主与父无缘，得不到父亲的助力，自身财运差，经常破财。
实际，命主父母早年离异，命主人很聪明，总凭小聪明赚钱，喜欢赌钱，但总是先赚后赔，结果搞得身无分文、穷困潦倒。
此命年支占空，年干偏财被制，年柱代表父母、年干代表父亲，喜财制印，财印不亲，所以父母感情不好，离婚。

例三：
乾造： 戊申　丁巳　己丑　甲子
大运： 戊午　己未　庚申　辛酉　壬戌　癸亥
岁数： 7　　17　　27　　37　　47　　57
年份： 1974　1984　1994　2004　2014　2024

此造天干透出甲丁官印，甲木正官坐子偏财，正官得财星滋畏，然此造岁运最忌行午运，此造命主于大运戊午，午与时支之子相冲，喜用受损，故于该运父母离异。

又于己未大运，庚午流年，天干甲木受克于庚，地支亦逢子午相冲，喜用皆伤，故于该年其弟因车祸发生。

实际情况，少年之时父母离异，1990年弟车祸。

例四：
乾造： 己亥　戊辰　丁丑　乙巳
大运： 丁卯　丙寅　乙丑　甲子　癸亥　壬戌
岁数： 7　　17　　27　　37　　47　　57
年份： 1965　1975　1985　1995　2005　2015

此造己戊透干通根于辰丑，故食伤气旺泄弱日元丁火，所幸乙木透时，支坐巳火帝旺，故丁火由弱转旺。此造命主年月皆为泄气，故早年父母离异。中年行走甲子，甲木制土引丁，故能克勤克俭，创业有成。

实际情况，早年父母离异。

例五：
乾造： 辛未　辛卯　乙亥　丁亥
大运： 庚寅　己丑　戊子　丁亥　丙戌　乙酉　甲申　癸未
岁数： 6　　16　　26　　36　　46　　56　　66　　76
年份： 1936　1946　1956　1966　1976　1986　1996　2006

本造支会亥卯未东方木局，更喜时干丁火透出克去辛金，去浊存清，故有木火通明之象，以食神制杀故卜命主将来行事果断，聪明能干。然行运最忌癸水破丁，此命主于癸酉年癸水冲克丁火，酉金冲克卯提，故家道动荡，致使父母于该年离婚。

实际情况，癸酉年父母离异。

例六：

坤造:	辛未	庚子	己未	辛未			
大运:	辛丑	壬寅	癸卯	甲辰	乙巳	丙午	丁未	戊申
岁数:	4	14	24	34	44	54	64	74
年份:	1934	1944	1954	1964	1974	1984	1994	2004

此坤造天干透出庚辛金食伤，地支子水当令，故己土元神被盗泄太过，气势虚寒，惟有依赖地支之未土助长元神；故行运最喜火土，最忌金水。命主早行辛丑大运，癸酉流年，因金水岁运盗泄元神，又增其寒凝，其月令庚子又是忌神，故于该年命主之父母离异，父亲受刺激，家庭陷入动荡不安。

实际情况，癸酉年父母离异。

例七：

坤造:	己巳	壬申	庚午	癸未
大运:	癸酉	甲戌	乙亥	丙子
岁数:	1	11	21	31
年份:	1989	1999	2009	2019

此坤造天干两透壬癸，如用壬癸泄癸，然年干又透出己土混壬；如用午火炼金又缺甲木引通。最为遗憾的，就是地支巳午未会火克申。年干支己巳，月干支壬申，年月相激，故命主于癸酉年，年仅五岁便家庭变故，父母离异。

实际情况，癸酉年父母离异。

第四节　父母健康疾病析断实例

例一：
乾造：辛亥　庚子　乙酉　己卯
大运：　己亥　戊戌　丁酉　丙申　乙未
岁数：　 8　　 18　　 28　　 38　　 48
年份：1978　1988　1998　2008　2018

此造原命局年月支亥子水为母，时干己土为父。1992年壬申，大运戊戌，申酉戌会金局，乙卯木受伤，亥子水得旺生而无制无泄，母有生死之灾。1998年戊寅，大运丁酉，木临旺地，寅亥合，子卯刑，卯酉冲，卯动而己伤，父有灾。

实际情况，1992年母亲去世。1998年父亲发烧血压高入院。

例二：
乾造：乙卯　甲申　辛亥　己亥
大运：　癸未　壬午　辛巳　庚辰
岁数：　 10　　 20　　 30　　 40
年份：1984　1994　2004　2014

此造戊土为母星，原命局不现，因原局木旺，不现反不受克。九八戊寅，大运壬午，印星显现，财星临旺地而坏印，故母有灾。

实际情况，母亲于1998年己未日被车轧伤，卧床数月。

例三：

乾造：戊午　己未　癸未　己未
大运：庚申　辛酉　壬戌　癸亥
岁数：　7　　 17　　27　　37
年份：1984　1994　2004　2014

此造原命局日主从杀，但年支午火仍为父星，1995乙亥流年，大运辛酉，日主不但得根，且得旺印化杀生身，反成身旺劫财之势，亥水借辛酉之势，刑克午火，父有灾。

实际情况，1995年父亲腿骨折。

例四：

乾造：庚戌　己丑　丙辰　甲午
大运：庚寅　辛卯　壬辰　癸巳　甲午　乙未　丙申　丁酉
岁数：　2　　 12　　22　　32　　42　　52　　62　　72
年份：1972　1982　1992　2002　2012　2022　2032　2042

此造原命局中年干庚金为父，通根于丑戌，又得己土之生，本不为弱。九九己卯，大运癸巳，木旺克土，甲己做合，火旺克金，巳午戌有会火之势，卯戌又合火，庚金坐根受伤，父有灾。

实际情况，一九九五年五月（庚午）父亲突发脑出血，做了开颅手术后又一次出血，病情很重。

例五：

乾造：甲辰　甲戌　子庚　丙戌
大运：乙亥　丙子　丁丑　戊寅　己卯　庚辰　辛巳　壬午
岁数：　8　　 18　　28　　38　　48　　58　　68　　78
年份：1971　1981　1991　2001　2011　2021　2031　2041

此造原命局中年月支辰戌土为母，辰戌均被甲木盖头，水木旺的岁运，相冲易散。一九九九年己卯，卯戌合不化，卯辰半会不化，均为木克土，故母有胆病之灾。

实际情况，1999年母亲胆病发作住院两次，花了不少的钱。

例六：

乾造： 癸巳　癸亥　己巳　己巳
大运： 壬戌　辛酉　庚申　己未　戊午　丁巳　丙辰
岁数： 3　　13　　23　　33　　43　　53　　63
年份： 1955　1965　1975　1985　1995　2005　2015

此造原命局中年干癸水为父，年支巳火为母。庚戌年，辛酉大运，亥水旺冲灭巳火，母有灾；辛酉年，庚申大运，巳申合，癸水有生无泄，旺无所依，父有灾。

实际情况，庚戌年九月母伤灾，辛酉年腊月父腿摔伤。

例七：

坤造： 庚戌　庚辰　辛酉　丁酉
大运： 己卯　戊寅　丁丑　丙子　乙亥　甲戌　癸酉　壬申
岁数： 3　　13　　23　　33　　43　　53　　63　　73
年份： 1972　1982　1992　2002　2012　2022　2032　2042

此造原命局中，年月支是母宫，辰戌土也是庚辛金之母。九九年己卯，太岁合戌，化火不成，则卯克戌，且木助戌中之火而克戌中之辛金，克母肺部有疾。

实际情况，1999年母亲检查肺部两个大水泡，手术后很快痊愈。

例八：

坤造： 壬子　辛亥　壬戌　辛丑
大运： 庚戌　己酉　戊申　丁未　丙午　乙巳　甲辰　癸卯
岁数： 8　　18　　28　　38　　48　　58　　68　　78
年份： 1979　1989　1999　2009　2019　2029　2039　2049

此造原命局中戌中丁火为父。八八年辰戌相冲，丁火受伤，故父有灾。

实际情况，1988年戊辰年父亲生病住院。

例九：

坤造： 乙巳　丙戌　丙申　丙申
大运： 丁亥　戊子　己丑　庚寅　辛卯　壬辰　癸巳　甲午
岁数：　11　　21　　31　　41　　51　　61　　71　　81
年份：1975　1985　1995　2005　2015　2025　2035　2045

偏财申金为父，年支巳申合克，丙申盖头两克，父必有灾。

庚寅大运，寅巳申三刑，加两丙通根寅巳透干同柱克申，父必有大灾。

实际，1999年父亲查出胃癌，2010年庚寅运庚寅年病逝。

第五节　父母死亡之灾析断实例

一、父灾析断实例

例一：

乾造： 癸卯　壬戌　癸巳　癸亥
大运： 辛酉　庚申　己未　戊午　丁巳　丙辰
岁数：　 4　　14　　24　　34　　44　　54
年份：1966　1976　1986　1996　2006　2016

原命局父星偏弱，忌克泄耗。逢辛酉运，戊申流年，父星的原神被冲克，父星火被合住，所以此年父亲有生死之灾。

实际此造1968年丧父。

例二：
坤造：丙午　戊戌　乙巳　丁丑
大运：丁酉　丙申　乙未　甲午　癸巳　壬辰
岁数：　3　　13　　23　　33　　43　　53
年份：1968　1978　1988　1998　2008　2018

　　八字以从弱格论命，乙未大运，戊辰流年，从弱格走财流年，此年命主财运不错，地支丑未冲，辰戌冲，财为用受伤，父有生死之灾。
　　实际此年父亲去世。

例三：
乾造：丁未　庚戌　乙丑　庚辰
大运：己酉　戊申　丁未　丙午　乙巳　甲辰　癸卯　壬寅
岁数：　8　　18　　28　　38　　48　　58　　68　　78
年份：1974　1984　1994　2004　2014　2024　2034　2044

　　戌在月令为财，月令之财为父，且坐父母宫，肯定先当父看，而且月令透出了庚，透出的庚金和日主合，戌被年日两土刑坏，父星父宫都坏，父亲是生死之灾。
　　实际，父亲在命主十几岁时因病医治无效而死。

例四：
乾造：癸卯　丙辰　丙午　甲午
大运：乙卯　甲寅　癸丑　壬子　辛亥　庚戌　己酉　戊申
岁数：　10　　20　　30　　40　　50　　60　　70　　80
年份：1972　1982　1992　2002　2012　2022　2032　2042

　　断：你是做木材或者家具生意的；你表面看起来没病，但实际腿上有过重伤骨折，有伤残；另外，你父亲在你小时候就不在了。
　　实际，此人做家具制作与装修生意，小时候腿骨摔断过，腿上有残疾，但经过锻炼现在走路不细看发现不了，父亲在自己小时候去世了。

此造日主明显偏旺，比肩旺，印生比肩，木火一气，所以，所做的工作就与木火相关，与木材、家具类相类。木五行为家具，火为文明为装修。

八字无财星，所以用年干癸水为父，癸水通根辰，所以癸水是弱而有根；这样的癸水，坐下卯泄，紧贴丙耗，地支卯辰相害，辰土根伤，两午贴辰烤干辰中癸，不利父。这些组合都不利父，癸辰两字，在年月受伤，主少年父亡。

甲午在时柱，木火相生为忌，而且甲为四肢，在时干为腿部，甲有卯助故为弱而不从，弱而被丙午贴泄，故腿上有伤残。

例五：
坤造：丙午　戊戌　乙巳　丁丑
大运：丁酉　丙申　乙未　甲午　癸巳　壬辰
岁数：　3　　13　　23　　33　　43　　53
年份：1968　1978　1988　1998　2008　2018

此坤造命局一片火炎土燥，地支又全无一点木根，故命主之福泽浅薄，如岁运冲破丑湿土则凶灾既至。本造命主于流年戊辰，地支辰戌丑相刑冲，丑中之癸水被克而无金泄土生水，故于该年家中动荡不安，父亲逝世。

实际情况，戊辰年丧父。

例六：
乾造：甲辰　甲戌　甲午　甲戌

此造日主为深秋之木，壬癸水用来滋润甲木当是首需之物，然地支戌一合辰戌一冲，天干四甲又尽泄于火土，故此甲木有枯焦之虚。早运乙亥比劫夺财，故少年时丧父。

实际情况，少年丧父。

岁荣通鉴（下）

例七：

乾造： 庚子　辛巳　癸亥　乙卯
大运： 壬午　癸未　甲申　乙酉　丙戌　丁亥　戊子
岁数： 2   12   22   32   42   52   62
年份： 1961 1971 1981 1991 2001 2011 2021

此造癸水日主坐亥水帝旺，年干又逢子水临官，然而天干复透庚金正偏印所生，故知孟夏之水源源不绝，故取巳宫中之火土财官为用，而以时干支之乙卯木星助火，惜乎巳亥相冲财官之贵气皆被所伤，且因天干之辛金克乙木食神，枭印夺食，故营商亦暴起暴落。此造命主早行壬午大运，因壬水动劫财通源，劫旺而伤财，故童年时就逢丧父。

实际情况，幼年丧父。

例八：

乾造： 戊申　乙丑　癸巳　辛酉
大运： 丙寅　丁卯　戊辰　己巳　庚午
岁数： 6   16   26   36   46
年份： 1974 1984 1994 2004 2014

此造原命局中日支巳火为父，局中土金旺，且有巳酉丑合金局的组合。1991年辛未，大运戊辰，辛金透干金局得化，巳中丙火从金，故父有灾。

实际情况，其父死于1991年未月。

例九：

乾造： 己丑　戊辰　壬午　辛亥
大运： 丁卯　丙寅　乙丑　甲子　癸亥　壬戌　辛酉　庚申
岁数： 7   17   27   37   47   57   67   77
年份： 1955 1965 1975 1985 1995 2005 2015 2025

此造原命局中无偏财，但辛金为母，凡克辛金者即为父，故午中丁火为父。局中午火衰，但日主早行各运为木火，故其父无虞。运进甲子，子冲午，对父极不利，但在各流年均有数，至辛未流年，丑未冲，子午冲，将丁火克绝，故丧父。

实际情况，1991年父死。

例十：

坤造：	己亥	丙寅	癸未	乙卯			
大运：	丁卯	戊辰	己巳	庚午	辛未	壬申	癸酉	甲戌
岁数：	2	12	22	32	42	52	62	72
年份：	1960	1970	1980	1990	2000	2010	2020	2030

此坤造地支亥寅未卯木局，故知伤官当旺，此造虽然支成木局，但仍难以从儿格认之，因癸水空间通根亥水，日元有气就不宜轻易论从。此造命主于戊辰大运因克泄元神太过，故于该运家中刑耗多端，其父于辰运去世。

实际情况，辰运丧父。

例十一：

乾造：	丁亥	壬子	丙寅	庚寅			
大运：	辛亥	庚戌	己酉	戊申	丁未	丙午	乙巳	甲辰
岁数：	3	13	23	33	43	53	63	73
年份：	1949	1959	1969	1979	1989	1999	2009	2019

此造原命局中杀旺身偏弱，年干丁火帮身为父，然丁火坐亥截脚，又被壬水合克。

1960年庚子，大运庚戌，均是金水旺地，丁火难敌，父有灾。

实际情况，1960年走庚戌运丧父。

例十二：
坤造：庚寅　乙酉　庚申　丁亥
大运：甲申　癸未　壬午　辛巳　庚辰　己卯　戊寅　丁丑
岁数：　6　　16　　26　　36　　46　　56　　66　　76
年份：1955　1965　1975　1985　1995　2005　2015　2025

此造原命局中月干乙木为父，被两庚争合夹克，又坐酉截脚，虽有根气不通，只要酉金一动，便立遭灭顶之灾。
实际情况，出生之月父亲死亡。

例十三：
乾造：戊子　丙辰　癸亥　甲寅
大运：丁巳　戊午　己未　庚申　辛酉　壬戌　癸亥　甲子
岁数：　10　　20　　30　　40　　50　　60　　70　　80
年份：1957　1967　1977　1987　1997　2007　2017　2027

此造原命局中月干丙火为父。九二壬申，大运庚申，庚申冲甲寅，丙火失源，在干遭壬水之冲，在支遭申子辰之克，生机顿失，其父有生死之灾。
实际情况，1992年八月（壬申年己酉月）父亡。

例十四：
乾造：壬午　癸卯　癸酉　癸丑
大运：甲辰　乙巳　丙午　丁未　戊申　己酉　庚戌　辛亥
岁数：　6　　16　　26　　36　　46　　56　　66　　76
年份：1947　1957　1967　1977　1987　1997　2007　2017

此造原命局中年支午火为父星，被旺水盖头，全赖卯木之生。九二壬申，大运戊申，全是金水旺地，在卯木被冲伤之时，午火也将被克绝，父必有生死之灾。
实际情况，1992年八月（壬申年己酉月）父死亡。

例十五：

乾造：壬寅　庚戌　乙未　庚辰

大运：辛亥　壬子　癸丑　甲寅　乙卯　丙辰　丁巳　戊午

岁数：　6　　16　　26　　36　　46　　56　　66　　76

年份：1967　1977　1987　1997　2007　2017　2027　2037

　　此造原命局中土为父星，然局中辰戌未三土，不是被金所泄，就是被木所克，却无生源，且有辰戌相冲，戌未相刑之组合。父一年辛酉，大运壬子，金水旺地，土虚相刑冲而散，父有灾。

　　实际情况，1981年辛酉父逝。

例十六：

坤造：甲寅　己巳　戊午　己未

大运：戊辰　丁卯　丙寅　乙丑　甲子　癸亥　壬戌　辛酉

岁数：　5　　15　　25　　35　　45　　55　　65　　75

年份：1978　1988　1998　2008　2018　2028　2038　2048

　　此造原命局中父星不现，印比太旺，戊辰运又是比劫旺运，甲子年，财星显现，则必有群比劫财之事，财星遭劫而父有灾。

　　实际情况，1984年八月丧父。

例十七：

乾造：甲子　庚午　丙戌　庚寅

大运：辛未　壬申　癸酉　甲戌　乙亥　丙子　丁丑　戊寅

岁数：　6　　16　　26　　36　　46　　56　　66　　76

年份：1989　1999　2009　2019　2029　2039　2049　2059

　　此造原命局中月干庚金为父，坐午火截脚，局中又有寅午戌合火局的组合，父星岌岌可危，丁丑流年，辛未大运，子未害，子丑合，克翻子水，旺火无忌，丑未戌三刑，庚金得根反受伤，午未合，丑午害，使午火动而克庚，父必有灾。
实际情况，其父死于1997年夏天。

例十八：
坤造： 丙戌　壬辰　癸酉　癸亥
大运： 辛卯　庚寅　己丑　戊子　丁亥　丙戌　乙酉　甲申
岁数： 9　　19　　29　　39　　49　　59　　69　　79
年份： 1954　1964　1974　1984　1994　2004　2014　2024

此造原命局中年干丙火为父，局中群比劫财，又有辰戌相冲的组合，丙火极易受伤，十五岁流年辛丑，大运辛卯，丑戌相刑而灭掉火之根，辛金争合丙火，旺生比劫，丙火被克翻，父有生死之灾。
实际情况，十五岁父死。

例十九：
乾造： 戊子　甲寅　乙亥　丙子
大运： 乙卯　丙辰　丁巳　戊午　己未　庚申　辛酉　壬戌
岁数： 6　　16　　26　　36　　46　　56　　66　　76
年份： 1953　1963　1973　1983　1993　2003　2013　2023

此造在戊午大运，乙丑流年丧父。
原命局父星太弱，忌生扶有根，逢戊午大运，运干支皆生扶财星，流年乙丑，流年支也生扶父星，所以此年丧父。

例二十：
乾造： 丙申　庚子　丙辰　戊子
大运： 辛丑　壬寅　癸卯　甲辰　乙巳　丙午　丁未　戊申
岁数： 9　　19　　29　　39　　49　　59　　69　　79
年份： 1964　1974　1984　1994　2004　2014　2024　2034

起大运周岁：7岁3个月20天，每一交大运年4月4日起运（公历）。

此造壬寅运，甲寅年丧父。

此造偏财父星偏弱，取生扶为父星的喜用神，忌克泄耗。壬寅运，甲寅年形成二寅冲一申，申金受损。父星偏财之根受伤，所以此年丧父。

例二十一：

乾造：乙巳　丙戌　戊申　癸丑

大运：乙酉　甲申　癸未　壬午　辛巳　庚辰　己卯　戊寅

岁数：　5　　15　　25　　35　　45　　55　　65　　75

年份：1969　1979　1989　1999　2009　2019　2029　2039

此造原命局中火土太旺而财星水弱，流年太岁生土，岁君泄水，而局中巳申合，丑戌刑，戊癸合等组合，均对财星不利，如再逢土旺的流月，财星就会被克绝。

实际情况，出生三个月丧父。

例二十二：

乾造：己酉　乙亥　乙巳　丁亥

大运：甲戌　癸酉　壬申　辛未　庚午

岁数：　8　　18　　28　　38　　48

年份：1976　1986　1996　2006　2016

此造原命局中年干己土为父，丁巳流年，甲戌大运，酉金被克绝，己土有生无泄也有灾。

实际情况，1974年甲寅、1975年乙卯父病，1976年丁巳死亡。

例二十三：

乾造：甲辰　乙亥　甲子　壬申

大运：丙子　丁丑　戊寅　己卯　庚辰　辛巳　壬午　癸未

岁数：　10　　20　　30　　40　　50　　60　　70　　80

年份：1973　1983　1993　2003　2013　2023　2033　2043

此造原命局中年支辰中戊土为父，局中比劫叠叠，食伤不现。九八戊寅，大运戊寅，均为比劫旺地，父星透干，必遭劫，父有生死之灾。

实际情况，1998年卯月父亲去世。

例二十四：
乾造：　丁未　丙午　乙卯　戊寅
大运：　乙巳　甲辰　癸卯　壬寅　辛丑　庚子　己亥　戊戌
岁数：　　5　　 15　　 25　　 35　　 45　　 55　　 65　　 75
年份：1971　1981　1991　2001　2011　2021　2031　2041

此造原命局中年支未土为父，1989年己巳流年，大运甲辰，巳午未合火局得化，寅卯辰木局也得化，岁运导致命局木燥火炎土焦，父必有灾。

实际情况，1989年父去世。

例二十五：
乾造：　丁巳　丙午　甲寅　壬申
大运：　乙巳　甲辰　癸卯　壬寅　辛丑　庚子　己亥　戊戌
岁数：　　8　　 18　　 28　　 38　　 48　　 58　　 68　　 78
年份：1984　1994　2004　2014　2024　2034　2044　2054

此造原命局年支巳中戊土为父，1999年己卯，大运甲辰，寅卯辰会局，木旺火炎而土焦，故父有癌症。

实际情况，1999年四月父因喉癌去世。

例二十六：
乾造：　丙午　乙未　己卯　乙亥
大运：　丙申　丁酉　戊戌　己亥　庚子　辛丑
岁数：　　8　　 18　　 28　　 38　　 48　　 58
年份：1973　1983　1993　2003　2013　2023

此造原命局中亥水为父，因有亥卯未组合，如逢岁运合化则父有灾。丁酉运，卯酉冲，亥卯未破合，但临丙寅年合动午火克住酉金，又出现寅亥合木，故合局得化。

实际情况，丙寅年丧父。

例二十七：
乾造：丁丑　戊申　庚寅　戊寅
大运：丁未　丙午　乙巳　甲辰　癸卯　壬寅　辛丑　庚子
岁数：　9　　19　　29　　39　　49　　59　　69　　79
年份：1945　1955　1965　1975　1985　1995　2005　2015

此造在未行大运前的甲申流年，丧父。

父星偏财寅木，在命局中偏弱，忌克泄耗，未行大运前，以戊申月柱为大运，流年支申金与命局申金都冲克寅木，流年干透出偏财父星，所以此年丧父。

例二十八：
坤造：庚寅　己卯　乙丑　己卯
大运：戊寅　丁丑　丙子　乙亥　甲戌　癸酉　壬申　辛未
岁数：　9　　19　　29　　39　　49　　59　　69　　79
年份：1958　1968　1978　1988　1998　2008　2018　2028

此造原命局中月干己土为父。水为母星，局中没有明现。然亥卯合木，子卯相刑，子丑做合，亥子水克泄无生，母有灾。

实际情况，1981年五月死父。1996年八月死母。

二、母灾析断实例

例一：

坤造： 壬寅　戊申　辛丑　壬辰
大运： 丁未　丙午　乙巳　甲辰　癸卯　壬寅　辛丑　庚子
岁数：　 9　　 19　　 29　　 39　　 49　　 59　　 69　　 79
年份： 1970　1980　1990　2000　2010　2020　2030　2040

此造原命局月干戊土为母，年支寅木为父。1993年癸酉，大运乙巳，干中木旺，支中金旺，对戊土克泄交加而无生扶，母有灾。1997年丁丑，金临旺地，申动冲寅，丁合壬而去其生源，寅木伤而父有灾。

实际情况，1993年（癸酉），母亲去世。1997年（丁丑），父亲去世。

例二：

乾造： 乙卯　戊子　乙卯　丁丑
大运： 丁亥　丙戌　乙酉　甲申　癸未　壬午　辛巳　庚辰
岁数：　10　　 20　　 30　　 40　　 50　　 60　　 70　　 80
年份： 1985　1995　2005　2015　2025　2035　2045　2055

此造原命局中子水为母，戊土为父。八七丁卯年，大运丁亥，三卯刑一子，亥卯得化，水被榨干，故母有灾，八八戊辰，岁运财星增旺，但无官杀护财，反引发两乙两卯的劫夺之性，故父有灾。

实际情况，1987年十二月丧母，1988年夏丧父。

例三：

乾造： 壬辰　癸卯　戊辰　丙辰
大运： 甲辰　乙巳　丙午　丁未　戊申　己酉　庚戌　辛亥
岁数：　 5　　 15　　 25　　 35　　 45　　 55　　 65　　 75
年份： 1956　1966　1976　1986　1996　2006　2016　2026

此造原命局年干壬水为父，岁运之丁火为母。1995年，丁未运，木旺犯火土之怒,壬癸水遭遇克泄交加而有灾。1997年丁丑,母星出现却虚浮无根,又被壬水合克无救应,故母有灾。

实际情况,1995年八月丧父,1997年五月丧母。

例四:
乾造:丙午 甲午 丁巳 庚戌
大运: 乙未 丙申 丁酉 戊戌 己亥 庚子 辛丑 壬寅
岁数: 4   14   24   34   44   54   64   74
年份: 1969 1979 1989 1999 2009 2019 2029 2039

此造原命局中金为父,木为母。命局支中火旺,戌中辛金岌岌可危,六九己酉,大运乙未,木盛火旺,巳午未成局,戌土从火,酉遭巳克,燥土不生金,金被克绝父有灾。九六丙子,甲木气势上得根,但子午冲犯火怒,甲木反被泄尽,故母有灾。

实际情况,三岁父死后,随母改嫁。一九九六年十一月廿四日(庚子月乙巳日)母亲去世。

例五:
乾造:甲戌 辛未 己丑 丙寅
大运: 壬申 癸酉 甲戌 乙亥 丙子 丁丑 戊寅 己卯
岁数: 9   19   29   39   49   59   69   79
年份: 1942 1952 1962 1972 1982 1992 2002 2012

此造原命局中丙辛合水,年月支戌未中丁火为母,仍支中有丑未戌三刑组合,一旦被岁运引发,丁火即伤而导致母有灾。

实际情况,一岁丧母。

例六：
坤造：壬子　戊申　乙酉　庚辰
大运：丁未　丙午　乙巳　甲辰　癸卯　壬寅　辛丑　庚子
岁数：　6　　16　　26　　36　　46　　56　　66　　76
年份：1977　1987　1997　2007　2017　2027　2037　2047

此造原命局中年支子水为母，1978年戊午，在运丁未，午克申冲子，子未相害，丁壬做合，子水被克尽，故母有灾。

实际情况，1978年辰月母亡。

例七：
乾造：乙未　戊子　壬戌　己酉
大运：丁亥　丙戌　乙酉　甲申　癸未　壬午　辛巳　庚辰
岁数：　8　　18　　28　　38　　48　　58　　68　　78
年份：1962　1972　1982　1992　2002　2012　2022　2032

此造原命局中辛金为母，1997年丁丑，大运甲申，申酉戌会金局，丑未冲，子丑合，子未害，丑未戌三刑，子水被克翻，金旺不透，无制无泄，故母有灾。

实际情况，1997年母死。

例八：
乾造：甲戌　辛未　己丑　丙寅
大运：壬申　癸酉　甲戌　乙亥　丙子　丁丑　戊寅　己卯
岁数：　9　　19　　29　　39　　49　　59　　69　　79
年份：1942　1952　1962　1972　1982　1992　2002　2012

此造原命局中年月支戌未中之丁火为母，然局中有丑未戌三刑组合，一旦被岁运引发，丁火必伤而母有灾。

实际情况，一岁丧母。

例九：
坤造：乙酉　戊寅　庚申　甲申
大运：己卯　庚辰
岁数：　10　　20
年份：2014　2024

起大运周岁：9岁4个月18天，每一交大运年6月23日起运（公历）。

原命局印星太弱，忌生扶，逢壬辰年，戊土印星有根，母亲有灾。

实际情况，2012年戊寅运，壬辰年丧母。

例十：
乾造：丙辰　丙申　乙巳　丙子
大运：丁酉　戊戌　己亥　庚子　辛丑　壬寅　癸卯　甲辰
岁数：　7　　17　　27　　37　　47　　57　　67　　77
年份：1982　1992　2002　2012　2022　2032　2042　2052

原局即星偏弱，忌克泄耗。逢戊戌运，甲戌年，全是克泄耗印星，母有灾。

实际情况，1994年戊戌大运，甲戌年，丧母。

例十一：
乾造：癸未　乙卯　甲子　乙亥
大运：甲寅　癸丑　壬子　辛亥　庚戌　己酉　戊申　丁未
岁数：　1　　11　　21　　31　　41　　51　　61　　71
年份：1943　1953　1963　1973　1983　1993　2003　2013

印星每命局中和偏弱，对于印星来说，应取生扶为用，忌克泄耗，癸丑大运，运支丑土合克印星亥子水，流年干支同样也克印星，母有灾。

实际情况，此造日主在癸丑大运，戊戌流年丧母。

例十二：

坤造： 壬戌　壬子　戊辰　丙辰
大运： 辛亥　庚戌　己酉　戊申　丁未　丙午　乙巳　甲辰
岁数：　3　　13　　23　　33　　43　　53　　63　　73
年份：1984　1994　2004　2014　2024　2034　2044　2054

此造原命局中火印为母，然局中有辰戌相冲，丙壬相冲的组合，如岁运、流月引动辰戌或壬丙，母必有生死之灾。

实际情况，命主1982年十一月丧母。

例十三：

乾造： 庚　庚　壬　丙
　　　 寅　辰　申　午
大运： 辛巳　壬午　癸未　甲申　乙酉　丙戌　丁亥　戊子
岁数：　10　　20　　30　　40　　50　　60　　70　　80
年份：1959　1969　1979　1989　1999　2009　2019　2029

此造原命局年月干庚金为母。九六丙子，大运甲申，子冲午动而克申，申子辰又合水局，庚金失根，遭遇甲冲丙克，水泄而无生，母有灾。

实际情况，1996年四月（癸巳）母亲去世。

例十四：

乾造： 己　甲　丙　己
　　　 丑　戌　子　亥
大运： 癸酉　壬申　辛未　庚午　己巳　戊辰　丁卯　丙寅
岁数：　3　　13　　23　　33　　43　　53　　63　　73
年份：1951　1961　1971　1981　1991　2001　2011　2021

此造原命局中月干甲木为母。1997年丁丑，大运己巳，均为火土旺地，甲己合化土成功，故母有生死之灾。

实际情况，1997年丧母。

例十五：

乾造：辛巳　乙未　壬午　辛丑
大运：甲午　癸巳　壬辰　辛卯　庚寅　己丑　戊子　丁亥
岁数：　9　　 19　　 29　　 39　　 49　　 59　　 69　　 79
年份：1949　1959　1969　1979　1989　1999　2009　2019

此造原命局中，年干辛金为母，支中有巳午未会火局组合，于母星极为不利。1954年甲午，大运甲午，岁运并临，均为木火旺地，火局会成，巳火动而伤辛金，故母有灾。
实际情况，1954年（甲午年）丧母。

例十六：

乾造：己酉　丙子　甲戌　乙丑
大运：乙亥　甲戌　癸酉　壬申　辛未　庚午　己巳　戊辰
岁数：　7　　 17　　 27　　 37　　 47　　 57　　 67　　 77
年份：1975　1985　1995　2005　2015　2025　2035　2045

此造原命局月支子水为母。一九八九年己巳，大运甲戌，丑戌相刑，动而克子，巳酉合而酉金伤，子水无生，故母有灾。
实际情况，1989年（己巳），母亲去世。

例十七：

乾造：戊戌　甲寅　丙辰　壬辰
大运：乙卯　丙辰　丁巳　戊午　己未　庚申　辛酉　壬戌
岁数：　9　　 19　　 29　　 39　　 49　　 59　　 69　　 79
年份：1966　1976　1986　1996　2006　2016　2026　2036

此造原命局中月支寅木为母，本自健旺，但1980年庚申与月提天地相冲，甲寅均伤而无救助，母有生死之灾。
实际情况，1980年母去世。

例十八：

乾造： 丙午　癸巳　乙酉　丁亥
大运： 甲午　乙未　丙申　丁酉　戊戌　己亥
岁数：　4　　14　　24　　34　　44　　54
年份：1969　1979　1989　1999　2009　2019

此造乙木生于巳月木性焦燥，宜先取癸水润木，只要是癸水不被熬干乙木总有生机。此造命主于大运乙未，地支亥未一合用神被绊，又地支巳午未三合火局，亥中之壬印严重受损，故于该年岁运母亲去世。

实际情况，乙未运丧母。

例十九：

乾造： 辛亥　庚子　乙酉　己卯
大运： 己亥　戊戌　丁酉　丙申　乙未　甲午　癸巳　壬辰
岁数：　8　　18　　28　　38　　48　　58　　68　　78
年份：1978　1988　1998　2008　2018　2028　2038　2048

八字以身旺论命，八字身旺亥子水为忌神，又有官星相生，子水为忌神无制，应16—30岁母亲有灾。

戊戌大运壬申流年，壬水为忌神受制，此年命主工作应吉。地支戌土生申金，申金官旺生忌神子水，子水为母，此年母必有灾。

实际情况，此年母亲去世。

例二十：

乾造： 戊子　辛酉　壬戌　壬子
大运： 壬戌　癸亥　甲子　乙丑　丙寅　丁卯　戊辰　己巳
岁数：　3　　13　　23　　33　　43　　53　　63　　73
年份：1950　1960　1970　1980　1990　2000　2010　2020

此造辛酉正印为母，戌土不生金又满局泄之，惟戊土能生，行甲子运甲克去戊土，辛临死地，其母死于此运。

应在何年？丙辰年合母星为合去，死于此年。

实际命主母亲在1976年去世。

第十三章　子女吉凶析断点窍

第一节　子女吉凶析断点窍

一、八字当中子女的确定

　　子女的批断也是八字批命的重要一项，子女的有无、优劣、智愚、吉凶等问题都是求测者所关心和急需知道的。那以什么十神和六亲宫来分析批断子女呢？

　　古今绝大多数命学家都是以男命的官杀星代表子女，女命的食伤星代表子女。

　　但是古代命理学家任铁樵却提出男命跟女命一样以食伤代表子女，那他这个论点是否准确呢？

　　带着这个疑问进行了十多年的实践验证，男命用食伤星代表子女的应验准确率达70%左右，用官杀代表子女只能达到30%左右，为什么用官杀也有一定的准确率呢？原因是这样的，在八字不见食伤的情况下，用官杀星代表子女应验率很高。

　　这下我们知道了男命原局有食伤就用食伤代表子女，在没有食伤的情况下用官杀星代表子女，而女命都以食伤代表子女。

　　子女宫所居位置就是时柱，时柱一般不宜见枭印驾临，如果枭印落在时柱，一般都克子息。

　　以喜忌定子女的优劣、智愚，子女星和子女宫为喜用神旺相不受制都是吉象，子女星和子女宫为用神衰弱受制都是凶象。反之，子女星和子女宫为忌神衰弱受制都是吉象，子女星和子女宫为忌神旺相不受制都是凶象。

子女星为喜但远隔日干，与子女缘薄，虽然子女能干有为，但子女不是远方创业不在家，或就是虽在身边，但感情一般。

二、子女星与子女宫

子女星：

男命食神代表儿子，伤官代表女儿。在无食伤的情况下，七煞代表儿子，正官代表女儿；女命食神代表女儿，伤官代表儿子。

子女宫：

时柱代表子女宫。男命时干代表儿子，时支代表女儿；女命时干代表女儿，时支代表儿子。

时柱为用神，子女能干；时柱为忌神子女无能。

三、以喜忌析断子女有关信息

1. **子女贫富**

八字财星为用，命局食伤生财，子女富；八字财星为用，命局食伤不生财，子女穷；八字财星为忌，命局食伤不生财，子女富；八字财星为忌，命局食伤生财，子女穷。

2. **子女官运**

八字官杀为用，食伤不制官杀，子女有官或从事公职；八字官杀为用，食伤制官杀，子女无官，易惹官非；八字官杀为忌，食伤制官杀，子女有官；八字官杀为忌，食伤不制官，子女无官，易惹官非。

3. **子女学业**

八字食伤为用，印星不制食伤，子女学业好；八字食伤为用，印星制食伤，子女学业差；八字食伤为忌，印星制食伤，子女学业好；八字食伤为忌，印星不制食伤，子女学业差。

4. **子女贤孝**

八字食伤为用，旺相有力，子女贤孝。反之，八字食伤为忌，旺相有力，子女不孝；八字食伤为用，制忌神有力，子女不仅贤孝而且能干。反之，八字食伤为忌，制用神有力，子女不仅不孝而且无能；八字食伤为用，贴身而旺，子女贤孝，与命主感情好。反之，八字食伤为忌，贴身而旺，子女不孝，与命主感情差；八字食伤为忌，衰而受制，子女贤孝能干。反之，八字食伤为用，衰而受制，子女不孝无能；八字食伤为忌，远离日干受制，子女贤孝能干。反之，八字食伤为用，远离日干受制，子女不孝无能。

    5. 子女寿夭

八字食伤为用旺相不受制，子女健康长寿；八字食伤为用衰弱受制，子女多灾多难易夭折；八字食伤为忌衰弱受制，子女健康长寿；八字食伤为忌旺相逢生助，子女多灾多难易夭折。

四、以旺衰析断子女的有关信息

    1. 日干偏旺或从弱或从旺，有食伤无枭印，子女多、能干健康；日干旺，有食伤，又见枭印克制食伤，子女少，刑克子女，子女多灾多难；日干旺，无食伤，又无官杀制身，克子息，与子女无缘。

    2. 日干偏弱，食伤多无枭印，刑克子女；日干偏弱，食伤多有枭印，子女多且能；日干偏弱，无食伤，有子女。

五、八字命主无子的组合

    1. 满局食伤无制，无子女；
    2. 满局印绶无制，无子女；
    3. 调候失宜，即太寒、太暖、太燥、太湿，无子女；
    4. 食伤为用，衰弱被制，无子息，有也刑克；
    5. 食伤为忌，旺相无制，无子息，有也刑克。

六、生男生女

    一个人是生男还是生女，并不完全取决于原局食伤，还要看岁运的配合。

并非原局有食神（男命）就有儿子，有伤官（女命）就有女儿。它只是提供了一个生男生女的信息，具体要观其喜忌与岁运的作用关系而定。比如，原局有食神，而妻子在伤官年怀孕的，一般生女。反过来，若在食神年妻子怀孕，一般生男。

男命以正官为女孩，偏官为男孩，食神为男孩，伤官为女孩。

女命伤官为男孩，食神为女孩，偏官为女孩，正官为男孩。这为主线，以年上月上子孙星断男孩女孩，如相冲相穿则换象。

例一：

坤造：己亥　壬申　癸巳　丁巳

年上亥中甲木为伤官坐长生，连生两个男孩，亥申空，但原局中巳申合不穿。

例二：

乾造：戊戌　癸亥　丙子　癸巳

年上食神头胎男孩。

例三：

坤造：乙未　乙酉　丙戌　庚寅

女命伤官为儿子，但年上未土伤官落空亡，连生两个女儿，没有男孩的命。

例四：

坤造：己酉　甲戌　戊寅　乙卯

年支酉金伤官为儿子，酉戌穿，穿则换象，头胎女孩。

七、子女吉信息组合

1. 日主旺且有子女星，食伤旺而泄身，必为有能力之子女。
2. 时支为喜用神，能得子女之力。
3. 财星为用，食伤旺而生财，子女富。

4. 财星为喜用神，临财官无破伤，子女荣达。
5. 身弱食伤旺，而印星制食伤有力，子女文贵。

八、子女凶信息组合

1. 日主旺，而印星太过时，主克子女。
2. 食伤旺而无制，与子女缘薄。
3. 女命之官星临破伤，会收养他人之子女。
4. 身旺用食伤，而枭神夺食，子女少且无能。
5. 时支逢忌神，不得子女之力。
6. 子女星为用神，弱而受制。子女不能发达。

第二节　男命子女析断实例

例一：
乾造：甲午　甲戌　癸丑　甲寅
大运：乙亥　丙子　丁丑　戊寅　己卯　庚辰　辛巳　壬午
岁数：　6　　16　　26　　36　　46　　56　　66　　76
年份：1959　1969　1979　1989　1999　2009　2019　2029

日干从弱，为多从格，伤官为用紧贴日主。

生女之命，且女儿学业好，伤官生财，女儿财运好，伤官三透贴身而泄，命主与女儿感情好，对女儿宠爱有佳。

命主反馈说：女儿从小就很聪明，学习在班上都是拔尖的，现在在读大学，课余时间自办英语学习班教小学生，收入还不错。

例二：
乾造：乙巳　丙戌　丁未　乙巳
大运：乙酉　甲申　癸未　壬午　辛巳　庚辰　己卯　戊寅
岁数：　5　　15　　25　　35　　45　　55　　65　　75
年份：1969　1979　1989　1999　2009　2019　2029　2039

日干从燥，最喜坐下食神未土帮身，说明他儿子能干，时干为印星生身，儿子读书好，恰巧他儿子是辛未年生的，正是原局用神未土，儿子将来一定能有所作为。

实际此命的儿子聪明伶俐、学习优异，在全年级名列前茅，再看他的八字，与该命主子女富贵的信息同步，看来是命主自己与祖上积德，才生了这么个好儿子。

例三：
乾造：戊戌　己未　乙巳　丁亥
大运：庚申　辛酉　壬戌　癸亥　甲子　乙丑　丙寅　丁卯
岁数：　5　　15　　25　　35　　45　　55　　65　　75
年份：1962　1972　1982　1992　2002　2012　2022　2032

直断："你去年的孩子今年生，今年你孩子生不成，今年你又逢怀胎年。"

命主问，"你看我今年养车怎么样？"

答："你千万别养车，否则你除了钱赚不来，到今年底你要打两场官司，生一肚子气。"所有的断语丝毫不差，全部应验。

丁火食神为子女，而不要按命书中讲的以七杀作孩子。因为食神为子女，又临子女宫。

丁卯年怀孕，子女星丁火逢合，妻星戊土逢合，表示妻怀胎，但合丁火之壬水太衰，到戊辰年戊克壬，壬不能合丁，主流产。

戊辰年又怀孕是辰戌冲之故，妻星戌为丁火之墓，逢流年冲开墓，表示妻怀孕。

例四：
乾造：乙未　丙戌　癸丑　甲寅
大运：乙酉　甲申　癸未　壬午　辛巳　庚辰　己卯　戊寅
岁数：　5　　15　　25　　35　　45　　55　　65　　75
年份：1959　1969　1979　1989　1999　2009　2019　2029

犯三刑。六亲有损，应在了子女上，丑戌未三刑见全，土为官杀，在男命官杀代表子女，有两儿一女，丑未杀是儿，戌官是女。

实际女儿生下几个月就死了。因戌被年日刑，受伤最重，所以女儿先应凶。

行辛巳运，火与燥土旺来制丑土，未为大儿，丑为二儿，癸未年，二儿子是电工，在工作中被电打死。是年二儿子21岁，刚结婚一年多，生有一儿，才几个月。火过旺，被电打死。

例五：
乾造：庚寅　壬午　壬寅　丁未
大运：癸未　甲申　乙酉　丙戌　丁亥　戊子　己丑　庚寅
岁数：　2　　12　　22　　32　　42　　52　　62　　72
年份：1951　1961　1971　1981　1991　2001　2011　2021

此造是丁亥大运，己卯年，丧子。

原局子星官杀偏弱，忌克。

1999年己卯，天干透出子星，地支卯合克未土官星，且与大运、流年形成亥卯未三合局，克官星力度更强，所以此年丧子。

例六：一九四五年八月廿日十二点子时

```
         枭    枭    日    才
乾造：   乙    乙    丁    庚
         酉    酉    酉    子
         辛    辛    辛    癸
```

行运： 甲申　癸未　壬午　辛巳　庚辰
　　　　5　　15　　25　　35　　45
　　　 51　　61　　71　　81　　91

此造原命局中时支子水为子星，子水得坐干庚金之生，局中财星金旺，本是利子之象，但1990年庚午，大运辛巳，都是火旺之乡，子午相冲，子应有灾，但不会是生死之灾。

实际情况，庚午年三、四、五月其子出现重病灾。

例七：一九三二年十月一日子时

```
         劫       印       日    劫
乾造：   壬       庚       癸    壬
         申       戌       亥    子
        庚壬戊   戊辛丁   壬甲   癸
```

行运： 辛亥　壬子　癸丑　甲寅　乙卯　丙辰　丁巳
　　　　3　　13　　23　　33　　43　　53　　63
　　　 35　　45　　55　　65　　75　　85　　95

此造原命局中日主太旺，以官杀戌土为子星，被庚申化泄，水多土荡，弱而从金水，如在岁运得根得生得助，反易被克泄耗而子女有灾。
实际情况，1996年丙子大儿子于辰月发生车祸，大破其财。1998年下半年戌月大儿子又发生车祸，断了一条腿。

例八：一九六四年十月十三日酉时

```
        官      杀      日      财
乾造：  甲      乙      己      癸
        辰      亥      巳      酉
      戊乙癸  壬甲   丙戊庚    辛
```

行运：丙子 丁丑 戊寅
       7   17   27
       71   81   91

此造原命局中时支酉金为子星，受巳火合克的威胁，又被坐干化泄，是于子息不利的信息。1994年甲戌，大运戊寅，寅亥合而不冲巳，反而倒刑旺巳火，辰戌相冲，土虚相冲而散，酉不得生，是为克泄无生，子必有灾。

实际情况，1994年丧子。

例九：一九五三年十月十三日晚十二点

```
        枭      枭      日      伤
乾造：  癸      癸      乙      丙
        巳      亥      亥      子
      丙戊亥  壬甲   壬甲     癸
```

行运：壬戌 辛酉 庚申 己未 戊午
       4   14   24   34   44
       57   67   77   87   97

此造原命局中官杀不现，时干丙火为子星，局中水旺火衰，两亥冲巳，丙火形同无根，且坐子截脚，是不利子的信息，且子星忌火。1993年癸酉，巳酉合金拱水，水势汹猛，丙火被克绝，故子有溺水之灾。

实际情况，1993年八月底，前妻生的儿子在游泳中淹死。

例十：一九五三年三月初四卯时

```
            才      枭      日      官
乾造：    癸      丙      戊      乙
          巳      辰      戌      卯
        丙戊庚  戊乙癸  戊辛丁    乙

行运：    乙卯    甲寅    癸丑    壬子    辛亥
           4      14      24      34      44
          57      67      77      87      97
```

此造原命局中时柱乙卯为子息星，在局中偏旺有生无制，1998年戊寅，又临旺地，且寅卯辰会东方木局，特别强而凌岁君，岁君岂可轻犯，故合癸而生辛金，辛金是乙木之杀，故子犯官灾。

实际情况，1998年儿子入狱。

例十一：一九五○年一月廿日寅时

```
            枭      官      日      比
乾造：    庚      己      壬      壬
          寅      卯      寅      寅
        甲丙戊    乙    甲丙戊  甲丙戊

行运：    庚辰    辛巳    壬午    癸未    甲申
           9      19      29      39      49
          59      69      79      89      99
```

此造原命局中己土为子息星，虚浮无根又无生，局中木又太旺，木为子之官杀，如己土在岁运得生得助或得根，则必不服管而遭旺木之克，易生官灾。

实际情况，小儿子1994年春天坐牢，破财消灾。1996年冬又入狱到1999年春天出狱，破财几万。

例十二：一九三四年八月廿日巳时

乾造：
	食	劫	日	伤
	甲	癸	壬	乙
	戌	酉	寅	巳
	戊辛丁	辛	甲丙戊	丙戊庚

行运：
甲戌	乙亥	丙子	丁丑	戊寅	己卯	庚辰
4	14	24	34	44	54	64
38	48	58	68	78	88	98

此造原命局中戌土为子星，既被酉金所泄，又被甲木自身官杀盖头，1989年己巳，大运巳卯，子星临旺透干，必不服甲木之制而伸腰而肆逞，但巳火合克酉金后，甲乙寅卯木又岂能允其妄为，实际中儿子如行为不轨，必受官方之制。

实际情况，1989年儿子入狱。

例十三：一九六二年十月十四日早二点

乾造：
	比	印	日	印
	壬	辛	壬	辛
	寅	亥	子	丑
	甲丙戊	壬甲	癸	己癸辛

行运：
壬子	癸丑	甲寅
9	19	29
71	81	91

此造原命局中日主太旺，时支丑土为子星，在局中有泄无生，又有亥子丑会北方水局得化的组合，故于子不利。1998年戊寅，大运甲寅均是木之旺地，丑土顿失生机，子有生死之灾。

实际情况，1998年其子与三个小朋友在铁路上走被火车轧死（二月廿四日申时即戊寅年乙卯月戊辰日庚申时）。

例十四：一九五一年十月一日酉时

```
         枭    官    日    枭
乾造：   辛    戊    癸    辛
         卯    戌    卯    酉
         乙   戊辛丁  乙    辛

行运：  丁酉  丙申  乙未  甲午  癸巳
         7    17    27    37    47
         58   68    78    88    98
```

此造原命局中子息宫时柱辛酉干支一气旺为喜用，月柱戊戌为子女星，也干支一气为旺，本无不利子息的信息，但局中有卯戌合，卯酉冲的组合，逢卯旺之岁运，子女会有灾。1987年丁卯，大运乙未，三卯合戌、合未、冲酉、戌未相刑，子必有灾。

实际情况，1987年丧子。

例十五：一九五二年六月十一日午时

```
         才    枭    日    伤
乾造：   壬    丁    己    庚
         辰    未    卯    午
        戊乙癸 己丁乙  乙   丁乙
```

行运：戊申　己酉　庚戌　辛亥　壬子
　　　 2　　12　　22　　32　　42
　　　54　　64　　74　　84　　94

此造原命局中卯木为子息星，周遭全是耗泄无生扶，但也不受克。1981年辛酉，大运庚戌，卯酉冲，辰戌冲，戌未刑，子女必有灾。

实际情况，1981年死一女儿。

例十六：一九六五年十二月廿四日辰时

```
        劫   才   日   财
乾造：  乙   己   甲   戊
        巳   丑   戌   辰
      丙戊庚 己癸辛 戊辛丁 戊乙癸
```

行运：戊子　丁亥　丙戌　乙酉
　　　 3　　13　　23　　33
　　　69　　79　　89　　99

此造原命局中日主偏弱，食伤火为子息星，1997年丁丑，大运丙戌，子星透干，但坐墓坐泄，且引发辰戌冲，丑戌刑，火受损，且冲动子息宫，子应有灾。

实际情况，1997年子多病。

例十七：一九四六年九月廿八日戌时

```
        印   劫   日   官
乾造：  丙   戊   己   甲
        戌   戌   巳   戌
      戊辛丁 戊辛丁 丙戊庚 戊辛丁
```

行运： 己亥　庚子　辛丑　壬寅　癸卯
　　　　 6　　 16　　 26　　 36　　 46
　　　　52　　 62　　 72　　 82　　 92

此造原命局中时干甲木为子星，虚浮无根，又不得生，弱极从土，1998年戊寅，大运癸卯，本是得根又得生，但戊癸合，寅巳刑，寅戌拱火反生土，故反因木临旺地而有灾。

实际情况，1998年戊寅春长子患乙肝。

例十八：一九五一年四月十四日辰时

```
         食    财    日    劫
乾造：   辛    癸    己    戊
         卯    巳    未    辰
         乙   丙戊庚 己丁乙 戊乙癸
```

行运： 壬辰　辛卯　庚寅　己丑　戊子
　　　　 4　　 14　　 24　　 34　　 44
　　　　55　　 65　　 75　　 85　　 95

此造原命局中日主身旺，以食伤辛金为子女星，虚浮无根，弱不受生，1996年丙子，大运戊子，水之旺地，又遭丙火合克，故女儿有灾。也可做卯木官杀为子女星，被辛金盖头，岁运又遭遇三子刑一卯解。

实际情况，一九九六年十一月十四日（丙子年庚子月乙未日）女儿死亡。

例十九：一九二三年十月六日寅时

```
            伤    伤    日    枭
乾造：      癸    癸    庚    戊
            亥    亥    寅    寅
            壬甲  壬甲  甲丙戊 甲丙戊
```

行运：	壬戌	辛酉	庚申	己未	戊午	丁巳	丙辰
	2	12	22	32	42	52	62
	25	35	45	55	65	75	85

此造原命局中日主身弱又不能从，以官杀丙丁火为子息一星，局中不现，且局中水旺，岁运出现明火时必遭水克。丁丑流年，运在戊午，丑午相害，两亥刑午，戊土伤根合不住癸水，两癸冲丁，子必有灾。实际情况，74岁丁丑年丧子。

例二十：一九三八年一月十五日亥时

```
            伤    印    日    财
乾造：      戊    甲    丁    辛
            寅    寅    丑    亥
            甲丙戊 甲丙戊 己癸辛 壬甲
```

行运：	乙卯	丙辰	丁巳	戊午	乙未	庚申
	7	17	27	37	47	57
	45	55	65	75	85	95

此造原命局中时支亥水为子息星，亥得辛生，但辛金却形同虚浮，且丑亥半会不化而有丑克亥之信息。1994年甲戌，大运己未，均为土之旺地，且丑未戌三刑，因有丑亥半合，亥未半合的组合，则亥必受克，故子有灾，且为官灾，但有辛金之生，故非死灾。

实际情况，1994年甲戌儿子入狱。

例二十一：一九六六年七月十一日寅时

```
        劫    劫    日    官
乾造：  丙    丙    丁    壬
        午    申    巳    寅
       丁己  庚壬戊 丙戊庚 甲丙戊

行运：  丁酉  戊戌  己亥
         4    14    24
        70    80    90
```

此造原命局中日主旺，子息宫时干壬水官杀为子女星，坐寅为泄，且局中有寅巳申三刑组合，申金处在水深火热之中，使壬水无根无源，故此造不妻，也不利子女。

实际情况，生一女残废。

例二十二：一九一七年九月十四日亥时

```
        伤    杀    日    劫
乾造：  丁    庚    甲    乙
        巳    戌    辰    亥
       丙戊庚 戊辛丁 戊乙癸 壬甲

行运：  戊申  丁未  丙午  乙巳  甲辰  癸卯  壬寅
        18    28    38    48    58    68    78
        35    45    55    65    75    85    95
```

此造原命局中七杀庚金为子星，坐戌通根得生，本不为弱，但局中有乙庚合，辰戌冲，甲庚冲的组合，且近丁巳受克，最怕戊土受伤。

一九九五年乙亥，运在壬寅，为木之旺地，丁壬合水助火，寅亥合，寅巳刑，寅戌拱火，戌土受伤，子应有灾。

实际情况，1995年79岁，其子因精神病服毒身亡。

例二十三： 一九五一年十月一日酉时

	枭	官	日	枭
乾造：	辛	戊	癸	辛
	卯	戌	卯	酉
	乙	戊辛丁	乙	辛

行运：	丁酉	丙申	乙未	甲午
	7	17	27	37
	58	68	78	88

此造原命局中日主虚浮无根，弱不受生，以食伤卯木为子息星，卯木虽得癸水之生，但年柱卯木被辛金盖头，日支卯木也受酉金之冲，且有卯戌合火的组合，都是不利子女的信息。1979年己未，大运乙未，乙木透干，卯未合，戌未刑，卯酉冲，乙木失根被辛金克绝。

实际情况，1979年丧子。

例二十四： 一九六四年二月十四日辰时

	劫	食	日	官
四柱：	甲	丁	乙	庚
	辰	卯	亥	辰
	戊乙癸	乙	壬甲	戊乙癸

行运：	戊辰	己巳	庚午	辛未
	3	13	23	33
	67	77	87	97

此造原命局中时干庚金为子息星,虽坐辰得生,但无本气根,周遭全是克泄耗,最怕辰土受伤,1986年丙寅,大运己巳,甲己合,己不生庚,寅卯辰会木局,刑巳而生丙丁,庚金被克绝,子女有灾。

实际情况,1986年死一女孩。

例二十五:一九六四年一月三十日申时

	才	杀	日	官
乾造:	甲	丁	辛	丙
	辰	卯	酉	申
	戊乙癸	乙	辛	庚壬戊

行运:	戊辰	己巳	庚午	辛未
	8	18	28	38
	72	82	92	02

此造原命局中时干丙火为子星,得甲木生,丁火助,本不为弱。1989年己巳,大运己巳,岁运并临,引发卯酉冲,甲己合,丙丁火无生无泄,生机全无,子应有灾。

实际情况,一九八九年(己巳)四月(己巳)三岁儿子病夭。

例二十六:一九四六年三月廿七日下午四点半

	财	比	日	比
乾造:	丙	壬	壬	壬
	戌	辰	申	寅
	戊辛丁	戊乙癸	庚壬戊	甲丙戊

行运:	癸巳	甲午	乙未	丙申	丁酉
	3	13	23	33	43
	49	59	69	79	89

此造原命局中日主旺，辰戌土为子息星，申辰拱水，辰戌相冲，丙壬相冲，都是于子息不利的信息。1983年癸亥，大运丙申，又是金水旺地，水大土荡，耗泄无生，子应有灾。

实际情况，一九八三年九月初三（辛酉月己巳日）儿子病死。

例二十七：一九四五年一月七日巳时

```
         杀    劫    日    比
乾造：   乙    戊    己    己
         酉    寅    未    巳
         辛   甲丙戊 己丁乙 丙戊庚

行运：  丁丑  丙子  乙亥  甲戌  癸酉
         5    15    25    35    45
        50    60    70    80    90
```

此造原命局中日主太旺，七杀乙木为子星，在局中无生无助，又坐酉截脚，不利子息。1980年庚申，大运甲戌，土金旺地，甲己合，不得助，乙木被合化为金，子有生死之灾。1997年丁丑，大运癸酉，戊癸合而水不生木，乙木又被丁火化泄而生旺身，故因子而破财。

实际情况，1980年庚申丧一子。1997年丁丑，其另一子丁未月开车撞死一老者，破财一万四千元。

例二十八：一九五九年十二月廿九日未时

```
         才    伤    日    官
乾造：   己    丁    甲    辛
         亥    丑    寅    未
         壬甲  乙癸辛 甲丙戊 己丁乙
```

行运： 丙子　乙亥　甲戌　癸酉
　　　　7　　 17　　 27　　 37
　　　　66　　76　　86　　96

此造原命局中子女宫时干辛金为子息星，虽无本气根。未得生，1999年己卯，大运癸酉，酉丑合而引发丑未冲，未三合不化而引发卯克未，卯酉冲，子女应有灾，但辛金本身不受克，故非生死之灾。

实际情况，1999年春二儿子大腿骨折两节，腰部受重伤。

例二十九：一九五四年三月二日卯时

　　　　　財　　 官　　 日　　 印
乾造：　甲　　 丁　　 庚　　 己
　　　　午　　 卯　　 寅　　 卯
　　　　丁己　　乙　　甲丙戊　乙

行运： 戊辰　己巳　庚午　辛未　壬申
　　　　0　　 10　　 20　　 30　　 40
　　　　54　　64　　74　　84　　94

此造原命局中财杀太旺，以食伤水为子息星，局中不现，而日主虚浮无根，弱不受补，也无力生食伤，而印星也自坐截脚，难以化杀生身，故有子也难成器。

实际情况，二子于一九九九年三月十四日（己卯年戊辰月辛亥日）中午被人打，迫于自卫杀人被捕。

例三十： 一九四六年十二月十九日寅时

```
        印    食    日    印
乾造：  丙    辛    己    丙
        戌    丑    丑    寅
       戊辛丁 己癸辛 己癸辛 甲丙戊

行运：  壬寅  癸卯  甲辰  乙巳  丙午
         9    19    29    39    49
         55   65    75    85    95
```

此造原命局中以时支寅木为子息星，在局中无生无助，又被坐干化泄，故不利子女。

实际情况，1967年克子，子亡。

例三十一： 一九四六年十二月十一日丑时

```
        官    劫    日    枭
乾造：  丙    庚    辛    己
        戌    子    巳    丑
       戊辛丁  癸   丙戊庚 己癸辛

行运：  辛丑  壬寅  癸卯  甲辰  乙巳  丙午
         1    11    21    31    41    51
         48   58    68    78    88    98
```

此造原命局中日主偏旺，官杀丙火为子息，局中巳丑拱金，丙火坐墓通根，且丙辛合水，子星终是弱。1997年丁丑，大运乙巳，乙辛冲，乙庚合，木不生火，巳丑拱金，丑戌相刑，丙丁终是失根，被旺土化尽，子应有灾。

实际情况，1997年丧子。

例三十二：一九六二年六月初六午时

```
         杀    比    日    枭
乾造：   壬    丙    丙    甲
         寅    午    午    午
        甲丙戊 丁己  丁己  丁己

行运： 丁未  戊申  己酉  庚戌
        0    10   20   30
        62   72   82   92
```

此造原命局中日主太旺，七煞壬水为子星，在局中无根无生，从木火反不受克。1993年癸酉，大运庚戌，得生得助便有灾。

实际情况，1993年子被破相。

例三十三：一九七四年前四月十七日午时

```
         官    比    日    伤
乾造：   甲    己    己    庚
         寅    巳    酉    午
        甲丙戊 丙戊庚 辛    丁己

行运： 庚午  辛未  壬申
       10   20   30
       84   94   04
```

此造原命局中时干庚金为子息星，被午火截脚，寅巳刑而巳午夹克酉金，酉金也有伤。1996年丙子，大运己巳，酉金受克，午火又动，庚金不受生而被克绝，子有生死大灾。

实际情况，1996年命主没有结婚就生一个私生子，未到一岁就夭亡了。

例三十四：

```
         劫      财      日      杀
乾造：   戊      癸      己      乙
         子      亥      巳      亥
         癸    壬甲   丙戊庚  壬甲
```

行运： 甲子　乙丑　丙寅　丁卯　戊辰　己巳　庚午

此造为明将戚继光之命造，年月亥子干透癸水，所幸天干戊土止水，更喜元神自坐旺印，财煞印全，用神取火土印劫为用，行运一种东南木火土助长，故将军屡建战功，尤以肃清沿海倭寇而闻名。然地支巳亥相冲，父子缘薄，故因其子违反军令而以军法处决。

实际情况，大义灭亲，亲令斩子。

例三十五：

```
         杀      官      日      比
乾造：   己      戊      癸      癸
         丑      辰      未      丑
        己癸辛  戊乙癸  己丁乙  己癸辛
```

行运： 丁卯　丙寅　乙丑　甲子　癸亥　壬戌　辛酉

此造地支一片土局，天干复透戊己官煞，故知旺土克水太过，虽然丑辰中之辛癸可资生扶癸水，无奈丑辰未三刑，辛癸皆被损伤，况且全局之中不见庚辛金出干泄土生水，故日主弱矣。命主早行丁卯、丙寅、乙丑因泄克太过，经商不顺，生一独生子又为智力低下者。

实际情况，乙丑忌运，生子智力障碍。

第三节　女命子女析断实例

例一：

	杀	财	日	财
坤造：	甲	壬	戊	壬
	辰	申	戌	子
	戊乙癸	庚壬戊	戊辛丁	癸

大运：	辛未	庚午	己巳	戊辰	丁卯	丙寅	乙丑	甲子
岁数：	4	14	24	34	44	54	64	74
年份：	1967	1977	1987	1997	2007	2017	2027	2037

日干偏弱，月支食神申金当令为忌，又不见印星火来制食神申金，时柱占忌神财星，我对命主说：你生了个女儿，但你为她很操心、很头疼，她的学习成绩不好。

实际情况，命主女儿说话言语不清，读书不好。

例二：

	劫	枭	日	枭
坤造：	壬	辛	癸	辛
	午	亥	酉	酉
	丁己	壬甲	辛	辛

行运：	庚戌	己酉	戊申	丁未	丙午	乙巳	甲辰

此坤造天干齐透出印劫，地支亦逢旺金旺水，然而全局不见戊土止水，冬水汪洋，奔波到老。行运天干可顺行金水木，而不宜行走火运冲激旺神。此造命主大运丁未与夫离婚，大运行至丙午流年庚午因衰神

旺,于该年其子因车祸丧生。

实际情况,于丙午运庚午年丧子。

例三:一九七〇年九月十八日酉时

	比	杀	日	印
坤造:	庚	丙	庚	己
	戌	戌	午	酉
	戊辛丁	戊辛丁	丁己	辛

行运:	乙酉	甲申	癸未
	3	13	23
	73	83	93

此造原命局中应以食伤水为子息星,局中不现,支中土旺,即使在岁运透干,如不自带强根,也是弱不受生。

实际情况,1992年流产。

例四:一九四〇年七月二十一日巳时

	伤	官	日	比
坤造:	庚	甲	己	己
	辰	申	亥	巳
	戊乙癸	庚壬戊	壬甲	丙戊庚

行运:	癸未	壬午	辛巳	庚辰	己卯	戊寅
	5	15	25	35	45	55
	45	55	65	75	85	95

此造原命局中食伤庚申金为子息星,在局中偏旺,1981年辛酉,大运庚辰,均是土金旺地,食伤旺而无制无泄,子必有灾。

实际情况，1981年七月子亡。

例五： 一九五九年三月十三日午时

```
         官    杀    日    财
坤造：   己    戊    壬    丙
         亥    辰    申    午
        壬甲  戊乙癸 庚壬戊  壬甲
```

行运： 己巳　庚午　辛未　壬申
　　　　5　　15　　25　　35
　　　64　　74　　84　　94

此造原命局中子女星食伤不现，以时柱丙午子息宫看子女，丙午干支一气自旺，但在局中却周遭都是克泄耗而无生，一九九四年甲戌，大运壬申，均是土金水旺地，支中辰戌相冲，辰亥刑午，未土合午，干中甲木合己克戊，两壬冲丙，子必有灾。

实际情况，一九九四年五月三十日（甲戌年辛未月乙未日），十一岁的男孩落水身亡。

例六： 一九三七年三月廿九辰时

```
         劫    印    日    杀
坤造：   丁    乙    丙    壬
         丑    巳    申    辰
        己癸辛 丙戊庚 庚壬戊 戊乙癸
```

行运： 丙午　丁未　戊申　己酉　庚戌　辛亥
　　　　9　　19　　29　　39　　49　　59
　　　46　　56　　66　　76　　86　　96

此造原命局中时支辰土为子息星，1998年戊寅，大运庚戌，辰戌冲，丑戌刑，子应有灾；且寅申冲，寅巳刑，乙庚合，戊土有生无泄，也是子有灾的信息。

实际情况，1998年儿子被火烧，花去所有积蓄共计五万元。

例七：一九五七年十二月初二巳时

```
         印    才    日    印
坤造：   丁    癸    戊    丁
         酉    丑    戌    巳
         辛   己癸辛 戊辛丁 丙戊庚
```

行运： 甲寅　乙卯　丙辰　丁巳　戊午
　　　　5　　15　　25　　35　　45
　　　62　　72　　82　　92　　02

此造原命局中酉金为子星，在局中丑戌相刑而不得生，且被丁火盖头，1998年戊寅，大运丁巳，子女宫伏吟，戊癸合丁火无制，寅巳刑而火旺，酉金受克，子应有灾。

实际情况，其儿子有癫痫病，1998年死去。

例八：一九五七年八月十六日上午四点五十分

```
坤造：   丁    己    甲    丙
         酉    酉    申    寅
         辛    辛   庚壬戊 甲丙戊
```

行运： 庚戌　辛亥　壬子　癸丑
　　　　10　　20　　30　　40
　　　67　　77　　87　　97

时干丙火为子息星，坐寅得长生，但支中金旺，寅申相冲，丙火伤根，子女宫逢冲，不利子息。1984年甲子，大运辛亥，火之死绝地，亥子虽可通寅申之关，但也灭掉寅中丙火，木湿反不生火。

实际情况，1984年头生一个男孩，半岁夭折。

例九：一九二〇年四月十一日午时

	财	才	日	枭
坤造：	庚	辛	丙	甲
	申	巳	戌	午
	庚壬戊	丙戊庚	戊辛丁	丁己

行运： 己卯 戊寅 丁丑 丙子 乙亥 甲戌 癸酉
　　　 17　 27　 37　 47　 57　 67　 77
　　　 37　 47　 57　 67　 77　 87　 97

此造原命局中食伤戊土是子星，在局中本旺。1997年丁丑，大运癸酉，巳酉丑合金，申酉戌会金，丑午相害，丑戌相刑，子必有灾。

实际情况，1997年（丁丑）77岁丧子。

例十：一九六一年六月二十四日丑时

	劫	才	日	官
坤造：	辛	乙	庚	丁
	丑	未	午	丑
	己癸辛	己丁乙	丁己	己癸辛

行运： 丙申 丁酉 戊戌 己亥 庚子 辛丑 壬寅

此坤造地支午未合火，天干又透出乙丁财官，故知木火之气盗克元神太过，唯有取地支之丑湿土来晦火生金，故此造最怕地支刑克。

甲戌年因流年与地支形成丑未戌三刑，又天干甲木克合大运己土，致使土神无晦火生金之功，而使旺丁克金。

命主于该年因错手误打亲生女儿致死。

例十一：一九五二年十一月廿六日卯时

```
         比    劫    日    劫
坤造：   壬    癸    壬    癸
         辰    丑    戌    卯
        戊乙癸 乙癸辛 戊辛丁  乙

行运：   壬子   辛亥   庚戌   己酉   戊申
          2    12    22    32    42
         54    64    74    84    94
```

此造原命局中时支卯木为子星。局中水旺，木难生发，1996年丙子，大运戊申，岁运命合成水局而刑卯，子必有灾。

实际情况，1996年正月丈夫、儿子死于车祸。

例十二：一九五四年八月十七日酉时

```
         食    劫    日    官
坤造：   甲    癸    壬    己
         午    酉    申    酉
         丁巳   辛    庚壬戊  辛

行运：   壬申   辛未   庚午   己巳   戊辰
          2    12    22    32    42
         56    66    76    86    96
```

此造原命局中甲木为子息星，虽得壬癸之生，但坐午被化泄，且在支中无根,虚不受生,是子息不利的信息。1978年戊午,大运庚午,均是火之旺地,且戊癸做合,甲庚相冲,甲相克泄无生,子女应有灾。

实际情况,1978年六月生龙凤胎,生下不久男孩就死了,女孩长大了。

第十四章　命理风水析断点窍

第一节　八字干支空间定位秘诀

八字方位是八字风水预测的一个核心内容。

八字除了代表出生时间以外，还隐藏着环境风水的秘密，标志着地理环境的特征，这也是八字风水术的玄机所在。

八字的年、月、日、时分别代表着一定方位上的事物、场所。

八字干支空间定位：

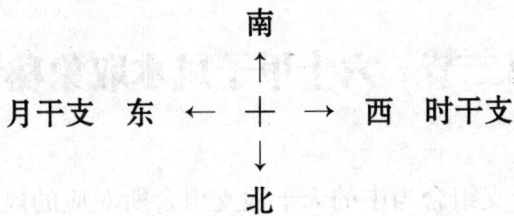

年干支位置：方位为北（包括正北、东北、西北的范围）
月干支位置：方位为东（包括正东、东北、东南的范围）
日干支位置：方位为南（包括正南、东南、西南的范围）

时干支位置：方位为西（包括正西、西北、西南的范围）

知道了八字的这种方位关系，我们就可以根据八字中的干支五行，推断出在相应方位上的风水情况了。

比如八字中年干支为壬子，八字年干支的位置表示的方位为北方，则可以推断出在北方的区域有水，比如水池、河流等，或者与水有关的单位，比如饮料厂、停车场等。

若月干支为壬子，则可以推断出在东方位有与水有关的事物，等等。

总之，这是八字推断风水最基本也是最重要的规律。

通过八字原命局，可以推断先天风水，也就是人出生时的环境风水；结合了大运之后，就可以推断一个人在不同的人生阶段的风水情况；结合了大运与流年的组合，就可以推断一个人在某一流年的吉凶所对应的风水情况。

八字推断风水形势与风水吉凶，是八字命理中的高难度内容。原八字断先天风水就比较难了，后天的大运与流年风水更是超级难度，所以八字风水历来都被八字高手当做绝技而不外传。本资料以实例点窍的方式公开一些内容，相信悟性较好的学习者，能由此实现八字预测水平上的突破。

第二节　六十甲子风水取象秘诀

六十甲子干支组合当中的天干地支组合所对应的风水环境是八字断风水的重要内容。

下面以部分干支组合来讲解八字风水取象的含义。

（1）甲寅、乙卯

五行属性为木。

干支一气，通根本气，所以代表粗壮的大树。

又因为干支都是木，为比肩，党众多而强，所以也代表数量多的树木、树林、山林。

甲寅代表阳性树木，诸如杨树、榆树、梧桐、山松等等，以及木柴垛、果树果园、木桥、木制家具、木材、造纸厂、纺织厂、书店、出版社等等，以及与木性有关的单位、企业、场所等等。

乙卯代表阴性树木，竹子、花草灌木、公园、纺织物、园艺、编制业、手工业，以及与木性有关的单位、场所等等。

（2）甲子、乙亥

通常代表较为显眼、较为突出、较为粗壮的一棵大树。

由于它们的天干地支并非比肩，所以它们通常并不代表多棵树木，但由于天干之木有地支之水的生助，所以这棵树木长势比一般的树木要粗大，在附近比较显眼、突出或者较为古老。

也可以代表水边有树、水中有树的情形。

（3）壬子、壬辰、癸亥、癸丑

它们的五行属性为水，代表水或具有流动性质的东西。

壬子、壬辰代表大水、水比较多。

癸亥、癸丑代表小水、水少。

壬子、壬辰代表水坑、坑塘、水库、河流、湖海、瀑布、流动的水、有源头的水、大面积的水、舟船、水产品、饮水设备、冷冻设备、渔业、冷饮、浴所、水利等等。

壬子、壬辰还代表具有流动性质的大路、公路、高速公路、宽的街道、人员流动繁华的马路，以及交通运输业、旅游业、服务业、与水或流动性质相关的单位、企业、场所等等。

癸亥、癸丑代表静止的水，也表示少量的水，或者表示水坑、水井、护城河、水沟、水渠、河流、下水道、池塘水坝、水缸水池、厕所、猪圈，以及与水有关或具有流动性质的单位、行业或场所等等。

（4）戊戌

戊戌的五行属性为土。

代表较高、突出的环境，如山岭、丘陵、土丘；以及长型建筑，如城墙、高墙、堤坝、河堤、院墙、土墙、砖墙等。

内部可以存放东西的场所，如窑场、坟墓、库房、佛堂、庙宇、锅炉房、煤窑、高温储体。

与吃（因为脾胃五行属土）有关的场所，如养殖场、饭店、粮库等等。

与土、石有关的物品、场所，如砖瓦砂石、陶器之物、陶瓷业、砂石场、山产店、石材工艺，以及建筑业、房地产业等与土有关的单位或场所。

（5）己未、己巳

天干己土代表田园、平地、矮墙、低凹之所、院子、墓地、粮食、农业、与土性有关的物品、单位或场所。

天干与地支组合的"己未"、"己巳"常常表示低凹之地、沟的意思。绝大多数情况下代表的是河流（有低凹的河床之意）、水沟、河道，或者是与周围相比低凹下去的街道、路面，或者是低凹的地势或下坡地势等等。当然有时也代表土墙、土丘等等。

（6）庚申、辛酉

它们的五行属性为金，具有较硬的性质。

庚申、辛酉主要表示与金属、石头、水泥等有关的较为硬的东西，或者是五行属性具有金性的单位、场所，也可以表示道路、石路等。

一般庚申表示较大形状的，辛酉表示较小形状的。可以代表山岭、石岗、石墙、大石头、石牌坊、石头建筑物、水泥建筑物、金属建筑物、石碑、石磨、石碾、石雕、石景、假山、石制品、金属制品、农耕器械、机械、甬道、大路、石铺的大路、柏油路、桥梁、石桥、铁桥、金属塔架、健身器材、粗糙坚硬物、湖池、枪炮等金属兵器、驻军之处、岗楼、旅店、钢铁工业、汽车业、珠宝业、交通业、金融界、武术馆、交警单位等等。

第三节　十天干宫位体相风水秘诀

一、十天干面相定位

甲：头发

乙：胡须、眉毛

丙：眼睛

丁：额头

戊：下巴

己：鼻子

庚、辛：颧骨

壬、癸：嘴角

甲乙木代表头发，壬癸水代表头发长短，庚辛金代表头发软硬度，丙丁火代表头发的光泽度，戊己土代表头发的营养、发质。

二、十天干与宫位人体定位秘诀

在五行分野上，甲木在年柱，代表头部、神经系统或头发。因为甲木为头，年柱也代表头部，如果甲木在年柱受克，可以肯定头部有病、伤，或秃顶。

如果甲木在月柱，代表胆和上肢的意义就大些，因为月柱为胸部，甲木又代表上肢和胆。

乙木，在年干可以确定为头发、颈部及头颈部神经系统，因为乙木为神经，为毛发，为颈。如果乙木在年干被克，肯定就是神经、毛发、颈部这几方面有病伤。

乙木在月干，那代表上肢、肝的意义就很大，如果乙木在此位置受损，就可以肯定上肢或肝部有病伤之灾。

甲乙木在日干代表日主本身，也代表日主的肝胆状况。

甲、乙木在时干，代表下肢的意义就大，因为木代表神经和身体骨架四肢，所以木在时柱遭冲克，那很可能是腿脚筋骨及神经性关节炎方面的病伤之灾。

木在日干代表人体的腹部，肝胆部位。

丙火在年干，可以信息定位于为脑神经、眼目。如果丙火在年干受克，命主肯定要有这两方面的病伤；丙火在月干，那就代表肩部，因为丙火为肩，月柱也为肩胸部。所以丙火在月干受克，肩部易有病伤；丙火在日柱，代表小肠。若受克，防小肠、阑尾等病；丙火在时柱代表的身体部位不明显，难以定位，这要结合命局总体情况来论。

丁火在年干，代表脑神经、眼目；丁火在月干，就定位于心脏、血液系统；如果受冲克，其相应身体器官必然有病伤之灾。

戊土在年干，就可以定位于鼻、面；戊土在月干，可定位于两肋、胸肌、上臂肌肉；戊土在日干，可定位于胃部、腹肌、消化系统；戊土在时干可定位于大、小腿部肌肉。

己土在年干，定位于颈、面部皮肤肌肉；己土在月干，可定位于脾和胸肌、上臂肌肉；己土在日柱，可定位于腹和腹肌、腰肌；己土在时干，可定位于大、小腿部肌肉。

庚金在年干，可定位于为头骨、牙齿；庚金在月干，可定位于胸骨、上臂骨骼经络；庚金在日干，可定位于脐轮、大肠；庚金在时干，可定位于尾骨、下肢骨骼经络。

辛金在年干，可定位于牙齿、喉部、呼吸道、淋巴；辛金在月干，可以定位于肺、胸腔、淋巴；辛金在日干，可定位于股部。

壬水在年干，可定位于口、舌、耳道、耳朵、脑供血功能；壬水在月干，代表的身体部位难以敲定；壬水在日干可定位于三焦、膀胱、泌尿系统；壬水在时干，可定位于胫部。

癸水在年干，可视为脑供血系统，其他意义不明显；癸水在月干，可定位于心包络；癸水在日干可定位于肾和泌尿系统、生殖系统；癸水在时干可定位于足。

第四节　命理风水析断干支取象秘诀

四柱能测准人、事、物，其实就是利用对应关系。

四柱的十神、五行对应着与日主有关的事物。

所有的六亲都有对应关系，反映出有关六亲，人、事、物的信息，没有对应关系就谈不上预测。

日主对应本人，以日主为核心，其他七个字，包括大运、流年都是日主的一种环境。

原命局是日主的原始环境，是静态的环境（相对静态的），这种环境随大运、流年改变而改变。

大运、流年是动态的环境。原始环境随动态环境的改变而改变。

环境包括：

1. 地理环境（出生地风水等）。
2. 人文环境（六亲的情况、领导、同事、朋友、周围其他的人）。
3. 社会环境（贵贱、贫富、自身能动性、影响力、安身立世环境，为人处事环境等），人生处事、财、官运方面。
4. 身体环境包括精神和生理环境。

安身立世也有两方面：精神情绪，才能等发挥情况等属软环境，得失物质利益方面属硬环境。

硬环境是受软环境支配的，硬环境为软环境服务的。

八字对应宫位，宫位对应六亲。

四柱对应人体：头、胸腹、腹部、下肢。

这些对应关系，也是信息反射点，四柱也是一种信息的载体，储藏大量与日主有关的信息密码。

我们就是利用这些五行生克原理，来破译这些信息密码。

本章节，主要是利用四柱风水原则，来推断命主的出生地环境。

对于命主出生地风水环境，从四柱上看，农村出生地的人反映的信息能准确些，而出生在城里、市区，信息反应能差些。

一、十天干风水取象

甲木在天为雷木,在地上是栋梁之材,是阳木,甲木为参天大树,代表比较粗壮的树木。
人体:头、胆、毛发,指甲,上肢、神经系统。

乙木为风木,在地上为山林活木。
物象:山林、青木、田园、果园、草、小树等。
人体:肝、项、四肢,指甲、神经等。

丙火在天上为闪电,太阳;在地上是炉中冶炼之火,代表阳光明媚的地方、向阳之地。
物象:太阳、冶炼场所、城市、食堂、窑火、风景区。
人体:小肠、眼目、肩。

丁火为万物之精气,在天上是星光,在地下是灯火。日干的人利于生在晚上,生在晚上或秋天比较好。
物象:火把、星火、香火、灯火、柔弱之火。
人体:心、眼目、心脏系统,丁被癸冲,易有心脏病。

戊土在天上为霞,在地为山峦,因此称为阳土,又称霞土,日主为戊土的人最好四柱有癸水,这样就霞水相应,有雨后霞现之景。
物象:为山、为陆地,引申为山峦、墙堰、坝、砂石场、停车场。
人体:皮肤、肌肉、鼻面、为肋、消化系统。

己土是天上的元气,地上的真土,为田园之土,是阴土。
物象:田地,田园。基地、低洼之地、平坡、平原。
人体:脾,腹部、皮肤、肌肉、消化系统。

庚金行肃杀之气,决定人间兵戈战事,在天上为冷酷冰霜,在地上为金属。

物象：为金属物、硬物，刀具、大石头，也代表大路、信道、走廊、矿山、采石场。
人体：大肠、经络、牙齿、肚脐、骨骼。

辛金在天上是月亮，在地下为藏在山石间的金属。
物象：为小型金属、钻头、刀具、针具、铝合金门窗、风月场所。
人体：肺、呼吸、牙齿、经络、口舌、血液、膀胱、三焦、肾、泌尿系统、生殖系统。

壬水在天为云，在地为泽，谓之阳。
物象：为云气、秋露、寒水，为江、河、湖、海等水域。
人体：口、舌、血液、膀胱、三焦、肾、泌尿系统、生殖系统等。
癸水为阴水，在天上为雨露，在地上为泉水、井水、溪潭之水。
物象：泉水、雨露、水田、浴、阴暗、地下室。
人体：心包络、为足、为泌尿系统、生殖系统等。

二、十二地支风水取象

子水为仲冬，属阳水，内藏癸水，具有阴阳两重性。
类象：溪涧、汪洋之水、泉、池、井、下水道。
人体：膀胱、血液、泌尿系统。

丑土为季冬，为湿土、五行属阴、为金库。
类象：混凝土、水泥、沼泽地、高原、坟墓、矿山、矿场、河岸。
人体：肚、脾、肌肉、消化系统、肿瘤、结石。

寅木为孟春，为阳。
类象：大树、佛像、桥梁、为深山。
人体：四肢、胆、脉、足、毛发。

卯木为仲春，为阴。

类象：小树林、花草、柔树、门窗、街道、风花雪月之所。
人体：肝、四肢、十指、毛发。

辰土为季春，是水库，也是万物之总库。
类象：湿土、湿地、沼泽、水库、井、积水之所、田园、稻田等。
人体：皮肤、肩、胸、肋、胃。

巳火为孟夏，为大驿，就是人烟汇聚的地，道路通达之所。
类象：蛇、道路、小城镇、为烟花。
人体：咽、齿、肛门、眼目、心脏。

午火为仲夏，方位正南。
类象：干亢之地、窑炉冶炼之所、战场、战火风烟之处、沙场、厅堂、豪华大厦。
人体：眼睛、头、心血系统。

未为季夏，未为花园，木库。
类象：燥土、存木料场地、花园、厅园、干井、新建坟墓、木材加工场、菜园等。
人体：胃、皮肤、肌肉、脾、消化系统。

申金为孟秋，属于大型金属，有名都之称，方位坤（西南），有广大的意思。
类象：大路、为仙堂、为城宇、祠堂、为金属器材、矿石。
人体：大肠、经络、肺、骨骼、呼吸系统。

酉金为仲秋，方位正西，为寺钟。
类象：小型金属器材、农用金属器械，酉为酒、为碑、为铁塔、寺庙。
人体：为经络、小肠、精血、肺、呼吸系统。

戌土为季秋，为火库、为宰杀之地。
类象：窑洞、油站、变压器、变电所、油库、矿山、山洞、监狱、牢房、殡仪馆、坟墓、寺庙、有香火之地。
人体：为命门、腿、足、踝、胃、皮肤、肌肉。

亥水为孟冬，有悬河之象。
类象：寺院、水地、江、河、湖海、猪场、落差较大的河。
人体：为头、肾、血液、泌尿系统。

三、干支位置定向秘诀

1. 干支前后左右位置定向

天干代表后方，地支代表前。
年月为左，日时为右。
月干为近处的左后方，年干为远处的左后方。
年支为远处的左前方；月支为近处的左前方。
日支为正前方，日干为正后方；
时干为右后方，时支为右前方。
这是四柱干支的位置定向。
某干或支遇合、遇冲时，方位远近，会因合或冲而拉近或冲远。

2. 十神高低位置定向

印星和官星看成是高处。
食伤或财星代表低处。

第五节　命理风水析断实例

例一：

乾造： 乙巳　戊寅　癸巳　乙卯
大运： 丁丑　丙子　乙亥　甲戌　癸酉　壬申　辛未　庚午
岁数： 2   12   22   32   42   52   62   72
年份： 1966 1976 1986 1996 2006 2016 2026 2036

事实情况：
在命主老宅西边几百米处有一片方圆数里的橡树林，在前几年因为修路被推平了一大半。

分析原理：时干支为西方，乙卯为树木、树林，所以可以推断在西方有树林之类。癸酉运，酉冲克卯木，为修路推掉了大部分，但天干癸生乙，还剩一些。

例二：

乾造： 壬子　戊申　庚寅　乙酉
大运： 己酉　庚戌　辛亥　壬子　癸丑　甲寅　乙卯　丙辰
岁数： 5   15   25   35   45   55   65   75
年份： 1976 1986 1996 2006 2016 2026 2036 2046

八字的年干支为壬子，年干支代表的方位为北方，壬子代表水，也代表具有水性或流动性质的单位、场所，申子半合，子源在申，申酉相助而当令旺为金属为车为流动运输，说明北方有与车辆有关的场所，是停车厂或汽车修理厂。

实际情况是北方没有水，但有一个很大的汽车修理厂。

例三：

坤造：己卯　丙寅　丙子　戊戌
大运：丁卯　戊辰　己巳　庚午　辛未　壬申　癸酉　甲戌
岁数：　9　　19　　29　　39　　49　　59　　69　　79
年份：1947　1957　1967　1977　1987　1997　2007　2017

时干支为西方，戊戌为山、城墙、土墙等。
实际是西边几百米处为古城墙。

例四：

坤造：戊申　癸亥　戊申　癸丑
大运：壬戌　辛酉　庚申　己未　戊午　丁巳　丙辰　乙卯
岁数：　10　　20　　30　　40　　50　　60　　70　　80
年份：1977　1987　1997　2007　2017　2027　2037　2047

月干支为东方，时干支为西方，癸亥表示水沟、护城河等，癸丑表示水井、水沟、小河等。
实际情况为东面不远是护城河，西面不远有一口水井。

例五：

乾造：壬戌　辛亥　癸亥　乙卯
大运：壬子　癸丑　甲寅　乙卯　丙辰　丁巳　戊午　己未
岁数：　2　　12　　22　　32　　42　　52　　62　　72
年份：1983　1993　2003　2013　2023　2033　2043　2053

年干支为北方，壬为水、河流，戌为墙、河堤。
实际情况是北面有一河流，河堤较高。
日干支为南方，癸亥表示水沟、水渠等。
实际情况是东南方向有一水渠。
时干支为西方，乙卯通根透干自坐强根，表示大树、多棵树木、树林等。

实际情况是西边柳树成行。

例六：
乾造：　辛酉　　戊戌　　丁亥　　庚子
大运：　丁酉　丙申　乙未　甲午　癸巳　壬辰　辛卯　庚寅
岁数：　 10　　 20　　 30　　 40　　 50　　 60　　 70　　 80
年份：1990　2000　2010　2020　2030　2040　2050　2060

此命地支酉戌亥子连珠顺行，说明命主出生地若是在城市，则其家门口的东面应有一条南北走向的大路，通往郊区；其家后面会有一条拐弯的路口；西方会有幼儿园，寺庙，医院，银行或煤矿一类的建筑物；如果子时生人准确则西边会有两条河流交汇到一起。

实际情况正如所断。

地支中酉金为白虎，为道路在年柱为东面，通向郊区是由于酉戌顺排，戌为郊区之象。

西方会有幼儿园，寺庙，医院，银行或煤矿一类的建筑物。这是根据戌的万物类象而断。

日支为亥水时支为子水所以说他家的西边会有两条河交汇到一起。

命主反馈说他那里生产的双汇火腿肠就是因为漯河市有两条河水交汇一起而得的名字。

例七：
乾造：　丙辰　　庚寅　　癸巳　　庚申
大运：　辛卯　壬辰　癸巳　甲午　乙未　丙申　丁酉　戊戌
岁数：　 8　　 18　　 28　　 38　　 48　　 58　　 68　　 78
年份：1983　1993　2003　2013　2023　2033　2043　2053

断命主无论是在城市出生还是在农村，他住的地方会在一个十字路口处，屋前南方会有一棵大树，而且他家的东南面与西南面会有两家小工厂。

实际情况正如所断。

月支是寅木，所以断他家前面会有一棵大树。

命主反馈说这棵树一直都在他家楼前。

寅申巳亥为地支的四个转换角，那么在地理上体现出的也必然是十字路口了。两家工厂就是巳火与申金的万物信息。

例八：

坤造： 癸亥　丙辰　壬辰　甲辰

大运： 丁巳　戊午　己未　庚申　辛酉　壬戌　癸亥　甲子

岁数： 2　12　22　32　42　52　62　72

年份： 1984　1994　2004　2014　2024　2034　2044　2054

实际情况，命主在农村出生，家的西北方和东面会水库湖泊；所在的村落道路崎岖，南面有水稻田。

断有水库湖泊是因为八字中有辰，辰象征为水库、湖泊、道路。

崎岖是因为三辰自刑的缘故。

远方的水稻田，是根根甲辰的风水类象推断出来，甲木长在辰土湿土水库之上，所以推断是水稻田。

例九：

乾造： 己未　癸酉　戊戌　壬子

大运： 壬申　辛未　庚午　己巳　戊辰　丁卯　丙寅　乙丑

岁数： 8　18　28　38　48　58　68　78

年份： 1986　1996　2006　2016　2026　2036　2046　2056

事实情况：

命主出生在农村，老家东面有条南北走向的道路通往村里，北面远方有条大河。

八字月支酉金盗泻戊土日元之气又与戌害，天干己土克癸水，说明他家祖坟风水上有问题，导致家中破财、病伤不断。

实际正如所测。

大家根据前面所讲的八字风水原理与实例，就可以分析出来。

例十：

坤造：丙午　甲午　丁卯　癸卯

大运：	癸巳	壬辰	辛卯	庚寅	己丑	戊子	丁亥	丙戌
岁数：	11	21	31	41	51	61	71	81
年份：	1976	1986	1996	2006	2016	2026	2036	2046

此女命八字中卯木为忌，丁卯同柱，卯为高木，丁火坐在卯木上，说明她家的东面与南面有高杆，是电线杆，这是风水形煞，会导致1999己卯年还有2002壬午年家里破财，丈夫有伤病之灾。

反馈她家南面有电线杆而东面是邻居在1998年建的小楼。

我听了这个反馈之后，结合风水原则，南方离火之位先天为乾卦为头，东方震卦亦为头，风水形煞落于此位，就铁口直断其丈夫得到头部重病，是风水引起的恶病。

实际情况是她丈夫得了脑癌。

例十一：

乾造：丁未　乙巳　丁亥　乙巳

大运：	甲辰	癸卯	壬寅	辛丑	庚子	己亥	戊戌	丁酉
岁数：	7	17	27	37	47	57	67	77
年份：	1973	1983	1993	2003	2013	2023	2033	2043

此造天干两透印星乙木，印星为高，所以房子后面从左至右连成山，另外，乙为小树，所以高山上有小树。

日支为亥水，所以前有弯曲的小河，因亥中含有甲木，所以河两岸有树，而且都是比较高的大树。

巳火为人烟之所，亥水两边有巳火，所以河两岸有人家汇聚。

巳火又为道路，所以门前有条道路穿过河水。

实际情况正如所断。

例十二：

坤造：壬寅　丁未　癸酉　癸丑

大运：	丙午	乙巳	甲辰	癸卯	壬寅	辛丑	庚子	己亥
岁数：	10	20	30	40	50	60	70	80
年份：	1971	1981	1991	2001	2011	2021	2031	2041

癸水在时干透出代表右后方有条河，日干也为癸水，与时干癸水连成一片，因日干癸水坐酉金是癸水的生源，所以这水是从房子正后方流向左后方。

丑土在时支为右前方，所以右前方有湿土之地，比如水田、井之象。日支酉为印星，印主高，所以正前方地势高，可能有小山，酉金为石，山上有小石头。未土为左前方，为土坡、为田园、果园。

未土为食伤的时候可判断为井，很可能是枯井，也有小庙、香火之象。因丁壬合，癸水克的原因，所以香火之所已经拆除。

实际正如所测。

例十三：

乾造：甲寅　癸酉　丙寅　癸巳

大运：	甲戌	乙亥	丙子	丁丑	戊寅	己卯	庚辰	辛巳
岁数：	7	17	27	37	47	57	67	77
年份：	1980	1990	2000	2010	2020	2030	2040	2050

甲寅木在年柱为印星，所以东面远处有高山，高山上有树木，从八字方位上看在左前方，说明两面都有山、有树，这是远处；在山的近处有水，后面形成河流，也就是河流的外面是高山，有高大树木。

日坐印星，所以住家前面地势高，也有树。

癸巳为长流水，巳火为人烟，有住家，巳火为小道，也有路。

月支为酉金，酉为西、为水源，酉金也可看作是桥、小路，所以房子附近有小路、小桥等等。

此外，甲木为印，癸水为官，印、官都主高，说明远处高山上有大树连成一片，在山的近处，就是河流。

在左后方远处也有桥梁，因为甲木也代表桥。
实际正如所测。

例十四：
乾造：辛亥　癸巳　庚申　丁亥
大运：壬辰　辛卯　庚寅　己丑　戊子　丁亥　丙戌　乙酉
岁数：11　　21　　31　　41　　51　　61　　71　　81
年份：1981　1991　2001　2011　2021　2031　2041　2051

日坐申金，申为大路，所以前面大路。
巳申合有拱水之象，所以也有桥梁的信息。
实际前而有座桥，桥下有流水，水源从西面流过来，流至左前方向，又向右前方流去。

例十五：
坤造：乙酉　癸未　辛卯　辛卯
大运：甲申　乙酉　丙戌　丁亥　戊子　己丑　庚寅　辛卯
岁数：7　　17　　27　　37　　47　　57　　67　　77
年份：1951　1961　1971　1981　1991　2001　2011　2021

命局时支与日支，都是卯木，卯木为柔弱为小树，地支主前，所以判断出生地房前有小树。
未土在月支，癸未同柱，以水浇灌之象，未为木库，卯未半合，说明被浇灌的土地上有柔弱的花木，可以推断为有花圃或菜园。
实际情况，房子的前面有块菜地，周围种了小树作围栏。
年干乙酉，酉金克乙木，制作木器、加工木材之象，酉在地支为前方，所以推断居家附近，有木材加工厂或木材交易市场。
实际在命主居家的附近过去曾有过一个大型木材交易市场，不过预测时这个木材交易市场已经搬迁别处了。
我说，是不是这个木材交易市场拆迁能有二十多年了。
命主说，对！大概就是二十年左右。

搬迁的原因要看大运，大运过了申酉运，年支酉金不再临旺地，而是被戌害，被亥、子水化泄，自然就因为政府的规划而迁离了。

月柱未为燥土，内含丁火，而年支酉与未紧贴，有炼金之象，酉金是小型金属，所以推断居家的左面，应有个金属加工场所。

实际离家不远处有一个户人家会打铁，门外就放着铁匠炉。

未土为墓库，为坟墓，所以判断居家不远处，应该有坟。

反馈，确实离住房十来步远的地方就有坟墓，是自家的祖坟。

年柱乙酉为井泉水，乙酉居未土很近，所以很可能菜园附近有口水井，或更远处有一条河流。乙木为财星，财主低，所以在家的左面远处地势比较低，下雨时会积水。

实际菜园中确实有一口水井，在不远处还有一个很深的大水坑，现在已经填死了。

例十六：
乾造：甲辰　辛未　庚申　壬午
大运：壬申　癸酉　甲戌　乙亥　丙子　丁丑　戊寅　己卯
岁数：　10　　20　　30　　40　　50　　60　　70　　80
年份：1973　1983　1993　2003　2013　2023　2033　2043

年干甲木财星为喜用，以辰未藏干乙木为根，主祖上有钱财积蓄，是富裕之家，但月干父辈辛金劫财紧贴克甲木为忌，所以到了父辈就会贫穷。

断："你家祖上有些财产，但到父辈财产散尽，祖上留给你的财产非常少。"

对方反馈："的确祖上挺有钱的，父辈时被抄家，大多财产被抄走，留给我的有些金银首饰，是奶奶结婚时的嫁妆。"

断："你爷爷奶奶去世较早，埋的地方风水不好，所以从你父亲这辈到你，一直运气不佳，事业难成，财运不佳。你父亲寿禄不长，1994年甲戌你父亲有生死之灾，并且此年你家动了祖坟，应该是父亲去世挪动祖坟，而且是从一个比较潮湿的地方挪到一个干亢不毛之地，但这个新坟的风水也不好，还不如以前。所以你的运气自那以后，就更不好。"

命主很惊异地说:"对对!自从 1994 年我父亲去世后,我的运气还不如从前。看来是挪坟的原因,那年我父亲去世,听有当地风水师讲,俺家祖坟风水不好,潮气太重,不利后代健康,于是找了个很干燥的地方,是个黄土岭,连草木都很少。"

因为 1994 年甲戌行甲戌大运,岁运并临,甲戌岁运伏吟,力量倍增,牵动了父母宫,并且感应到偏财父星,形成力量强大的忌神组合,主父亲有生死大灾。此年挪坟、添坟,正是岁运两戌冲三辰的缘故。辰原为湿地,两戌冲辰,移到干亢之地。

例十七:

坤造: 戊午   癸亥   甲戌   丁卯
大运: 壬戌   辛酉   庚申   己未   戊午   丁巳   丙辰   乙卯
岁数: 1   11   21   31   41   51   61   71
年份: 1978 1988 1998 2008 2018 2028 2038 2048

此造日主生在亥月得月令,时支又有卯木本气通根,月干有癸水印星相生,全局有四个字生扶日主,有四个字是克泄耗日主。

日主偏旺。

印星也偏旺,财星偏弱。

应取财星克印耗身为第一用神,忌食伤。

官星虽克日主但生忌神印星,所以官星喜忌作用都有。

依据以上分析推断:

一生多得父母之力,父亲曾是掌权之人。

母亲能干,父母都是贤良端正之人,且感情好。

实际情况,父亲曾为某供销社经理,现在自己开厂,母亲的确朴实能干,父母关系融洽,父母在当地名声极佳,命主得到父母很多关爱。

财为用神,自坐将星,所以父亲有官职。

印星旺相得位,印为母,所以母亲贤良,助夫兴家。

年柱为喜用,命主能得到父母多方面的助力。

再断其风水情况:

1. 地支为前面,亥中藏有甲木,卯中藏有乙木,木为树木,由于家住农村，所以居家的前面有一片树林。

实际居家的前面是一片苹果园。

2. 月柱为左，癸亥水五行干支一气，所以居家的左侧应有条河。

由于癸被戊土合，合有环抱之象，有环抱必然是有转弯，所以推断这条大河在家的左后方拐弯。

反馈：在家的左面确实有一条大河在房子左后方拐弯。有个姐姐掉进这条大河里淹死了。

3. 戊土为高山。印星也可以看作高处，在天干为后，所以房子后面远处有山，且西面远而低，东而山高大且近，前面是空地、果园。

反馈：在房子后面是有一片连绵起伏的山，东面高大离得很近，西面远山不高，前面有空地和果园。

4. 日支为戌土，戌中藏丁火藏辛金，戌为燥土，且时柱紧邻丁卯炉中火与戌土相合，所以住处的附近可能有个冶炼厂、翻砂厂或铁匠炉之类的地方。

反馈：我家附近有一个翻砂厂。

再断流年吉凶：

1. 1993年癸酉，流年干透出印星代表房子，流年支冲动日主之根，且卯酉为门户，所以此年家中有盖房、买房的信息。

实际1993年家中盖房子。

2. 流年支为印星，代表读书升学，也代表房子，流年干为食伤代表变化，所以就会有这些事情的发生。

实际命主考上幼师学校，到市区里上学。因为命主的姐姐在市区里上班，父亲为了姐妹两人同在市区里能住在一起相互照应，也为了投资升值，当年在市区内买了一套房子。

3. 2003年癸未，流年支未土刑动配偶宫戌土，主有结婚之喜。

实际命主在2003年四月结婚。

例十八：

坤造：辛丑　戊戌　壬辰　乙巳
大运：　己亥　庚子　辛丑　壬寅　癸卯　甲辰　乙巳　丙午
岁数：　6　　16　　26　　36　　46　　56　　66　　76
年份：1966　1976　1986　1996　2006　2016　2026　2036

年干辛金印星为喜用，印为母亲，年干又为父位，所以断父母辈家庭条件较好。

实际情况，父亲是某局一个领导，母亲也有职位，自己得到母亲很多物质帮助。

日主壬水坐下为辰，为水库，壬通根辰中癸水，这说明正前方有水库，由于辰被戌冲，就因冲而被冲偏了，不在正面，变成斜对面。

断命主小时候，家的斜对面有一大水库。

对方立即反馈："真神了！在家的斜对面有一大水库。"

日为壬水，坐在辰土水库上，意味着此水是从水库中流出来的，由于干为后，所以这水流向房后。

实际情况，水库的水从命主家房后流过。

戌土为庙，另外巳火也可以看成庙火、香火。

地支主前面，由于命主前段运程行亥子水运克火，就有香火被灭之象，所以推断庙已经被拆除。

实际情况，命主家前面不到100米的地方有一座庙，以前香火挺旺，后来破四旧被拆除了。

"你家祖坟东面、后面较高，前面较平坦开阔，可能坟后有石堆或石墙之类的。"

反馈："我家祖坟东面是山，后面确实高，后面有座石塔，坟前是一块很平的空地。"

这是根据父辈发达这一情况，依据风水原理反推的。

四柱中日主早年行运偏弱，官杀为忌，官杀主病灾，紧贴克日主，所以身体多病。水被土克，水主血液、泌尿系统，所以这方面会有病。

另外土五行过旺，主脾胃消化系统有病。

实际命主身体多病，贫血，肠胃消化功能不佳，肾功能不好，有妇科病。

印星辛金在年柱被七煞戊土阻隔,生不到日主,所以学业有阻碍。因为被七煞阻隔,七煞主病伤之灾,所以会因身体有病而耽误学业。

依此推断命主学业不太好,顶多是个高中生,会因身体等原因读书半途而废。

实际情况,命主因身体有病,读到高二就不念了。

1995年乙亥、1996年丙子,正行辛丑大运,辛印通根丑土生助日主,流年亥子为日主之根,日主弱而得生助,利工作事业与财运,是得财的两年。

实际命主1994年开始养车拉土石方工程,1995年、1996年财运很好。

1997年丁丑,转入壬寅大运,壬水助身为喜用,原局辛金通根流年丑根,利财运。

实际,这一年赚了七八万元。

1999年壬寅运己卯年,地支寅卯辰会木局泄壬水喜神,形成忌神组合,木局为食伤泄身为忌,则必有破财,食伤制官星,也不利工作与事业。

实际情况,命主1999年下岗了,丈夫事业方面也不好,找不到活干,挣不到钱还破费了不少钱。

2002年壬寅运壬午,天干两个壬水帮身,起到喜神作用,这说明此年能赚到钱,地支寅午半合相生,形成壬寅午连生的耗财组合,说明会花费较多的钱财。

实际2002年向母亲借了部分钱,买了辆大货车,财运总体来说还可以。

例十九:

乾造:	戊午	癸亥	乙酉	癸未			
大运:	甲子	乙丑	丙寅	丁卯	戊辰	己巳	庚午	辛未
岁数:	7	17	27	37	47	57	67	77
年份:	1984	1994	2004	2014	2024	2034	2044	2054

断出生年时住家房子后面有比较大的水域,例如江河湖海之类;房子右前面有菜园之类的田园之地,房子在前面有果树。

童年居家环境房后有水原因是,天干主后、月干、时干都是癸水,且月柱为癸亥大海水,所以推断房后有水。地支主前,年、月支为左前,时支为右前,日支为正前。由于月支中藏有甲木,所以推断左前面有果树。时支是未土,未为花园、菜园,生在农村,自然未土代表菜园了。

实际情况是,命主出生时,家里房子后面是大海,前面靠右是菜园子,靠左是苹果园。

例二十:

乾造: 庚戌　丁亥　丁巳　癸卯
大运: 戊子　己丑　庚寅　辛卯　壬辰　癸巳　甲午　乙未
岁数: 3　　13　　23　　33　　43　　53　　63　　73
年份: 1972　1982　1992　2002　2012　2022　2032　2042

此造以用官为用,寅运合绊官星。戊寅年又合绊,所以肯定不利官运。

庚辰年官星入墓不吉。原局财入宾,又不生用神水。庚为别人的财不是自己的财,只有合绊才可得。

乙亥年,乙庚合财。

丁丑年,寅丑暗合,可得财。

庚辰年财无合。辰泄日主生了庚财,等于是自己破了财给了别人,故断不吉。

辛巳年辛暗合巳中丙火,巳为自己,主自己得财,但上半年木火旺,无财,下半年金水旺,会有财。

看住宅以戌土为厕所,因戌为伤官,伤官就是排泄的地方,又处于年支这个最不重要的位置,故为厕,戌在西北,所以厕所在西北。

戌克亥水,官为忌,克水,主下水不通畅。

卯木为床,因卯为印为保护我者。印表示他的地位,也是升官的必要条件,今印逢空亡,就是床下面的位置是空的,印空不利事业官运,所以床下空就是风水上不利官运。

实际命主是普通职员,财运一般,1995年、1997年有财,1998年不好,工作不顺。去年到今年一直都不好,今年还跟领导闹意见。

家居风水情况是厕所在西北位,下水道经常堵;床在东方位,床下面是空的。